褐煤锅炉与制粉系统

张经武　编著

中国电力出版社
CHINA ELECTRIC POWER PRESS

内 容 提 要

本书阐述了褐煤锅炉、制粉系统与利用烟气余热增效减排技术三方面的内容。褐煤锅炉方面：褐煤特性及其对燃烧设备设计、运行和制粉系统的影响；褐煤低温燃烧技术，年轻褐煤、高灰分褐煤、老年褐煤与褐煤混煤燃烧技术；褐煤锅炉炉型选择、影响炉膛设计的因素、炉膛特性参数的选取、褐煤锅炉炉膛辅助设备；褐煤锅炉直流、旋流燃烧器，燃烧器设计参数的选取；煤粉浓缩器的应用、主要参数与结构，以及与结构相关参数的试验研究，煤粉浓缩器的布置、设计计算、运行实践。制粉系统方面：分别阐述了风扇磨煤机和中速磨煤机的类型和工作特点、磨煤机的运行、制粉系统与设计参数选取、磨煤机与制粉系统选型。利用烟气余热增效减排技术方面：烟气余热利用装置的布置、结构与设计计算，褐煤锅炉高效烟气余热利用系统。

本书可为火电工程的锅炉、磨煤机与制粉系统设计和选型，设备改造及运行提供技术指导，适合从事火电工程的技术人员及热能动力专业的大中专院校师生阅读参考。

图书在版编目（CIP）数据

褐煤锅炉与制粉系统/张经武编著．—北京：中国电力出版社，2024.5

ISBN 978-7-5198-7446-9

Ⅰ.①褐… Ⅱ.①张… Ⅲ.①褐煤-锅炉燃烧②褐煤-锅炉-燃煤制粉系统 Ⅳ.①TK227.1 ②TK223.2

中国国家版本馆CIP数据核字（2023）第169465号

出版发行：中国电力出版社
地　　址：北京市东城区北京站西街19号（邮政编码100005）
网　　址：http://www.cepp.sgcc.com.cn
责任编辑：赵鸣志（010-63412385）　董艳荣
责任校对：黄　蓓　常燕昆　王海南
装帧设计：王红柳
责任印制：吴　迪

印　　刷：固安县铭成印刷有限公司
版　　次：2024年5月第一版
印　　次：2024年5月北京第一次印刷
开　　本：787毫米×1092毫米　16开本
印　　张：27
字　　数：638千字
印　　数：0001—1000册
定　　价：130.00元

我国煤电的巨大发展，对促进我国经济的高速发展做出了历史性的贡献。实现碳达峰、碳中和是推动高质量发展的内在要求，要坚定不移推进，但不可能毕其功于一役。传统能源逐步退出要建立在新能源安全可靠的替代基础上。要立足以煤为主的基本国情，抓好煤炭清洁高效利用，增加新能源消纳能力，推动煤炭和新能源优化组合。

无论从以煤为主的能源资源禀赋，还是煤电发电量在电网中的现实比重，以及电网需要的负荷调节灵活性的角度，在可预见的中国电源结构中必然要保持一个合理的煤电容量。实现碳中和来控制气候变化可以通过高质量的创新性发展，将燃煤发电的技术升高到一个新的高度，从而使燃煤发电和非化石能源电力之间达到一个既有利于控制气候变化，又有利于根据我国能源资源结构的实际情况，确保我国能源和电网安全、灵活地合理平衡。因此，高效、清洁地利用煤资源是非常重要的。

我国的褐煤资源丰富，已探明的保有储量达 1303 亿 t，占全国煤炭储量的 17%，在我国煤炭资源中占有重要地位，煤田地质勘探资料表明，中国的褐煤资源主要分布在华北地区，占全国褐煤地质储量的 75%以上，其中，以内蒙古东部地区储存最多。华北地区的褐煤绝大多数为侏罗纪的老年褐煤。西南地区是中国仅次于华北地区的第二大褐煤基地，其储量约占全国褐煤的 12.5%，其中大部分分布在云南省内，西南地区的褐煤几乎全部是第三纪的较年轻褐煤。

20 世纪 70 年代，朝阳电厂 200MW 机组褐煤锅炉是哈尔滨锅炉厂设计制造的我国第一台褐煤锅炉，燃用平庄褐煤。Π 型炉为矮胖形、具有双面水冷壁的双炉膛，前墙布置双通道轴向叶片旋流燃烧器，配置风扇磨煤机热风干燥直吹式制粉系统。锅炉投产后，炉内结渣严重，屏式过热器超温，风扇磨煤机磨损严重，打击板的检修周期只有 400h 左右。鉴于上述情况，将风扇磨煤机改为由德国巴布科克公司（Deutsch Babcock）引进的 MPS212 中速磨煤机，同时将原旋流燃烧器改为德国巴布科克公司的 DBW 旋流燃烧器。制粉系统和燃烧器改造完成后，水冷壁结渣缓和，锅炉可带满负荷连续运行。MPS212 中速磨煤机的检修周期为 4000h，大幅度减轻了检修工作量。

20 世纪 80 年代，从德国斯坦因缪勒公司（Stinmüller）引进的元宝山电厂 2 号 600MW 机组塔式褐煤锅炉，燃用元宝山褐煤。投入运行后，炉膛、燃烧器内壁及下沿、燃烧器区域水冷壁、冷灰斗两侧拐角附近及炉膛出口屏式过热器结渣严重；再热器超温，减温水量经常达到最大值。影响带负荷能力，运行初期只能带负荷 420MW 左右，历时 10 年做了大量调整试验和重大设备改进。对过热器受热面和省煤器受热面进行了调整，对燃烧系统、风扇磨煤机等进行了改造，并进行大量的燃烧调整试验工作，炉内温度水平降低，结渣明显减轻；燃烧器着火点推迟，燃烧趋缓；实现分级送风燃烧技术，降低了 NO_x 排放。最终该机组带到 600MW 满负荷运行。

20 世纪 80 年代，我国引进美国燃烧工程公司（CE）技术，哈尔滨锅炉厂与美国燃烧工程公司联合设计的元宝山电厂 3 号 600MW 机组 Π 型褐煤锅

炉，燃用元宝山褐煤。鉴于元宝山电厂2号炉的结渣问题，修改了原设计选取的炉膛特征参数。增加了炉膛高度，加大了炉膛容积。通过元宝山电厂3号炉多年运行实践表明，提高炉膛高度、加大炉膛容积是符合我国褐煤锅炉设计要求的。考虑元宝山褐煤水分不高，选用了MPS中速磨煤机。

朝阳电厂和元宝山电厂褐煤锅炉和磨煤机出现的问题导致机组不能满负荷运行，损失的电量和设备改造投入的资金，付出了很大代价。但是，取得了宝贵的经验。借鉴元宝山电厂2号炉的结渣问题，改变了3号炉原设计的炉膛特性参数的成功经验。从而掌握了水分偏低、灰分偏高的元宝山电厂与平庄地区褐煤锅炉炉膛特征参数和燃烧器的设计参数。在这期间西安热工研究院研究了我国褐煤的磨损特性，提出了冲刷磨损指数的判别指标，元宝山褐煤与平庄褐煤属于磨损很强和磨损极强类型。冲刷磨损指数的判别指标为磨煤机选型提供了条件。朝阳电厂和元宝山电厂3号炉燃用的褐煤水分均不高，但磨损性很强，因而，朝阳电厂和元宝山电厂的褐煤锅炉选用MPS中速磨煤机是合理的。

20世纪80年代，哈尔滨锅炉厂和哈尔滨工业大学完成的国家“六五”重点科技攻关项目“大容量褐煤锅炉燃烧技术试验研究”，将我国褐煤的特性、锅炉及制粉系统的设计和电厂运行实践结合在一起，全面系统地进行了研究，初步形成了我国褐煤锅炉燃烧设备的型谱和数据库。20世纪90年代，国家电站燃烧工程技术研究中心完成的国家“九五”重点科技攻关项目“混煤燃烧低NO_x排放综合特性研究”，研究了我国褐煤混煤的燃烧技术。这些研究工作，从褐煤的着火、燃烬、结渣、NO_x排放到工程应用的研究成果，对我国褐煤燃烧技术具有借鉴价值。

20世纪90年代，伊敏电厂从俄罗斯引进的500MW超临界机组T型褐煤锅炉，燃用伊敏褐煤。投入运行后，满负荷运行正常。选取的炉膛特征参数较低，说明设计参数的选取符合伊敏褐煤的特性。哈尔滨锅炉厂为伊敏电厂二、三期600MW机组设计制造的Π型褐煤锅炉，选取的炉膛特征参数略低于T型褐煤锅炉，运行实践表明，选取的炉膛特征参数更适合伊敏褐煤的燃烧特性。从而掌握了水分偏高、灰分偏低的内蒙古伊敏地区褐煤炉膛特征参数和燃烧器的设计参数。对于水分偏高、灰分偏低褐煤的磨煤机选型进行过研讨，曾考虑采用褐煤预干燥选用中速磨煤机的可行性，考虑国内外尚无大容量电站褐煤预干燥的成熟经验，最终选用了风扇磨煤机。运行表明，磨制水分偏高、灰分偏低、冲刷磨损指数不高的褐煤，选用风扇磨煤机是合理的。

21世纪初，北京巴布科克·威尔科克斯锅炉厂设计制造的白音华金山电厂和大板电厂的亚临界600MW机组为墙式燃烧Π型褐煤锅炉，燃用白音华褐煤。哈尔滨锅炉厂设计制造的通辽电厂超临界600MW机组为切向燃烧Π型褐煤锅炉，燃用霍林河褐煤，这些褐煤锅炉均配置MPS-HP-Ⅱ中速磨煤机，带满负荷正常运行。哈尔滨锅炉厂设计制造的上都电厂一、二期600MW机组为切向燃烧Π型褐煤锅炉，燃用锡林浩特胜利矿褐煤，配置

HP中速磨煤机。在设计煤的情况下，机组可带满负荷运行。但是，机组投入运行后，煤质变化很大，水分大幅提高，发热量下降，为了满足磨煤机的干燥出力，一次风率很高。在这种情况下，虽然一次风率很高，炉内燃烧组织很困难，但是切向燃烧方式的锅炉仍可以维持运行，而HP中速磨煤机全部投入运行，仍不能满足带满负荷运行的要求。由此获得了燃烧方式与磨煤机类型对褐煤锅炉燃用水分偏高褐煤适应性的经验。

朝阳、元宝山、伊敏、白音华金山、通辽和上都等电厂褐煤锅炉燃用的褐煤，涵盖了内蒙古褐煤的主要矿区：平庄、元宝山、伊敏、白音华、霍林河、锡林浩特等褐煤，亦即我国绝大部分老年褐煤的产地。通过上述电厂褐煤锅炉的设计和运行实践，积累了燃用我国老年褐煤锅炉的燃烧方式、炉膛特征参数、燃烧器设计参数的选取，以及磨煤机和制粉系统选型的经验。

20世纪70年代，哈尔滨锅炉厂自主设计了第一台200MW机组Π型褐煤锅炉，之后，相继设计制造了亚临界300MW、600MW机组褐煤锅炉，超临界600MW、670MW机组褐煤锅炉。这些褐煤锅炉涵盖了切向和墙式燃烧方式，Π型炉、塔式炉、切向燃烧褐煤锅炉配置风扇磨煤机或中速磨煤机制粉系统，墙式燃烧褐煤锅炉配置中速磨煤机制粉系统。北京巴布科克·威尔科克斯锅炉厂设计制造的亚临界600MW和超临界660MW机组墙式燃烧Π型褐煤锅炉配置中速磨煤机制粉系统。上海锅炉厂制造的超临界660MW机组切向燃烧塔式褐煤锅炉配置风扇磨煤机制粉系统，东方锅炉厂设计制造的亚临界300MW机组褐煤锅炉、超临界660MW机组墙式燃烧Π型褐煤锅炉配置中速磨煤机制粉系统。各锅炉厂设计制造的褐煤锅炉，在国内外的运行实践中积累了褐煤锅炉的设计和燃烧技术经验。

欧洲和澳大利亚多为年轻褐煤，其特点是高水分、低灰分、低发热量，褐煤锅炉采用切向燃烧风扇磨煤机制粉系统。美国的老年褐煤特点是较高的水分、低灰分，发热量较高，热风干燥即可满足制粉系统的干燥出力。因此，美国褐煤锅炉均采用切向或墙式燃烧中速磨煤机制粉系统。我国内蒙古北部地区褐煤水分偏高、灰分偏低、发热量较低，中部地区的褐煤水分偏低、灰分偏高、发热量较低。通过实践，对于我国老年褐煤，根据不同煤质，采用切向燃烧风扇磨煤机制粉系统或切向、墙式燃烧中速磨煤机制粉系统。

20世纪70年代，北方重工集团公司（原沈阳重型机器厂）从德国引进S型风扇磨煤机，随着机组容量的增加，S型风扇磨煤机的提升压头已经不能满足要求。21世纪初，从俄罗斯引进MB型风扇磨煤机，应用于伊敏电厂的切向燃烧Π型褐煤锅炉、九台电厂的切向燃烧塔式褐煤锅炉等。上海重型机器厂也相继引进MB型风扇磨煤机，应用于巴基斯坦塔尔电厂的切向燃烧塔式褐煤锅炉。北京电力设备总厂设计制造的ZGM(A)中速磨煤机应用于京能五间房电厂的墙式燃烧Π型褐煤锅炉。长春发电设备总厂从德国引进的MPS-HP-Ⅱ中速磨煤机应用于大板、白音华金山和锡林浩特等电厂的墙式燃烧Π型褐煤锅炉，以及通辽电厂的切向燃烧Π型褐煤锅炉。

前言

国内的试验研究院所、电力设计院、锅炉制造厂和电力集团公司在总结国内褐煤燃烧技术和磨煤机制粉系统的设计和选型的基础上，相继提出了锅炉设计和磨煤机选型方面的标准。如DL/T 831《大容量煤粉燃烧锅炉炉膛选型导则》、NB/T 10127《大型煤粉锅炉炉膛及燃烧器性能设计规范》（替代JB/T 10440）、DL/T 466《电站磨煤机及制粉系统选型导则》、DL/T 5145《火力发电厂制粉系统设计计算技术规定》和GB 50660《大中型火力发电厂设计规范》等，对褐煤锅炉设计、磨煤机选型和制粉系统的设计起到了指导作用。

从20世纪70年代至21世纪，历经五十多年，汲取国外褐煤锅炉、磨煤机和制粉系统的选型经验，结合我国褐煤特性的实践，以及国内在褐煤锅炉、磨煤机和制粉系统方面国家重点科技攻关的研究成果，在褐煤锅炉、磨煤机及制粉系统的设计、制造和运行方面的经验；制定了相应的标准。积累了燃用我国老年褐煤锅炉的燃烧方式、炉膛特征参数、燃烧器设计参数的选取、磨煤机和制粉系统选型及设计参数的选取经验，形成了我国的褐煤燃烧技术体系。

本书阐述了褐煤锅炉、制粉系统与利用烟气余热增效减排技术三方面的内容。褐煤锅炉方面：褐煤特性及其对燃烧设备设计、运行和制粉系统的影响；褐煤低温燃烧技术、年轻褐煤、高灰分褐煤、老年褐煤与褐煤混煤燃烧技术；褐煤锅炉炉型选择、影响炉膛设计的因素、炉膛特性参数的选取、褐煤锅炉炉膛辅助设备；褐煤锅炉直流、旋流燃烧器，燃烧器设计参数的选取；煤粉浓缩器的应用、主要参数与结构，以及与结构相关参数的试验研究，煤粉浓缩器的布置、设计计算，运行实践。制粉系统方面：分别阐述了风扇磨煤机和中速磨煤机的类型和工作特点、磨煤机的运行、制粉系统与设计参数选取、磨煤机与制粉系统选型。利用烟气余热增效减排技术方面：烟气余热利用装置的布置、结构与设计计算，褐煤锅炉高效烟气余热利用系统。

本书编写过程中得到了哈尔滨锅炉厂的鼎力支持，提供了宝贵的设计经验，也采纳了东方锅炉厂、上海锅炉厂、武汉锅炉厂和北京巴布科克·威尔科克斯公司的有关资料；北方重工集团公司、长春发电设备总厂、北京电力设备总厂和上海重型机器厂的磨煤机与制粉系统等有关资料；引用了西安热工研究院、国网辽宁省电力有限公司电力科学研究院（原东北电力科学研究院）、西安交通大学和青岛达能环保设备有限公司的试验研究报告，东北电力设计院和华北电力设计院的专题报告。在编写过程中哈尔滨锅炉厂魏国华、宋宝军和王静杰，东方电气集团张彦军给予了很多帮助。在此致以诚挚的谢意。

本书承蒙国网辽宁省电力有限公司刘武成审阅锅炉部分的第一～五章，华北电力设计院张方炜审阅制粉系统部分的第六章和第七章，以及利用烟气余热增效减排技术的第八章，在此致以衷心的感谢。

囿于编著者的水平，本书疏漏和不足之处在所难免，诚望给予指正。

编著者

2023年8月

前言

第一章

褐煤资源与特性

第一节　褐煤资源分布概况

褐煤是一种易燃的化石燃料，全世界的褐煤地质储量约为 4 万亿 t，占全球煤炭储量的 40%弱。

国外褐煤主要产于德国、俄罗斯、澳大利亚、美国、波兰、捷克、斯洛伐克、罗马尼亚、匈牙利、保加利亚、希腊和巴尔干半岛的一些国家。这些国家的褐煤产量占国外褐煤总产量的 97%以上。

截至 2010 年，我国煤炭保有储量为 5.6 万亿 t，已探明的褐煤资源达到 1311 亿 t，约占煤炭总量的 13%。根据对矿区地质进行勘探的结果显示，华北是我国褐煤资源的主要分布地，占据了全国褐煤储量的 75%以上，处于华北地区内蒙古东部地区的储量最多，主要为中生代侏罗纪硬褐煤；我国第二大褐煤产地为我国西南地区，该地区赋存褐煤量占全国褐煤资源总量的 12%，以新生代第三纪软褐煤为主，大部分位于云南省境内；另外，我国西北、东北、中南和华东各地区褐煤资源量均少于全国褐煤总储量的 3%。我国各省市的褐煤分布中，云南省占全国首位，褐煤占全省煤炭总量的 60%，昭通盆地褐煤面积最大，储量最多，占云南省褐煤保有储量的 3/5，具有煤层厚，埋藏浅、层位稳定、倾角平缓等特点，开发条件优越。

我国在 18 个省（区）内均有不同程度的褐煤资源赋存。大体可分为 4 个成煤期，即早中侏罗纪、晚侏罗纪、早第三纪、晚第三纪。其中以晚侏罗纪为主，第三纪次之，早中侏罗纪仅有零星矿点分布。如按地理位置，可划分为两大褐煤分布带[1]。

一、东北褐煤带

按主要成煤期分为东、西两个亚带。

（一）西部褐煤亚带

西部褐煤亚带包括内蒙古的呼伦贝尔市、锡林郭勒盟、赤峰市、巴彦淖尔市、乌兰察布市北部，以及黑龙江的西北部地区，位于新华夏第三沉积带和第二沉积带内，由一系列晚侏罗纪内陆盆地群组成，主要盆地群有海拉尔、巴音和硕、赤峰和多伦等。区内沉积盆地较大，含煤面积分布广，煤层多且厚，储量丰富，是我国褐煤分布最富集的地方。

（二）东部褐煤亚带

东部褐煤亚带位于东北褐煤带的东部和南部，包括黑龙江、吉林、辽宁和山西、河北、山东省的部分地区。第三纪为主要成煤期，分布于东北三省的褐煤盆地。明显受华夏式断裂带的控制。自西而东形成依兰—伊通、密山—抚顺、珲春三个断陷带，本区的主要褐煤盆地均分布在此褐煤亚带。

二、西南褐煤带

以云南为中心，西延至西藏，经四川、贵州、广西，东达广东的茂名、海南岛等地。成煤期均为第三纪，以晚第三纪为主。除两广一带部分属于海型沉积外，大部为内陆沉积盆地。以盆地大小、含煤建造厚度、含煤性和储量的差异较大为其特征。

我国褐煤分布很不均匀，主要集中在内蒙古自治区，占全国褐煤总储量的79.17%。就成煤年代而言，中生代褐煤储量占褐煤储量的80.35%，分布集中，以大、中型沉积盆地为主；第三纪储量约占褐煤总储量的20%，分布面积广，以小型沉积盆地为主。

第二节　褐煤主要矿区煤质特性

褐煤是一种成分变化区间很大的燃料，产地不同煤质差别也很大，按照褐煤形成的地质年龄长短，国外将其分为年轻褐煤和老年褐煤，又称软褐煤和硬褐煤，其分类见表1-1[2]。

表 1-1　　国外对褐煤的分类

煤种		结构	颜色	挥发分 V_{daf} (%)	水分 M_{ar} (%)	灰分 A_{ar} (%)	高位发热量 $Q_{gr,ar}$ (MJ/g)	低位发热量 $Q_{net,ar}$ (MJ/kg)
年轻褐煤（软褐煤）	泥质褐煤	泥状，风化	黑 色	54～62	45～70	2～30	24.4～26.1	3.36～5.05
	劣质褐煤	软、纤维状	淡褐色	50～56	40～55	5～30	26.1～27.8	5.05～11.8
老年褐煤（硬褐煤）	沥青质褐煤	坚硬	深黑色	40～55	20～40	15～40	27.8～30.2	11.8～14.7
	光泽褐煤	贝壳状，均质	黑色	45～55	10～30	10～40	30.2～31.9	14.7～23.1

一、我国褐煤主要矿区煤质特性[1-3]

我国褐煤炭化程度差别较大，高的接近长焰煤，低的为泥煤的过渡类型，但以炭化程度较高的老年褐煤为主。炭化程度的高低，一般与成煤时代有关，侏罗纪和第三纪以老年褐煤为主，晚第三纪以年轻褐煤居多。

褐煤是煤分类中炭化程度最浅的煤种。其显著特点是炭化程度浅（含碳量低）、水分含量高、发热量低。另外，褐煤煤灰的灰熔融温度（灰熔点）也较低。按褐煤成煤时代不同分别简述其主要煤质特征。

呈亮褐色，含有植物纤维的称褐煤（lignite）；呈暗褐色，基本不含杂物，称土褐煤（brown coal）；具有光泽的表面为沥青褐煤；属于褐煤的藻煤为褐色和黑褐色，藻煤含有纤维、沥青和油脂[4]。

我国炭化程度最浅的年轻褐煤的外观呈褐色，其特点是碳含量低（C_{daf}不超过70%），这种褐煤在我国储量不多，仅在云南和广西的部分第三纪褐煤中有少量的这种褐煤。如云南的凤鸣村矿区褐煤，可以发现保有很好的木质结构的褐煤（有称柴煤），其特点是灰分低、挥发分和含氧量高、水分高、发热量低、碳含量也低。云南的凤鸣村矿区及昭通褐煤，低位发热量 $Q_{net,ar}$ 在 8.372MJ/kg 以下，全水分 M_t 达 40%～60%，而碳 C_{ar} 仅为 30%左右，一般在 21%～25%之间变化。

我国褐煤资源以炭化程度较深的亮褐煤为主，即老年褐煤。在我国褐煤资源中，早、中侏罗纪褐煤多为亮煤。梅河、百色、黄县等早第三纪褐煤也属于亮褐煤。亮褐煤的特点是碳含量和发热量高，挥发分低，有的亮褐煤干燥无灰基挥发分 V_{daf} 低于 40%。

褐煤显著特点是炭化程度浅、水分含量高。以晚第三纪年轻褐煤的水分最高，全水分 M_t 可达 30%～40%，有的甚至高达 50%以上。如云南的跨竹褐煤 M_t 为 54.19%，寻甸的 M_t 为 56.62%，昭通的 M_t 在 58%以上，罗茨的 M_t 为 65.88%。侏罗纪褐煤的水分一般不超过 30%，而侏罗纪的伊敏褐煤 M_t 一般在 40%左右。侏罗纪褐煤的空气干燥基水分 M_{ad} 一般为 5%～20%，而晚第三纪褐煤炭化程度浅的褐煤 M_{ad} 多在 10%～20%。

我国褐煤的灰分普遍较高。除云南地区褐煤的干燥基灰分 A_d 在 10%～20%外，其余绝大部分省（区）的褐煤 A_d 多在 20%～30%。

我国褐煤中的硫分分布比较有规律，侏罗纪褐煤硫分大部分很低，通常干燥基全硫 $S_{t,d}<1\%$；第三纪褐煤硫分变化大，一般与沉积环境有关，广东和广西一带的近海型褐煤盆地，硫分大多为 $S_{t,d}>3\%\sim4\%$，内陆盆地褐煤变化较大，低者 $S_{t,d}<1\%$，高者 $S_{t,d}>4\%\sim6\%$，一般以 $S_{t,d}>1\%\sim2\%$居多。

褐煤的高位发热量 $Q_{gr,ar}$ 一般为 26.370～30.550MJ/kg(6300～7300kcal/kg)。但是，其收到基低位发热量 $Q_{net,ar}$ 则变化较大，如黄县、梅河和伊敏矿区的褐煤有的 $Q_{net,ar}$ 低至 10.465～12.558kJ/kg(2500～3000kcal/kg)，一般多在 12.558～16.774kJ/kg(3000～4000kcal/kg) 变化。我国云南褐煤的收到基低位发热量最低的 $Q_{net,ar}$ 为 6.279～8.372kJ/kg(1500～2000kcal/kg)。低位发热量 $Q_{net,ar}$ 高低主要与煤的炭化程度深浅有关，取决于其水分和灰分的含量大小。

褐煤元素成分中碳含量较低，氧含量高。氢含量则随着成煤时代的不同变化较大。第三纪褐煤的干燥无灰基氢 H_{daf} 一般为 5%～6%，侏罗纪的 H_{daf} 一般为 4.5%～5.5%。因我国晚第三纪褐煤的炭化程度显著低于侏罗纪褐煤，一般侏罗纪褐煤的干燥无灰基碳 C_{daf} 多在 70%～76%，而第三纪褐煤的 C_{daf} 大多在 62%～72%。侏罗纪的干燥无灰基氧 O_{daf} 为 10%～22%。

褐煤灰成分与成煤时代有密切关系。一般侏罗纪褐煤的煤灰成分中 CaO 含量较多，多在 10%以上。第三纪褐煤中的 CaO 含量则高低不一，如北方早第三纪褐煤灰中 CaO 多在 10%以下，而云南的晚第三纪褐煤煤灰中的 CaO 含量高达 10%～30%，特别是小龙潭褐煤煤灰中 CaO 高达 30%～50%。灰成分中的 SiO_2 较低，大多 $SiO_2<50\%$，Al_2O_3 含量普遍较低，而 CaO 含量较高，因此煤灰的灰熔融温度较低，大多在 1300℃以下，有些甚至小于 1200℃。因此在炉内燃烧时易于结渣。

我国主要褐煤矿区煤质特性见表 1-2、图 1-1。

二、国外褐煤主要矿区煤质特性[2,4,5]

国外主要产褐煤国家褐煤特性见表 1-3、图 1-1。

表 1-2　我国主要褐煤矿区的褐煤特性

项目	符号	单位	宝日希勒	白音华	先锋	霍林河	伊敏露天矿	元宝山露天矿	元宝山	扎赉诺尔	小龙潭	胜利	阳宗海	大雁	昭通	上思
全水分	M_t	%	35.4	29.60	35.62	28.65	38.0	25.28	27.77	30.2	34.5	31.5	36.03	34.07	55.40	14.0
空气干燥基水分	M_{ad}	%	13.28	14.20	11.08	11.47	—	—	9.22	13.98	11.45	19.07	13.56	22.64	12.03	13.04
收到基灰分	A_{ar}	%	7.22	15.99	7.39	27.49	15.6	26.39	24.41	12.42	10.98	18.36	15.62	10.30	10.23	32.23
干燥无灰基挥发分	V_{daf}	%	44.19	47.97	51.44	48.37	47.0	43.84	41.00	42.68	50.28	46.12	55.84	47.03	56.74	53.85
收到基碳	C_{ar}	%	42.83	40.25	40.41	31.57	36.30	36.30	35.34	44.47	40.75	35.19	31.95	41.30	22.14	39.59
收到基氢	H_{ar}	%	2.77	3.28	2.91	2.22	2.34	2.34	2.77	2.78	2.13	2.39	2.49	2.76	1.89	3.50
收到基氧	O_{ar}	%	11.12	9.74	12.01	9.07	8.51	8.51	8.29	9.51	9.08	11.57	12.08	10.67	9.00	9.05
收到基氮	N_{ar}	%	0.49	0.71	1.10	0.57	0.47	0.47	0.43	0.48	1.05	0.46	0.85	0.63	0.65	1.29
全硫	$S_{t,ar}$	%	0.17	0.43	0.62	0.43	1.3	0.70	0.89	0.14	1.51	0.53	0.98	0.27	0.69	0.34
收到基高位发热量	$Q_{gr,ar}$	MJ/kg	16.49	15.87	—	—	—	—	—	17.47	—	13.53	12.51	15.81	8.09	16.38
收到基低位发热量	$Q_{net,ar}$	MJ/kg	15.11	14.51	14.67	11.304	10.83	13.207	12.527	16.20	13.55	12.31	11.04	14.46	6.65	15.34
哈氏可磨性指数	HGI	—	77.0	42.0	38.0	60，0	72.5	57.6	70.0	—	45.0	37.0	63.0	49.0	35.0	58.0
变形温度	DT	$\times 10^3$,℃	1.14	1.29	1.12	1.10	1.06	1.125	1.26	1.19	1.28	1.23	1.15	1.27	1.15	>1.50
软化温度	ST	$\times 10^3$,℃	1.15	1.34	1.24	1.24	1.10	1.15	1.30	1.21	1.35	1.25	1.22	1.38	1.21	>1.50
半球温度	HT	$\times 10^3$,℃	1.16	1.38	—	—	—	—	—	1.22	—	1.27	—	1.45	—	>1.50
流动温度	FT	$\times 10^3$,℃	1.17	>1.50	1.30	1.30	1.11	1.19	1.33	1.23	—	1.29	1.28	1.48	1.25	>1.50
煤灰中二氧化硅	SiO_2	%	44.44	56.87	44.79	41.69	54.6	51.25	57.78	62.87	29.50	56.55	40.74	66.74	31.20	57.45
煤灰中三氧化二铝	Al_2O_3	%	12.19	27.93	21.92	19.94	15.7	14.91	19.38	13.92	16.32	19.89	24.39	17.08	18.40	29.60
煤灰中三氧化二铁	Fe_2O_3	%	16.50	2.07	7.92	10.37	4.0	15.43	9.13	5.25	15.18	7.20	11.74	2.77	11.26	5.08
煤灰中氧化钙	CaO	%	14.97	3.73	8.45	11.32	12.3	8.30	3.07	9.50	32.33	5.54	9.90	4.95	20.02	1.92
煤灰中氧化镁	MgO	%	2.34	1.09	4.23	1.94	3.2	2.40	1.39	1.85	2.21	3.41	3.56	0.63	4.31	1.48
煤灰中氧化钠	Na_2O	%	1.13	0.64	2.01	2.68	0.4	0.90	—	0.70	0.01	0.62	0.43	0.86	0.26	0.41
煤灰中氧化钾	K_2O	%	1.78	1.27	0.75	2.68	—	2.75	—	1.86	0.40	1.67	0.89	1.12	1.11	1.26
煤灰中二氧化钛	TiO_2	%	1.14	0.68	—	—	1.1	0.93	1.34	1.26	0.19	0.99	0.58	0.82	1.24	1.35
煤灰中三氧化硫	SO_3	%	4.90	3.72	6.71	7.35	—	2.99	—	2.18	3.19	3.59	6.14	1.67	10.26	0.58
煤灰中二氧化锰	MnO_2	%	0.016	0.090	—	—	—	—	—	0.008	—	0.019	—	—	—	0.010

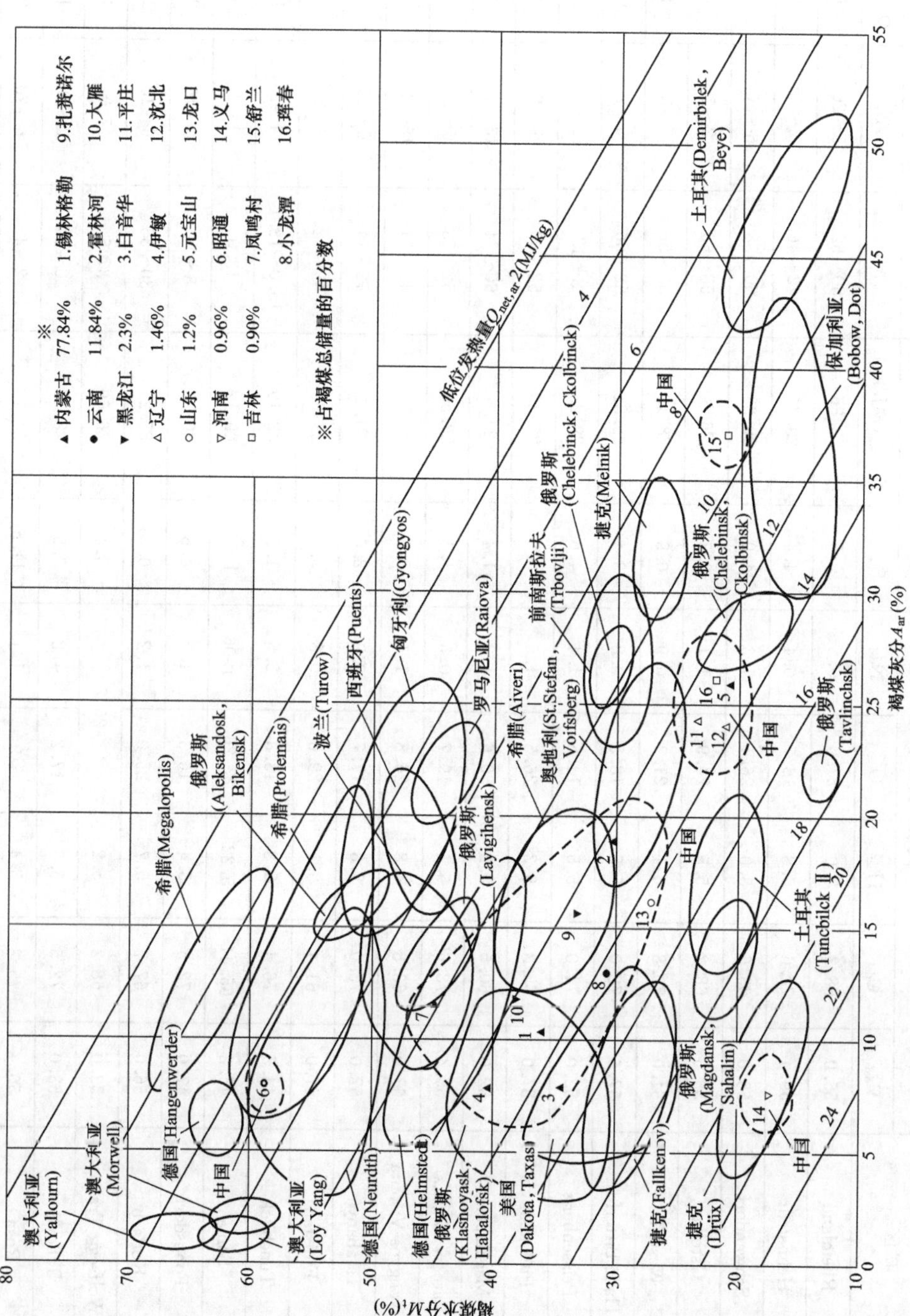

图 1-1 国内外主要褐煤矿区的褐煤特性（$Q_{net,ar}$、A_{ar}、M_t）

表 1-3 国外主要褐煤矿区的褐煤特性

国别	矿区	元素分析，干燥无灰基（%）							原煤，收到基（%）		
		V_{daf}	C_{daf}	H_{daf}	O_{daf}	N_{daf}	$S_{t,daf}$	$Q_{gr,daf}$(MJ/kg)	M_t	A_{ar}	$Q_{net,ar}$(MJ/kg)
德国	Rheinland	55.0	68.3	5.0	27.5	0.5	0.5	23.86	50～62	5～20	6.3～7.5
	Helmstedt	59.4	72.6	5.8	16.7	0.4	4.4	29.75	42～46	12～22	9.2～10.5
	Schwandorf	55.0	63.6	5.0	26.1	1.3	4.0	25.33	50～58	6～20	6.3～7.5
	Ostelbe	56.5	68.2	5.5	24.9	1.1	0.3	26.5	58～60	2～5	8.0～8.4
	Westelbe	61.0	70.8	6.1	21.3	0.9	0.9	28.18	52～56	5～8	8.8～9.6
	Halle-Bitterfeid	57.5	72.0	5.5	18.3	0.8	3.4	29.81	52～56	5～7	9.6～10.0
	Peissenberg	52.0	74.0	5.5	14.5	1.4	4.6	29.23	8～12	12～20	19.7～23.0
希腊	Ptolemais	57.0	65.3	5.3	26.5	1.6	0.5	25.25	52～60	6～22	3.6～6.7
	Magalopolis	62.0	60.5	6.2	30.6	1.3	1.4	24.5	60～64	13～17	2.8～4.0
波兰	Patnow Lausitz	58.4	73.6	5.1	19.7	0.5	1.1	28.56	52～58	6～15	8.0～8.8
匈牙利	Gyongyos Visonta	63.0	63.8	4.8	26.8	1.1	3.5	24.83	46～54	15～30	5.0～6.7
	Tatabanya	52.0	73.0	5.8	17.7	0.9	2.6	31.4	12～14	6～12	23.0～24.3
土耳其	Elbistan	67.0	61.4	5.1	29.6	0.8	5.1	23.69	48～62	8～24	3.3～6.2
	Tuncbilek	44.5	76.4	5.8	13.8	2.5	1.5	32.19	15.0～18.1	14～24	15.0～18.1
	Soma	45.2	65.41	5.22	27.26	1.06	1.05	29.12	13.0	14.1	20.07～21.23
奥地利	Fohnsdorf	47.0	72.5	5.4	16.3	1.2	4.6	30.35	8～14	8～16	20.0～22.6
	Koflach	56.0	67.7	5.7	25.0	1.2	0.3	27.21	30～35	6～10	13.0～14.7
	Wolfsegg Traunt	53.0	68.2	5.2	26.2		0.4	26.69	37.5	7.0	13.3～14.8
前南斯拉夫	Trbovlje	53.0	72.5	5.6	17.2	1.2	3.5	28.47	20～24	30～35	10.0～11.7
	Rosa	50.4	75.2	5.4	6.9	1.1	11.5	34.12	2～4	6～20	27.6～30.1
	Kreka	56.5	66.51	5.73	27.21		0.55	25.35	38.8	9.0	12.28～13.89

续表

国别	矿区	元素分析，干燥无灰基（%）							原煤，收到基（%）		
		V_{daf}	C_{daf}	H_{daf}	O_{daf}	N_{daf}	$S_{t,daf}$	$Q_{gr,daf}$(MJ/kg)	M_t	A_{ar}	$Q_{net,ar}$(MJ/kg)
捷克	Nordbohmen(Brux)	48.0	77.5	5.8	14.6	1.0	1.2	32.32	15～25	5～15	18.8～22.2
捷克	Westbohmen(Falkenov)	54.5	73.5	6.0	17.9	1.1	1.5	30.9	25～35	4～14	15.1～18.4
捷克	Slowakei(Handlova)	50.0	72.0	5.4	19.75	1.35	1.5	28.32	20.0	17.0	17.35～18.59
保加利亚	Pernjk Dimiroft	47.6	72.7	5.76	20.12	20.12	1.42	30.43	9.83	8.39	24.64～25.68
意大利	Toscana Valdarno	53.3	50.7	6.3	39.4	1.7	1.9	23.09	50.5	12.4	7.33～9.08
葡萄牙	Arneiros	54.4	67.24	4.67	23.05	0.81	4.23	25.76	51.2	7.6	9.36～11.04
罗马尼亚	Schitu Golesti	52.8	66.36	5.7	27.06		0.88	25.66	39.7	12.9	11.19～12.76
西班牙	Teruel	38.3	70.09	5.76	17.33	0.83	5.99	28.81	12.6	17.5	19.62～20.81
澳大利亚	Yalloum	51.5	67.5	4.8	26.7	0.7	0.3	25.54	63～72	1～2	5.0～7.5
美国	North Dakota	50.9	72.09	4.65	20.39	1.36	1.51	27.82	36.6	6.5	14.93～16.42
	Texas Houston	51.5	72.61	5.29	19.4	1.38	1.32	28.59	33.2	8.8	15.76～17.25
加拿大	Alberta	44.8	71.88	5.04	21.22	1.45	0.45	27.35	22.9	7.81	18.39～19.72
俄罗斯	Skobinsk	55.0	65.0	5.4	23.3	1.1	5.2	—	31～37	22～28	8.334
	Volqinsk	49.0	63.5	5.2	29.7	1.2	0.4	—	20～30	25～32	12.309
	Nazalaovsk	48.0	70.0	4.8	23.6	0.8	0.8	—	39～45	4.5～11	13.021
	Belezaovsk	48.0	71.0	4.9	23.1	0.7	0.3	—	12	4.0	15.659
	Azeyisk	47.0	74.0	5.3	18.7	1.4	0.6	—	25～28	11～16.5	16.915
	Halanovsk	44.0	71.5	4.6	22.3	1.0	0.6	—	40～42	6.7～12.8	11.974
	Anadaylsk	47.0	74.0	5.7	19.2	1.6	1.0	—	22	10.4	17.920
	Layiqihensk	43.0	71.0	4.3	23.1	1.0	0.6	—	37.5～40	5.9～12	12.728
	Bikinsk	56.0	65.5	5.5	26.5	1.7	0.8	—	45.5～50	10.6～18.5	7.892
	South-Sahalinsk	48.0	73.0	5.7	19.2	1.6	0.5	—	20～30	14.1～17.2	17.333

欧洲大部分国家如德国、希腊、波兰、匈牙利、罗马尼亚、西班牙等国家和澳大利亚的褐煤主要是年轻褐煤，德国、波兰和希腊褐煤全水分 M_t 为40%～60%，灰分 A_{ar} 为3%～20%，挥发分 V_{daf} 为50%～60%，发热量 $Q_{net,ar}$ 为3～11MJ/kg；部分德国和希腊，以及澳大利亚褐煤的水分 M_t 高达65%～70%。美国、俄罗斯、奥地利、保加利亚、土耳其和巴尔干半岛的前南斯拉夫国家（斯洛文尼亚、克罗地亚、波斯尼亚-黑塞哥维那、马其顿和南斯拉夫联盟等国家）褐煤的水分、灰分和发热量的波动范围较大，水分 M_t 为10%～40%，灰分 A_{ar} 为5%～50%，发热量 $Q_{net.ar}$ 为6～22MJ/kg，其中，美国、捷克、斯洛伐克、奥地利、部分俄罗斯和土耳其褐煤的水分 M_t 为10%～40%，灰分 A_{ar} 较低，为5%～20%。

欧洲有些国家的年轻褐煤含有木质纤维。从德国能源与工程技术公司（EVT）对褐煤的分类（见表1-4）可见[6]，德国年轻褐煤含木质纤维较多，一般为5%～10%，有的含量高达30%。褐煤中的木质纤维是一种变质石棉，实际是不易燃尽的，而且在磨煤机中也较难磨碎。

表1-4　德国能源与工程技术公司（EVT）对褐煤的分类

种类	特性	发热量 $Q_{net,ar}$ (MJ/kg)	水分 M_t(%)	灰分 A_{ar}(%)	木质纤维 (%)
1	湿褐煤，高水分，低灰分	5.4～8.4	60～70	<4	<5
2	湿褐煤，中等水分，高灰分	6.3～7.5	50～60	10～20	<5
3	湿褐煤，中等水分，低灰分	7.5～10.8	50～60	<10	<5
4	木质褐煤，高水分，低灰分，多木质含量	6.3～10.5	60～70	<10	5～15
5	木质褐煤，中等水分，高灰分，低木质含量	4.2～10.5	40～55	10～20	<10
6	木质褐煤，中等水分，高灰分，多木质含量	4.2～10.5	40～55	10～20	10～30
7	木质褐煤，低水分，高灰分，多木质含量	10.5～14.6	30～40	15～30	10～30
8	木质褐煤，高灰分，含沥青	12.54～16.70	20～40	10～20	—
9	木质褐煤，高灰分，含沥青	10.5～14.6	20～40	20～40	—
10	木质褐煤，（含沥青），油脂	14.6～22.3	10～40	5～30	—

第三节　褐煤特性

一、褐煤常规分析的特性

（一）煤质成分与特性[7]

煤炭的组成和结构非常复杂，是由可燃成分和不可燃成分两大部分组成的复杂组合物。其可燃成分用元素分析表示的有碳（C）、氢（H）、可燃硫（S_{o+p}）。不可燃成分主要是氧（O）、氮（N）、不可燃的无机盐硫（S_s）与灰分（包括Al、Fe、Ca、Mg、K、Na等的各种矿物盐，如碳酸盐、硫酸盐、硅酸盐、磷酸盐等）、水分（包括外在水分 M_f

和内在水分 M_{inf}）及一些气体（CO_2、SO_2 等）。

1. 碳（C）

碳是煤炭中的主要可燃元素，占煤炭可燃成分的60%～95%。1kg纯碳燃烧后的低位发热量为33.70MJ。碳元素包括固定碳和挥发分中的碳。煤的埋藏年代越久，炭化程度越深，含碳量也越高。无烟煤的埋藏年代最久，含碳量可达93%～97%；而褐煤和泥煤的埋藏年代短，含碳量为50%～70%。年代浅的煤则只有50%左右，我国褐煤的含碳量一般为31%～45%，昭通褐煤的水分高达55%，其含碳量仅为22%。

2. 氢（H）

氢是组成有机物的重要元素之一，是燃料中单位质量发热量最高的元素（120.37MJ/kg），约等于纯碳发热量的3.6倍。但它在煤中的含量不高，一般为可燃成分的1%～6%，大多以各种形式的碳氢化合物状态存在。这些物质在煤受热时易裂解析出，同时也易着火和燃烧，因此，含氢量越高的煤，越容易着火燃烧，我国褐煤的含氢量一般为2.0%～3.5%。炭化程度越高的煤，含氢量越低，我国无烟煤氢含量最低的为0.9%，不容易着火和燃烧。

3. 氧（O）和氮（N）

氧和氮是有机物中的不可燃成分。氧常与燃料中的氢或碳处于化合状态，如 CO_2、H_2O 等，使可燃成分相对减少，因而是一种不利元素。氧在各种煤里的含量变化范围较大，煤的地质年代越短，其含氧量越高，我国褐煤的含氧量一般为9%～12%，泥煤可达40%。炭化程度高的煤含氧量较低，无烟煤一般为1%～3%。

煤中氮的含量很少，为0.5%～2%。一般情况下不会被氧化，但在高温下或有触媒存在时，部分氮可能会形成氮氧化物 NO_x（NO、NO_2）及 N_2O，它是一种对大气环境有害的污染物质。

4. 硫（S）

硫是煤中的有害元素，通常有三种形态，即有机硫（S_O）、硫铁矿硫（S_P）和硫酸盐硫（S_S），三者之和称为全硫（S_t）。所谓有机硫是指存在于可燃质高分子有机物中的硫分。另外，灰中也常含有少量硫酸盐类，其硫分称为硫酸盐硫。有机硫和黄铁矿硫都参与燃烧，并放出热量，生成 SO_2 和 SO_3，故合称为可燃硫，1kg可燃硫放出的热量仅为9.1MJ。硫酸盐在1000℃以上的高温条件下也部分热解生成 SO_3。可燃硫与可热解的硫酸盐硫之和，有时称为挥发硫。硫酸盐硫不参与燃烧而并入灰分中。硫燃烧后在烟气中大部分以 SO_2 及少量以 SO_3 的形式存在。SO_3 会使烟气的露点温度大大提高，烟气中的 SO_2 与 SO_3 能溶解于水变成 H_2SO_3（亚硫酸）及 H_2SO_4（硫酸），会造成锅炉高温和低温金属受热面烟气侧的腐蚀和堵灰，并在锅炉的排放烟气中严重污染大气环境，形成酸雨等。在我国电站用煤中硫含量一般小于1%～1.5%，我国褐煤的硫含量一般为0.2%～1.5%。贫煤的硫含量偏高，达3%～5%，个别煤种含硫高达8%～10%。

5. 灰分（A）

灰分是煤完全燃烧后生成的固态残余物的统称。各种煤的灰分含量相差很大，一般为5%～35%，高灰分的可达40%～60%。欧洲和澳大利亚褐煤的水分高，灰分较少；我国褐煤的水分较少，而的灰分较高一般为12%～25%。灰分的一部分是形成煤时物质本身含有的矿物质和形成过程中进入的外来矿物质；另有部分是开采运输过程中掺杂进来的矿物质，如灰、沙土和石块等。

灰分不仅降低发热量，影响着火和燃烧的稳定性，而且容易形成结渣、沾污、腐蚀、磨损、堵灰，影响锅炉运行的经济性和安全性，同时增加煤的运输成本。

因为在燃烧过程中产生脱水和分解等变化，所以煤炭燃烧后产生的灰成分与原来煤中的矿物质不完全相同。

6. 水分（M）

水分是煤中的不可燃成分。煤中含有的水分，通常按其存在状态和分析方法分为两部分。一部分称为内在水分M_{inh}或固有水分，即在大气状态下风干的煤所保持的吸附水分，它随着煤的炭化年代的增加而减少；另一部分称为外在水分M_f或表面水分，即燃煤表面及颗粒之间所保持的水分，它随外界环境而有较大的变动。这两部分之和，即是煤的全水分M_t。不同煤种的水分含量变化很大，无烟煤为4%～6%，我国褐煤水分一般为30%～40%，昭通褐煤可达55%。水分的增加，除降低煤的发热量，燃烧过程中水分的汽化还要吸收热量，致使炉膛温度降低，这将影响煤的着火与燃烧；烟气量的增加将使排烟热损失增加；与烟气中的硫氧化物结合也会加剧锅炉尾部低温受热面的金属腐蚀与堵灰；此外，水分含量高还会使煤的运输和磨煤机制粉产生困难，后者需要有高温空气或烟气进行干燥。

7. 挥发分（V）

挥发分不是以现成的状态存在于燃料中的，而是在燃料加热时形成的。失去水分的煤样在隔绝空气下加热，使燃料中有机质分解而析出的气体产物，即为挥发分。挥发分主要是由各种碳氢化合物、一氧化碳、硫化氢等可燃气体组成。此外，还有少量的氧、二氧化碳、氮等不可燃气体的成分。

不同燃料开始放出挥发分的温度是不同的。炭化程度较浅、地质年代较短的煤，如褐煤，在较低的温度下（<200℃）就迅速放出挥发分；炭化程度较褐煤深些的烟煤，开始析出挥发分的温度就高一些；煤化程度高的贫煤和无烟煤要在400℃左右才开始放出挥发分。

燃料挥发分含量的多少与燃料性质有关。一般说来，挥发分含量随炭化程度的提高而减少。褐煤挥发分V_{daf}很高，可达37%～60%；煤化程度最高的无烟煤，V_{daf}只有2%～10%。我国的褐煤挥发分V_{daf}一般为40%～56%。

挥发分燃烧时放出的热量取决于挥发分的成分。不同燃料的挥发分发热量差别很大，它与挥发分中氧的含量有关，因而也与煤的炭化程度有关。氧含量少、质量高的无烟煤和贫煤的挥发分发热量很高；褐煤挥发分的发热量很低。如1kg阳泉无烟煤挥发分的发热量为94.690MJ，而1kg扎赉诺尔褐煤挥发分的发热量为32.914MJ，但是，由于无烟煤和褐煤的挥发分含量不同，1kg煤中阳泉无烟煤挥发分的发热量为5.280MJ，而1kg煤中扎赉诺尔褐煤挥发分的发热量为15.312MJ。

挥发分是煤燃烧的重要特性，它对锅炉的工作有很大影响。挥发分着火温度较低，使煤容易着火。例如，褐煤的着火温度约为370℃，烟煤为470～500℃，无烟煤则为700℃左右。挥发分多的煤也较易于燃尽，燃烧损失较少。因为在挥发分析出以后，煤的表面呈多孔性，与助燃空气接触的机会增多。相反，挥发分少的煤着火困难，也不容易燃烧完全。挥发分含量是对煤进行分类的重要依据。

（二）发热量

煤的发热量是表征动力用煤质量的一个重要参数。煤的发热量有高位发热量 Q_{gr} 和低位发热量 Q_{net} 之分。高位发热量为 1kg 煤完全燃烧时放出的全部热量，包含烟气中水蒸气凝结时放出的热量；低位发热量是在 1kg 煤完全燃烧时放出的全部热量中扣除水蒸气的汽化潜热后所得的热量。煤在锅炉中燃烧后排出的烟气具有相当高的温度，烟气中的水蒸气不可能凝结下来，这样，水的汽化潜热就不可能被利用，而是被排入大气。因此，我国在锅炉行业中采用低位发热量作为煤带进锅炉的热量的计算依据，锅炉热效率是以低位发热量为准的效率。而美国则采用高位发热量为准，锅炉热效率是以煤的高位发热量为准的效率。

煤的高位发热量用氧弹量热计测得。高位发热量减去水及由氢生成水的汽化潜热，即可得到煤的低位发热量。

我国褐煤的发热量一般为 10～15MJ/kg，而昭通褐煤由于其全水分高达 55%。因为收到基灰分为 10%，不可燃成分较大，所以其发热量较低，为 6.6MJ/kg 左右。

（三）煤的折算特性

由于燃料的水分（M）、灰分（A）及硫分（S）对锅炉的运行性能有较大的影响，单从其质量含量进行分析是比较困难的。因为在相同的灰分（或水分、硫分）下，煤的发热量是不一样的，当水分、灰分和硫分增加时，燃煤的发热量降低，而锅炉在一定负荷下所需吸收的热量（需由煤燃烧产生）是一定的，为使锅炉保持原有蒸发量，就必须增加燃煤量，此时，由燃煤带入炉膛内的水分、灰分和硫分也相应增加，其对锅炉运行性能的影响也加大。因此，为了评估锅炉燃用不同煤种时，比较准确地衡量它们随着燃料进入炉内的含量，并由此分析对锅炉运行性能的影响，有时采用折算水分（$M_{ar,zs}$）、折算灰分（$A_{ar,zs}$）和折算硫分（$S_{ar,zs}$）的概念将是比较方便而有用的。其表达式如下。

折算水分
$$M_{ar,zs}=4.1868\times\frac{M_{ar}/100}{Q_{net,ar}} \tag{1-1}$$

折算灰分
$$A_{ar,zs}=4.1868\times\frac{A_{ar}/100}{Q_{net,ar}} \tag{1-2}$$

折算硫分
$$S_{ar,zs}=4.1868\times\frac{S_{ar}/100}{Q_{net,ar}} \tag{1-3}$$

式中 $M_{ar,zs}$、$A_{ar,zs}$、$S_{ar,zs}$——收到基折算水分、折算灰分、折算硫分，kg/MJ；

M_{ar}、A_{ar}、S_{ar}(S_t)——煤的收到基水分、灰分和硫分，%；

$Q_{net,ar}$——煤的收到基低位发热量，MJ/kg。

它们的含意是每送入锅炉炉膛 4.1868MJ（1000kcal）的热量所带入水分、灰分及硫分的质量（单位为 kg）。

烟煤及无烟煤的折算水分 $M_{ar,zs}$ 大多均大于 6g/MJ。对于 $A_{ar,zs}$＞20g/MJ 及 $S_{ar,zs}$＞0.5g/MJ 者，分别属于高灰和高硫燃料。对于褐煤，由于其水分高，有的灰分也高，所以其发热量一般都比较低。因此，折算水分、灰分和硫分都比较高。

（四）煤灰的特性

1. 煤灰的成分

煤灰的成分是指煤中的矿物质经燃烧后生成的各种金属与非金属的氧化物与盐

类（如硫酸钙等）。灰分分析不能给出各种矿物质的组成，因为在燃烧过程中，温度很高，它们绝大部分已发生化学转化。此外，在实验室中用煤样燃烧取得的灰分与锅炉运行中产生的灰分也不可能完全相同，因为在锅炉燃烧过程中，燃料发生物理化学过程的条件，如温度、时间和烟气组分等，与实验条件是不同的。

煤中已发现的矿物杂质有40～50种，常见的煤中自然形成的矿物质中主要成分是黏土矿物质，它占全部矿物质中的50%左右。其次是碳酸盐，它占矿物质的20%左右。石英所占比例变化非常大，在1%～15%之间。第四类为硫化物，根据各矿的不同，最多可达20%。作为次要成分的有长石、磷酸盐或氯化物等。另外，泥土、砂砾和黏土可固结成页岩，其中包括伊利石、白云母、黑云母等多种矿物质。

我国煤中常见的矿物质是黏土矿物质、黄铁矿、石英和方解石。如以氧化物来区别，可以看到灰中主要成分是 SiO_2 和 Al_2O_3，两者之和占煤灰的60%～70%，其余30%～40%为各种氧化铁（FeO、Fe_2O_3、Fe_3O_4）、CaO、MgO、TiO_2、SO_3、P_2O_5、Na_2O 和 K_2O 等。

我国褐煤煤灰成分一般为 SiO_2＝10.16%～56.42%，Al_2O_3＝5.64%～31.38%，Fe_2O_3＝4.67%～21.34%，CaO＝5.03%～39.02%，MgO＝0.11%～2.43%，TiO_2＝0.28%～3.76%，SO_3＝0.63%～35.16%，Na_2O＋K_2O＝0.09%～11.38%。我国褐煤灰分的 CaO 含量平均为5%～40%，有的甚至高达40%～50%，如云南地区褐煤。其中，小龙潭煤的 CaO 高达30%。SO_3 的含量也是最高的，为25.5%。褐煤煤灰中 CaO 的含量为5%～39%，超过 Al_2O_3 的含量，一般呈强碱性，这是褐煤灰的一个特点。

2. 煤灰的熔融特性

煤灰的化学成分在很大程度上决定着煤灰的熔融和黏度-温度特性，但由于温度、气氛条件和作用时间的不同，用来测定成分的实验室灰、煤中的灰和炉内的灰渣在组成上均有差别，并且，即便是化学组成相同的灰，在物相组成上也不一定相同，例如，同样的 SiO_2，既可能来源于石英，又可能出自陶土，而石英与陶土，在炉膛中的特性是很不一样的。不过大量的试验研究表明，煤灰的化学成分对熔融和黏度-温度特性的影响仍有一定规律可循。

构成煤灰的各种无机成分在纯净状态下的熔融温度大部分是很高的，而且发生相变的熔点温度是恒定不变的。但实际的煤灰是以多成分的复合化合物的形式，以至混合物的形式存在的。这些复合物的熔点要比纯氧化物的低得多。而且，多成分的混合物并没有明确的由固相转化为液相的熔点温度；从个别组分开始熔融直到全部组分完全熔融要经过一个较长的温度区域。在这个温度区域内，灰的各组分之间可能反应生成具有更低熔点的共晶体，而有些共晶体也可能进一步受热分解成更难熔化的化合物。熔化状态的低熔点共晶体有熔解煤灰中其他尚呈固态的矿物质的性能，从而使其在大大低于熔点的温度下液化。因而煤灰的实际熔化温度要比具有较高熔点的纯氧化物低得多。

因为煤灰是由多种成分的矿物质所构成，所以其熔融特性难以按化学组成准确地预测。大致的规律如下。

（1）SiO_2、Al_2O_3 的综合影响。煤灰中 SiO_2＋Al_2O_3 含量越高，则可能有较高的灰熔化温度，此外，还与 SiO_2/Al_2O_3 比值有关：对于硅含量低的煤灰，$SiO_2/Al_2O_3 \approx 1.18$ 时（即高岭土组分 $Al_2O_3 \cdot 2SiO_2$），灰熔化温度多是较高的；而随着该比值的增加，灰熔化温度会逐渐下降。这是因为煤灰中的氧化硅和硅酸盐矿物在熔融时会与其他组分形成低熔融温度的共晶体，使煤灰的软化温度下降。大多数煤灰的 SiO_2/Al_2O_3 比在 1～4 范围内。

（2）氧化铁的影响。在煤灰成分分析中得出的 Fe_2O_3，实际上是一个当量的 Fe_2O_3，它代表 Fe、FeO 和 Fe_2O_3 的总量，在煤灰中它们的比例可能是很不一致的。经验证明，铁对炉膛内灰的性状将起主要影响。当燃烧或灰化时，如环境是氧化性气氛，FeO 就会被氧化成较稳定的三价铁（Fe_2O_3），这个过程一直持续到 1200℃左右；温度再升高时，Fe_2O_3 又会逐步分解出二价铁（FeO）。在高温时铁将被还原出金属铁（Fe）。三者的熔点 FeO 最低（1420℃），Fe_2O_3 最高（1560℃），Fe 居中（1535℃）。更重要的是 FeO 易与 SiO_2 和 Al_2O_3 分别形成低熔融温度的铁橄榄石和铁铝尖晶石，使煤灰的熔融温度显著降低。实践表明，煤灰中 FeO 含量升高时，煤灰的熔融温度降低。由此可见，不论是炉膛内的焦渣，还是液态排渣锅炉渣池内的溶渣，以及灰熔融性测定炉内的灰样，铁氧化物的平衡是与环境气氛和灰渣温度有关的。在高温半还原性气氛，即完全燃烧生成物与不完全燃烧生成物的混合物下，FeO 的含量会是较多的，它与 SiO_2 及 CaO 等化合成低熔点的硅酸盐共晶体系统。因此，在半还原气氛下的灰渣熔融温度常低于氧化性气氛的，而前者更接近于炉膛的实际情况。煤灰熔融性测定宜在模拟工业条件的弱还原性气氛中进行。我国规定要分别在弱还原性气氛（氧气含量小于 2%，CO、H 等还原性气体占 10%～70%）和氧化性气氛中进行测定。一般在弱还原性气氛条件下测得的熔融性温度比氧化性气氛下的低，随着灰中 Fe_2O_3 含量的不同，会低几十度到 200℃左右。而美国 ASTM 标准规定，分别在还原性和氧化性气氛中进行测定，因此使用时要分辨清楚气氛，以便与我国所做出的数据进行对照。

（3）CaO、MgO 及其他成分的影响。在煤灰中 CaO 和 MgO 的含量变化幅度较大，通常在褐煤灰中含量较高。一般因 CaO、MgO 是形成低熔融温度共晶体的重要组分，将随着其含量的增加而煤灰的熔融温度降低。

在煤灰的其他成分中，碱金属对煤灰熔融特性的影响比较显著，（Na_2O+K_2O）的含量增加，则煤灰的熔融温度降低。

对煤灰中的氧化物可划为两种不同类型，其中，SiO_2、Al_2O_3、TiO_2 为酸性氧化物；CaO、MgO、Fe_2O_3 及 K_2O、Na_2O 为碱性氧化物。因此，在煤灰中 SiO_2、Al_2O_3 含量居多的大多数灰渣都是酸性的，在酸性灰渣内，碱性物质如 CaO、MgO、Fe_2O_3 及 K_2O、Na_2O 等的存在会降低灰的熔化温度。

国内外大量统计资料表明，煤灰碱酸比 $B/A\left(B/A=\dfrac{CaO+MgO+Fe_2O_3+Na_2O+K_2O}{SiO_2+Al_2O_3+TiO_2}\right)$ 增大，灰软化温度 ST 明显下降，结渣性增强。

褐煤灰的熔融温度一般是偏低的。

（4）黏度-温度特性。煤灰的黏度-温度特性（简称黏-温特性，又称流变特性）是说明灰渣在熔融状态时动态的重要指标。对判断煤灰在固态排渣锅炉炉膛内的结渣性，特别是对液态排渣锅炉的适应性具有十分重要的意义。仅有熔融温度是不够的，因熔融温度相同的煤灰，其黏-温特性可以是不同的，也就是在同一温度下的灰渣流动性可以有很大差别。典型的灰渣黏-温特性曲线见图 1-2。

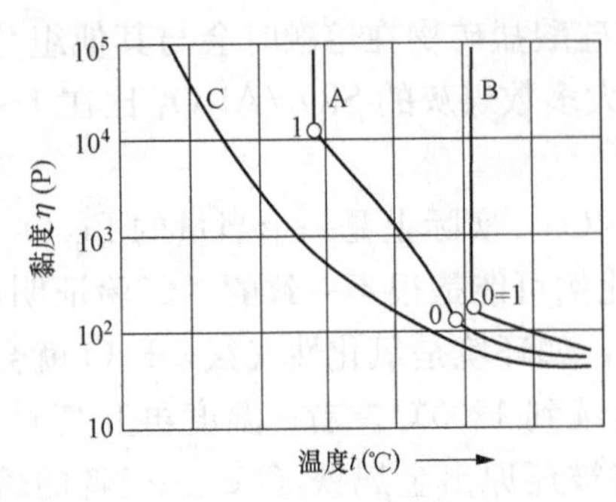

图 1-2　灰渣黏-温特性曲线

A—有塑性区；B—无塑性区；C—玻璃渣

0—临界黏度点；1—固点

图 1-2 在半对数坐标上给出了三种典型的灰渣黏度-温度特性。灰渣的黏度越低，则流动性越好。在图 1-2 内，A 型渣在 0 点之后为液相，在 0～1 点之间为塑性区。相应于 1 点的温度称为渣的凝固温度。低于临界温度时，已有一定数量的灰渣成分开始凝固。整个塑性区实际是液-固两相混合物，随着温度的降低固相组分增加，从而黏度也急剧上升；到达凝固温度后灰渣全部形成固相。B 型渣无塑性区，从液相直接转入固相；这种渣常被称为短渣。C 型渣属于玻璃渣形态；它也没有塑性区，但在低温下逐渐凝固，而黏度曲线上显示不出转折点。这种渣是明显的长渣。

通常，可以用煤灰熔融性作为预测炉膛结渣倾向的一个粗略指标。具有高灰熔融性温度的煤种常能保持炉膛的清洁，炉膛一般不会黏附沉积物。但是对于灰熔融性温度较低的多数煤种，单从灰熔融性温度数值对比，常难以预测出其结渣倾向。对这些煤种，灰渣的塑性区黏度特性［黏度为 500～10 000P（泊，$1P=10^{-1}Pa\cdot s$）时的相应温度范围］与炉膛内的实际结渣程度却较符合。认为具有较宽阔的塑性区温度范围的煤种将会出现较严重的结渣；在还原和氧化气氛下黏度特性的差别较大时也会引起运行上的麻烦。

如果在 1250℃时，灰黏度便已达到 250P，则炉膛和屏式过热器可能发生严重的结渣。

我国几种褐煤的黏度-温度特性曲线见图 1-3。

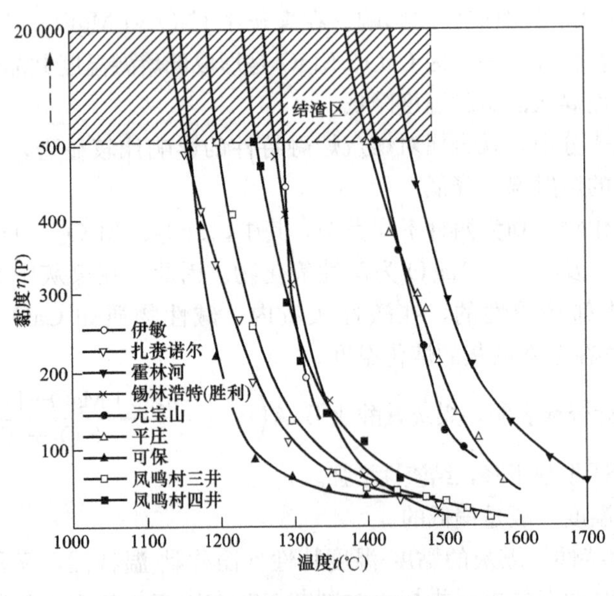

图 1-3　黏度-温度特性曲线

灰渣的黏度小（＜500P），渣层可在重力作用下流动脱落，在降落过程中冷却，排出炉外。如熔体黏度较大，在 500～20 000P 之间，与壁面碰撞后会黏结并不断发展。当黏度高于一定程度后（>20 000P），由于失去黏性而不会黏结。另外，在受热面附近烟气温度为1000～1500℃范围内，如果熔体黏性强流动性差，则可能形成结渣。图1-3中由温度为1000～1500℃、黏度为500～20 000P围成的区域称为结渣区。在图1-3中的曲线，一般越靠近左边、越陡越易结渣。

（五）煤的可磨特性

煤本身是一种脆性物质，在机械力的作用下可以被粉碎成煤粉。煤的组成比较复杂，煤的可磨性用煤的可磨性指数表征，它表征煤被磨制的难易程度。不同牌号的煤，往往具有不同的可磨性，有时即使同一矿区和同一煤层的煤，由于所包含矿物质的性质、数量的不同和煤的结构、挥发分产率以及水分的差异，也能得到不同的结果。煤的可磨性应按GB/T 2565《煤的可磨性指数测定方法 哈德格罗夫法》测得的可磨性指数HGI或DL/T 1038《煤的可磨性指数测定方法（VTI法）》测得的可磨性指数K_{VTI}为依据。K_{VTI}用于钢球磨煤机的设计计算，HGI用于钢球磨煤机以外的其他所有磨煤机的设计计算。

我国煤的K_{VTI}一般在0.8～2.0之间。通常认为$K_{VTI}<1.2$为难磨煤；$K_{VTE}>1.5$为易磨煤。HGI＝40～60为难磨煤；HGI＝60～80为中等可磨煤；HGI>80为易磨煤。可磨性指数K_{VTI}不宜用于褐煤。

可磨性指数K_{VTI}与HGI可近似用式（1-4）换算，即

$$K_{VTI}=0.0149HGI+0.32 \tag{1-4}$$

此外，还可参考下列两个换算关系式，即

$$K_{VTI}=0.034HGI^{1.25}+0.61 \tag{1-5}$$

$$K_{VTI}=\frac{HGI+20}{70} \tag{1-6}$$

在进行磨煤机出力计算时，应以实测的可磨性指数数据为准。混煤的可磨性指数宜实测，当没有实测值时也可按加权平均的办法按式（1-7）估算，即

$$K_x=r_1K_{x,1}+r_2K_{x,2} \tag{1-7}$$

式中 r_1，r_2——煤种1和煤种2在混煤中所占的质量份额；

$K_{x,1}$，$K_{x,2}$——煤种1和煤种2的可磨性指数。

褐煤的可磨性随着原煤全水分的增加，其变化是很复杂的。如图1-4所示，有的褐煤哈氏可磨性指数HGI随着水分的增加，呈上升趋势；有的是先下降然后上升；有的则呈下降趋势；有的随着水分的增加，基本不变，如我国的霍林河、白音华褐煤。

需要指出，用哈氏可磨性指数不能完全表征褐煤的可磨性，按GB/T 2565—2014《煤的可磨性指数测定方法 哈德格罗夫法》，哈氏可磨性指数HGI仅适用于烟煤和无烟煤，分析褐煤时仅供参考。由于哈氏可磨性指数HGI的测试过程与风扇磨煤机的实际磨碎过程差异很大，而且，因为褐煤的水分大，所以在磨制过程及筛分中易黏结成粉团，筛下通过量偏小而使HGI值偏低，即实际可磨性较哈氏可磨性指数HGI预示的要好。另外，哈氏可磨性指数HGI没有考虑褐煤中所含的木质纤维和石英含量，以及因煤中水分蒸发引起爆裂而产生的破碎作用，以致影响分析的正确性，对于高水分或含木质纤维多的褐煤，其可磨指数的测量误差较大，不易测准，在实际应用中应予以注意。

对于新开发的褐煤煤质或必须确认的煤质可磨性，最好通过试磨确定。

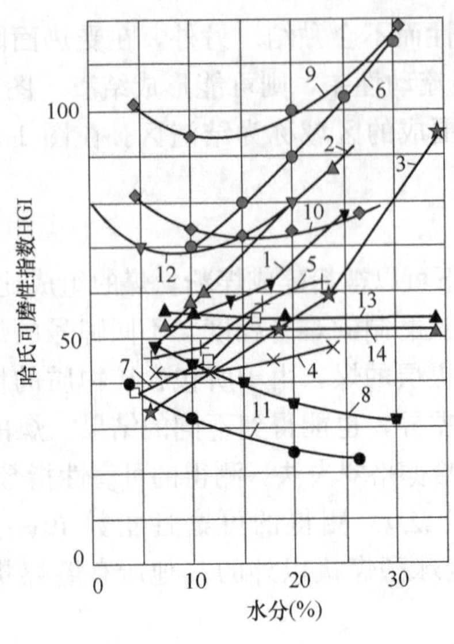

序号	国家	煤矿
1	美国	Fairfield
2	美国	Rockdale
3	美国	Glen Harald
4	美国	Antelope
5	美国	Black Thunder
6	泰国	Mae Moh
7	印尼	—
8	南斯拉夫	Maglaj
9	澳大利亚	Leigh Creek
10	澳大利亚	Griffin Ew.
11	澳大利亚	Western Pr.
12	澳大利亚	Leigh Creek
13	中国	霍林河
14	中国	白音华

图 1-4 褐煤哈氏可磨性指数 HGI 随水分增加的变化

如上所述，褐煤的水分变化时，大多数褐煤的可磨性指数是随之变化的。文献［4］给出了水分变化时，可磨性指数变化的计算方法，可按式（1-8）计算，即

$$K_{VTI,M}=K_{VTI}\sqrt{\frac{M_{ar}^2-M_{av}^2}{M_{ar}^2-M_{ad}^2}} \tag{1-8}$$

式中 $K_{VTI,M}$——水分变化后的 K_{VTI} 可磨性指数，%；

K_{VTI}——水分变化前的 K_{VTI} 可磨性指数，%；

M_{ar}——收到基水分，%；

M_{av}——磨煤机入口煤的水分与出口煤粉水分的平均水分，%；

M_{ad}——空气干燥基水分，%。

如果需要哈氏可磨性指数 HGI，按式（1-4）换算。

煤的可磨性指数是磨煤机选型的重要依据，若煤样缺乏代表性或其测定不准，将给以后电厂锅炉的运行带来很大的影响，甚至锅炉不能带满负荷。同时，可磨性指数也是衡量制粉电耗的一个尺度，哈氏可磨性指数高的煤种制粉电耗低，哈氏可磨性指数低的煤种制粉电耗高。当然，哈氏可磨性指数只是一个相对值，实际制粉电耗在很大程度上还取决于磨煤机的结构型式和运行工况。

灰分对可磨性的影响主要是灰分增加后，由于煤的密度增加，使煤在磨煤机内循环量增大，而使磨煤机出力下降。在中速磨煤机内当收到基灰分大于 20%以后表现较为明显。此外，有研究表明，煤的可磨性与灰成分有关，煤中矿物质的可磨性顺序为碳酸盐>黏土>硫化物>氧化物（石英），即碳酸盐最易磨，氧化物（石英）最难磨。

（六）煤的磨损特性

煤的磨损特性是指煤在研磨过程中对研磨设备的研磨件磨损的强烈程度，是制粉系统设计所需的煤特性参数之一，对磨煤机的选型设计与制粉系统的运行有重要影响。国际上通常采用回转叶片式磨损指数测定仪测得研磨磨损指数 AI。这是在一台旋转试验设备上，利用旋转的磨损片和固定的外壳之间的挤压产生的磨损量计算得到磨损指数

AI（参见 GB/T 15458—2006《煤的磨损指数测定方法》）。我国常用按 DL/T 465—2007《煤的冲刷磨损指数试验方法》进行测定的冲刷磨损指数 K_e。这是在一台冲刷磨损试验设备上得到的。将试验煤破碎到同样的粒径下，在冲刷磨损试验机中得到破碎以后的煤粉细度和磨损片磨损量的关系，在同样的煤粉细度下，试验煤的磨损片磨损量和标准煤的磨损片磨损量之比即煤的冲刷磨损指数 K_e。在长期的运行实践中，通过对这两种磨损指数的比较，煤的冲刷磨损指数 K_e 较能反映磨煤机研磨件（包括中速磨煤机、风扇磨煤机和钢球磨煤机）在不同煤种下的研磨状况，而磨损指数 *AI* 和冲刷磨损指数 K_e 的关系大体上呈线性，规律性不显著。可能是因冲刷磨损试验设备具有细粉分离设备，接近磨煤机制粉系统的实际工作状况，而 GB/T 15458—2006 测得的磨损指数 *AI* 是在一台封闭的设备中进行，研磨中的细粉得不到分离，会对研磨片的磨损产生不符合实际的影响。

煤的磨损强烈程度和冲刷磨损指数 K_e 的关系，见表 1-5。

表 1-5　煤的磨损强烈程度和冲刷磨损指数 K_e

冲刷磨损指数 K_e	磨损强烈程度
$K_e<1.0$	轻微
$1.0\leqslant K_e<1.9$	不强
$1.9\leqslant K_e<3.5$	较强
$3.5\leqslant K_e<5.0$	很强
$5.0\leqslant K_e<7.0$	一级极强*
$7.0\leqslant K_e<10.0$	二级极强
$K_e\geqslant 10.0$	三级极强

* 西安热工研究院又将极强分为三级。

煤的磨损性和煤的磨损指数 *AI* 的关系见表 1-6。

表 1-6　煤的磨损性和煤的磨损指数 *AI* 的关系

煤的磨损指数 *AI*（mg/kg）	磨损性
<30	轻微
31～60	较强
61～80	很强
>80	极强

在未取得煤的磨损指数的情况下，煤的磨损性 K_e 也可按灰的成分粗略判别，方法有①如果灰中 $SiO_2<40\%$，磨损性属轻微，$SiO_2>40\%$难以判别；②如果 $SiO_2/Al_2O_3<2.0$ 时，磨损性在较强以下；$SiO_2/Al_2O_3>2.0$ 时难以判别。

煤的磨损性与煤中的石英（quartz）和黄铁矿（pyrite）的含量有关，两种矿物的磨损性都很强，但石英更甚。因为煤中石英通常以单粒呈现，且粒度粗；而黄铁矿往往混杂在软质黏土和煤中。根据原英国中央发电局试验，黄铁矿的磨损性约为石英的 30%，但我国大多数煤中石英的含量均不高，川南、黔西、福建的某些煤田的煤有较高的石英含量。

煤中石英和黄铁矿的含量也可由 X 光衍射分析，大致确定其含量。

根据对一些英国煤和美国煤的试验结果，若煤中的石英含量低于0.5%~0.7%，属低磨损性；高于1.9%~2.4%，则属高磨损性。

西安热工研究院对近百种煤进行了工业分析、煤灰成分分析、矿物质含量分析、可磨性指数和磨损指数的测定。数据分析表明，如果以$K_e=3.5$为界限，发现有①凡空气干燥基灰分$A_{ad}\leqslant 30\%$者，有92%的煤种其$K_e\leqslant 3.5$；②凡$SiO_2/Al_2O_3<2.0$者，$K_e<2$；③凡矿物质含量（$SiO_2+FeS_2+FeCO_3$）小于或等于9%者，有93%的煤种其$K_e<3.5$；④凡$A_{ad}\times Fe_2O_3\leqslant 1.5\%$者，有95%的煤种其$K_e<3.5$。

其中规律②与国外的研究结果基本一致。

磨损指数和可磨性指数之间没有规律性。数据表明，容易破碎的煤，并非是弱磨损性；而不易破碎的煤，有不少煤的磨损指数$K_e<2$，属于轻微磨损性。

由于磨损指数K_e值的大小，直接关系到磨煤部件的工作寿命，因此它已成为制粉系统设计中磨煤机选型的主要依据。

很多国外制造厂家有各自的煤磨损性测定方法和判断依据。在购买国外设备或者与国外交流时，可按国外厂家的要求另送煤样进行测定。

以下分别为英国巴布科克公司（Babcock）、俄罗斯、德国Gehrke（博士）和德国巴布科克公司（Babcock）的测定方法和判别依据。

（1）Y·G·P磨损指数。按照英国Babcock公司提供的试验机和金属试片（V60±20，低锰碳钢），测试的结果两次平均值（mg/kg）为Y·G·P磨损指数（Yancey、Gler和Price方法）。用于在研磨硬煤时，判断磨煤机研磨件材料的磨损率。煤的磨损特性和煤的Y·G·P磨损指数的关系如下。

Y·G·P<20　　弱磨蚀煤

Y·G·P>20~50　　中磨蚀煤

Y·G·P >50~70　　强磨蚀煤

Y·G·P >70　　极强磨蚀煤

（2）俄罗斯对煤磨损特性的判别。

1）以煤中的S_{ar}和A_{ar}含量分级的磨损指数，其判别界限如下。

$S_{ar}<0.5\%$，$A_{ar}<20\%$　　磨损性低

$S_{ar}=0.5\%\sim0.8\%$，$A_{ar}=20\%\sim25\%$　　磨损性中等

$S_{ar}>0.8\%$，$A_{ar}>25\%$　　磨损性强

2）以煤的磨损特性分级的磨损指数，其判别界限如下。

$K_{абр}<1$　　磨损性低

$1\leqslant K_{абр}\leqslant 2.3$　　磨损性中等

$K_{абр}>2.3$　　磨损性强

（3）德国Gehrke对煤磨损特性的判别。按灰中石英的含量判别，灰中石英的含量计算式为

$$[SiO_2]_q=(SiO_2)_t-1.5(Al_2O_3) \tag{1-9}$$

式中　$[SiO_2]_q$——灰中石英含量，%；

$(SiO_2)_t$——灰中SiO_2含量，%；

(Al_2O_3)——灰中Al_2O_3含量，%。

如果灰中石英的含量小于6%～7%，磨损性在不强以下；如果灰中石英的含量大于6%～7%，磨损性难以判别。

按煤中石英的含量判别，煤中石英的含量计算式为

$$(SiO_2)=[SiO_2]_q\times A_{ar}/100 \tag{1-10}$$

式中 (SiO_2)——煤中石英含量，%；

$[SiO_2]_q$——灰中石英含量，%；

A_{ar}——煤中的灰成分，%。

如果煤中石英的含量小于0.5%～0.7%，为低微磨损性；如果煤中石英的含量大于0.5%～0.7%，则磨损性难以判别。

(4) 德国Babcock公司的磨损指数 K_{BHB}。煤的磨损特性和煤的磨损指数的关系如下。

$K_{BHB}<160$ 弱磨蚀煤

$K_{BHB}\geqslant161\sim340$ 中磨蚀煤

$K_{BHB}\geqslant341\sim480$ 强磨蚀煤

$K_{BHB}\geqslant481$ 极强磨蚀煤

德国Babcock公司的磨损指数 K_{BHB} 与Y·G·P磨损指数的换算关系为

$$K_{BHB}=6.6912\times(Y\cdot G\cdot P) \tag{1-11}$$

国际上有多种磨损指数，用不同方法制定的磨损指数，一般不同磨损指数都不能换算。

国内外研究表明，煤的磨损指数与煤的可磨性指数之间没有相应的关系。易磨制的煤不一定对磨煤机的磨损件磨损轻，不可用煤的可磨性指数推测煤的磨损性。国内较多的褐煤磨损指数较小，即对磨煤机磨损件的磨损轻。但也有磨损指数高的褐煤，如平庄褐煤，其冲刷磨损指数 $K_e=7$，属于磨损极强的褐煤。磨损指数是磨煤机选型的重要参数之一。西安热工研究院对煤的磨损特性进行研究指出[8]，煤磨损性与煤中的石英、黄铁矿和菱铁矿的含量有关，一般情况下，这些成分含量越高，煤的磨损性越强。冲刷磨损指数与石英、黄铁矿、菱铁矿含量的关系见表1-7。

表1-7 冲刷磨损指数与石英、黄铁矿、菱铁矿含量的关系

褐煤煤矿	石英、黄铁矿、菱铁矿含量（%）	冲刷磨损指数 K_e	哈氏可磨性指数 HGI
平庄煤	11.7	7.0	58.0
元宝山煤	9.6	3.57	60.0
龙口煤	3.7	1.9	43.0
舒兰煤	6.6	1.78	55.6
小龙潭煤	2.1	0.75	42.11
扎赉诺尔煤	4.9	0.73	42.97
大雁煤	2.7	0.69	48.0
昭通煤	4.0	0.66	52.8
风鸣村煤	1.4	0.37	42.74
霍林河煤	—	1.0	47.16
伊敏煤	—	0.9	81.0

由表1-7可看出石英等矿物质与磨损指数有一定的相应关系，而与可磨指数没有相应的规律。

对于磨损性强的褐煤，采用风扇磨煤机时，德国在风扇磨煤机的打击轮前加装前置锤，并取消磨煤机出口的粗粉分离器。加装前置锤可对煤进行预破碎和预干燥，并可以使煤均匀地分布到打击轮上，打击板的使用寿命可提高1.5倍。无分离器但加装三排前置锤一般可使煤粉的$R_{1.0}<3\%\sim5\%$，这样不会给锅炉带来太大的燃烧热损失。

风扇磨煤机对煤的磨损性能较为敏感，对于磨损性强的煤质，打击板寿命较短，维护工作量大。阳宗海电厂和伊敏电厂燃用的褐煤冲刷磨损指数较小，阳宗海电厂的风扇磨煤机打击板的检修周期可达5000h。伊敏电厂的风扇磨煤机打击板的检修周期可达4000h，有的风扇磨煤机检修周期，由于冲刷磨损指数较高或结构等原因，打击板的检修周期为1000～1500h。

国内已运行的褐煤锅炉制粉系统中，元宝山电厂3、4号炉和上都电厂的1～6号炉采用中速磨煤机，元宝山电厂3、4号炉燃用元宝山褐煤，其冲刷磨损指数$K_e=3.57$，磨损性较强。因此，中速磨煤机磨损件的使用周期较短，为5000～6000h，上都电厂1～6号炉燃用锡林浩特褐煤，由于实际燃用的煤质劣于设计值（水分增加，发热量降低），为了带负荷，7台磨煤机全部满出力运行，一次风率高达45%～50%，导致磨煤机内的风速过高，因而磨煤机运行4000h即需要检修。

二、 褐煤特种分析的特性

（一）热分析法（热天平分析法）[7,9,10]

热分析是在过程控制温度下，测量某种物质的物理性质与温度关系的技术。过程控制温度一般指线性升温、降温、恒温、循环或非线性升温、降温。定义中的物质包括试样本身与反应产物。热解与燃烧动力学是研究热解、燃烧反应速率及机理的一种方法。

热天平仪主要由温控、测量、记录和气氛控制4个系统组成。用热天平法评定煤的热力特性主要有以下手段：热重分析（TG）法，TG法是在程序控制温度下，测量物质的质量与温度或时间的关系；微商热重（DTG）法，DTG法是TG曲线对温度或时间的一阶微商，由此得到的记录曲线，即微商热重曲线；差热分析（DTA）法，DTA法是在程序控制温度下，测量物质和参比物的温度差与温度的关系；差示扫描量热（DSC）法，DSC法是在程序控制温度下，测量输入到物质和参比物的功率差与温度的关系；逸出气体分析（EGA）法，EGA法是在程序控制温度下，从物质释放出的挥发性产物的性质和（或）数量与温度的关系。

DTA法是研究评价煤的燃烧性能，最常用的方法是以燃烧分布曲线的比较来判断煤的可燃性。DTA法是将少量（100～300mg）有代表性的煤粉试样置于天平机构一端的铂坩埚内，在坩埚周围通空气或氧气（研究干馏热解过程时则通氮气）保持稳定的环境气氛。按规定的温升速度（一般在10～80℃/min内选定）在静态条件下加热试样，随着温度的升高，试样的失重率（即单位时间内失去的质量）不断地发生变化，最后直到燃尽为止。记录试样随时间或温度的变化曲线称为燃烧分布曲线。该曲线的形状和在温度坐标上的位置随着煤的可燃性而异，它有许多特征值可用来反映煤的着火和燃尽的难易程度。

TG、DTA、DTG 曲线如图 1-5 所示，它们分别描述煤样在燃烧过程中水分蒸发、挥发分析出着火、燃烧和燃尽各阶段的质量变化值及相应的变化速度。

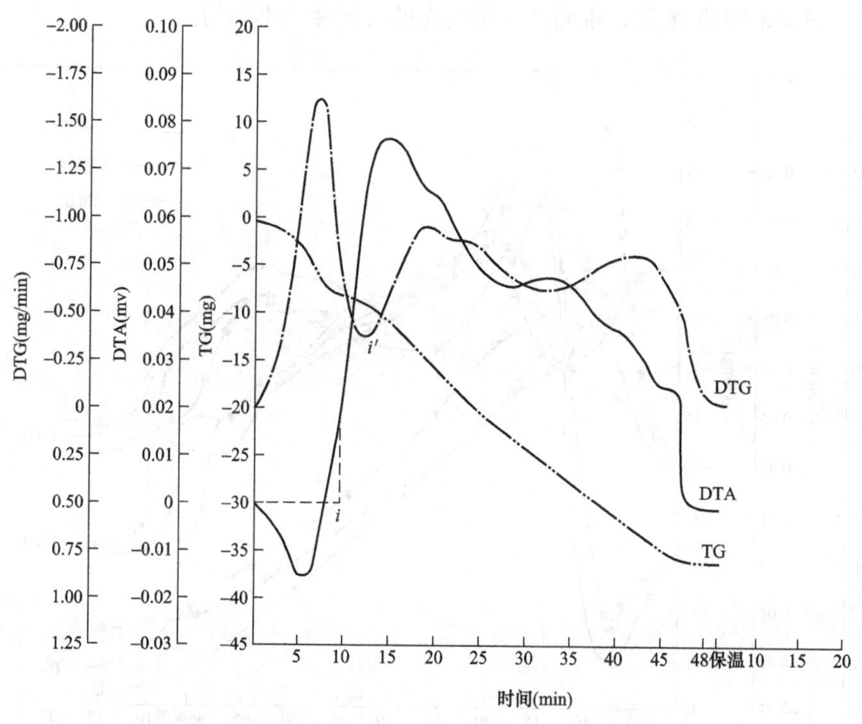

图 1-5 平庄褐煤热分析曲线（Netz STA-429 型热天平）

褐煤、烟煤、劣质烟煤和无烟煤（4.1 型热天平）的热分析曲线见图 1-6。

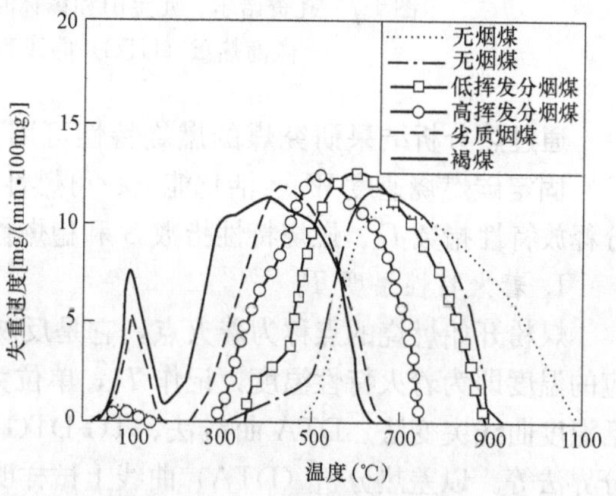

图 1-6 褐煤、烟煤、劣质烟煤和无烟煤（4.1 型热天平）的热分析曲线

图 1-6 是不同煤的微商热重曲线（DTG）。一般开始都有一个小的水分析出峰，峰下包围的面积是水分含量，然后是挥发分和固定碳燃烧峰，峰下包围的面积是可燃质含量。靠近左边的图形是褐煤，靠近右边的是无烟煤，中间是烟煤。这说明越靠近图形左边，可燃性越好。另外，上升曲线越陡，峰值越高，可燃性也越好。

由燃烧曲线图 1-6 可见，曲线上在横坐标 100℃左右有一个小高峰为水分析出峰，对高水分煤时较明显，一般最大水分析出率相应的温度在 105℃左右。峰下包围的面积是水分含量，在水分析出峰后是挥发分和固定碳燃烧峰，峰下包围的面积是可燃物质含量。

差热分析（DTA）曲线与微商热重（DTG）曲线相类似，见图 1-5。曲线越靠近左边，越陡峭和越高，则煤的可燃性也越好，图 1-7 是用 Netz STA-429 同时热分析仪分析的扎赉诺尔、元宝山和霍林河褐煤的差热分析（DTA）曲线、微商热重（DTG）曲线和热重分析（TG）曲线，从图 1-7 中可见，扎赉诺尔、元宝山和霍林河褐煤的差热分析（DTA）曲线三者的曲线陡峭程度接近，而高度则不同，元宝山褐煤最高，扎赉诺尔褐煤次之，霍林河褐煤最低，说明这三种褐煤的可燃性是不同的。

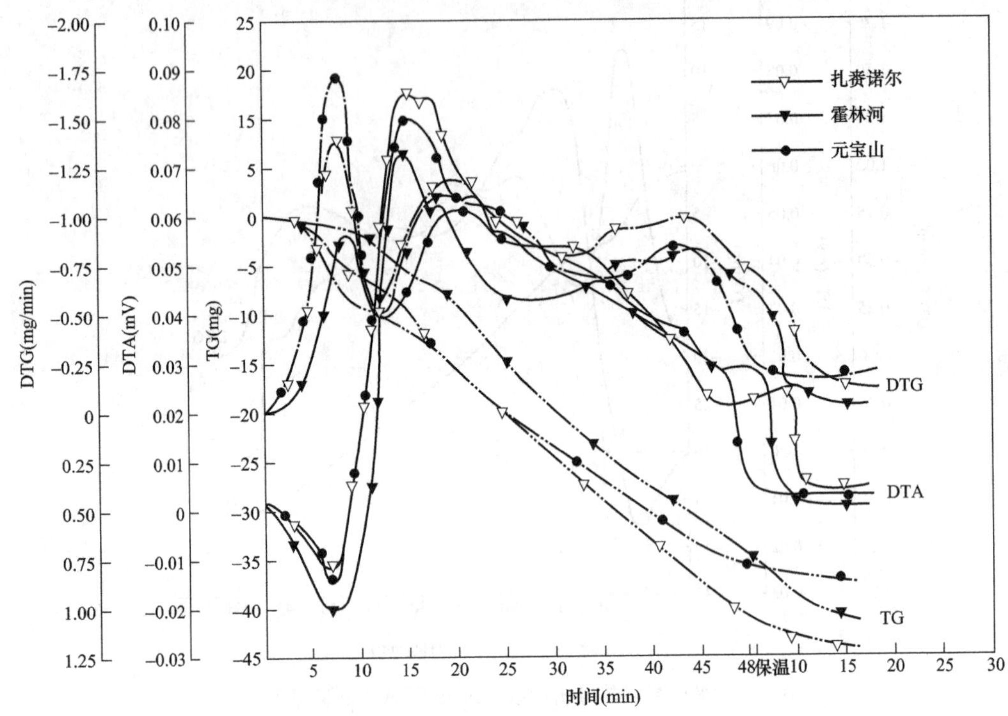

图 1-7　扎赉诺尔、元宝山和霍林河褐煤的差热分析（DTA）曲线、微商热重（DTG）曲线和热重分析（TG）曲线

通过热分析结果研究煤的燃烧特性可用下述一些方法和判别指数：着火特性温度 T_i、固定碳燃烧速度 W_G、活化能 E、可燃性指数 C、可燃质平均燃烧指数 W_{mean}、挥发分释放特性指数 D、燃烧特性指数 S 和稳燃性指数 R_W 等。

1. 着火特性温度 T_i

煤粉开始燃烧的点称为着火点，它是反映煤粉着火特性的重要特征点。着火点所对应的温度即为着火特性温度，记作 T_i，单位为℃。着火特性温度有许多种定义方法，包括温度曲线突变法、DTA 曲线法、TG-DTG 联合定义法、DTG 曲线突变法、TG 曲线分界法等。以差热分析（DTA）曲线上试样明显放热的温度定义为着火特性温度 T_i，见图 1-5 的 i 点。实际上这点并未着火，只是开始放热，也可将微商热重曲线（DTG）由增重到失重的转变点 i'，作为着火特性温度，见图 1-5 的 i'点。着火特性温度 T_i 越低，煤的着火特性越好。

2. 固定碳燃烧速度 W_G

对试样热解后剩下的固定碳进行热重分析。由固定碳含量除以试样燃尽所需的时间称为固定碳燃烧速度 W_G。此值越大，说明固定碳越易燃烧，煤的燃尽性能好。

3. 活化能 E

燃烧动力学是研究热解、燃烧反应速率与机理的一种方法。反应速率与反应物的活化能和频率因子等有关。活化能是特定的化学反应中，反应物分子从基态转为活跃态所需要的最小能量，是物质本身固有的一种特性，活化能越小，物质反应能力越强，化学反应进行得越快。频率因子又称为指前因子，在反应中，不是所有分子碰撞后就可以发生反应，只有活化了的分子发生有效碰撞后才会进行反应。频率因子表示活化分子有效碰撞总次数的因数，频率因子大则分子间的有效碰撞多，反应容易进行，反应程度也更加剧烈。

活化能是燃料反应能力大小的标志之一，是破坏反应物分子键，使其达到有效碰撞所必需的最小能量。活化能的大小不仅对着火，而且对燃尽都有影响。活化能可由差热曲线（DTG）上第二个峰值的上升线段计算。

某一种煤的活化能越小，它的反应能力就越强，并且它的反应速度随温度的变化的可能性越小，即这种煤不仅容易着火，而且在较低的温度下也易燃尽；反之，煤的活化能越大，则它的反应能力越弱，反应速度随温度的变化的可能性越大，即在较高的温度下才可能出现较大的反应速度。这种煤不仅难以着火，而且还要求在较高的温度下耗费较长的时间才能燃尽。

上述关系可由 Arrhenius 方程说明，即

$$K = A\mathrm{e}^{-\frac{R}{ET}} \tag{1-12}$$

式中 K——反应速率常数，1/s；

T——反应温度，K；

R——气体反应常数，R=8.314 41J/(mol·K)；

E——活化能，J/mol；

A——频率因子，1/s。

不同的热天平测试规范和不同的计算方法，将得出不同的活化能数值。表 1-8 是同时在 STA-429 热天平上所做的热分析，用差减微分法计算出各种煤的活化能数值。从表 1-8 中可见，无烟煤的活化能高，褐煤的活化能低，说明两者的可燃性是不同的。

表 1-8　几种煤的活化能　kJ/mol

煤种	活化能
加福无烟煤	157.7
鸡西烟煤	69.4
义马褐煤	43.3
霍林河褐煤	39.2
平庄褐煤	34.3
小龙潭褐煤	29.2

4. 可燃性指数 C

可燃性指数是一个能根据热分析曲线较全面判别煤粉着火稳定性的指标，可以反映样品在燃烧前期的反应能力，C 越大，样品的可燃性越好。

$$C = \frac{W_{\max}}{T_i^2} \tag{1-13}$$

式中 C——可燃性指数，mg/(min·℃²)；

W_{max}——最大燃烧反应速率，mg/min；

T_i——着火特性温度，℃²。

几种煤的热分析数据见表 1-9。由表 1-9 中可见，沈北蒲河褐煤、元宝山褐煤、平庄褐煤、义马褐煤的可燃性指数 C 均高于烟煤和无烟煤。

表 1-9　　几种煤的热分析数据

煤种	可燃性指数 $C\times10^6$ [mg/(min·K)]	可燃质平均燃烧速度 W_{mean} (mg/min)	可燃质燃烧时间 T (min)	最大反应温度 t_{max} (℃)	着火温度 T_i (℃)
加福无烟煤	1.4	0.62	55.1	750	442
鸡西烟煤	2.8	0.66	47.5	577	310
沈北蒲河褐煤	4.9	0.67	38	550	185
元宝山褐煤	4.7	0.74	35	425	175
平庄褐煤	4.6	0.68	38	420	175
义马褐煤	4.98	0.76	40	400	175
小龙潭褐煤	2.3	0.67	48	300	225
霍林河褐煤	2.1	0.81	41.3	390	225

5. 可燃质平均燃烧速度 W_{mean}

100mg 煤样中可燃质的毫克数与其总燃烧时间之比称为可燃质平均燃烧速度 W_{mean}，它综合考虑了煤的反应性能及灰分和水分的影响，可用以评价煤的燃尽性能。几种煤的可燃质平均燃烧速度 W_{mean} 见表 1-9，从表 1-9 中可见，褐煤的可燃质平均燃烧速度 W_{mean} 一般都高于烟煤与无烟煤。

6. 挥发分释放特性指数 D

图 1-8 是几种煤的挥发分释放特性曲线，它是在纯惰性气氛中加热的微商热重曲线（DTG）。从图 1-8 中可见，曲线表征的主要特征参数有：

（1）挥发分初析温度 T_s。

（2）挥发分最大释放速度峰值 $\left(\frac{dw}{dt}\right)^v_{max}$。

（3）对应于 $\left(\frac{dw}{dt}\right)^v_{max}$ 的温度 T_{max}。

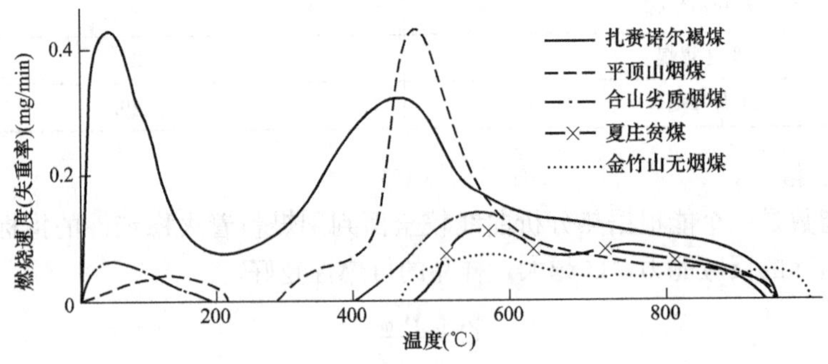

图 1-8　挥发分释放特性曲线

显然$\left(\frac{dw}{dt}\right)_{max}^{v}$越大，挥发分释放越强烈；$T_s$ 及 T_{max}越低，则挥发分的释放高峰出现得越早，越集中，对燃料的着火越有利。

特性指数 D 反映了这种特性，可用于判断不同煤的挥发分释放特性，即

$$D=\left(\frac{dw}{dt}\right)_{max}^{v}/T_s T_{max} \tag{1-14}$$

式中 T_s——挥发分初析温度，℃；

T_{max}——对应于$\left(\frac{dw}{dt}\right)_{max}^{v}$的温度，℃；

$\left(\frac{dw}{dt}\right)_{max}^{v}$——挥发分最大释放速度峰值，mg/min。

7. 燃烧特性指数 S

可燃性指数 C 反映燃烧的稳定性，W_{mean}反映燃料的燃尽性能。另外，燃料的燃尽温度 T_h 越低，燃料的燃烧性能也越好。可用式（1-15）反映燃料燃烧的综合性能，即

$$S=\frac{CW_{mean}}{T_h} \tag{1-15}$$

式中 C——可燃性指数，mg/(min·℃²)；

W_{mean}——可燃质平均燃烧速度，mg/min；

T_h——燃料的燃尽温度，℃。

8. 着火稳燃特性指数 R_W[7]

图 1-9 所示燃烧峰的高度表示最大燃烧速率，峰下的面积代表烧掉的燃料量。在燃烧曲线上有两个尖峰。按温升的顺序，第一个称为易燃峰，第二个称为难燃峰，尖峰的高度代表最大燃烧反应速度（mg/min）W_{1max} 和 W_{2max}，尖峰相应的温度（℃）T_{1max} 和 T_{2max}。尖峰下的面积 G_1 和 G_2 代表在易燃峰和难燃峰下烧掉的燃料质量（mg）。燃尽时间 τ_{98} 代表在热天平中燃烧掉 98%的可燃质质量所需的时间（min）。

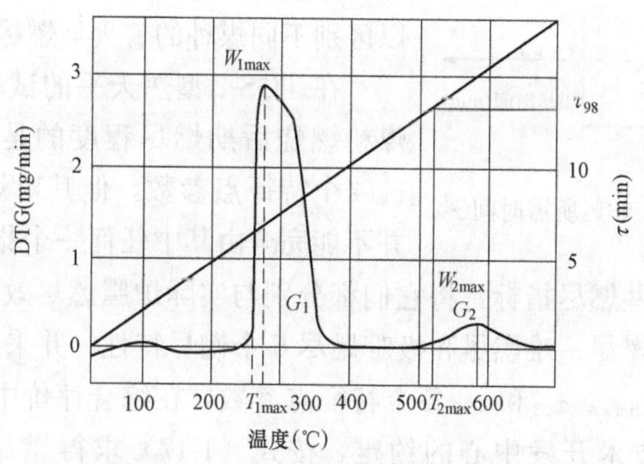

图 1-9 煤燃烧特性 DTG 曲线

图 1-10 所示为煤的着火温度 t 与干燥无灰基挥发分 V_{daf}的统计关系。t 随 V_{daf}的变化在某一温度范围内波动，呈带状变化，说明影响着火温度的并非挥发分一个因素，仅用

着火温度 t 表征煤粉着火稳定性也许会有较大偏差。因此，西安热工研究院与普华煤燃烧技术开发中心共同研究了燃烧分布曲线显示的特征点参数 W_{1max}、T_{1max}、G_1、t 与 V_{daf} 及现场运行实践的相关性，并制定了煤着火稳燃特性的综合判别指标 R_w，即

$$R_W = 560/t + 650/T_{1max} + 0.27/W_{1max} \tag{1-16}$$

式中　t——着火温度,℃;

T_{1max}——易燃峰最大反应速率对应的温度,℃;

W_{1max}——易燃峰的最大反应速率，mg/min。

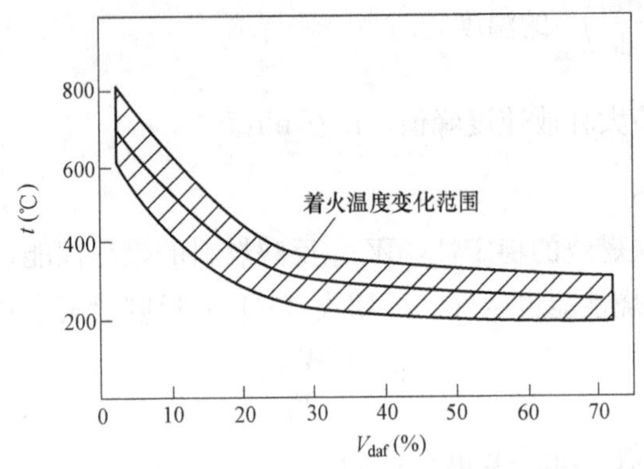

图 1-10　着火温度 t(TGS-2 热天平）与干燥无灰基挥发分 V_{daf} 的统计关系

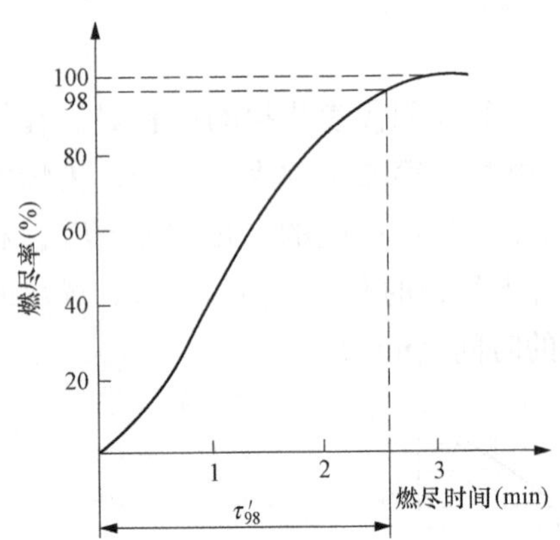

图 1-11　煤可燃质烧掉 98%所需时间 τ'_{98}

9. 燃尽特性指数 R_J[7]

在热天平上对煤的焦炭进行燃尽试验，用以反映煤的燃尽性能，试验时热天平的炉温控制在700℃的恒定值上，并将反应气由氮气切换为氧气。以比较不同煤种焦炭的燃尽性能。图 1-11 是煤焦燃尽特性曲线，其中还有一个重要物理量 τ'_{98}，即煤焦燃尽 98%所需时间（min）。上述特征量可以区别不同煤种的着火与燃尽特性。

在 TGS-2 型热天平的试验曲线中，最能反映煤粉燃烧后期燃尽程度的是 G_{2max}、T_{2max}、τ_{98} 和 τ'_{98} 4 个特征点参数，但其对炉内燃烧过程的影响并不能完全由其中任何一个指标得到充分的反映，必须综合考虑所有这些燃尽指标，将它们都分别与实际炉膛燃尽效果对照，划分为极易燃尽、易燃尽、中等燃尽、难燃尽和极难燃尽 5 个燃尽特性，并采用等效离散度相等的原理，确定 G_{2max}、T_{2max}、τ_{98} 和 τ'_{98} 各个特征点参数，在综合评价中所占权重数的大小。最终按普华煤燃烧技术开发中心的约定，按式（1-17）求得燃尽特性综合判别指标 R_J，即

$$R_J = \frac{10}{0.55G_2 + 0.004T_{2max} + 0.14\tau_{98} + 0.27\tau'_{98} - 3.76} \tag{1-17}$$

式中　G_2——难燃峰下烧掉的燃料量，mg;

T_{2max}——难燃峰最大反应速率对应的温度，℃；

τ_{98}——煤样失重速率曲线得出的煤可燃质烧掉98%所需的时间，min；

τ'_{98}——煤焦燃尽率曲线得出的煤焦烧尽98%所需的时间，min。

（二）煤粉气流着火温度试验炉法

热重分析显示的是煤样在坩埚中的静止状态，被缓慢加热的反应特征，与煤粉在锅炉内的实际燃烧条件相差甚远，因此，采用小型的燃烧试验装置，在规定的试验工况条件下研究不同煤种煤粉气流的燃烧，得出一些直观的数据评价煤的燃烧性能，以便更直观更接近实际燃烧状况地评价煤的燃烧性能。

为了得出直观的煤粉气流着火温度及研究着火条件的影响，西安热工研究院于1986—1987年建立了煤粉气流着火试验炉[7]，试验炉的结构及试验原理是参考法国煤炭科学院及美国巴布科克·威尔科克斯公司（B&W）的熄火温度测定炉而建立的。首先经过多煤种、多工况试验确定了规范的试验工况条件。试验中发现，煤粉气流着火与熄火温度基本一致，因此，只用一个煤粉气流着火温度作为判别着火或火焰稳定性指标。该项试验与测试方法较国外有所改进，在测定着火温度时，以炉内装设的两个抽气热电偶得出煤粉气流温度，该温度与壁温的交叉点温度表达煤粉气流由吸热转为放热的特征，见图1-12，而不是仅仅依赖试验人员的观察。这样对火焰现象不够明显的无烟煤，可大大提高试验的准确性。该试验炉也可以测定试验煤种不同一次风煤粉浓度下的着火温度，研究煤粉浓度对着火的影响。

根据多煤种试验结果得出的挥发分（V_{daf}）与着火温度（IT）的关系如图1-13所示，两者呈现出较大的分散度。煤粉气流着火温度测试是在煤粉浓度较高，且与煤粉锅炉实际运行更为接近的条件下进行的，因此更有实际应用价值。

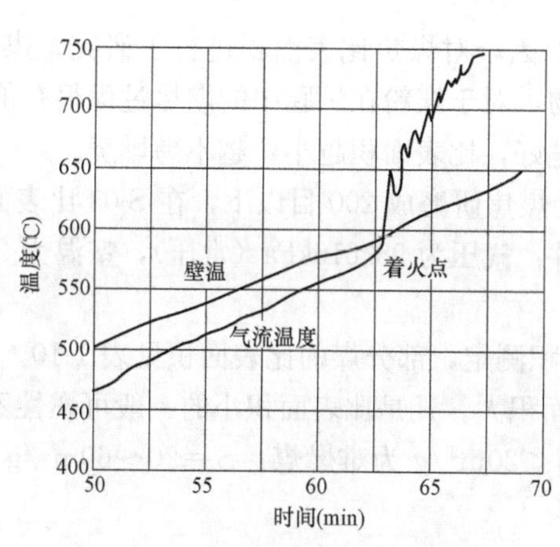

图1-12 某种烟煤的温升记录曲线

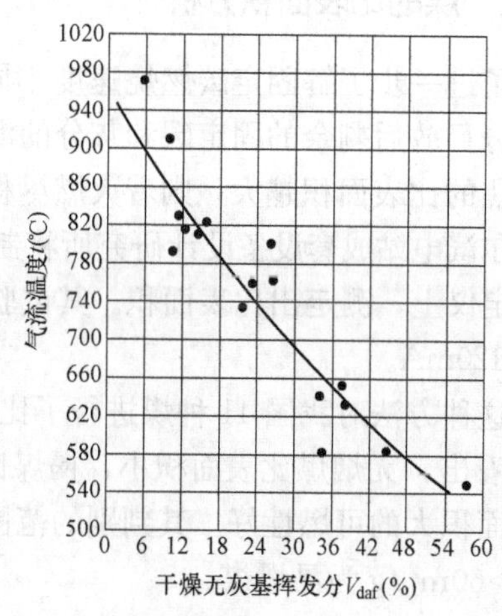

图1-13 干燥无灰基挥发分V_{daf}与IT的关系

由图1-13可见，随着挥发分的增加，着火温度降低。褐煤的挥发分一般都在40%以上，由图1-13可见，其着火温度低，煤容易着火。DL/T 831—2015《大容量煤粉燃烧锅炉炉膛选型导则》指出，煤粉气流着火特性的判别：IT<700℃的煤种（V_{daf}>25%），为较易着火煤。

（三）一维火焰试验炉法

一维火焰试验炉也称一维燃烧炉或可控混合过程炉，是一元柱塞流动煤粉燃烧热态试验研究设备，它与沉降炉的主要区别是炉膛功率增大，使得煤粉射流一经着火燃烧后，自身热量即可维持燃烧，用以模拟实际锅炉炉膛煤粉气流燃烧条件，可借以评价煤种的着火、燃尽和结渣特性。

一维火焰试验炉炉膛上部设有锥形扩流装置，使得着火气流在炉膛中均匀膨胀，以便流过炉膛同一断面的全部流速近似相同，并且不产生烟气回流而得到平面火焰。这种热态燃烧设备可以改变以下影响因素：①煤粉细度；②一次风率；③一次风温度；④炉膛预热温度；⑤二次风温度；⑥总风量和二次风分期送入量；⑦添加剂送入方式等。

一维火焰试验炉法采用的煤粉细度及煤粉与空气比，虽与实际锅炉燃烧方式相似，但由于炉膛特性参数及燃烧过程条件的差异，试验得到的结果并不可能绝对反映被试煤种在工业装置上的必然表现。然而，利用本测试方法可以得出诸煤种的结渣性能和燃尽性能的相对定性比较。对于一种新煤种，通过本测试方法可以判别出它与某一已有工业燃用经验的老煤种相当，或介于某两个有燃用经验的煤种之间，从而参考已实际燃用过的煤种，对锅炉燃烧组织和运行的适应性，选用燃用新煤种的锅炉设计参数。显然，本方法是一种条件性很强的测试评价方法；它必须拥有在同样测试条件下多种典型煤样的测试数据，才能给出正确的评价结果。

西安热工研究院按统一的试验规范对电厂燃用的 56 个煤种进行了一维炉燃烧试验[7]，通过一维火焰试验炉，对义马、龙口、小龙潭、扎赉诺尔、伊敏和元宝山褐煤的试验，都有很高的燃尽率，在 98%以上。因此，都属于严重结渣的类型。

三、 煤的比表面积分析[9]

为了进一步了解固定碳燃烧速度不同的原因，对煤焦比表面积进行了研究。煤焦是指挥发分释放后剩余的固定碳和灰分的混合物，对于煤粉在炉膛中的燃尽过程很有价值。

煤焦的比表面积越大，则着火燃尽程度越好，比表面积越小，越不易燃烧。

哈尔滨电站成套设备设计研究所将制好的煤焦研磨成 200 目以下，在 S-03 比表面积/孔径测定仪上，测定出比表面积。其试验条件：气压为 98.616kPa（常压），室温为 24℃，桥流为 120mA。

用这种方法对我国 41 种煤进行了比表面积测定，部分煤的比表面积见表 1-10。从表 1-10 中看出，无烟煤比表面积小，褐煤比表面积大。凡是比表面积小的一般可燃性不好，而比表面积大的可燃性好。其判别的范围：$S<20m^2/g$ 为难燃煤；$S=20\sim60m^2/g$ 为中等；$S>60m^2/g$ 为易燃煤。

表 1-10　　我国一些煤种的比表面积　　m^2/g

煤　　种	比表面积 S
加福无烟煤	9.64
鸡西麻山矿烟煤	18.04
鸡西城子河矿烟煤	41.32

续表

煤种	比表面积 S
阜新清河门矿烟煤	58.52
霍林河褐煤	121.09
元宝山褐煤	121.14
沈北蒲河褐煤	137.66
小龙潭褐煤	139.30
平庄褐煤	154.60

四、煤粉的爆炸性

煤粉的爆炸性是指煤粉引起爆炸的难易程度和爆炸所能产生压力的强度。对燃用易燃的褐煤，了解燃用褐煤煤粉的爆炸性是十分必要的。导致爆炸事故的主要原因是积粉自燃以及磨煤机出、入口风温未得到有效控制，多发生于制粉系统启、停阶段，与正常运行状态下的爆炸事故相比，启、停阶段发生的爆炸事故所造成的设备损坏程度更大。煤粉的爆炸性与煤的易燃性、灰分、水分、煤粉细度、气粉混合物的温度和浓度、气粉混合物中的含氧量等因素有关。研究发现煤的爆炸性与着火特性相关，一般可用着火特性指标评价煤粉的爆炸性。

1. 煤粉的爆炸性与爆炸性指数的关系

DL/T 466—2017《电站磨煤机及制粉系统选型导则》对煤粉的爆炸性与爆炸性指数 K_d 的关系，见表 1-11。

表 1-11　煤粉的爆炸性与爆炸性指数 K_d 的关系

煤粉的爆炸性指数	煤粉的爆炸性
$K_d \leqslant 0.5$	难爆
$0.5 < K_d \leqslant 1.0$	极难爆
$1.0 < K_d \leqslant 1.5$	中等
$1.5 < K_d \leqslant 3.5$	较易爆
$K_d \geqslant 3.5$	极易爆

2. 煤粉的爆炸性与煤粉气流着火温度 IT 及干燥无灰基挥发分 V_{daf} 的关系

煤粉气流着火温度 IT 综合了煤的易燃性和灰分的影响，可大致代表煤粉在一定的水分、煤粉细度、浓度、温度等情况下煤粉的爆炸特性。挥发分与爆炸性有一定的相关性，因此煤粉的爆炸性也可用煤的挥发分含量近似判定。一般情况下，$V_{daf}<10\%$、多灰、潮湿的煤粉是不易爆炸的。煤粉粒径大于 100μm 的煤粉，其爆炸的可能性也很小。DL/T 5145—2012《火力发电厂制粉系统设计计算技术规定》中煤粉的爆炸性与粉气流着火温度 IT 及干燥无灰基挥发分的关系见表 1-12。

表 1-12　煤粉的爆炸性与煤粉气流着火温度 IT 及干燥无灰基挥发分 V_{daf} 的关系

煤粉的爆炸性指数 K_d	煤粉气流着火温度 IT(℃)	干燥无灰基挥发分 V_{daf}(%)
$K_d \leqslant 1.0$	IT≥800	$V_{daf} \leqslant 6.0$
$1.0 < K_d \leqslant 3.0$	800>IT≥780	$6.0 < V_{daf} \leqslant 10.0$
$3.0 < K_d \leqslant 7.0$	780>IT≥750	$10.0 < V_{daf} \leqslant 15.0$
$7.0 < K_d \leqslant 12.0$	750>IT≥720	$15.0 < V_{daf} \leqslant 20.0$
$12.0 < K_d < 17.0$	720>IT>680	$20.0 < V_{daf} < 25.0$
$K_d \geqslant 17.0$	IT≤680	$V_{daf} \geqslant 25.0$

3. 煤的爆炸性与热重分析的着火温度的关系

煤粉的爆炸根源在于煤粉的沉积，或因气粉混合物温度过高，煤粉热解产生一定量的可燃气体，当其浓度达到一定值而又有氧气时，即发生爆炸。因为热重分析的工况条件与此相似，特别是堆积煤粉状态，所以采用热天平分析求得的反应开始温度（着火温度 t）最能反映煤粉的爆炸特性，且其数据可直接应用。哈尔滨电站成套设备设计研究所与西安热工研究院都对热重分析的着火温度 t 与煤粉爆炸性的相关性进行了分析，以 TGS-2 型热重分析所得着火温度 t 为指标，并与着火性能分级相一致，提出煤的爆炸性等级划分，见表 1-13。

表 1-13　煤的爆炸性与热重分析的着火温度的关系

着火温度 t(℃)	爆炸等级	爆炸性
>410	Ⅰ	极难
410～315	Ⅱ	难
<315～270	Ⅲ	中等
<270～235	Ⅳ	易
<235	Ⅴ	极易

4. 爆炸性指数

俄罗斯全俄热工研究院对煤粉爆炸特性进行了长期的试验研究，提出了动力燃料煤粉爆炸性的工程评价方法[11]，并形成了相应的标准[12]。

煤粉爆炸性指数 K_d 按式（1-18）～式（1-21）计算[13]，即

$$K_d = \frac{V_d}{\mu_{V,A}^{L}} \tag{1-18}$$

$$\mu_{V,A}^{L} = \frac{\mu_V^L \left(1 + \dfrac{100 - V_d}{V_d}\right) 100}{100 + \mu_V^L \dfrac{100 - V_d}{V_d}} \tag{1-19}$$

$$\mu_V^L = \frac{1260}{Q_V} \tag{1-20}$$

$$Q_V=\frac{Q_{net,daf}-329(C_{daf}+H_{daf}+O_{daf}-V_{daf})}{V_{daf}} \tag{1-21}$$

式中 V_d、V_{daf}——煤的干燥基和干燥无灰基挥发分含量,%;

$\mu_{V,A}^{L}$——含有灰和焦炭的挥发分与空气混合，在燃烧状态下火焰扩展的下限浓度,%（在煤粉中除含有挥发分，还有灰分和焦炭，它们在迅速爆炸的过程中，几乎不参与反应，但是会消耗部分热量，因此会使火焰扩展下限值升高）;

μ_V^L——不含灰和焦炭的挥发分与空气混合，在燃烧状态下火焰扩展的下限浓度,%;

Q_V——挥发分的发热量，kJ/kg;

$Q_{net.daf}$——煤的干燥无灰基发热量，kJ/kg;

C_{daf}——煤的干燥无灰基碳含量,%;

H_{daf}——煤的干燥无灰基氢含量,%;

O_{daf}——煤的干燥无灰基氧含量,%。

按上述诸式对我国若干典型煤种计算了煤粉的爆炸指数 K_d，汇列于表 1-14。

表 1-14　我国部分煤种煤粉计算的爆炸指数 K_d

电厂	M_t (%)	A_{ar} (%)	A_d (%)	V_{daf} (%)	$Q_{net.ar}$ (MJ/kg)	C_{ar} (%)	H_{ar} (%)	O_{ar} (%)	K_d
永安无烟煤	9.0	30.0	32.97	3.8	20.680	57.28	1.16	1.02	0.071
阳泉贫煤	9.1	21.65	23.82	10.88	22.870	60.94	2.66	2.67	0.35
鹤岗烟煤	8.88	22.64	24.85	35.93	20.525	52.99	3.63	5.70	2.16
准格尔烟煤	10.5	17.39	19.43	36.96	22.050	57.52	3.61	9.60	2.29
黄陵烟煤	7.10	20.74	22.33	36.76	22.660	59.79	3.54	6.82	2.28
淮南烟煤	9.82	23.90	26.50	36.81	20.912	53.86	3.28	6.24	2.18
府谷东胜烟煤	10.1	13.84	15.39	38.38	23.500	61.59	4.14	9.14	2.94
保德烟煤	6.3	18.82	20.09	39.08	23.820	60.91	4.21	8.38	2.71
扎赉诺尔褐煤	30.2	12.42	17.79	42.68	16.200	44.47	2.78	9.51	2.76
宝日希勒褐煤	35.4	7.22	11.18	44.19	15.110	42.83	2.77	11.12	3.05

煤粉爆炸指数 K_d 与挥发分 V_{daf} 的关系曲线如图 1-14 所示。煤粉的爆炸特性与煤的挥发分含量以及挥发分的发热量直接有关。煤的挥发分含量越高，则煤粉的爆炸性越强。由图 1-14 可见，K_d 与 V_{daf} 的关系在 $V_{daf}<30\%$ 时对应的线性比较好；而在 $V_{daf}>30\%$ 之后的线性关系较差，这主要是因为在该区域内煤的水分与灰分的变化很大。如图 1-15 所示，数据点比较散，但总的趋势明确，即干燥基灰分含量变小，爆炸性增强。V_{daf} 作为判别指标时未考虑这一影响，而 K_d 指标则考虑了水分和灰分的影响，这是合理的。同时，这也说明当仅用 V_{daf} 来评价煤粉的爆炸性时，必须考虑水分和灰分的影响。

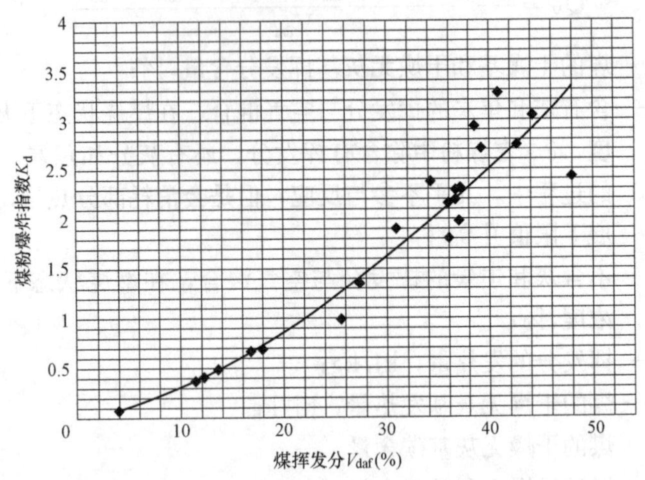

图 1-14　煤粉爆炸性指数 K_d 与挥发分 V_{daf}的关系

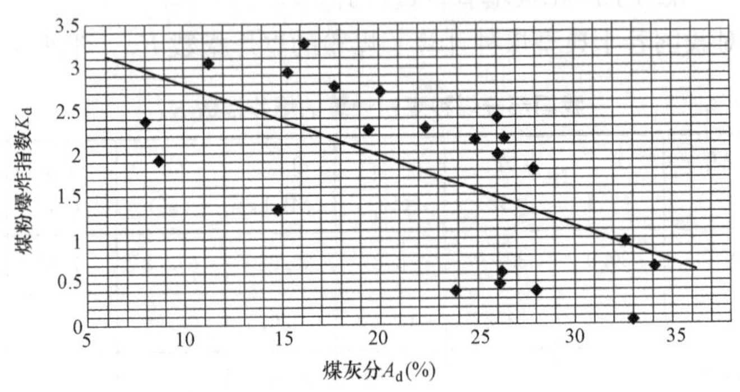

图 1-15　煤粉爆炸指数 K_d 与干燥基灰分 A_d 的关系

有时煤在制粉系统中发生爆炸的实际情况与 K_d 指数的关系尚不完全相符，有不够确切之处，这是因为制粉系统中煤粉常处于运动状态，只在系统中流动的死角处或停运时，才有一些粉尘沉积下来，在随后的启动过程中引起爆炸。所以已有指标对准确判断制粉系统煤粉爆炸仍有一定的偏差。此外，到目前为止，我国不同的标准或书籍中对煤粉爆炸的分级尚未统一，例如在文献［14］和 DL/T 5203—2005《火力发电厂煤和制粉系统防爆设计技术规程》中，将煤粉爆炸划分为三个等级；文献［15］和 DL/T 5240—2010《火力发电厂燃烧系统设计计算技术规程》中，将煤粉爆炸划分为四个等级，DL/T 5145—2012《火力发电厂制粉系统设计计算技术规定》将煤粉爆炸划分为六个等级，DL/T 466—2017《电站磨煤机及制粉系统选型导则》将煤粉爆炸划分为五个等级。

煤粉的爆炸特性宜通过专门的爆炸特性试验评定。在缺乏试验数据时根据煤的工业分析和元素分析数据，通过计算也可预判煤粉的爆炸特性。有机构[11]将煤粉按照煤粉爆炸指数 K_d 的大小分成四个爆炸性等级，随着 K_d 值的增加，煤粉的爆炸性加强。此外，为防止煤粉制备系统的爆炸，也对煤粉制备系统（分离器）出口气粉混合物的最高温度作了相应的规定，如表 1-15 所示。

表 1-15 煤粉爆炸指数 K_d 与煤粉制备系统（分离器）出口气粉混合物的最高允许温度 ℃

煤粉爆炸指数 K_d	煤粉的爆炸性	热风干燥系统		烟气干燥系统	
		直吹式	中间储仓式	直吹式	储仓式
$K_d \leqslant 1.0$	难	220	130*	—	150
$1.0 < K_d \leqslant 1.5$	中等	130	80	220	130
$1.5 < K_d \leqslant 3.5$	易	80(100)**	70	220	120***
$K_d > 3.5$	极易	80	—	220	—

* 如果按燃烧过程条件允许时。

** 油页岩。

*** 对煤粉仓充二氧化碳或氮气惰化的现有电站。

第四节 煤质特性的评价与判别[7]

煤质特性主要是指煤的着火与稳定燃烧性能、燃尽性能和煤灰的结渣沾污性能，也可以认为是煤炭在燃烧过程中所表现出来的特征。

一、 着火特性的判别

煤的着火特性是指煤作为一种固体燃料在规定的工艺条件下被引燃着火（迅速氧化放热并发生火焰）的难易程度。它与煤质成分、煤岩构造以及水分、矿物质含量等有着复杂的关系，大致随煤炭化程度的增高而由易变难，即大致随煤中挥发分含量（干燥无灰基挥发分 V_{daf}）的降低而逐渐变难，所以干燥无灰基挥发分 V_{daf} 常被用来作为煤粉着火特性的粗略判别指标，也是煤分类的主要指标，它基本上反映了从褐煤到无烟煤的煤质变化。常用干燥无灰基挥发分 V_{daf} 区分煤着火燃烧的难易程度，而且这几乎是国内外通用的。对于着火性能相对较差的低挥发分煤类（V_{daf} 约小于 25%），单纯用挥发分进行对比往往产生误导。有时利用基于热失重分析方法得出的一些反应性能指标来判别，而利用直接测定煤粉空气混合物射流，开始发生着火现象时的温度更为准确。

（一）干燥无灰基挥发分 V_{daf} 判别

虽然挥发分并不是一个很理想的判别指标，但它在各种工业领域里应用十分广泛，而且作为煤常规的工业分析项目之一，有世界上通用的测定标准方法，可方便地用以进行对比分析，并具有很好的通用性。因此，干燥无灰基挥发分 V_{daf} 仍是世界上煤粉锅炉行业最常用的燃烧特性判别指标。

以煤粉锅炉燃用煤质的干燥无灰基挥发分 V_{daf} 的等级判别界限见表 1-16。

表 1-16 以煤粉锅炉燃用煤质的干燥无灰基挥发 V_{daf} 的等级判别界限

V_{daf}(%)	≤9	9～19	>19～30	>30～37	>37
着火及燃烧稳定性等级	极难稳定区	难稳定区	中等稳定区	易稳定区	极易稳定区（褐煤区）

按我国煤的分类标准，V_{daf}>37%并 $Q_{gr,daf} \leqslant 24$MJ/kg 的煤称为褐煤，当褐煤全水分

$M_t=45\%\sim60\%$ 时，仍需注意煤粉气流的着火稳定性。因而，将 $V_{daf}>37\%$ 褐煤的着火及燃烧稳定性判别，统称为褐煤区。

在相同 V_{daf} 条件下应考虑灰分与水分含量（$A+M$）的多少，（$A+M$）大者相对难燃，（$A+M$）小者相对易燃。

（二）燃料比 *RB* 判别

美国和日本常用固定碳 C 与挥发分 V 之比（$RB=FC/V$）作为判别煤的可燃性指标，它比单纯用挥发分判别分辨率更强些。这里 C 和 V 的含量用干燥无灰基或收到基等均可，但必须是同一基准的。着火及燃烧稳定性的燃料比 *RB* 法分级见表 1-17。

表 1-17　　着火及燃烧稳定性的燃料比 *RB* 法分级

RB	<4	4～9	>9
着火及燃烧稳定性等级	易燃	中等	极难燃

一般褐煤的 *RB* 为 0.6～1.5，是极易燃煤种，无烟煤中 $RB>9$ 的是极难燃煤种。在相同 *RB* 条件下应考虑灰分与水分含量（$A+M$）的多少，（$A+M$）大者相对难燃，（$A+M$）小者相对易燃。

如以煤粉气流着火温度 IT 为准，研究表明：对中等以上着火性能的煤，采用 V_{daf} 指标判别较好；对难着火性能的煤，采用 FC/V 指标判别较好。

（三）傅张指数 F_Z 判别

傅张指数 F_Z 是与煤种有关的无因次参数，用煤球在加热炉内燃烧试验所得数据回归的结果，按式（1-22）计算，即

$$F_Z=(V_{ad}+M_{ad})^2C_{ad}\times100^{-2} \tag{1-22}$$

煤的 F_Z 值越大，其着火性能越好。

该方法将 M_{ad} 视为与 V_{ad} 对着火同样有利的因素，（$V_{ad}+M_{ad}$）表示挥发分和内在水分析出后在炭内部形成空隙的程度。F_Z 越大，炭内部形成的空隙越多，其比表面积越大，炭的活性也就越大。C_{ad} 表示煤球中含碳量的大小，当单位面积上含碳的比例越大时，则化学反应放出的热量就越大，有利于着火。高灰分煤因 C_{ad} 较低，即发热量低，也就较难着火燃烧。

傅张指数 F_Z 对煤的着火特性的判别界限见表 1-18。

表 1-18　　傅张指数 F_Z 对煤的着火特性的判别界限

F_Z	$F_Z\leqslant0.5$	$0.5<F_Z\leqslant1.0$	$1.0<F_Z\leqslant1.5$	$1.5<F_Z\leqslant2.0$	$F_Z>2.0$
着火特性等级	极难燃	难燃	准难燃	易燃	极易燃

对于低挥发分煤，采用傅张指数 F_Z 进行判别或区别着火特性的差别比较好。

（四）着火燃烧稳定性指数 R_W 判别

西安热工研究院与普华煤燃烧技术开发研究中心共同研究了热天平分析的煤燃烧分布曲线显示的特征点参数 W_{1max}、T_{1max}、G_1（见图 1-9）、t 和 V_{daf}（见图 1-10），以及现场运行实践的相关性，确定了着火燃烧稳定性的综合判别指数 R_W，判别计算式见式（1-16）。

着火燃烧稳定性指数 R_W 对煤的着火燃烧稳定性的判别界限见表 1-19。

表 1-19　着火燃烧稳定性 R_W 对煤的着火燃烧稳定性的判别界限

R_W	≤4.0	>4.0~4.65	>4.65~5.0	>5.0~5.7	>5.7
判别界限	极难稳定区	难稳定区	中等稳定区	易稳定区	褐煤区

（五）煤粉气流着火温度 IT 判别

挥发分含量常常不能确切地反映该煤种的着火特性，按实测的煤粉气流着火温度 IT 可作如下判别：

V_{daf}>25%的煤，皆可认为是较易着火煤（IT<700℃）；

V_{daf}=15%~20%的煤，皆可认为是中等着火煤（IT=700~800℃）；

V_{daf}<10%的煤，皆可认为是较难着火煤（IT>800℃）。

而 V_{daf}=20%~25%的煤，既可能是较易着火煤，也可能是中等着火煤；

V_{daf}=10%~15%的煤，既可能是中等着火煤，也可能是较难着火煤。

对后两档的煤应进行煤粉气流着火温度（IT）测定。得到煤粉气流着火温度 IT 与挥发分的关系，见图 1-16。

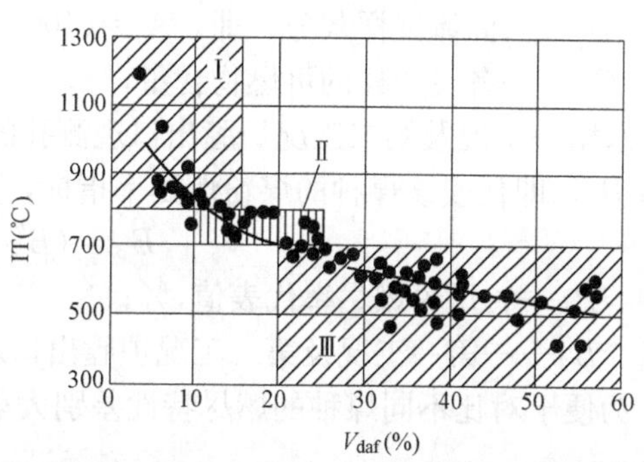

图 1-16　着火温度 IT 与挥发分 V_{daf} 的关系

Ⅰ—较难着火煤类（IT>800℃，V_{daf}<15%）；

Ⅱ—中等着火煤类（IT=700~800℃，V_{daf}=10%~25%）；

Ⅲ—较易着火煤类（IT <700℃，V_{daf}>20%）

（六）煤粉颗粒着火指数 T_d 判别[16]

煤粉的着火不仅取决于煤自身的特性，而且取决于煤粉细度、风粉混合物浓度以及周围环境的热力条件等许多因素。哈尔滨电站设备成套设计研究所的煤粉颗粒着火指数炉，是以一定流量的空气携带煤粉流经炽热的管式电炉，随炉温的升高，煤粉在管中着火，取其使煤粉着火的最低炉膛温度定义为煤粉颗粒着火指数。

根据几十种煤的测定结果，将工业分析相互独立的数据对着火温度进行逐步回归，则可得出式（1-23），即

$$T_d = 654 - 1.9V_{daf} + 0.43A_{ad} - 4.5M_{ad} \tag{1-23}$$

空气干燥基水分有利于煤粉着火，原因是 M_{ad} 析出后的煤粉孔隙和由此增加的比表面积有利于氧的渗透和燃烧；而灰分 A_{ad} 则不利于着火。

着火温度 T_d 对煤的着火燃烧稳定性的判别界限见表 1-20。

表 1-20　着火温度 T_d 对煤的着火燃烧稳定性的判别界限

T_d(℃)	>638	638~613	<613~593	<593~560	≤560
着火及燃烧稳定性等级	极难稳定区	难稳定区	中等稳定区	易稳定区	极易稳定区

二、煤燃尽特性的判别[7]

煤的燃尽特性是指煤粉在炉膛内按规定燃烧条件可能达到的燃尽程度。它与煤的炭

化程度、煤的组分、岩相结构、矿物组分及研磨细度有关。在具体的炉膛内还受制于诸多空气动力学和热动力学因素，炉内停留时间以至炉膛压力也都起一定的作用。煤的燃尽性能与其着火性能有着必然的联系，着火性能好的煤，其燃尽性能也好。一般可用常规分析数据，如 V_{daf}、RB(FC/V) 和 F_Z 等着火指标，对煤的燃尽特性进行粗略判别，但与一维火焰试验炉测得的燃尽率 B_P 相比，准确性相对较低。常用一维火焰试验炉测得的燃尽率 B_P 和热天平测得的燃尽指数 R_J 判别煤的燃尽特性。

（一）燃尽率 B_P 判别

按 DL/T 1106—2009《煤粉燃烧结渣特性和燃尽率一维火焰炉测试方法》，在两种工况下沿火焰行程逐观测孔抽取的飞灰样，分别测定其可燃物含量 C_{fa}，并分别按式（1-24）计算其燃尽率，即

$$B = [1-(A_d/A_j)]\times 100/(1-A_d/100) \tag{1-24}$$

式中 B——燃尽率，%；

A_d——原煤粉干燥基灰分，%；

A_j——固体试样灰分，即，$A_j=(100-C_{fa})$，%；

C_{fa}——各飞灰样的可燃物含量，%。

取第一工况及第二工况炉膛出口观测孔的燃尽率为 B''_1、B''_2，按式（1-25）求得其平均值 B_p，即代表该煤种的煤粉燃尽率指标，则

$$B_p = (B''_1 + B''_2)/2 \tag{1-25}$$

式中 B_P——煤粉燃尽率代表值，%；

B''_1、B''_2——第一工况及第二工况炉膛出口观测孔的飞灰燃尽率，%。

为便于对比不同煤种的燃尽特性差别大小，可根据 B_P 从表 1-21 查得其归属等级。

表 1-21　一维火焰炉判定煤粉燃烧的燃尽特性分级

B_P	≤89	>89～93	>93～96	>96～98	>98
燃尽特性等级	极难	难	中等	易	极易

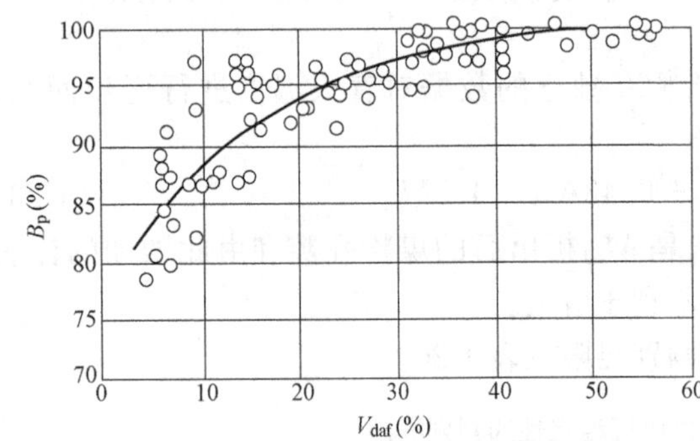

图 1-17　燃尽率 B_P 与挥发分 V_{daf} 的关系

煤粉燃尽率 B_P 与挥发分 V_{daf} 的关系见图 1-17。褐煤的挥发分都较高，一般干燥无灰基 V_{daf}>40%，由图 1-17 中可见，当 V_{daf}>40%时，一维火焰炉燃尽率 B_P 都在 95%以上。

（二）煤燃尽特性指数 R_J 判别

用 TGS-2 性热天平分析煤的燃尽特性，是根据煤样失重速率曲线和煤焦燃尽率曲线判定的。燃尽指数 R_J 判别计算式见式（1-17）。按普华煤燃烧技术开发技术中心的等级划分，燃尽指数 R_J 对煤的燃尽特性的判别界限见表 1-22。

表 1-22　燃尽特性 R_J 判别界限

R_J	≤2.5	>2.5～3.0	>3.0～4.4	>4.4～5.7	>5.7
判别界限	极难燃尽区	难燃尽区	中等可燃尽区	易燃尽区	褐煤区

三、煤灰结渣特性的判别

煤的结渣特性是指煤粉燃烧过程中，残留的灰粒在炉膛高温气氛条件下，可能黏附于受热面及炉壁形成结渣的程度。它对炉膛轮廓选型至关重要。煤的结渣特性与煤中含硫量及矿物质组成、灰熔融特性（灰熔融温度及灰黏度）等因素有关，也与燃烧过程的气氛因素有关。由于其机理的复杂性，常利用多种试验判据指标（例如灰的熔融温度、黏度-温度特性、灰成分等）来综合评价煤种的结渣性能强弱。

国外的许多判别指标，是将煤灰的熔融温度、黏度-温度特性及灰成分与其相关联，得出一些煤结渣、沾污特性的评价与判别指标，这些指标有的是煤灰熔融温度、灰成分或黏度试验得出的某个数据，或者是几个数据的特定组合。

需要指出，在应用国外的煤灰结渣特性的判别指标时，应注意以下各点。

(1) 许多指标是针对国外某一类煤或某个地区煤的灰特性的，即使是一类煤，不同地区或国家将会有不同之处，必须经过检验方可在适当范围内应用。

(2) 各国的煤灰试验方法不同，对同一煤样，所得灰试样中的这些矿相及成分，甚至测得灰熔融温度等会有一定差异。各国对灰熔融温度的测定方法都有一些差异，特征点温度的定义也不尽相同。

(3) 国外常用的结渣指标很多，实践应用表明，这些指标用于同一种煤很难得到一致的结论，有时甚至会得到完全相反的结果。因此，在应用中应对各个指标作具体分析，特别是应参照该煤种在实际锅炉中已有的运行表现进行分析判断。

（一）基于灰熔融温度的判别指标

灰的熔融特性被作为衡量煤的结渣和积灰的工具已经应用很长时间。至今，它仍然是用于预测灰渣性能的比较有效的方法。

以下是几种利用单一的熔融温度或它们的组合作为结渣判别指标的方法。

1. R_T 判据

美国和德国常用该指标，起初是对褐煤建立的，后来又用于其他煤种。R_T 判据适用于褐煤和灰成分中 $CaO+MgO>Fe_2O_3$ 的烟煤、贫煤。

R_T 判据用 Leitz 热显微镜测定值（按 DIN 标准），按式（1-26）计算，即

$$R_T=(\mathrm{maxHT}+4\mathrm{minDT})/5 \tag{1-26}$$

式中 R_T——判据，℃；

maxHT——灰分别在氧化或还原性气氛中测得的最高半球温度，℃；

minDT——灰分别在氧化或还原性气氛中测得的最低变形温度，℃。

R_T 判据的判别界限见表 1-23。

表 1-23 R_T 判据的判别界限（褐煤型灰）

R_T(℃)	>1343	1343～1232	<1232～1149	<1149
结渣特性	弱结渣性	中等结渣性	强结渣性	严重结渣性

2. R_t 判据

西安热工研究院通过大量试验，结合我国实验室条件，通过比对和验证，采用弱还

原性气氛中的软化温度ST和变形温度DT，分别取代式（1-26）中的maxHT和minDT而构成判据R_t。

R_t判据用灰熔点炉测定值按式（1-27）计算，即

$$R_t=(ST+4DT)/5 \tag{1-27}$$

式中 R_t——判据，℃；

ST——弱还原气氛中的软化温度，℃；

DT——弱还原气氛中的变形温度，℃。

R_t判据的判别界限见表1-24。

表1-24　R_t判据的判别界限

R_t(℃)	＞1450	1450～1350	＜1350～1250	＜1250
结渣特性	弱结渣特性	中等结渣性	强结渣性	严重结渣性

由R_T、R_t可见，计算中均以4倍的权数偏重于变形温度，也就是意味着该温度对结渣性有重要的影响。西安热工研究院用Leitz-Ⅱ型热显微镜，按德国标准方法，以ϕ3×3mm灰柱进行了多种煤的灰熔融温度测定发现：多数灰样在DT前高度随温度变化缓慢而均匀，不易读数，而达到DT值、出现膨胀现象时的温度易读，即DT较HT值及国家标准ST值明显稳定，测量误差较小。因而建议可用弱还原性气氛中的DT测值作为结渣性能判据。其分级界限推荐如下：① DT＞1289℃，不结渣；② DT＝1288～1108℃，中等结渣；③DT＜1107℃，严重结渣。

3. ST判据

从我国电站锅炉的运行经验看来，低灰熔融温度的煤在燃烧过程中，灰分往往呈软化或熔融状态，黏附性较强而易形成结渣。但灰分是否达到软化或熔融状态，除了灰分特性外，还取决于炉内温度，而炉内温度不仅与燃烧器和炉膛的设计有关，还与煤的发热量有关。发热量低的煤，在炉内燃烧的温度水平较低，即使灰熔融温度较低，也不致引起严重的结渣。通过对72个电厂的各类炉型结渣工况调查[7]，将所得结果按ST和$Q_{net,ar}$确定的不结渣区、(包括不结渣和基本不结渣)、结渣区（结渣和严重结渣）。据此大致可以认为：当ST＞1350℃时，或者虽然ST＜1350℃，但煤的发热量$Q_{net,ar}$＜12.6MJ/kg时，煤粉锅炉一般不易结渣或较轻；当ST＜1350℃时，而且煤的发热量$Q_{net,ar}$＞12.6MJ/kg，则该种煤有结渣倾向，煤粉锅炉运行中的结渣问题较多，而且有时还很严重。

ST判据即为灰软化温度ST(℃)。ST判据的判别界限见表1-25。

表1-25　ST判据的判别界限

ST(℃)	＞1480	1480～1370	＜1370～1270	＜1270
结渣特性	弱结渣性	中等结渣性	强结渣性	严重结渣性

4. 严重结渣三角区判据[15]

考虑炉膛结渣倾向既与变形温度DT有关，又与它及其软化温度ST之差（ST-DT）有关，通常认为（ST-DT）越小，则结渣性越强。因此，西安热工研究院将40多个电厂燃煤的一维火焰试验炉结渣特性试验结果与其（ST-DT）相关联，并求得严重结渣三角

形区，见图 1-18。图 1-18 中斜线为（ST-DT）=（618－0.47DT）。凡（ST-DT）＜（618－0.47DT）者，即可判定属严重结渣煤，即斜线下方的三角形区为严重结渣性区。

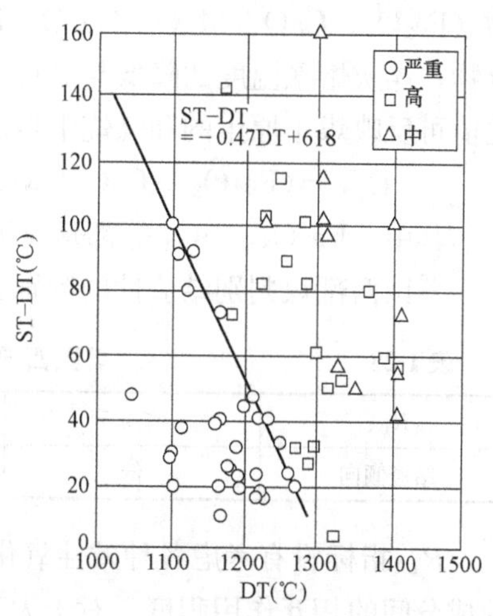

图 1-18 DT 与（ST-DT）确定的严重结渣三角区

（二）灰黏度结渣判别指标

煤灰黏度-温度特性原本用于预测、评价液态排渣锅炉中灰渣的流动性和煤种的适应性。用于判别煤在固态排渣煤粉锅炉中的结渣倾向时，涉及的黏度范围为 50～1000Pa·s。不同类型的煤灰黏度-温度特性曲线如图 1-2 所示。由煤灰黏度-温度特性得出的结渣判别指标有两种，一种为指定黏度值时的温度值，另一种为指定黏度区域的温度值，以反映煤灰的长渣或短渣特性。

1. T_{200} 判据

按 DT/L 660—2007《煤灰高温粘度特性试验方法》的规定，在还原性气氛条件下，测定灰黏度 200Pa·s 相应的温度 T_{200}(℃)。T_{200} 判据的判别界限见表 1-26。

表 1-26　T_{200} 判据的判别界限

T_{200}(℃)	＞1600	1600～1500	＜1500～1400	＜1400
结渣特性	弱结渣性	中等结渣性	强结渣性	严重结渣性

2. T_{1000} 判据

按 DT/L 660—2007 的规定，在还原性气氛条件下，测定灰黏度 1000Pa·s 相应的温度 T_{1000}(℃)。T_{1000} 判据的判别界限见表 1-27。

表 1-27　T_{1000} 判据的判别界限

T_{1000}(℃)	＞1530	1530～1420	＜1420～1300	＜1300
结渣特性	弱结渣性	中等结渣性	强结渣性	严重结渣性

（三）煤灰成分结渣判别指标

煤灰的熔融特性、黏度-温度特性和结渣特性都直接与煤中所含矿物质组成及其在燃烧过程中的化学反应有关。煤灰的矿相组成的测定技术较复杂，一般是经 815℃灰化后测定灰成分，即其所含各种金属和非金属的氧化物含量，主要是 SiO_2、Al_2O_3、Fe_2O_3、CaO、MgO、TiO_2、Na_2O、K_2O、P_2O_5 及 SO_3。其中 P_2O_5 的含量极少，常可忽略不计。另外，还有微量的其他金属氧化物，对燃烧和结渣过程基本无影响。根据灰成分数值可以推算或估算煤中原生矿物质的组成，以及灰熔融温度及黏度数值，加之大量实践经验的积累与总结，可得出的灰成分结渣指标都可在一定程度上预示煤灰的结渣倾向。

1. 碱酸比 R_{BA}

酸性氧化物一般具有较高的熔点，而酸性氧化物（SiO_2、Al_2O_3、TiO_2）与碱性氧化物（Fe_2O_3、CaO、MgO、Na_2O、K_2O）相互间作用构成的矿物质，则多属于低熔点化合物，煤灰熔融温度的降低与碱性氧化物的含量密切相关，且成比例。故两种氧化物的比值可反映煤中原生的和燃烧中生成的低熔点盐类的多少。碱酸比R_{BA}的计算式为

$$R_{BA}=(Fe_2O_3+CaO+MgO+Na_2O+K_2O)/(SiO_2+Al_2O_3+TiO_2) \quad (1\text{-}28)$$

其中，Fe_2O_3、SiO_2 等都是煤干燥基灰中各种成分的百分数。

美国西部煤判别结渣性的判别分级界限见表 1-28。

表 1-28　　美国西部煤判别结渣性的判别分级界限

R_{BA}	<0.5	0.5～1.0	<1.0～1.75	>1.75
结渣倾向	低	中	高	严重

R_{BA}指标没有考虑各种碱性氧化物在降低灰熔融温度作用上的差异，也没有考虑与酸性成分间的相互作用程度。对于大部分为 CaO 和 Al_2O_3 的灰与大部分为 CaO 和 SiO_2 的灰相比，虽然可能有相同的碱酸比，但是两者的结渣特性显然是不同的。碱酸比只能作为灰融化温度和其他数据在预测灰在炉膛中的性能的有益的补充。对于大部分煤灰，当碱酸比处于 0.4～0.7 时，煤灰常常具有比较低的灰熔融温度和较强的结渣倾向。而且认为碱金属钠和钾在灰中比例较大时，将会显著改变R_{BA}的判别准确性。

2. 硫结渣指数R_S

通常煤中含硫较大部分呈黄铁矿 FeS_2 形态存在。如炉膛气氛呈弱还原性或还原性，则 FeS_2 氧化时易生成低价的 FeO，甚至纯铁，它们的熔点较低，且对灰渣有较强的助熔作用。另外，燃烧生成的硫氧化物 SO_2、SO_3 与钠、钾氧化物反应生成 Na_2SO_4 及 K_2SO_4，也会起较强的助熔作用，使熔点降低。故为能体现 FeS_2（及有机硫）对结渣性能的影响，将R_{BA}再乘以干燥基全硫 $S_{t,d}$，并称为硫结渣指数，即

$$R_S=R_{BA}\cdot S_{t,d} \quad (1\text{-}29)$$

该指标最初是对美国东部煤［烟煤型灰，即 $Fe_2O_3/(CaO+MgO)>1$ 时］提出的，其判别分级界限见表 1-29。

表 1-29　　硫结渣指数 R_S 判别分级界限

R_S	<0.6	0.6～2.0	>2.0～2.6	>2.6
结渣倾向	低	中	高	严重

另有资料报道，上述分级范围适用于 $S_{t,d}>1.5\%$、$R_{BA}\approx0.6$ 的烟、褐煤，而不适用于次烟煤。

俄罗斯全俄热工研究院提出的燃煤结渣性判别式为

$$R_S=\sqrt{0.5\times\left\{\left[1-\frac{0.25\times(SiO_2+Al_2O_3+TiO_2)}{(CaO+MgO+K_2O+Na_2O)}\right]^2+\left(1-\frac{0.008A_d}{S_d}\right)^2\right\}} \quad (1\text{-}30)$$

式中　A_d、S_d——煤中灰分和干燥基硫含量，%。

根据俄罗斯煤种的试验结果整理，认为$R_S>0.78$的煤种结渣严重，而$R_S<0.65$的煤种结渣轻微。

3. 硅比 S_P

硅比是权衡液态渣黏度的一个指标。S_P 增加时，渣的黏度也增加，使灰渣在较高温度下就固化。硅比按式（1-31）计算，即

$$S_P = SiO_2 \times 100/(SiO_2 + \text{当量}\ Fe_2O_3 + CaO + MgO) \tag{1-31}$$

$$Fe_2O_3 = Fe_2O_3 + 1.11FeO + 1.43Fe$$

德国与美国 B&W 公司给出的 S_P 判别结渣性分级范围见表 1-30。

表 1-30　S_P 判别结渣性分级范围

德国	>72 低	72～65 中	<65 高
美国	80～72 低	72～65 中	65～50 严重

4. 硅铝比（SiO_2/Al_2O_3）

硅铝氧化物均为酸性，其熔点都相当高（SiO_2 熔点为 1716℃，Al_2O_3 熔点为 2043℃），但硅氧化物易与碱性氧化物结合生成熔点较低的硅酸盐。在 R_{BA} 相同的条件下，硅铝比（SiO_2/Al_2O_3）高的煤灰具有较低的灰熔融温度。但由于相互间作用较复杂，很难得出分级数值范围。美国燃烧工程公司对伊利诺斯州一种煤做的分析结果表明：SiO_2/Al_2O_3=1.7～2.8 时，对灰熔融温度（DT、ST、FT）无明显影响；SiO_2/Al_2O_3 <1.7 时，软化温度 ST 及流动温度 FT 升高；SiO_2/Al_2O_3>2.8 时，流动温度 FT 下降，但对初始变形温度 DT 影响较小。

5. 碱金属总量

煤灰中钠、钾含量高会促使受热面沾污积灰增强，它们与其他成分结合会明显降低灰熔融温度。许多研究者认为受热面上的结渣主要是由沾污引起的；如果受热面没有沾污，就不会结渣。因此，煤的沾污倾向也决定了结渣倾向。灰中 Na_2O 和 K_2O 含量高，结渣倾向也高。

6. 铁钙比 Fe_2O_3/CaO

在 5 种碱性氧化物（Fe_2O_3、CaO、MgO、Na_2O、K_2O）中，铁和钙所占比例最大，是最重要的两种。一般在灰渣中都起着增强结渣性的作用。在还原性气氛中，低价铁可促进结渣的早期生成，在氧化性气氛中，氧化钙可降低硅酸盐玻璃体的黏度。氧化铁和氧化钙的助熔作用又是综合性的，与两种氧化物的含量关系尚不明确。从不同研究者的研究结果综合看来，铁钙比 Fe_2O_3/CaO 在 1.0～0.2 之间时，对降低灰熔融温度有显著作用，当 Fe_2O_3/CaO 比值在 3～0.3 之间时，作用比较大。对美国西部煤［褐煤型灰，即 $Fe_2O_3/(CaO+MgO)<1$］，铁钙比 Fe_2O_3/CaO 结渣倾向的分级范围如表 1-31 所示。可见，当 Fe_2O_3/CaO=1 左右结渣性最强，Fe_2O_3/CaO<0.3 或>3 时结渣性最低。

表 1-31　铁钙比 Fe_2O_3/CaO 结渣倾向的分级范围

Fe_2O_3/CaO	<0.3，>3	0.3～3	≈1
结渣倾向	低	中～高	严重

7. 铁、白云石比 $Fe_2O_3/(CaO+MgO)$

该指标定义为 $Fe_2O_3/(CaO+MgO)$ 之比。它的分级范围与铁钙比基本相同，当煤灰中白云石含量高时可用该指标。

8. 白云石含量

白云石含量计算式为

$$D_P=(CaO+MgO)/(Fe_2O_3+CaO+MgO+Na_2O+K_2O) \tag{1-32}$$

该指标的数值范围为40%～80%，主要与煤灰黏度有关，用于碱性氧化物含量超过40%的煤灰。在碱酸比相同时，该值越高，灰熔融温度越高，黏度也越高。

9. 初始结渣温度 T_{is}

当细小灰粒附着在清洁的水冷壁上时，因为相对温度较低的水冷壁的冷却作用，而使这种初始沉积物的黏着性降低，结构比较疏松，不会形成强黏聚的或熔融性渣，但因其热阻较大而使沉积物外表面的温度升高，这被称为第一类沉积物。当灰中某些活性成分（碱金属、铁、钙）较高而且管外表面温度也较高时，在第一类沉积物的外层会形成低熔融温度的混合物，这被称为第二类沉积物，其结构较致密，黏聚性增强。这种从第一类沉积物向第二类转化的温度称为初始结渣温度 T_{is}。

苏联学者对库兹涅茨克煤的试验研究得出煤灰的初始结渣温度与灰成分有如下关系，即

$$T_{is}=1025+3.57(18-K)℃ \tag{1-33}$$

$$K=(Na_2O+K_2O)^2+0.048(Fe_2O_3+CaO)^2$$

式（1-33）原始试验的灰成分变化范围：SiO_2=49.8%～64.3%，Al_2O_3=19.3%～28.9%，Fe_2O_3+CaO=4.8%～20.1%，MgO=0.9%～3.2%，Na_2O+KO=2.0%～4.8%，SO_3=1.3%～5.1%。

式（1-33）原始试验的灰熔融温度变化范围：DT=1070～1240℃，ST=1230～1500℃，HT=1330～1500℃。

上述的煤灰成分变化范围与我国的煤灰变化范围基本相符。对我国褐煤的结渣温度 T_{is}，可按表1-32的分级进行判别。

表1-32　初始结渣温度 T_{is} 的分级

T_{is}(℃)	>1025	960～1025	<960
结渣倾向	轻微	中等	严重

10. 灰成分综合结渣指数 R_Z

煤灰成分与组成是产生结渣的根源。由结渣形成过程可知，受热面的结渣与灰渣熔融特性和灰渣流动特性密切相关。

在以往的锅炉设计中，通常以灰熔融温度的高低来判断结渣温度，而灰熔融性温度又决定于灰成分，因此往往又以灰成分来判断结渣。但实际结果表明，灰熔融性类型结渣指数分辨率为50%～60%，而灰成分类型的结渣指数只20%～40%的分辨率。可见，用单一的结渣指数不能准确判断煤的结渣特性。哈尔滨电站设备成套设计研究所在国内近250个煤的灰渣特性资料基础上，对我国动力用煤结渣特性指数进行了研究，得到灰成分综合结渣指数 R_Z，即

$$R_Z=1.24\frac{B}{A}+0.28\frac{SiO_2}{Al_2O_3}-0.0023ST-0.019G+5.4 \tag{1-34}$$

$$R_{BA}=\frac{B}{A}=\frac{Fe_2O_3+CaO+MgO+Na_2O+K_2O}{SiO_2+AI_2O_3+TiO_2}$$

$$G=\frac{100SiO_2}{SiO_2+CaO+MgO+Fe_2O_3}$$

G 与硅比 S_P 有所不同，G 是以灰成分中的 Fe_2O_3 代替当量 Fe_2O_3。

灰成分综合指数 R_Z 对煤结渣特性的判别界限见表 1-33。

表 1-33 灰成分综合结渣指数 R_Z 对煤结渣特性的判别界限

R_Z	<1.5	1.5~1.75	>1.75~2.25	>2.25~2.5	>2.5
结渣特性	轻微	中偏轻	中等	中偏重	严重

四、 煤灰沾污特性判别[7]

煤灰的沾污主要是指炉膛上部高温受热面的沾污，特别是屏式受热面的沾污。煤灰中易挥发的物质在高温下挥发或升华后，遇到温度相对较低的金属受热面而凝结，在表面形成黏结灰。其内层常常是易熔的共融物，或是碱金属化合物包覆的灰粒黏结而成。研究表明煤灰中钠、钾氧化物对沾污的影响最大，其次是硅、铁，而铝通常是减缓沾污的。国外研究也表明，钠、钙对炉内沾污的影响往往与煤的含氯量有关，含氯量越高，沾污倾向越严重。按国外划分界限，我国发电用煤的含氯量大多在 0.1%以下，属低氯煤。

煤中所含碱（Na_2O、K_2O）以活性和非活性两种结构存在。活性碱主要由简单的无机盐和有机碱组成，燃烧时易挥发，随后冷凝在受热面管壁上形成沾污。非活性碱存在于黏土或页岩矿物中，结合为硅酸铝复合盐，燃烧后保留在灰中。用弱酸（如稀醋酸）可溶出活性碱，而不会溶解或裂化复杂的矿物质。由美国煤的试验结果可见，以醋酸作为溶剂，可溶钠含量为可溶钾含量的 10 倍，可以看出煤灰的沾污性能主要由钠决定。另外，对积灰倾向大的褐煤及次烟煤，其可溶钠含量都大于灰成分中的含钠量，这主要是因为在制灰样过程中有机钠的损失。

通常，以煤灰中 Na_2O 的含量作为沾污特性指标时，把煤灰分为烟煤型灰与褐煤型灰两种。这两种灰并不是按煤的分类划分的，而是按煤灰中的 $Fe_2O_3/(CaO+MgO)$ 的比值区分的，并用灰成分综合指数 R_{ul} 判别沾污特性。

（一）烟煤型灰 ［$Fe_2O_3/(CaO+MgO)>1$］

烟煤型灰成分综合指数 R_{ul} 按式（1-35）计算，即

$$R_{ul}=\frac{B}{A}Na_2O \tag{1-35}$$

$$B=CaO+MgO+Fe_2O_3+K_2O+Na_2O$$
$$A=SiO_2+Al_2O_3+TiO_2$$

国外用灰渣综合指数 R_{ul} ［烟煤型灰 $Fe_2O_3/(CaO+MgO)>1$］对烟煤沾染特性的判别界限见表 1-34。

表 1-34　国外用灰渣综合指数 R_{ul}[烟煤型灰 $Fe_2O_3/(CaO+MgO)>1$] 对烟煤沾染特性的判别界限

R_{ul}	<0.2	0.2～0.5	>0.5～1.0	>1.0
灰渣沾污特性	沾污倾向轻微	沾污倾向中等	沾污倾向重	沾污严重

对于烟煤型煤灰，也有以煤中所含总的碱量——当量 $(Na_2O)_{dl}$ 作为沾污特性指标。当量 $(Na_2O)_{dl}$ 按式（1-36）计算，即

$$(Na_2O)_{dl}=(Na_2O+0.66K_2O)A_d/100 \tag{1-36}$$

式中　$(Na_2O)_{dl}$——当量 Na_2O；

0.66——Na_2O 与 K_2O 分子量之比；

A_d——煤的干燥基灰分，%。

当量 $(Na_2O)_{dl}$ 作为沾污特性指标的分级界限见表 1-35。

表 1-35　当量 $(Na_2O)_{dl}$ 作为沾污特性指标的分级界限

$(Na_2O)_{dl}$	<0.3	0.3～0.4	>0.4～0.5	>0.5
沾污倾向	低	中	高	严重

根据国内研究，煤灰中的 Na_2O 分活性钠与稳定性钠两种。其中活性钠对沾污的影响更大，以活性钠判别更为合理。实验表明，褐煤中的活性 Na_2O 占绝大多数，因此不必再细分为活性与非活性，而对于一般烟煤和无烟煤随着炭化程度的加深，灰中的活性 Na_2O 所占比例相应减少，故以活性 Na_2O 判别更可取。经上海发电设备成套设计研究所初步研究，对于烟煤型煤灰，式（1-35）修正为式（1-37），即

$$R_{ulh}=\frac{B}{A}Na_2O_h \tag{1-37}$$

式中　Na_2O_h——煤灰中的活性钠折算到煤灰质量的分数，%。

国内用灰渣综合指数 R_{ulh}[烟煤型灰 $Fe_2O_3/(CaO+MgO)>1$] 对煤沾污特性的判别界限见表 1-36。

表 1-36　国内用灰渣综合指数 R_{ulh} [烟煤型灰 $Fe_2O_3/(CaO+MgO)>1$] 对煤沾污特性的判别界限

R_{ulh}	≤0.1	0.1～0.25	>0.25～0.5	>0.5
灰渣沾污特性	沾污倾向轻微	沾污倾向中等	沾污倾向重	沾污严重

（二）褐煤型灰 [$Fe_2O_3/(CaO+MgO)<1$]

根据国外文献介绍，对褐煤型灰的煤，直接用灰中的 Na_2O 含量判断积灰程度，即褐煤型灰成分综合指数 R_{ul} 的计算见式（1-38），即

$$R_{ul}=Na_2O \tag{1-38}$$

国外用灰渣综合指数 R_{ul}[褐煤型灰 $Fe_2O_3/(CaO+MgO)<1$] 对褐煤沾污特性的判别界限见表 1-37。

表 1-37　国外用灰渣综合指数 R_{ul}［褐煤型灰 $Fe_2O_3/(CaO+MgO)<1$］对褐煤沾污特性的判别界限

灰渣沾污特性		沾污倾向中等	沾污倾向重	沾污倾向严重
$(CaO+MgO+Fe_2O_3)>20\%$	$R_{ul}(\%)$	<3	3～6	>6
$(CaO+MgO+Fe_2O_3)<20\%$	$R_{ul}(\%)$	<1.2	1.2～3	>3

根据国内研究，褐煤型灰中的 Na_2O 大多为活性钠，故可不细分活性与非活性。但国外的判别界限过高，不适于我国应用，建议按表 1-38 的判别界限。

表 1-38　国内灰渣综合指数 R_{ul}［褐煤型灰 $Fe_2O_3/(CaO+MgO)<1$］分级

$R_{ul}(\%)$	≤0.5	0.5～1.0	>1.0～1.5	>1.5
灰渣沾污特性	沾污倾向轻微	沾污倾向中等	沾污倾向重	沾污倾向严重

（三）沾污指数 K_V

德国能源工程公司（EVT）除了采用 R_{ul} 指标外，还考虑煤中含硫量 S 的影响，据实验可知，含硫量增加时，受热面的沾污加剧，因而采用沾污指标 K_V，即

$$K_V=(0.5+Na_2O+K_2O)\times(0.5+S) \tag{1-39}$$

当 K_V 值小于 4 时，沾污较轻；当 K_V 大于 4 时，沾污较重。

德国经验认为褐煤锅炉的沾污结渣主要是灰成分中碱酸比往往偏高，尤其是 Na_2O、K_2O 含量高，并认为褐煤灰分中的碱金属含量超过 3%时就一定要检验其沾污结渣特性，并以 $f=\frac{B}{A}(Na_2O+K_2O)$ 指标判别，认为 $f=\frac{B}{A}(Na_2O+K_2O)$ 指标超过 3%～6%时，锅炉运行就会出现困难。图 1-19 给出了多种褐煤的 f 值，并按它们的沾污表现及对锅炉燃烧的影响划分为三个区段。Ⅰ区为普通褐煤，锅炉运行不会产生比较特殊的困难；Ⅱ区属于较强及严重沾污结渣区，为了达到正常的可用率，需要对锅炉设备和燃烧系统采取降低炉膛温度水平、加强吹灰等措施，以避免炉膛结渣和受热面沾污；Ⅲ区的褐煤则属煤粉燃烧方式的禁区。在许多台锅炉的设计中都利用了图 1-19 对煤的沾污结渣性能进行判别，并采取相应的对策，认为经过数年的运行考验，所有机组锅炉都没有因结渣而影响运行，同时也认为煤中硫含量对结渣没有大的影响，因此较少使用 $R=\frac{B}{A}S_t$ 指标来判断煤的结渣性。

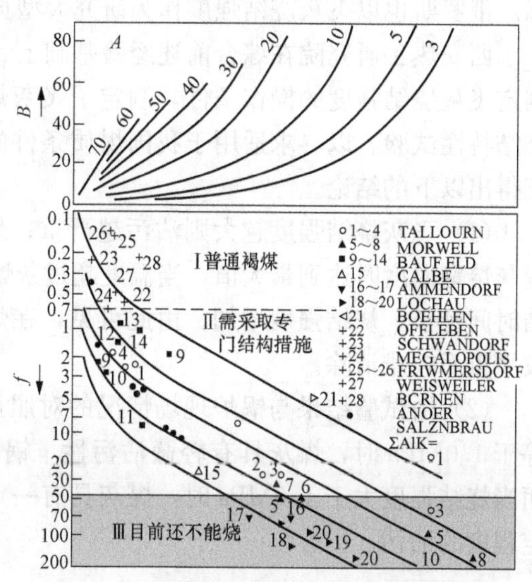

图 1-19　褐煤灰碱性指标 f 的线算图及其对沾污结渣影响分区

注：$B=CaO+MgO+Fe_2O_3+Na_2O+K_2O(\%)$；$A=SiO_2+Al_2O_3(\%)$；$\Sigma Alk=Na_2O+K_2O(\%)$。

（四）烧结强度判别灰的沾污[7]

从20世纪50年代开始，美国巴布科克·威尔科克斯公司，B&W（简称美国巴·威公司，B&W）。开始研究飞灰烧结强度判定方法。煤灰和飞灰烧结强度是一种比较直观的沾污判别指标，目前已为许多国家采用，如美国印第安纳煤的飞灰烧结强度较低，而伊利诺斯煤的飞灰烧结强度则明显偏高，这与后者引起炉内严重的沾污表现是一致的。如采用煤灰熔融特性进行判别，由于煤灰的铁含量较高，伊利诺斯煤钙含量偏高的影响不能测出，因此会得出这两种煤灰具有相同的结渣性的结果，美国B&W公司以飞灰作为沾污判别准则的分级界限，如表1-39所示。

表1-39　飞灰烧结强度分级判断准则

烧结强度（MPa）	沾污倾向
＜6.9	轻
6.9～34.5	中等
＞34.5～110.3	强
＞110.3	严重

近年来，使用飞灰烧结强度与温度和时间之间的关系，作为表征煤灰沾污特性的指标。俄罗斯也以飞灰烧结强度作为研究大型页岩锅炉屏式辐射过热器沾污工况的手段。

西安热工研究院在综合前述经验基础上[15]，设计和制作了飞灰烧结试验装置，摸索测定飞灰烧结强度的操作条件，制定了飞灰烧结强度的测量方法，并对我国常用煤进行烧结特性试验。以寻求适用于我国煤质条件的煤灰沾污特性定量指标，通过大量试验研究得出以下的结论。

（1）飞灰烧结强度越大则沾污越严重；烧结温度升高时，烧结强度增加（当温度接近灰熔融温度时达到最大值，当温度超过灰熔融温度后，烧结强度则急剧下降）；随着烧结时间延长，烧结强度增加。由此可见，在炉内高烟温区或高壁温区域的结渣和沾污比较严重而较难清除。

（2）由试验结果与锅炉现场情况的对照可知，我国发电用煤的飞灰烧结强度小于或等于1.0MPa时，煤灰具有轻微沾污性，锅炉的受热面较为洁净，一般只有少数浮灰；而当烧结强度大于1.0MPa时，煤灰具有一定的沾污性，炉内受热面将或多或少出现一定程度的沾污。

五、煤的可磨性和磨损性判别

（一）煤的可磨性指数

可磨性指数是煤磨制难易程度的指标，用来选择磨煤机型式，计算磨煤机出力。见本章第三节一、（五）。

（二）煤的磨损指数

煤的磨损指数表示对磨煤机碾磨件金属表面的磨损特性，用以选择磨煤机，判断研磨件的使用寿命。见本章第三节一、（六）。

煤的磨损指数有两种方法。

(1) 西安热工研究院的冲刷磨损 K_e，已定为 DL/T 465—2007《煤的冲刷磨损指数试验方法》标准。冲刷磨损指数 K_e 的判别界限见表 1-5。

据统计，煤中 $SiO_2/Al_2O_3 \leqslant 2.0$ 时，几乎所有的煤种的 $K_e \leqslant 3.5$。

(2) 哈尔滨电站设备成套设计研究所的旋转磨损指数 K_{exz} 的判别界限见表 1-40。

表 1-40　旋转磨损指数 K_{exz} 的判别界限

K_{exz}	≤25	25～40	>40～50	>50
磨损特性	不强	较强	很强	极强

冲刷磨损指数 K_e 与旋转磨损指数 K_{exz} 按式 (1-40) 换算，即

$$K_{exz} = 9.002K_e + 3685 \tag{1-40}$$

六、煤灰磨损特性判别

灰磨损特性与颗粒大小、形状、硬度、结渣性和化学成分等诸因素有关，但主要决定于灰中的 SiO_2、Fe_2O_3 和 Al_2O_3 等成分以及灰分含量，国外常用灰磨损指数 H_m 表征煤灰磨损特性，即

$$H_m = \frac{A_{ar}}{100}(SiO_2 + 0.8Fe_2O_3 + 1.35Al_2O_3) \tag{1-41}$$

式中　A_{ar}——煤的收到基灰分，%；

1、0.8、1.35——相对硬度系数。

灰磨损指数 H_m 的判别界限见表 1-41。

表 1-41　灰磨损指数 H_m 的判别界限

H_m(%)	<10	10～20	>20
磨损特性	磨损倾向轻微	磨损倾向中等	磨损倾向严重

西安热工研究院根据煤灰磨损试验台试验结果，求得单位时间金属磨损量与煤灰磨损指数 H_m 的相关性，见图 1-20[7]。

该项研究结果表明：

(1) 国外的磨损指数 H_m 指标（见表 1-41）用于判别我国煤灰磨损性能略显严重，根据实际用煤的煤灰磨损调研情况，认为"H_m 小于 10 为低磨损、H_m 大于 26 为严重磨损、其余均为中等磨损"，这一划分标准较为符合我国煤灰特点。

(2) 相关性分析结果表明单位时间金属磨损量受灰分 A_{ar}、灰中 SiO_2 和 Fe_2O_3 含量的影响较大。

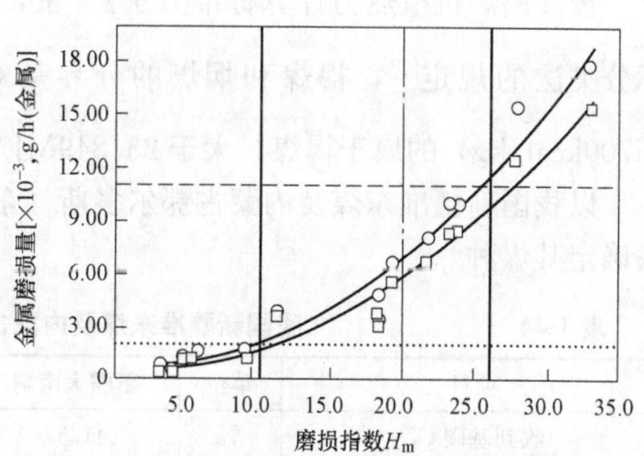

图 1-20　单位时间金属磨损量与煤灰磨损指数 H_m 的相关性

○—圆柱形磨损；□—方块磨损件

(3) 变风速和变浓度试验结果表明，飞灰磨损特性和目前已知的规律相近。风速对单位时间磨损量成指数关系，在 2.5～2.8 次方，而浓度对单位时间磨损量的影响成

线性关系。

（4）西安热工研究院由金属磨损量的煤灰磨损等级划分标准见表 1-42。

表 1-42 金属磨损量的煤灰磨损等级划分标准

磨损性能	圆柱或方块金属磨损量（$\times 10^{-3}$，g/h）	飞灰磨损指数 H_m
低	<2	<10
中	2~11	10~26
严重	>11	>26

七、煤粉的爆炸性判别

煤粉的爆炸性是指煤粉引起爆炸的难易程度和爆炸所能产生压力的强度。对燃用易燃的褐煤电站，了解燃用煤种煤粉的爆炸性是十分必要的。影响煤粉爆炸及其强度的因素有挥发分含量、煤粉细度、煤粉与空气混合物的温度、浓度和含氧量等。表 1-43 列出前苏联关于有爆炸的煤粉浓度和氧量的数值。

表 1-43 有爆炸危险的煤粉浓度和氧量[16]的数值

煤种	浓度下限 μ_{min}（kg/m³）	浓度上限 μ_{max}（kg/m³）	易爆浓度 $\mu_{e.exp}$（kg/m³）	最大爆炸压力 p_{max}（MPa）	最低含氧量 O_{2min}（%）
烟煤	0.32~0.47	3~4	1.2~2.0	0.13~0.17	19
褐煤	0.21~0.25	5~6	1.7~2.0	0.31~0.33	18
泥煤	0.16~0.18	13~16	1.0~2.0	0.30~0.35	16

煤粉的爆炸性与爆炸性指数的判别见本章第三节中四。

八、褐煤和烟煤的分类

按《锅炉机组热力计算标准方法》（俄，1973 年版）对煤的分类，亦即矿产煤的国际分类法的规定[7]，褐煤和烟煤的分界是 $Q_{gr,ar} \times \frac{100}{100-A_{ar}}$，结果小于 23.849MJ/kg（5700kcal/kg）的属于褐煤，大于 23.849MJ/kg 的则属于烟煤。

以我国新疆准东煤及内蒙古鄂尔多斯（东胜）煤（见表 1-44）为例，按上述分类方法确定其煤种。

表 1-44 我国新疆准东煤及内蒙古鄂尔多斯（东胜）煤

项目	单位	新疆大南湖	新疆五彩湾	内蒙古聚鑫龙	内蒙古范家村
收到基碳 C_{ar}	%	41.57	56.11	47.6	40.55
收到基氢 H_{ar}	%	2.76	2.56	2.81	2.75
收到基氧 O_{ar}	%	11.45	9.82	9.14	8.81
收到基氮 N_{ar}	%	0.57	0.47	0.45	0.43
收到基全硫 $S_{t,ar}$	%	0.54	0.43	1.26	1.22

续表

项目	单位	新疆大南湖	新疆五彩湾	内蒙古聚鑫龙	内蒙古范家村
收到基灰分 A_{ar}	%	19.11	3.39	14.34	27.67
收到基水分 M_{ar}	%	24.0	27.2	24.4	19.6
空气干燥基水分 M_{ad}	%	12.59	11.70	13.45	5.56
干燥无灰基挥发分 V_{daf}	%	45.81	30.41	37.22	37.58
收到基高位发热量 $Q_{gr,ar}$	MJ/kg	15.65	20.65	18.18	15.64
收到基低位发热量 $Q_{net,ar}$	MJ/kg	14.53	19.49	17.04	14.62
干燥无灰基高位发热量 $Q_{gr,daf}$	MJ/kg	27.5	29.75	29.67	27.09
哈氏可磨性指数 HGI	—	—	—	—	—
冲刷磨损指数 K_e	—	—	0.4	3.1	4.8
灰的磨损指数 H_m		—	—	8.5	24.7
灰中二氧化硅 SiO_2	%	48.29	1.07	34.64	56.91
灰中三氧化二铝 Al_2O_3	%	23.91	5.57	9.61	18.38
灰中三氧化二铁 Fe_2O_3	%	7.99	5.38	13.42	8.53
灰中氧化钙 CaO	%	7.97	35.29	17.2	4.73
灰中氧化镁 MgO	%	2.01	12.16	4.72	1.25
灰中氧化钾 K_2O	%	1.46	0.57	0.86	2.65
灰中氧化钠 Na_2O	%	2.06	4.72	0.61	0.40
灰中二氧化钛 TiO_2	%	1.67	0.69	0.85	0.78
灰中三氧化硫 SO_3	%	3.70	33.95	17.48	5.70
灰的变形温度 DT	℃	1270	1430	1160	1200
灰的软化温度 ST	℃	1280	1440	1170	1210
灰的半球温度 HT	℃	1290	1450	1180	1220
灰的流动温度 FT	℃	1300	1460	1190	1230

新疆哈密大南湖煤，$Q_{gr,ar}\times\frac{100}{100-A_{ar}}=19.35\text{MJ/kg}<23.849\text{MJ/kg}$ 属褐煤，新疆五彩湾煤（天池能源），$Q_{gr,ar}\times\frac{100}{100-A_{ar}}=21.38\text{MJ/kg}<23.849\text{MJ/kg}$，属褐煤；内蒙古东胜蒙泰聚鑫龙煤，$Q_{gr,ar}\times\frac{100}{100-A_{ar}}=21.22<23.849\text{MJ/kg}$，属褐煤；内蒙古东胜蒙泰范家村煤，$Q_{gr,ar}\times\frac{100}{100-A_{ar}}=21.614<23.849\text{MJ/kg}$，属褐煤。

但是，按我国的煤炭分类，只有当煤的干燥无灰基高位发热量 $Q_{gr,daf}\leqslant 24\text{MJ/kg}$ 时才划为褐煤，上述各煤的 $Q_{gr,daf}$ 都大于 24MJ/kg，为 27～30MJ/kg，仍属长焰煤。可见在区分烟煤与褐煤的指标方面有较大的差别。

九、混煤特性的评价

混煤煤质的常规分析数据中，除灰熔融性外，其余的工业分析、发热量、元素分析及灰成分分析数据等，通常均可按各个煤种的混合比率（权重）通过计算而得。在无实测数据时，混煤的灰熔融性可借助于某些公式计算，但并不确切；可磨性指数尚可按混煤比率进行加权计算而得；灰磨损指数也可根据灰成分进行测算。但燃烧特性指标，诸如着火燃烧稳定性、燃尽和结渣、沾污性指标、煤的磨损指数，以及飞灰比电阻等是无法采用加权计算方法求得的。这些指数与混煤比率之间没有简单的线性规律可循。必须对混煤进行相关的试验测定，这也是最可靠的。

在动力用煤中，无烟煤的着火与燃尽特性最差，烟煤和褐煤的着火与燃尽特性很好，贫煤的特性介于两者之间。实践证明，不同种类煤相混，最直接受到影响的是混煤的着火和燃尽性能，而混煤结渣性也表现出与掺烧煤有较大的差异性。

第五节　煤质对褐煤燃烧和制粉的影响

煤的着火和燃烧特性是其化学反应能力的一种指标，一般情况下，地质年代较短，炭化程度较低的煤，化学反应能力较好。褐煤形成地质年龄短，挥发分高，但是水分也高，发热量低。因此，褐煤的着火和燃烧有其特殊性。

煤的常规特性指标，如挥发分、水分、灰分、发热量、灰熔融特性等指标中，挥发分是判断成煤年代的一个指标，也是判别煤着火、燃烧特性的指数之一。其余如灰分、水分和发热量对煤燃烧也有影响，需要结合挥发分综合考虑。

一、挥发分[17]

挥发分是煤在加热过程中释放出的气态和气态物质，大部分为各种类型的碳氢化合物，也有少量不能燃烧的气体和水蒸气，如氮、一氧化碳和水蒸气等。不同煤种的挥发分含量及其组成也不尽相同。挥发分含量少的煤种，挥发分中氧的份额很少，主要是碳氢化合物，故其发热量及其逸出的温度一般都较高；挥发分高的褐煤则相反，挥发分中氧的份额较多，而碳氢化合物相对较少，所以其发热量及其逸出的温度一般都较低。表 1-45 给出了不同煤种的挥发分特性。

表 1-45　不同煤种的挥发分特性

煤种	挥发分开始逸出温度（℃）	挥发分发热量（kJ/kg）
无烟煤	≈400	≈69 100
贫煤	320～390	54 400～56 500
烟煤	210～260	39 350～48 140
褐煤	130～170	≈25 740

图 1-21 是不同煤种的热天平分析的微商热重曲线（DTG）[7]。由图 1-21 中可见，开始有一个小的水分析出峰，峰下包围的面积是水分含量，然后是挥发分和固定碳燃烧峰，峰下包围的面积是可燃质含量。靠左边的曲线是褐煤，靠近右边的是无烟煤，中间是烟煤。这说明曲线越靠近左边，则可燃性越好。另外，上升曲线越陡，峰值越高，则可燃性越好。

由表 1-45 和图 1-21 可见，随着挥发分含量增加，煤粉的着火温度显著降低，褐煤的着火温度最低。但由于各矿区煤种在化学组分上的差异，它们的着火温度并非简单地只与挥发分有关。如煤粉细度、空气煤粉混合比等也都有一定的影响。煤粉空气混合物的湍流着火温度随挥发分含量变化的近似关系曲线如图 1-22 所示。对于实际炉膛的煤粉火炬，图 1-22 中的数据可能是偏低的。有的文献给出，煤粉气流中煤粉的着火温度：无烟煤为 1000℃，贫煤为 900℃，烟煤为 650～850℃，褐煤为 550℃，由于实验的条件不同，所给出的在煤粉气流中煤粉的着火温度会有差别。图 1-22 中的虚线 a 为沉积煤粉开始阴燃的温度，着火温度数据随实验条件相差较大[17]。褐煤堆在储煤场，如果通风不良，只要时间稍长，很容易自燃。这种现象说明，只要接近绝热状态，孕育时间又长，着火温度可低于大气温度，即在大气温度下也会自燃。在电厂的堆煤场会看到褐煤在大气温度下自燃的现象。

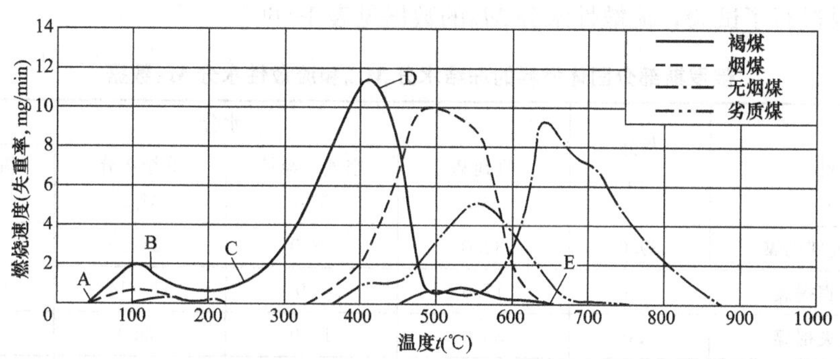

图 1-21　几种典型煤种（4.1 型热天平）的燃烧分布曲线

（不同煤种的热天平分析的微商热重曲线，DTG）

A—水分开始析出；B—水分最大失重率；C—挥发分开始析出；D—挥发分最大失重率；E—燃尽

注：升温速度：20℃/s；试样粒度：40 目（即 0.425mm 以下）；试样重 100mg；通入空气量：280L/h。

煤粉气流的着火温度随着煤粉细度的增加而明显下降，这是因为较细的煤粉具有较大的比表面积，因而可以更快地进行氧化反应和吸收外界热量达到着火。对于褐煤，由于挥发分含量高，着火温度较其他煤种低，所以燃用褐煤的锅炉煤粉细度较粗，DL/T 466—2017《电站磨煤机及制粉系统选型导则》推荐：煤粉细度一般选用 $R_{90}=30\%\sim50\%$（挥发分高取大值，挥发分低取小值），$R_{1.0}<1\%\sim3\%$，还应考虑低 NO_x 燃烧时对煤粉细度的要求。

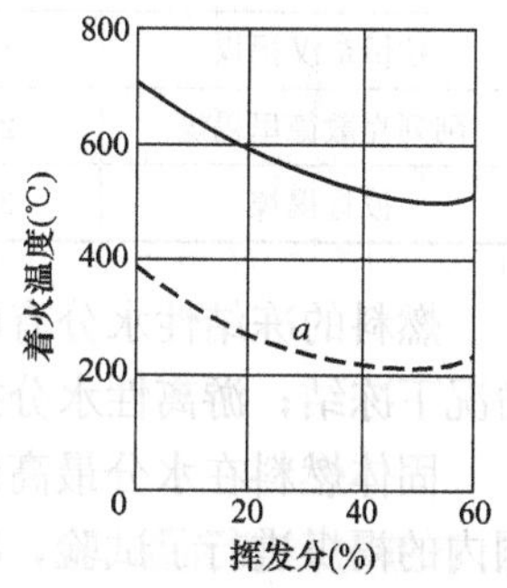

图 1-22　煤粉空气混合物的湍流着火温度随挥发分含量变化的近似关系曲线

a—堆积煤粉的阴燃温度

挥发分含量也影响煤粉空气混合物在湍流气流中的火焰传播速度，这个速度也可理解为着火速度，它表示火焰沿其法线方向未燃混合物方向传播，挥发分增大，火焰传播速度增高，且在一定的空气煤粉比例下，火焰传播速度可有最大值。参照这些规律，可以调整燃烧器出口煤粉空气混合物的速度，使火焰前沿处于恰当位置，以免着火过于迟延，或因着火过早而烧损燃烧器。

挥发分含量对煤粉燃尽也有直接影响，褐煤的挥发分含量高，煤在燃烧过程中形成的煤焦疏松多孔，它的化学反应能力也比较强。通常挥发分含量越高，固体未完全燃烧热损失越小。

量细粉的乏气（淡粉流），则送入乏气燃烧器。采用煤粉浓缩器可提高炉膛温度，这对高水分褐煤温度燃烧是有利的。

五、氧分

煤中的氧含量一部分与氢或碳化合成化合物。氧在各煤种中的含量差别较大，地质年代短的煤氧含量较高，我国褐煤元素成分中的含碳量较低，含氧量高。侏罗纪褐煤的干燥无灰基氧 O_{daf} 为 10%～22%。随着炭化程度的提高，氧的含量逐渐减少。

根据实验研究表明，着火温度与煤中的含氧量有一定程度的关系，见图 1-24[18]。随着含氧量的增加，着火温度降低。

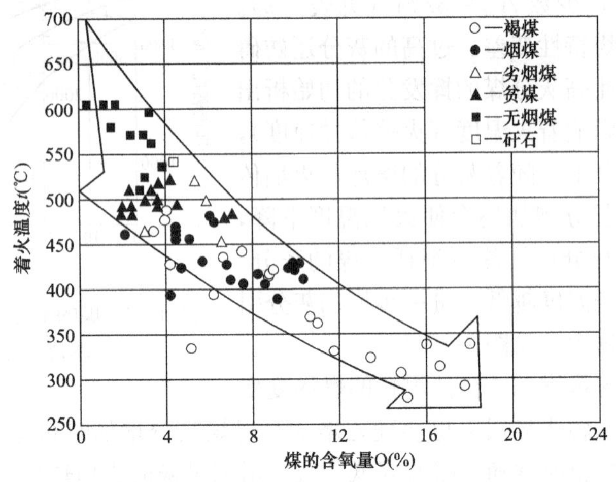

图 1-24　着火温度与煤的含氧量的关系

六、硫分

燃煤所含硫分以有机硫和黄铁矿（FeS_2）硫为主，所谓有机硫是指存在于可燃质高分子中的硫分。另外，灰中也含有少量硫酸盐类，其硫分称为硫酸盐硫。有机硫和黄铁矿硫都参与燃烧，生成 SO_2 和 SO_3，故合称可燃硫。硫酸盐在 1000℃以上的高温条件下也部分热解生成 SO_3。可燃硫和可热解的硫酸盐硫之和有时称为挥发硫。黄铁矿在煤中常以个体形态存在，可通过洗选或拣矸分离出来。而且因其比重较大，作为石子煤被排出。但有机硫很难于排除。

我国褐煤的硫含量一般为 0.2%～1.5%，不属于高硫煤。煤中所含的硫分虽然对着火及燃烧特性无明显影响，但随着硫含量的增加，将使 SO_3 的排放量增加，影响大气环境质量；对于制粉系统，随着硫含量的增加，煤粉阴燃倾向加大，常会引起煤粉仓内温度自行升高，甚至自燃（当进入空气时），因此燃用高硫煤时，仓内煤粉不宜久存。对于锅炉本体，随着硫含量的增加，低温受热面的腐蚀和空气预热器受热面的堵灰和低温腐蚀加剧，影响锅炉运行的安全可靠性，增加锅炉的检修费用。

七、氮分

煤中氮的含量和氮化物的存在形式因煤的种类不同而异，不同产地的同类型的煤中含氮量也有很大差异，一般煤中的氮含量在0.3%～3.5%之间。国外研究表明，通常煤中的含氮量在褐煤和次烟煤阶段逐渐增加，而在烟煤阶段是逐渐减少的，见图1-25[19]。

煤在燃烧过程中生成的氮氧化物主要是NO和N_2O，一般将这两种氮氧化物称为NO_x，其中以NO为主。源自燃料中的氮化合物和空气中氮的氧化过程，因此可分为燃料型NO_x和热力型NO_x。燃料中含氮量的不同以及氮元素在燃料中赋存形态的不同和燃烧方式的不同，这两种氮氧化物的比例有很大差别，特别是煤燃烧过程产生的氮氧化物，主要是燃料型NO_x。总体而言，燃料氮含量越高，则NO_x排放量越高。

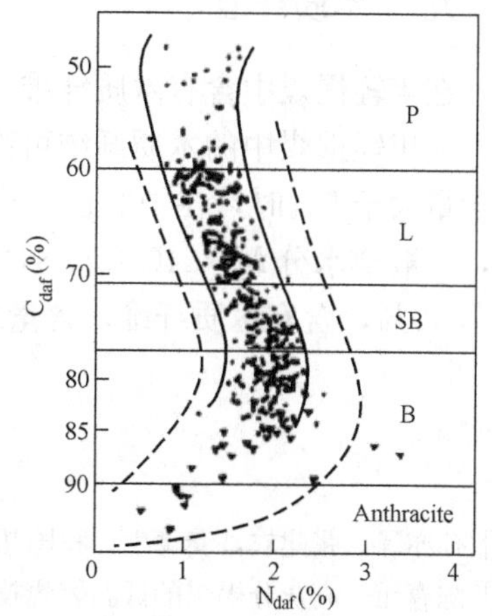

图1-25 煤中的含氮量随煤阶的变化

P—泥煤；L—褐煤；SB—次烟煤；B—烟煤；Antracite—无烟煤

八、煤灰的熔融性

煤在燃烧过程中由于矿物质的转化而产生沾污和结渣。炉内积灰、结渣后使传热热阻增加，水冷壁的吸热量减少，导致锅炉的出力下降，严重的结渣甚至会影响锅炉的安全运行。另外，由于炉内积灰、结渣使炉内传热恶化，炉内辐射传热减少，炉膛出口温度升高，对流受热面区域热负荷增加。对流受热面积灰后，将严重影响传热，一般情况下，传热能力降低30%～50%。

构成煤灰的各种无机成分在纯净状态下的熔融温度大部分是很高的，而且发生相变的熔点温度是恒定不变的，但实际的煤灰是以多成分的复合化合物的形式，以致混合物的形式而存在的。这些复合物的熔点要比纯氧化物的低得多。仅由酸性（SiO_2、Al_2O_3、TiO_2）或碱性（CaO、MgO、Fe_2O_3）氧化物组成的原始矿物质热分解的产物是相当难的。酸性氧化物和碱性氧化物互相作用时，形成低熔点的化合物和共晶体。酸性氧化物和碱性氧化物的摩尔比大致相等时，出现最低的熔融温度。

煤灰存在的碱金属钾和钠会降低灰的熔融特性；灰中的Na_2O含量大于3%时，结渣特性会急剧增加。

灰的内部灰分和外部灰分的化学成分和矿物成分可能是不同的。在烟煤中，这种差别是微小的；而在褐煤中，这种差别就很大。对于褐煤，其特征是内部灰分中含碱金属和碱土金属成分，外部灰分含酸性氧化物成分。俄罗斯对其国内的坎斯克-阿钦斯克矿区的褐煤进行过研究，该矿区褐煤的内部灰分碱性氧化物与酸性氧化物的比值为4，外部灰分中碱性氧化物与酸性氧化物的比值为0.2。一般而言，酸性氧化物能提高灰的熔融温度，而碱性氧化物在一定条件下有助于降低灰的熔融温度。由此，碱性氧化物与酸性氧化物的比值越大，越易于结渣。由于这些成分之间的反应程度取决于炉内的温度水平和气体动力学特性，燃烧过程的组织对煤的结渣特性的影响，燃烧褐煤比烟煤时更大。

我国褐煤的灰成分特点：二氧化硅SiO_2低，大多SiO_2<50%，氧化钙CaO通常较高，一般CaO为20%～40%。同时，不同时代，不同地区褐煤灰成分也有差异，侏罗纪褐煤的氧化钙大多大于10%；第3纪氧化钙的变化总趋势：北方老第3纪褐煤氧化钙含量一般较低，而南方特别是云南新第3纪褐煤大部分含量较高，大多CaO为10%～

30%。二氧化硅 SiO_2 低，氧化钙 CaO 较高，都是增加结渣趋势的因素。

九、 木质纤维

在年轻褐煤中含有木质纤维，它是一种换质石棉，既不容易研磨也难燃尽。如表 1-4 所示，年轻褐煤中的木质纤维可高达 30%。因此，设计燃用年轻褐煤的锅炉，当木质纤维含量大于 5%时，在炉底设置燃尽炉排。我国褐煤的主要产区在内蒙古，均为老年褐煤，一般全水分 $M_t<40\%$，不含木质纤维；在云南昭通地区的褐煤为年轻褐煤，全水分 $M_t>40\%$，含有木质纤维，含量约为 8%。

参 考 文 献

[1] 孙亦騄，张建农，龚德生．我国几种褐煤结渣过程的试验研究．能源部西安热工研究院，1989.

[2] 陈春元．高灰分褐煤的低温燃烧技术．锅炉制造（哈尔滨锅炉厂），1982，No. 6.

[3] 陈春元．大容量褐煤锅炉燃烧技术研究综合报告．哈尔滨锅炉厂，1987.

[4] B. A. Волковинский，К. Ф. Роддатис，Е. Н. Толчинский. Системы пылеприговления с мельницами-вентиляторами. энергоатомиздат，1990.

[5] EVT. W ärmtechniches Taschnbuch. 1981.

[6] 中德合作项目．褐煤燃烧技术（常规火电站燃烧技术，分项报告之六）．能源部科学技术司，能源部西安热工研究院，1989.

[7] 张经武，李卫东，许传凯，等．电站煤粉锅炉燃烧设备选型．北京：中国电力出版社，2017.

[8] 肖文泽．煤的磨损特性与煤质关系的研究及磨煤机选型．水利电力部西安热工研究院，1984.

[9] 陈春元．褐煤锅炉燃烧技术研究．锅炉制造（哈尔滨锅炉厂），1990，No. 2.

[10] 周津炜．褐煤热解与燃烧的试验研究．西安交通大学，2011.

[11] Е. Н. Толчинский，В. А. Колбасников，Инженерный метод оценки взрывоопасных свойств пыли энергетических топлив. Электрические Станции，1999. No. 3.

[12] РД153-34. 1-03，352-99，Привила взрывобезопаснасти топливоподач и установок для приготовления и сжигания пылевидного топлива. М. АООТ ВТИ，2000.

[13] Е. Н. Толчинский，В. А. Киселев，В. А. Колбасников，В. Я. Яковлева. Приближенный метод расчета минимального взрывоопасного содержания кислорода в аэровзвесях пылиприродного топлива. Электрические Станции. 2002. No. 9.

[14] 张安国，梁辉．电站锅炉煤粉制备与计算．北京：中国电力出版社，2011.

[15] 相大光，姚伟．电厂用煤煤质评价指标相关性研究及测试评价方法．电力工业部热工研究院，1996.

[16] 韩才元，徐明厚，周怀春，等．煤粉燃烧．北京：科学出版社，2001.

[17] 西安热工研究所，东北电力局技术改进局．燃煤锅炉燃烧调整试验方法．北京：水利电力出版社，1974.

[18] 何佩鏊，赵仲琥，秦裕琨．煤粉燃烧器设计及运行．北京：机械工业出版社，1987.

[19] 苏亚钦，毛玉如，徐璋．燃煤氮氧化物排放控制技术．北京：化学工业出版社，2005.

第二章

褐煤锅炉燃烧技术

第一节　煤粉气流燃烧与低温燃烧技术

一、褐煤煤粉气流燃烧特点[1]

煤粉燃烧过程是一个复杂的受物理化学因素影响的多相燃烧过程。在此过程中，既发生燃烧化学反应，又发生质量与热量的传递、动量和能量的交换。

煤粉燃烧析出挥发分后，剩下来的结构类似石墨，由很多晶粒组成的焦炭，着火和燃尽均较困难，由于无论在煤中的质量百分比和占煤的发热量百分比都是主要的，见表2-1。因此，煤粒的燃烧速度、温度和燃尽时间主要由焦炭决定，这是由于：

(1) 在焦炭中所含可燃质的质量占煤的总质量的55%～97%；焦炭的发热量占煤的总的发热量的60%～95%。褐煤都是相对较低的。

(2) 挥发分和焦炭的燃烧时间虽然不能截然分开，但是焦炭的燃烧是煤的燃烧各阶段中最长的阶段。对于粉状燃料，焦炭的燃烧约是全部燃烧所需要时间的90%。

(3) 焦炭的燃烧过程对其他阶段在创造热力条件上具有极为重要的意义。因此，煤的燃烧过程可以认为是焦炭的燃烧过程。

表 2-1　　煤中焦炭的质量百分比和发热量百分比　　%

煤种	焦炭占可燃成分的质量	焦炭占发热量的百分比
无烟煤	96.5	95
烟煤	57～88	59.5～83.5
褐煤	55	60

煤粉空气混合物的着火是借对流传热和辐射传热进行的，高温火焰的辐射传热传递给来流的煤粉空气混合物，混合物的黑度主要是靠煤粉颗粒，煤粉浓度越大或煤粉越细，混合物的黑度越大。煤粉受到辐射热后还要传递一部分热量给气体，使气体温度和煤粉温度一起升高，当温度达到着火温度时，煤粉空气混合物即开始着火。

煤粉空气混合物中的火焰传播速度受到煤粉浓度和煤粉细度等因素的影响，出现最大火焰传播速度时的煤粉空气混合物中的煤粉浓度，远大于化学当量的对应值，即煤粉与空气量之比远大于化学反应方程所规定的化学当量比。甚至煤中挥发分与空气量之比也稍大于化学当量比。实验表明，煤粉越细，火焰传播速度越快。这是由于煤粉越细则其表面积越大，煤粉空气混合物吸收辐射热的能力越大，也就是黑度越大。这样煤粉升温加快，火焰传播速度即加快。

煤粉空气混合物着火过程的辐射和对流两种热源中，辐射传热大约可供给着火所需热量的10%～30%，着火所需热量的主要来源是对流传热。着火过程中，辐射热直接传到煤粉表面而被煤粉吸收。对流传热则是煤粉空气混合物和烟气混合，先传给空气，再由空气传给煤粉，从而使煤粉混合物着火。

将煤粉气流加热到着火温度所需的着火热，主要用于加热煤粉和空气以及煤粉中水分蒸发和过热。着火热 Q_i(kJ/kg) 见式（2-1），即

$$Q_i = B_b\left(V^{\circ}\alpha_f r_{1a} c_{1a}\frac{100-q_4}{100}+c_d\frac{100-M_{ar}}{100}\right)(t_i-t_0)+$$

$$B_b\left\{\frac{M_{ar}}{100}[2510+c_w(t_i-100)]-\frac{M_{ar}-M_{pc}}{100-M_{pc}}[2510+c_w(t_0-100)]\right\} \tag{2-1}$$

式中 B_b——每只燃烧器的燃煤量，kg/h；

V°——标准状态理论空气量，m/h；

α_f——炉膛出口过量空气系数；

r_{1a}——一次风率；

c_{1a}——标准状态一次风比热容，kJ/(m³·℃)；

$\frac{100-q_4}{100}$——由燃煤量折算成计算燃煤量的系数；

q_4——锅炉的固体未完全燃烧热损失,%；

c_d——煤的干燥基比热容，kJ/(kg·℃)；

M_{ar}——煤的收到基水分,%；

t_i——着火温度,℃；

t_0——煤粉空气混合物（一次风）的初温,℃；

2510——水的汽化潜热，kJ/kg；

c_w——水蒸气的比热容，kJ/(kg·℃)；

$\frac{M_{ar}-M_{pc}}{100-M_{pc}}$——每千克原煤被干燥所蒸发的水量，kg/kg；

M_{pc}——煤粉水分,%。

当煤粉气流通过辐射和对流传热获得足够的着火热，即可着火。一般风粉气流在燃烧器出口不远处能可靠着火。如果着火点太远，一方面错过了初期混合比较强烈而有利于挥发分迅速燃烧的时机，使燃烧过程推迟，会使火焰中心上移，而影响汽温，或使炉膛上部结渣。煤粉气流的着火点也不宜过于提前，这样可能使燃烧器过热而损坏，也会使燃烧器附近结渣。

显然，需要的着火热量越少，可以提供着火的热源越充分，对着火越有利。为此，对影响煤粉气流着火的因素进行分析。

（一）煤质特性

煤的挥发分 V_{daf} 对着火的影响很大，挥发分高着火温度低，需要的着火热少，着火就比较容易。如前所述，影响煤燃烧特性的因素很多，灰分和水分高也将影响着火温度。此外，灰分和水分增加将使燃煤量增加，很多不能燃烧的灰分和水分进入炉膛，使着火热增加，对着火也有影响。

如果灰分显著增加，煤的发热量则会下降很多。锅炉的燃煤量与发热量成反比关系。当煤的发热量下降到16.7MJ/kg(4000kcal/kg) 以下时，燃煤量增加幅度很大，例如，

当发热量由 16.7MJ/kg(4000kcal/kg) 下降到 13.4MJ/kg(3200kcal/kg) 时，燃煤量增加 1.25 倍；当发热量进一步下降到 10.9MJ/kg(2600kcal/kg) 时，燃煤量又增加 1.23 倍，与 16.7MJ/kg(4000kcal/kg) 的发热量相比已增加到 1.54 倍。煤粉和一次风气流的着火热计算式（2-1）中煤所吸收的热都和燃煤量成正比，所以煤的灰分显著增大时，煤粉气流的着火热则急剧增加。而燃烧器出口的辐射和对流热源是一定的。因此，当煤的灰分增加时，煤粉气流的着火推迟。对于灰分不是很高，发热量较高的煤，发热量降低时，燃煤量也要增加。但是，燃煤量增加的量，相对于灰分高发热量低的煤，增加的燃煤量小。例如，当煤的发热量由 23.1MJ/kg(5500kcal/kg) 下降到 19.6MJ/kg(4700kcal/kg) 时，燃煤量增加到 1.17 倍，增加的倍数较小。

煤的水分增加时，由式（2-1）可知，一次风携带的水蒸气量增加。着火热也增加，因而着火推迟。对于老年褐煤，水分较年轻褐煤低，M_t 为 20%～40%，因挥发分高，V_{daf}为 40%～50%，有利于着火，影响不是很显著。而年轻褐煤，虽然挥发分高，但是，由于水分高，M_t 为 40%～55%，甚至高达 70%，将使着火热增加，不利于着火，需要采取相应的措施，如采用较低的一次风速度和适当的燃烧器预混段长度。另外，煤的水分增加时，发热量会随之降低，燃煤量将会增加，锅炉的燃煤量与发热量成反比关系，类似煤的灰分增大时，煤粉气流的着火热随之增加。

由式（2-1）可见，煤粉水分 M_{pc}增加时着火热增加。但煤粉水分与干燥剂温度和空气干燥基水分有关。通常，当一次风温度、磨煤机出口介质温度变化时，煤粉水分也会有所变化。

（二）一次风量

一次风量增加时着火热量增大，因此，着火推迟。煤的发热量降低时燃煤量增加，对于褐煤锅炉，采用热风干燥中速磨煤机直吹式制粉系统时，由于煤量增加，制粉系统中煤干燥所需要的热量增加，所以干燥剂量要增加，也就是要增加一次风量，导致煤粉气流的着火热增加。采用炉烟干燥直吹式制粉系统时，一次风吸收的热量可以认为不随发热量降低而变化。

（三）一次风速度

在稳定着火时，用一次风速度表示在湍流煤粉空气混合物中的火焰传播速度，是因为煤粉气流的着火锋面就是火焰在煤粉空气混合物中的传播速度，并以此表示煤粉气流的点燃特性。

在着火所需要的时间相同的条件下，一次风速度越高，着火点离燃烧器出口越远。因此，对于高水分褐煤或难着火的煤质，应采取较低的一次风速度。

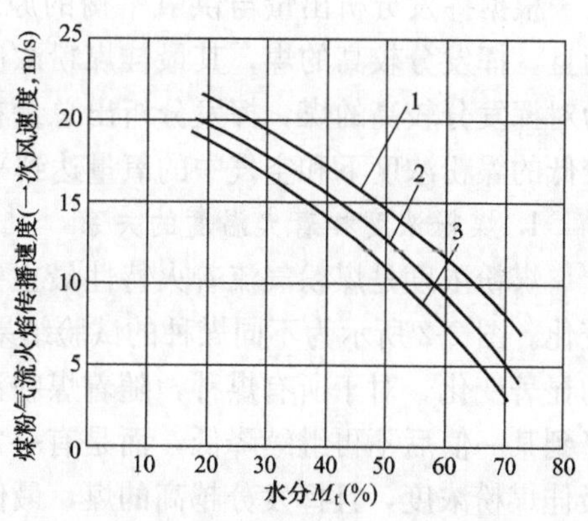

图 2-1 褐煤水分和灰分对一次风的影响

1—灰分 0%～5%；2—灰分 5%～10%；3—灰分 10%～20%

德国文献提供了燃煤水分、灰分和挥发分对煤粉气流火焰传播速度（一次风速度）的影响，见图 2-1。由图 2-1 可见，灰分和水分每增加 5%，煤粉气流的火焰传播速度（一次风速度）大致下降 1m/s。

（四）煤粉细度

在其他条件相同的条件下，煤粉越细，温度升高越快，越容易着火。因为细粉的燃烧化学反应表面积大，可以较早地进入升温着火的状态。另外，因为煤粉表面对流换热热阻所耗时间随着煤粉变细而减小，同时煤粉变细吸收火焰辐射的黑度增大，上述的这些因素使煤粉变细时煤粉气流着火提前。对于褐煤，由于其挥发分高，煤粉气流的着火温度低，燃尽特性好，煤粉细度较其他煤种要求的较粗，DL/T 466—2017《电站磨煤机及制粉系统选型导则》推荐：煤粉细度一般选用R_{90}＝30%～50%（挥发分高取大值，挥发分低取小值），$R_{1.0}$＜1%～3%，还应考虑低 NO_x 燃烧时对煤粉细度的要求。

（五）煤粉浓度[2]

煤粉空气混合物通常称为一次风。煤粉和空气的比重相差很大，1kg 煤粉的煤粉体积大约只有空气体积的 1/2000。在一般的磨煤机中，褐煤煤粉的最大粒径可达 1000～1500μm，无烟煤煤粉的最大粒径为 200～250μm，大部分煤粉的粒径为 20～90μm。煤粉是一种无规则的多面体，其表面积很大，比同体积的 $1cm^3$ 正方体的面积大 100 倍以上，这对组织燃烧是很有利的。

一般煤粉的质量流量与空气的质量流量之比称为煤粉浓度（μ，kg/kg），有时也将煤粉的质量流量与空气的体积流量之比称为煤粉浓度（μ，kg/m^3）。一般煤粉锅炉的煤粉浓度为 0.35～0.45kg/kg。在工程中常采用最佳煤粉浓度，以使煤粉燃烧稳定和强化。

在锅炉燃烧技术中，一般认为，按空气和挥发分数量计算得出的过量空气系数等于 1 时，煤粉气流中的火焰传播速度最大。据此，当煤粉气流的着火热与煤粉浓度成正比关系时，在煤粉浓度很高的情况下，挥发分析出的总量高，而氧量不高。因此，煤粉气流的着火并不快，温度水平较低；随着煤粉浓度的降低，挥发分析出量减少，而含氧量相对较高。对着火有利，温度水平也有所提高。当煤粉浓度增加到某一定程度，挥发分与氧量达到化学当量比值时，温度水平达到最高值，此时即为最佳煤粉浓度。如果煤粉浓度进一步降低，挥发分减少，氧量过剩，这时过剩的空气还要吸收着火区的热量，所以温度降低。

根据挥发分析出量与供氧平衡的原理，可以得出煤粉气流中有一个最佳浓度范围。而且，挥发分较高的煤，其最佳煤粉浓度较低；挥发分较低的煤，其最佳浓度较高。因为对挥发分较高的煤，挥发分析出总量在任何浓度下都高于挥发分较低的煤，它可以在较低的煤粉浓度下和空气中的氧量达到平衡。

1. 煤粉浓度和着火温度的关系

煤粉浓度是煤粉气流着火特性最主要的因素，煤粉浓度的改变引起着火温度的显著变化。图 2-2 所示为不同煤种的试验结果，由图 2-2 可见，煤粉浓度的改变引起着火温度的显著变化。对于所有煤种，随着煤粉浓度的增加，着火温度首先显著降低，着火温度降到某一值后不再继续降低，而是有一定程度的提高，即存在一个对应最小着火温度的最佳煤粉浓度，且挥发分越高的煤，最佳煤粉浓度值越小。

由图 2-2 可见，霍林河褐煤的最佳煤粉浓度约为 0.58kg/kg，对应的着火温度为 700℃；扎赉诺尔褐煤的最佳煤粉约为 0.5kg/kg，对应的着火温度为 600℃。这两种褐煤的最佳煤粉浓度和对应的着火温度均低于其他煤种。

2. 煤粉浓度和着火热量的关系

煤粉气流在着火之前必须对煤粉和空气进行加热，主要是以对流和辐射方式加热。因此，煤粉气流的着火热是将其加热到可着火的临界状态的所需的热量。当煤粉浓度变化时，所需着火热也随之变化。

锅炉运行时，常用改变一次风量而保持给粉量不变的方式改变煤粉浓度，以保持燃烧器的出力不变。降低一次风量时，即意味着煤粉浓度的增加，煤粉气流的着火热减少；反之，如提高一次风量，煤粉气流的着火热增加。

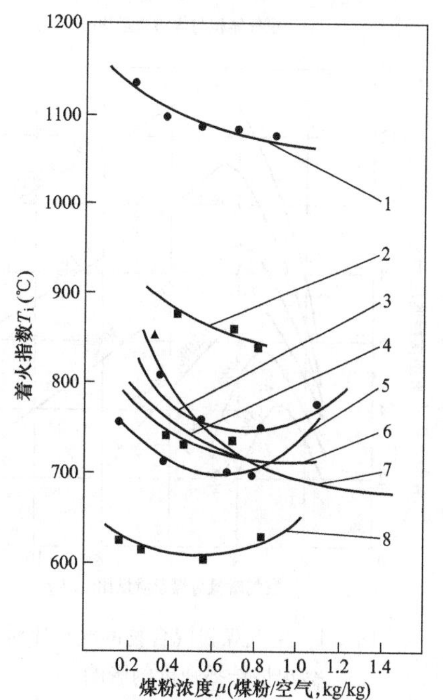

图 2-2 煤粉浓度与着火温度的关系

1—永安无烟煤；2—峰峰贫煤；3—安源烟煤；4—大同烟煤；5—霍林河褐煤；6—埠村贫煤；7—田坝贫煤；8—扎赉诺尔褐煤

3. 煤粉浓度和着火距离的关系

日本三菱公司在一维炉上对 5 种煤进行了煤粉浓度和着火距离关系的试验研究，一维炉的内径为 200mm，长为 2000mm。5 种煤的煤质：$V_{ad}=10\%\sim37.8\%$，$Q_{net,ar}=23.782\sim30.3398$MJ/kg (5680～7260kcal/kg)，试验结果见图 2-3。由图 2-3 可见，对于每一个煤种，存在一个最佳的煤粉浓度，这时的着火距离最短。当煤粉浓度离开这个值时，即煤粉过稀或过浓，着火距离均增加。由于煤种不同，影响的因素比较复杂，反应的曲线相差较大。由图 2-3 中的一组曲线可见，挥发分越高，着火距离越近。对于老年褐煤，挥发分 $V_{daf}=40\%\sim55\%$，水分 $M_t=20\%\sim40\%$，一般着火距离较近，在燃烧器出口即开始燃烧；对于年轻褐煤由于水分增加，$M_t=40\%\sim55\%$，甚至高达 70%，影响着火。

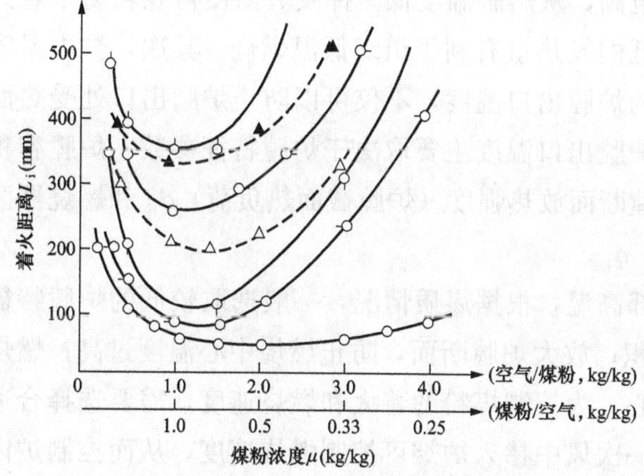

图 2-3 煤粉浓度与着火距离的关系

$V_{ad}=10.4\%$ $V_{ad}=12.5\%$ $V_{ad}=19.4\%$ $V_{ad}=27.2\%$ $V_{ad}=37.8\%$ ▲—西山贫煤 ▲—大同烟煤

4. 煤粉浓度和火焰特性的关系[3]

火焰特性包括火焰的传播速度、火焰辐射和火焰温度，煤粉浓度对这些参数的影响是比较明显的。

空气煤粉混合物的气粉比对火焰传播速度的影响如图 2-4 所示，对于任何一种煤都有一定的火焰传播范围。从曲线 1、2、3、5（顺序为由上至下）可见，煤的挥发分均为 $V_{ar}=30\%$，而灰分变化为 $A_{ar}=5\%$、15%、30%、40%不等，随着灰分的增加，火焰传播速度不断的降低。同样。从曲线 1、4、6（顺序为由上至下）可见，煤的灰分

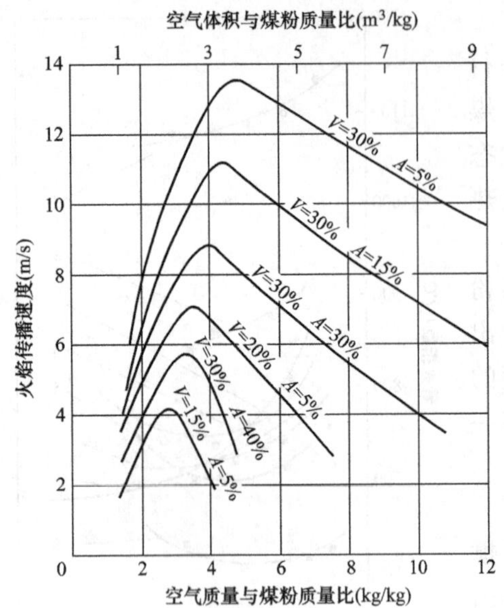

图 2-4 空气煤粉混合物的气粉比对火焰传播速度的影响

V—挥发分；A—灰分

$A_{ar}=5\%$，而挥发分变化为 $V_{ar}=30\%$、20%、15%不等，煤的挥发分下降，火焰传播速度不断的降低，而且降低的幅度比灰分要明显得多。不过，整个曲线的变化趋势是相似的，在一定的煤粉浓度范围内，火焰传播速度较高，即存在一个最佳煤粉浓度的范围。

煤粉浓度对火焰温度的影响，随着煤粉浓度的增加，火焰温度增加，在最佳煤粉浓度的情况下，相应有较高的火焰温度和较快的火焰传播速度，煤粉浓度过高或过低，都会影响火焰温度和火焰传播速度。

火焰的辐射热量和煤粉浓度的关系，火焰前沿的热量通过煤粉气流时，一部分热量被煤粉气流吸收。当煤粉浓度增加时，火焰给煤粉气流的传热量减少，但煤粉气流的黑度有所增加，而且火焰传播速度也加快。总的效应是煤粉浓度增加对着火有利。

二、 褐煤低温燃烧技术[4]

低温燃烧技术是要求在炉内保持一个低的稳定的燃烧温度水平。炉膛中心温度平均在1100～1200℃范围内，避免产生局部高温。炉内温度水平首先决定于燃料的理论燃烧温度，而理论燃烧温度又主要取决于燃料的发热量和空气带入炉膛的热量。褐煤的特点是挥发分高、水分高，有的褐煤灰分也高，灰熔融温度低。挥发分高使得煤粉易于着火和稳定燃烧，高水分和高灰分褐煤较低的发热量有利于组织低温燃烧。其次，炉内温度水平取决于炉膛出口温度，采用较低的炉膛出口温度，不仅可以防止炉膛出口处受热面结渣，而且也降低了炉内温度水平。炉膛出口温度主要取决于炉膛特征参数：炉膛容积放热强度（炉膛容积热负荷）q_V、炉膛断面放热强度（炉膛截面热负荷）q_F 和燃烧器区壁面放热强度（燃烧器区壁面热负荷）q_B。

为了达到低温燃烧，防止炉膛局部高温，根据煤质情况，一般选取较低的炉膛特征参数（q_V、q_F 和 q_B）。以增加炉膛容积；放大炉膛断面，防止燃烧中心温度过高；燃烧器布置不宜过于集中，以分散火焰中心。为控制煤粉的着火和燃烧速度，需要选择合适的风率、风速和燃烧器结构尺寸。在一次风中掺入炉烟可控制燃烧速度，从而控制炉内温度水平，是实现低温燃烧的有效手段。

德国有丰富的燃烧褐煤经验，特别是高水分的年轻褐煤。在褐煤锅炉设计时，一般依照“快速着火，缓慢燃尽”的原则，保证炉膛有较低的温度，使炉膛内的最高温度低于煤灰的融化温度。

德国 KWU 锅炉制造公司根据长期的研究和实践，为防止锅炉结渣及堵灰，对大型褐煤锅炉的设计提出以下原则性的要求[5]。

（1）为避免炉膛结渣，炉内最高温度应低于 1350℃。

（2）采用大的炉膛容积，保证煤粉的燃烧时间为 2～3s。

（3）在组织燃烧时，保证风粉配比合理，避免出现还原性气氛。

（4）对流受热面处的烟气流速及温度应均匀分布。

（5）过热器等高温受热面之前的烟气温度应低于 1000℃。

由上述可见，德国的褐煤锅炉设计采用低温燃烧技术。

第二节 年轻褐煤的燃烧

对于年轻褐煤，虽然挥发分高，但由于煤的水分高，会使着火困难。当水分小于 60％时，一般着火没有问题；但是当水分大于 70％时，着火就比较困难。

一、 年轻褐煤的应用

国外几台实际运行的 130～600MW 机组锅炉的炉膛特性参数❶容积放热强度 q_V、断面放热强度 q_F、燃烧器区壁面放热强度 q_B 与输入热量的关系见图 2-5，相应数据见表 2-2[6]。

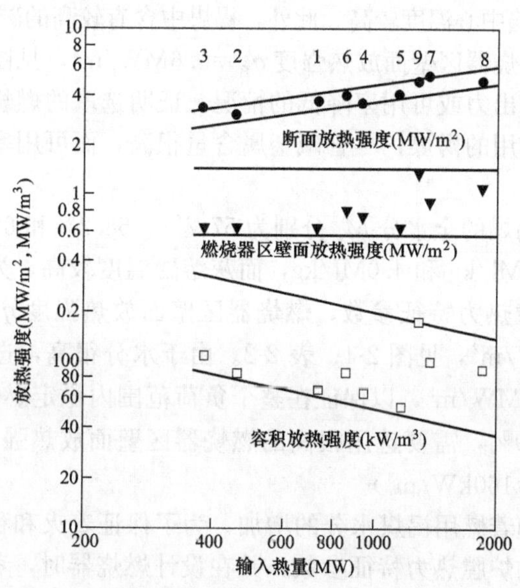

图 2-5 炉膛容积放热强度 q_V、断面放热热强度 q_F、燃烧器区壁面放热强度 q_B 与输入热量的关系

❶ “容积放热强度 q_V（容积热负荷 q_V）、断面放热强度 q_F（截面热负荷 q_F）、燃烧器区壁面放热强度 q_B（燃烧器区壁面热负荷 q_{Hr}）”括号外的是 DL/T 831—1015《大容量煤粉燃烧锅炉炉膛选型导则》的名称和符号；括号内的是 NB/T 10127—2018《大型煤粉锅炉炉膛及燃烧器性能设计规范》的名称和符号。

表 2-2 国外几台实际运行的 130～600MW、机组锅炉的煤质和炉膛容积放热强度 q_V、断面放热强度 q_F、燃烧器区壁面放热强度 q_B

序号	电厂	国家	低位发热量 $Q_{net,ar}$ (MJ/kg)	灰分 A_{ar} (%)	水分 M_t (%)	q_V (kW/m³)	q_F (MW/m²)	q_B (MW/m²)	备注
1	Etsa 1/2	澳大利亚	13.9	13.5	31.0	70	3.65	0.6	低灰熔融温度
2	Seyitomer 3	土耳其	6.3	37.0	33.0	90	3.2	0.6	低灰熔融温度
3	Arzberg K7	德国	13.8	8.4	38.3	100	3.4	0.6	低灰熔融温度
4	Offleben C	德国	10.1	16.0	44.3	70	3.6	0.7	—
5	Buschhous	德国	10.8	15.0	45.0	50	4.0	0.6	低灰熔融温度
6	Schwandarf D	德国	6.3	22.0	46.8	90	3.8	0.8	—
7	Elbistan	土耳其	4.4	15.3	57.7	100	5.0	0.8	高水分
8	Niederaussen	德国	7.7	5.6	58.2	90	4.0	1.0	高水分
9	Megalopolis 3	希腊	4.0	15.2	61.9	160	5.0	1.4	高水分

表 2-2 所示机组在德国、希腊、土耳其和澳大利亚已经运行多年。

1～3 号和 5 号锅炉燃用褐煤，灰中碱金属含量很高（15%～20%），即灰的熔融温度低。

1、3 号锅炉燃用褐煤的水分为 31.0%、38.3%；低位发热量较高，为 13.9MJ/kg、13.8MJ/kg，因此，火焰中心温度较高。此外，褐煤中含有较高的碱金属，灰熔融温度低，所以，选用了较低的燃烧器区壁面放热强度 $q_B=0.6\text{MW/m}^2$，见图 2-5、表 2-2。运行结果表明，没有出现锅炉出力或可用率降低的情况。证明选取的燃烧器区壁面放热强度是正确的，如 1 号锅炉燃用的褐煤，尽管碱金属含量很高，而可用率在澳大利亚的所有机组中是最高的。

7～9 号锅炉燃用褐煤的全水分 M_t 分别为 57.7%、58.2%和 61.9%，低位发热量低，分别为 4.4MJ/kg、7.7MJ/kg 和 4.0MJ/kg，而灰熔融温度较高。为了保证着火和稳定燃烧，选用了较高的炉膛热力特征参数，燃烧器区壁面放热强度 q_B 分别为 0.8MW/m^2、1.0MW/m^2 和 1.4MW/m^2，见图 2-4、表 2-2。由于水分很高，选取的燃烧器区壁面放热强度 q_B 为 $0.8\sim1.4\text{MW/m}^2$，以保证在整个负荷范围内稳定燃烧。9 号锅炉燃用褐煤的全水分 M_t 高达 61.9%，需要选用很高的燃烧器区壁面放热强度（$q_F=1.4\text{MW/m}^2$）和容积放热强度（$q_V=160\text{kW/m}^3$）。

以上所述表明，随着燃用褐煤水分的增加，为了保证着火和稳定燃烧，在灰熔融温度较高时，选用较高的炉膛热力特征参数，并在设计燃烧器时，考虑选取适当的一次风速度和预混段。

燃用高水分褐煤（$M_t\approx60\%$）的澳大利亚野笼（Yallourn“w”）电厂一、二期工程褐煤锅炉为切向燃烧方式，一期工程 1、2 号 350MW 机组锅炉的燃烧器预混段长度为 450mm，二期工程 3、4 号 375MW 机组锅炉的燃烧器结构与 1、2 号炉相似，预混段长度为 1600mm。实际运行表明，1、2 号炉可维持运行，而 3、4 号炉结渣严重，无法正常运行。可能是预混段长度超过了合适的长度。

燃用高水分褐煤时，由于一次风中炉烟和水蒸气比例过大，致使炉内燃烧温度降低，难于保持燃烧的稳定和经济性。为此采用带煤粉浓缩器（乏气分离器）的风扇磨煤机直吹式制粉系统。

磨煤机或分离器出口的煤粉空气混合物流经煤粉浓缩器时，依靠旋转的离心分离或转弯的惯性分离将其分为两部分，煤粉浓度较高的部分（富粉流），煤粉份额可达85%～90%，将其送入主燃烧器的煤粉喷口；含有少量的乏气（贫粉流）送入乏气燃烧器。采用煤粉浓缩器可提高炉膛温度，这对高水分褐煤稳定燃烧是有利的。国外经验表明，当褐煤的折算水分 $M_{ar,zs}$>0.07～0.08kg/MJ[7]时，采用带煤粉浓缩器的风扇磨煤机直吹式制粉系统是合理的。这种系统在欧洲、澳大利亚和俄罗斯等国都有应用，我国云南阳宗海电厂由俄罗斯引进的200MW 机组褐煤锅炉即采用了煤粉浓缩器[8]。

二、燃用年轻褐煤的经验

(1) 选用较高的炉膛特征参数。从表 2-2 可见，燃用褐煤的全水分 M_t 分别为57.7%、58.2%和 61.9%，低位发热量低，分别为 4.4MJ/kg、7.7MJ/kg 和 4.0MJ/kg 的锅炉，为了保证着火和稳定燃烧，选用了较高的炉膛特征参数，燃烧器区壁面放热强度 q_B 分别为 0.8MW/m^2、1.0MW/m^2 和 1.4MW/m^2，由于水分很高，选取的燃烧器区壁面放热强度为 0.8～1.4MW/m^2，以保证在整个负荷范围内稳定燃烧。锅炉燃用全水分 M_t 高达 61.9%的褐煤，需要选用很高的燃烧器区壁面放热强度 q_F=1.4MW/m^2 和容积放热强度 q_V=160kW/m^3。

(2) 设计合适的燃烧器预混段长度。燃用高水分褐煤（M_t≈60%）的澳大利亚野笼电厂一、二期工程 1、2 号炉和 3、4 号炉燃烧器的合适预混段长度在 450～1600mm 之间。

(3) 当褐煤的折算水分 $M_{ar,zs}$>0.07～0.08kg/MJ 时，采用带煤粉浓缩器的风扇磨煤机直吹式制粉系统。

第三节 高灰分褐煤的燃烧[4]

德国、澳大利亚、俄罗斯以及东欧一些国家燃用褐煤的历史较长，特别是在高水分褐煤的设计、制造和运行积累了很多成熟的经验；美国褐煤的水分（M_t=33%～36%）、灰分（A_{ar}=7%～9%）都较低，发热量高较高（$Q_{net,ar}$=15～19MJ/kg），属于优质褐煤；我国褐煤绝大部分是老年褐煤，灰分一般为 A_{ar}=7%～27%，少数褐煤的灰分超过32%（见表 1-2）。因此，燃用高灰分的劣质褐煤的经验较少。

燃用高水分褐煤的国家采用炉烟干燥、煤粉浓缩器及其他措施后，能够燃用发热量为 $Q_{net,ar}$=3.45～5.0MJ/kg(800～1200kcal/kg) 的年轻褐煤，其发热量远低于高灰分褐煤。高灰分褐煤有两个特点：一个是挥发分高，另一个是灰分也高，有的高灰分褐煤的灰熔融温度低。灰分高和灰熔融温度低是不利条件，高温时容易结渣；而挥发分高是有利条件，使煤粉容易着火和稳定燃烧，这样，即可采用低温燃烧技术。

20 世纪 70～80 年代，哈尔滨锅炉厂在援外工程中对 A_{ar}=40%～50%、M_t=10%～20%、$Q_{net,ar}$<10.5MJ/kg、V_{daf}=40%～55%的高灰分劣质褐煤的燃烧作了大量工作，积累了燃烧高灰分劣质褐煤的经验。罗马尼亚对 A_{ar}=20%～38%、M_t=37%～43%、$Q_{net,ar}$=5.3～5.9MJ/kg、V_{daf}≈60%的娄维纳里高灰分劣质褐煤的燃烧进行了试验研究。

一、 高灰分褐煤的燃烧试验

哈尔滨锅炉厂烧试的南票、朝鲜安州、阿尔巴尼亚和罗马尼亚的娄维纳里高灰分褐煤煤质见表 2-3。

表 2-3　　哈尔滨锅炉厂和罗马尼亚试烧的高灰分褐煤煤质

煤矿	灰分 A_{ar}(%)	水分 M_t(%)	发热量 $Q_{net,ar}$(MJ/kg) (kcal/kg)	挥发分 V_{daf}(%)	灰熔融温度 (℃)
南票褐煤	55～60	10.0	8.37～10.46 (2000～2500)	40	DT 1106 ST 1251 FT 1307
朝鲜安州褐煤	47.8	17.6	10.26(2450)	48	DT 1230 ST 1260 FT 1300
阿尔巴尼亚褐煤	德列诺沃 60.2	3.17	11.26(2689)	47.87	DT 1180 ST 1280 FT 1310
	阿拉鲁甫 13.7	42.83	9.73(2325)	54.1	DT 1160 ST 1220 FT 1240
	混煤 50.9 (德∶阿=1∶4)	11.1	10.96(2616)	49.12	— — —
罗马尼亚娄维纳里褐煤	20～38	37～43	4.2～8.0 (1003～1911)	≈60	DT 1124 ST 1155 FT 1192

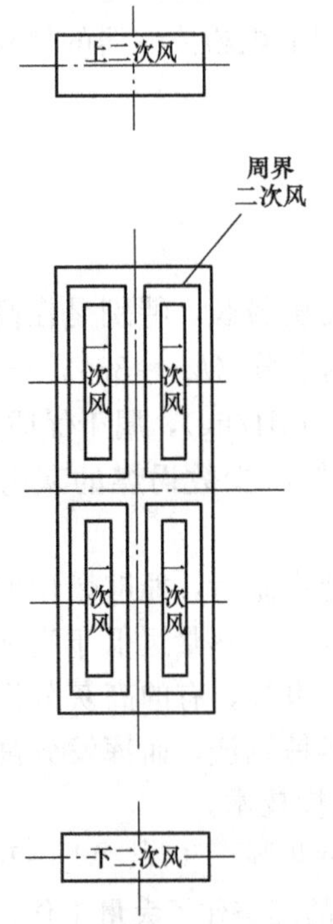

图 2-6　直流燃烧器（原设计为燃烧无烟煤的燃烧器）

1. 朝鲜安州褐煤的燃烧试验

试验是在哈尔滨锅炉厂（以下简称哈锅）早期生产的 HG-35/39-2 型锅炉上进行的，采用 207/265 钢球磨煤机储仓式制粉系统，四角布置直流缝隙式燃烧器，见图 2-6。炉膛深度为 4.98m，宽度为 4.80m，假想切圆直径为 1.0m。该炉原为燃用 $Q_{net,ar}$ = 25.67MJ/kg (6132kcal/kg) 无烟煤设计的。试验时两套制粉系统同时运行供一台锅炉使用，将原热风送粉改为干燥剂送粉，并去除炉内的卫燃带。炉膛容积放热强度 q_V = 138.3kW/m^3、断面放热强度 q_F=3.3MW/m^2。

根据现场可能的条件分别进行了以下试验：锅炉负荷为 38～22t/h，为最小灭火负荷，过量空气系数为 1.05～1.45，一次风率为 35%～50%，停运一角燃烧器的煤粉，调整上、下二次风配比，最后在另一台型号相同的锅炉上进行热风送粉，并在炉内保留卫燃带的燃烧试验。

试验表明，这种褐煤具有较好的着火特性，能够在低温条件下稳定燃烧，煤粉进入炉膛能很快着火，燃烧器出口烟温即达 1100℃，火焰较短，炉膛中心无明显高温区。

当负荷为23t/h（相当于65%额定负荷）以上，煤粉细度R_{90}=30%左右，并且均匀供粉时可以稳定燃烧，炉内火焰中心温度一般为1100～1200℃，炉膛出口温度为852℃，火焰发红。受热面无结渣现象，炉渣始终呈颗粒状，只在负荷高达35t/h时才出现少量30～50mm的松散渣块。但是，在另一台相同型号锅炉有卫燃带，用热风送粉燃烧此煤时，炉内最高温度达1430℃，水冷壁有明显结渣，且较软、不易清除，炉渣变成大块状。以上情况说明，试验期间通过合理组织燃烧，朝鲜安州褐煤可以稳定燃烧、不结渣。

试验期间锅炉效率较低，一般为80%左右。调整较好时可达85%。效率较低的原因是排烟温度高，一般为160℃，致使排烟热损失增加。另外，燃烧器是按无烟煤设计的，未作修改，在燃烧褐煤时，一次风速度偏大，一、二次风速度接近，炉内介质混合不合理，造成可燃气体未完全燃烧热损失q_3和固体未完全燃烧热损失q_4增加。

由于灰分高，煤粉细度对燃烧稳定和经济性有较大影响。在试验炉上当R_{90}=30%～50%，R_{200}≥15%时，锅炉可在23～38t/h负荷下稳定燃烧，一般q_4<5%；当煤粉变粗，且均匀性较差时，甚至在35t/h负荷下燃烧也不稳定，锅炉效率也显著降低，炉渣中明显含有煤粉粒。

在28t/h和35t/h负荷下各作一次停运一个角燃烧器的煤粉（二次风不停）的燃烧试验，此时炉内燃烧仍然稳定，锅炉效率也不降低，并可加大其余三个角燃烧器的给粉量，保持原负荷，说明安州褐煤的燃烧稳定性是比较好的。

2. 南票褐煤的燃烧试验

从表2-3可见，南票褐煤的成分与安州褐煤相比，炉内的燃烧组织将有更大的难度。南票褐煤是在日立BVW55t/h的烟煤锅炉上进行的燃烧试验，炉膛深度为5.64m，宽度为4.337m，高度为9.5m，容积为220m³。采用钢球磨煤机热风与炉烟干燥储仓式制粉系统，干燥剂送粉，无卫燃带。抽炉烟点位于锅炉左侧墙中间偏后，距燃烧器中心线下500mm。

试验采用邻炉送粉，作了10个工况试验，分别试验了负荷变化、过量空气系数和煤粉细度变化对燃烧稳定性、经济性和结渣的影响。此外，还进行了钢球磨煤机的钢球磨损和尾部受热面的磨损测定。

试验结果表明，锅炉负荷由50t/h到30t/h(55%BMCR）均能稳定燃烧，调整较好时可以低到20t/h(36%BMCR）运行，20t/h以下到16t/h锅炉灭火。

试验期间无论是启停或是正常运行，都没有因煤质不佳而“打枪”、灭火。说明这种高灰分褐煤的可燃性是较好的，与安州煤相似，其低负荷极限值甚至还小于安州褐煤的试验结果。分析其原因可能是本试验炉是按烟煤设计的，炉膛特征参数的选取接近褐煤，另外，本炉的蜗壳式旋流燃烧器的前期着火性能优于上述的缝隙式直流燃烧器。

由于南票褐煤的灰分高，A_{ar}=55%～60%，可燃质少，炉膛中心温度水平不高，最高为1260℃，炉膛出口温度也较低，最高为900℃。一般情况下只有轻微结渣，且比较疏松。但是，在高负荷燃烧组织不好的情况下，两燃烧器之间和冷灰斗处有结渣现象，渣块尺寸可达400～500mm。

试验表明，大渣和飞灰量大，受热面上的浮灰很多，导致过热蒸汽温度下降，排烟温度升高。锅炉效率一般为80%，效率不高的原因是炉内配风组织得不够好，加之灰分高，积灰多，排烟温度高达160℃，比原设计燃用烟煤的排烟温度高7～13℃。另外，固体未完全热损失较大，q_4=4%～6.5%。

3. 阿尔巴尼亚褐煤的燃烧试验

燃烧试验是在阿尔巴尼亚的苏联制造的35t/h竖井锅炉上进行的，该炉配置竖井磨煤机制粉系统，前墙布置竖井磨煤机，由竖井磨煤机的大喷口与二次风口组成燃烧器。通过试验表明，其结论与朝鲜安州、南票褐煤的燃烧试验相似：即可在炉膛温度较低的条件下稳定燃烧，炉内基本不结渣，锅炉效率为82%左右。

4. 罗马尼亚娄维纳里褐煤的燃烧试验[9]

罗马尼亚最大的褐煤矿位于娄维纳里附近（罗马尼亚西南部），为了了解娄维纳里地区褐煤的特性，罗马尼亚对这种灰分、水分较高，而发热量较低的褐煤进行了很多燃烧试验研究工作。这些试验是在燃烧试验台和改造后的132MW(165t/h）电站试验锅炉中进行的。

（1）试验煤质和煤粉特性。试验煤质和煤粉特性见表2-4，试验台和电站试验锅炉的设计参数及运行参数见表2-5。

表2-4　娄维纳里褐煤试验煤质和煤粉特性

项　目	娄维纳里褐煤	试验时的煤质	
		试验锅炉	电站试验锅炉
发热量 $Q_{net,ar}$(MJ/kg)(kcal/kg)	4.2～8(1003～1911)	5.3～5.9(1266～1409)	5～7(1194～1672)
灰分 A_{ar}(%)	20～38	29.4～34.7	30.8～32.7
灰分 A_d(%)	—	46～56	49～57
水分 M_t(%)	37～43	36～38	37～42.5
挥发分 V_{daf}(%)	约60	—	—
煤粉细度 R_{90}(%)	—	36～46	40～50
煤粉细度 R_{1000}(%)	—	1.5～2.0	1.0～3.0

表2-5　试验台和电站锅炉的设计参数及运行参数

项　目	试验台		电站试验锅炉	
输入热量（MW）	23		132(165t/h)	
炉膛断面放热强度 q_F(MW/m^2)	0.7		2.36	
炉膛长度（m）	8		—	
炉膛断面积（m^2）	3.3		56	
一次风送入方式	非直吹式	直吹式	半直吹式	直吹式
燃烧器一次风速度 W_1(m/s)	20	10	20	12
燃烧器二次风速度 W_2(m/s)	40	40/29/24①	34	35
煤粉浓度 μ(kg/kg)	0.8	0.36	0.8	0.3
一次风温度 t_1(℃)	120	150	150	110
二次风温度 t_2(℃)	300	300	200	250
炉膛断面放热强度 q_F(MW/m^2)	0.6～0.87		1.28～1.48②/2.36	
炉膛容积放热强度 q_V(kW/m^3)	72～82		89～103②/168.84	
燃烧器区壁面放热强度 q_B(MW/m^2)	—		0.675～0.775③/0.95	

① 上部、中部、下部风速。

② 低数值是试验期间低负荷（最大负荷为51%）的试验数据。

③ 半直吹式运行时，未考虑乏气燃烧器高度计算的燃烧器区放热强度数据。

（2）燃烧试验台的试验。试验台水平布置，长度为 8.1m，宽度为 1.4m，高度为 2.36m，断面积为 3.3m²，炉膛断面放热强度为 0.7MW/m²，见图 2-7。炉膛敷设水冷壁，燃烧器布置在炉膛前部。为了观察火焰和测量炉膛温度，在炉膛的侧墙设有看火孔。

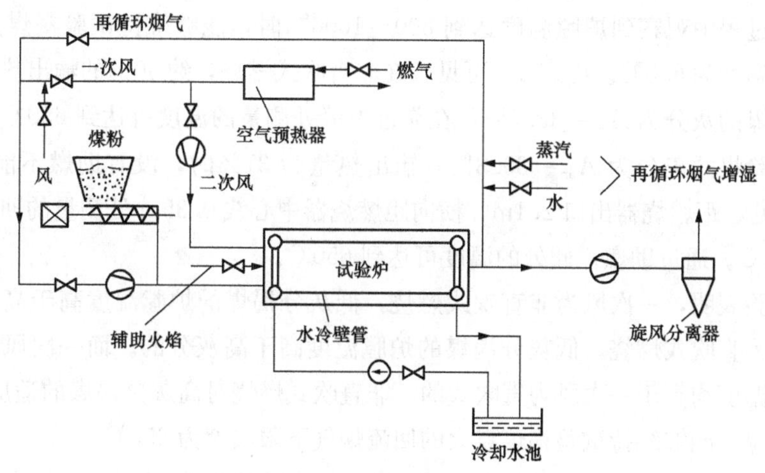

图 2-7　罗马尼亚娄维纳里褐煤燃烧试验炉

在单独的制粉系统中进行原煤的磨制和干燥，然后将磨制好的煤粉，以袋装方式运到煤粉仓。试验期间的煤粉量为 1t/h。为了在试验系统中模拟直吹式的煤粉输送方式，通过送入水和水蒸气的方法，调整送入炉膛中的煤粉湿度。

采用 26%～32.7%的高灰分褐煤在试验台上以炉膛不同的输出热量进行了试验，炉膛容积放热强度 q_V=72～82kW/m³，炉膛断面放热强度 q_F=0.6～0.87MW/m²。试验时测量了炉膛的不同断面的温度，见表 2-6。

表 2-6　炉膛的不同断面的温度

类别	灰分 A_{ar}(%)	炉膛温度（℃）					
		测点位置（m）	0.9	2.1	4.2	5.7	8.0
非直吹式	26.0	沿燃烧器中心线	600	650	1180	850	900
		垂直中心线横向距中心线 0.35m	750	850	1180	950	900
		垂直中心线横向距中心线 0.7m（靠炉墙）	850	950	1180	950	950
	32.7	沿燃烧器中心线	250	650	750	500	—
		垂直中心线横向距中心线 0.35m	400	650	750	600	—
		垂直中心线横向距中心线 0.7m（靠炉墙）	650	650	750	750	—
直吹式	26.0	沿燃烧器中心线	600	700	1050	800	900
		垂直中心线横向距中心线 0.35m	600	700	950	800	850
		垂直中心线横向距中心线 0.7m（靠炉墙）	750	850	920	800	820
	30.8	沿燃烧器中心线	450	650	750	700	720
		垂直中心线横向距中心线 0.35m	550	500	750	620	610
		垂直中心线横向距中心线 0.7m（靠炉墙）	650	550	750	700	650

从表 2-6 可见，一次风为非直吹式燃烧，灰分 $A_{ar}=26.0\%$的炉膛温度高于灰分 $A_{ar}=32.7\%$ 的；同样，一次风为直吹式燃烧，灰分 $A_{ar}=26.0\%$的炉膛温度高于灰分 $A_{ar}=30.8\%$ 的。而一次风为非直吹式燃烧的炉膛温度均高于一次风为直吹式的。

在试验过程中观察到炉膛温度达到 800～1000℃时，能够维持试验褐煤点火的回流烟气的下限温度为 650℃。由表 2-6 可见，在非直吹式燃烧，约 30%的输出热量并且没有助燃，试验煤的灰分为 $A_{ar}=32.7\%$，在靠近炉墙处测量的温度可达到 650℃。而在直吹式燃烧，试验煤的灰分为 $A_{ar}=30.8\%$，输出热量为 31%时，没有助燃不能维持燃烧。由表 2-6 可见，距燃烧器出口 2.1m、横向距燃烧器中心线 0.35m 处测量的回流烟气温度为 500～550℃。通过助燃，此处的温度可达到 650℃。

通过试验表明，一次风为非直吹式燃烧，低灰分褐煤的炉膛温度高于高灰分的；同样，一次风为直吹式燃烧，低灰分褐煤的炉膛温度高于高灰分的。而一次风为非直吹式燃烧的炉膛温度均高于一次风为直吹式的。非直吹式燃烧对高灰分褐煤的适应能力较强。对于试验褐煤，能够维持试验褐煤点火的回流烟气下限温度为 650℃。

（3）电站试验锅炉的工业试验。工业试验燃用的褐煤煤质：按发热量 $Q_{net,ar}=8.8$MJ/kg(2102kcal/kg)、灰分 $A_{ar}=18.15\%$、水分 $M_t=34\%$褐煤设计的，切向燃烧方式，4 台风扇磨煤机直吹式制粉系统，每台风扇磨煤机出力为 23t/h。在工业试验中，首先采用直吹式燃烧，试验褐煤的发热量 $Q_{net,ar}=6.3$MJ/kg(1505kcal/kg)、灰分 $A_{ar}=24.2\%$、水分 $M_t=42.5\%$，在输出热量为 40%的工况下，在炉内点不着火。但在燃烧试验台上的试验，在输出热量大约相同的情况下，没有助燃也可以燃烧，其原因是煤质不同，在试验台上试验时，褐煤的水分 $M_t=38\%$。

由燃烧试验台的试验结果表明，非直吹式燃烧对高灰分褐煤的适应能力较强。为此，将制粉系统改造为半直吹式系统，见图 2-8，燃烧器也进行了改造，见图 2-9。

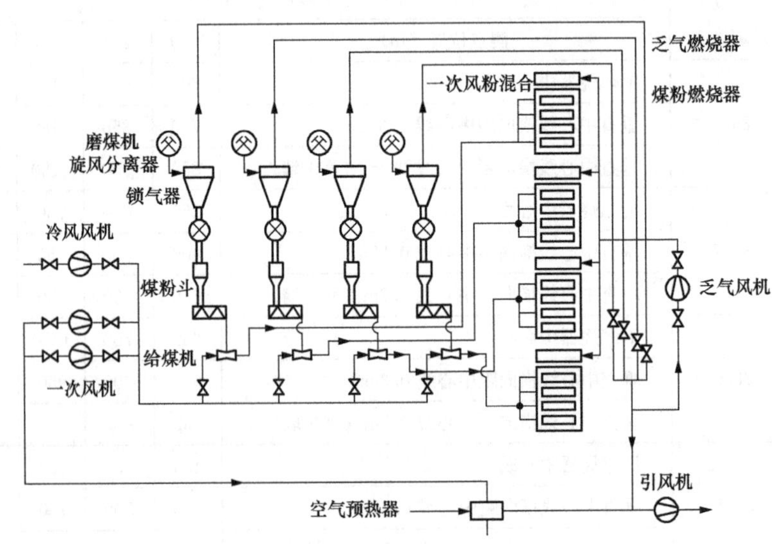

图 2-8 改造后的半直吹式制粉系统

在试验时新设计的燃烧器（见图 2-9）采取了试验台试验取得的速度和煤粉浓度（见表 2-5）。锅炉带 75%负荷（即在负荷为 124t/h）时，燃烧器区壁面放热强度达到了 $1MW/m^2$。改造前，锅炉带满负荷时，燃烧器区壁面放热强度为 $1MW/m^2$，炉膛没有结渣。

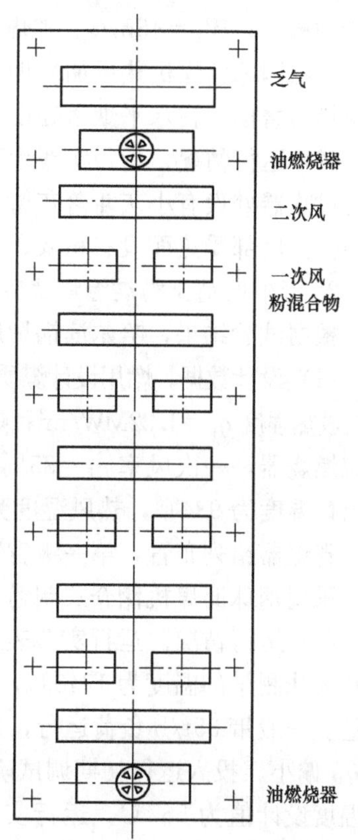

图 2-9 锅炉改造后新设计的燃烧器

采用非直吹方式时，试验燃用的高灰分褐煤为 A_d=30.8%～32.7%，由于发热量降低，不能带满负荷，投运 2 台或 3 台风扇磨煤机。负荷降低到 35% 时，即使不用助燃，也可以稳定燃烧，甚至在负荷突然变化时，燃烧也是稳定的，用光学高温计测量燃烧器区域的温度为 1080～1160℃。负荷超过 75%时，出现结渣和沾污，排渣量增加，排渣困难。

通过试验台和 132MW(165t/h) 电站试验锅炉的工业试验以及电站锅炉对娄维纳里褐煤的运行经验表明：

1）一次风为非直吹式燃烧，低灰分褐煤的炉膛温度高于高灰分的；同样，一次风为直吹式燃烧，低灰分褐煤的炉膛温度高于高灰分的。而一次风为非直吹式燃烧的炉膛温度均高于一次风为直吹式的。非直吹式燃烧对高灰分褐煤的适应能力较强。

2）直吹式燃烧不可燃成分高的低发热量褐煤时，不可燃成分的极限值约为 67%。

3）采用非直吹式燃烧可提高褐煤的燃烧稳定性，在电站试验锅炉的工业试验时，锅炉带 35%额定负荷时，不用助燃也可燃烧灰分 A_{ar}=32.7%、水分 M_t=38%、$Q_{net,ar}$=5.0MJ/kg(1194kcal/kg) 的褐煤。

4）回流烟气最低温度约为 650℃，对试验煤质的点火和燃烧稳定性是很重要的影响因素。

5）由于改造锅炉的条件限制，燃烧器的高度较小，当煤粉浓度为 0.8kg/kg 左右时，导致锅炉只能带 75%负荷，以避免结渣，此时燃烧器区壁面放热强度达到 $1MW/m^2$。锅炉负荷超过 75%时，炉内出现结渣倾向。

二、朝鲜安州和阿尔巴尼亚褐煤燃烧试验的应用

1. 朝鲜安州褐煤燃烧试验的应用

根据试验结果，哈尔滨锅炉厂参考已有经验，设计了 220/100—7 型褐煤锅炉。

（1）设计数据。燃用设计煤质见表 2-3，为了提高燃烧经济性，炉膛容积放热强度 q_V 和炉膛出口温度的选取均比试验锅炉的数据略高一些。炉膛容积放热强度 q_V=146.6kW/m³，断面放热强度 q_F=2.95MW/m²；炉膛断面（宽×深）为 7.73m×7.73m，切圆直径为 ϕ800mm；燃烧器采用一、二次风间隔布置，燃烧器的高宽比 h/w=3.7(2076mm/560mm)；一次风率 r_1=35%，二次风率 r_2=61%；一次风速度

$W_1=20m/s$，$W_2=45m/s$。省煤器错列布置，烟气速度为6.3m/s。

采用钢球磨煤机热风加炉烟干燥储仓式制粉系统，干燥剂送粉。为了减少尾部灰量及受热面磨损，在水平烟道处设有小灰斗。

（2）运行情况。运行实践表明，锅炉燃烧稳定，炉内及屏式过热器均不结渣。水平烟道过热器处设有小灰斗落灰管，减少烟气中的灰量，减轻了省煤器及管式空气预热器的磨损。尾部受热面没有积灰。各项运行参数均达到了设计要求。

2. 阿尔巴尼亚褐煤燃烧试验的应用

根据试验结果，哈尔滨锅炉厂设计了HG-35/39-5型褐煤锅炉。

（1）设计数据。燃用设计煤质见表2-3，设计参数：炉膛容积放热强度$q_V=137kW/m^3$，断面放热强度$q_F=1.32MW/m^2$；炉膛断面（宽×深）为4.80mm×4.62m。前墙布置2只旋流燃烧器，一次风率$r_1=35\%$，二次风率$r_2=60.83\%$；一次风速度$W_1=18m/s$。炉膛出口温度为934℃，热风温度为350℃，排烟温度为153℃。

省煤器错列布置，第一级省煤器的烟气速度为7.06m/s，第二级为5.7m/s。

采用钢球磨煤机储仓式制粉系统，热风送粉。

（2）运行情况。运行实践表明，锅炉燃烧稳定，炉内不结渣。炉膛温度较低，从炉前看火孔测量的温度为1240℃，侧墙看火孔测量为950～1050℃。火焰较短，火焰为橘红色。一般带35t/h负荷运行，最高可带40t/h，说明锅炉设计有余量，炉膛容积放热强度q_V偏小。投入运行初期调试阶段，出现炉膛温度水平低于设计值，二级过热器出口烟气温度设计值为557℃，运行实际值为445℃；排烟温度设计值为153℃，运行实际值为140℃。

经过运行调整，不仅能燃烧德列诺沃和阿拉鲁甫（1∶4）混煤（煤质见表2-3），也可以全烧德列诺沃煤，说明可燃用灰分高达$A_{ar}=60.2\%$的高灰分褐煤。试验表明，掺烧阿拉鲁甫煤为好，而且掺烧阿拉鲁甫煤越多越好。由于煤的水分高，磨煤机干燥出力不足，未进行全烧阿拉鲁甫煤的试验。

从以上情况可见，灰分和水分的比例可以相对变化，总的惰性成分不大时，仅从燃烧效果来看基本相同，这就给设计和运行留有一定余地。

以上混煤的各种配比是在$R_{90}=9\%\sim15\%$，热风温度为320℃，一次风温度为60～70℃条件下进行的。燃烧稳定，由于煤粉较细，燃烧效率较高，如飞灰可燃物在0～3%范围内，炉渣可燃物最大为1.6%。

三、 燃用高灰分褐煤的经验

高灰分褐煤试验和根据试验结果设计的褐煤锅炉的情况汇总见表2-7，分析表2-7的数据可以获得以下经验：

（1）从朝鲜安州、南票、阿尔巴尼亚和罗马尼亚褐煤的燃烧试验和由燃烧试验取得的结果设计的褐煤锅炉运行表明，在一定条件下，燃用灰分高达60.2%的高灰分褐煤，可达到锅炉燃烧稳定，炉内不结渣；有较高的燃烧效率（约80%）；灰分和水分的比例可以相对变化，总的惰性成分不大时，仅从燃烧效果来看基本相同。直吹式燃烧不可燃成分高的低发热量褐煤时，不可燃成分的极限值约为67%。

表 2-7　　高灰分褐煤试验和根据试验结果设计的褐煤锅炉的情况汇总

试验褐煤	朝鲜安州		南票	阿尔巴尼亚		罗马尼亚			
项目	试验炉 HG35/39	设计炉 HG 220-100-7	试验炉 BVW 55t/h	试验炉 35t/h 竖井炉①	设计炉 HG35/39-5	2.3MW 试验炉		132MW 电站试验炉	
						非直吹式给粉	直吹式给粉	非直吹式给粉	直吹式给粉
水分 M_t(%)	13.5	17.6	9.44	3.17	11.1	36～38		37～42.5	
灰分 A_{ar}(%)	41.5	47.8	53.21	60.2	50.9	29.4～34.7		30.8～32.7	
挥发分 V_{daf}(%)	51.0	48	40.9	47.87	49.12	V_d≈60			
发热量 $Q_{net,ar}$(MJ/kg)	10.51	10.25	9.46	11.25	10.96	5.3～5.9		5.0～7.0	
变形温度 DT(℃)	1230	1230	1196	1180	—	1124			
软化温度 ST(℃)	1260	1260	1251	1280	—	1155			
流动温度 FT(℃)	1300	1300	1307	1310	—	1192			
容积放热强度 q_V(kW/m³)	138.3	146.0	179	—	137	72～82		89～103	
断面放热强度 q_F(MW/m²)	3.3	2.95	1.53	—	1.32	0.6～0.87		1.28～1.48	
一次风速度 W_1(m/s)	20.7	20	18.63	—	18	20	10	20	12
二次风速度 W_2(m/s)	35.9	45	31.27	—	—	40/29/24②	34	34	35
制粉系统	储仓式	储仓式	储仓式	直吹式	储仓式	非直吹式	直吹式	非直吹式	半直吹式

①　炉前墙布置竖井磨煤机，由竖井磨煤机的大喷口与二次风口组成燃烧器。

②　上部风速，中部风速，下部风速。

(2) 罗马尼亚褐煤的燃烧试验表明，一次风为非直吹式燃烧，低灰分褐煤的炉膛温度高于高灰分的；同样，一次风为直吹式燃烧，低灰分褐煤的炉膛温度高于高灰分的。而一次风为非直吹式燃烧的炉膛温度均高于一次风为直吹式的。非直吹式燃烧对高灰分褐煤的适应能力较强。朝鲜安州、南票和阿尔巴尼亚褐煤的燃烧试验和由试验结果设计的褐煤锅均为储仓式制粉系统，尚没有高灰分褐煤采用直吹式制粉系统褐煤锅炉的燃烧试验经验。在 132MW(165t/h) 电站试验锅炉的半直吹式制粉系统的试验取得了燃烧罗马尼亚高灰褐煤（A_{ar}=35.34%）的经验。

(3) 对于高灰分褐煤，均利用燃烧烟煤的锅炉进行燃烧试验，原设计的燃烧器没有预混段，由试验结果设计的褐煤锅炉的燃烧器文献中也未述及燃烧器设计预混段。对于大容量燃用高灰分褐煤锅炉的燃烧器需要考虑预混段。

(4) 试验锅炉和根据试验结果设计的褐煤锅炉的一次风速度为 18～20m/s，与高水分褐煤锅炉燃烧器选取的一次风速度相近；在 132MW(165t/h) 电站试验锅炉的工业试验直吹燃烧方式的一次风速度为 10m/s。从图 2-1 可见，当水分 M_t=54%、灰分 A_{ar}=10%～20%时的一次风速度为 10m/s；在水分 M_{ar}=37%～42%、灰分 A_{ar}=30.87%～32.77%的煤质情况下，132MW(165t/h) 电站试验锅炉的工业试验直吹燃烧方式的一次风速度为 10m/s。虽然水分减少（M_{ar}<54%），但灰分增加（A_{ar}>10%～20%）所以一次风速度仍选取较低的 10m/s。

（5）为了使燃烧稳定，设计的高灰分褐煤锅炉均采用了较高的炉膛特征参数：炉膛容积放热强度 q_V=100～137kW/m^3，炉膛断面放热强度 q_F=1.32～2.95MW/m^2。试验炉和根据试验结果设计的高灰分褐煤锅炉的运行表明，即使在较高的炉膛特征参数的炉膛内，炉膛主燃烧区的温度均较低，一般为1200℃左右，炉膛不结渣。

上述试验数据均为中小容量锅炉试验结果。对于设计大容量锅炉，需要考虑大容量锅炉的特点，炉膛特征参数的选取规律，一般是随着锅炉容量的增加炉膛容积放热强度减小，断面放热强度增加，燃烧器区壁面放热强度略有增加，参见图 2-5 。

第四节　老年褐煤的燃烧

按表 1-1 的褐煤分类，水分 M_t<40%（M_t=10%～40%）、发热量 $Q_{net,ar}$=11.8～23.1MJ/kg 的褐煤为老年褐煤。我国除了西南地区的褐煤水分较高，如云南昭通褐煤水分 M_t=55.4%、发热量 $Q_{net,ar}$=6.65MJ/kg 之外，其他地区的褐煤水分 M_t=27.77%～38.0%、灰分 A_{ar}= 7.22%～27.49%、发热量 $Q_{net,ar}$=11.03～16.2MJ/kg（见表 1-2），华北是我国褐煤资源的主要分布地，占全国褐煤储量的75%以上，处于华北内蒙古地区的褐煤储量最多，主要是老年褐煤。内蒙古地区主要矿区的老年褐煤的煤质分析见表2-8。

表 2-8　　内蒙古地区主要矿区的老年褐煤的煤质分析

煤种名	元宝山	霍林河	锡林浩特	白音华	扎赉诺尔	伊敏
全水分 M_t(%)	27.77	30.00	32.65	35.88	34.63	38.0
空气干燥基水分 M_{ad}(%)	9.22	17.37	14.71	12.95	11.88	12.5
收到基灰分 A_{ar}(%)	24.41	19.01	11.28	9.25	17.02	15.6
干燥无灰基挥发分 V_{daf}(%)	41.00	47.9	46.80	46.85	43.75	47.3
收到基碳 C_{ar}(%)	35.34	35.67	40.96	40.32	34.65	32.3
收到基氢 H_{ar}(%)	2.77	2.58	2.58	2.74	2.34	2.1
收到基氮 N_{ar}(%)	0.43	0.69	0.61	0.78	0.57	0.65
收到基氧 O_{ar}(%)	8.29	11.71	11.47	10.54	10.48	11.3
全硫 $S_{t,ar}$(%)	0.89	0.34	0.45	0.49	0.31	0.2
收到基低位热量（$Q_{net,ar}$MJ/kg）	12.527	13.39	14.72	14.50	12.28	10.83
哈氏可磨性指数 HGI	70	48	58	41	—	72.5
变形温度 DT(℃)	1260	1190	1110	1200	1160	1060
软化温度 ST(℃)	1300	1260	1140	1310	1198	1106
熔融温度 FT(℃)	1330	1290	1220	1460	1278	1110
二氧化硅 SiO_2(%)	57.78	62.61	51.15	53.19	54.19	54.6
三氧化二铝 Al_2O_3(%)	19.38	17.35	19.15	22.27	16.49	15.7
三氧化二铁 Fe_2O_3(%)	9.13	4.26	4.67	3.44	8.42	5.57
氧化钙 CaO(%)	3.07	7.29	7.31	8.24	5.94	12.3
氧化镁 MgO(%)	1.39	1.39	3.72	1.75	1.64	3.2

续表

煤种名	元宝山	霍林河	锡林浩特	白音华	扎赉诺尔	伊敏
氧化钠 Na_2O(%)	—	0.37	3.72	0.41	—	—
氧化钾 K_2O(%)	—	1.29	0.87	0.72	—	$+Na_2O=0.4$
二氧化钛 TiO_3(%)	1.34	0.83	0.87	1.05	—	1.1
三氧化硫 SO_3(%)	—	3.69	5.07	6.23	—	—

内蒙古地区的霍林河、锡林浩特、伊敏、大雁、宝日希勒、札赉诺尔、白音华、元宝山和辽宁西部的平庄等矿区，是我国褐煤的主要矿区，水分 $M_t=25\%\sim40\%$，灰分 $A_{ar}=15\%\sim28\%$，发热量 $Q_{net,ar}=10.0\sim15.0$MJ/kg。

自内蒙古锡林郭勒起向东北方向延伸褐煤水分含量有逐渐升高的趋势。其中，元宝山、平庄 $M_t\approx26\%$，霍林河 $M_t\approx30\%$，白音华、锡林浩特、扎赉诺尔、宝日希勒 $M_t\approx35\%$，大雁、伊敏褐煤 $M_t\approx40\%$。

美国的褐煤是比较好的老年褐煤，水分不是很高，灰分低，发热量较高，水分 $M_t=33.2\%\sim36.6\%$、灰分 $A_{ar}=6.5\%\sim8.8\%$，发热量 $Q_{net,ar}=14.93\sim17.25$MJ/kg。

20 世纪 70 年代，朝阳电厂的 200MW 机组锅炉是哈尔滨锅炉厂设计制造的我国第一台褐煤锅炉，燃用平庄老年褐煤，一般水分 $M_t=23\%\sim28\%$，灰分 $A_{ar}=24\%\sim38\%$，挥发分 $V_{daf}\approx40\%$，发热量 $Q_{net,ar}=10.45\sim12.54$MJ/kg(2500～3000kcal/kg)。Π 型炉矮胖形、具有双面水冷壁的双炉膛，前墙布置早期的双通道轴向叶片旋流燃烧器，配风扇磨煤机热风干燥直吹式制粉系统。

锅炉投产后，运行表明，燃烧稳定。而主要的问题是：后墙水冷壁结渣严重，结渣沿后墙延伸至折焰角附近，甚至在屏式过热器的下沿也有结渣；屏式过热器超温；风扇磨煤机磨损严重，打击板的检修周期只有 400h 左右。

对于风扇磨煤机打击板的使用寿命，由于当时不了解平庄褐煤的磨损特性，后来西安热工院研究了我国煤的磨损特性，才了解到平庄褐煤的冲刷磨损指数 $K_e=7.0$，属严重磨损的褐煤，不适于采用风扇磨煤机。

鉴于上述情况，于 1986 年，将朝阳电厂 1、2 号炉的制粉系统改为由德国巴布科克公司引进的 MPS212 中速磨煤机，同时将原旋流燃烧器改为德国巴布科克公司的 DBW(Deutsch Babcock Werks) 旋流燃烧器。制粉系统和燃烧器改造完成后，原设计的 DBW 旋流燃烧器的预混段长度为 200mm。投入运行后，在锅炉的后墙及燃烧器附近结渣严重。后将预混段缩短到 120mm。旋流叶片装置角由 45°增大到 65°。经过改用 MPS212 中速磨煤机及 DBW 燃烧器后，水冷壁结渣缓和，锅炉可带满负荷连续运行。MPS212 中速磨煤机的检修周期为 4000h，大幅度减轻了检修工作量。

20 世纪 80 年代，从德国引进的元宝山电厂 600MW 机组塔式褐煤锅炉（2 号炉）。投入运行后，存在的主要问题：一是炉膛、燃烧器内壁及下沿、燃烧器区域水冷壁、冷灰斗两侧拐角附近及炉膛出口屏式过热器结渣严重；二是再热器超温，喷水量常常达到最大值。影响带负荷能力，最初只能带 420MW 左右，从 1985 年到 1995 年，历时 10 年做了大量的调整试验和重大设备改进。将过热器受热面和省煤器受热面进行了调整；一次风道由 6 通道改为 5 通道，降低阻力，提高一次风速度；上层燃烧器的上一次风喷口与上、中二次风喷口改为燃尽风口；风扇磨煤机等方面的改造以及大量的燃烧调整试验工作。改造的结果，炉内温度水平降低，结渣明显减轻；燃烧器着火点推迟，燃烧趋缓。实现分级送风燃烧技术，降低了 NO_x 排放。最终该机组带到 600MW，满负荷运行。

20 世纪 80 年代，我国引进美国燃烧工程公司技术，哈尔滨锅炉厂与美国燃烧工程公司联合设计了元宝山电厂 600MW 机组 Π 型褐煤锅炉（3 号炉）。美国燃烧工程公司根据德克萨斯褐煤（水分 M_t=31%，灰分 A_{ar}=10.4%，发热量 $Q_{net,ar}$=17.66MJ/kg）和北达科他褐煤（水分 M_t=39.6%，灰分 A_{ar}=6.3%，发热量 $Q_{net,ar}$=15.15MJ/kg）选取炉膛断面放热强度的经验，并结合于元宝山和霍林河褐煤的特性，元宝山电厂 3 号炉的炉膛断面放热强度取值介于两种美国褐煤之间，确定了炉膛断面尺寸、炉膛和燃尽区高度（上排燃烧器一次风喷口中心线至屏下沿距离）。当时鉴于元宝山电厂 2 号炉的结渣问题，在审查设计时提出加高炉膛高度，加大炉膛容积的意见。通过元宝山电厂 3 号炉多年运行实践表明，减小断面放热强度和容积放热强度的选取数值，提高炉膛高度，加大炉膛容积是符合我国褐煤锅炉设计的。

上都电厂一期工程 1、2 号炉的设计煤质的水分 M_t=29.5%，实际燃用煤质的水分达到 M_t=40%，比设计煤质全水分高出 10%，而低位发热量下降到 $Q_{net,ar}$=12～13MJ/kg(2870～3110kcal/kg)，一次风率高达 40%～45%，7 台中速磨煤机运行，锅炉带不到满负荷，但是，锅炉尚能正常运行，表明切向燃烧方式有较强的适应性。

上都电厂二期工程 3 号炉投运时，燃用煤质的水分 M_t=42%，灰分 A_{ar}=5.9%～7.03%，发热量 $Q_{net,ar}$=13.37～13.49MJ/kg(3194～3223kcal/kg)。燃煤的发热量有所提高，7 台磨煤机运行，机组能带到 600MW。但是，由于一次风量过大，炉内燃烧组织不是合理状态，磨煤机磨损严重。

上海重型机器厂的 HP1103 中速磨煤机用于上都电厂磨制水分偏高的褐煤（M_t=40%），是我国褐煤锅炉制粉系统设计选型一次尝试和探索。

20 世纪 90 年代，伊敏电厂引进俄罗斯超临界 500MW 机组褐煤锅炉，燃用伊敏褐煤。锅炉为超临界参数直流锅炉，采用单炉膛 T 型布置、直吹式制粉系统、切向燃烧共有 32 个直流燃烧器，分四层布置，每面墙各有两列燃烧器。锅炉配有 8 台 MB3400/900/490 风扇磨煤机。T 型锅炉（相当两个并列的 Π 型锅炉）可以在锅炉两侧的烟气转向室采用抽取 650～700℃的中温炉烟作为干燥剂；从风扇磨煤机出口的一次风管道，采用“宝塔式”（从下到上圆形管道断面逐渐减小）。锅炉投入运行后，燃烧稳定，运行正常。

21 世纪初以来，由北京巴布科克·威尔科克斯公司采用美国布科克·威尔科克斯公司技术设计制造的白音华金山和大板电厂的墙式燃烧亚临界 600MW 机组褐煤锅炉，哈尔滨锅炉厂采用英国三井·巴布科克公司（Mitsui-Babcock）技术设计制造的清河电厂墙式燃烧超临界 600MW 机组褐煤锅炉。后来，采用由哈尔滨锅炉厂自主设计制造的燕山湖和白城电厂的墙式燃烧超临界 600MW 机组褐煤锅炉，以及哈尔滨锅炉厂自主设计制造的伊敏、宝日希勒、上都（三期）等电厂的超临界 600MW 机组 Π 型褐煤锅炉和九台电厂的超临界 670MW 机组塔式褐煤锅炉。通过这些机组的运行实践，探索和积累了我国老年褐煤锅炉的设计和燃烧技术。

表 2-9 为国内部分褐煤锅炉燃用老年褐煤的煤质、炉型、炉膛特征参数和制粉系统概况。

表 2-9　国内部分褐煤锅炉燃用老年褐煤的煤质、炉型、炉膛特征参数和制粉系统概况

电厂		元宝山 2 号炉	元宝山 3 号炉	上都 1、2 号炉	上都 5、6 号炉	伊敏 1、2 号炉	伊敏 5 号炉
机组容量（MW）		600	600	600	600	500	600
炉型		塔式	Π 型	Π 型	Π 型	T 型	Π 型
燃烧方式		8 角切圆	4 角切圆	4 角切圆	墙式切圆	8 角切圆	8 角切圆
燃烧器型式		十字中心风直流	水平浓淡直流	水平浓淡直流	垂直浓淡直流	周界二次风直流	水平浓淡直流
制造厂		德国	哈锅	哈锅	哈锅	俄罗斯	哈锅
褐煤矿区		元宝山	元宝山	锡林浩特（胜利）	锡林浩特（胜利）	伊敏	伊敏
设计煤质	水分 M_t(%)	27.77	25.28	29.5	33.0	38.0	39.5
	灰分 A_{ar}(%)	24.41	26.39	13.43	13.4	15.6	12.09
	挥发分 V_{daf}(%)	41.0	43.80	46.8	46.91	47.0	45.0
	发热量 $Q_{net,ar}$(kJ/kg)(kcal/kg)	12 527(2992)	13 207(3155)	14 720(3516)	13 400(3200)	10 830(2587)	11 760(2810)
	变形温度 DT(℃)	1260	1125	1110	1110	1060	1155
	软化温度 ST(℃)	1300	1150	1140	1140	1100	1210
	流动温度 FT(℃)	1330	1190	1200	1200	1110	1243
容积放热强度 q_V(kW/m³)		76.3	62.1	60.2	60.5	64.67	56.76
断面放热强度 q_F(MW/m²)		3.80	3.9	3.907	4.03	3.919	3.791
燃烧区壁面放热强度 q_B(MW/m²)		—	1.15	1.122	—	1.09	1.04
燃尽区高度 $h_1$①(m)		22.30	24.245	24.245	22.443	—	27.197
制粉系统		风扇磨煤机直吹式 EVT S70.45	中速磨煤机直吹式 MPS-255	中速磨煤机直吹式 HP1103	中速磨煤机直吹式 HP1203	风扇磨煤机直吹式 MB3400/900/490	风扇磨煤机直吹式 MB3600/1000/490
机组容量（MW）		600	670	660	600	660	600
炉型		Π 型	塔式	塔式	Π 型	Π 型	Π 型

续表

电厂		通辽5号炉	九台	塔尔	清河9号炉	锡林浩特	大板2号炉
燃烧方式		4角切圆	8角切圆	8角切圆	墙式对冲	墙式对冲	墙式对冲
燃烧器型式		水平浓淡直流	水平浓淡直流	一字中心风直流	LNASB 双调风旋流	OPCC 双调风旋流	XCL-DRB(HPAX-X) 双调风旋流②
制造厂		哈锅	哈锅	上锅	哈锅	东锅	北京巴威
褐煤矿区		霍林河	扎赉诺尔	巴基斯坦塔尔	霍林河	锡林浩特（胜利）	白音华
设计煤质	水分 M_t(%)	30.89	32.8	50.0	29.9	34.9	29.6
	灰分 A_{ar}(%)	14.38	9.49	6.0	20.17	19.09	15.99
	挥发分 V_{daf}(%)	44.79	44.25	52.3	49.67	42.18	47.97
	发热量 $Q_{net,ar}$(kJ/kg)(kcal/kg)	10 390(2482)	15 750(3763)	11 140(2665)	12 950(3094)	10.80(2854)	14 510(3466)
	变形温度 DT(℃)	1080	1159	1140	1260	1200	1290
	软化温度 ST(℃)	1290	1164	1160	1290	1220	1340
	流动温度 FT(℃)	1450	1194	1190	1370	1240	>1500
容积放热强度 q_V(kW/m^3)		64.1	66.47	45.0	69.36	64.27	66.6
断面放热强度 q_F(MW/m^2)		3.993	5.24	3.47	4.048	4.10	3.898
燃烧区壁面放热强度 q_B(MW/m^2)		1.19	—	1.02	1.398	1.15	1.079
燃尽区高度 $h_1$①(m)		24.245	28.5	44.54	20.177	27.06	—
制粉系统		中速磨煤机直吹式 MPS225-HP-Ⅱ	风扇磨煤机直吹式 MB3600/1000/490	风扇磨煤机直吹式 MB3600/1300/490	中速磨煤机直吹式 HP1103	中速磨煤机直吹式 MPS235-HP-Ⅱ	中速磨煤机直吹式 MPS225-HP-Ⅱ

① 燃尽区高度 h_1(m) 是 DL/T 831—1015《大容量煤粉燃烧锅炉炉膛选型导则》的名称和符号，不同炉型有不同的定义；NB/T 10127—2018《大型煤粉锅炉炉膛及燃烧器性能设计规范》无燃尽区高度的总称，分述各种炉型该几何尺寸的定义，其符号为 l_3(m)。

② 原设计为 XCL-DRB 双调风旋流燃烧器，后改为 HPAX-X 双调风旋流燃烧器。

一、 切向燃烧褐煤锅炉[10]

（一）元宝山电厂 600MW 机组褐煤锅炉（2 号炉）

20 世纪 80 年代，元宝山电厂由德国斯坦缪勒公司引进我国第一台 600MW 机组褐煤锅炉（2 号炉），为亚临界一次中间再热直流塔式锅炉，参数为 18.6MPa/545℃/545℃，蒸汽流量为 1814.25t/h。燃用元宝山老年褐煤：水分 $M_t=27.77\%$、灰分 $A_{ar}=24.41\%$，挥发分 $V_{daf}=41.0\%$，发热量 $Q_{net,ar}=12.527$MJ/kg(2992kcal/kg)。炉膛容积放热强度 $q_V=76.3$kW/m^3，炉膛断面放热强度 $q_F=3.8$MW/m^2，燃尽区高度（上排燃烧器一次风喷口中心线至屏下沿距离）$h_1=22.3$m。2 号炉炉膛结构简图及燃烧器水平布置示意图见图 2-10，十字中心风燃烧器结构简图见图 2-11。

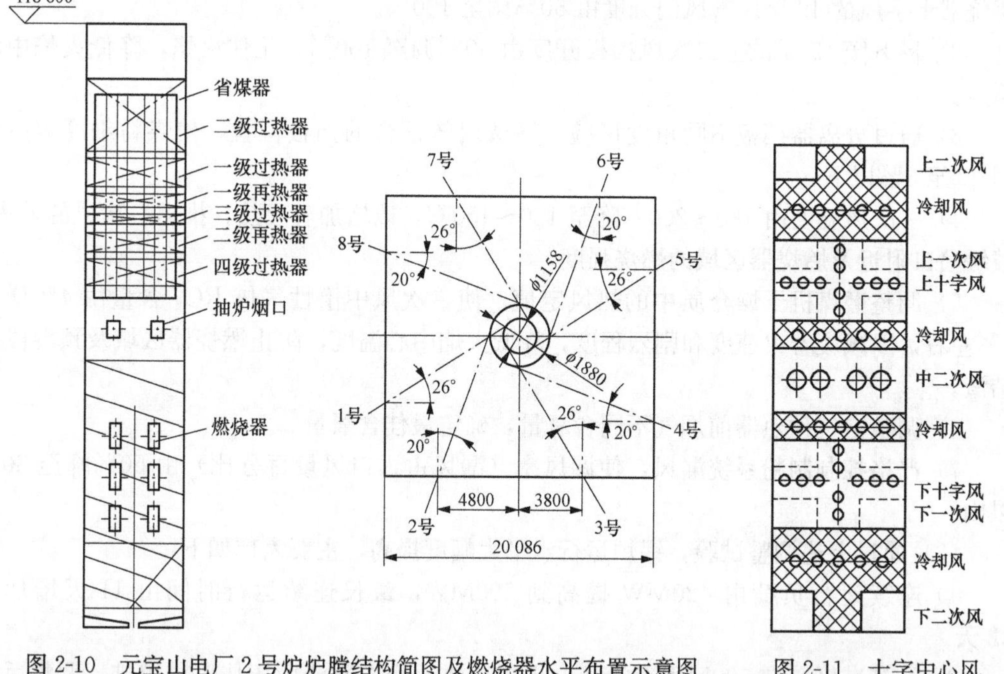

图 2-10 元宝山电厂 2 号炉炉膛结构简图及燃烧器水平布置示意图

图 2-11 十字中心风燃烧器结构简图

配置 8 台德国能源与工程技术公司（EVT）制造的 S70.45 型风扇磨煤机，直流燃烧器呈 3 组 8 角布置，每台磨煤机带一个角上的 3 组 6 层一次风喷口。每组燃烧器有两个一次风喷口，3 组 8 角燃烧器共 48 只一次风喷口。每层燃烧器都采用均等配风方式，每两个一次风喷口的上、中、下共配 3 个二次风喷口。一次风喷口设十字中心风。设计一次风速度为 14.3m/s，二次风速度为 49.3m/s。燃烧器的预混段为 1672mm。

该炉投入运行以后，存在的主要问题：一是炉膛结渣，燃烧器内壁及下沿、燃烧器区域水冷壁、冷灰斗两侧拐角附近及炉膛出口屏式过热器结渣严重；二是再热器超温，喷水量常常达到最大值。因此，影响带负荷能力，最初只能带 420MW 左右，从 1985 年到 1995 年，历时 10 年做了很多调整试验工作和重大设备改进。之后，锅炉达到了满出力运行。

1. 冷态空气动力场试验

通过冷态试验表明：冷态试验中虽然风扇磨煤机的转速相同，但喷口的风速差别较大；燃烧器的十字风的作用是增强一次风射流的刚性，可减轻一次风射流的偏斜，有利于十字风（即二次风）与一次风的提早混合：冷态试验表明，在设计风速下（$W_1=14.3m/s$时），一次风射流不能喷射到炉膛中心，射流短、扩散角大，在炉内没有形成切圆，当一次风速度为$W_1=19.91m/s$时，炉内形成切圆；模拟了燃烧器预混段平台结渣阻碍下部一、二次风射流的热态工况，这种情况不但破坏了燃烧器本身的气流工况，而且破坏了炉内的空气动力气流工况，使燃烧器附近热强度过大，结渣加剧。

2. 燃烧调整试验

(1) 根据冷态试验的结果，进行了热态燃烧调整试验，主要调整试验内容：

1) 为了增加一次风气流的刚度，保证风粉后期的充分混合和良好的火焰充满度，将燃烧器十字风的48个风管风门开度由50%调至100%。

2) 将下倾12.5°的上二次风挡板开度由50%调至100%，压住火焰，降低火焰中心高度。

3) 通过分离器挡板不同角度试验，筛选出较适合的挡板位置，使煤粉细度$R_{1.0}$由7%降至3%以下。

4) 一次风温度由180～200℃降至130～150℃，以增加着火热，推迟一次风的着火，减缓喷口附近及燃烧器区域的燃烧强度。

5) 调整磨煤机干燥介质中的热风定值，使一次风中惰性气体RO_2含量由4%增至8%左右，以减缓着火速度和剧烈程度，降低火焰中心温度，防止燃烧器区域及预混段内结渣。

6) 调整空气预热器前烟气不同含氧量，确定最佳含氧量。

7) 严格控制制粉系统漏风，使漏风率（漏风占入口风量百分比）由50%降至30%以内。

(2) 通过上述调整试验，锅炉运行水平大幅度提高，主要表现如下：

1) 连续运行负荷由420MW提高到500MW，最长连续运行时间由11天增加到32天。

2) 结渣减轻。在500MW负荷下，调整前常因集中落渣而压住燃尽炉排，调整后已无这种情况。调整前严重结渣的中、上层燃烧器区域及二、四级过热器，调整后已相当清洁。另外，调整后锅炉的排渣量明显减少，说明煤灰以飞灰形式排出的份额增多，以结渣形式排出的减少。

3) 炉膛出口烟气温度降低20℃。

4) 相同负荷下再热器减温水量减少12t/h。

(3) 进行了上述燃烧调整工作后，锅炉已经可以带500MW负荷正常运行。但是，如果继续升负荷，则因再热蒸汽超温而无法实现，再热蒸汽超温除因受热面的设计不合理，主要是炉膛出口烟气温度高，再热器吸热量增加所致。原设计炉膛出口温度为1050℃，而实际运行达到1200℃。常规的燃烧调整已无法使运行水平再有所提高。因此，为了降低炉膛出口温度、控制再热蒸汽温度和提高机组运行负荷，采用了大幅度改变风粉分配的办法。即将通过上层燃烧器进入炉内的煤粉部分或全部转移到中下层燃烧器（参见图 2-10），增加炉膛下部的燃烧率和换热量，进行了以下试验。

1）关闭上层上一次风喷口，调整一、二次风和煤粉的分配。

2）开上层上一次风喷口，关上层下一次风和二次风喷口，调整一、二次风和煤粉的分配。

3）关上层上和下一次风喷口，调整一、二次风和煤粉的分配。

（4）试验表明，每角四喷口运行与五喷口运行相比，炉膛出口烟温降低 13℃。再热器喷水量略有减少，但燃烧器区域烟温增高 50～80℃，局部烟温达 1420～1460℃，中层燃烧器区域结渣加剧。同时四喷口运行时一次风阻力大。风扇磨煤机通风量比五喷口少 7.5%，干燥能力和出力有所下降，抽烟口结渣加剧。五喷口运行时，关上层燃烧器的上或下一次风喷口，在调整初期没有大的区别。但由于上层燃烧器的下平台上一般均堆积大量渣块，严重的堆渣高度达到燃烧器中部，这些堆渣严重破坏风粉气流的正常流动。致使运行工况恶化。因此，采用关上层燃烧器下一次风的五喷口运行方式。其二次风挡板开度（由上至下）：上层为 50%、50%、10%，中层为 100%、50%、100%，下层为 100%、100%、100%。上、中、下三层燃烧器的风粉分配见表 2-10。

表 2-10　　上、中、下三层燃烧器的风粉分配　　%

燃烧器	一次风量	煤粉量	二次风量
上层	18.0	19.7	21.8
中层	37.4	38.1	37.7
下层	44.6	42.2	40.5

煤粉分配改变后，火焰中心明显下移，炉膛出口烟温降低，燃烧器区域烟温升高，运行水平进一步提高，其表现为：

1）连续运行负荷由 500MW 提高至 550MW，并可带 600MW 负荷运行。

2）500MW 负荷下，炉膛出口烟温约降 40℃，再热器喷水量约减少 16t/h。

3）虽然燃烧器区域温度升高，但各处结渣没有发展。

3. 热态调整试验的结果与分析

（1）炉内烟温的变化。调整前六喷口运行和调整后五喷口、四喷口运行的沿炉膛高度烟气温度分布曲线见图 2-12，分析比较三条曲线可以得出如下结论：

1）在相同负荷下，调整前的炉内烟气温度在任何高度上均高于五喷口运行工况，其中温差最大点约在 48m 标高处，温差达 70℃。说明调整前整个炉膛内的沾污是比较

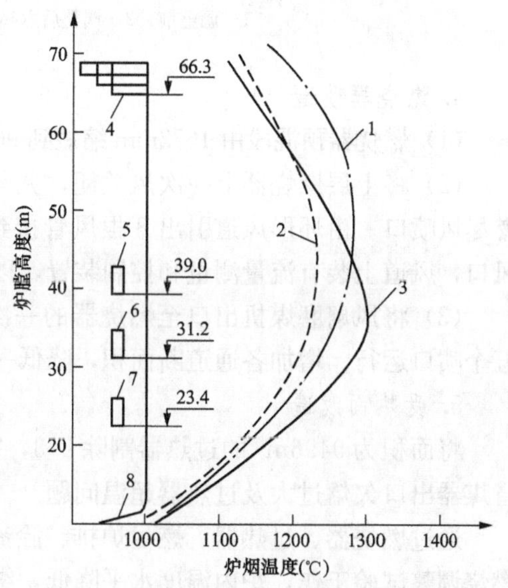

图 2-12　沿炉膛高度烟气温度分布曲线

1—调整前六喷口运行；2—调整后五喷口运行；3—调整后四喷口运行；4—二级过热器（炉膛出口）；5—上层燃烧器；6—中层燃烧器；7—下层燃烧器；8—冷灰斗

严重的。

2）调整前炉内烟温最高点在48m标高处，而调整后五喷口或四喷口运行时炉内最高烟温在中层燃烧器（32m标高）区域，说明调整后火焰中心大幅度下移。

3）四喷口运行与五喷口运行相比，燃烧器区域燃烧加剧，燃烧率更高，热交换更强；58m标高以上烟温略低，其下烟温较高；中层燃烧器区域的烟温相差最大，约为80℃。

（2）再热器喷水量的变化。调整前、调整后六喷口运行和五喷口运行的再热器喷水量与负荷的关系曲线见图2-13。可以看出，相同负荷下，调整后的喷水量小于调整前；而调整后五喷口运行的喷水量又小于六喷口；调整前后的再热器喷水量在低负荷时相差较大，高负荷时较小；即使经过调整，再热器喷水量仍大于设计值（设计值：75%负荷以下为0t/h，100%负荷为30.24t/h）。

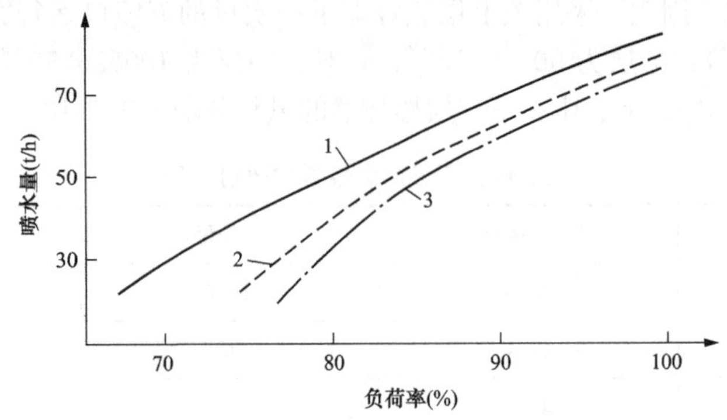

图2-13　再热器喷水量与负荷的关系曲线

1—调整前；2—调整后六喷口运行；3—调整后五喷口运行

4. 燃烧器改造

（1）燃烧器预混段由1672mm缩短到960mm；一次风速度由14.3m/s提高到18m/s。

（2）将上层燃烧器上一次风关闭，并与原上层燃烧器上、中二次风喷口一起改造为燃尽风喷口。由环形风道引出8根风管接到8个角上部，与燃尽风喷口相连，改为燃尽风口，风道上装有流量测量和控制装置，以准确调整燃尽风率，实现分级燃烧。

（3）将风扇磨煤机出口至燃烧器的一次风管由六通道改为五通道，一次风喷口改为五个喷口运行。增加各通道断面积，降低一次风阻力，提高一次风速度。

5. 受热面改造

将面积为9496m^{2}的过热器割除2/3，割除的2/3面积（6330m^2）接至省煤器；解决省煤器出口欠焓过大及过热器超温问题。

通过燃烧器、过热器、燃尽炉排、除渣系统、风扇磨煤机等方面的改造以及大量的燃烧调整试验工作，炉内温度水平降低，结渣明显减轻，燃烧器着火点推迟，燃烧趋缓，实现分级送风燃烧技术，降低NO_x排放量，最终该机组带到600MW，满负荷运行。

2013—2014年，由哈尔滨锅炉厂对元宝山电厂600MW机组锅炉（2号）进行了整体优化改造。保持锅炉汽水系统流程不变，炉顶标高、炉膛断面保持不变，过热器、再热器和省煤器受热面布置不变，将水冷壁下联箱向下调整2m，由原标高4400mm调整至

2400mm 标高，炉膛总高度相应增加 2m。炉膛容积由原 24 165m^3 增加至 24 972m^3。对锅炉水冷壁、燃烧器、空气预热器、除渣系统等设备系统进行了改造，改造后锅炉整体运行平稳。但因改造后燃烧器整体布置及结构变化，导致与哈尔滨锅炉厂传统设计的滑动式连接的燃烧器，不适应该机组稳定运行要求。为此，又对燃烧器进行了进一步改造，达到安全稳定运行。

为这台锅炉的满负荷运行，虽然付出了很大代价，但从这台褐煤锅炉的改造过程中，对褐煤锅炉、风扇磨煤机和制粉系统的设计、运行有了深入的了解，对老年褐煤锅炉、风扇磨煤机和制粉系统的设计和运行提供了极为宝贵的经验。

从炉膛选型方面来看，运行实践表明，炉膛容积放热强度 q_V(76.3kW/m^3) 选取得偏高，燃尽区高度 h_1(22.3m) 偏低。元宝山褐煤和德国的褐煤差别很大，主要是水分和灰分的差别。元宝山褐煤水分 M_t=20%～28%、灰分 A_{ar}=22%～35%；德国褐煤水分 M_t=50%～60%、灰分 A_{ar}=2%～10%。德国斯坦缪勒公司没有燃用水分较低而灰分较高褐煤的经验，设计时可能考虑元宝山褐煤的灰分较高，为了保证着火和稳定燃烧，选取了偏高的炉膛特征参数；燃烧器采用了较长的预混段；较低的一次风速度，从而导致炉膛和燃烧器结渣。通过炉膛结渣的现象，对燃烧器预混段的改进和提高一次风速度，为燃用我国老年褐煤选取炉膛特征参数、燃烧器预混段和选取一次风速度提供了经验。

元宝山褐煤的冲刷磨损指数 K_e=3.57，属于磨损很强的煤，风扇磨煤机打击板的检修周期一般为 1100～1200h，不宜采用风扇磨煤机。

（二）元宝山电厂 600MW 机组褐煤锅炉（3 号炉）

20 世纪 80 年代初，哈尔滨锅炉厂与美国燃烧工程公司联合设计了元宝山电厂 3 号炉，燃用元宝山老年褐煤：水分 M_t=25.28%、灰分 A_{ar}=26.39%、挥发分 V_{daf}=43.8%，发热量 $Q_{net,ar}$=13.207MJ/kg(3174kcal/kg)。美国燃烧工程公司对美国德克萨斯褐煤（水分 M_t=31%、灰分 A_{ar}=10.4%、发热量=$Q_{net,ar}$17.66MJ/kg）的炉膛断面放热强度的推荐值为 5.15MW/m^2，对美国北达科他褐煤（水分 M_t=39.6%、灰分 A_{ar}=6.3%、发热量=$Q_{net,ar}$15.15MJ/kg）的炉膛断面放热强度的推荐值为 4.41～4.88MW/m^2。基于元宝山褐煤的特性，元宝山电厂 3 号炉的炉膛断面放热强度取值介于两种美国褐煤之间，炉膛断面尺寸为 17.58m×20.19m，炉膛高度为 69.7m，燃尽区高度为 21.7m。鉴于元宝山电厂 2 号炉严重结渣影响带负荷的问题，在原设计的基础上，哈尔滨锅炉厂对原设计作了修改。提高炉膛高度，炉膛截面尺寸改为 20.05m×20.19m，增加炉膛容积，最后确定的炉膛断面放热强度 q_F=3.885MW/m^2。炉膛容积放热强度 q_V=62.1kW/m^3，燃尽区高度为 h_1=24.245m。

采用水平浓淡燃烧器，炉膛主要尺寸、燃烧器水平布置及燃烧器纵向布置见图 2-14。

元宝山电厂 3 号炉多年运行实践表明：

(1) 锅炉在额定工况燃用元宝山褐煤的条件下，可以连续、稳定、满负荷运行。最大连续蒸发量可达到 2120t/h，机组最高电负荷曾达到 655MW。

(2) 锅炉过热器、再热器出口蒸汽参数在 60%～100%MCR 工况下均可达到设计值。

(3) 沿水平烟道宽度方向各级过热器、再热器各个屏式过热器的对应单管炉外壁温偏差不大。

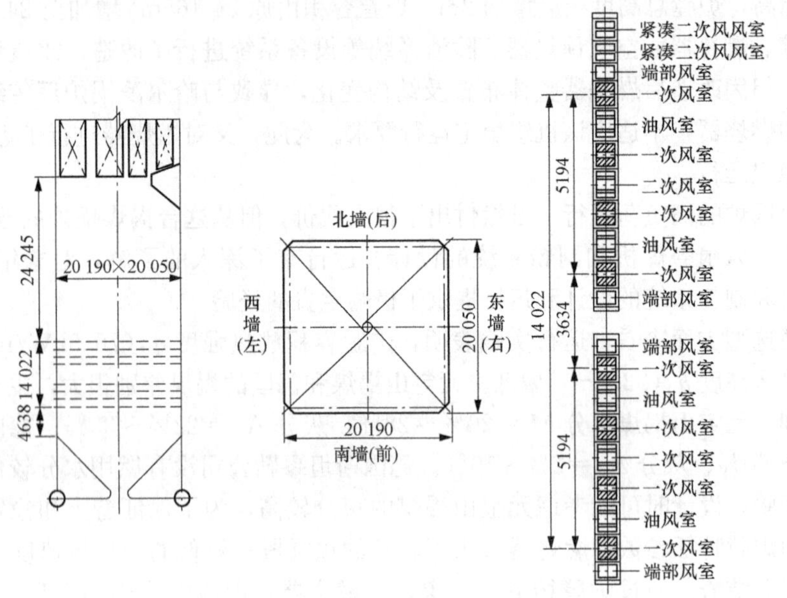

图 2-14　元宝山电厂 3 号炉炉膛主要尺寸、燃烧器水平布置及燃烧器纵向布置图

(4) 试验表明锅炉最低不投油负荷率为 38%BMCR。

(5) 炉膛内有轻微结渣现象，但不影响机组的安全、稳定运行。

3 号炉运行表明，达到了设计参数的要求，燃烧稳定，运行正常。说明哈尔滨锅炉厂修改了与美国燃烧工程公司原联合设计的炉膛容积放热强度 q_V、炉膛断面放热强度 q_F 和炉膛高度 h_1 等参数，符合我国褐煤的特点，积累了水分较少、灰分较高的老年褐煤的锅炉燃烧技术和设计经验。

(三) 上都电厂 600MW 机组褐煤锅炉（一期 1、2 号炉、二期 3、4 号炉）[11]

一、二期 1～4 号炉 600MW 机组锅炉采用美国燃烧工程公司技术，由哈尔滨锅炉厂设计制造，为亚临界压力，一次中间再热，控制循环汽包炉，单炉膛 Π 型布置。参数为 17.5MPa/541℃/541℃，蒸汽流量为 2060t/h。

燃用锡林浩特胜利矿褐煤，设计煤质的水分 M_t=29.50%、灰分 A_{ar}=13.43%、挥发分 V_{daf}=46.8%、发热量 $Q_{net,ar}$=14.72MJ/kg(3522kcal/kg)。

炉膛容积放热强度 q_V=59.9kW/m^3、炉膛断面放热强度 q_F=3.885MW/m^2、燃烧器区壁面放热强度 q_B=1.115MW/m^2、燃尽区高度 h_1= 24.245m。

四角切圆燃烧方式，水平浓淡燃烧器，分两组布置，每组 4 层一次风喷口，上组燃烧器之上布置三层紧凑燃尽风（CCOFA）。

为了满足中速磨煤机干燥出力的要求，一、二期 1～4 号炉尾部烟道的烟气经过部分省煤器受热面，具有较高的烟气温度，经分支烟道进入管式空气预热器；另一部分烟气与管式空气预热器出口的烟气汇合进入回转式空气预热器，以提高热风温度，设计的空气预热器出口温度为 410℃，实际运行磨煤机入口温度为 380～390℃。

上都电厂一期工程 1、2 号炉完成满负荷 168h 试运后，实际燃用煤质与设计煤质偏差较大，运行实际燃用的褐煤煤质：水分 M_t=35%～38%、灰分 A_{ar}=10%～15%、挥

发分 V_{daf}=40%～48%、发热量 $Q_{net,ar}$=11.30～13.00MJ/kg(2700～3100kcal/kg)。由于煤质偏差较大，1、2 号炉投运初期，水冷壁多次严重结渣，大量的渣块落入捞渣机不能正常工作，锅炉带不到满负荷；再热器减温水较高，在机组负荷较大的情况下，再热蒸汽减温器已经全开，影响机组的经济性。由于再热器管壁超温，也限制了机组的带负荷能力，结渣严重时甚至造成机组停运。

1、2 号炉投运初期水冷壁结渣的原因：

(1) 机组负荷在 450MW 以上时，炉膛内的温度为 1100～1250℃，高温区主要位于中间燃烧器区域，即两组燃烧器中，下组燃烧器的上两个一次风喷口，上组燃烧器的下两个一次风喷口，炉膛标高为 30～48m，实际燃用煤灰的流动温度 FT=1200～1220℃，主燃烧区的局部温度已经超过灰的流动温度，容易造成锅炉结渣。

(2) 1 号炉各角燃烧器摆角不一致，2 号炉各一次风粉管的缩孔无法进行调整，各一次风粉管风速不均匀，导致四角切向燃烧的切圆不规则，未能形成良好的空气动力场。

(3) 由于燃煤水分大，为了保证中速磨煤机干燥出力，一次风率高达 45%～50%，使炉内火焰中心上移，造成炉膛出口温度高。由于切圆不规则，过高的一次风速度可能携带煤粉冲刷水冷壁，造成水冷壁结渣。

(4) 由于中速磨煤机的磨辊磨损严重，使磨辊与磨盘之间的间隙增加，煤粉细度变粗。如 1 号炉 A 磨、D 磨、F 磨煤粉细度 R_{90} 高达 40%～55%，粗煤粉的温度高与熔融的灰粘到一起，造成水冷壁结渣。

通过设备检修，对制粉系统一次风管的冷、热态和煤粉细度的调试，以及锅炉的燃烧调整，1、2 号机组 7 台 HP1103 中速磨煤机运行，可带负荷 450～530MW，在燃用水分 M_t=35%～38%、灰分 A_{ar}=10%～15%、挥发分 V_{daf}=40%～48%、发热量 $Q_{net,ar}$=11.30～13.00MJ/kg(2700～3100kcal/kg) 的情况下，炉内结渣现象基本得到缓解。

1、2 号机组投产以来，实际燃用褐煤煤质一般：M_t=35%～38%、灰分 A_{ar}=10%～15%、发热量 $Q_{net,ar}$=11.30～13.00MJ/kg(2700～3100kcal/kg)，其带负荷能力为 450MW 左右，最大能带到 530MW，总煤量为 410t/h，而设计煤带 600MW 负荷时的燃煤量为 372.2 t/h，由于煤质变差，燃煤量增加了很多。

1、2 号炉配置的 HP1103 中速磨煤机采用热风送粉，锅炉的热风温度水平决定中速磨煤机的干燥出力，而锅炉热风温度水平取决于机组负荷，因而中速磨煤机的出力受机组负荷的制约。入炉煤发热量降低，机组增加负荷时即需要更多的入炉煤量，需要更高温度或更多的干燥介质，如果干燥出力受到限制，即会影响磨煤机的出力，从而影响锅炉的带负荷能力。

中速磨煤机的出力取决于研磨出力、通风出力和干燥出力，对于中速磨煤机磨制高水分褐煤，干燥出力能否达到要求尤为关键。尽管 1、2 号炉采用了回转式空气预热器与管式空气预热器串联的一次风加热装置，设计热风温度为 410℃，但在 BMCR 工况下，空气预热器出口一次风温只能达到 375～395℃。由于煤质变差，为满足带负荷要求，需要增加煤量，而热风温度已不能再增加的情况下，只有增加一次风量以满足中速磨煤机的干燥出力，导致一次风率达到 45%～50%，由于一次风率的增加，影响了炉内的空气动力场，引起炉内结渣，使 NO_x 排放量增加，锅炉效率下降，见图 2-15 和图 2-16，并使中速磨煤机磨损增加。HP1I03 中速磨煤机采用弹簧加载装置，磨辊与磨碗间隙不能适时调整，使其在磨损件磨损后期出力下降幅度较大。磨制实际燃用的煤质约 4000h 后，由于中速磨煤机磨辊和衬板磨损严重，其研磨出力已明显下降（设计磨辊寿命为 8000h），最大出力由 70t/h 下降为 50t/h。

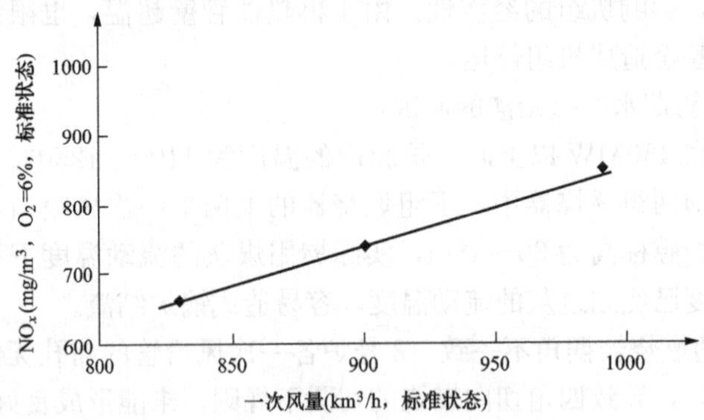

图 2-15　NO_x 排放量与一次风量的变化关系

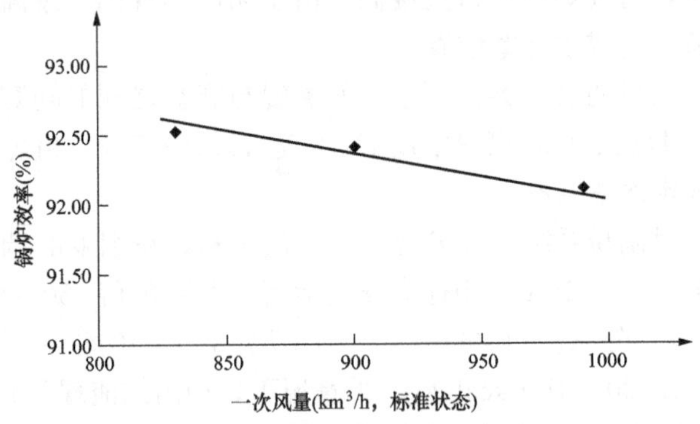

图 2-16　锅炉效率与一次风量的变化关系

1、2 号炉的设计采用了较大的炉膛，其断面放热强度 q_F、容积放热强度 q_V 和燃烧器区壁面放热强度 q_B 均较低，炉膛出口温度比灰的软化温度低 200℃以上，方形炉膛也有利于组织良好的空气动力场，燃烧器采用分组布置，燃烧器拉开间距，中间留有较大间隔，使煤粉不过于集中地进入炉膛，有利于分散火焰中心，防止水冷壁和对流受热面的结渣及煤粉颗粒的燃尽，从设计方面采取的这些措施，都是对燃烧组织有利的。然而，由于 1、2 号炉燃用的煤质变差，HP 中速磨煤机不适应磨制水分 M_t＞35％的褐煤等原因，引起锅炉结渣、机组出力受到限制的问题。

上都电厂一、二期工程 1～4 号炉的设计煤质水分 M_t＝29.5％，而实际燃用褐煤煤质的水分 M_t＝35％～38％、灰分 A_{ar}＝10％～15％、挥发分 V_{daf}＝40％～48％、发热量 $Q_{net,ar}$＝11.30～13.00MJ/kg（2700～3100），实际燃用煤质的水分比设计煤质水分高出 5.5％～8.5％，而低位发热量由 $Q_{net,ar}$＝14.32MJ/kg（3522kcal/kg）下降到 $Q_{net,ar}$＝11.3～13.0MJ/kg（2700～3100kcal/kg），一次风率高达 45％～50％，7 台 HP1103 中速磨煤机运行，锅炉带不到满负荷，但是，锅炉尚能运行，表明切向燃烧方式有较强的适应性。

运行实践表明，HP 中速磨煤机难以适应磨制水分 M_t＞35％的褐煤，根据锅炉燃用的煤种和煤质，选择与锅炉匹配的磨煤机非常重要。磨煤机和制粉系统是锅炉燃烧设备的重要组成部分。

（四）上都电厂660MW机组褐煤锅炉（三期5、6号炉）

2007年确定的上都电厂三期5、6号炉锅炉由哈尔滨锅炉厂设计制造，超临界直流褐煤锅炉，单炉膛Π型布置。参数为25.1MPa/571℃/569℃，主蒸汽流量为1960t/h。

燃用锡林浩特胜利煤矿褐煤，设计煤质的水分M_t=31.0%、灰分A_{ar}=13.43%、挥发分V_{daf}=46.8%、发热量$Q_{net,ar}$=14.720MJ/kg（3516kcal/kg）。

炉膛容积放热强度q_V=58.6kW/m³，炉膛断面放热强度q_F=3.89MW/m²，燃尽区高度h_1=25.2m。

每台炉配7台HP1203中速磨煤机，每台磨煤机供布置于前（或后墙）一层的LNASB燃烧器。

鉴于一、二期1～4号炉的运行情况，考虑煤质有可能变差，如出现一次风率达到40%～50%，对于旋流燃烧器的燃烧，一、二次风量必须在合理的比例范围内才能正常燃烧，供给燃烧的总风量不变，一次风量过大，势必减小二次风量，导致达不到要求的旋流强度，组织非常困难，而且HP中速磨煤机也很难满足锅炉负荷的要求。为此，2009年提出考虑采用切向燃烧方式和风扇磨煤机的设计方案。由于三期工程于2007年已经开始进行，磨煤机已确定采用HP1203中速磨煤机，不能改变。最后将锅炉的设计从墙式对冲燃烧改为切向燃烧方式。

2009年确定的三期5、6号炉锅炉仍由哈尔滨锅炉厂设计制造，超临界直流褐煤锅炉，单炉膛Π型布置。参数为25.5MPa/571℃/569℃，主蒸汽流量为2141t/h。

燃用锡林浩特胜利煤矿褐煤，设计煤质的水分M_t=33.0%、灰分A_{ar}=为13.43%、挥发分V_{daf}=46.91%、发热量$Q_{net,ar}$=13.40MJ/kg(3200kcal/kg)。

炉膛容积放热强度q_V=60.05kW/m³，炉膛断面放热强度q_F=4.03MW/m²，燃尽区高度h_1为24.443m。

切向燃烧方式的燃烧器为墙式切圆布置。7层垂直浓淡燃烧器，分3组布置，下组3层一次风喷口，中间和上组各2层一次风喷口，燃烧器之上布置4层分离燃尽风，墙式切圆布置燃烧器喷口和4角切圆布置分离燃尽风见图2-17。墙式切圆布置的燃烧器的喷口中心线向切圆中心偏转5°虽然燃烧器的喷口偏转了5°，但是，投入运行后，可能由于切圆直径仍然比较大，火焰冲刷炉墙，引起炉膛结渣。

为了解决炉膛结渣问题，增加燃烧器喷口的偏转角度，在燃烧器喷口处采用导流板的方式，将燃烧器喷口向切圆中心偏转5°增加到20°，见图2-18。但是，改造后炉膛仍有结渣现象。

哈锅设计的褐煤锅炉采用墙式切圆布置的燃烧器还有双辽、额伦春、呼伦贝尔电厂，各电厂锅炉采用墙式切圆布置燃烧器的部分有关参数见表2-11。

从表2-11可见，额温克电厂墙式切圆布置燃烧器的偏转角度为15°、呼伦贝尔电厂为20°，炉膛内均没有结渣情况，上都电厂墙式切圆布置燃烧器的偏转角度由5°改为20°仍有结渣现象，可能是由于导向板未能起到完全偏转导流的作用。

（五）伊敏电厂500MW机组褐煤锅炉（1、2号炉）

伊敏电厂500MW机组锅炉为Π-78型超临界直流锅炉，设计额定过热蒸汽压力为25MPa，额定过热蒸汽温度为545℃，额定蒸发量为1650t/h。由俄罗斯波道尔斯克奥尔忠尼启泽机械制造厂制造。

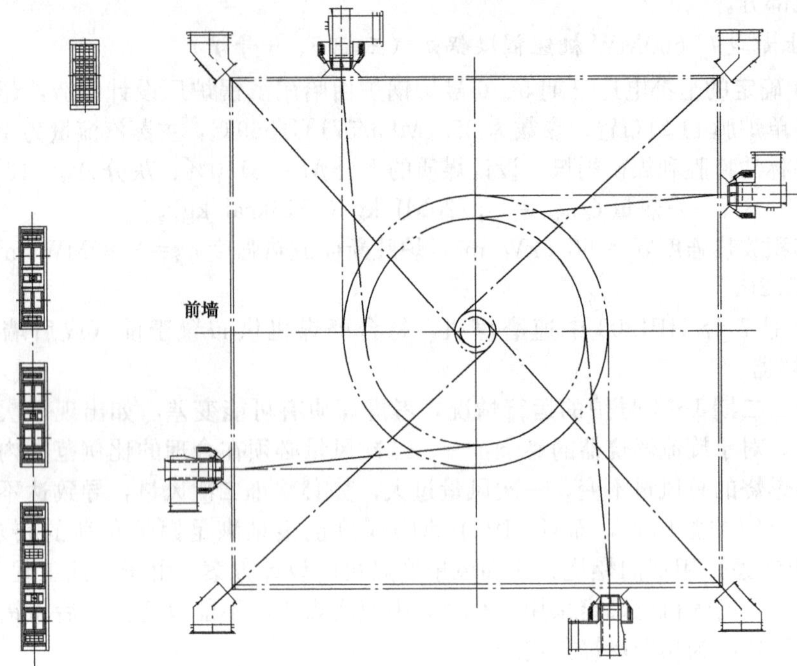

图 2-17　墙式切圆布置燃烧器喷口和 4 角切圆布置分离燃尽风

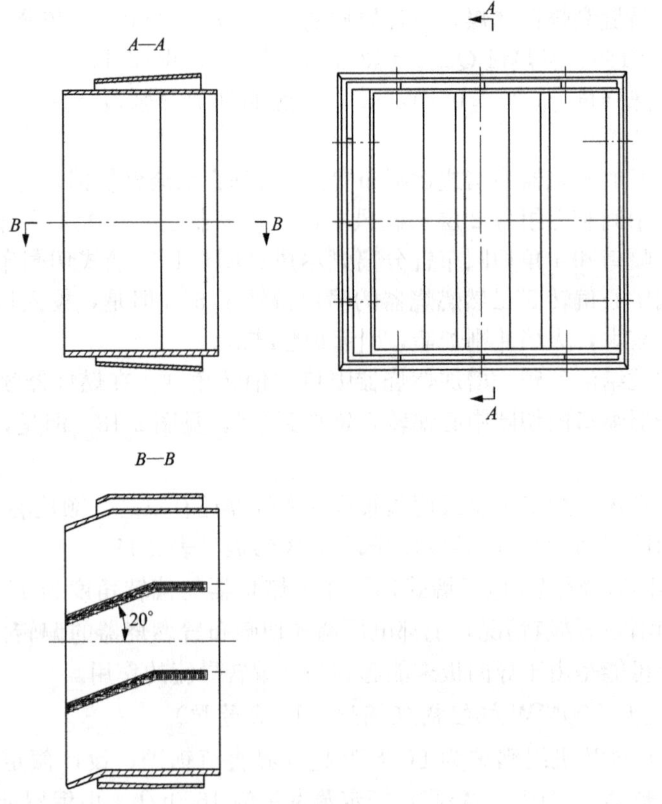

图 2-18　墙式切圆布置燃烧器出口由 5°改为 20°的导向板结构图

锅炉为单炉膛、全悬吊、T型炉结构，燃用伊敏褐煤。锅炉结构示意图见图2-19。

炉膛四面墙上布置32个直流燃烧器，每面炉墙布置两列4层燃烧器。燃烧器的几何轴线分别切于直径为2330mm和2570mm的2个假想切圆，每层燃烧器的几何中心线与炉墙水平夹角为63.5°，向下倾角为10°。

表2-11　　锅炉采用墙式切圆布置燃烧器的部分有关参数

电厂		上都5、6号	双辽	鄂温克	呼伦贝尔
机组容量（MW）		660	600	600	600
炉型		Π型	Π型	Π型	Π型
燃烧器布置方式		墙式切圆	墙式切圆	墙式切圆	墙式切圆
燃烧器喷口向切圆中心偏转角度		5°（20°）①	0°	5°（15°）①	5°（20°）①
褐煤煤矿		锡林浩特胜利	霍林河	伊敏河东煤矿	宝日希勒煤田
设计煤质	水分 M_t(%)	33.0	36.7	31.8	33.4
	灰分 A_{ar}(%)	13.43	22.5	10.99	8.66
	挥发分 V_{daf}(%)	46.91	47.3	42.16	44.65
	发热量 $Q_{net,ar}$[MJ/kg(kcal/kg)]	13 400(3200)	13 170(3146)	15 180(3626)	15 150(3618)
	变形温度DT(℃)	1110	1170	1120	1150
	软化温度ST(℃)	1140	1280	1220	1160
	流动温度FT(℃)	1200	1340	1370	1180
容积放热强度 q_V(kW/m³)		60.05	57.88	62.233	61.71
断面放热强度 q_F(MW/m²)		4.03	3.706	3.762	3.731
燃烧器区壁面放热强度 q_B(MW/m²)		1.161	1.068	1.089	1.075
燃尽高度 h_1		24.443	23.603	23.603	23.603
磨煤机类型		HP1203	MPS225	MPS225HP-Ⅱ	MPS212HP-Ⅱ
运行情况		轻微结渣	试运时火焰偏斜	不结渣	不结渣

① 原设计为5°，因炉膛结渣采用导流板方式改为15°或20°。

设计煤种为伊敏褐煤，水分 M_t=38.0%、灰分 A_{ar}=15.6%、挥发分 V_{daf}=47.0%、发热量 $Q_{net,ar}$=10.83MJ/kg(2587kcal/kg)。

炉膛容积放热强度 q_V=64.67kW/m³，炉膛断面放热强度 q_F=3.919MW/m²，燃烧器区壁面放热强度 q_B=1.09MW/m²。

燃烧器一次风经“宝塔式”（圆形断面渐缩塔式）煤粉分配器之后，沿六条插入二次风通道的450mm×460mm的矩形通道进入燃烧器。在距燃烧器出口100mm处，一次风通道的上、下及靠近燃烧器中心线的内壁按45°扩展，以降低一次风气流的出口速度。在燃烧器出口外，有长度为840mm的预混段，使部分二次风和一次风混合后再喷入炉膛。燃烧器中间的方形喷口为一次风，其周边的缝隙为二次风出口，燃烧器平面布置及单只燃烧器喷口结构示意图见图2-20。每只燃烧器一、二次风出口断面积分别为1.24m²和0.47m²。一次风速度为14m/s，二次风速度为44.7m/s。

为了减少固体未完全燃烧热损失，使落入冷灰斗的粗颗粒煤粉进一步燃烧，经过特殊的喷嘴向冷灰斗的下部投入热风，作为三次风。

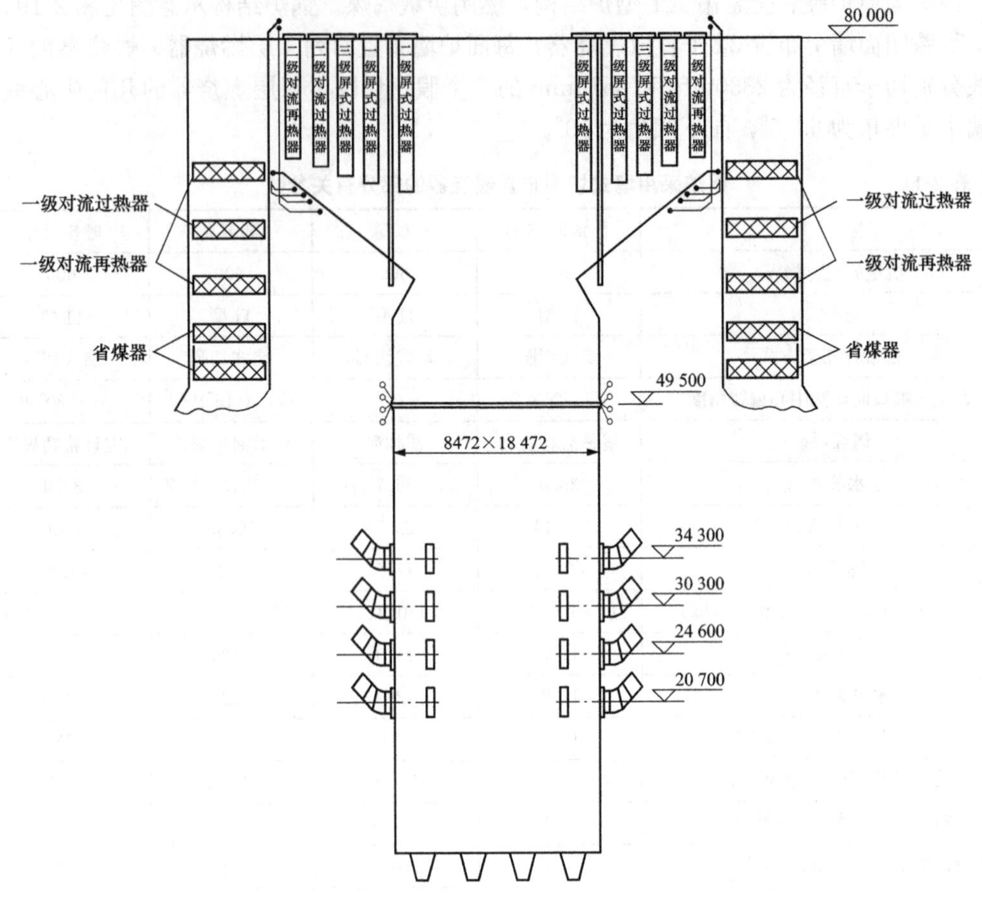

图 2-19　T 型锅炉结构示意图

由于炉膛容积放热强度选取得较低，炉膛较大，运行中未发生结渣现象。已拆除了炉膛四周安装的 80 台水力吹灰器。改为炉膛的蒸汽吹灰系统。

存在于炉膛内燃烧器周围及燃烧器和屏式过热器之间的部分渣块，每年进行一次人工除渣。

水平烟道和对流受热面采用蒸汽吹灰，吹灰周期为 2 天一次。对流受热面也没有明显的磨损和堵灰现象。

采用风扇磨煤机三介质干燥直吹式制粉系统，配置 8 台 MB3400/900/490 风扇磨煤机，布置在锅炉四周，每侧布置两台风扇磨煤机。根据煤质不同，投运 6～7 台风扇磨煤机可满足锅炉满负荷运行。

原设计为热炉烟、冷炉烟和热风三介质干燥直吹式制粉系统，实际运行时，制粉系统干燥剂未投入热风及冷烟气，仅采用中温炉烟。因为风扇磨煤机的密封风是热风，因此实际运行时，密封风起到了一定的干燥剂温度调节的作用。运行表明，采用中温炉烟作为干燥剂是比较好的选择，经过多年的运行实践，这种运行方式，不但可以达到干燥出力的要求，而且也保证了风扇磨煤机的运行安全性。

由于 T 型炉的特殊结构，风扇磨煤机干燥剂是由炉膛左右侧的烟气转向室抽取约

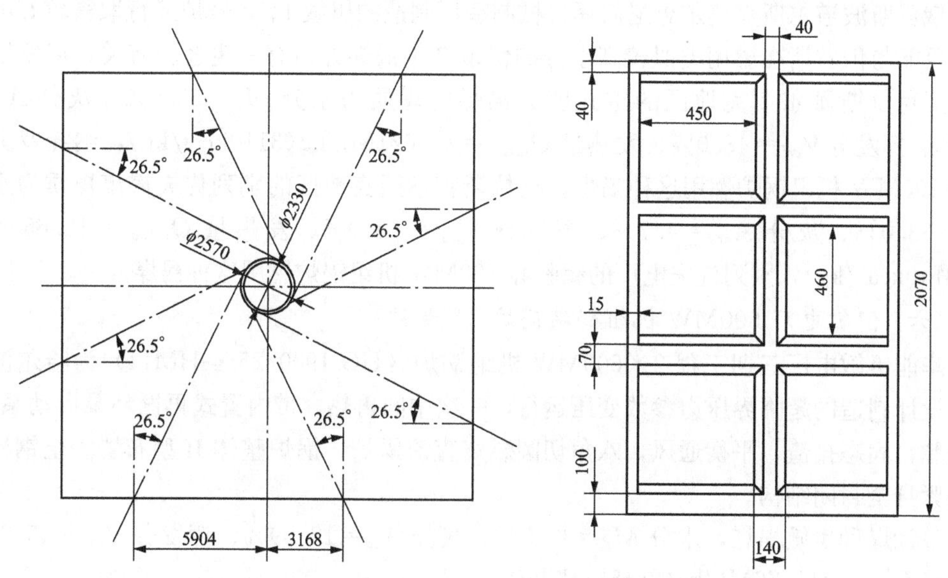

图 2-20 燃烧器平面布置及单只燃烧器喷口结构示意图

700℃的中温炉烟，见图 2-19，其优点是不会出现抽烟口结渣的问题，不同于在炉膛抽取高温炉烟有可能在抽烟口处结渣。干燥剂的温度一般在 500～600℃之间，风扇磨煤机出口一次风风粉混合物的温度为 140～180℃，在此温度下，既符合设计要求又可以满足制粉系统的干燥出力。

运行时，为了保证风扇磨煤机的安全性，磨煤机出口氧量控制在 9%以下。

伊敏电厂一期 1、2 号炉投入运行以后，燃烧稳定，运行正常，达到设计参数。说明设计时对选取的锅炉的炉膛特征参数（q_V、q_F、q_B）、燃烧器的设计参数（一、二次风速度、预混段长度）、磨煤机和制粉系统的匹配是合理的。图 2-20 所示的俄罗斯褐煤锅炉直流燃烧器，是根据单只燃烧器的热功率选取一次风速度[12]。1、2 号炉的单只燃烧器热功率为 15.6MW，设计一次风速度选取 14m/s。德国根据褐煤设计的水分和灰分选取一次风速度见图 2-1，伊敏褐煤的水分 M_t＝38.0%、灰分 A_{ar}＝15.6%，一次风速度的推荐设计值为 14～15m/s，1、2 号炉的燃烧器一次风速度设计值为 14m/s，按俄罗斯和德国选取褐煤锅炉燃烧器一次风速度的方法，均在推荐范围内，运行实践表明，该一次风速度可适应伊敏褐煤的燃烧。另外，德国按褐煤设计水分选取一次风速度[6]，对于水分 M_t＝38.0%，一次风速度可选取 20m/s。如果风扇磨煤机的压头允许，适当提高一次风度速对燃烧组织有利。

由于采用 MB3400/900/490 风扇磨煤机，燃用设计煤水分 M_t＝38.0%，根据不同煤质，投运 6～7 台风扇磨煤机可满足锅炉满负荷运行，没有因为磨煤机出力影响锅炉的带负荷能力。如前所述，上都电厂燃用水分 M_t＝38.0%时，HP1103 中速磨煤机不适应水分 M_t＞35.0%的褐煤，7 台磨煤机不能带满负荷的要求。可见，根据褐煤煤质选用与锅炉匹配的磨煤机很重要。

综上所述，伊敏 1、2 号炉投入运行后的运行表明，锅炉燃烧稳定，运行正常，对于燃用较高水分的伊敏老年褐煤，锅炉的特征参数的选取和磨煤机的配置是合适的。

俄罗斯波道尔斯克奥尔忠尼启泽机械制造厂制造的伊敏1、2号炉运行取得较好的效果，可能与俄罗斯在燃用类似较高水分的伊敏老年褐煤方面有一定经验有关，俄罗斯西伯利亚克拉斯雅尔斯克地区的纳扎罗夫褐煤的煤质为水分$M_t=39.0\%$、灰分$A_{ar}=7.3\%$、挥发分$V_{daf}=48.0\%$、发热量$Q_{net,ar}=13.021$MJ/kg(3110kcal/kg)，纳扎罗夫电厂的200MW机组锅炉燃用这种褐煤。克拉斯雅尔斯克地区的别列佐夫褐煤煤质为水分$M_t=33.0\%$、灰分$A_{ar}=4.7\%$、挥发分$V_{daf}=48.0\%$、发热量$Q_{net,ar}=15.659$MJ/kg(3740kcal/kg)，别列佐夫电厂的超临界800MW机组锅炉燃用这种褐煤。

(六) 伊敏电厂600MW机组褐煤锅炉 (5号炉)

华能伊敏电厂三期工程2×600MW机组锅炉（HG-1900/25.4-HM14）为哈尔滨锅炉厂设计制造的超临界压力参数变压运行，一次中间再热，带内置式再循环泵启动系统，单炉膛，固态排渣，平衡通风，八角切圆燃烧直流锅炉；锅炉整体Π型布置，全钢构架悬吊紧身全封闭结构。

设计煤种伊敏褐煤，水分$M_t=39.5\%$、灰分$A_{ar}=12.09\%$、挥发分$V_{daf}=45.0\%$、发热量$Q_{net,ar}=11.76$MJ/kg(2815kcal/kg)。

炉膛容积放热强度$q_V=56.76\text{kW/m}^3$，炉膛断面放热强度$q_F=3.791\text{MW/m}^2$，燃烧器区壁面放热强度$q_B=1.04\text{MW/m}^2$，燃尽区高度$h_1=27.197$m。

锅炉设计压力为25.4MPa，最大连续蒸发量为1900t/h，额定蒸发量为1789t/h，额定过热蒸汽温度为571℃，额定再热蒸汽温度为569℃。

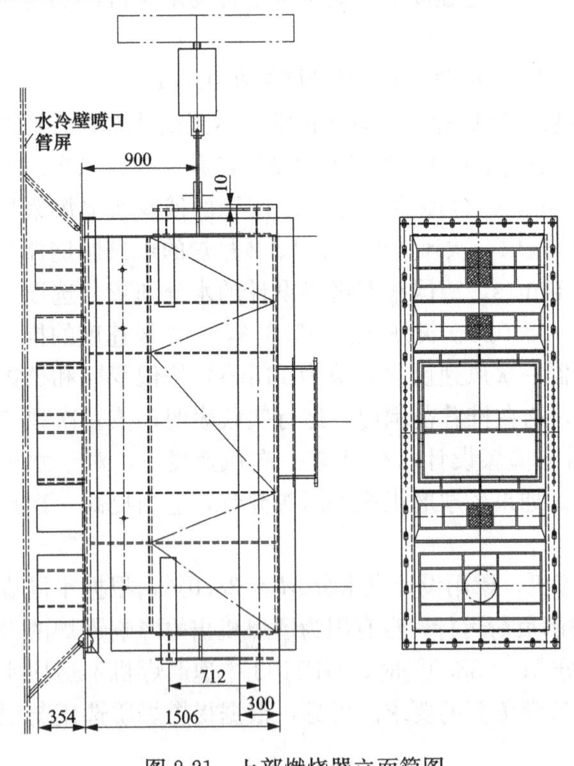

图2-21 上部燃烧器立面简图

具有横向夹心风的直流燃烧器布置在炉膛水冷壁的四面墙上，呈8角切圆布置，每面墙布置2列燃烧器，在炉膛中心形成逆时针旋向的两个直径不同的假想切圆。每角燃烧器分上、中、下三组，共40只一次风喷口。

上组燃烧器由5个喷口组成，从上至下依次为二次风喷口、二次风喷口、一次风喷口、二次风喷口、油燃烧器喷口，见图2-21。中组燃烧器由7个喷口组成，从上至下依次为二次风喷口、一次风喷口、二次风喷口、油燃烧器喷口、二次风喷口、一次风喷口、二次风喷口，见图2-22。下组燃烧器由7个喷口组成，从上至下依次为二次风喷口、一次风喷口、二次风喷口、油燃烧器喷口、二次风喷口、一次风喷口、二次风喷口，见图2-23。上组燃烧器之上布置一组分离燃尽风口（SOFA），8组分离燃尽风口，每组4层，见图2-24。

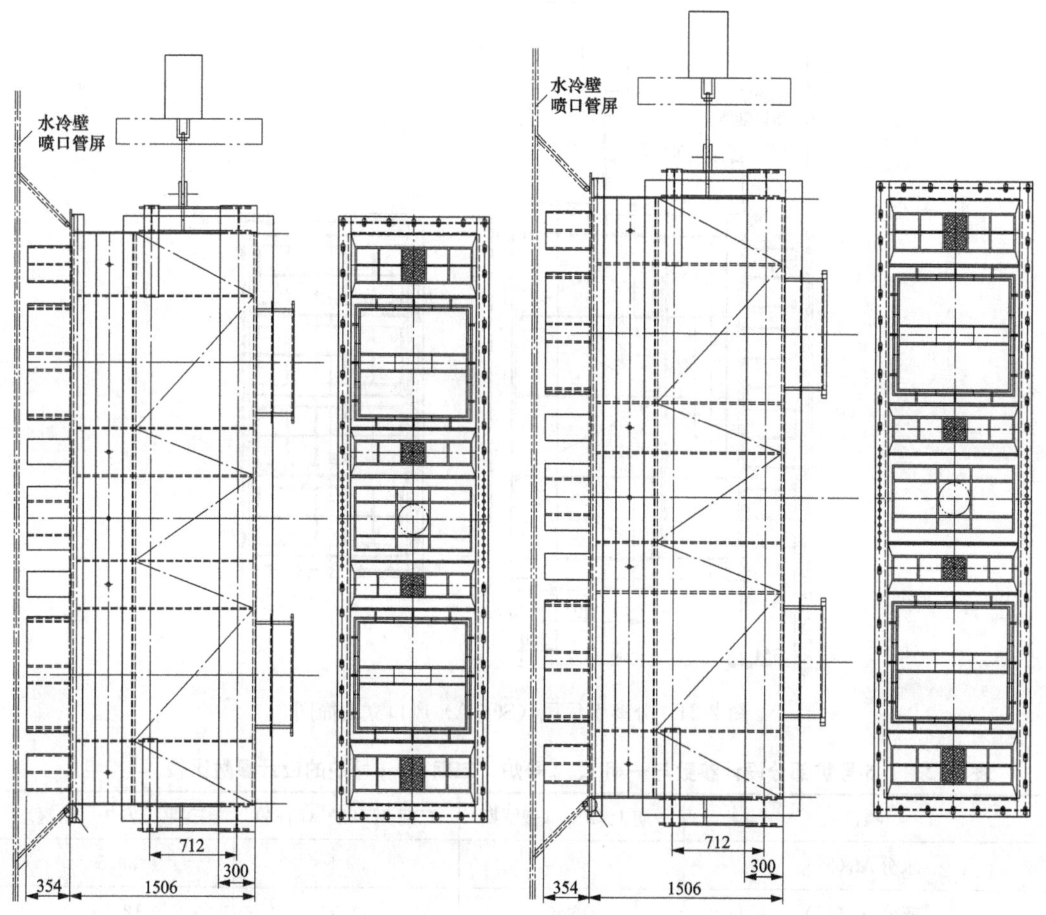

图 2-22 中部燃烧器立面简图　　　　图 2-23 下部燃烧器立面简图

每台锅炉配 8 台风扇磨煤机，燃用设计煤满负荷运行时，6 台运行、2 台备用。风扇磨煤机采用北方重工集团公司（简称北方重工，原沈阳重型机器厂）引进俄罗斯技术设计制造的 MB3600/1000/490 风扇磨煤机，布置于锅炉四周。设计煤粉细度 $R_{90}=45\%$，煤粉细度可调范围 $R_{90}=25\%\sim40\%$。

制粉系统采用高温炉烟、热风、低温炉烟三介质干燥直吹系统。在上炉膛分隔屏过热器区域布置 8 个高温炉烟抽烟口，其中水冷壁左、右侧墙各 3 个，水冷壁前墙 2 个，通过该位置的 8 个抽烟口抽取高温炉烟用于煤粉干燥，同时用空气预热器出口部分热风和除尘器出口处引来的低温炉烟调节风扇磨煤机进口混合后干燥介质温度。

每台风扇磨煤机配 1 只角式布置的直流燃烧器，每角燃烧器布置 5 层一次风喷口，8 台风扇磨煤机引出的风粉混合物，经煤粉分配器分别由 8 根“宝塔式”（圆形断面渐缩塔式）煤粉管道引至各层燃烧器。

5 号炉部分设计参数与一期 1、2 号炉，二期 3、4 号的设计参数比较见表 2-12。

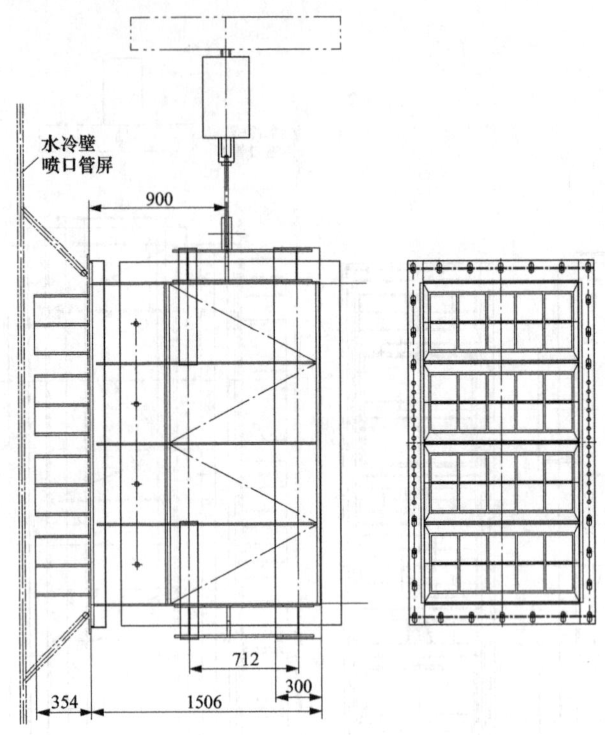

图 2-24　分离燃尽风（SOFA）风口立面简图

表 2-12　5 号炉部分设计参数与一期 1、2 号炉，二期 3、4 号炉的设计参数比较

项目	一期 1、2 炉（俄罗斯）	二期 3、4 炉（哈锅）	三期 5、6 炉（哈锅）
水分 M_t(%)	38.0	39.5	39.5
灰分 A_{ar}(%)	15.6	12.09	12.09
挥发分 V_{daf}(%)	43	45	45
发热量 $Q_{net,ar}$[MJ/kg(kcal/kg)]	10.83（2587）	11.76（2815）	11.769（2815）
变形温度 DT(℃)	1060	1155	1155
软化温度 ST(℃)	1100	1210	1210
流动温度 FT(℃)	1110	1243	1243
炉膛容积放热强度 q_V(kW/m^3)	60.67	58.7	56.76
炉膛断面放热强度 q_F(MW/m^2)	3.919	3.926	3.791
燃烧器区壁面放热强度 q_B(MW/m^2)	1.09	1.076	1.04
燃尽区高度 h_1(m)	—	26.2	27.197
燃烧器出口一次风速度（m/s）	14	20	21
燃烧器出口二次风速度（m/s）	44.7	55	50
煤粉细度 R_{90}(%)	55～60	45	45
锅炉计算热效率（%）	89.50	92.05	92.11

5号炉运行后，总体状况良好，过热蒸汽、再热蒸汽温度、压力及锅炉额定蒸发量均达到设计值。炉膛水冷壁、分隔屏过热器和后屏过热器区域有时会发生结渣情况，结渣程度可控，运行以来没有发生过由于炉膛严重结渣引起的停炉事故，采用蒸汽吹灰即可。锅炉热效率可达到92%。运行中NO_x排放可控制在250mg/m^3(O_2=6%，标准状态)，在2010年时，该排放量是比较低的。

伊敏电厂燃用伊敏褐煤，电厂毗邻露天煤矿。煤源和煤质稳定。三期5、6号炉的设计汲取了一、二期的经验并有提高，主要有以下几方面：

(1) 从表2-12可见，三期5、6号炉选取的炉膛特征参数(q_V、q_F、q_F)，相对于一、二期的都比较低，而燃尽区高度(上排燃烧器中心线至屏式过热器下沿距离)增加，有利于炉内燃烧组织和空气分级燃烧降低NO_x排放。

(2) 德国对褐煤水分M_t=60%～20%的一次风速度选取推荐值是10～24m/s[6]，对于水分M_t=39.5%，一次风速度可选取20m/s，三期5、6号炉燃烧器出口一次风速度为21m/s。与一期1、2号炉的一次风速度14m/s相比，有较大提高。一次风射流本身具有的动量是维持气流不偏转的内在因素，它的动量越大穿透能力就越强，射流偏转就越小，对防止气流冲刷水冷壁有利。

(3) 采用了空气分级低NO_x燃烧系统，运行中NO_x排放可控制在250mg/m^3 (O_2=6%，标准状态)，在当时(2010年)该排放量是比较低的。

(4) 制粉系统的煤粉分离器的调节特性以及燃用伊敏褐煤燃尽特性较好，飞灰含碳量日常运行中能够控制在C_{fa}≤1.0%。炉渣含碳量能够控制在C_{ba}≤3.0%。伊敏煤含硫量低(S_{ar}=0.14%)，没有发现炉膛中有高温腐蚀情况。

(5) 借鉴一期1、2号炉的一次风煤粉管道的结构，采用“宝塔式”(圆形断面渐缩塔式)的一次风煤粉管道，没有发生过上层煤粉管道由于积粉引起的烧损事故。

(6) 抽炉烟口位于屏式过热器的中部，该处烟气温度较低，抽高温炉烟口结渣可控，抽炉烟口位置设计合理。

(7) 风扇磨煤机运行情况良好。5号炉的风扇磨煤机打击板使用寿命可达3000h(一期1、2号炉的风扇磨煤机叶轮直径小，线速度低，打击板使用寿命可接近4000h)。风扇磨煤机的干燥剂设计为高温炉烟、热风和低温炉烟，日常运行中三种介质都投运，以控制风扇磨煤机出口温度和含氧量等指标。鉴于二期3、4号炉的风扇磨煤机直吹制粉系统的问题，原设计为高温炉烟和热风二介质干燥制粉系统。投入运行后，由于制粉系统没有低温炉烟调节磨煤机入口干燥剂温度，导致有时在磨煤机入口着火的情况。为此，进行了制粉系统改造，增加了低温炉烟，问题得到解决。因此，三期4、5号炉采用三介质干燥制粉系统。由此说明，对于风扇磨煤机直吹式制粉系统，采用三介质作为干燥剂是必要的。

(七) 九台电厂670MW机组褐煤锅炉

九台电厂1、2号670MW机组锅炉为超临界压力，一次中间再热，塔式直流锅炉。参数为25.4MPa/571℃/571℃，蒸发量为2100t/h。

燃用扎赉诺尔褐煤，设计煤质的水分 $M_t=32.8\%$、灰分 $A_{ar}=9.49\%$、挥发分 $V_{daf}=44.25\%$、低位发热量 $Q_{net,ar}=15.73MJ/kg(3762kcal/kg)$。

炉膛容积放热强度 $q_V=57.29kW/m^3$，炉膛断面放热强度 $q_F=3.89MW/m^2$，燃尽区高度 $h_1=34.0m$。

锅炉总体布置见图 2-25，八角切圆燃烧方式，夹心风直流燃烧器分 3 组布置，上组燃烧器为 1 层一次风喷口，中、下组燃烧器为 2 层一次风喷口，每只一次风喷口上下配置一个二次风喷口，形成均等配风。在其上布置分离燃尽风（SOFA），见图 2-26。

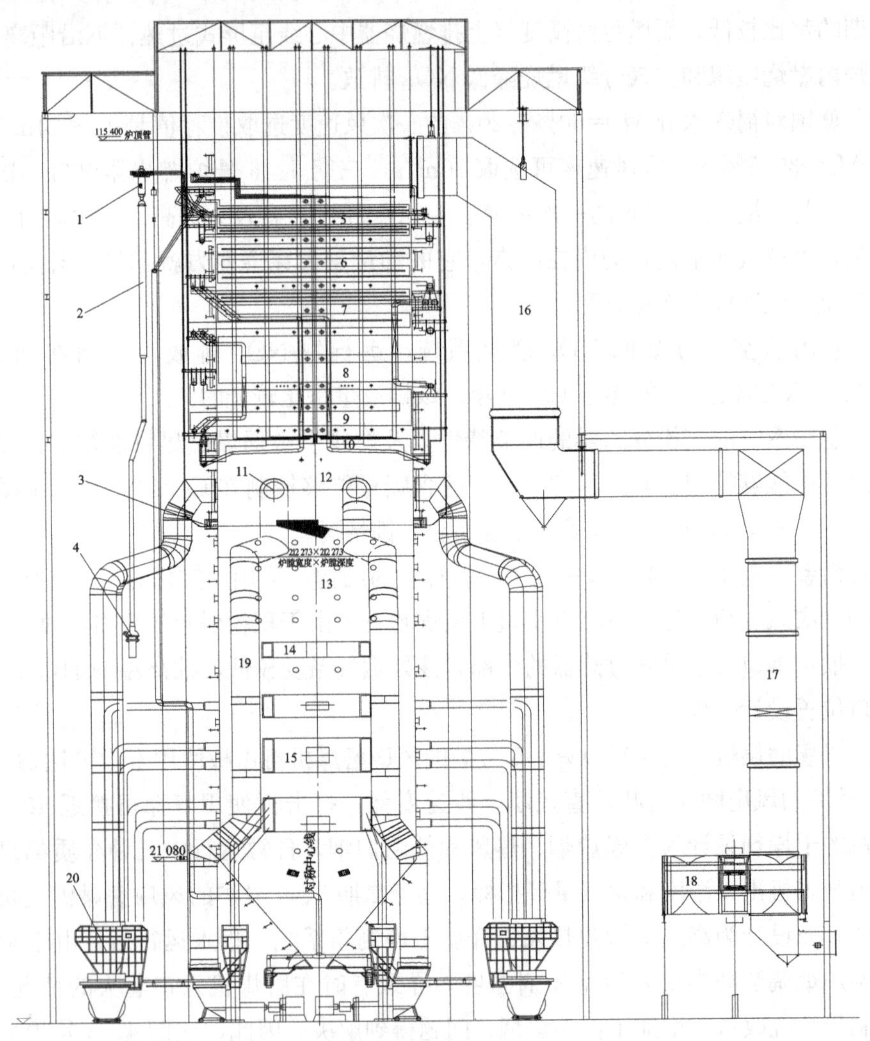

图 2-25 锅炉总体布置图

1—汽水分离器；2—储水箱；3—中间混合联箱；4—启动循环泵（BCP）；
5—省煤器；6—低温再热器；7—二级过热器；8—高温再热器；9—末级过热器；
10—一级过热器；11—高温炉烟抽烟口；12—垂直管圈水冷壁；13—螺旋管圈水冷壁；
14—分离燃尽风口；15—燃烧器喷口；16—炉膛出口烟道；17—空气预热器入口烟道；
18—二分仓回转式预热器；19—高温炉烟抽烟管道；20—风扇磨煤机

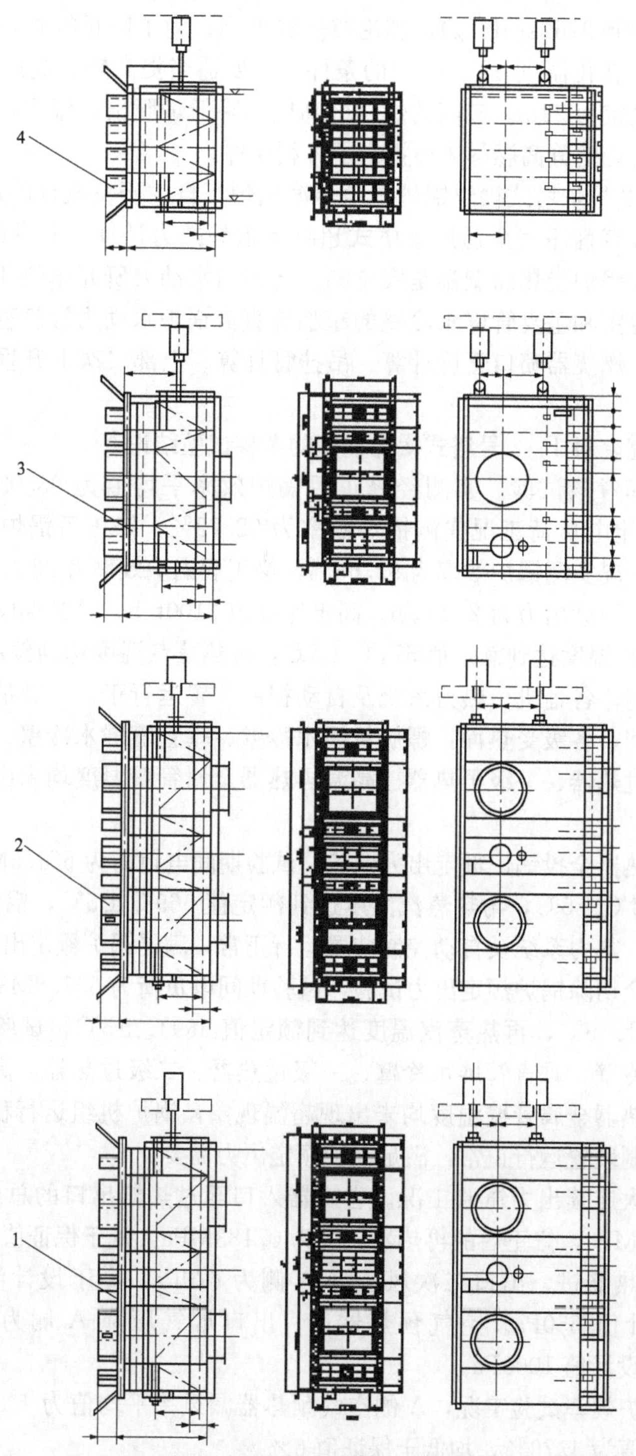

图 2-26　燃烧器与分离燃尽风布置图

1—下层燃烧器；2—中层燃烧器；3—上层燃烧器；4—分离燃尽风

采用风扇磨煤机三介质干燥（高温炉烟、热风和低温炉烟）制粉系统的褐煤锅炉，在设计炉膛高度时需要考虑抽取高温炉烟口的选取高度。扎赉诺尔褐煤的发热量较高，

$Q_{net,ar}$=15.73MJ/kg(3762kcal/kg)，理论燃烧温度高，为了防止抽炉烟口结渣，抽烟口的温度应满足灰的软化温度ST<50℃的条件，需要适当提高炉膛高度。因此，1、2号炉的燃尽区高度确定为34m。较高的燃尽区高度为降低炉膛出口温度，分组布置燃烧器和设计空气分级燃烧的分离燃尽风口提供了有利条件。

九台电厂1、2号炉塔式褐煤锅炉是哈尔滨锅炉厂自主研发设计的，运行实践表明：开发编制的热力计算程序完全适用于塔式超临界锅炉热力计算。开发的壁温计算程序，计算的超临界塔式锅炉受热面壁温是安全的。与国内水动力研究单位共同开发适合塔式锅炉螺旋管圈水冷壁和垂直管屏水冷壁的超临界直流锅炉水动力计算程序，对于螺旋管圈、抽烟口计算、燃烧器喷口管屏计算、吊挂管计算、上部二次上升垂直管屏水冷壁计算均安全可靠。

西安热工研究院对1、2号塔式褐煤锅炉的考核试验结论[13]：

(1) 锅炉效率考核试验。实测经修正后锅炉效率平均值为93.02%，高于保证值91.80%。75%额定电负荷工况实测锅炉效率为92.72%，修正后锅炉效率为92.41%；50%额定电负荷工况实测锅炉效率为92.68%，修正后锅炉效率为92.30%。

(2) 锅炉最大连续出力为2120t/h。高于保证值2100t/h。试验期间平均电负荷达到665MW，过热蒸汽温度达到额定值571℃±5℃，再热蒸汽温度达到额定值569℃±5℃，锅炉机组运行稳定，各辅机、热力系统及自动控制装置运行正常，满足锅炉最大连续出力需要。试验期间，各级受热面：螺旋管圈水冷壁、垂直管屏水冷壁、一级过热器、二级过热器、高温过热器、一级再热器、高温再热器金属管壁温度均未出现超温现象。过热蒸汽品质合格。

(3) 高压加热器全投锅炉额定出力试验。试验期间电负荷为651.5MW，过热蒸汽温度达到额定值571℃±5℃，再热蒸汽温度达到额定值569℃±5℃，锅炉机组运行稳定，试验期间各辅机、热力系统及自动控制装置运行正常，满足锅炉额定出力需要。

高压加热器全切除锅炉额定出力试验，试验期间电负荷为657.8MW，过热蒸汽温度达到额定值571℃±5℃，再热蒸汽温度达到额定值569℃±5℃，试验期间，各级受热面：螺旋管圈水冷壁、垂直管屏水冷壁、一级过热器、二级过热器、高温过热器、一级再热器、高温再热器金属管壁温度均未出现超温现象，锅炉机组运行稳定，各辅机、热力系统及自动控制装置运行正常，满足锅炉额定出力需要。

(4) 锅炉最大连续出力试验工况。省煤器入口至过热器出口的总压降为3.39MPa，低于设计值3.67MPa，修正后的再热器压降为0.183MPa，低于保证值0.20MPa。

(5) 空气预热器进、出口二次风压降A侧为670Pa，高于设计值650Pa；B侧为640Pa，低于设计值650Pa。空气预热器进、出口烟气压降A侧为1360Pa，B侧为1270Pa，均高于设计值1000Pa。

(6) 考核锅炉效率试验工况，A侧空气预热器漏风率平均值为4.37%，B侧空气预热器漏风率平均值为4.76%，均低于保证值6%。

(7) 锅炉无油助燃最低稳定燃烧负荷试验，平均电负荷为303.5MW，锅炉蒸发量为910t/h，约为43%BMCR，低于保证值50%BMCR（1050t/h）。

(8) 考核效率工况1时，锅炉NO_x排放浓度平均值为243mg/m^3(O_2=6%，标准状态)；考核效率2工况时，锅炉NO_x排放浓度平均值为253mg/m^3(O_2=6%，标准状态)，两个工况 NO_x 排放浓度均低于保证值 400mg/m³(O_2=6%，标准状态)。

配置 8 台 MB3600/1000/490 风扇磨煤机，直吹式三介质干燥制粉系统。试验表明[13]，风扇磨煤机入口温度为 555℃，出口温度为 147℃时，风扇磨煤机最大出力为 55t/h；煤粉细度 R_{90}=35.2%，R_{200}<0.7%；煤粉水分 M_{pc}=5.17%。满足锅炉出力要求。

九台电厂的 670MW 机组塔式褐煤锅炉完全是自主研发的，投入运行表明，达到了设计要求，取得了经济和环保效益。

扎赉诺尔褐煤的设计煤质的发热量较高，低位发热量 $Q_{net,ar}$ = 15.73MJ/kg (3762kcal/kg)，炉膛温度较高，而灰熔融温度较低（DT=1159℃、ST=1164℃、FT=1170℃)，尽管燃尽区高度已达 34m，抽烟口的温度仍然较高，结渣比较严重。

扎赉诺尔褐煤的设计煤质水分 M_t=32.8%、A_{ar}=6.51%；冲刷磨损指数为 K_e=0.73。M_t<35%，选用中速磨煤机也是可以的。

元宝山电厂从德国斯坦缪勒公司引进的 600MW 机组塔式褐煤锅炉（2 号炉)、哈尔滨锅炉厂引进美国燃烧工程公司技术设计的元宝山电厂的 600MW 机组（3 号炉)、哈尔滨锅炉厂自行设计的九台电厂 670MW 机组塔式褐煤锅炉和伊敏电厂的 600MW 机组等Π型褐煤锅炉，从水分较低、灰分较高的元宝山褐煤（水分 M_t=27.77%、灰分 A_{ar}=24.41%）和中等水分、灰分较低的伊敏褐煤（水分 M_t=39.50%、灰分 A_{ar}=12.9%)，基本涵盖了国内老年褐煤的煤质，从而掌握了老年褐煤的燃烧和设计技术。

二、 墙式燃烧褐煤锅炉

(一) 清河电厂 600MW 机组褐煤锅炉

清河电厂 600MW 机组（9 号）褐煤锅炉（HG1900/25.4HM2）由哈尔滨锅炉厂设计制造，为超临界压力、一次中间再热、单炉膛Π型布置。参数为 25.4MPa/571℃/569℃，蒸汽流量为 1900t/h。锅炉纵剖面图见图 2-27。

燃用霍林河褐煤，设计煤质的水分 M_t=29.9%、灰分 A_{ar}=20.17%、挥发分 V_{daf}=49.6%、发热量 $Q_{net,ar}$=12.95MJ/kg(3093kcal/kg)。

炉膛容积放热强度 q_V=70.03kW/m³，炉膛断面放热强度 q_F=3.873MW/m²，燃烧器区壁面放热强度 q_B=1.41MW/m²、燃尽区高度 h_1=20.177m。

墙式对冲燃烧方式，三井-巴布科克公司（Mitsui-Babcock）LNASB(Low NO_x axial swil burner）低 NO_x 双调风旋流燃烧器，前、后墙对冲布置。前墙布置 4 层，后墙布置 3 层，每层布置 5 只燃烧器，共 35 只。5 只燃烧器由同一台磨煤机供给煤粉。LNASB 低 NO_x 双调风旋流燃烧器见图 2-28。

锅炉配置 7 台 HP983 中速磨煤机直吹式制粉系统。磨煤机设计参数：单台磨煤机出力为 67.1t/h、煤粉细度 R_{90}=35%。

锅炉投入运行试运期间，出现了锅炉严重结渣、排烟温度偏高和再热器事故喷水量大等问题，严重影响机组带负荷的能力。

造成锅炉严重结渣的主要原因[14]：

(1) 锅炉的设计煤质灰熔融温度较低、煤粉偏细、初始状态下的二次风旋流强度偏

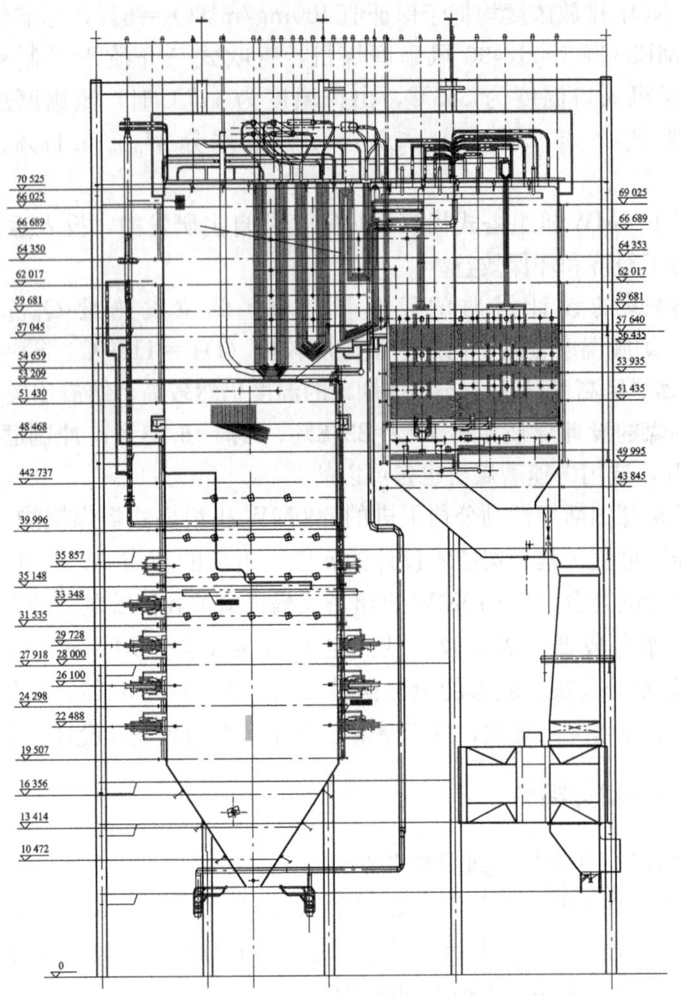

图 2-27　清河电厂 600MW 机组褐煤锅炉纵剖面图

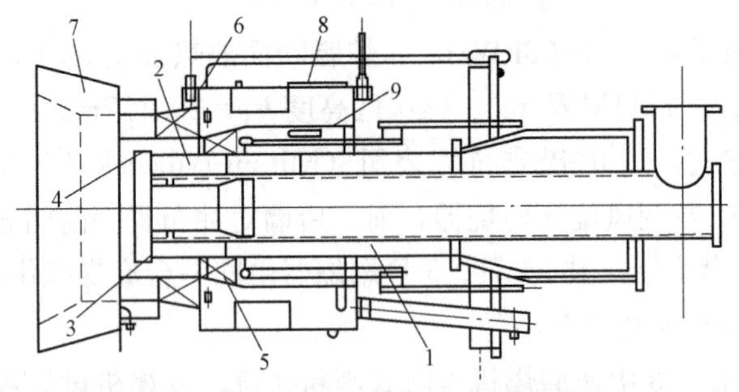

图 2-28　LNASB 低 NO_x 双调风旋流燃烧器

1—一次风；2—煤粉浓缩器；3—稳燃齿；4—稳燃环；5—内二次风旋流器；6—外二次风旋流器；7—碳化硅喉口；8—外二次风调整套筒；9—内二次风调整套筒

大、一二次风动量比偏低、一次风速度偏差及煤粉浓度偏差较大。

（2）再热系统事故喷水量偏大，其原因是再热系统入口蒸汽温度高于设计值 12℃

左右。

(3) 锅炉实际运行氧量偏高以及水冷壁吸热量偏低。因为烟气流经低温过热器的温压比低温再热器低，所以再热器挡板关小后，转移至低温过热器的烟气放热量小于在低温再热器侧的放热量，致使省煤器入口烟温升高，同时也导致空气预热器入口烟温上升。水冷壁吸热量偏低造成炉膛出口烟温偏高，褐煤沾污系数高造成受热面积灰严重。运行氧量偏高、空气预热器入口风温高和空气预热器的旁路冷一次风多是造成排烟温度高于设计值的主要原因。

通过降低二次风旋流强度、降低煤粉细度、提高一次风率、冷热态一次风速度调平、减小偏差等方法解决了锅炉严重结渣问题；通过划定烟气挡板范围、修改事故喷水控制策略、吹灰器优化和降低运行氧量等手段，使再热系统事故喷水量从机组启动初期的60～80t/h减少到20～50t/h；通过改变磨煤机出口温度、合理制定吹灰周期和变氧量等试验，不同负荷下排烟温度均下降了6～10℃。通过各项燃烧调整试验，机组试运初期出现的主要问题得到了解决或缓解，机组安全性得到了大幅度提高，通过各项燃烧调整试验，与试运期间对比，机组经济性得到较大幅度提高，在不同负荷下锅炉热效率提高了0.76%～1.45%。

三井-巴布科克的LNASB低NO_x双调风旋流燃烧器首次在国内应用于燃烧褐煤，因为没有燃用褐煤的经验，所以经过大量的燃烧调整，缓解了严重结渣的问题。朝阳发电厂200MW机组褐煤锅炉燃用平庄褐煤（水分M_t=23%～28%、灰分A_{ar}=24%～38%），采用德国巴布科克公司的DBW旋流燃烧器，原设计的DBW旋流燃烧器的预混段长度为200mm。投入运行后，在锅炉的后墙及燃烧器附近结渣严重，后将预混段缩短到120mm，结渣得到缓解。霍林河褐煤的煤质为水分M_t=29.9%、灰分A_{ar}=20.17%，与平庄褐煤接近。如图2-28所示的LNASB低NO_x双调风旋流燃烧器的预混段为290mm，预混段较长，一、二次风在预混段混合后，即开始着火，容易结渣。另外，清河电厂9号炉的炉膛热力特征参数（q_F、q_V、q_B）取值较高，而燃尽区高度h_1较低，见表2-13。与霍林河及通辽电厂2台四角切圆燃烧锅炉设计参数相比，尽管燃烧方式不同，防止结渣的裕度相对偏小。燃烧器对褐煤燃烧的适应能力、炉膛热力特征参数（q_F、q_V、q_B）的选取，对结渣的影响很大。

表2-13　　燃用霍林河褐煤机组的炉膛特征参数对比

序号	项目	符号	单位	霍林河电厂（四角切圆）	通辽总厂（四角切圆）	清河9号（前后墙对冲）
1	机组容量	—	MW	600	600	600
2	容积放热强度	q_V	kW/m³	63.16	64.1	69.36
3	断面放热强度	q_F	MW/m²	3.940	3.993	4.048
4	燃烧器区壁面放热强度	q_B	MW/m²	—	0.86	1.398
5	燃尽区高度（上层煤粉燃烧器中心至屏底距离）	h_1	m	24.245	24.245	20.177

(二) 燕山湖发电厂600MW机组褐煤锅炉

燕山湖电厂600MW机组褐煤锅炉（HG-1930/25.4-HM2）由哈尔滨锅炉厂设计制

造，为超临界压力、一次中间再热、单炉膛Π型布置。参数为25.4MPa/571℃/569℃，蒸汽流量为1930t/h。锅炉纵剖面图见图2-29。

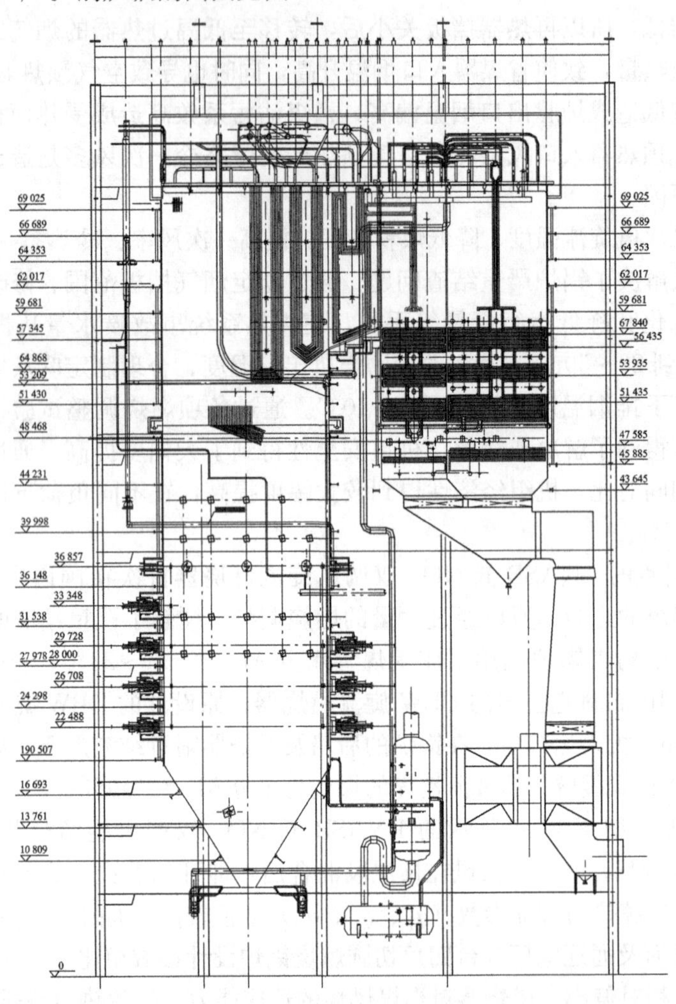

图2-29　燕山湖电厂600MW机组褐煤锅炉纵剖面图

燃用白音华褐煤，设计煤质的水分M_t=29.6%、灰分A_{ar}=15.99%、挥发分V_{daf}=47.97%，发热量$Q_{net,ar}$=14.51MJ/kg(3466kcal/kg)。

炉膛容积放热强度q_V=74.82kW/m^3，炉膛断面放热强度q_F=4.138MW/m^2，燃烧器区壁面放热强度q_B=1.43MW/m^2，燃尽区高度h_1= 20.177m。

墙式对冲燃烧方式，采用哈尔滨锅炉厂与浙江大学联合开发的洁净双调风旋流燃烧器（Clean Combustion Swirl，CCS)，前、后墙对冲布置。前墙布置4层，后墙布置3层，每层布置5只燃烧器，共35只。5只燃烧器由同一台磨煤机供给煤粉。洁净双调风旋流燃烧器见图2-30。

锅炉配置7台MPS225HP-II中速磨煤机直吹式制粉系统。磨煤机设计参数：单台磨煤机出力为64.25t/h、煤粉细度R_{90}=35%。

锅炉投入运行以后，各项参数指标均达到或超过设计值。

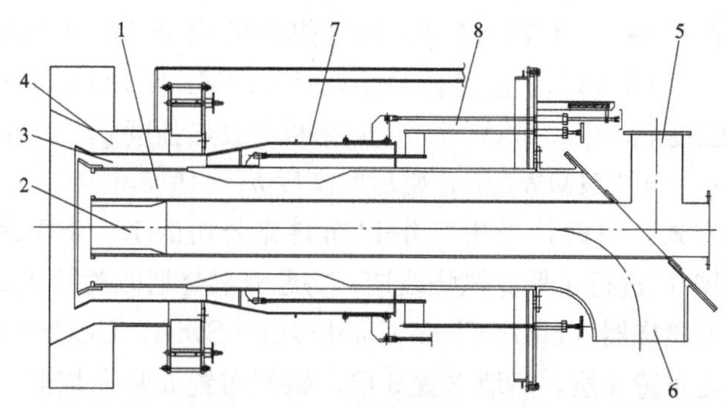

图 2-30 洁净双调风旋流燃烧器

1—一次风；2—中心风；3—内二次风；4—外二次风；5—中心风引入管；
6—煤粉入口弯头；7—内二次风风箱；8—调节拉杆

（三）长山电厂 660MW 机组褐煤锅炉

长山电厂 660MW 机组褐煤锅炉（HG-2090/25.4-HM9）由哈尔滨锅炉厂设计制造，为超临界压力、一次中间再热、单炉膛 Π 型布置。参数为 25.4MPa/571℃/569℃，蒸汽流量为 2090t/h。锅炉纵剖面图见图 2-31。

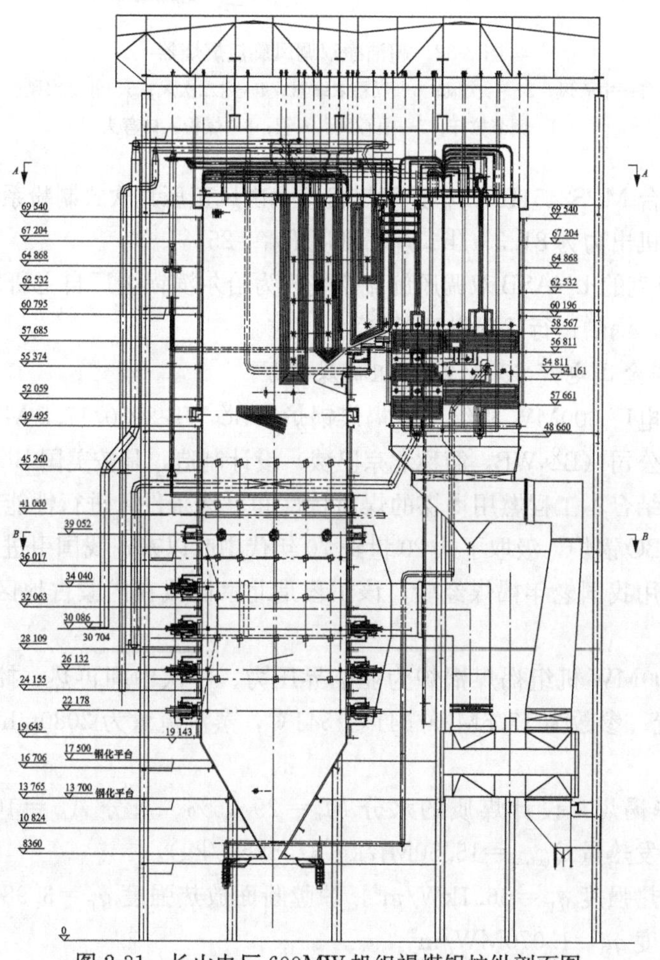

图 2-31 长山电厂 600MW 机组褐煤锅炉纵剖面图

燃用牤牛海、白音华（1∶1）褐煤，设计煤质的水分 M_t=29.62%、灰分 A_{ar}=23.64%、挥发分 V_{daf}=53.16%、发热量 $Q_{net,ar}$=12.27MJ/kg(2931kcal/kg)。

炉膛容积放热强度 q_V=74.16kW/m^3，炉膛断面放热强度 q_F=4.134MW/m^2，燃烧器区壁面放热强度 q_B=1.374MW/m^2，燃尽区高度 h_1=19.5m。

墙式对冲燃烧方式，原设计采用三井-巴布科克公司的 LNASB 旋流燃烧（见图 2-28），后由哈尔滨锅炉厂进行了低氮燃烧改造，将原有燃烧器改为哈尔滨锅炉厂自主研发的超洁净双调风旋流燃烧器（Ultra Clean Combustion Swirl，UCCS）（见图 2-32）。前、后墙对冲布置。前墙布置 4 层，后墙布置 3 层，每层布置 5 只燃烧器，共 35 只。5 只燃烧器由同一台磨煤机供给煤粉。

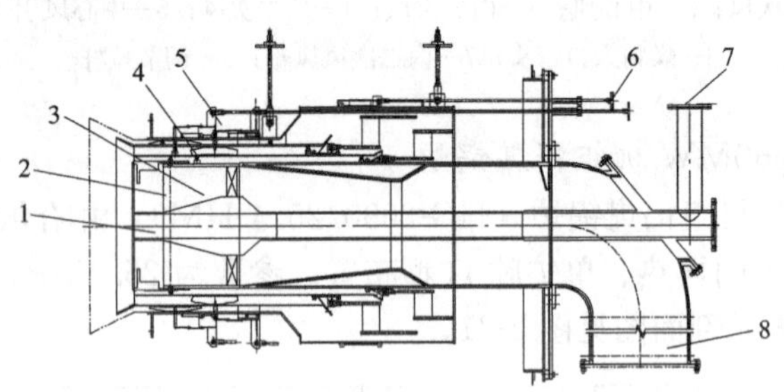

图 2-32　超洁净双调风旋流燃烧器

1—中心风；2—一次风；3—煤粉浓缩器；4—内二次风；5—外二次风；
6—调节拉杆；7—中心风引入管；8—煤粉入口弯头

锅炉配置 7 台 MPS245HP-II 中速磨煤机冷一次风正压直吹式制粉系统。磨煤机设计参数：单台磨煤机出力为 81.37t/h、煤粉细度 R_{90}=25%。

三井-巴布科克的 LNASB 双调风旋流燃烧改为哈尔滨锅炉厂自主研发的 UCCS 双调风旋流燃烧器后，锅炉运行状况得到了较大改善。

（四）白音华金山电厂 600MW 机组褐煤锅炉

白音华金山电厂 600MW 机组 1 号褐煤锅炉（B&WB-2080/17.5-M）由北京巴布科克·威尔科克斯公司（B&WB，简称北京巴威）设计制造，是按美国 B&W 的 RBC 系列锅炉技术标准，结合本工程燃用褐煤的煤质特性和自然条件，进行性能、结构优化设计的亚临界参数 RBC 锅炉，汲取了从 20 世纪 70 年代中叶以来，我国引进和自行设计的褐煤锅炉积累的燃用我国老年褐煤经验，该工程是北京巴威在内蒙古地区第一台 600MW 褐煤锅炉。

金山电厂 600MW 机组褐煤锅炉为亚临界压力、一次中间再热、控制循环汽包炉，单炉膛 Π 型布置。参数为 17.5MPa/541℃/541℃，蒸汽流量为 2080t/h。锅炉纵剖面图见图 2-33。

燃用白音华褐煤，设计煤质的水分 M_t=29.95%、灰分 A_{ar}=16.06%、挥发分 V_{daf}=46.67%、发热量 $Q_{net,ar}$=15.50MJ/kg(3708kcal/kg)。

炉膛容积放热强度 q_V=66.1kW/m^3，炉膛断面放热强度 q_F=3.985MW/m^2，燃烧器区壁面放热强度 q_B=1.070MW/m^2。

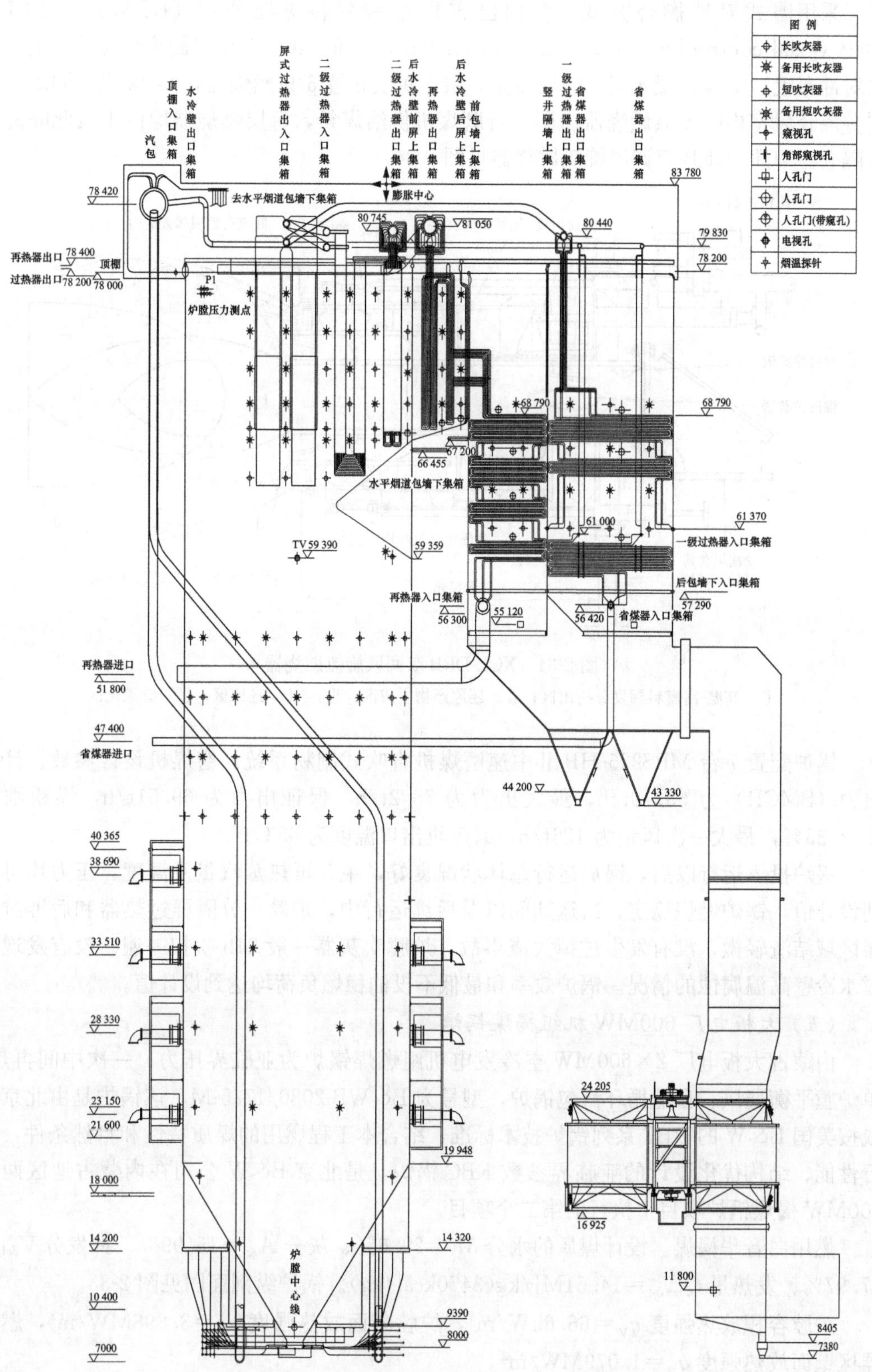

图 2-33 白音华电厂 600MW 机组褐煤锅炉纵剖面图

采用墙式对冲燃烧方式，美国巴布科克-威尔科克斯公司（B&W）的 XCL-DRB（axial control low NO_x- Dual register burner）低 NO_x 双调风旋流燃烧器，前、后墙对冲布置。前墙布置 4 层，后墙布置 3 层，每层布置 6 只燃烧器，共 42 只。同墙、同层分隔仓风室内的 6 只燃烧器由同一台磨煤机供给煤粉，每层燃烧器均位于彼此隔离的分隔仓。XCL- DRB 双调风旋流燃烧器见图 2-34。

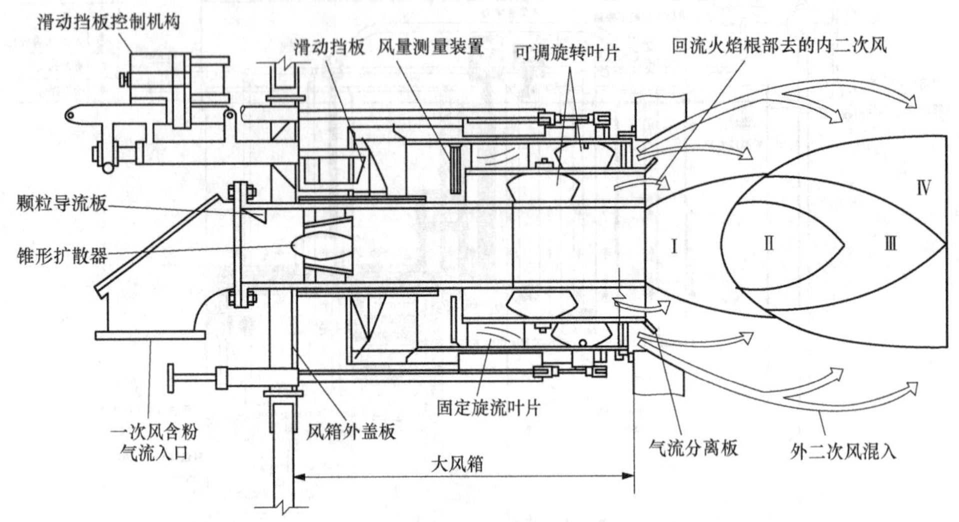

图 2-34　XCL-DRB 双调风旋流燃烧器

Ⅰ—高温-富燃料挥发分析出区；Ⅱ—还原产物生成区；Ⅲ—NO_x 还原区；Ⅳ—碳氧化区

锅炉配置 7 台 MPS225-HP-Ⅱ中速磨煤机直吹式制粉系统。磨煤机设计参数：计算出力（BMCR）为 63.19t/h，最大出力为 78.2t/h，保证出力为 69.51t/h，煤粉细度 $R_{90}=35\%$，最大一次风量为 126t/h，磨煤机出口温度为 65℃。

锅炉投入运行以后，锅炉运行总体状况良好，主、再热蒸汽量及温度、压力均可达到设计值。锅炉燃烧稳定，试运期间以及后续运行中，炉膛、分隔屏过热器和后屏过热器区域结渣轻微，没有发生过掉大渣事故。炉膛吹灰器一般 24h 吹扫一遍。没有发现炉膛水冷壁高温腐蚀的情况。锅炉效率和最低不投油稳燃负荷均达到设计值。

（五）大板电厂 600MW 机组褐煤锅炉

内蒙古大板电厂 2×600MW 空冷发电机组燃煤锅炉为亚临界压力、一次中间再热、单炉膛平衡通风、自然循环汽包锅炉，型号为 B&WB-2080/17.5-M。该锅炉是由北京巴威按美国 B&W 的 RBC 系列锅炉技术标准，结合本工程燃用的煤质特性和自然条件，进行性能、结构优化设计的亚临界参数 RBC 锅炉，是北京 B&W 公司在内蒙古地区两个 600MW 褐煤锅炉项目中执行的第二个项目。

燃用白音华褐煤。设计煤质的水分 $M_t=29.6\%$、灰分 $A_{ar}=15.99\%$、挥发分 $V_{daf}=47.97\%$、发热量 $Q_{net,ar}=14.51MJ/kg(3470kcal/kg)$。锅炉纵剖面图见图 2-33。

炉膛容积放热强度 $q_V=66.6kW/m^3$，炉膛断面放热强度 $q_F=3.898MW/m^2$，燃烧器区壁面放热强度 $q_B=1.079MW/m^2$。

前后墙对冲燃烧方式，并配置 42 个 B&W 标准的 XCL-DRB 双调风旋流燃烧器。

采用中速磨煤机正压直吹制粉系统，制粉系统配置 7 台 MPS225-HP-Ⅱ中速磨煤机，布置于锅炉前墙，锅炉燃用设计煤种满负荷运行时，6 台运行、1 台备用。设计煤粉细度 $R_{90}=35\%$，煤粉细度可调范围 $R_{90}=25\%\sim40\%$。

42 个 XCL-DRB 双调风旋流燃烧器，分别布置在锅炉前、后墙水冷壁上，前墙 4 层，后墙 3 层每层，各有 6 只燃烧器。

当时锅炉 NO_x 排放保证值为 400mg/m³（$O_2=6\%$），锅炉没有设置分离燃尽风（SOFA）。

锅炉投入运行后的情况：

（1）锅炉运行总体状况良好，主、再热蒸汽量及温度、压力均可达到设计值。

（2）锅炉 168h 运行期间以及后续运行中，炉膛、分隔屏过热器和后屏过热器区域的结渣轻微，没有发生过掉大渣事故。炉膛吹灰器一般 24h 吹扫一遍。运行至今，没有发现炉膛水冷壁高温腐蚀的情况。

（3）锅炉排烟温度，BRL 工况设计为 148℃，锅炉热效率性能考核试验排烟温度为 135.8℃/135.9℃，比设计值低 12℃。日常运行夏天排烟温度为 140℃左右，冬天投暖风器后为 120℃左右。

（4）全负荷工况下，选择性催化还原脱硝（SCR）入口烟气温度控制比较理想，锅炉高负荷时，SCR 入口烟气温度一般为 410℃左右，达到 427℃时，延迟 1h 后跳闸，达到 430℃时，延迟 5s 后跳闸。在调峰低负荷 250MW 时，SCR 入口烟气温度为 330℃，温度低跳闸设定为 320℃。

（5）回转式空气预热器漏风率能够控制在 6%～7%，漏风率性能考核试验为 5.26%。

（6）锅炉日常调峰低负荷为 250MW，不投油最低稳燃负荷性能试验值可以达到 200MW。

（7）由于燃用白音华褐煤，干燥无灰基挥发分含量高达 60%左右，飞灰含碳量和大渣含碳量，日常运行均能够控制在 1%以下。2 号锅炉效率性能考核试验，飞灰可燃物含量为 0.12%，炉渣可燃物含量为 0.12%。

（8）由于没有采用炉膛整体空气分级低 NO_x 燃烧技术，锅炉 NO_x 排放比较高，日常运行在 400mg/m³（$O_2=6\%$）左右。

（9）对锅炉运行氧量进行了优化调整，由 3%（高负荷）～5%（低负荷），降低到 2%（高负荷）～4.2%（低负荷），降氧量运行后，锅炉 CO 排放量有所增加，但是能够控制在 125mg/m³（标准状态）左右。

三、燃用老年褐煤的经验

（1）炉膛热力特征参数选取。如上所述，11 个电厂 600MW 等级机组褐煤锅炉：元宝山电厂 2、3 号炉，上都 2 电厂 1～4 号、5～6 号炉，伊敏电厂 1、2、5 号炉，九台电厂 1 号炉，清河电厂 9 号炉，燕山湖电厂 1 号炉，长山电厂，白音华金山电厂 1 号炉，大板电厂 1、2 号炉燃用的褐煤包括了国内的内蒙古和东北地区的大部分老年褐煤，主要有元宝山、锡林浩特（胜利）、霍林河、白音华、扎赉诺尔和伊敏褐煤；炉型有Π型炉、T 型炉和塔式炉；燃烧方式和燃烧器有切向燃烧直流燃烧器、墙式燃烧旋流燃烧器。

除了元宝山电厂 2 号炉（600MW 机组，塔式炉，切向燃烧方式）、清河和燕山湖电厂（600MW 机组，Π 型炉，墙式燃烧方式）的炉膛容积放热强度取值偏高，导致锅炉运行出现结渣等问题，其他选取较低的炉膛容积放热强度的，运行表明，燃烧稳定，运行正常。通过上述运行实践，获得了燃用内蒙古和东北地区老年褐煤锅炉炉膛特征参数（炉膛容积放热强度 q_V、炉膛断面放热强度 q_F、燃烧器区壁面放热强度 q_B）选取的大致范围。

（2）燃烧器选型。运行实践表明，伊敏 1、2 号炉（500MW 机组，T 型炉）的俄罗斯直流燃烧器；元宝山电厂 3 号炉、上都电厂 1～4 号炉和 5、6 号炉，以及伊敏电厂 5 号炉（均为 600MW 机组，Π 型炉）的带夹心风的浓淡直流燃烧器；白音华金山和大板电厂的 XCL-DRB 双调风旋流燃烧器，燕山湖电厂的洁净双调风旋流燃烧器（CCS）和长山电厂的超洁净双调风旋流燃烧器（UCCS）（均为 600MW 机组，Π 型炉）都能够很好地适应褐煤燃烧。

（3）燃烧器切圆布置方式。上都电厂 5、6 号炉（600MW 机组，Π 型炉）采用墙式切圆布置的燃烧器的喷口中心线向切圆中心偏转 5°（见图 2-17），采用墙式切圆布置燃烧器，虽然炉膛的充满度好。但是，投入运行后，可能由于切圆直径比较大，火焰冲刷炉墙，引起炉膛结渣。为了解决炉膛结渣问题，增加燃烧器喷口的偏转角度，在燃烧器喷口处采用导流板的方式，将燃烧器喷口向切圆中心偏转 5°增加到 20°，见图 2-18。燃烧器切圆布置方式对于结渣性强的褐煤炉膛容易结渣。

（4）进入燃烧器煤粉分配的一次风管结构。伊敏 1、2 号炉（500MW 机组，T 型炉）和伊敏 5 号炉（600MW 机组，Π 型炉）采用圆形断面减缩的塔式煤粉分配结构将一次风送入燃烧器的方式，运行效果良好。

（5）切向燃烧直流燃烧器预混段长度的选取。元宝山电厂 2 号炉（600MW 机组，塔式炉）燃用元宝山褐煤 M_t=27.77%、A_{ar}=24.41%、V_{daf}=41%、$Q_{net,ar}$=12.527MJ/kg(2992kcal/kg)，德国斯坦因缪勒公司的十字中心风燃烧器预混段长度由原设计的 1672mm 缩短到 960mm；伊敏电厂 1、2 号炉（500MW 机组，T 型炉）燃用伊敏褐煤 M_t=38.0%、A_{ar}=15.6%、V_{daf}=47%、$Q_{net,ar}$=10.83MJ/kg(2587kcal/kg)，俄罗斯直流燃烧器的预混段长度为 840mm。运行表明，满足燃烧要求，运行正常。如上所述，可以说明，所选的燃烧器预混段长度适应水分较低而灰分较高的褐煤。内蒙古和东北地区的褐煤大致范围：M_t=25.28%～39.5%、A_{ar}=9.49%～26.39%，V_{daf}=41%～49.57%、$Q_{net,ar}$=10.39～15.75MJ/kg(2482～3763kcal/kg)，见表 2-8，元宝山和伊敏褐煤涵盖在此范围内。

（6）墙式燃烧旋流燃烧器预混段的选取。因为三井-巴布科克的 LNASB 低 NO_x 双调风旋流燃烧器首次在国内应用于燃烧褐煤，没有燃用褐煤的经验，所以经过大量的燃烧调整，缓解了严重结渣的问题。朝阳发电厂 200MW 机组褐煤锅炉燃用平庄老年褐煤（水分 M_t=23%～28%、灰分 A_{ar}=24%～38%），采用德国巴布科克公司的 DBW 旋流燃烧器，原设计的 DBW 旋流燃烧器的预混段长度为 200mm。投入运行后，在锅炉的后墙及燃烧器附近结渣严重，后将预混段缩短到 120mm，结渣得到缓解。霍林河褐煤的煤质为水分 M_t=29.9%、灰分 A_{ar}=20.17%，与平庄褐煤接近。由图 2-28 可见，LNASB 低 NO_x 双调风旋流燃烧器的预混段为 290mm，预混段较长，一、二次风在预混段混合后，即开始着火，容易结渣。白音华金山和大板电厂采用 XCL-DRB 低 NO_x 双调风旋流燃烧器，预混段较短，燃烧器运行正常。

（7）燃烧器一次风速度的选取。对于均燃用水分 M_t=38.0%～39.5%的伊敏褐煤，伊敏1、2号炉（500MW机组，T型炉）设计一次风速选取14m/s，伊敏5号炉（600MW机组，Π型炉）设计一次风速度选取21m/s。元宝山电厂2号炉（600MW机组，塔式炉）一次风速度原设计为14.3m/s，由于燃烧器结渣，对燃烧器进行了改造，缩短预混段长度并将一次风速度提高到18m/s。不同的燃烧器结构，根据不同的推荐设计资料，选取了不同一次风速度，而运行表明，都能稳定燃烧，正常运行。除了伊敏1、2号炉（500MW机组，T型炉）设计一次风速度选取14m/s，对于多数燃用老年褐煤锅炉切向燃烧的燃烧器，均采用了较高的一次风速度，为18～21m/s。如果风扇磨煤机的压头允许，适当提高一次风速度对燃烧组织有利。

（8）制粉系统与燃烧系统密切相关，必须统筹考虑，如果实际燃用煤质有变差的趋势，特别是全水分和外在水分增加，低位发热量降低时，中速磨煤机制粉系统更加敏感，对燃烧组织不利，风扇磨煤机制粉系统则相对稳定。

第五节 褐煤混煤的燃烧

混煤宜遵循的原则是按现行国家标准煤的分类，尽量选用大类（无烟煤、贫煤、烟煤、褐煤）相同的煤掺混使用，最多扩大到相近的煤种。如无烟煤可以与贫煤混烧；贫煤可以与烟煤混烧；挥发分较高的烟煤可以与老年褐煤混烧。不宜将差别大的煤种混烧，不是不能混烧，而是不可靠、不经济，也不合理。对于新建机组，必将增加锅炉设备和系统的复杂性，使投资增加，将给以后的运行操作带来难度和经济方面的影响；对于运行机组，也会带来运行操作的难度、带负荷能力和经济性的问题。

褐煤混煤燃烧分为两种情况：一种是褐煤混合燃烧；另一种是烟煤与褐煤的混合燃烧。

一、褐煤混合燃烧

褐煤混合燃烧时，混煤的配置对煤粉的着火、燃尽、结渣和污染物的形成有重要影响。因此有必要对混煤的燃烧特性进行试验研究。

（一）单煤及混煤燃烧特性[15]

文献［15］研究了双辽电厂的主力煤种霍林河褐煤分别掺烧羊草沟褐煤、梅河褐煤时的热解、着火和燃尽等方面的特性。褐煤及其混煤的煤质分析见表2-14。

表2-14 褐煤及其混煤的煤质分析

煤种		霍林河煤	羊草沟煤	梅河煤	1号混煤	2号混煤	3号混煤	4号混煤
工业分析（%）	V_{daf}	49.21	47.73	52.74	52.03	51.68	51.74	51.24
	FC_{daf}	50.79	52.27	47.26	47.97	48.32	48.26	48.76
	A_{ad}	20.01	25.87	23.70	22.96	22.59	24.13	24.35
元素分析（%）	C_{ad}	54.52	55.51	50.30	51.14	51.57	51.34	51.86
	H_{ad}	4.23	4.19	4.32	4.28	4.26	4.29	4.28
	S_{ad}	1.52	1.45	0.87	1.00	1.07	0.99	1.04
	N_{ad}	1.04	1.27	1.10	1.09	1.08	1.13	1.15
	O_{ad}	18.70	11.61	19.71	19.51	19.41	18.09	17.28
发热量（kJ/kg）	$Q_{net,ad}$	18 190	20 504	21 220	18 693	18 919	18 816	19 104

采用加权平均的方法计算混煤的工业分析及元素分析值，见表 2-14。混煤编号及其比例见表 2-15。

表 2-15　　混煤编号及其比例

混煤编号	1 号混煤	2 号混煤	3 号混煤	4 号混煤
混煤比例	霍∶羊＝4∶1	霍∶羊＝7∶3	霍∶梅＝4∶1	霍∶梅＝7∶3

1. 单煤及混煤的热解特性

挥发分释放特性指数 D 反映了煤的热解特性，见式（1-14）。

文献［15］对挥发分释放特性指数 D 的参数有：

（1）挥发分初析温度 T_s，K；

（2）挥发分最大释放速度峰值 $(dw/dt)^{v}_{max}$，mg/min；

（3）对应于 $(dw/dt)^{v}_{max}$ 的温度 T_{max}，K；

（4）对应于 $(dw/dt)^{v}_{max}=1/2$ 时的温度区间 $\triangledown T_{1/2}$（半峰宽），K。

较式（1-14）多考虑了对应于 $(dw/dt)^{v}_{max}=1/2$ 时的温度区间 $\triangledown T_{1/2}$（半峰宽），K。则挥发分释放特性指数 D 为

$$D=\left(\frac{dw}{dt}\right)^{v}_{max}/T_s\,T_{max}\triangledown T_{1/2} \tag{2-2}$$

从式（1-14）和式（2-2）均可看出：$\left(\frac{dw}{dt}\right)^{v}_{max}$ 越大，挥发分释放越强烈；初析温度 T_s 越小，挥发分越易析出；T_{max} 越低，$\triangledown T_{1/2}$ 越小，则挥发分的释放高峰出现得越早，越集中，对燃料的着火越有利；反之，则越不利于着火。

各煤样的热解特性参数见表 2-16。

表 2-16　　热解特性参数

煤　样	Ts (K)	$(dw/dt)^{v}_{max}$ (mg/min)	T_{max} (K)	$\triangledown T_{1/2}$ (K)	$D\times10^{-8}$ [mg/(min·K^{-3})]
霍林河煤	397	3.45	747	388	3.00
羊草沟煤	404	2.41	757	397	1.98
梅河煤	411	2.52	770	433	1.83
1 号混煤	399	3.22	748	391	2.76
2 号混煤	401	3.01	751	393	2.54
3 号混煤	400	3.03	750	394	2.56
4 号混煤	401	2.86	751	397	2.39

2. 单煤及混煤的着火特性

单煤及混煤的着火温度见表 2-17。

表 2-17　　单煤及混煤的着火温度

煤种	霍林河煤	羊草沟煤	梅河煤	1 号混煤	2 号混煤	3 号混煤	4 号混煤
着火温度（K）	615	641	643	615	616	617	619

由表（2-17）可见，霍林河煤的着火温度最低，其着火性能最好；羊草沟煤次之；梅河煤最差。同时还可以看出，混煤的着火温度与混煤中易着火煤单烧时的着火温度非常接近，考虑试验误差，可以认为在热天平上混煤的着火点与混煤中易着火煤种的着火点相同，即混煤的着火点只取决于易着火的单煤。由此可以看出，混煤在着火过程中，各单煤将保持各自的着火特性。

3. 单煤及混煤的燃尽特性[16]

单煤及混煤的燃尽特性试验是在热态燃烧试验装置（Combustion Research Facility，CRF）上进行的，该装置由国家电站燃烧工程技术研究中心从加拿大安大略电力技术研究院（Ontario Hydro Technologies institute）引进。它主要用于燃煤锅炉运行、改造和调试相关的研究。通过试验模拟电站锅炉炉膛内的燃烧状况，以达到提高煤粉燃烧效率，降低污染物排放；研究劣质和优质烟煤、褐煤的燃烧特性；还用于炉内喷钙、炉内喷氮基添加剂和混烧天然气以控制酸性气体排放的研究。其主要特点是对不同冷却速率的锅炉模拟有较好的灵活性，设备齐全，控制系统较为先进，试验数据可在线监测，实验结果重现性好。

（1）热态燃烧试验装置简介。试验台主要由五部分组成：燃烧系统、制粉系统、数据采集和控制系统、在线烟气取样分析系统和压缩空气及炉体冷却系统。

1）燃烧系统。燃烧系统由燃烧器、筒体、一次风和二次风、热交换器、单级管式静电除尘器及炉体预热系统组成。试验台炉体为圆筒形，有效高度为 4.2m，内径为 0.4m，内衬耐火材料。炉体分为四节，每节高 1.0m，炉基高 1.2m，其中三节有筒形冷却套，配备了监视和控制装置，炉体上有多个开孔供观察火焰、物料喷入和取样管的插入。燃烧器位于炉体顶部，煤粉由一次风向下送入燃烧器，在燃烧器出口经二次风旋流扰动，使煤粉和空气良好混合，保证煤粉、空气混合物在燃烧区内有足够的停留时间。一、二次风可分别由一、二次风加热器加热至 150℃和 350℃。烟气的冷却速率由进入水冷套的水或空气冷却。离开炉体的烟气经过水平烟道后，通过空气冷却的五个套管式热交换器冷却，然后进入静电除尘器，之后经引风机排出。

2）制粉系统。制粉系统由皮带传送机、碎煤机、给料斗、磨煤机、旋风分离器、螺旋输送机、粉仓、给粉机和布袋除尘器组成。煤在闭式磨煤系统中破碎、磨细。煤由进料斗、振动进料器、旋转进料器进入以重力操作的高速紧密公差配合的气锤式碎煤机。破碎设备能够将煤从最大 100mm 的煤块破碎到合适的尺寸。被破碎的煤通过气闸门吹入磨煤机中，磨煤机对煤进行进一步的粉碎和分级，直到合适的尺寸为止。被预热的空气送入磨煤机以干燥煤，并通过旋风分离器使煤粉和空气分离。分离后的煤粉落入螺旋输送机中，含有少量煤粉的气体经布袋除尘器，旋转式真空泵排入大气。磨煤机能够处理水分为 1.5%～15%的煤，进料速度为 50kg/h。

3）数据采集和控制系统。数据采集和控制系统由数据采集和控制的软件和硬件组成，以采集、记录和处理数据。为了控制在运行中的各燃烧主要参数，操作者通过一个在线的反应过程变量的图像仪，借助控制系统介入，以调整设定点，协调各参量。这个系统由 6 个彼此相关的控制环构成，分别是炉压（一个控制回路）、炉温（三个控制回路）和空气流量（两个控制回路）。

4）在线烟气取样分析系统。烟气取样分析系统有5台烟气分析仪，它们分别连续地测量烟气中的O_2、CO_2、CO、SO_2、NO_x成分。

5）压缩空气及炉体冷却系统。由于对炉子的温度控制、燃烧器的冷却保护、布袋除尘器等都要用压缩空气，在热态燃烧试验装置中配置了压缩空气及炉体冷却系统。

（2）单煤及混煤的燃尽特性试验。文献［16］对双辽电厂主力燃煤霍林河褐煤，及常用燃煤羊草沟褐煤、丰广褐煤和梅河褐煤，按不同比例混配，在热态燃烧试验装置（CRF）上进行了单煤及混煤的燃尽特性试验。

霍林河煤、羊草沟煤、丰广煤和梅河煤及按不同比例的混煤见表2-18、表2-19。

表2-18　单煤种工业分析、元素分析、灰成分和发热量

煤种		霍林河煤	羊草沟煤	丰广煤	梅河煤
工业分析（%）	M_{ad}	12.22	7.01	8.60	5.89
	A_{ad}	24.42	43.43	51.39	22.68
	V_{ad}	30.75	22.95	24.34	35.18
	FC_{ad}	32.61	26.61	15.67	36.25
元素分析（%）	C_{ad}	45.91	35.82	26.74	52.24
	H_{ad}	2.70	3.21	2.42	4.04
	S_{ad}	0.50	0.35	0.18	1.65
	N_{ad}	0.73	0.53	0.73	1.38
	O_{ad}	13.52	9.65	9.94	12.12
低位发热量（kJ/kg）		15 919	12 388	9249	19 819

表2-19　混煤比例及混煤编号　%

混煤编号	各单煤种所占比例			
	霍林河煤	梅河煤	丰广煤	羊草沟煤
1号	80	20	0	0
2号	70	30	0	0
3号	80	0	20	0
4号	70	0	30	0
5号	80	0	0	20
6号	70	0	0	30
7号	70	10	10	10
8号	60	20	10	10
9号	0	40	30	30

进行单煤及混煤试验时，飞灰样从静电除尘器底部取出，大渣样从一个放在炉膛底部特制的水冷却抽屉中取出。电站锅炉固体未完全燃烧热损失按式（2-3）计算，即

$$q_4=\frac{32.7A_{ar}}{Q_{net,ar}}\left(\frac{\alpha_{fa}C_{fa}}{100-C_{fa}}+\frac{\alpha_{ba}C_{ba}}{100-C_{ba}}\right) \tag{2-3}$$

$$\alpha_{fa} + \alpha_{ba} = 1 \tag{2-4}$$

式中 q_4——固体未完全燃烧热损失，%；

33.7——灰中含碳的近似发热量，MJ/kg；

A_{ar}——入炉煤收到基灰分，%；

$Q_{net,ar}$——入炉煤收到基低位发热量，MJ/kg；

α_{fa}、α_{ba}——飞灰和炉渣的灰分份额，它们的关系式见式（2-4）；

C_{fa}、C_{ba}——飞灰和炉渣中的含碳量，MJ/kg。

上述的条件是$\alpha_{fa}+\alpha_{ba}=1$，即认为煤燃烧后，电站锅炉燃用煤中的灰主要形成了飞灰和炉渣。因此，电站锅炉采用式（2-3）计算固体未完全燃烧热损失。但是，在该试验的具体条件下，黏附在炉膛内壁的渣量占有一定份额，为10.70%～40.48%。因此，在计算固体未完全燃烧热损失时，必须考虑黏附在炉膛内壁的渣量造成的热损失，按式（2-5）计算固体未完全燃烧热损失，即

$$q_4 = \frac{32.7A_{ar}}{Q_{net,ar}}\left(\frac{C_{fa}}{100-C_{fa}} + \frac{\alpha_{ba}C_{ba}}{100-C_{ba}} + \frac{\alpha_{bai}C_{bai}}{100-C_{bai}}\right) \tag{2-5}$$

式中 q_4——固体未完全燃烧热损失，%；

33.7——灰中含碳的近似发热量，MJ/kg；

A_{ar}——入炉煤收到基灰分，%；

$Q_{net,ar}$——入炉煤收到基低位发热量，MJ/kg；

C_{fa}、C_{ba}、C_{bai}——飞灰、炉渣和黏附在炉膛内壁渣量中的含碳量，MJ/kg；

α_{fa}、α_{ba}、α_{bai}——飞灰、炉渣和黏附在炉膛内壁渣量的灰分份额，它们的关系式见式（2-6）。

$$\alpha_{fa} + \alpha_{ba} + \alpha_{bai} = 1 \tag{2-6}$$

将每一种煤样的几个试验工况的固体未完全燃烧热损失平均。单煤及混煤的燃尽性能排序见表2-20。从表2-20中可以看出，在假定气体未燃尽率为零的条件下（烟气分析表明，烟气中CO含量很小，近似为零），5号混煤燃尽性能最好，羊草沟煤燃尽性能最差。单烧煤种中，燃尽性能最好的是梅河煤，其次是霍林河煤，最差的是羊草沟煤，从表2-20中还可以看出，2号混煤（30%梅河煤+70%霍林河煤）燃尽性能好于1号混煤（20%梅河煤+80%霍林河煤），5号混煤（20%羊草沟煤+80%霍林河煤）燃尽性能好于6号混煤（30%羊草沟煤+70%霍林河煤）。这说明，当褐煤的两个不同煤质相混时，燃尽较好的煤所占比例较大，混煤的燃尽性能好。

表2-20　单煤及混煤的燃尽性能排序

序号	平均固体未完全燃烧热损失（%）	单煤及不同比例的混煤
1	2.02	5号混煤
2	2.39	3号混煤
3	2.52	2号混煤
4	3.72	梅河煤
5	4.15	4号混煤
6	4.19	1号混煤
7	4.50	7号混煤

续表

序号	平均固体未完全燃烧热损失（%）	单煤及不同比例的混煤
8	4.51	9号混煤
9	4.56	6号混煤
10	4.70	霍林河煤
11	4.72	8号混煤
12	14.36	羊草沟煤

（二）褐煤混合燃烧的结渣特性

锅炉结渣是燃料特性、锅炉结构和运行方式三个因素共同作用的结果。对于锅炉结渣，燃料特性中灰熔融温度是主要因素。确定灰熔融温度的方法很多，如热显微镜、重量筛分、黏度-温度特性等。一般多用灰熔融温度作为判定煤灰结渣的基础，如有条件，采用热显微镜、重量筛分、黏度-温度特性作为结渣特性的进一步验证，如有必要，在热态试验台上进行结渣实验，而灰成分作为参考。

对于新建锅炉，设计燃用混煤的褐煤锅炉，需要考虑混煤的特点，选取炉膛特征参数；对于在役炉膛特征参数已确定的褐煤锅炉，当燃烧混煤时，可通过燃烧调整改变运行方式。

文献［16］对双辽电厂主力燃煤霍林河褐煤，以及常用燃煤羊草沟褐煤、丰广褐煤和梅河褐煤，按不同比例混配，在热态燃烧试验装置（CRF）上进行了单煤及混煤的燃尽特性试验，并做了灰熔融温度测量。

1. 在热态燃烧试验装置（CRF）进行的单煤及混煤的结渣特性

在热态燃烧试验装置进行试验时，每次试验均运行3h左右，进行3～4个不同氧量的试验。每次试验结束后，对炉膛进行通风冷却，然后在次日将炉底打开，先将炉底的灰渣全部收集起来称重，然后将结在炉壁上的渣打下来，收集并称重。将结在炉壁收集称重的渣量与炉底收集称重的渣量之比定义为内/外渣比（S_{in}/S_{out}）。一维热态试验台是对实际锅炉燃烧情况的模拟，因此内/外渣比（S_{in}/S_{out}）具有直观、可靠的特点，更能反映煤的结渣特性。三种褐煤及其混煤的内/外渣比（S_{in}/S_{out}）见表2-21。

表2-21　内/外渣比

煤种	内外渣比（S_{in}/S_{out}）
霍林河煤	0.32
1号混煤	1.26
2号混煤	0.8
羊草沟煤	0.93
3号混煤	0.97
4号混煤	1.39
梅河煤	1.28
5号混煤	0.86
6号混煤	0.46

续表

煤种	内外渣比（S_{in}/S_{out}）
7号混煤	0.93
8号混煤	0.90
9号混煤	2.55

由表2-21可见，单煤及其混煤的内/外渣比（S_{in}/S_{out}）数值变化较大，霍林河煤的内/外渣比（S_{in}/S_{out}）最小，而9号混煤的内/外渣比（S_{in}/S_{out}）最大，进一步分析内/外渣比（S_{in}/S_{out}），认为内/外渣比（S_{in}/S_{out}）大于1.0时，其结渣趋势严重，更合理的内/外渣比（S_{in}/S_{out}）判别界限有待更多煤种在热态试验台上的试验数据修正。

通过分析单煤及混煤的内/外渣比（S_{in}/S_{out}），发现混煤的结渣特性与单煤的结渣特性有很大的不同。羊草沟煤和霍林河煤的内/外渣比（S_{in}/S_{out}）并不大，但羊草沟煤与霍林河煤组成的1号混煤的内/外渣比（S_{in}/S_{out}）大于1，说明两种结渣性不强的煤组成的混煤，其一定比例的混煤的结渣性有可能增强。4号混煤是70%霍林河煤与30%梅河煤的混煤，其内/外渣比（S_{in}/S_{out}）为1.39，梅河煤的内/外渣比（S_{in}/S_{out}）大于1，霍林河煤的内/外渣比（S_{in}/S_{out}）未超过1，这说明在结渣性不强的煤中混入结渣性较强的煤，其混煤的结渣性有可能得到增强。

2. 单煤及其混煤的灰熔融温度测量

采用国家标准规定的角锥法进行灰熔融温度测量，并考虑了氧化和还原气氛对灰熔融温度的影响，霍林河煤和羊草沟煤及其混煤在不同气氛下实际测量的灰熔融温度见表2-22。

表2-22 霍林河煤和羊草沟煤及其混煤在不同气氛下实际测量的灰熔融温度

煤种	氧化气氛下灰熔融温度（℃）			还原气氛下灰熔融温度（℃）			不同气氛ST的温差
	DT	ST	FT	DT	ST	FT	ΔST
霍林河煤	1340	1385	1500	1300	1358	1500	27
羊草沟煤	1475	>1500	>1500	1300	1450	>1500	>50
1号混煤	1268	1398	1500	1250	1340	1490	58
2号混煤	1268	1398	1500	1250	1360	1463	38

由表2-22可见，氧化气氛下与还原气氛下灰熔融温度之间的差别因煤种而变，而且没有规律，无论单煤与混煤均呈现这种特性。对于电站锅炉均采用还原气氛下测量的灰熔融温度。

还原气氛下单煤及其混煤的灰熔融温度见表2-23。

表2-23 还原气氛下单煤及其混煤的灰熔融温度 ℃

煤种	变形温度DT	软化温度ST	流动温度FT
霍林河煤	1300	1358	1500
1号混煤	1250	1340	1490
2号混煤	1250	1360	1463

续表

煤种	变形温度 DT	软化温度 ST	流动温度 FT
羊草沟煤	1300	1450	>1500
3 号混煤	1294	1326	1421
4 号混煤	1244	1300	1423
梅河煤	1275	1332	1375
5 号混煤	1334	1384	1480
6 号混煤	1313	1380	1483
丰广煤	1310	>1500	>1500
7 号混煤	1187	1361	1436
8 号混煤	1286	1351	1485
9 号混煤	1458	>1500	>1500

从表 2-23 可见，单煤中梅河煤的软化温度 ST 较低，霍林河煤较梅河煤的软化温度 ST 高 26℃，其他两种煤的软化温度 ST 均很高。而混煤的软化温度 ST 与单煤无任何关系，尤其是霍林河煤与羊草沟煤的混煤——1 号混煤，其软化温度 ST 较各单煤的均低，这与采用内/外渣比（S_{in}/S_{out}）试验得到的结果是一致的。

从灰熔融温度对混煤的结渣特性进行判别，可以得到与采用内/外渣比（S_{in}/S_{out}）判别相同的结论，即两种结渣性不强的煤组成的混煤，其一定比例的混煤的结渣性有可能增强；在结渣性不强的煤中混入结渣性较强的煤，其混煤的结渣性有可能得到增强。

单煤与混煤的内/外渣比（S_{in}/S_{out}）与软化温度 ST 的比较见表 2-24。表 2-24 中的内/外渣比（S_{in}/S_{out}）采用大于 1 认为结渣较严重，小于 1 认为结渣较轻微的判别，其中内/外渣比（S_{in}/S_{out}）为 0.97 的判别为接近较严重。软化温度的判别采用哈尔滨锅炉厂和哈尔滨工业大学[17]及表 1-25 的判别标准。

表 2-24　单煤与混煤的内/外渣比（S_{in}/S_{out}）与软化温度 ST 的比较

煤种	内/外渣比（S_{in}/S_{out}）		软化温度 ST(℃)[17]①		软化温度 ST(℃)(见表 1-25)	
	数值	判别结果	数值	判别结果	数值	判别结果
9 号混煤	2.55	较严重	>1500	轻微	>1500	弱结渣性
4 号混煤	1.39	较严重	1300	中等	1300	强结渣性
梅河煤	1.28	较严重	1332	接近中等	1332	强结渣性
1 号混煤	1.26	较严重	1340	接近中等	1340	强结渣性
3 号混煤	0.97	接近较严重	1326	中等	1326	强结渣性
7 号混煤	0.93	轻微	1361	轻微	1361	强结渣性
羊草沟煤	0.93	轻微	1450	轻微	1450	中等结渣性
8 号混煤	0.90	轻微	1351	轻微	1351	强结渣性
5 号混煤	0.86	轻微	1384	轻微	1384	中等结渣性
2 号混煤	0.80	轻微	1360	轻微	1360	强结渣性
6 号混煤	0.46	轻微	1380	轻微	1380	中等结渣性
霍林河煤	0.32	轻微	1358	轻微	1358	强结渣性

① 哈尔滨锅炉厂与哈尔滨工业大学的软化温度（ST）的判别范围：ST>1330℃轻微结渣；ST=1260～1330℃中等结渣；ST<1260℃严重结渣。

从表 2-24 可见，除对 9 号混煤的判别结果偏差较大外，三种判别方法对其他 8 种煤的判别结果：内/外渣比（S_{in}/S_{out}）的结果与哈尔滨锅炉厂和哈尔滨工业大学的判别标准接近，与表 1-25 的判别标准有一定差距。

内/外渣比（S_{in}/S_{out}）具有直观的特点，更能反映煤的结渣特性，还需要积累更多的数据，并做进一步的分级细化工作。

（三）褐煤混合燃烧的 NO_x 排放特性

NO_x 的机理研究主要是将其划分为燃料型、热力型和快速型，三者的组成随燃料种类不同而有差别。对于燃烧煤粉的锅炉，NO_x 排放主要取决于燃料型 NO_x 的生成量。热力型和快速型 NO_x 的生成量都较少。

煤燃烧过程中燃料型 NO_x 包括由挥发分均相生成的 NO_x 和由残碳中异相生成的 NO_x 两部分。从煤挥发出来的含氮成分生成 NO 的量占燃料 NO_x 生成量的 60%～80%，残碳中的氮生成的 NO 约占燃料 NO_x 生成量的 25%。其分配比例与煤种和热解温度有关。

影响 NO_x 生成的因素很多，NO_x 的排放特性是在燃烧试验装置（CRF）上进行的，主要考察了单煤及其混煤氧浓度、煤粉细度、水分、煤粉含氮量等对 NO_x 生成量的影响。

1. NO_x 在炉膛内的沿程分布

图 2-35 所示为单煤及混煤的 NO_x 在炉膛内沿程分布。从图 2-35 可见，无论单煤还是混煤着火初期 NO_x 大量生成，在燃尽段由于焦炭的还原作用，NO_x 有所下降，混煤的 NO_x 生成有一定的波动，出现两个峰，而单煤只出现一个。这可能是由于两种褐煤混合后，挥发分析出先后顺序不同。

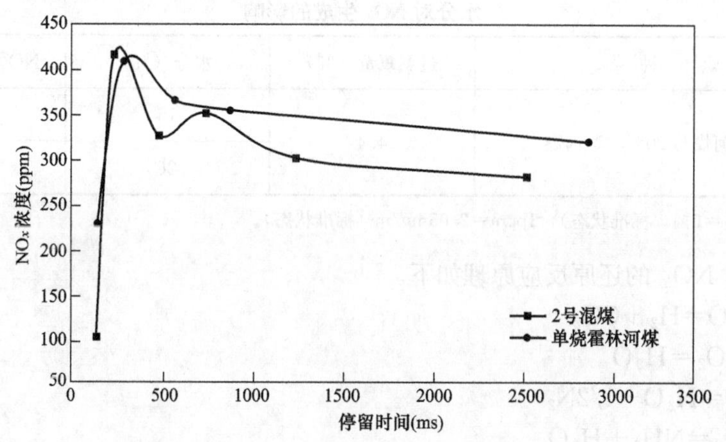

图 2-35 单煤及混煤的 NO_x 在炉膛内沿程分布

注：图中纵坐标为 O_2=5%的 NO_x 浓度，1ppm=2.05mg/m³(标准状态)。

2. 氧浓度对 NO_x 生成的影响

单煤及混煤的 NO_x 排放浓度水平随着过剩氧的增加而增大，图 2-36 所示为单煤的 NO_x 排放水平随过剩氧量的变化关系。由图 2-36 可见，过剩氧量对 NO_x 排放浓度水平影响很大，当其他条件不变时，NO_x 排放浓度随炉膛出口过剩氧量增大而上升，混煤与单煤的规律相同。这主要是由于在低氧条件下，中间产物 NH_i 和 HCN 等易向 N_2 转化，而氧浓度升高后，它们易转化成 NO_x。因此，在不使锅炉的固体和可燃气体未完全燃烧热损失增加的前提下，合理降低过量空气系数对减少 NO_x 排放是有利的。

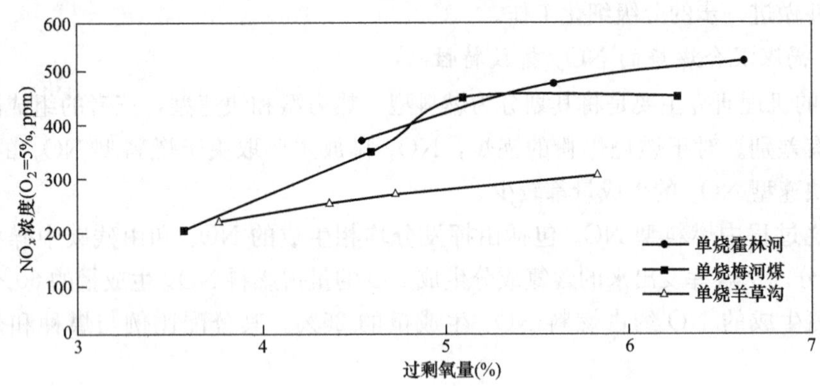

图 2-36　单煤的 NO_x 排放随过剩氧量的变化关系

注：1ppm=2.05mg/m³（标准状态）。

3. 水分对 NO_x 生成的影响

水分对 NO_x 生成的影响见表 2-25。由表 2-25 可见，煤中水分含量不同，对 NO_x 排放有一定影响。煤中水分高的煤，NO_x 排放低于煤中水分低的煤。目前，这方面的反应机理尚不十分清楚，可能是由于水煤气反应生成的 H_2 对 NO_x 的还原作用和高温下形成的 OH 原子团使 HCN 发生衰变所致。

表 2-25　水分对 NO_x 生成的影响

煤　种	过剩氧量（%）	水分（%）	NO_x 浓度（ppm*）
80%霍林河煤与 20%羊草沟煤	4.4	15	180
		26	56

* NO_x（O_2=5%，标准状态），1ppm=2.05mg/m³（标准状态）。

水煤气对 NO_x 的还原反应原理如下。

$H_2O+CO=H_2+CO_2$

$H_2+1/2O_2=H_2O$

$H_2+NO=H_2O+1/2N_2$

$NO+5H_2=NH_3+H_2O$

$NO_2+7H_2= NH_3+2H_2O$

OH 原子团对 NO_x 的还原反应原理如下。

$HCN+OH\rightarrow\cdots\rightarrow NH_i+CO$

$NH_i+NO\rightarrow\cdots\rightarrow N_2+H_2O$

4. 煤粉细度对 NO_x 生成的影响

图 2-37 所示是 80%霍林河煤与 20%羊草沟煤在两种不同的煤粉细度情况下 NO_x 生

成的曲线。由图 2-37 可见，煤粉细度不同，NO_x 的生成量也不同。煤粉越细，NO_x 的生成量越高。一方面是由于煤粉越细煤中的氮越易析出；另一方面，细煤粉与空气的混合较好，因此 NO_x 的生成量高。

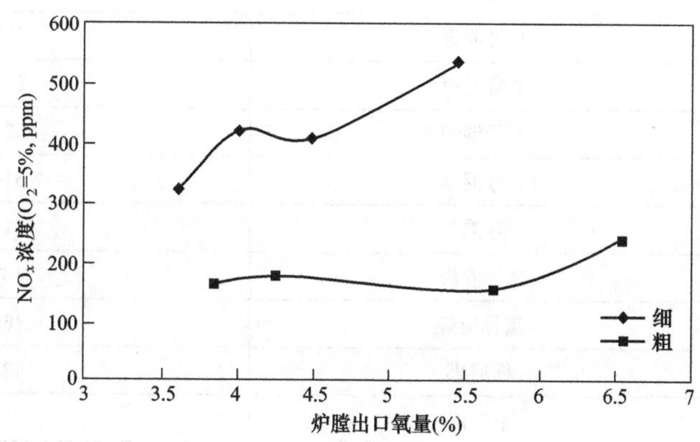

图 2-37 煤粉细度与 NO_x 生成量的关系

注：1ppm=2.05mg/m³（标准状态）。

5. 煤粉含氮量对 NO_x 生成的影响

煤粉含氮量对 NO_x 生成的影响见图 2-38。由图 2-38 可见，随着煤粉氮含量的增加，NO_x 的生成量也在增加。煤粉燃烧生成的 NO_x 主要是燃料型 NO_x，燃料中含氮量增加，在其他条件相同的情况下，势必会有助于 NO_x 的生成。

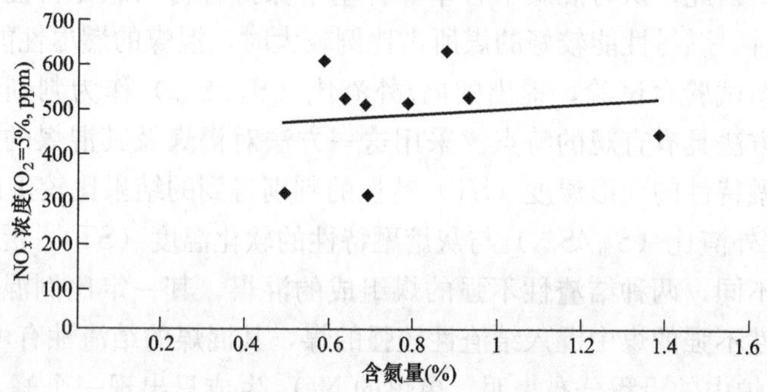

图 2-38 煤粉含氮量对 NO_x 生成的影响

注：1ppm=2.05mg/m³（标准状态）。

6. 单煤与混煤的 NO_x 排放水平

表 2-26 是过量空气系数为 1.4 情况下的单煤及混煤的 NO_x 排放水平。从表 2-26 可见，1 号混煤的 NO_x 的排放浓度最高，4 号混煤的 NO_x 的排放浓度最低。影响 NO_x 排放水平的因素很多，除煤中的含氮量之外，还有过剩氧浓度、煤的水分和煤粉细度，以及低 NO_x 空气分级燃烧技术等。因此，在有限的不同工况下的试验结果，尚得不出有规律的结论。

表 2-26　过量空气系数为 1.4 情况下的单煤及混煤的 NO_x 排放水平

序号	煤种	NO_x 排放水平（ppm*）
1	1 号混煤	630
2	6 号混煤	600
3	9 号混煤	537
4	7 号混煤	529
5	2 号混煤	520
6	5 号混煤	516
7	8 号混煤	510
8	3 号混煤	487
9	霍林河煤	463
10	梅河煤	439
11	丰广煤	367
12	羊草沟煤	290
13	4 号混煤	276

*　NO_x（O_2=5%，标准状态），1ppm=2.05mg/m³（标准状态）。

褐煤单煤和混煤的试验研究表明：

（1）单烧试验的三种褐煤中霍林河煤的固体未完全燃烧热损失最小，说明燃烧性能最好，羊草沟煤和梅河煤的固体未完全燃烧热损失较大，说明燃烧性能均较差。对于混煤，随着霍林河煤在混煤中的比例加大，混煤的未燃尽损失基本呈线性关系减少，即燃烧性能得到提高。因此，认为混煤中各单煤种基本保持各自的燃尽特性，即当褐煤的两个不同煤质相混时，燃尽性能较好的煤所占比例较大时，混煤的燃尽性能好。

（2）结合热态试验台试验，提出的内/外渣比（S_{in}/S_{out}）作为判别煤结渣特性的判别方法，该判别方法具有直观的特点。采用这一方法对褐煤及其混煤的结渣特性进行了判别，与用灰熔融特性的变形温度（ST）特性的判别得到的结果比较接近。

（3）结合内/外渣比（S_{in}/S_{out}）与灰熔融特性的软化温度（ST），混煤的结渣特性较各组分煤的有所不同，两种结渣性不强的煤组成的混煤，其一定比例混煤的结渣性有可能增强。在结渣性不强的煤中混入结渣性较强的煤，其混煤的结渣性有可能得到增强。

（4）NO_x 在炉内的沿程分布表明，单煤的 NO_x 生成只出现一个峰，而混煤的 NO_x 生成出现两个峰，而且这两个峰分布与混煤中掺混煤单烧时的峰接近重叠，从混煤比例与生成量的关系来看，褐煤混煤的 NO_x 析出特性与单煤的析出特性有较大关联，可基本认为呈线性关系。由此也可认为混煤中的各单煤基本保持各自的 NO_x 排放特性。

（四）褐煤混煤锅炉设计参数的选取

内蒙古是我国褐煤的主要产地，其中元宝山、平庄、霍林河、白音华、锡林浩特、伊敏、宝日希勒、扎赉诺尔、大雁等矿区的褐煤均属于老年褐煤，其水分、灰分和发热量为水分 M_t=25%～40%，灰分 A_{ar}=15%～28%，发热量 $Q_{net,ar}$=10 800～14 940kJ/kg。

自内蒙古赤峰市起，向东北方向延伸，褐煤水分含量有逐渐升高的趋势。其中，元宝山、平庄褐煤的 M_t=25%～28%，霍林河褐煤的 M_t 为=28%～30%，白音华、扎赉诺尔、宝日希勒褐煤的 M_t≈35%，大雁、锡林郭勒、伊敏煤的 M_t≈40%。

我国云南地区的昭通、凤鸣村和小龙潭褐煤属于年轻褐煤。水分较高，昭通褐煤的水分最高达 58%，一般水分 M_t = 32%～45%，灰分较少，A_{ar} = 8.8%～15%，发热量 $Q_{net,ar}$ = 6500～12 400kJ/kg。阳宗海褐煤水分 M_t≈36%，小龙潭、凤鸣村褐煤水分 M_t≈44%，昭通煤的水分 M_t≈58%。凤鸣村褐煤含约 8%的木质纤维。

老年褐煤主要产地在我国北方的内蒙古，年轻褐煤主要产地在南方的云南，这两地区的距离约 2500km，这种情况，自然形成了北方的老年褐煤与本地区的老年褐煤混配；南方的年轻褐煤与本地区的年轻褐煤混配，这是经济合理的。

如上所述，混煤的特点：其一，混煤中各单煤种基本保持各自的燃尽特性；其二，混煤的结渣特性较各组分煤的有所不同，两种结渣性不强的煤组成的混煤，其一定比例混煤的结渣性有可能增强。在结渣性不强的煤中混入结渣性较强的煤，其混煤的结渣性有可能得到增强。其三，混煤中的各单煤基本保持各自的 NO_x 排放特性。

1. 褐煤混煤的炉膛和燃烧器设计参数

鉴于褐煤混煤特性的试验研究结果，在选取炉膛特征参数和燃烧器设计参数时，需要考虑以上所述的几个特点，首先需要考虑在混煤中占主要比例组分煤的份额，选取参数时考虑它在燃烧过程中的影响；其次，因为混煤的结渣特性较各组分煤的有所不同，所以必须进行混煤的灰熔融温度试验，取得可靠的灰熔融温度数据。考虑以上所述的问题，可参考第二章和第三章，选取炉膛特征参数和燃烧器的一、二次风速度等有关设计参数。

2. 烟煤锅炉掺烧褐煤的运行参数

由于烟煤锅炉是按烟煤的煤质特性设计的，其选取的炉膛特征参数和燃烧器的一、二次风速度等有关设计参数，不能适应掺烧褐煤的情况。因此，掺烧褐煤时一般均采取按不同的负荷段，掺烧不同比例的褐煤。为此，需要经过计算获得相关参数，在运行阶段进行燃烧调整，取得安全经济的运行方式。

二、 烟煤与褐煤的混合燃烧

国内烟煤与褐煤的混合燃烧的情况，大部分是在原设计为烟煤锅炉内掺烧不同比例的褐煤。褐煤挥发分高、着火温度低、易燃易爆、发热量低、水分高、灰熔融温度低。烟煤锅炉掺烧褐煤后，由于褐煤与烟煤的特性不同，会出现一些问题，如锅炉带负荷能力及受热面结渣，制粉系统干燥出力不足及爆炸，输煤、烟风和除灰系统出力以及混煤方式等问题。

燃料的品种和性能是锅炉燃烧设备以至锅炉整体设计，以及烟煤锅炉掺烧褐煤的设备改造和运行方式的主要依据，不同的燃料性能要求配备不同的制粉系统、燃烧器结构、炉膛和锅炉本体形式以及辅助系统。只有掌握燃料性能，采取相应的技术措施，才能达到锅炉安全经济运行。因此，需要了解烟煤与褐煤的混煤特性。

1. 煤质特性

我国褐煤的主要特性见表 1-2，烟煤的主要特性见表 2-27。由表 1-2 和表 2-27 可以看出，烟煤属中低水分、中高灰分、高挥发分、中高发热量；褐煤属高水分、中高灰分、高挥发分、低发热量。

表 2-27　国内主要烟煤煤质分析数据

项目	符号	单位	神华	保德	鹤岗	大同优	准格尔	平朔混	平朔洗精	黄陵 1	府谷东	淮南
全水分	M_t	%	14.50	6.3	8.88	8.5	10.5	7.8	6.3	7.1	10.1	9.82
空气干燥基水分	M_{ad}	%	5.85	1.77	28.10	1.76	4.20	2.62	2.08	2.33	5.78	25.28
收到基灰分	A_{ar}	%	6.30	18.82	22.64	15.75	17.39	18.96	12.79	20.74	13.84	23.90
干燥无灰基挥发分	V_{daf}	%	33.80	39.08	35.93	37.74	36.96	37.97	37.41	36.76	38.38	36.81
收到基碳	C_{ar}	%	63.75	60.91	52.99	63.83	57.52	58.91	66.04	59.79	61.59	53.86
收到基氢	H_{ar}	%	3.58	4.21	3.63	3.77	3.61	3.95	4.30	3.54	4.14	3.28
收到基氧	O_{ar}	%	10.76	8.38	5.70	6.85	9.60	8.71	8.79	6.82	9.14	6.24
收到基氮	N_{ar}	%	0.71	0.98	0.57	0.61	0.88	0.97	1.10	1.02	0.99	0.82
全硫	$S_{t,ar}$	%	0.40	0.40	0.13	0.69	0.50	0.70	0.68	0.99	0.20	0.60
收到基高位发热量	$Q_{gr,ar}$	MJ/kg	25.38	24.83	—	25.73	23.04	23.84	26.95	23.55	24.59	—
收到基低位发热量	$Q_{net,ar}$	MJ/kg	24.21	23.82	20.525	24.76	22.05	22.85	25.92	22.66	23.50	20.912
哈氏可磨性指数	HGI	—	57	60	72.6	55	66	61	54	58	48	59
变形温度	DT	$\times 10^3$℃	1.160	>1.50	1.110	1.39	>1.50	>1.50	1.49	1.27	1.19	>1.482
软化温度	ST	$\times 10^3$℃	1.210	>1.50	1.300	1.48	>1.50	>1.50	>1.50	1.29	1.24	>1.482
半球温度	HT	$\times 10^3$℃	1.210	>1.50	—	>1.50	>1.50	>1.50	>1.50	1.30	1.25	—
流动温度	FT	$\times 10^3$℃	1.220	>1.50	1.482	>1.50	>1.50	>1.50	>1.50	1.31	1.26	>1.482
煤灰中二氧化硅	SiO_2	%	28.97	45.65	65.57	60.81	45.26	45.60	41.74	49.60	54.32	57.10
煤灰中三氧化二铝	Al_2O_3	%	11.02	39.53	19.88	24.33	39.56	39.00	35.80	24.19	17.42	31.40
煤灰中三氧化二铁	Fe_2O_3	%	16.07	5.64	3.29	7.80	6.21	5.70	6.28	5.04	11.51	4.90
煤灰中氧化钙	CaO	%	24.39	3.46	2.80	2.32	2.95	3.76	6.58	11.07	8.29	1.90
煤灰中氧化镁	MgO	%	0.82	1.03	0.77	0.74	1.06	0.60	0.85	1.83	1.94	0.70
煤灰中氧化钠	Na_2O	%	1.43	0.31	—	0.34	0.66	0.52	0.68	0.51	0.56	0.60
煤灰中氧化钾	K_2O	%	0.55	0.77	2.95	0.65	1.39	0.77	1.02	0.60	0.80	0.60
煤灰中二氧化钛	TiO_2	%	0.77	0.51	0.72	1.38	0.48	0.62	1.59	0.80	1.26	1.20
煤灰中三氧化硫	SO_3	%	12.94	2.12	0.70	0.67	1.85	2.58	4.66	5.66	3.31	1.70
煤灰中二氧化锰	MnO_2	%	0.008	0.024	—	0.003	0.023	0.160	0.028	0.014	0.014	—
煤中游离二氧化硅	SiO_2(F)	%	—	0.19	—	4.13	0.12	0.14	0.15			—

烟煤与褐煤混合后，混煤水分 M_t、挥发分 V_{daf} 增加幅度较大，而灰分 A_{ar}、发热量 $Q_{net,ar}$ 呈下降趋势。

2. 燃烧特性

(1) 单煤的燃烧特性。图 1-21 所示为典型的各煤种实验室失重特性曲线，从图 1-21 中可以看出，褐煤失重曲线偏向低温区而且峰值最高，表明其最易着火燃烧且反应能力最强；烟煤次之；无烟煤最弱。挥发分等级越高的煤燃烧性能越好。

图 1-21 中燃烧峰的后段表明后期燃烧的时间长短，曲线越陡燃烧性能越好。表明后期的燃烧时间越短，而褐煤的燃尽段最陡，燃尽性能也最好；烟煤次之；劣质烟煤和无烟煤最差。

(2) 烟煤与褐煤的混煤燃烧特性[16]。采用日本理学电机 RIGAKU8150 热天平，配置高温型电阻炉和红外线加热炉。

1) 试验煤质。鹤岗烟煤与霍林河褐煤的煤质分析见表 2-28。

表 2-28　鹤岗烟煤与霍林河褐煤的煤质分析　%

名称	固定碳	挥发分	碳	氢	氧	氮	硫	灰分
符号	FC_{def}	V_{def}	C_d	H_d	O_d	N_d	S_d	A_d
鹤岗烟煤	61.79	38.21	65.18	4.24	6.53	0.61	0.48	22.96
霍林河褐煤	52.74	47.26	50.30	4.32	19.17	1.10	0.87	23.7

由表 2-28 可以看出，霍林河褐煤的挥发分大于鹤岗烟煤；而固定碳则相反。这些差异决定了煤种的燃烧特性，在着火和燃尽方面，均是褐煤好于烟煤。

2) 鹤岗烟煤与混煤的燃烧特性试验结果与分析。两个单煤种的燃烧特性曲线（热重法 TG 和微商热重法 DTG 曲线）分别见图 2-39 和图 2-40。由图 2-39 和图 2-40 可见，霍林河褐煤的着火和燃尽特性好于鹤岗烟煤。将这两种煤以不同配比（8：2、7：3、5：5）的混煤在热天平上进行燃烧，混煤试验结果见图 2-41～图 2-43。由图 2-41～图 2-43 可见，由于褐煤与烟煤的燃烧特性比较接近，图 2-41～图 2-43 的曲线均为单峰，但燃烧曲线的宽度与单烧褐煤（图 2-40）或烟煤（图 2-41）有所不同。

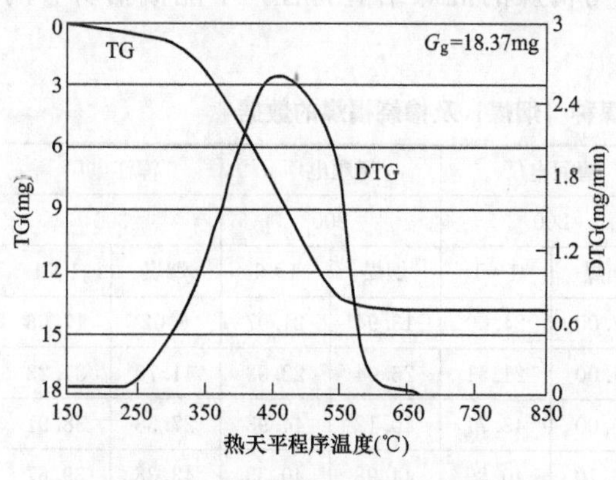

图 2-39　霍林河褐煤热天平试验结果

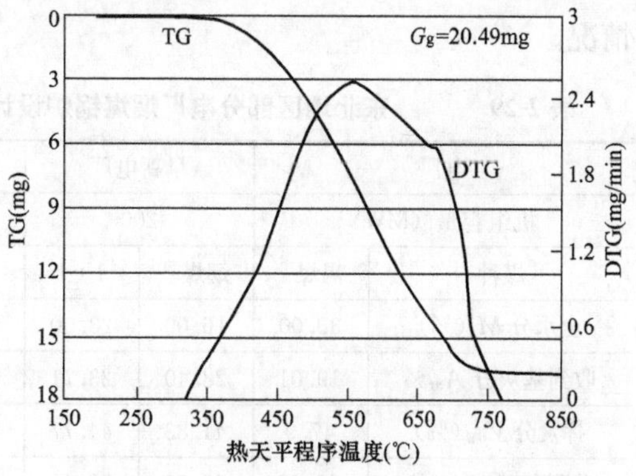

图 2-40　鹤岗烟煤热天平试验结果

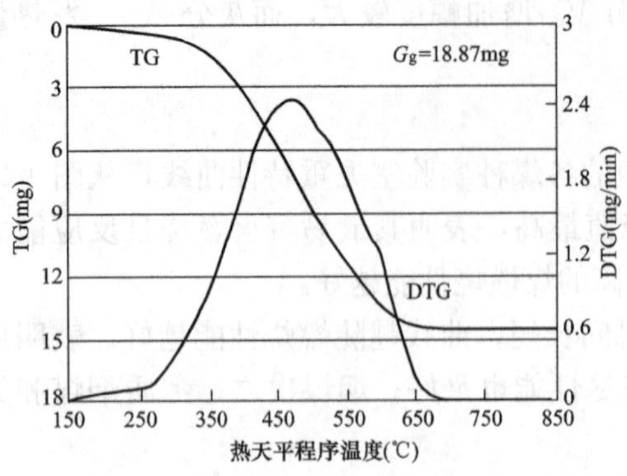

图 2-41 鹤岗烟煤与霍林河褐煤（8∶2）热天平试验结果

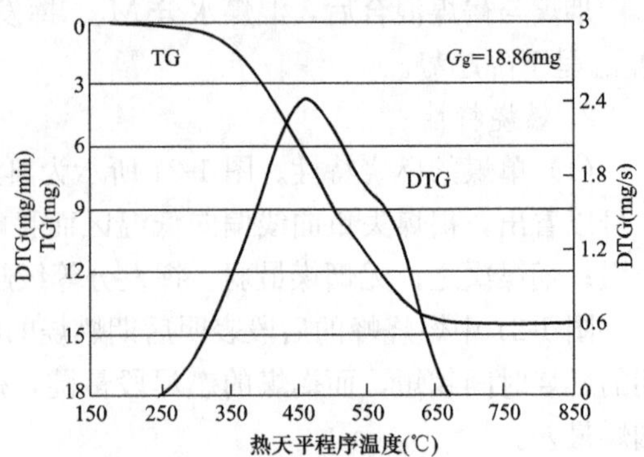

图 2-42 鹤岗烟煤与霍林河褐煤（7∶3）热天平试验结果

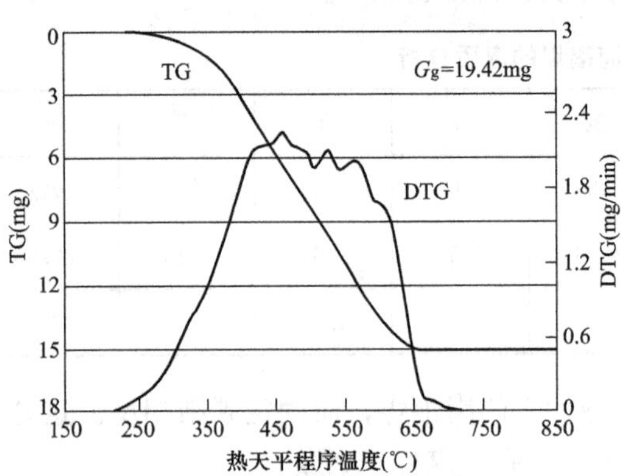

图 2-43 鹤岗烟煤与霍林河褐煤（5∶5）热天平试验结果

通过以上试验结果分析，可以得到这样的结论，即组成混煤的各组分煤在燃烧中，各自保持了自己的燃烧特性。

（3）烟煤与褐煤的混煤结渣特性。关于混煤的结渣特性国内外学者认为，由于单一煤种的结渣特性已经很复杂，混煤结渣特性的复杂程度更大。无法通过研究单煤种的结渣程度得到混煤的结渣特性。即混煤的结渣特性与其组分煤的结渣特性相去甚远。对褐煤与其他煤种混煤的结渣特性的研究报道极少。

东北地区部分电厂烟煤锅炉设计煤种（烟煤）及掺烧褐煤的数据见表 2-29。从表 2-29 可见，4 个电厂的设计煤种为烟煤，与霍林河褐煤按 1∶1 混配后，如按软化温度（ST）为判别灰的结渣特性时，灰的熔融温度变化的大致规律是在两个煤种中，混入一个灰的熔融温度相对较低的煤种时，混煤的熔融温度是降低的。这只是 4 个电厂烟煤与褐煤的混煤结渣特性，不能概括所有的情况。

表 2-29 东北地区部分电厂烟煤锅炉设计煤种（烟煤）及掺烧褐煤的数据

电厂		阜新电厂		清河电厂		抚顺电厂		浑江电厂	
机组容量（MW）		200		200		200		300	
煤种	褐煤①	烟煤②	1∶1	烟煤	1∶1	烟煤	1∶1	烟煤	1∶1
全水分 M_t(%)	30.00	16.00	23.00	18.00	24.00	13.94	21.97	6.02	17.66
收到基灰分 A_{ar}%	19.01	28.40	23.71	24.00	21.51	26.04	22.53	41.70	31.23
挥发分 V_{daf}(%)	47.9	41.83	44.77	40.00	43.71	40.12	44.98	27.38	38.91
收到基碳 C_{ar}(%)	35.67	42.71	39.19	46.10	40.89	44.98	40.33	43.38	39.67
收到基氢 H_{ar}(%)	2.58	2.72	2.65	3.00	2.79	4.52	3.55	2.49	2.60

续表

电厂		阜新电厂		清河电厂		抚顺电厂		浑江电厂	
机组容量（MW）		200		200		200		300	
煤种	褐煤①	烟煤②	1∶1	烟煤	1∶1	烟煤	1∶1	烟煤	1∶1
收到基氮 N_{ar}(%)	0.69	0.50	0.60	0.74	0.72	1.17	0.93	0.70	0.71
收到基氧 O_{ar}(%)	11.71	8.77	10.24	7.56	9.64	8.81	10.26	5.30	7.76
收到基全硫 $S_{t,ar}$(%)	0.34	0.90	0.62	0.600	0.47	0.54	0.44	0.41	0.37
发热量 $Q_{net,ar}$(kJ/kg)	13 390	15 890	14 625	17 166	15 270	18 673	15 964	16 200	14 530
变形温度 DT(℃)	1190	1100	1141	1150	1169	1250	1222	1300	1240
软化温度 ST(℃)	1260	1155	1203	1350	1308	1400	1335	1500	1350
流动温度 FT(℃)	1290	1216	1250	1450	1376	1400	1349	>1500	1400
灰成分 SiO_2(%)	62.61	59.28	60.81	59.91	61.16	54.75	58.37	49.01	53.34
Al_2O_3(%)	17.35	17.24	17.29	19.87	18.70	23.78	20.81	36.49	27.8
Fe_2O_3(%)	4.26	9.26	6.96	7.53	6.02	6.17	5.29	3.95	3.48
CaO(%)	7.29	3.28	5.13	1.58	4.22	2.01	4.44	3.85	2.66
MgO(%)	1.39	2.00	1.72	1.62	1.51	1.21	1.29	1.23	4.37
Na_2O(%)	0.37	3.82	2.23	1.78	1.13	1.60	1.03	0.63	0.50
K_2O(%)	1.29	1.62	1.47	2.43	1.90	1.49	1.40	1.71	1.51
TiO_2(%)	1.34	0.78	1.04	1.20	1.26	1.19	1.26	1.40	0.73
SO_3(%)	3.69	1.96	2.76	0.74	2.10	0.92	2.20	2.34	1.99

① 霍林河褐煤；
② 锅炉原设计烟煤。

(4) 烟煤与褐煤的混煤 NO_x 排放特性。文献［16］Smart 等在一台 2.5MW 的配置旋流燃烧器的半工业化试验台上对一种半无烟煤、一种中等挥发分烟煤和两种高挥发分烟煤进行了研究，发现 NO_x 排放量随高挥发分煤在混煤中的增加几乎呈线性增长。而采用分级燃烧后，NO_x 排放量却随高挥发分煤在混煤中的增加几乎呈线性下降。即两种情况下混煤的 NO_x 排放量与单煤比例均呈线性关系，只是一个增长一个下降。分析认为在不分级燃烧条件下，挥发分型氮在 NO_x 生成过程中起决定性作用，而在分级燃烧条件下，焦炭型氮在 NO_x 生成过程中更重要。Maier 等在容量为 0.5MW 的试验台上对高挥发分煤和低挥发分煤及其混煤的 NO_x 排放量进行了研究，试验结果显示，总体上 NO_x 排放量随高排放量煤比例的增加而增加，但在某一工况下（采用分级燃烧，一次风率为 60%工况下）混煤的 NO_x 排放量比两种单煤的排放量都高。认为混煤的 NO_x 排放量可以在两种单煤排放量之间，也可能均高于单煤或均低于单煤。这取决于煤的性质，包括挥发分和氮元素的含量、氮的生成机理、燃烧参数：如一次风率、过量空气、炉膛温度以及燃烧器结构等。还有如前所述，褐煤混煤的试验研究中煤粉细度和煤粉水分对 NO_x 排放量的影响。

对于混煤的 NO_x 排放量的研究认为，混煤 NO_x 排放量的生成规律是符合单煤的 NO_x 生成规律的，并且排放量与混煤比例存在近似线性的关系。但在有些情况下却与单煤的排放量无任何关系，因此还需对混煤的 NO_x 生成规律进行进一步研究。

有关褐煤混煤及其与其他煤种混煤的 NO_x 排放量的研究还未见报道，可参考上述挥发分与 NO_x 排放量的研究结论，评估褐煤混煤及其与其他煤种混煤的 NO_x 排放量趋势。

在燃用烟煤与褐煤的混煤时，为了满足制粉系统干燥出力，采用抽取一部分低温炉烟作为干燥剂。投入低温炉烟后，相当于在干燥介质中掺入一定比例的低温惰性气体成分，降低燃料着火初期的过量空气系数，在燃烧器区域形成富燃料区，使煤粉在初期着火阶段处于缺氧状态，使燃料型 NO_x 生成量减少；同时，掺入低温炉烟后，炉膛温度也会降低，从而使热力型 NO_x 生成量也减少。因此，投入低温炉烟对降低锅炉污染物的排放具有一定的积极作用。

三、 烟煤锅炉掺烧褐煤的相关问题

（一）烟煤与褐煤的特性

1. 烟煤的特性

烟煤的碳化程度中等，挥发分含量较高，范围也较广，一般 V_{daf}＝20％～40％，灰分 A_{ar}＝7％～30％，水分 M_t＝3％～18％，发热量 $Q_{net,,ar}$＝20.00～30.00MJ/kg。烟煤由于其各成分含量适中，是较好的动力用煤，在动力用煤的构成中占有较大比重。灰分中等以下的烟煤，发热量高，着火与燃烧稳定性好，燃尽特性也好，特别是含硫量低、灰分含量低、发热量高的烟煤，是非常优质的动力燃料。但对于低灰熔融温度的烟煤（ST＜1300℃），在锅炉的设计和运行中要慎重考虑其防止受热面结渣问题。

除了普通烟煤外，还有一部分烟煤含灰量较大，A_{ar}达到 40％以上，发热量 $Q_{net,,ar}$低于 16.70MJ/kg，这部分烟煤（包括 A_{ar}＞35％以上的洗选副产品——洗中煤）称为劣质烟煤，其灰分、水分含量高，发热量较低，但燃烧性能尚可，价格相对低廉，也是较好的动力用煤，而其燃烧性能和普通烟煤往往有较大差别，在燃烧技术上也不能和普通烟煤同等对待。其着火稳定性和燃烧效率仍是锅炉设计和运行中要重点解决的问题，甚至还有受热面的防磨问题。

2. 褐煤的特性

褐煤依据其碳化程度的不同，分为老年褐煤和年轻褐煤。

老年褐煤是指碳化程度较深、组织结构较为致密、外观呈黑褐色、在褐煤中其热发热量及含碳量相对较高的煤。一般其水分 M_t＝30％～40％，灰分也较高，挥发分 V_{daf}＝40％～50％，发热量 $Q_{net,ar}$＝10 050～13 340kJ/kg。我国内蒙古地区的褐煤多属老年褐煤。

年轻褐煤的碳化程度较浅，外观呈褐色、松散状，含木质纤维（变质石棉）。一般水分较高，多数 M_t＝40％～50％，个别高达 70％；灰分较低；挥发分通常在 50％以上；发热量较低，$Q_{net,ar}$＝5442～10 467kJ/kg。我国云南昭通、凤鸣村的褐煤属于年轻褐煤。

褐煤的共同特点是易自燃、水分高、发热量和灰熔融温度低，易结渣。

我国褐煤煤灰成分一般：SiO_2＝19％～63％，Al_2O_3＝10％～40％，Fe_2O_3＝4％～10％，CaO＝3％～30％，MgO＝1％～6％，K_2O＝0.3％～3％，Na_2O＝0.1％～2％，TiO_2＝0.7％～2.6％，SO_3＝1.3％～25.5％。其中，小龙潭煤的 CaO 高达 30％；SO_3 的含量也是最高的，为 25.5％。

如上所述，烟煤与褐煤的特性是有一定差别的。因此，在烟煤锅炉掺烧褐煤时，需要考虑其各自的特性。

（二）炉膛特征参数与掺烧比例

由于烟煤与褐煤的煤质特性不同，炉膛特性参数也是不同的，见表 2-30。在原设计的烟煤锅炉掺烧褐煤时要考虑炉膛参数的问题。褐煤的水分高，在炉内产生大量的烟气和水蒸气，由于燃烧技术的原因，炉膛内的烟气速度不允许超出一定的要求。因而选取的炉膛特征参数（炉膛容积放热强度 q_V、炉膛断面放热强度 q_F、燃烧器区壁面放热强度 q_B）比燃用烟煤时低，相应炉膛的容积大；由于褐煤的灰熔融温度低，一般都采用较低的炉膛特征参数，放大炉膛的轮廓尺寸，以降低放热强度。加之，褐煤的发热量低，掺烧褐煤时，为满足同容量烟煤锅炉的出力，则燃煤量必须增加，在相对于褐煤炉膛小的烟煤炉膛内，放热强度高，将导致结渣、烟气流速增加、对流受热面超温等一系列问题。因此，需要锅炉在不同负荷段，采用不同的掺烧比。

表 2-30 列出了不同标准对于烟煤（挥发分 $V_{daf}>25\%$，煤粉气流着火温度 IT<700℃）与褐煤的炉膛特征参数（q_V、q_F、q_B 和 h_1）的选取值。

表 2-30　不同标准对于烟煤与褐煤炉膛选型特征参数（q_V、q_F、q_B、h_1）

机组额定电功率（MW）	炉型	300	600	1000	600	1000
特征参数	标准	Π型锅炉			塔式锅炉	
炉膛容积放热强度（炉膛容积热负荷）q_V（BMCR）上限值（kW/m³）	Q/HPI-1-003—2011	烟切 80～105 （70～90） 烟墙 90～105 （85～95） 褐切 75～80 褐墙 80～90	烟切 76～90 （68～80） 烟墙 80～95 （75～85） 褐切 60～70 褐墙 65～75	烟切 70～85 （65～78） 烟墙 70～85 （70～80） 褐切 60～65 褐墙 60～70	塔式炉的 q_V（BMCR）约低 10%	塔式炉的 q_V（BMCR）约低 10%
	DL/T 831—2015	烟切 90～105 烟墙 90～105 褐切 70～80 褐墙 73～85	烟切 80～95 烟墙 80～95 褐切 60～65 褐墙 60～70	烟切 65～85 烟墙 65～85 褐切— 褐墙—	烟切— 烟墙— 褐切 57～60 褐墙—	烟切— 烟墙— 褐切— 褐墙—
	NB/T 10127—2018	烟切 90～118 烟墙 95～125 褐切 75～90 褐墙 80～100	烟切 80～105 烟墙 80～105 褐切 70～80 褐墙 75～90	烟切 70～90 烟墙 70～90 褐切（60～70） 褐墙（65～80）	烟切— 墙烟— 褐切— 褐墙—	烟切— 烟墙— 褐切— 褐墙—
炉膛断面放热强度（炉膛截面热负荷）q_F（BMCR）可用值（MW/m²）	Q/HPI-1-003—2011	烟切 4.3～4.7 （3.8～4.3） 烟墙 4.3～4.6 （4.2～4.4） 褐切 3.7～4.2 褐墙 3.8～4.4	烟切 4.3～4.7 （≈4.4） 烟墙 4.3～4.7 （4.2～4.5） 褐切 3.8～4.2 褐墙 3.8～4.4	烟切 4.4～4.7 （≈4.5） 烟墙 4.5～4.8 （4.2～4.5） 褐切 3.8～4.2 褐墙 4.3～4.8	烟切 4.3～4.7 （≈4.4） 烟墙 4.3～4.7 （4.2～4.5） 褐切 3.8～4.2 褐墙 3.8～4.4	烟切 4.4～4.7 （≈4.5） 烟墙 4.5～4.8 （4.2～4.5） 褐切 3.8～4.2 褐墙 4.3～4.8
	DL/T 831—2015	烟切 4.2～4.8 烟墙 4.2～4.8 褐切 3.5～4.0 褐墙 3.6～3.8	烟切 4.0～5.0 烟墙 4.0～4.8 褐切 3.8～4.0 褐墙 3.8～4.1	烟切 4.0～5.0 烟墙 4.0～5.0 褐切— 褐墙—	烟切 4.3～5.2 烟墙— 褐切— 褐墙—	切向 4.3～5.2 烟墙— 褐切— 褐墙—
	NB/T 10127—2018	烟切 3.8～5.1 烟墙 3.6～5.0 褐切 3.5～4.3 褐墙 3.2～4.4	烟切 4.2～5.4 烟墙 4.1～5.0 褐切 3.7～4.5 褐墙 3.8～4.6	烟切 4.5～5.5 烟墙 4.3～5.1 褐切（4.0～4.8） 褐墙（4.0～4.7）	烟切— 烟墙— 褐切— 褐墙—	烟切— 烟墙— 褐切— 褐墙—

续表

机组额定电功率（MW）	炉型	300	600	1000	600	1000
特征参数	标准	Π型锅炉			塔式锅炉	
燃烧器区壁面放热强度（炉膛燃烧器区壁面热负荷）$q_B(q_{Hr})$（BMCR）上限值（MW/m^2）	Q/HPI-1-003—2011	烟切 1.3～1.8 （1.0～1.5） 烟墙 1.2～1.7 （1.0～1.4） 褐切 1.0～1.3 褐墙 1.0～1.4	烟切 1.3～1.8 （1.0～1.5） 烟墙 1.3～1.7 （1.0～1.5） 褐切 1.0～1.3 褐墙 1.1～1.5	烟切 1.3～1.7 （1.1～1.5） 烟墙 1.3～1.7 （1.1～1.5） 褐切— 褐墙 1.1～1.6	烟切 1.3～1.8 （1.0～1.5） 烟墙 1.3～1.7 （1.0～1.5） 褐切 1.0～1.3 褐墙 1.1～1.5	烟切 1.3～1.7 （1.1～1.5） 烟墙 1.3～1.7 （1.1～1.5） 褐切— 褐墙 1.1～1.6
	DL/T 831—2015	烟切 1.2～1.8 烟墙 1.2～1.7 褐切 1.0～1.3 褐墙 1.2～1.7	烟切 1.2～1.8 烟墙 1.3～1.8 褐切 1.0～1.3 褐墙 1.3～1.8	烟切 1.2～1.8 烟墙 1.2～2.0 褐切— 褐墙 1.2～2.0	烟切 1.0～1.5 烟墙— 褐切— 褐墙—	切烟 1.0～1.5 烟墙— 褐切— 褐墙—
	NB/T 10127—2018	烟切 1.1～2.1 烟墙 1.1～1.7 褐切 1.0～1.5 褐墙 1.0～1.5	烟切 1.3～2.1 烟墙 1.1～1.8 褐切 1.0～1.6 褐墙 1.0～1.6	烟切 1.2～2.1 烟墙 1.1～1.8 褐切（1.1～1.6） 褐墙（1.0～1.7）	烟切— 烟墙— 褐切— 褐墙—	烟切— 烟墙— 褐切— 褐墙—
燃尽区高度下限值（最上层一次风喷嘴或三次风喷嘴中心至屏下缘距离）$h_1(l_3)$ 下限值（m）	Q/HPI-1-003—2011	烟切 18～20 （18～20） 烟墙 18～20 褐切 21～24 褐墙 22～24	烟切 20～24 （≈24） 烟墙 20～24 褐切 22～26 褐墙 22～28	烟切 23～27 （24～28） 烟墙 22～24 （22～26） 褐切 26～30 褐墙 26～30	烟切— — 烟墙— — 褐切 28～34 褐墙—	烟切— — 烟墙— — 褐切 28～36 褐墙—
	DL/T 831—2015	烟切 18～20 烟墙 18～20 褐切 20～24 褐墙 19～23	烟切 20～24 烟墙 18～22 褐切 22～26 褐墙 21～25	烟切 24～27 烟墙 22～24 褐切— 褐墙—	烟切 22～26 烟墙— 褐切 28～34 褐墙—	烟切 26～30 烟墙— 褐切— 褐墙—
	NB/T 10127—2018	烟切 16～20 烟墙 14～18 褐切 18～24 褐墙 16～22	烟切 17～22 烟墙 19～28 褐切 20～25 褐墙 20～24	烟切 20～28 烟墙 22～30 褐切（22～26） 褐墙（22～26）	烟切— 烟墙— 褐切— 褐墙—	烟切— 烟墙— 褐切— 褐墙—

注 1. Q/HPI-1-003—2011《电站煤粉锅炉燃烧设备选型导则》。

2. DL/T 831—2015《大容量煤粉燃烧锅炉炉膛选型导则》（代替 DL/T 831—2002）。

3. NB/T 10127—2018《大型煤粉锅炉炉膛及燃烧器性能设计规范》（代替 JB/T 10440—2004）。

4. 表中 Q/HPI-1-003—2011 括号内的数据为易结渣煤；NB/T 10127—2018 括号内的数据为参考值。

5. 表中的“烟切”为切向燃烧方式的烟煤锅炉；“烟墙”为墙式燃烧方式的烟煤锅炉。

6. 表中的“褐切”为切向燃烧方式的褐煤锅炉；“褐墙”为墙式燃烧方式的褐煤锅炉。

7. DL/T 831—2015 与 NB/T 10127—2018 的 q_V、q_F、$q_B(q_{Hr})h_1(l_3)$ 名称和符号不同，表中括号内的是 NB/T 10127—2018 的名称和符号。

双鸭山电厂 600MW 超临界机组烟煤锅炉掺烧褐煤时，更换了燃烧器和磨煤机。锅炉的炉膛特征参数容积放热强度 q_V、断面放热强度 q_F、燃烧器区壁面放热强度 q_B 和燃

尽高度 h_1（最上层燃烧器中心距屏底距离）见图 2-44～图 2-47。由图 2-44～图 2-47 可见，在同容量等级烟煤锅炉中，双鸭山电厂烟煤锅炉的容积放热强度 q_V、断面放热强度 q_F 和燃烧器区壁面放热强度 q_B 均为中等偏低，燃尽高度 h_1 为中等。双鸭山电厂 600MW 超临界机组锅炉的炉膛特征参数是按烟煤选取的，但在同容量机组的烟煤锅炉中，又采用了相对较大的炉膛，即较小的炉膛特征参数。当掺烧 20%～30%的褐煤时，燃煤特性和原设计煤相差的不是很大，总体煤质特性接近烟煤水平，因此是可以适应的。如果掺烧褐煤的比例提高，当掺烧 50% 以上的褐煤时，由于褐煤发热量低，混煤的燃煤量增加，水分增加，导致烟气量增加，为了保证煤粉在炉内的停留时间，以及空气分级低 NO_x 燃烧技术的要求，则炉膛尺寸显小，燃尽高度 h_1 不够，这些原因将降低煤粉在炉内的停留时间，甚至导致炉膛结渣，使经济性变差。因此，需要按负荷段掺烧不同比例的褐煤。双鸭山电厂 600MW 超临界机组烟煤锅炉掺烧褐煤的设备改造和运行见本节六。

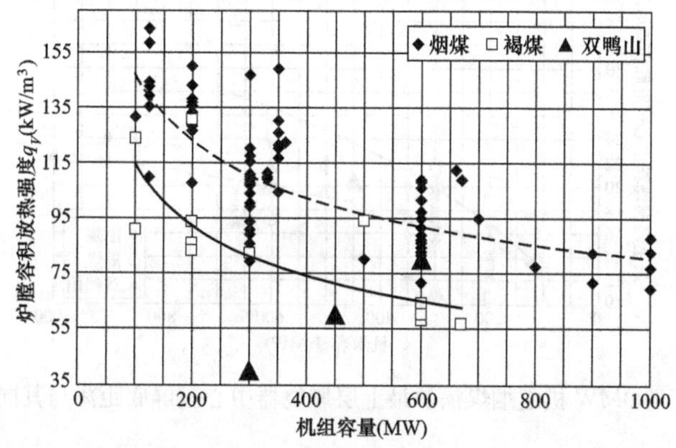

图 2-44 双鸭山电厂 600MW 机组烟煤锅炉容积放热强度与其同容量锅炉的比较[17]

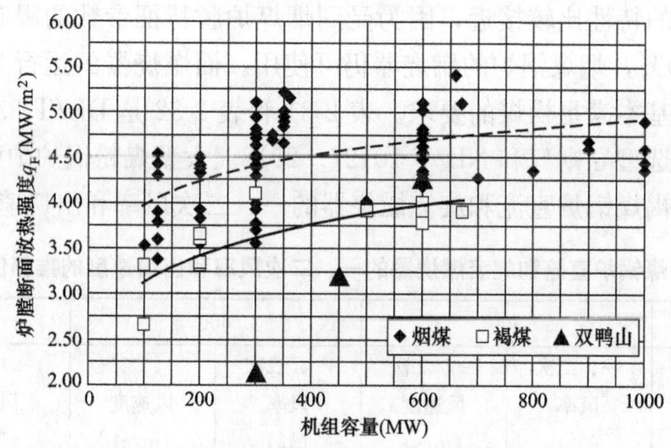

图 2-45 双鸭山电厂 600MW 机组烟煤锅炉断面放热强度与其同容量锅炉的比较[17]

（三）燃烧器一、二次风的风率和出口速度的选取

混煤燃烧的特点是组成混煤的各组分煤在燃烧中各自保持自己的燃烧特性。因此，

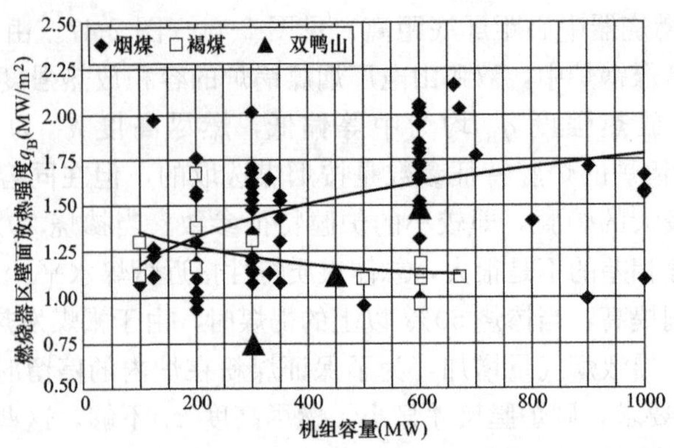

图 2-46 双鸭山电厂 600MW 机组烟煤锅炉燃烧器区壁面放热强度与其同容量锅炉的比较[17]

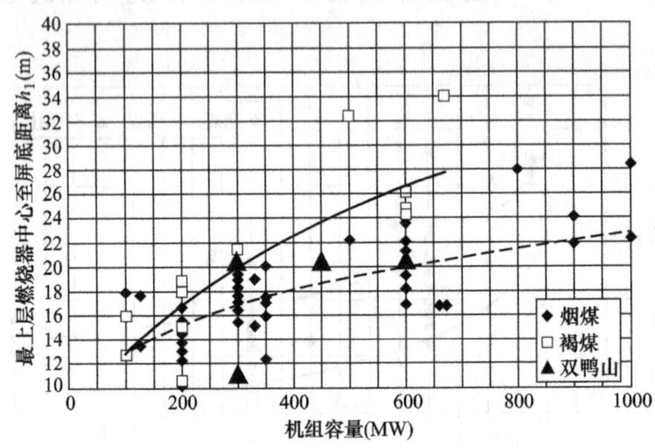

图 2-47 双鸭山电厂 600MW 机组烟煤锅炉最上层燃烧器中心至屏底距离与其同容量锅炉的比较[17]

在烟煤锅炉掺烧褐煤时需要考虑这个特征。

烟煤锅炉多采用均等配风的燃烧器，这种燃烧器也适用褐煤。烟煤锅炉掺烧老年褐煤时，褐煤与烟煤的特性比较接近，因为受到烟煤炉膛特征参数的限制，一般掺烧褐煤的比例为 30%～50%，烟煤锅炉的燃烧器仍可使用。而燃烧器的运行参数则需要考虑既能适应烟煤，也可基本满足褐煤的要求。表 2-31 和表 2-32 是 DL/T 831—2015《大容量煤粉燃烧锅炉炉膛选型导则》和 NB/T 10127—2018《大型煤粉锅炉炉膛及燃烧器性能设计规范》对烟煤与褐煤锅炉直流和旋流燃烧器的一、二次风率和出口速度的推荐值。

表 2-31 烟煤锅炉直流和旋流燃烧器的一、二次风率和出口速度的推荐值

机组功率（MW）	300		600		1000	
一、二次风率和风速度	一、二次风率（%）	一、二次风速度（m/s）	一、二次风率（%）	一、二次风速度（m/s）	一、二次风率（%）	一、二次风速度（m/s）
燃烧器型式	直流燃烧器					
DL/T 831—2015(BRL)	14～25、75～84	22～30、40～55	14～25、75～82	22～32、40～55	18～25、75～82	22～32、40～56
NB/T 10127—2018(BMCR)	18～25、75～82	22～30、45～52	18～30、67～82	20～32、40～58	18～30、67～82	20～32、40～58

续表

机组功率（MW）	300		600		1000	
一、二次风率和风速度	一、二次 风率 （%）	一、二次 风速度 （m/s）	一、二次 风率 （%）	一、二次 风速度 （m/s）	一、二次 风率 （%）	一、二次 风速度 （m/s）
燃烧器型式	旋流燃烧器					
DL/T 831—2015(BRL)	16～25、 75～84	一次风速度 16～25 二次风速度 内环 13～30 外环 26～40	16～25、 75～84	一次风速度 16～25 二次风速度 内环 13～30 外环 26～40	16～25、 75～84	一次风速度 17～25、 二次风速度 内环 13～30 外环 26～40
NB/T 10127— 2018(BMCR)	16～25、 71～80	一次风速度 16～28 二次风速度 内环 16～26 外环 28～42	18～30、 72～81	一次风速度 17～28 二次风速度 内环 18～35 外环 26～45	18～30、 72～81	一次风速度 17～28 二次风速度 内环 18～35 外环 26～45

表 2-32 褐煤锅炉直流和旋流燃烧器的一、二次风率和出口速度的推荐值（BRL 工况）

机组功率（MW）	300		600		1000	
一、二次风率和风速度	一、二次 风率 （%）	一、二次 风速度 （m/s）	一、二次 风率 （%）	一、二次 风速度 （m/s）	一、二次 风率 （%）	一、二次 风速度 （m/s）
燃烧器型式	直流燃烧器					
DL/T 831— 2015(BRL)	25～38、 62～75	18～25、 40～55	25～38、 62～75	18～25、 46～56	—	—
NB/T 10127— 2018（BMCR）	一次风率 风扇磨系统 25～35 中速磨系统 15～25 二次风率 75～85	16～22、 45～55	一次风率 风扇磨系统 25～35 中速磨系统 25～35 二次风率 75～85	14①～25、 45～56		
燃烧器型式	旋流燃烧器					
DL/T 831— 2015(BRL)	25～35、 65～75	一次风速度、 17～25 二次风速度、 内环 13～26 外环 26～40	25～35/ 65～75	一次风速度、 17～25 二次风速度、 内环 13～26 外环 26～40	—	—
NB/T 10127— 2018(BMCR)	25～35、 65～75	一次风速度 17～25 二次风速度 内环 15～26 外环 26～40	25～35/ 65～75	一次风速度 17～25 二次风速度 内环 15～26 外环 26～40	（25～35）②/ （65～75）②	一次风速度 （17～25）② 二次风速度 内环（15～26）② 外环（26～40）②

① 全水分 M_t<50%时。下限推荐值取 16m/s。

② 括号内的数据为参考值。

从表2-31、表2-32中可见，300～1000MW烟煤锅炉直流燃烧器的一次风速度为20～32m/s，300～600MW褐煤锅炉直流燃烧器的一次风速度为18～25m/s；300～1000MW烟煤锅炉旋流燃烧器的一次风速度为17～28m/s；300～600MW褐煤锅炉直流燃烧器的一次风速度为17～25m/s。对于直流燃烧器，烟煤锅炉掺烧褐煤后，混煤的水分减少，可以采用褐煤锅炉推荐的一次风速度上限值，或略高一些，这样既可使褐煤较好地燃烧，也可满足烟煤燃烧的要求，通过燃烧调整取得最佳的一次风速度。对于旋流燃烧器，烟煤与褐煤的一次风度速很接近。烟煤与褐煤的二次风速度也比较接近。

（四）制粉系统干燥出力

由于褐煤水分较高，要求制粉系统有较高的干燥能力，而直吹式制粉系统通常干燥的烟煤水分不高，干燥介质一般采用热风和冷风，制粉系统末端温度通常在60～70℃。如掺烧褐煤后燃煤水分增加较多，就会使制粉系统干燥出力不足，若高比例地掺烧褐煤，混煤粉水分更高，其干燥出力则更加不足。由于磨煤机和制粉系统的原因，限制锅炉带负荷能力。为了提高制粉系统干燥出力，可采用改变空气预热器旋向和抽取炉烟的方法，提高干燥介质温度。

1. 改变空气预热器旋向，提高一次风温度

烟煤锅炉原设计的三分仓空气预热器换热能力特性是空气预热器蓄热板在烟气侧获得热能后，将热能首先传递给流经二次风一部分后，再加热一次风，一次风侧的传热温压小于二次风侧；另外，由于空气预热器热端扇形板和密封片间隙产生的漏风，又使一次风温度有所降低。如果将空气预热器反向旋转，则可提高一次风侧传热温压。再对原空气预热器施以密封改造，可更有效地提高一次风的干燥能力。

2. 抽取炉烟，提高一次风温度

(1) 储仓式制粉系统。对于钢球磨煤机储仓式制粉系统，国内电厂烟煤锅炉掺烧褐煤时，为提高磨煤机干燥出力，抽取低温炉烟为储仓式制粉系统的干燥剂。采用抽取炉底低温炉烟或省煤器入口低温炉烟，对于小容量锅炉也可抽取高温段管式空气预热器入口的低温炉烟作为储仓式制粉系统的干燥剂，见图2-48。利用磨煤机入口负压与锅炉尾部烟道抽取点之间形成的压差抽取低温炉烟。

(2) 直吹式制粉系统。对于双进双出钢球磨煤机直吹式制粉系统，采取将除尘器后（引风机出口）的低温炉烟送入冷一次风机入口中，左、右两侧各增加一台低温炉烟风机（增压风机），以保证抽取所需要的烟气量；低温炉烟和空气混合后经由空气预热器进入制粉系统，以满足制粉系统的干燥出力，见图2-49。

对于中速磨煤机直吹式制粉系统，在锅炉尾部两侧新增烟气旁路，并在烟气旁路上增加一次风换热器，利用尾部烟道的压差，抽取锅炉尾部转向室的中温炉烟。通过冷风旁路将冷一次风送入旁路烟道上的换热器，用烟气加热以后汇合到磨煤机入口，再进入磨煤机，满足干燥出力和通风出力的需求。

对于中速磨煤机，一次风采用掺入高温烟气的方式，因为一次风压高，需要使用高温、高压热炉烟风机方可满足要求，目前还没有此种类型的风机可供选用。国内曾有两个电厂进行过掺入高温烟气的方式，均因风机故障率过高而停运。

（五）制粉系统防爆

1. 制粉系统增加低温炉烟惰化系统

国内外，从锅炉炉膛以及引风机出口抽取烟气直接加入制粉系统的运行实例，均为储仓式制粉系统。由于直吹式制粉系统风压较高，在7～11kPa之间，进入其内部的烟气介质必须高于其风压，采用高压头的风机输送，而同时要求介质的灰浓度不高。针对制粉系统发生爆炸的问题，制粉系统可采用低温炉烟惰化系统的改造方案。

直吹式制粉系统采用低温炉烟防爆的工作原理，是利用引风机出口经过净化约为140℃的低温烟气，通过增压风机送入一次风机，经过回转式空气预热器加热，作为一次风送入制粉系统，改变制粉系统内部的工作介质和成分，增加惰性气体含量，降低制粉系统终端干燥剂氧量不超过规定值，以此提高制粉系统的防爆能力。

另外，混煤水分增加后，制粉系统露点温度也会大幅提高，由47℃左右提高至57℃左右，煤粉容易黏结在制粉系统设备上。由于褐煤阴燃的温度低，极易引起制粉系统爆炸。因此，掺烧褐煤后制粉系统的爆炸与干燥问题同样突出。

2. 防爆参数的确定

各国有关惰性气氛设计，通常采用控制 O_2 的体积份额作为防爆指标，对于褐煤需要控制 O_2 的体积份额，我国DL/T 5203—2005《火力发电厂煤和制粉系统防爆设计技术规程》规定不大于14%，DL/T 5145—2012《火力发电厂制粉系统设计计算技术规定》按德国标准TRD413规定为12%；《锅炉机组煤粉制备装置计算与设计》（苏联1971年版）规定为18%。不同标准要求控制 O_2 的体积份额也不同，而且相差较大。

文献［18］给出了霍林河褐煤煤粉着火指数与燃烧气氛（含 O_2 量）的关系，在煤粉浓度为0.3～1.0kg/kg范围内，煤粉的着火指数（温度）均随着含 O_2 量的减少而增大，即随着 O_2 量的减少，着火的难度逐渐增大；而当 O_2 量减少到某一数值，继续减少 O_2 量时，着火指数不再随之增加，这个 O_2 量即为着火性能发生突变的临界 O_2 量。在工程上，可以把这个临界值作为着火/燃烧被抑制点，也可以作为煤粉不发生爆炸的临界 O_2 量。无论在何种煤粉浓度下，霍林河褐煤（其他褐煤的燃烧特性与此相当）的这个临界 O_2 量均为16.5%。煤粉浓度对着火指数也有较大影响，随着煤粉浓度的增加，着火指数呈下降趋势，即更易着火和燃烧。

文献［7］指出，为了防爆，保持制粉系统末端的气粉混合物中氧气的含量（按体积计算）小于16%时，制粉系统在启动、停运和断煤的各种工况下，都不会发生爆炸。掺入惰性气体（如烟气中的 CO_2、N_2 和水蒸气等）爆炸危险性就会减小。文献［18］给出了霍林河褐煤煤粉着火指数与燃烧气氛（含 O_2 量）的关系，煤粉不发生爆炸的临界 O_2 量为16.5%。国内褐煤锅炉运行实践表明，保持制粉系统末端的气粉混合物中 O_2 的含量（按体积计算）不大于16%时，制粉系统未发生爆炸事故。

（六）煤粉水分的选取

混煤煤粉水分的选取非常关键，干燥介质确定之后，它直接影响制粉系统干燥能力，若煤粉水分选取的过高，需要的一次风量小，当选取的煤粉水分与实际运行情况偏差很大时，由于没有足够的一次风量，按已选取的煤粉水分设计的制粉系统有时会导致制粉系统干燥出力或输送能力不足的后果。为了使设计合理，避免出现与实际运行情况严重不符的情况，在有条件的情况下，尽可能进行煤粉水分的试验。

阜新和抚顺发电厂在进行烟煤锅炉掺烧褐煤可行性研究期间，作了烟煤与褐煤的混煤煤粉水分试验。阜新发电厂1、2号炉（HG-670/13.7-YM16）烟煤锅炉掺烧褐煤时，对于水分为28%的烟煤与褐煤混煤进行了煤粉水分试验，取煤粉水分 $M_{pc}=9\%$；抚顺发电厂2号炉（HG670/13.7YM9）为钢球磨煤机（DTM380/830）储仓式制粉系统，进行了烟煤锅炉掺烧50%褐煤的混煤煤粉水分试验，数据见表2-33[18]；由于不同的掺烧褐煤比例，混煤的全水分不同，选取的煤粉水分也不同。双鸭山电厂600MW机组烟煤锅炉掺烧褐煤中速磨煤机直吹式制粉系统的煤粉水分，按不同的掺烧褐煤比例，选取不同的煤粉水分，见表2-33。

表2-33　抚顺电厂2号炉混配褐煤50%煤粉水分试验结果

混煤发热量 $Q_{net,ar}$ (kJ/kg)	混煤水分 M_t (%)	混煤灰分 A_{ar} (%)	煤粉细度 R_{200} (%)	煤粉细度 R_{90} (%)	磨出口温度 t_{M2} (℃)	煤粉水分 M_{pc} (℃)
12 545	20.06	34.14	8.8	32.4	55	11.10
			8.2	30.2	60	6.62
			7.2	29.6	66	6.02

阜新、抚顺和双鸭山发电厂烟煤锅炉掺烧褐煤的煤粉水分，试验和选取的煤粉水分数据与DL/T 5145—2012《火力发电厂制粉系统设计计算技术规定》和DL/T 466—2017《电站磨煤机及制粉系统选型导则》推荐的直吹式和储仓式制粉系统中热空气干燥时，磨制褐煤选取煤粉水分的曲线接近。

（七）辅机设备及辅助系统的核算与改造

（1）制粉系统磨煤机和给煤机。

（2）送风机、引风机和一次风机。

（3）除尘、脱硫和脱硝系统。

（4）输灰和排渣系统。

（5）输煤和混煤系统。

（6）相应的其他等系统。

四、储仓式制粉系统烟煤锅炉掺烧褐煤的设备改造和运行[19]

烟煤锅炉掺烧褐煤的量取决于烟煤锅炉的炉膛特征参数，即炉膛的轮廓尺寸；褐煤的煤质，主要是褐煤的水分、灰分、发热量和灰的熔融温度；磨煤机和制粉系统的出力。

由于掺烧褐煤，原设计的制粉系统不能满足干燥出力要求，为此，需要抽取低温炉烟作为干燥剂。储仓式制粉系统烟煤锅炉掺烧褐煤的改造方式，一般是利用锅炉与制粉系统之间的压差，采用磨煤机入口负压与锅炉尾部烟道抽吸点之间形成的压差，抽取低温炉烟。

（一）概况设备

阜新发电厂1、2号200MW机组匹配哈尔滨锅炉厂的超高压HG-670/13.7-YM16Π

型中间再热自然循环锅炉，四角切圆燃烧方式，水平浓淡燃烧器。采用钢球磨煤机储仓式制粉系统，热风和温风干燥方式，配两台 MTZ3886-Ⅲ型钢球磨煤机，两台 M5-48-11 №20D 排粉风机。

锅炉原设计燃用烟煤，炉膛容积放热强度 $q_V=113\text{kW/m}^3$，炉膛断面放热强度 $q_F=3.555\text{MW/m}^2$，燃烧器区壁面放热强度 3.6MW/m^2。

（二）燃煤特性

阜新发电厂 1 号和 2 号炉设计烟煤、掺烧褐煤、烟煤与褐煤不同掺烧比例的煤质特性见表 2-34。

表 2-34 设计烟煤、掺烧褐煤、烟煤与褐煤不同掺烧比例的煤质特性

名称	单位	原设计烟煤	掺烧褐煤	烟煤：褐煤 1：1	烟煤：褐煤 3：2
碳 C_{ar}	%	42.7	38.1	40.41	40.87
氢 H_{ar}	%	2.72	2.39	2.56	2.59
氧 O_{ar}	%	8.77	9.51	9.14	9.07
硫 S_{ar}	%	0.9	0.3	0.6	0.66
水分 M_t	%	16.0	31.8	23.9	22.32
灰分 A_{ar}	%	28.4	17.6	23.9	23.9
挥发分 V_{daf}	%	41.83	49.03	45.43	44.71
低位发热量 $Q_{net,ar}$	kJ/kg	15 890	13 200	14 545	14 814

（三）设备改造

国内电厂烟煤锅炉掺烧褐煤时，为提高磨煤机干燥出力，采用抽取炉底低温炉烟或省煤器入口低温炉烟作为储仓式制粉系统的干燥剂。阜新发电厂 1、2 号炉的磨煤机和排粉机设计选型偏大，高于同容量机组锅炉一个等级，有一定的裕量。因此，改造方案采用磨煤机入口负压与锅炉尾部烟道抽取点之间形成的压差，抽取低温炉烟。根据阜新发电厂 2 号炉的具体情况，在高温段管式空气预热器入口抽取 417℃的低温炉烟，易于满足制粉系统的干燥出力，抽烟管道可以选用普通碳钢，管线布置较短，安装方便，投资少；抽取点处无受热面，避免抽取烟气带来的烟气分布不均匀的问题；由于利用磨煤机入口负压与抽取点之间的压差抽取烟气，系统简单，无需增加其他动力设备。抽取低温炉烟的改造系统见图 2-48。

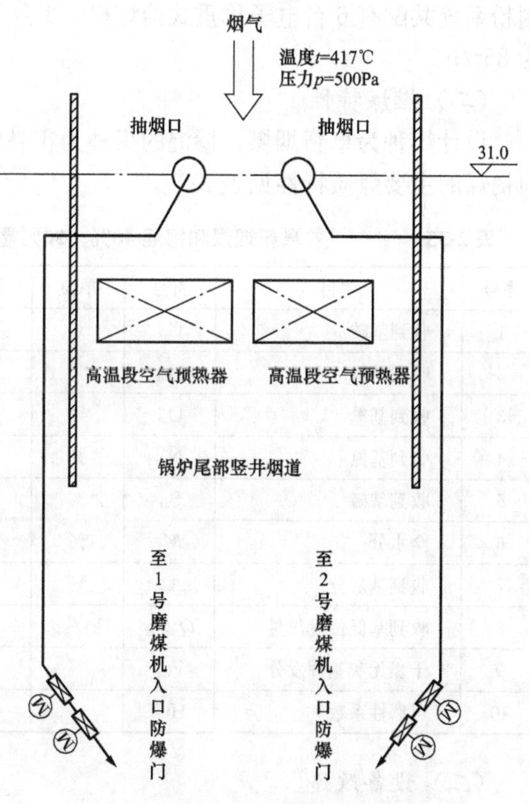

图 2-48 抽取低温炉烟的改造系统图

该改造方案可满足制粉系统的防爆要求；制粉系统具有掺混40%～50%褐煤的干燥能力；锅炉具有带90%额定负荷以上的能力；制粉系统抽取一定比例的低温炉烟后，由于采用乏气送粉，作为一次风送入炉内，不影响锅炉的正常燃烧。

（四）掺烧褐煤改造后的运行情况

阜新发电厂1、2号炉锅炉掺烧褐煤的制粉系统改造，投入运行以来，解决了制粉系统的防爆、干燥出力和机组带负荷问题，取得了良好的经济效益。

五、双进双出钢球磨煤机正压直吹式制粉系统烟煤锅炉掺烧褐煤的设备改造和运行[18]

（一）设备概况

阜新发电厂4号350MW机组为哈尔滨锅炉厂生产的HG-1165/17.45-YM1烟煤锅炉。亚临界、一次中间再热、自然循环、平衡通风、燃煤汽包锅炉，设计燃用烟煤。锅炉采用全钢结构构架，呈Π型布置，单炉膛。炉膛四周为膜式水冷壁，炉膛的高负荷区域采用内螺纹管的膜式水冷壁，在炉膛上部布置有墙式再热器、分隔屏式过热器、后屏过热器，水平烟道中布置有后屏再热器、末级再热器、末级过热器和立式低温过热器，后烟道竖井布置水平低温过热器和省煤器，后烟道下部布置两台三分仓回转式空气预热器。过热器蒸汽温度调节采用两级喷水减温，再热蒸汽温度调节采用摆动燃烧器调温方式，燃烧器可摆动±30°，再热器系统还设有事故工况喷水减温。

锅炉配有3套双进双出钢球磨煤机正压直吹式制粉系统，采用热风作为干燥介质，制粉系统共配有6台电子称重式给煤机，3台BBD4360型双进双出钢球磨煤机最大出力为85t/h。

（二）燃煤特性

设计煤种为阜新烟煤，掺混的煤种为霍林河褐煤。阜新烟煤和掺混40%、50%霍林河褐煤的主要煤质特性见表2-35。

表2-35　阜新烟煤和掺混40%、50%霍林河褐煤的主要煤质特性

序号	项目	符号	单位	设计煤质	霍林河褐煤	40%褐煤	50%褐煤
1	收到基碳	C_{ar}	%	43.34	38.11	41.25	40.73
2	收到基氢	H_{ar}	%	3.52	2.39	3.07	2.96
3	收到基氧	O_{ar}	%	11.65	9.51	10.79	10.58
4	收到基氮	N_{ar}	%	0.75	0.73	0.74	0.74
5	收到基硫	S_{ar}	%	0.90	0.30	0.66	0.60
6	全水分	M_t	%	8.63	31.8	17.90	20.21
7	收到基灰分	A_{ar}	%	31.21	17.16	25.59	24.19
8	收到基低位发热量	$Q_{net,ar}$	kJ/kg	17 500	13 200	15 780	15 350
9	干燥无灰基挥发分	V_{daf}	%	46.35	49.03	47.42	47.68
10	可磨性系数	HGI	—	57	60	58.20	58.50

（三）设备改造

考虑了4种抽取低温炉烟的方案：从引风机入口抽取低温炉烟至一次风出口，从引

风机入口抽取低温炉烟至一次风入口，从引风机出口抽取低温炉烟至一次风出口，从引风机出口抽取低温炉烟至一次风入口。经过4种方案比较，采取将引风机出口（除尘器后）的低温炉烟送入冷一次风入口，左、右两侧各增加一台低温炉烟风机（增压风机）以保证抽取所需要的烟气量，低温炉烟和空气混合后经由空气预热器进入制粉系统，这样可同时满足制粉系统的干燥出力及安全防爆要求。该方案的空气预热器出口一次风温度高于原运行值10℃以上，可提高干燥出力，以达到燃用设计煤种掺烧40%、50%霍林河褐煤的目的，而且系统简单，管道布置方便。炉烟温度较低，对管道材质要求不高，改造投资成本较低，同时又便于运行与维护。低温炉烟风机的设计参数见表2-36，低温炉烟改造系统简图见图2-49。

表2-36　低温炉烟风机的设计参数

序号	项目	单位	参数
1	型号	—	Y6-51-1№14D
2	数量	台	2
3	风量	m^3/h	88 000
4	全压	Pa	1936
5	叶轮直径	mm	1400
6	烟气温度	℃	130～140
7	电机型号	—	Y315S-6
8	电机功率	kW	75
9	电流	A	141
10	电压	V	380
11	转数	r/min	960

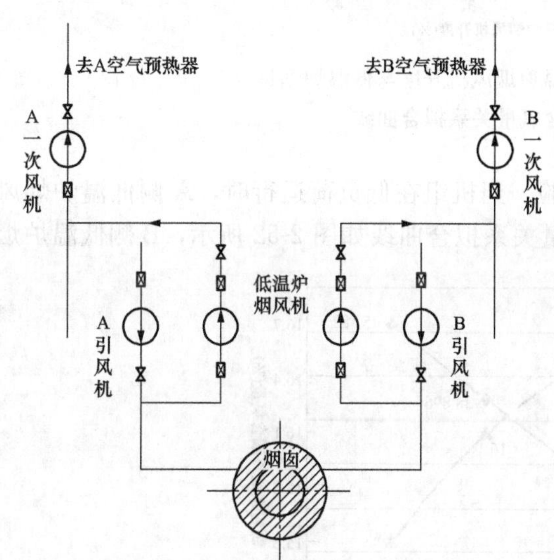

图2-49　低温炉烟改造系统简图

（四）掺烧褐煤改造后的运行情况

1. 抽取低温炉烟试验

（1）90%额定负荷下抽低温炉烟特性试验。在掺烧40%霍林河褐煤条件下，当A侧低温炉烟风机开度约为55%，抽取的低温炉烟量为56.4t/h，制粉系统终端含氧量约为15.4%。B侧低温炉烟风机开度约为37%，抽取的烟低温炉烟量为50.37t/h，制粉系统终端含氧量约为15.5%。此时两侧抽取的总低温烟量为106.77t/h，磨煤机出口温度控制在60℃以上（由于B磨煤机入口冷风调节门故障，开度只能保持在40%左右而无法调节，使B磨煤机出口温度略低于60℃）。说明在掺烧40%比例褐煤时，系统完全能够满足掺烧褐煤后制粉系统的安全防爆和干燥出力要求。

A侧低温炉烟风机开度与低温炉烟量、制粉系统终端含氧量关系拟合曲线见图2-50；

B 侧低温炉烟风机开度与低温炉烟量、制粉系统终端含氧量关系拟合曲线见图 2-51。

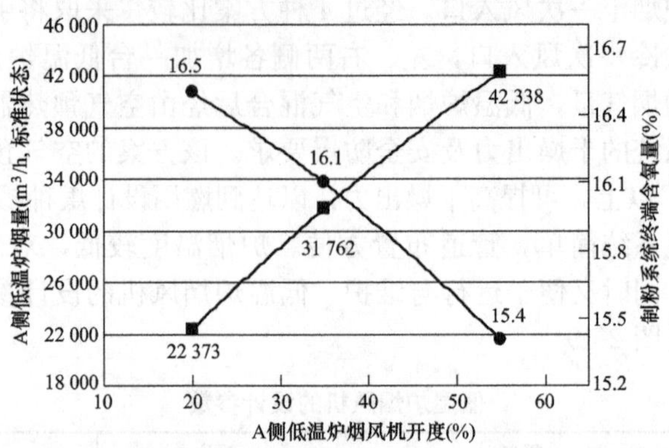

图 2-50 320MW A 侧低温炉烟风机开度与低温炉烟量、制粉系统终端含氧量关系拟合曲线

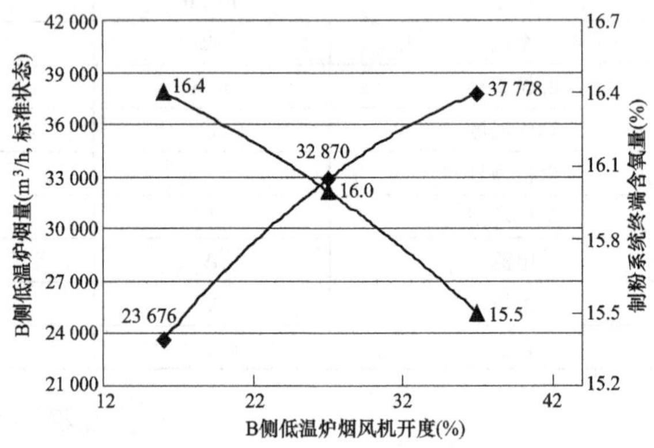

图 2-51 320MW B 侧低温炉烟风机开度与低温炉烟量、制粉系统终端含氧量关系拟合曲线

（2）57%额定负荷下抽低温烟特性试验。当机组在低负荷运行时，A 侧低温炉烟风机开度与低温炉烟量、制粉系统终端含氧量关系拟合曲线如图 2-52 所示，B 侧低温炉烟

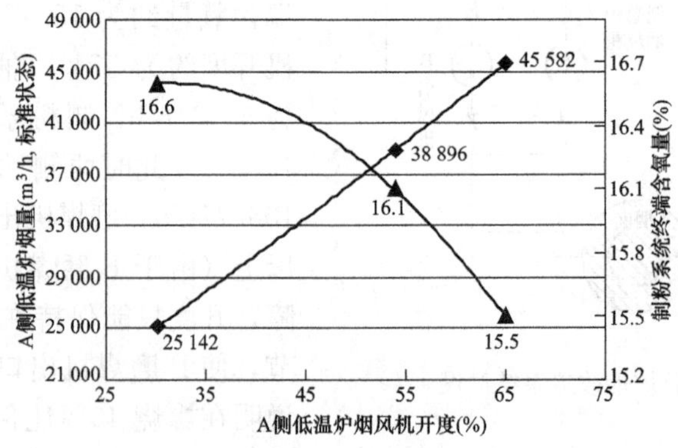

图 2-52 200MW A 侧低温炉烟风机开度与低温炉烟量、制粉系统终端含氧量关系拟合曲线

风机开度与低温炉烟量、制粉系统终端含氧量关系拟合曲线如图 2-53 所示。

由图 2-52 和图 2-53 可知，A 侧抽取的低温炉烟量为 51.61t/h，制粉系统终端含氧量约为 16.1%；B 侧抽取的低温炉烟量为 46.96t/h，制粉系统终端含氧量约为 16.0%。此时两侧抽取的总冷烟量为 98.57t/h，磨煤机出口温度基本在 60～62℃，能够满足掺烧褐煤后制粉系统的安全防爆和干燥出力要求。

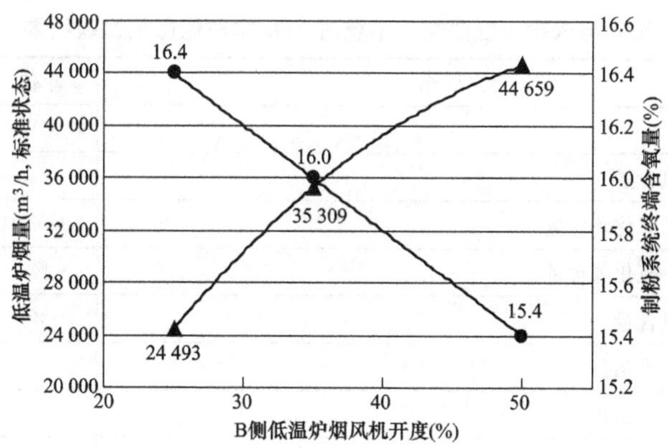

图 2-53 200MW B 侧低温炉烟风机开度与低温炉烟量、制粉系统终端含氧量关系拟合曲线

(3) 停运低温炉烟风机抽低温烟气量试验。掺烧褐煤试验过程中，在机组负荷为 280MW 时，实测了停两侧低温炉烟风机，全开低温炉烟管道出入口电动门及低温炉烟风机调节门时的低温烟气量。试验结果见表 2-37。从表 2-37 中可以看到，在保证低温烟气管道内阻力最小的条件下，依靠一次风机入口负压，磨煤机入口含氧量即可下降到 19% 左右，制粉系统终端含氧量可降低到 17%左右。即当低温炉烟风机故障跳闸时，全开低温烟气管道电动门后，依靠一次风机入口负压抽吸的低温烟气量，也可使掺烧褐煤后制粉系统的安全性有所提高，而无需在低温炉烟风机事故跳闸后联跳一次风机，从而提高整个机组运行的稳定性。

表 2-37 280MW 全开低温炉烟管道电动门时抽冷烟量试验结果

序号	名称	单位	A 侧低温炉烟系统	B 侧低温炉烟系统
1	机组负荷	MW	280	
2	低温炉烟风机入口门开度	%	100	100
3	低温炉烟温度	℃	135	141
4	磨煤机入口含氧量	%	19.1	19.2
5	制粉系统终端湿烟气含氧量	%	17.1	17.3
6	低温炉烟体积流量	m^3/h	35 272	33 392
7	低温炉烟质量流量	t/h	31.2	28.8

综合以上试验结果，在掺烧 40%比例条件下，通过调节低温炉烟风机入口门开度，在高负荷和低负荷下均可将制粉系统终端含氧量降低到 16%以下，磨煤机出口温度可达到 60℃，能够满足掺烧褐煤后制粉系统的安全防爆和干燥出力要求。另外，即使在停运低温炉烟风机后，依靠系统本身的能力，制粉系统终端含氧量也可降低到 17%左右，也

能使掺烧褐煤后制粉系统的安全性有所提高，而不需要在低温炉烟风机事故跳闸后联跳一次风机，从而提高整个机组运行的稳定性。

2. 投入低温炉烟对 NO_x 排放量影响试验

本次试验分别在相同负荷下测试投入低温炉烟与未投入低温炉烟两个工况下 NO_x 的排放量，进而了解低温炉烟对 NO_x 排放量的影响程度，试验结果见表 2-38。

表 2-38　投入与未投入低温烟气系统对 NO_x 排放量影响试验结果

序号	名　称	单位	未投入	投入
1	机组负荷	MW	320	
2	实测烟尘中氧含量	%	4.48	4.19
3	实测烟尘中二氧化碳含量	%	14.47	14.73
4	实测烟尘中一氧化碳含量	%	0	0
5	实测烟尘中氮含量	%	81.05	81.08
6	实测的过量空气系数	—	1.271	1.249
7	规定的过量空气系数	—	1.40	1.40
8	实测 NO_x 体积浓度	ppm	236.8	219.6
9	实测烟尘中 NO_x 质量浓度	mg/m^3	485.4	450.2
10	折算后烟尘中 NO_x 质量浓度（O_2=6%，标准状态）	mg/m^3	440.8	401.7
11	抽取总烟气量（130℃）	m^3/h	95 891	
12	投入后 NO_x 变化幅度	%	−8.9	

注　1ppm=2.05mg/m^3（标准状态）。

从表 2-38 中看到，机组负荷约在 320MW 时，保持锅炉氧量基本不变，未投入低温炉烟时，折算后烟尘中 NO_x 排放浓度为 440.8mg/m^3（O_2=6%，标准状态），投入低温炉烟系统时，折算后烟尘中排放浓度为 401.7mg/m^3（O_2=6%，标准状态），比未投入低温炉烟系统 NO_x 排放浓度降低了 39.1mg/m^3（O_2=6%，标准状态），其降低幅度为 8.9%。

3. 投入低温炉烟对提高引风机出力的试验

由于增加一部分再循环烟气量，当投入低温烟气后，引风机出入口压差变小，流量变大，引风机电流下降 3～5A，功率也有所下降，在保持锅炉氧量不变的情况下，引风机将自动关小，因此当投入低温炉烟气后，在一定程度上可提高引风机出力。虽然掺烧 40%褐煤后，由于总烟气量增大，消耗引风机出力的程度较大，但总体上引风机出力较改造前仍然是提高的。

4. 磨煤机最大出力试验

当机组负荷约为 338MW 时，掺烧 40%褐煤并投入低温炉烟风机的情况下，选择 C 磨煤机进行磨煤机最大出力试验，试验煤可磨性指数 HGI=39，全水分 M_t=25.1%，收到基低位发热量 $Q_{net,ar}$=16 515kJ/kg，磨煤机最大出力为 72t/h。试验结果见表 2-39。

在试验煤质条件下实际磨煤机最大出力总和约为 216t/h，磨煤机出力裕量系数为 1.09，完全满足机组带大负荷出力的要求。

表 2-39　　　　　　　　　磨煤机最大出力试验数据表

序号	名　　称	单位	数据
1	全水分 M_t	%	25.10
2	空气干燥基灰分 A_{ad}	%	21.63
3	干燥无灰基挥发分 V_{daf}	%	45.24
4	收到基低位发热量 $Q_{het,ar}$	kJ/kg	16 515
5	机组负荷	MW	338
6	A/B一次风机电流	A	130/117
7	A/B一次风机开度	%	98/96
8	A/B一次风母管风压	kPa	10.2/10.2
9	A/B空气预热器出口热一次风温度	℃	319.6/320.1
10	C磨煤机给煤量	t/h	35/37
11	C磨煤机入口风压	kPa	8.5
12	C磨煤机入口温度	℃	295.9
13	C磨煤机容量风开度	%	78/75
14	C磨煤机热风门开度	%	78.6
15	C磨煤机冷风门开度	%	8.7
16	C磨煤机出口温度	℃	59.1/57.3
17	C磨煤粉细度 R_{90}	%	19.4/22.6

5. 投入低温炉烟对过热、再热蒸汽温度影响试验

投入低温炉烟后，由于总烟气量增大，过热、再热蒸汽温度会有所升高，一、二级减温水流量将增大，为保证过热、再热蒸汽温度，运行中可将燃烧器摆角下摆。观察投入低温炉烟与未投入低温炉烟两个工况下对过热、再热蒸汽温度的影响，试验期间观察锅炉各主要参数的变化，与锅炉热效率试验同时进行，试验结果见表 2-40。

表 2-40　　　　　　投入低温炉烟气前后过热、再热蒸汽温度变化情况

序号	名称	单位	投入前	投入后
1	机组负荷	MW	320	
2	过热蒸汽温度	℃	543.1	542.6
3	再热蒸汽温度	℃	538.6	539.7
4	锅炉氧量	%	4.4/4.2	3.8/4.3
5	过热蒸汽一级减温水量	t/h	32.7	18.2
6	过热蒸汽二级减温水量	t/h	13.1	29.9
7	过热蒸汽减温水变化量	t/h	+2.3	
8	再热蒸汽减温水量	t/h	0	0
9	再热蒸汽减温水变化量	t/h	0	
10	燃烧器摆角	(°)	+4.5°	+0.6°

从表2-40中看到，在保持氧量、过热、再热蒸汽温度不变时，投入低温炉烟气后，过热蒸汽减温水量略有增加，燃烧器摆角下摆3.9°。投入低温炉烟后过热、再热蒸汽温度仍具有较大的调整裕度。

6. 投入低温炉烟对受热面管壁温度影响试验

掺烧褐煤后，由于总烟气量增加，烟气流速增大，对流吸热量增大，过热、再热汽温度及受热面管壁温度都会有所升高。试验在相同负荷下对比投入低温炉烟与未投入低温炉烟两个工况下对各个受热面管壁温度的影响。

机组负荷约为320MW时，投入低温炉烟比未投入各级受热面管壁温度略有升高，平均上升4.58℃，各受热面管壁温度最高点均低于材质的许用温度，掺烧褐煤后锅炉受热面管壁温度的升高幅度不会影响机组的安全稳定运行。

7. 投入低温炉烟对锅炉热效率影响试验

在90%额定负荷下，进行了4号锅炉在投入低温炉烟和未投入低温炉烟系统时的锅炉热效率对比试验，以了解掺烧40%比例褐煤后对锅炉热效率的影响程度。热效率对比试验结果见表2-41。

表2-41　锅炉热效率对比试验计算结果

序号	名称	单位	数值	
			未投入	投入
1	机组负荷	MW	322	325
2	全水分 M_t	%	16.2	21.0
3	干燥无灰基挥发分 V_{daf}	%	43.49	44.50
4	收到基低位发热量 $Q_{net,ar}$	kJ/kg	17 626	15 916
5	排烟温度	℃	138.62	142.97
6	基准温度	℃	17.9	20.1
7	炉渣含碳量	%	3.2	5.12
8	飞灰含碳量	%	0.96	1.32
9	修正后排烟温度	℃	139.98	142.91
10	修正后排烟热损失	%	5.871	6.074
11	可燃气体未完全燃烧热损失	%	0	0
12	固体未完全燃烧热损失	%	0.572	0.924
13	散热损失	%	0.486	0.475
14	灰渣物理热损失	%	0.247	0.281
15	修正后锅炉总热损失	%	7.18	7.75
16	修正后锅炉热效率	%	92.82	92.25
17	锅炉热效率变化	%	−0.57	

从表2-41可见，4号锅炉在试验煤种条件下，当负荷为320MW未投入低温炉烟时，修正后锅炉热效率为92.82%；投入低温炉烟时，修正后锅炉热效率为92.25%。投入比未投入低温炉烟时修正后的锅炉热效率下降0.57%。

从表2-41可见，投入低温炉烟前，修正后的排烟温度为139.98℃；投入低温炉烟后，修正后的排烟温度为142.91℃，投入低温炉烟比未投入修正后的排烟温度升高了2.93℃，排烟温度有小幅升高。

锅炉各项热损失的对比，由于投入低温炉烟比未投入时排烟温度升高了2.93℃，使得修正后的排烟热损失从5.871%升高到6.074%，升高了0.203%。而固体未完全燃烧热损失从0.572%升高到0.924%，升高了0.352%，其余各项热损失变化不大。

8. 投入低温炉烟前后锅炉主要辅机电耗变化

在相同负荷下，由于掺烧褐煤后总烟气量增大，引风机电耗略有上升。一次风机电流平均下降4～5A，一次风机电耗下降。由于抽取一部分低温炉烟替代冷空气，在维持相同运行氧量前提下，送风机电耗略有增大，另外，改造增设的低温炉烟风机也增加一部分耗电量。320MW机组负荷下掺烧褐煤前后锅炉主要辅机电耗对比试验结果见表2-42。

表2-42 掺烧褐煤前后锅炉主要辅机电耗对比试验结果

序号	项　目	单位	未掺烧	掺烧40%
1	A送风机电耗	kW	177.4	185.4
2	B送风机电耗	kW	282.9	302.6
3	A引风机电耗	kW	1406.3	1517.4
4	B引风机电耗	kW	1363.1	1432.8
5	A一次风机电耗	kW	1261.8	1256.1
6	B一次风机电耗	kW	1065.4	997.5
7	A磨煤机电耗	kW	1313.9	1335.8
8	B磨煤机电耗	kW	1351.4	1428.6
9	C磨煤机电耗	kW	1298.7	1440.0
10	低温炉烟风机总电耗	kW	—	79.0
11	主要辅机总电耗	kW	9520.8	9975.1
12	占电功率比率	%	2.98	3.12

从表2-42可见，掺烧褐煤后送风机电耗增加6.0%，引风机电耗增加6.5%，一次风机电耗下降3.2%，磨煤机总电耗增加6.1%，在这几方面因素的共同影响下，未掺烧褐煤时锅炉主要辅机电耗为9520.8kW，占机组电功率的2.98%。掺烧褐煤时锅炉主要辅机电耗为9975.1kW，占机组电功率的3.12%，掺烧褐煤后锅炉主要辅机总电耗略有增加。

9. 空气预热器反向改造对比试验

为了解空气预热器反转改造对空气预热器整体换热性能的影响，在抽取低温炉烟和空气预热器反向改造后进行了性能测试试验，并将试验结果与抽取低温炉烟和空气预热器反向改造前的相近工况进行了对比，A、B两侧空气预热器试验数据的平均值对比见表2-43。

表 2-43　　空气预热器改造前后主要数据对比表

序号	名　称	单位	改造前	改造后
1	机组负荷	MW	295	294
2	燃料量	t/h	175	171
3	运行氧量	%	4.2	4.5
4	一次风机入口温度	℃	23.7	30.6
5	送风机入口温度	℃	23.8	23.1
6	空气预热器入口一次风温	℃	30	40.4
7	空气预热器入口二次风温	℃	26.1	25.8
8	空气预热器出口一次风温	℃	316.9	331.9
9	空气预热器出口二次风温	℃	318.7	307.4
10	空气预热器入口烟温	℃	363.1	362.9
11	排烟温度	℃	144.6	149.4
12	系统一次风温升	℃	293.1	308.8
13	改造前后一次风温升差值	℃	15.7	
14	系统二次风温升	℃	294.9	284.3
15	改造前后二次风温升差值	℃	−10.6	

注　改造后一次风机入口风温测点位于低温炉烟与冷风混合后，而一次风冷风温度与送风冷风温度基本相同，为了计算准确，系统一次风温升采用空气预热器出口热一次风温与送风机入口温度的差值进行计算。

从表 2-43 中可以看出，在机组负荷、燃料量、运行氧量和环境温度（即送风机入口温度）基本相同的情况下，通过抽取低温炉烟和空气预热器改造，系统一次风温升上升了 15.7℃，二次风温升下降了 10.6℃，排烟温度上升了 4.8℃。

10. 低负荷全烧褐煤试验

磨煤机在锅炉最低负荷下最大出力试验如下。

锅炉最低负荷时，热一次风温较低，对制粉系统干燥出力影响较大，因此，必须了解磨煤机出力状况。在实际情况下，如果运行磨煤机出力不足，可判断是否通过投入其他磨煤机改善出力不足的问题，为机组调节负荷作参考。

为了了解改造后制粉系统对煤质的适应能力，低负荷下进行了全烧褐煤时制粉系统的最大出力试验，试验在 4 号锅炉 B 制粉系统上进行，试验的主要结果见表 2-44。

表 2-44　　低负荷全烧褐煤时磨煤机最大出力试验的主要结果

序号	名　称	单位	数据
1	全水分 M_t	%	28.5
2	空气干燥基灰分 A_{ad}	%	22.46
3	干燥无灰基挥发分 V_{daf}	%	46.24
4	收到基低位发热量 $Q_{net,ar}$	kJ/kg	16 007
5	机组负荷	MW	190
6	燃煤量	t/h	127

续表

序号	名　　称	单位	数据
7	过热蒸汽温度	℃	540.3
8	再热蒸汽温度	℃	535.7
9	A/B一次风机电流	A	101/105
10	A/B一次风机开度	%	72/66
11	A/B一次风母管风压	kPa	8.8/9.6
12	A/B空气预热器出口热一次风温度	℃	321/314
13	B磨煤机电流	A	152
14	B磨煤机给煤量	t/h	65
15	B磨煤机入口风压	kPa	8.5
16	B磨煤机入口温度	℃	288.4
17	B磨煤机容量风开度	%	75
18	B磨煤机热风门开度	%	87.0
19	B磨煤机冷风门开度	%	2.2
20	B磨煤机出口温度	℃	61.3

从表2-44中可见，在低负荷全烧褐煤的情况下，制粉系统最大出力可以达到65t/h，且磨煤机出口温度仍可维持在60℃以上。

11. 最低负荷试验

最低负荷为190MW，运行中炉膛负压稳定，过热、再热蒸汽温度满足要求，运行正常。试验结果见表2-44。

12. 锅炉最大负荷试验

锅炉在全烧褐煤条件下，出力同时受制粉系统出力和褐煤的发热量制约，锅炉出力不能带到额定负荷，只能达到中间某一负荷。通过试验可知，机组全烧褐煤可带负荷至约295MW 。锅炉效率为92%，NO_x 排放为525.35mg/m^3（O_2=6%，标准状态）。试验结果见表2-45。

表2-45　全烧褐煤最大负荷试验和 NO_x 排放试验结果

序号	名　　称	单位	数值
1	全水分 M_t	%	28.5
2	空气干燥基灰分 A_{ad}	%	22.46
3	干燥无灰基挥发分 V_{daf}	%	46.24
4	收到基低位发热量 $Q_{net,ar}$	kJ/kg	16 007
5	机组负荷	MW	295
6	燃煤量	t/h	191
7	A/B一次风机电流	A	122/120
8	A/B一次风机开度	%	100/100
9	A/B一次风母管风压	kPa	9.4/10

续表

序号	名　称	单位	数值
10	A/B空气预热器出口热一次风温度	℃	333/321
11	排烟温度	℃	146.67
12	实测烟尘中氧含量	%	5.30
13	实测烟尘中二氧化碳含量	%	13.77
14	实测烟尘中一氧化碳含量	%	0
15	实测烟尘中氮含量	%	80.94
16	实测的过量空气系数	—	1.34
17	规定的过量空气系数	—	1.40
18	实测 NO_x 体积浓度（标准状态）	mg/m^3	268.15
19	实测 NO_x 质量浓度（标准状态）	mg/m^3	549.70
20	折算后 NO_x 质量浓度（标准状态 $O_2=6\%$）	mg/m^3	525.35

对于双进双出钢球磨煤机直吹式制粉系统烟煤锅炉掺烧褐煤，采用抽取低温炉烟的改造方式，通过试验和运行实践表明：

（1）抽取低温炉烟，不仅可以提高制粉系统干燥出力，而且使制粉系统防爆能力得到有效提高，锅炉制粉系统未发生一起爆炸事故。同时，该项技术改造也使热一次风温度得到一定程度的提高，提高幅度约为5℃。

（2）空气预热器旋向改造，是提高制粉系统干燥能力的技术措施之一。与抽取低温炉烟气共同作用下，提高热一次风温度约15.7℃。低温炉烟可以有效消除空气预热器的低温腐蚀。

（3）利用机组全天负荷变动的规律，采用低负荷、中间负荷全烧褐煤、高负荷大比例掺烧褐煤的技术措施。采用低负荷、中间负荷全烧褐煤技术，可适合直吹式制粉系统。

（4）通过抽取低温炉烟和空气预热器旋向等技术改造，可在直吹式制粉系统烟煤锅炉大比例掺烧褐煤，掺烧褐煤全年平均比例达到50%以上，取得显著的经济效益和社会效益。

六、中速磨煤机直吹式制粉系统烟煤锅炉掺烧褐煤的设备改造和运行[20-23]

双鸭山发电厂600MW机组烟煤锅炉设计煤质为烟煤，价格较高，而且采购困难。距双鸭山电厂100km的宝清露天褐煤煤矿，年产原煤1100万t，远期年产量将达到2000万t，煤价较低，双鸭山发电厂与宝清煤矿均属于国家能源集团，褐煤供应稳定。燃料成本占燃煤电厂发电成本60%左右，降低燃料成本是发电企业提高效益最直接、最有效的手段。为降低发电成本以及稳定的煤源，双鸭山发电厂对烟煤锅炉进行了掺烧褐煤的技术改造。以达到既可降低发电成本，又可在深度调峰时实现机组运行的灵活性。

锅炉设计煤种为双鸭山烟煤，设计煤的发热量为21.2MJ/kg(5066kcal/kg)，磨煤机的保证出力为55.59t/h；校核煤的发热量为19.8MJ/kg(4730kcal/kg)，磨煤机的保证出力为49.7t/h。随着煤炭市场的变化，锅炉燃煤质量逐年下降，实际燃煤的发热量已降至17.27MJ/kg(4126kcal/kg)，2011年入炉煤发热量的平均值低至15.28 MJ/kg(3650kcal/

kg)，2012 年入炉煤发热量低至 14.38MJ/kg(3435kcal/kg)。锅炉入炉煤发热量降低，相应锅炉燃煤量将增加，磨煤机出力需相应提高。但双鸭山发电厂 600MW 机组锅炉配置的 6 台 ZGM113N 中速磨煤机仅在磨制原设计煤质时，能满足锅炉额定负荷的要求。随着发热量不断下降，磨煤机出力明显不足。为了提高磨煤机的出力，2012 年，磨煤机厂对 5 号 600MW 机组锅炉的 ZGM113N 中速磨煤机进行提高转速的技术改造。提高转速后，实际运行中仍然不能满足锅炉额定出力的要求。2012 年，根据运行数据，入炉煤发热量为 14.38MJ/kg(3435kcal/kg) 时，6 台磨煤机同时运行时机组负荷只能带到 390MW，不到机组额定负荷的 70%。因此，需要考虑磨煤机的选型，以满足掺烧褐煤的要求。

设备改造的主要内容为锅炉的燃烧器、过热器和再热器减温水系统，全负荷脱硝系统，空气预热器系统，等离子点火系统，一次风系统，制粉系统，输煤系统，电气系统等。改造前期进行了大量调研和可行性研究工作，改造工程于 2020 年 7 月完成了施工与设备调试。

（一）设备概况

1. 锅炉设备

双鸭山发电厂的 2×600MW 机组锅炉为哈尔滨锅炉厂设计制造的 HG-1900/25.4-YM3 型锅炉。一次中间再热、超临界压力变压运行直流锅炉，单炉膛、平衡通风、固态排渣、全钢架、全悬吊结构、Π 型布置。锅炉为紧身封闭布置。锅炉采用墙式对冲燃烧方式，30 只低 NO_x 轴向旋流燃烧器（LNASB）分三层对称布置于前、后墙上。前、后墙燃烧器上方各有 5 个燃尽风（SOFA）喷口，其最大风率约为 12%。锅炉的主要性能数据见表 2-46。

表 2-46 锅炉的主要性能数据

名称		单位	BMCR	TRL
过热器出口蒸汽流量		t/h	1900	1799
过热器出口压力（表压）		MPa	25.40	25.27
过热器出口温度		℃	571	571
再热器出口蒸汽流量		t/h	1608	1518
再热器进口压力（表压）		MPa	4.65	4.38
再热器出口压力（表压）		MPa	4.46	4.20
再热器进口温度		℃	319.8	313.3
再热器出口温度		℃	569	569
给水压力（表压）		MPa	28.94	28.48
给水温度		℃	283.8	280
环境温度		℃	20	20
回转式空气预热器进口烟气温度		℃	373	369
排烟温度	修正前	℃	128	127
	修正后	℃	124	122
回转式空气预热器进口一/二次风温		℃	26/23	26/23

续表

名　　称	单位	BMCR	TRL
回转式空气预热器出口一/二次风温	℃	308/327	306/324
燃煤耗量	t/h	254.2	247.6
未燃尽碳热损失	%	1.0	1.0
磨煤机机运行台数	台	5	5
锅炉计算热效率（按低位热值发热量）	%	93.57	93.69

锅炉的炉膛特征参数和主要几何尺寸见表 2-47。

表 2-47　　锅炉的炉膛特征参数和主要几何尺寸

项　　目	单位	数据
炉膛（宽×深）	m	22.187×15.632
锅炉高度（从水冷壁下集箱到顶棚）	m	59.750
冷灰斗拐点标高	m	18.144
水冷壁下集箱标高	m	8.0
顶棚标高	m	48.372
最外排柱中心线间纵向跨距	m	67.7
最外排柱中心线间横向跨距	m	40.0
燃尽高度 h_1（上层燃烧器中心线到屏底距离）	m	20.546
上下一次风喷口间距	m	10.025
下层燃烧器中心线到冷灰斗拐点高度	m	3.035
炉膛容积放热强度 q_V	kW/m³	80.57
炉膛断面放热强度 q_F	MW/m²	4.27
燃烧器区壁面放热强度 q_B	MW/m²	1.5

2. 磨煤机设备

按烟煤设计的 600MW 机组锅炉，采用中速磨煤机直吹式制粉系统，每台锅炉配 6 台 ZGM113N 中速磨煤机（5 台运行、1 台备用），煤粉细度按 200 目筛通过量为 75%，R_{90}=18.38%。ZGM113N 中速磨煤机性能数据见表 2- 48。

表 2-48　　ZGM113N 中速磨煤机性能数据

项　　目		单位	设计煤种	校核煤种
磨煤机出力	最大出力	t/h	60.28	52.12
	计算出力	t/h	50.54	45.18
	保证出力	t/h	55.59	49.7
	最小出力	t/h	15	15
磨煤机通风量	最大通风量	kg/s	26.31	21.79
	计算通风量	kg/s	24.62	20.64
	保证出力下的通风量	kg/s	25.5	21.4
	最小通风量	kg/s	17.89	14.8

续表

项目		单位	设计煤种	校核煤种
磨煤机入口干燥介质温度		℃	229.5	258.5
磨煤机转速		r/min	24.3	24.3
磨煤机通风阻力（包括分离器、煤粉分配箱）	最大通风阻力	Pa	6410	6410
	通风阻力（保证出力）	Pa	6100	6220
	计算通风阻力	Pa	5750	5870
磨煤机密封风系统	磨煤机的密封风量	kg/h	50 000	50 000
	磨煤机的密封风压（或与一次风压的差值）	Pa	2000	2000
磨煤机（计算出力下）出口温度		℃	75	75
磨煤机（计算出力下）出口水分		%	2.09	1.92
磨煤机出口风量（计算出力）（包括密封风）		kg/s	24.62	20.64
磨煤机（计算出力）石子煤量		kg/s	0.025	0.023
磨煤机单位功耗		kW·h/t	9.09	10.37
磨煤机保证出力下的单位功耗		kW·h/t	8.7	9.9
磨煤机单位磨损率		g/t	4～6	4～6
主要部件寿命	磨辊	h	18 000	18 000
	磨碗衬板	h	25 000	25 000
	磨辊轴承密封件	h	20 000	20 000
	石子煤刮板	h	20 000	20 000
主要部件防磨措施			磨辊防磨板防磨	磨辊防磨板防磨

（二）燃煤特性

1. 锅炉设计烟煤煤质

锅炉设计煤和校核煤的煤质见表2-49。

表2-49　锅炉设计煤和校核煤的煤质

项目		符号	单位	设计煤	校核煤
工业分析	收到基低位发热量	$Q_{net,ar}$	kJ/kg	21 200	19 800
	全水分	M_t	%	9.0	10.5
	收到基灰分	A_{ar}	%	21.8	25.07
	干燥无灰基挥发分	V_{daf}	%	44.0	42.0
	空气干燥基水分	M_{ad}	%	2.09	1.92
元素分析	收到基碳	C_{ar}	%	53.9	50.68
	收到基氢	H_{ar}	%	4.2	3.04
	收到基氧	O_{ar}	%	10.04	9.7
	收到基氮	N_{ar}	%	0.79	0.75
	收到基全硫	$S_{t,ar}$	%	0.27	0.26

续表

项　目		符号	单位	设计煤	校核煤
哈氏可磨性指数		HGI	—	61	50
冲刷磨损指数		K_e	—	2.93	3.90
游离二氧化硅		SiO_2	%	3.15	9.94
灰变形温度		DT	℃	1200	1180
灰软化温度		ST	℃	1270	1250
灰半球温度		HT	℃	1310	1330
灰熔化温度		FT	℃	1350	1370
灰分析	二氧化硅	SiO_2	%	51.17	54.3
	三氧化二铝	Al_2O_3	%	28.14	21.94
	三氧化二铁	Fe_2O_3	%	4.75	6.89
	氧化钙	CaO	%	6.05	7.03
	二氧化钛	TiO_2	%	1.09	0.85
	氧化钾	K_2O	%	2.48	1.11
	氧化钠	Na_2O	%	2.45	2.49
	氧化镁	MgO	%	1.77	1.98
	三氧化硫	SO_3	%	1.87	1.46
	二氧化锰	MnO_2	%	0.18	0.23
	其他		%	0.05	1.71

2. 锅炉实际燃用的烟煤和掺烧的宝清褐煤煤质

锅炉实际燃用的双阳、新安烟煤和掺烧的宝清褐煤煤质见表 2-50。

表 2-50　　锅炉实际燃用的双阳、新安烟煤和掺烧的宝清褐煤煤质

项目	符号	单位	双阳烟煤	新安烟煤	宝清褐煤
全水分	M_t	%	9.4	8.3	42.0
空气干燥基水分	M_{ad}	%	3.17	2.57	11.6
收到基灰分	A_{ar}	%	37.23	28.41	16.46
干燥无灰基挥发分	V_{daf}	%	45.72	42.54	61.05
收到基碳	C_{ar}	%	41.19	51.01	28.16
收到基氢	H_{ar}	%	2.96	3.35	2.30
收到基氮	N_{ar}	%	0.65	0.64	0.36
收到基氧	O_{ar}	%	8.22	8.08	10.43
收到基全硫	$S_{t,ar}$	%	0.35	0.21	0.29
收到基高位发热量	$Q_{gr,v,ar}$	MJ/kg	16.61	20.14	11.35
收到基低位发热量	$Q_{net,v,ar}$	MJ/kg	15.78	19.26	9.91
哈氏可磨性指数	HGI	—	61	49	100

续表

项目	符号	单位	双阳烟煤	新安烟煤	宝清褐煤
变形温度	DT	℃	1350	1250	1260
软化温度	ST	℃	1400	1280	1310
半球温度	HT	℃	1420	1300	1350
流动温度	FT	℃	1440	1350	1380
二氧化硅	SiO_2	%	61.38	56.69	54.96
三氧化二铝	Al_2O_3	%	21.42	20.89	24.6
中三氧化二铁	Fe_2O_3	%	5.58	7.00	5.83
氧化钙	CaO	%	4.25	5.95	7.65
氧化镁	MgO	%	0.36	0.62	0.59
氧化钠	Na_2O	%	0.68	0.85	0.45
氧化钾	K_2O	%	4.32	5.77	0.92
二氧化钛	TiO_2	%	0.65	0.70	0.64
三氧化硫	SO_3	%	0.38	0.68	3.40
二氧化锰	MnO_2	%	0.021	0.034	0.105

（三）掺烧比例的确定

在锅炉水冷壁、钢结构、过热器及省煤器不改造的前提下，并保证改造后锅炉运行安全，确定最大的褐煤掺烧比例；在提高磨煤机出力，提高一次风温度和更换适应褐煤的燃烧器的条件下，经哈尔滨锅炉厂计算，不调整锅炉过热器系统、再热器系统和省煤器系统受热面，不同负荷情况下锅炉可接受的最大的褐煤掺烧比例如下。

(1) 100%THA 负荷可以掺烧褐煤 20%（以重量计）。

(2) 75%THA 负荷可以掺烧褐煤 50%（以重量计）。

(3) 50%THA 负荷可以掺烧褐煤 70%（以重量计）。

考虑双鸭山发电厂负荷率较低，全年满负荷情况约为 180h，低于 450MW（75% THA 负荷）负荷运行小时数占总运行小时数的 80%左右（按照 2013 年 5、6 号机组负荷统计，300～400MW 运行小时数为 3900h 左右，占总运行小时数比例为 61%；400～500MW 运行小时数为 1600h 左右，占总运行小时数比例为 25%；500MW 以上运行小时数为 900h 左右，占总运行小时数比例为 14%）。

综上所述，双鸭山发电厂 5、6 号机组全年低于 450MW（75%THA 负荷）负荷运行小时数占总运行小时数的 80%左右。改造燃烧系统后，经哈尔滨锅炉厂计算，在 450MW 及以下负荷工况，不调整锅炉过热器系统、再热器系统和省煤器系统受热面即可掺烧 50%褐煤，满足双鸭山发电厂 5、6 号机组大部分运行时间负荷要求，实现较少投入，收益最大化。宝清褐煤与新安烟煤不同掺烧比的煤质见表 2-51。

表 2-51　　宝清褐煤与新安烟煤不同掺烧比的煤质

项目	符号	单位	宝清：新安 2：8	宝清：新安 5：5	宝清：新安 7：3
全水分	M_t	%	15.0	25.2	31.9
空气干燥基水分	M_{ad}	%	4.73	7.43	10.08
收到基灰分	A_{ar}	%	25.98	22.35	20.08
干燥无灰基挥发分	V_{daf}	%	45.94	51.13	54.82
收到基碳	C_{ar}	%	45.73	38.22	34.17
收到基氢	H_{ar}	%	3.29	2.92	2.66
收到基氮	N_{ar}	%	0.65	0.55	0.49
收到基氧	O_{ar}	%	9.09	10.45	10.34
收到基全硫	$S_{t,ar}$	%	0.26	0.31	0.36
收到基高位发热量	$Q_{gr,v,ar}$	MJ/kg	18.34	15.60	13.85
收到基低位发热量	$Q_{net,v,ar}$	MJ/kg	17.32	14.42	12.57
哈氏可磨性指数	HGI	—	53	62	73
变形温度	DT	℃	1250	1260	1260
软化温度	ST	℃	1280	1300	1310
半球温度	HT	℃	1290	1310	1330
流动温度	FT	℃	1330	1350	1350
二氧化硅	SiO_2	%	61.02	57.46	54.53
三氧化二铝	Al_2O_3	%	22.31	22.99	21.23
三氧化二铁	Fe_2O_3	%	5.11	5.82	7.69
氧化钙	CaO	%	5.45	6.94	9.03
氧化镁	MgO	%	1.37	1.55	1.40
化钠	Na_2O	%	0.60	0.48	0.39
氧化钾	K_2O	%	1.17	1.21	1.13
二氧化钛	TiO_2	%	0.65	0.47	0.69
三氧化硫	SO_3	%	1.38	2.08	3.00
二氧化锰	MnO_2	%	0.034	0.020	0.012

（四）设备改造

1. 锅炉设备改造

锅炉设备改造要求达到实现掺烧褐煤和机组灵活性的目标，锅炉本体主要改造范围有过热器及减温水、再热器及减温水、省煤器、燃烧器系统，脱硝旁路烟道，空气预热器系统等。

（1）过热器及减温水。低负荷时存在过热器减温水投不上的现象，其原因是减温水的压力不足，为此更换了减温水管路调节阀。

（2）再热器及减温水。再热器及减温水改造新增立式低温再热器、末级再热器，在低温再热器与末级再热器中间增加立式低温再热器出口集箱、末级再热器入口汇集箱、再热器入口集箱及各集箱间的连接管。此外，在低温再热器与末级再热器之间增加减温水系统，包括再热器事故减温器、再热器减温水总管、再热器减温水支管和再热器减温水喷管暖管。末级再热器出口集箱及管接头、末级再热器出口汇集集箱及之间的连接管、水平低温再热器不进行改造，新增末级再热器的出口段与末级再热器出口集箱管接头相连。

（3）省煤器和部分受热面。过热器侧的省煤器减少一个管圈。由于施工，需要对部分尾部包墙后墙、水冷壁、顶棚连接管和包墙连接管进行改造。由于增加烟气旁路系统，需在尾部包墙后墙增加抽炉烟口。水冷壁上需要对燃烧器喷口管屏、燃尽风喷口管屏以及炉膛吹灰器预留开孔。

（4）燃烧器系统。掺烧褐煤的方式是烟煤与褐煤先混合，然后再进入各台磨煤机的方式。前墙最下层（E层）燃烧器为等离子体燃烧器，其余两层25只燃烧器更换成哈尔滨锅炉厂的超洁净双调风旋流燃烧器（UCCS），见图2-32。

1）改为超洁净双调风旋流燃烧器（UCCS）相应喷口管屏及密封盒重新设计，中心风引入管及煤粉管道连接结构做相应变化。

2）原分离燃尽风SOFA喷口管屏拆除，更换新SOFA喷口管屏；同时增加SOFA喷口管屏。

3）在前后墙各布置两层分离燃尽风SOFA喷口，每层5只，共20只；增加相应的SOFA喷口管屏、SOFA密封盒、SOFA喷口风箱、SOFA非金属补偿器、SOFA风量测量装置（矩阵式）、SOFA风门挡板、SOFA进口气动执行器、SOFA支吊架等。

4）根据需要对SOFA喷口附近张力板、槽形钢、校平装置、大连接、小连接、风箱处连接等部件做相应改造。

5）燃烧器中心风门执行机构改为进口气动调节型。

6）增加12只贴壁风喷口管屏及相应的密封盒、风门、管道等。

（5）脱硝旁路烟道。考虑锅炉运行工况从低负荷到100%BMCR工况下脱硝装置可以安全投运，脱硝入口保证烟气温度在315～410℃之间，采取相应的措施提高低负荷下烟气温度在315℃以上；同时，考虑机组运行的经济性，根据现有的布置方案及尾部烟气温度分布情况，采用尾部烟气旁路布置方式，见图2-54。

通过尾部加装烟气旁路的方式可以提高低负荷脱硝入口烟气温度，相当于抽取的中

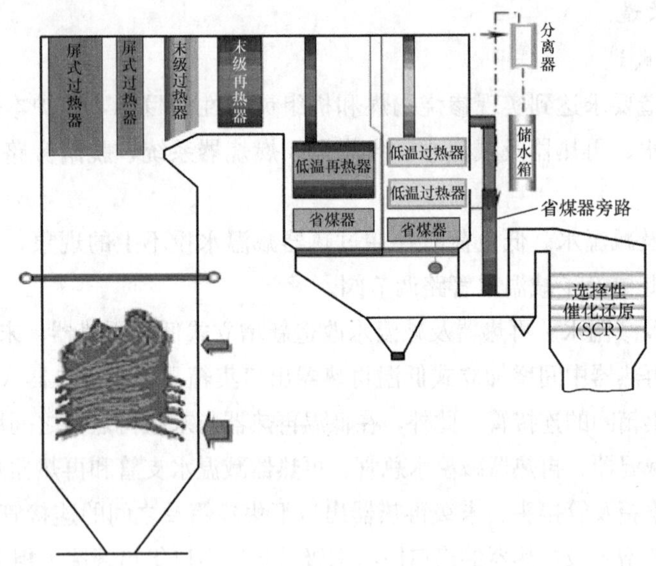

图 2-54　尾部烟气旁路布置

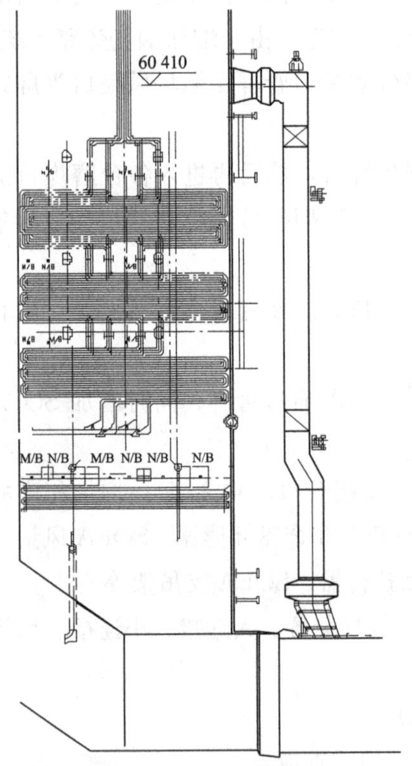

图 2-55　尾部烟气旁路布置

温炉烟与前后烟道的烟气进行混合后提高脱硝入口的烟气温度。

1）流程比较简单，即从后烟道转向室处抽取中温炉烟，在脱硝入口烟道进行混合，提高低负荷脱硝入口的烟气温度。旁路烟道上需要加装膨胀节、调节挡板、关闭挡板调节烟气流量。

2）烟气旁路主要是在低负荷工况下运行，通过尾部调节挡板增加适当的烟气阻力，调节旁路烟道上装设的烟气调节挡板控制混合后的烟气温度。高负荷运行时关闭旁路烟道挡板即可。

3）增加省煤器旁路烟道、支吊装置、膨胀节、关闭挡板、调节挡板。

4）系统布置简单、烟气温度调节灵活，不影响高负荷锅炉效率；能够有效地防止低负荷省煤器出口工质温度过高，省煤器运行安全；需要通过调节调温挡板增加烟气阻力实现，稍微增加了烟气侧的阻力。

尾部烟气旁路布置见图 2-55。

(6) 空气预热器。原锅炉是按烟煤设计的，该次改造要实现掺烧褐煤和机组运行灵活性。燃烧煤质的成分发生变化，水分会大幅度增加，对磨煤机有较大影响，需要提高干燥出力，因此需要增加通过空气预热器的一次风量，提高一次风温度。原有空气预热器的一次风量出力不足，需对一次风开口进行改造，一次风开口角度由 50°变为 70°。改造后一次风开口的接口见图 2-56。为提高一次风温度，调整空气预热器转向，先加热一次风，然后加热二次风。

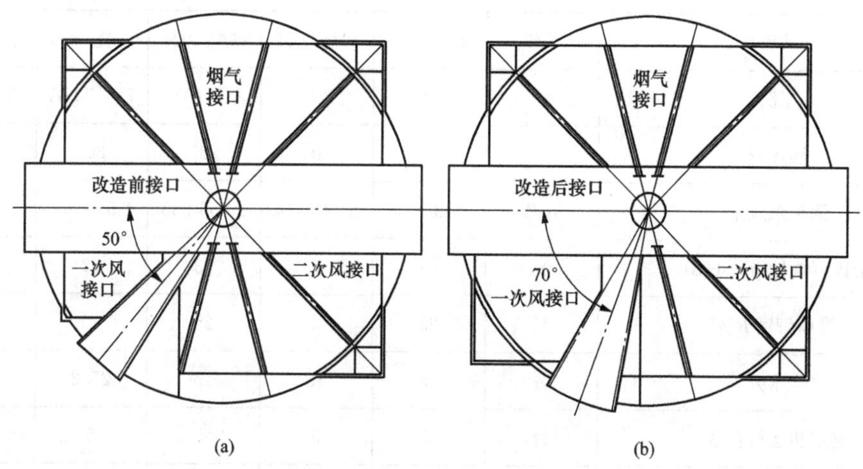

图 2-56　空气预热器一次风接口改造图

(a) 改造前一次风接口；(b) 改造后一次风接口

拆除冷端空气侧膨胀节、连接板与一次风桁架及其一次风扇形板；安装新的一次风桁架与扇形板，再拼装冷端风侧连接板，安装冷端风侧膨胀节，将风道进行改造后与新膨胀节连接；调整一次风轴向密封板位置，并更换部分转子外壳；拆除热端空气侧膨胀节、连接板与一次风桁架及其一次风扇形板；安装新的一次风桁架与扇形板，再拼装热端风侧连接板，安装热端风侧膨胀节，将风道进行改造后与新膨胀节连接。

对调两台减速机位置，改变转动方向，对减速机下方支撑板进行改造；调整转子垂直度、调整扇形板及轴向密封板位置；更换三项密封片并调整间隙。

2. 制粉系统改造

原每台锅炉配置 6 台 ZGM113N 中速磨煤机直吹式制粉系统，锅炉设计煤种为双鸭山本地烟煤。其发热量为 21.2MJ/kg(5602kcal/kg)，磨煤机的保证出力为 55.59t/h；校核煤的发热量为 19.8MJ/kg(4730kcal/kg)，全水分为 10.3%，磨煤机的保证出力为 49.7t/h。随着煤炭市场的变化，锅炉的燃煤质量逐年下降，近年来，双鸭山发电厂锅炉实际燃煤的发热量已降至 17.27MJ/kg(4126kcal/kg)，2011 年入炉煤发热量的平均值低至 15.28MJ/kg(3650kcal/kg)，2021 年 9 月入炉煤发热量低至 13.03MJ/kg(3116kcal/kg)。锅炉的燃煤量增加，磨煤机的出力也需相应提高。西安热工研究院进行 6 号 600MW 机组锅炉一次风机试验时，同时进行了磨煤机的试验，试验期间，烟煤的发热量为 14.38MJ/kg，试验结果表明，6 台磨煤机运行，机组负荷只能达到 535.5MW。磨煤机的出力为 39.57～49.13t/h，可见，即使 6 台磨煤机运行，也未达到设计出力，仍然不能满足锅炉额定负荷的要求。

从以上所述情况可见，锅炉燃用烟煤时，ZGM113N 中速磨煤机不能满足锅炉额定负荷的要求。掺烧褐煤后，褐煤的发热量低，燃煤量增加，更需要提高磨煤机出力。因此，需要考虑中速磨煤机的选型和相应的制粉系统设备进行技术改造。经过可行性研究，确定选用 MPS235HP-Ⅱ中速磨煤机，其设计参数见表 2-52。

表 2-52　　MPS235HP-Ⅱ中速磨煤机设计参数（表中的百分数为褐煤）

项目	单位	掺烧 20%	掺烧 20%	掺烧 20%	掺烧 50%	掺烧 70%
工况	—	BMCR	BRL	THA	75%THA	50%THA
燃煤量	t/h	305	300	287	261	209
锅炉总风量	kg/h	2 182 990	2 145 424	2 056 838	1 566 371	1 235 750
哈氏可磨性指数 HGI	—	53	53	53	62	73
煤粉细度 R_{90}	%	25	25	25	25	25
全水分	%	15	15	15	25.2	31.9
磨煤机运行台数	台	5	5	4	5	5
磨煤机计算出力	t/h	61.0	60.0	71.8	52.2	41.8
磨煤机保证出力	t/h	67.1	—	—	—	—
磨煤机负荷率	%	68.0	66.9	80.0	56.2	44.2
磨煤机出口风温	℃	65	65	65	65	65
磨煤机密封风量（含给煤机）①	t/h	5.7	5.7	5.7	5.7	5.7
磨煤机保证出力下通风量②	t/h	126.5	—	—	—	—
磨煤机入口一次风温度	℃	246	243	268	309	296
风煤比（一次风+密封风/煤量）③	—	2.12	2.15	1.88	2.26	2.67
煤粉水分	%	4.4	4.4	4.4	9.8	16.0
磨煤机入口风量	t/h	123.5	123.5	128.8	112.305	105.78
磨煤机出口风量（含煤和水分）	t/h	190.2	189.2	206.3	170.205	153.28
磨煤机出口风量（不含煤和水分）	t/h	129.2	129.2	134.5	118.0	111.5
一次风率④	%	29.6	30.1	26.2	37.7	45.1
磨煤机最大通风量	t/h	138	138	138	129.4	138

① 密封风量磨煤机保证出力下通风量中含给煤机用量 0.9t/h。

② 磨煤机保证出力下通风量（磨煤机入口温度为 259℃）。

③ 风煤比为一次风量和密封风与入磨煤机煤量之比。

④ 一次风率为磨煤机出口风量（不含煤和水分）与锅炉总风量之比。

MPS235HP-Ⅱ中速磨煤机配置了动静态组合回转式分离器。

此外，对制粉系统的给煤机、密封风机、原煤管道、送粉管道、调温风管道、密封风管道进行了相应的改造，并在每台磨煤机入口设两台防爆门。

3. 一次风系统改造

锅炉掺烧褐煤后，因燃煤量和水分增加，为保证磨煤机的干燥出力，锅炉一次风率与原设计相比大幅提高，原有一次风机容量不能满足改造后制粉系统对一次风量的需求。原一次风机为双级可调动叶式PAF19-13.3-2型轴流风机，改为GU23636-222G型轴流风机，主要设计参数见表2-53。

表2-53　　一次风机主要设计参数（宝清褐煤：新安烟煤）

项目	单位	TB	2：8(100%BMCR)	5：5(75%THA)	7：3(50%THA)	2：8(30%THA)	校核煤BMCR
风机入口质量流量	kg/s	132.6	102.03	103.14	97.17	50.76	103.28
风机入口体积流量	m^3/s	127.30	94.74	95.77	90.22	47.13	95.90
当地平均大气压力	Pa	100 100					
当地平均海拔	m	112.5～106.3					
风机入口温度	℃	40.0	30.0	30.0	30.0	30.0	30.0
风机出口温度	℃	58.3	43.5	43.7	43.4	43.2	43.6
风机入口密度	kg/m^3	1.041	1.077	1.077	1.077	1.077	1.077
风机入口压力	Pa	−969	−807	−823	−783	−783	−783
风机出口压力	Pa	14 570	12 863.17	12 301.81	11 946.1	11 946.1	11 946.1
风机全压	Pa	15 539	12 949.17	13 124.81	12 729.1	12 729.1	12 729.1
压缩性修正系数	—	0.9486	0.9569	0.9573	0.9573	0.9573	0.9573
风机全压效率	%	78.2	85.8	85.8	86.0	86.4	84.0
风机轴功率	kW	2425	1382	1415	1291	671	1445
风机工作转速	r/min	1490					
所需电动机功率	kW	2600					
电动机额定转速	r/min	1490					
电动机额定电压/频率	kV/Hz	6/50					
电动机转动惯量	kg·m	1100					

此外，对一次风系统的一次风道、暖风器进行了相应的改造。

（五）锅炉掺烧褐煤改造后的运行情况

1. 锅炉运行情况

在6号锅炉掺烧褐煤改造前，电厂对汽轮机的通流部分进行了改造，因此，在BMCR工况下过热蒸汽流量由1900t/h变为1830t/h，而75%THA和50%THA工况下的过热蒸汽流量也有相应的变化，改造后锅炉各工况均可以达到设计值，可以满足掺烧褐煤的需求。掺烧褐煤后，锅炉的总风量略有增加，烟气量也有所增加，随着低负荷掺烧褐煤比例的增大，一次风率也逐渐增大。

在100%THA（600MW）工况下，过热蒸汽压力可达到25.15MPa，此时过热蒸汽温度为563℃，再热蒸汽压力为3.65MPa，再蒸热汽温度为568℃，分离器出口温度为412℃，基本达到预期参数；在此工况下，炉膛出口NO_x为210mg/m^3（O_2=6%，标准状态），掺烧褐煤比例大于20%，达到设计的褐煤掺烧比例。

在75%THA（450MW）工况下，过热蒸汽压力为20.35MPa，过热蒸汽温度为571℃，再热蒸汽压力为2.77MPa，再蒸热汽温度为570℃，分离器出口温度为390℃，此时炉膛出口NO_x为240mg/m^3（O_2=6%，标准状态），褐煤掺烧比例大于50%，达到设计要求。

在50%THA(300MW）工况下，掺烧70%褐煤，一次风率达到45%，与改造前各工况设计值对比，由于掺烧了褐煤，导致烟气量增加，各工况下排烟温度升高，相比改造前锅炉热效率下降，而50%THA工况下掺烧了70%的褐煤，煤的收到基水分达到30%以上，导致50%THA工况下的排烟温度高于75%THA工况的排烟温度，50%THA工况的锅炉热效率也是三个工况中最低的。

2020年7月，由华北电力试验研究院对改造后掺烧褐煤的6号锅炉进行了性能考核试验，运行参数能达到设计指标，各工况掺烧的褐煤量均可达到设计值，改造前后设计参数对比见表2-54[20-22]。

表2-54　改造前后设计参数对比

名称	单位	改造前			改造后		
		设计煤种			褐煤：烟煤=2：8	褐煤：烟煤=5：5	褐煤：烟煤=7：3
		BMCR	75%THA	50%THA	BMCR	75%THA	50%THA
过热蒸汽流量	t/h	1900	1213	809	1830	1230	804.0
再热蒸汽流量	t/h	1608	1054	718	1527.5	1052.4	702.9
总燃煤量	t/h	254.2	174.0	121.5	304.7	261.0	209.7
炉膛出口烟气量	t/h	2385.1	1655.2	1267.0	2408.0	1767.5	1403.8
总风量	t/h	2187.9	1520.4	1173.0	2182.6	1566.2	1237.3
一次风量	t/h	320.9	238.1	164.1	397.0	549.0	479.0
二次风量	t/h	1724.0	1170.4	916.4	1450.0	914.0	629.0
排烟温度（修正前）	℃	128	114	111	157	135	138
排烟温度（修正后）	℃	124	109	105	152	129	131
锅炉热效率	%	93.57	94.10	93.97	91.99	92.31	91.30

注　锅炉热效率按ASME PTC4.1（低位发热量）计算。

450MW(45%ECR负荷）掺烧褐煤比例为50%，性能考核试验结果见表2-55。

表2-55 性能考核试验结果

序号	项目	单位	设计值（合同保证值）	考核值	备注
1	锅炉热效率	%	92.31	92.323	按ASME PTC4.1计算
2	固体未完全燃烧热损失	%	0.770	0.760	按ASME PTC4.1计算
3	NO_x排放平均值（O_2=6%，标准状态）	mg/m^3	300	299.5	
4	A侧过热蒸汽温度	℃	571±5	570.5	A、B侧平均570.0
	B侧过热蒸汽温度			569.5	
5	A再热蒸汽温度	℃	569±5	572.1	A、B侧平均571.1
	B再热蒸汽温度			570.1	
6	过热蒸汽量	t/h	1830	1830	
7	过热器减温水量	t/h	110	55.8	
8	A侧排烟温度	℃	152	140.26	A、B侧平均146.9
	B侧排烟温度			153.54	
9	A侧空气预热器压降	Pa	1320	1020	
	B侧空气预热器压降			1180	
10	A侧一次风压降	Pa	700	820	
	B侧一次风压降			590	
11	A侧二次风压降	Pa	1180	1170	
	B侧二次风压降			1140	

除A侧一次风侧压降略高于设计值以外，所有考核指标均达到设计值，该项目未达标的原因可能是由于煤质变差偏离设计煤质较多，导致一次风量偏大，引起A侧一次风侧压降高于保证值。

在锅炉断油最低稳燃负荷试验中，褐煤掺烧比例为50%，机组运行平稳，锅炉燃烧稳定，各运行参数稳定且正常，能满足调峰的需要。断油最低稳燃负荷达到180MW，蒸汽流量为550t/h(30%BMCR)。最低稳燃负荷试验过程中，蒸汽品质在合理范围。过热蒸汽温度为567.3℃（满足571℃±5℃），再热蒸汽温度为548℃。水冷壁垂直管屏管壁最高温度为388.2℃(<510℃)，水冷壁螺旋管圈管壁最高温度为313.5℃(<490℃)，屏式过热器和末级过热器管壁最高温度为582.7℃(<630℃)。

6号锅炉断油最低稳燃负荷达到180MW，蒸汽流量为550t/h。锅炉能安全、稳定运行，不需要投油助燃，满足机组调峰需要。

考核试验结果表明，6号炉掺烧褐煤改造达到了设计要求。

6 号机组灵活性及掺烧褐煤改造后，除了在炉外预混掺烧方式，也采用分磨燃烧方式，即上层燃烧器燃烧发热量高（4000kcal/kg）的烟煤，可以缓解炉膛结渣问题。2020 年 12 月，国家能源集团科学技术研究院沈阳分院对 6 号炉进行了分磨燃烧的试验，磨煤机配煤方式为不同磨煤机单磨磨制 50％混褐和单磨磨制烟煤，为分磨掺烧方式与炉外预混掺烧方式的混合方式。机组在掺烧褐煤工况下可实现机组 540MW 负荷稳定运行，350～180MW 负荷可实现 50％的褐煤掺烧比例稳定运行。

2. 磨煤机运行情况

MPS235HP-Ⅱ中速磨煤机性能达到了设计要求。

6 号机组灵活性及掺烧褐煤改造采用了 MPS235HP-Ⅱ中速磨煤机配置动静态组合回转式分离器。MPS235HP-Ⅱ中速磨煤机煤粉细度见表 2-56。

表 2-56　MPS235HP-Ⅱ中速磨煤机煤粉细度

项目	单位	A 磨	C 磨	D 磨	F 磨
R_{90}	%	11.20	8.56	12.26	19.18
R_{200}	%	1.00	0.56	1.36	1.44
煤粉均匀性系数 n	—	0.93	0.96	0.91	1.17

回转式叶片分离器的优点是分离效率高、煤粉细度调节方便、煤粉粗颗粒少、煤粉细度不受通风量变化的影响，因此，在磨煤机不同出力下均可达到要求的煤粉细度。其不足之处是叶片磨损较快，维修工作量大。由表 2-57 可见，双阳褐煤、新安褐煤与其混煤的冲刷磨损指数 K_e 都是比较高的，属于较强磨损（见表 1- 5），叶片磨损会较快。

表 2-57　双阳褐煤、新安褐煤与混煤的煤种冲刷指数[17]

项目	冲刷磨损指数 K_e
双阳矿煤	3.90
新安烟煤	3.20
宝清褐煤	0.90
新安：宝清＝80：20	2.60
新安：宝清＝50：50	2.80
新安：宝清＝30：70	2.30

动静态组合回转式分离器的特点是煤粉比较均匀，煤粉均匀性系数 n 可达到 1.2。从表 2-56 可见，煤粉均匀性系数 n 为 0.91～1.17，煤粉细度 R_{90} 为 8.56～19.18。

按 DL/T 5145—2012《火力发电厂制粉系统设计计算技术规定》和 DL/T 466—2017《电站磨煤机及制粉系统选型导则》的推荐，燃煤的挥发分和煤粉均匀系数选取的煤粉细度见表 2-58。

表 2-58 燃煤的挥发分和煤粉均匀系数选取的煤粉细度

项目	单位	新安	双阳	宝清：新安 2：8	宝清：新安 5：5	宝清：新安 7：3
挥发分 V_{daf}	%	42.54	45.72	45.94	51.13	54.82
煤粉均匀系数 n	—	1.2	1.2	1.2	1.2	1.2
煤粉细度 $R_{90}=0.5nV_{daf}$	%	25.53	27.43	27.56	30.67	32.89

MPS235HP-Ⅱ中速磨煤机煤粉细度设计值 $R_{90}=25\%$，动静态组合回转式分离器的煤粉均匀系数设计值 $n=1.2$，按双阳、新安及其与宝清混煤的煤质特性是可以安全经济运行的。将煤粉细度 R_{90} 调整到设计值 25%，煤粉均匀系数 n 达到 1.2，动静态组合回转式分离器的转速降低，也可减轻分离器叶片的磨损。

双鸭山发电厂 6 号 600MW 机组烟煤锅炉掺烧褐煤设备改造后，实现了安全、经济和灵活性运行。

参考文献

[1] 岑可法，姚强，骆仲泱，等．燃烧理论与污染控制．北京：机械工业出版社，2004.

[2] 韩才元，许明厚，邱建荣．煤粉燃烧．北京：科学出版社，2001.

[3] 西安热工研究所，东北电力局技术改进局．燃煤锅炉燃烧调整试验方法．北京：水利电力出版社，1974.

[4] 陈春元．高灰分褐煤的低温燃烧技术．锅炉制造．哈尔滨锅炉厂，第 5～6 期，1982.

[5] 能源部科学技术司，西安热工研究所．常规火电站燃烧技术．电站锅炉燃烧技术考察报告（分项技术报告之一），中德合作项目，1990.

[6] 能源部科学技术司．常规火电站燃烧技术．褐煤燃烧技术（分项技术报告之九），中德合作项目，1991.

[7] 贾鸿祥．制粉系统设计与运行．北京：水利电力出版社，1995.

[8] 张含智，等．高水分褐煤锅炉制粉及燃烧关键技术的研究和设备开发，国电阳宗海发电有限公司，云南电力技术有限责任公司，2010.

[9] 宋培荣．译．［德］高灰分褐煤燃烧技术．东北电力试验研究院，1989.

[10] 张永兴．元宝山发电厂 600MW 机组锅炉燃烧调整试验．大型褐煤锅炉的运行、试验与改进专辑．东北电力试验研究院，1998.

[11] 曹红加．内蒙古上都发电有限责任公司 1 号锅炉燃烧调整优化试验研究报告．华北电力科学研究院电站锅炉技术研究所，2007.

[12] В. А. Волковинский，К. Ф. Роддатис，Е. Н. Толчинский. Системы пылеприговления с мельницами-вентиляторами. энергоатомиздат，1990.

[13] 孟勇，等．华能九台电厂 1 号锅炉性能考核试验报告．西安热工研究院有限责任公司，2010.

[14] 宋大勇，等．清河电厂责任有限公司 9 号炉燃烧调整试验报告．东北电力试验研究院，2010.

[15] 聂其红，孙绍增，李争起，等．褐煤混煤燃烧特性的热重分析法研究．燃料科学与技术，第 7 卷（2001）第 1 期，2001.

[16] 李振中，韩旭，张昀，等．混煤燃烧低 NO_x 排放综合特性研究技术报告．国家“九五”重点攻关项目．国家电站燃烧工程技术研究中心，2000.

[17] 李兴智．国能双鸭山电厂5号锅炉掺烧褐煤及提高机组灵活性改造可行性研究报告．西安热工研究院有限公司，2021.

[18] 中电投东北电力有限公司，东北电力科学研究院，阜新发电有限公司．双进双出钢球磨直吹式制粉系统烟煤锅炉掺烧褐煤技术研究及其应用技术报告．东北电力科学研究院，2010.

[19] 吴景新．阜新发电厂02号锅炉掺烧褐煤可行性研究报告．东北电力科学研究，2006.

[20] 翟永强．国电双鸭山发电有限公司6号机组褐煤掺烧改造项目启动验收试验-锅炉热效率及NO_x排放试验报告．中国能源建设集团华北电力试验研究院有限公司，2020.

[21] 翟永强．国电双鸭山发电有限公司6号机组褐煤掺烧改造项目启动验收试验-最大出力试验报告．中国能源建设集团华北电力试验研究院有限公司，2020.

[22] 翟永强．国电双鸭山发电有限公司6号机组褐煤掺烧改造项目启动验收试验-锅炉不投油且不投等离子稳燃出力试验报告．中国能源建设集团华北电力试验研究院有限公司，2020.

[23] 刘维歧．国能双鸭山发电有限公司6号机组燃烧优化试验摸底试验初步结果．国家能源集团科学技术研究院有限公司沈阳分公司，2021.

第三章

褐煤锅炉炉膛设计

第一节　褐煤锅炉炉型选择与炉膛的功能

国内燃用褐煤的锅炉布置方式有Π型、塔式和T型三种炉型，燃烧方式为切向燃烧（采用4角、6角或8角布置）和墙式对冲燃烧。

一、锅炉炉型

1. Π型锅炉

国内设计和制造的褐煤锅炉类型有Π型炉切向燃烧直流燃烧器，配中速磨煤机热风干燥直吹制粉系统；Π型炉切向燃烧直流燃烧器，配风扇磨煤机三介质（高温炉烟、低温炉烟和热风）干燥直吹式制粉系统，Π型炉墙式燃烧旋流燃烧器，配中速磨煤机热风干燥直吹式制粉系统。

国内早期设计的燃用褐煤锅炉，多采用Π型炉切向燃烧直流燃烧器，配风扇磨煤机直吹式制粉系统。近年来，国内设计的超临界600MW级机组褐煤锅炉，燃用水分M_t＜35%的褐煤，多采用Π型炉切向燃烧直流燃烧器，配中速磨煤机热风干燥直吹式制粉系统；对于燃用水分M_t=35%～40%的褐煤，多采用Π型炉切向燃烧（角式切圆）直流燃烧器，配风扇磨煤机直吹制粉系统，一部分超临界600MW级机组褐煤锅炉，采用Π型炉墙式燃烧旋流燃烧器，配中速磨煤机热风干燥直吹式制粉系统。

2. 塔式锅炉

20世纪70年代，元宝山电厂引进的亚临界300MW机组锅炉（瑞士苏尔寿公司）和600MW机组锅炉（德国斯坦因缪勒公司）为塔式锅炉，燃用元宝山褐煤（M_t≈26%），配风扇磨煤机三介质干燥直吹式制粉系统。2009年，由哈尔滨锅炉厂自主设计的九台电厂超临界670MW机组塔式褐煤锅炉，燃用扎赉诺尔褐煤（M_t≈34%），配风扇磨煤机三介质干燥直吹式制粉系统。

3. T型锅炉

苏联超临界大型锅炉多采用T型布置单炉膛，烟气在上炉膛分流，可使炉膛出口烟窗的高度和过热器的管屏高度降低，使同屏管的热偏差减小，并便于制造安装，蒸汽系统为双流程。伊敏电厂500MW超临界锅炉燃用伊敏褐煤，为T型布置，八角切向燃烧方式，直流燃烧器。配风扇磨煤机，三介质（中温炉烟、低温炉烟和热风）干燥直吹式制粉系统。

国内没有设计和生产T型锅炉。

在德国，800～1000MW级超临界和超超临界机组褐煤锅炉全部采用塔式锅炉，主要是由于褐煤发热量低（低位发热量 $Q_{net,at}=9\sim10.5$MJ/kg），水分高（M_t为 50%～55%），锅炉燃煤量比同容量烟煤锅炉几乎增加一倍，由于水分高必须从炉膛出口抽取高温烟气干燥高水分褐煤，并采用单台磨煤机出力较大的风扇磨煤机，塔式锅炉可以将磨煤机布置在锅炉四周，这样可缩短输送煤粉管道的距离，从而减少磨煤机阻力损失与电耗。

二、炉型选择[1]

塔式锅炉的钢架结构形式和受力体系不同于Π型锅炉钢结构炉架。常规Π型布置的锅炉钢结构主体钢架和平台框架以及空气预热器框架是一个整体，塔式锅炉将钢结构分成主体钢架和辅助钢架。筒式框架、炉顶平台、大板梁及其炉顶钢架作为锅炉钢结构中的主钢架。整个锅炉的载荷，包括受热面及辅助钢架的荷载等，最终都传递到主钢架，并通过四个主柱传递至地基，这种结构对地基的整体性及不均匀变形要求较高。因此，从设备安全角度考虑，在地质风险较大以及地质条件较差的地区采用塔式锅炉，应充分论证。

Π型和塔式锅炉属于两种不同的技术流派，锅炉设计中具体采用哪种炉型方案，主要取决于锅炉制造厂家的传统设计技术。大型超临界和超超临界燃煤锅炉的炉型选型不能一概而论，需要根据设计燃用煤种、电站地址、投资费用、运行可靠性和经济性等方面，进行全面技术经济比较后确定。

东北电力设计院对华能伊敏电厂三期（2×600MW）Π型和塔式锅炉，从技术和经济几方面进行了比较。

（1）锅炉性能方面。Π型锅炉可采用挡板调温等多种调温方式，锅炉高度相对较低，钢架重量相对较轻；塔式锅炉也可采用挡板等调温方式，由于烟气向上流动，因烟气残余旋转而引起的烟气流动和温度偏差相对较小，受热面不易积灰和堵灰，且磨损小，水冷壁热负荷均匀。但锅炉高度相对较高，增加安装难度，钢架重量相对较重。

（2）磨煤机的布置方面。无论采用Π型锅炉或塔式锅炉均能满足磨煤机的布置及检修的要求。同时，在抽炉烟管道及送粉管道的布置上也无明显困难，但塔式炉相对要容易些。

技术成熟方面，亚临界和超临界 600MW 机组Π型锅炉配风扇磨煤机直吹式制粉系统已经有较多的运行实绩。亚临界和超临界参数的锅炉炉膛特征参数相差不大。

九台电厂超临界 670MW 机组塔式锅炉配风扇磨煤机直吹式制粉系统已经投入运行，主要参数均达到设计要求。

（3）投资方面。燃用褐煤的Π型锅炉占地面积、主设备费用和四大管道的费用均低于塔式锅炉，而高温炉烟管道的费用又高于塔式锅炉。一台燃用褐煤的塔式锅炉投资比一台燃用褐煤的Π型锅炉的投资多。

（4）经济指标方面。由于Π型锅炉方案和塔式锅炉方案的锅炉效率的设计取值相同，经计算，对于超临界 600MW 机组，两种方案的发电标准煤耗均可达到 284g/kWh，所以Π型锅炉方案和塔式锅炉方案的主要经济指标大致相当。

另外，对燃用低发热量（低位发热量为 9～10.5MJ/kg）、高水分（M_t为 50%～55%）的褐煤，按德国的设计和运行经验，采用塔式锅炉具有一定的优势。

国内没有设计和生产T型锅炉，没有考虑过采用这种炉型。

三、炉膛的功能

煤粉锅炉的燃料在炉膛中燃烧，在其四周炉墙上布置蒸发受热面（水冷壁），有时也敷设墙式过热器和墙式再热器，因而炉膛也是热交换（主要是辐射热交换）的空间，所以炉膛是锅炉最重要的部件之一。

煤粉炉炉膛的作用就是既要保证燃料的完全燃烧，又要合理组织炉内热交换、布置合理的受热面，满足锅炉容量的要求，并使烟气到达炉膛出口时被冷却到使其后的对流受热面不结渣和安全工作所允许的温度。

炉膛的截面形状多为矩形。因此，炉膛的几何尺寸是它的宽度、深度和高度，这些几何尺寸是保证燃料完全燃烧的重要因素之一。它们都与炉膛的主要特征参数有关。

为了满足燃烧的要求，炉膛应具有如下条件：

(1) 有良好的炉内空气动力工况（炉内速度场和压力场分布的情况），使炉膛内的温度场和速度场分布均匀，防止受热面局部超温。避免火焰直接冲刷炉墙，这是保证炉膛不结渣、安全工作的重要条件。同时应使火焰对炉膛有较高的充满程度，减少气流的死滞旋涡区域。死滞旋涡区对燃烧不利，它使烟气有效流通截面减小，燃料在炉内停留时间缩短，从而煤粉得不到充分的时间完全燃烧。

(2) 要有足够大的容积，燃料能够燃尽；布置一定数量的受热面，以降低烟气温度，保证炉膛出口及其后面的对流受热面不结渣和安全运行。

(3) 有合适的放热强度（热负荷）。

第二节　影响炉膛设计的因素

一、褐煤煤质

1. 水分

褐煤的特点一般是水分高、发热量低，特别是年轻褐煤，水分较高。由于褐煤水分高、发热量低，因而烟气量很大，根据德国的经验，对于燃用高水分的褐煤锅炉，其风量高达烟煤的1.5倍，烟气量达2.5倍。相同蒸发量的锅炉，燃用褐煤时需要的燃料量是烟煤的2.5～4倍。燃用高水分褐煤在炉膛内产生大量的烟气和水蒸气，由于燃烧技术方面的原因，炉膛内的烟气速度不能超出一定的数量级，因而炉膛断面放热强度比燃用烟煤时低很多，炉膛容积放热强度也相对较低。因此，就必须设计高度和容积较大的炉膛。

2. 灰分

锅炉的燃煤量与发热量成反比关系。如果灰分显著增加，煤的发热量则会下降很多。当煤的发热量下降到16.7MJ/kg(4000kcal/kg)以下时，燃煤量增加幅度很大，例如，当发热量由16.7MJ/kg(4000kcal/kg)下降到13.4MJ/kg(3200kcal/kg)时，燃煤量增加1.25倍；当发热量进一步下降到10.9MJ/kg(2600kcal/kg)时，燃煤量又增加1.23倍，与16.7MJ/kg(4000kcal/kg)的发热量相比已增加到1.54倍。燃煤量增加，烟气量即增大。

3. 灰的熔融特性

褐煤的灰熔融温度一般都比较低，容易结渣，为了避免炉膛结渣，选取较低的炉膛容积放热强度、炉膛断面放热强度、燃烧器区壁面放热强度。

煤质特性对锅炉炉膛尺寸的影响见图 3-1。

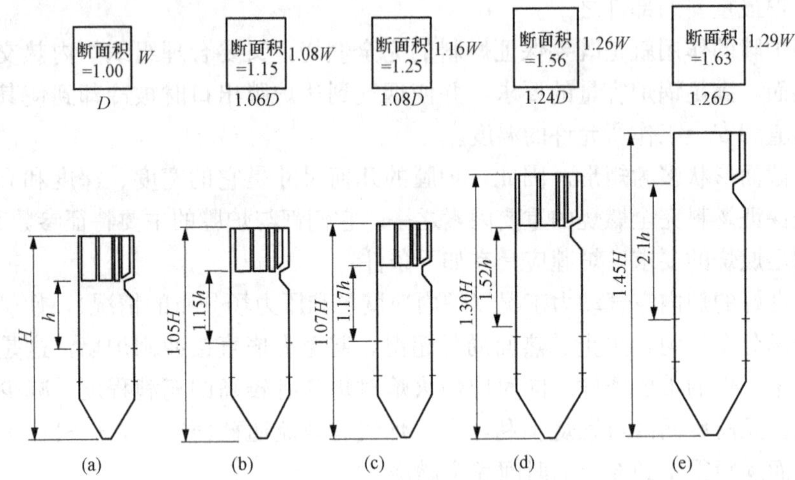

图 3-1　煤质特性对锅炉炉膛尺寸的影响

(a) 中等挥发分烟煤；(b) 高挥发分烟煤或次烟煤；(c) 低结渣性褐煤；(d) 中等结渣性褐煤；(e) 高结渣性褐煤

二、 空气分级燃烧技术的要求

(一) 空气分级燃烧技术与炉膛高度

电站煤粉锅炉的空气分级燃烧技术主要是沿炉膛高度的空气分级，沿炉膛高度的炉内空气分级送入炉膛的燃烧技术，是在炉膛下部的整个燃烧区组织欠氧燃烧，以降低 NO_x 排放，然后在燃烧器上部的适当位置再送入部分空气，形成沿炉膛高度的整体空气分级低 NO_x 燃烧技术。

大约 80%的理论空气量从炉膛下部的燃烧器喷口送入，使下部送入的风量小于送入的燃料完全燃烧所需的空气量，进行欠氧燃烧。由于空气不足，可使燃料型 NO_x 降低，同时，燃烧区域的火焰峰值温度和局部的氧浓度也较低，会使热力型 NO_x 的生成率下降。其余约 20%的空气从主燃烧器上部，与主燃烧器间隔一定距离的分离燃尽风（separate over fire air，SOFA）喷口送入，迅速与燃烧产物混合，保证燃料的完全燃尽。与主燃烧器一体布置的为紧凑燃尽风（close coupled OFA，CCOFA）。在设计中一般既布置 CCOFA 喷口，也布置 SOFA 喷口，为了进一步降低 NO_x，也可布置 2 级 SOFA 喷口。沿炉膛高度空气分级燃烧的布置示意图见图 3-2。

试验表明，加大燃尽风口的高度（即加大上层燃烧器一次风喷口与分离燃尽风喷口 SOFA 的距离），NO_x 的排放随之逐步降低。但是，当该距离加大到一定程度后，继续降低 NO_x 的排放已不显著，其原因是当还原区过长，在还原区后期烟气中的氧气已接近零，对烟气中 NO_x 的还原效果明显低于之前的还原区。另外，还原区太长，相应于燃尽

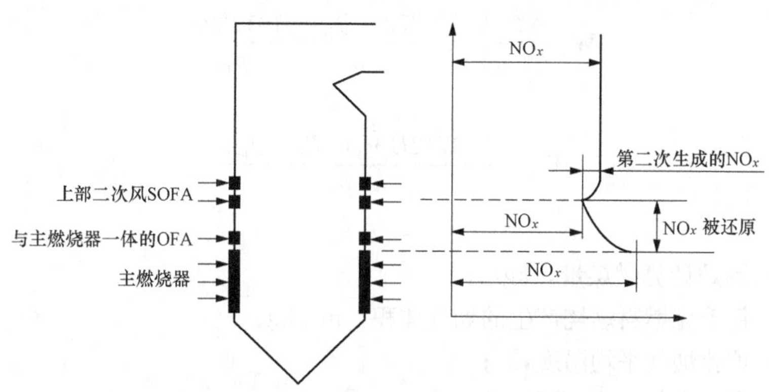

图 3-2 沿炉膛高度空气分级燃烧的布置示意图

区的高度降低，焦炭后期燃烧的 NO_x 生成量将增加，反而，导致总的 NO_x 排放升高，而且会使未燃尽碳增加。因此，选取分离燃尽风喷口（SOFA）与上层燃烧器之间的高度的原则，是既要保证煤粉从上层燃烧器到 SOFA 喷口区域的停留时间，以降低 NO_x 的排放；又要考虑煤粉的燃尽。

因此，为了满足空气分级燃烧技术，降低 NO_x 的要求，需要适当提高炉膛的高度。

（二）分离燃尽风喷口（SOFA）位置的选取

1. 分离燃尽风喷口（SOFA）与上层燃烧器之间煤粉停留时间的选取原则

对分离燃尽风喷口（SOFA）与上层燃烧器之间煤粉停留时间的选取原则，要保证煤粉在该区间的停留时间 $\tau_{sub}>0.8s$，同时保证停留时间 τ_{sub} 与总停留时间（上层燃烧器喷口到屏下沿的停留时间，即燃尽区高度 h_1 间的停留时间）τ_{total} 之比，在 0.35～0.55 之间。即

$$\tau_{sub}>0.8s \tag{3-1}$$
$$0.35\leqslant\tau_{sub}/\tau_{total}\leqslant0.55$$

式中 τ_{sub}——上层燃烧器喷口到 SOFA 喷口间的停留时间，s；

τ_{total}——上排燃烧器喷口到屏下沿的停留时间（燃尽区高度间的停留时间），s。

2. 煤粉有效燃烧时间的计算

以燃烧特性控制炉膛容积放热强度主要是控制燃料在炉内的停留时间。燃料的有效燃烧时间规定为燃尽区高度（上层燃烧器一次风喷口中心线至屏下沿）之间的停留时间 τ_{total}，进入屏区以后，由于烟气温度降低，氧量减少，一般不再考虑燃烧的影响。

假定煤粉与烟气同步，炉内烟气充满良好，则煤粉在炉内的平均停留时间为

$$\tau_{total}=\frac{L}{W_y} \tag{3-2}$$

式中 τ_{total}——煤粉在燃尽区高度之间的平均停留时间，s；

L——燃尽区高度（上层燃烧器一次风喷口中心线至屏下沿）的距离，m；

W_y——烟气在炉内的平均上升速度，m/s。

（1）烟气在炉内的平均上升速度的计算。烟气在炉内的平均上升速度 W_y 按式（3-3）计算，即

$$W_y=\frac{B_j V_y}{ab}\times\frac{273+\theta_{pj}}{273}\times\frac{101.325}{p_a} \tag{3-3}$$

简化后为

$$W_y=\frac{0.3712B_jV_y(273+\theta_{pj})}{abp_a} \tag{3-4}$$

$$\theta_{pj}=\sqrt{\theta_1\theta_2} \tag{3-5}$$

式中 B_j——锅炉计算燃煤量，kg/s；

V_y——每千克燃料燃烧产生的烟气体积，m³/kg；

θ_{pj}——炉膛烟气平均温度,℃；

p_a——当地大气压力，kPa；

a、b——炉膛的宽度和深度，m；

θ_1——以煤的发热量为主形成的炉内温度水平,℃；

θ_2——以炉膛结构尺寸形成的炉内温度水平,℃。

θ_1 的计算式为

$$\theta_1=0.925\sqrt{\theta_a\theta''} \tag{3-6}$$

式中 θ_a——理论燃烧温度，与煤的低位发热量、煤的元素分析成分含量、热风温度等有关，由热力计算求得,℃；

θ''——炉膛出口烟气温度，由热力计算求得,℃。

θ_2 的计算式为

$$\theta_2=1144+249\ln(0.86q_{fz}) \tag{3-7}$$

式中 q_{fz}——炉膛折算放热强度（炉膛折算热负荷），MW/m²。

炉膛折算放热强度 q_{fz} 的计算式为

$$q_{fz}=\frac{Q_{net,ar}B_j}{1000\sqrt{2ab(a+b)c\zeta n_f}} \tag{3-8}$$

$$c=\frac{h_2}{n_f-1} \tag{3-9}$$

$$\zeta=1-\frac{0.535F_w}{2(a+b)(h_1+3)} \tag{3-10}$$

式中 c——燃烧器各一次风喷口中心线之间的平均距离，m；

ζ——卫燃带面积修正系数，无卫燃带时，$\zeta=1$；

n_f——燃烧器一次风喷口层数；

h_2——最上层燃烧器一次风喷口中心线至最下层燃烧器一次风喷口中心线之间的距离，m；

F_w——卫燃带面积，m²。

这是目前较多采用的炉膛平均温度计算方法。

（2）理论空气量的计算。计算理论空气量按式（3-11）计算，即

$$V^0=0.0889(C_{ar}+0.375S_{ar})+0.265H_{ar}-0.0333O_{ar} \tag{3-11}$$

式中 V^0——理论空气量，m³/kg（标准状态）；

C_{ar}、S_{ar}、H_{ar}、O_{ar}——燃料收到基的碳、硫、氢和氧元素的含量,%。

（3）烟气体积的计算。实际烟气体积按式（3-12）～式（3-17）计算。

1）三原子气体体积 V_{RO_2}（m^3/kg）。计算式为

$$V_{RO_2}=0.01866(C_{ar}+0.375S_{ar}) \tag{3-12}$$

2）理论氮气体积 $V_{N_2}^0$（m^3/kg）。计算式为

$$V_{N_2}^0=0.79V^0+0.008N_{ar} \tag{3-13}$$

3）理论水蒸气体积 $V_{H_2O}^0$（m^3/kg）。计算式为

$$V_{H_2O}^0=0.111H_{ar}+0.0124M_{ar}+0.016(\alpha-1)V^0 \tag{3-14}$$

4）实际氮气体积 V_{N_2}（m^3/kg）。计算式为

$$V_{N_2}=V_{N_2}^0+0.79(\alpha-1)V^0 \tag{3-15}$$

5）过量空气中的氧气体积 V_{O_2}（m^3/kg）。计算式为

$$V_{O_2}=0.21(\alpha-1)V^0 \tag{3-16}$$

6）实际烟气体积 V_y（m^3/kg）。计算式为

$$V_y=V_{RO_2}+V_{N_2}^0+V_{H_0O}^0+1.016(\alpha-1)V^0 \tag{3-17}$$

（4）理论燃烧温度的计算。理论燃烧温度的计算见式（3-18），即

$$\theta_a=\frac{0.993Q_{net,ar}+1.41V^0t_{ha}+6.25V^0+7476r_{hg}+1088r_{lg}}{\{2.386V_{RO_2}+1.926[V_{H_2O}^0+0.0161(\alpha-1)V^0]+1.465V_{N_2}^0+1.306\times0.009A_{ar}\}\times(1+r_{hg}+r_{lg})+1.515(\alpha-1)V^0} \tag{3-18}$$

式中 θ_a——理论燃烧温度，℃；

$Q_{net,ar}$——燃料收到基低位发热量，kJ/kg；

V^0——理论空气量，m^3/kg（标准状态）；

t_{ha}——热空气温度，℃；

r_{hg}——抽炉烟干燥时的高温炉烟份额，%；

r_{lg}——抽炉烟干燥时的低温炉烟份额，%；

α——过量空气系数；

V_{RO_2}——三原子气体体积，m^3/kg；

$V_{H_2O}^0$——理论水蒸气体积，m^3/kg；

$V_{N_2}^0$——理论氮气体积，m^3/kg；

A_{ar}——收到基灰分，%。

按式（3-18）计算所得的 θ_a 大约有±50℃的偏差。

通过上述计算，获得烟气体积 V_y 和炉膛烟气平均温度 θ_{pj}，即可按式（3-3）求得烟气在炉内的平均上升速度 W_y（m/s），按已选取的上层燃烧器一次风喷口中心线至屏下沿的距离（燃尽区高度 h_1）L（m），即可按式（3-2）求得煤粉在炉内的平均停留时间 τ_{total}（s）。

国内部分600MW机组褐煤锅炉的分离燃尽风喷口至上层燃烧器喷口的距离见表3-1。

表3-1 国内部分600MW机组褐煤锅炉的分离燃尽风喷口至上层燃烧器喷口的距离

机组容量	炉型，燃烧方式和煤种	上层燃烧器喷口至分离燃尽风喷口的距离 h_{SOFA}(m)	上层燃烧器一次风喷口至折焰角尖端（屏下沿）的距离 h_1(m)	h_{SOFA}与h_1之比h_{SOFA}/h_1
600MW	塔式炉，切向燃烧，褐煤①	14.60	32.76	≈1/2
	塔式炉，切向燃烧，褐煤①	7.50	31.55	≈1/4
	塔式炉，切向燃烧，褐煤①	7.31	27.58	≈1/3.8
	塔式炉，切向燃烧，褐煤①	7.50	26.00	≈1/3.5

① 对于塔式炉，h_1为上层燃烧器一次风喷口至炉内水平管束最下层管中心线垂直距离。

按阿尔斯通公司（Alstom）的经验，对于切向燃烧锅炉，分离燃尽风的布置高度h_{SOFA}为最上层燃烧器喷口中心线至折焰角尖端（屏下沿）距离的1/3～1/2，即（1/3～1/2)h_1。

由表3-1可见，分离燃尽风喷口的布置高度h_{SOFA}为（1/4～1/2)h_1，墙式燃烧锅炉的分离燃尽风喷口布置高度略小于切向燃烧锅炉。

近年来，由于燃烧器的改进和运行经验的积累，分离燃尽风的布置高度有增加的趋势，而且，采用了两级布置分离燃尽风。

国外，在褐煤塔式锅炉四面墙的抽炉烟口上方和下方，布置分离燃尽风喷口，采用多级布置，即所谓的“地毯式分离燃尽风”。目前，国内尚未采用这种布置方式。

三、海拔对炉膛尺寸的影响

老年褐煤主要产区在内蒙古和东北地区，云南地区主要是年轻褐煤，内蒙古及云南，海拔都在1000m以上，这些高原地区褐煤贮藏量较多。在20世纪90年代前建成的电站煤粉锅炉，无论锅炉所在地理位置的海拔是多高，都是按标准大气压（101.325kPa）条件设计制造的。当其用于高原地区，即高海拔地区时，由于低气压的影响而给锅炉运行的安全经济性造成许多不利影响。以云南为例，主要火力发电厂所在地的海拔为1800～2000m，相应大气压为78～83kPa，这些地方的锅炉运行中普遍存在的问题：锅炉炉膛出口烟气温度及排烟温度偏高、飞灰及大渣可燃物含量高、炉膛及高温受热面结渣严重、尾部受热面磨损严重、锅炉出力不足等。通过长期的研究表明，这些问题都与所在地高海拔条件下的低气压有密切关系。特别是在20世纪90年代进行了较为深入的试验研究。

（一）海拔与大气压力的关系

大气压力是表示空气柱对平面产生的压强，随着地区海拔（相对于海平面的标高）的变化，空气柱的相对高度也在改变。空气密度随着高度、温度及空气中的含水量而改变。在同样的海拔地区，由于气温不一样，空气中的湿度不一样，空气的密度也就不一样，从而造成气压的差异。

我国标准大气压力规定，在设定地球有效半径、重力加速度和海平面上静止空气的压力为101.325kPa、温度为15℃和密度为1.2258kg/m^3，并给定大气层的垂直温度梯度在有限范围内为−6.5℃/km。由于空气密度难以准确确定，故对于海拔$H<11$km条件下，可按下述简化公式计算不同海拔的大气压力、空气温度和密度。

$$p = 101.325(1 - 0.022\ 57H/1000)^{5.256} \tag{3-19}$$

$$t = t_0 - 6.5H/1000 \tag{3-20}$$

$$\rho = \rho_0(1 - 0.022\ 57H/1000)^{4.256} \tag{3-21}$$

式中 H——当地海拔，m；

p——大气压力，kPa；

t——大气温度,℃；

t_0——海平面上的大气温度，可取为15℃；

ρ——大气密度，kg/m³；

ρ_0——海平面上的大气密度，可取为1.2258kg/m³。

（二）低气压对烟气流动的影响

对烟气流动的影响是由于大气压力降低将使气体膨胀，使一定空间体积内气体流速增加，气体的停留时间减少，而流动阻力增加。

1. 低气压对炉膛内烟气停留时间 τ_{tatol} 的影响

烟气在炉膛内的停留时间，由式（3-2）即

$$\tau_{total} = L/W_y = L/\frac{B_j V_y}{ab} \times \frac{273 + \theta_{pj}}{273} \times \frac{101.325}{p_a}$$

可知，当大气压力降低时，烟气速度升高，烟气在炉内的停留时间减少。因此，在其他条件不变的情况下，新的停留时间 τ' 与原来平原地区停留时间 τ_{tatol} 的关系见式（3-22），即

$$\tau' = \tau_{total} \frac{p}{101.325} \tag{3-22}$$

高海拔地区大气压力 p 小于101.325kPa，可见，烟气（煤粉）在相同锅炉内燃烧时，高海拔地区的炉内停留时间比平原地区短。

2. 低气压对燃烧器出口风速的影响

燃烧器出口风速 W_d 与大气压力 p 成反比，即

$$W_d = w \frac{101.325}{p} \tag{3-23}$$

式中 W_d——低气压时的风速，m/s；

w——平原地区大气压力为101.325kPa时的风速，m/s。

可见，在其他条件不变的情况下，随着大气压力的降低，燃烧器出口风速增加，将对煤粉气流的着火燃烧以及炉膛内空气动力工况的合理组织造成不利影响。若要维持原来正常的风速，喷口截面就要放大 $101.325/p$ 倍。

3. 低气压对制粉系统的影响

由于气压降低，会使煤粉管道的流速增加，阻力增大，虽然气体密度减小，但是补偿不了流速的影响。通过分离器的流速增加，煤粉变粗。在风扇磨煤机系统中，在相同的转速下，因低气压时空气密度的降低而使携带出力降低，导致磨煤机出力下降，压头也下降。送风机、引风机在转速不变的情况下，虽然低气压下其体积流量出力不变，但压头会降低。

4. 低气压对锅炉对流受热面烟气流速的影响

由于气压降低，各级对流受热面的烟气速度相应增加，而烟气密度降低，其对对流传热的影响相互抵消，故对流传热基本不变；但辐射传热由于大气压力降低时火焰黑度的降低而有所降低；锅炉各级对流受热面的烟气速度相应增加，将会导致受热面金属磨损加剧。

（三）低气压对传热的影响

1. 对辐射传热的影响

按苏联1973年版《锅炉热力计算标准方法》，对1台670t/h锅炉进行低气压对炉膛出口烟气温度影响的计算，结果如表3-2所示。

表3-2　压力降低对炉膛出口烟气温度的影响

海拔（m）	大气压力（kPa）	发光火焰黑度 α_{fg}	炉膛黑度 α_1	炉膛出口温度 θ(℃)
0	101.325	0.869	0.937	1083
1200	87.33	0.826	0.913	1091
2260	77.70	0.780	0.893	1099

由表3-2可见，由于大气压力降低而使发光火焰黑度及炉膛黑度降低，从而导致炉膛出口烟气温度升高，由海拔0m增加到1200m时，炉膛出口烟气温度升高8℃；由海拔0m增加到2260m时，温度升高16℃。

2. 对对流传热的影响

依据传热学原理，研究认为海拔及其引起的大气压力变化与对流放热系数无关。但是，对于对流受热面，其传热系数不仅和对流放热系数有关，还与辐射放热系数有关。对位于高温区的过热器受热面，按苏联1973年版《锅炉热力计算标准方法》，对1台670t/h锅炉进行低气压对高温对流受热面的传热计算，结果如表3-3所示。

表3-3　高温对流受热面部分传热系数 *k* 的比较

海拔（m）	大气压力（kPa）	屏式过热器 [kJ/(m²·h·℃)]	高温过热器 [kJ/(m²·h·℃)]	高温再热器 [kJ/(m²·h·℃)]
0	101.325	205.9	221.8	235.3
1200	87.3	200.7	214.9	229.3
2260	77.7	196.5	210.0	224.8

由表3-3可见，压力降低使高温对流受热面的传热系数降低。

综上所述，高海拔地区因大气压力降低将导致锅炉炉内辐射传热量减少，引起炉膛出口烟气温度升高；虽然大气压力降低对对流放热系数没有影响，但因高温区辐射放热系数降低，而使高温区域内对流受热面的传热量减少，最终，锅炉排烟温度升高，热效率下降。

（四）低气压对锅炉燃烧速率的影响

高原地区大气压力降低会使空气密度及氧气的质量浓度（或氧气分压力）也相应降低，对燃烧产生不利的影响。根据简化的煤粉/空气燃烧反应模型，煤粉颗粒的碳消耗速

率（即燃烧速率）可用式（3-24）表示，即

$$q=\frac{p_g}{\frac{1}{k_s}+\frac{1}{k_{diff}}} \tag{3-24}$$

式中 q——煤粉炭核颗粒单位表面积（考虑孔隙影响）的炭消耗速率，g/(cm²·s)；

p_g——自由气流中的氧分压力，Pa；

k_s——炭核颗粒表面反应速率系数；

k_{diff}——氧及反应产物在边界层内的扩散反应速率系数。

如果k_{diff}远大于k_s，则可认为$q=k_sp_g$，即反应速率仅受控于表面反应因素，或称化学动力学控制（受温度控制）；若k_s远大于k_{diff}，则可认为$q=k_{diff}p_g$，即反应速率仅受控于气体扩散因素或称扩散控制。在实际煤粉燃烧炉膛的燃烧过程中，难以分清某一区域主要受哪种因素控制。

在上述公式中，氧气分压显然与系统总压力成正比变化。

分析认为，大气压力降低时k_{diff}增加，燃烧过程趋向于化学动力学控制；压力降低时k_s可能下降，燃烧反应更趋向化学动力学控制，也有认为k_s反而升高。可见，大气压力降低对燃烧速率的影响尚待深入研究。

一般认为，低气压下氧气的分压力降低，或者氧的质量浓度降低，而氧气的扩散系数与压力成反比，即低气压使氧的扩散强化，两者的影响相反，对煤粉气流的着火影响不大（低气压对喷口出口风速的影响除外）；但由式（3-24）可见，氧气的分压力对炭的燃烧速率成正比地影响，低气压下的低氧分压力使炭的燃烧速率降低，此时炉内温度水平的下降，便会进一步降低处于化学动力学控制的燃烧速率。

综合上述研究认为：

（1）高海拔、低气压地区锅炉炉膛容积放大宜以增加高度为主，适当增大水平断面，但对于严重结渣性煤，则宜按接近相似比例放大。

（2）维持燃烧器出口速度和旋流强度在原设计最佳值不变，是保证高原地区锅炉煤粉及时着火燃烧、建立正常炉内工况的重要条件。为此，燃烧器尺寸一般应按$(p/100)^{-1/2}$比值放大，一些其他独立布置的空气喷口也按$(p/100)^{-1/2}$比值放大。

（3）海拔越高，燃烧过程越趋向化学动力学控制，燃烧的稳定性和完全性越趋向脆弱。

（五）高原地区锅炉炉膛特征参数的修正

DL/T 831—2015《大容量煤粉燃烧锅炉炉膛选型导则》规定：对于易着火的褐煤（着火温度 IT<700℃），从海拔超过 700m 起开始修正。

高原地区（海拔 700m 以上者）大气压力和密度有明显降低。如果炉膛轮廓尺寸仍维持选定适用于平原地区（海拔 700m 以下者）的大小，则炉内煤粉停留时间会相应缩短，导致燃尽率下降；且气压和密度的降低也多少会导致燃烧反应速率和传热的减缓。锅炉炉膛特征参数按 DL/T 831—2015《大容量煤粉燃烧锅炉炉膛选型导则》选取（即把海拔在 700m 当作平原地区看待）；而海拔超过 700m 即应开始考虑气压下降的影响。对高原地区炉膛选型的考虑，原则上仅限于要求燃烧产物在炉膛内停留时间，基本等于同等条件下的平原地区锅炉，按此原则放大炉膛容积。具体的做法是对按选用的诸特征参

数进行气压修正。

1. 炉膛容积放热强度的修正

按标准条件选定的炉膛容积放热强度上限值为 q_V，则高原地区的 q_V 应至少按燃烧产物等停留时间的原则修正，即

$$q_{V(g)}=q_V\times(p/p_o) \tag{3-25}$$

式中 $q_{V(g)}$——海拔超过 700m 的高原地区炉膛容积放热强度上限值，kW/m^3；

q_V——按标准条件选定的炉膛容积放热强度可用值，kW/m^2；

p——高原地区当地常年平均大气压，如缺乏当地统计数据，则可按式（3-19）计算，kPa；

p_o——参比大气压，对易着火的褐煤，为 96kPa（相应海拔为 700m）。

式（3-25）表明，高原地区锅炉炉膛的有效容积，至少应较平原地区的锅炉放大（p_o/p）倍。

2. 炉膛断面放热强度的修正

因为炉膛容积尺寸的放大宜遵循几何相似的原则，故炉膛断面放热强度应按式（3-26）进行修正，即

$$q_{F(g)}=q_F\times(p/p_o)^{2/3} \tag{3-26}$$

式中 $q_{F(g)}$——海拔超过 700m 的高原地区炉膛断面放热强度可用值，MW/m^2；

q_F——按标准条件选定的炉膛断面放热强度可用值，MW/m^2；

p 及 p_o——同式（3-25）的符号说明。

对于切向燃烧及墙式燃烧锅炉，如（p/p_o）>0. 96，为简化设计，式（3-26）中的幂指数（2/3）可以允许代之以零，即 q_F 不做修正。

3. 燃烧器区壁面放热强度的修正

按标准条件选定的燃烧器区壁面放热强度上限值为 q_B，则高原地区的 $q_{B(g)}$ 仍宜沿用原选定值。对于结渣性严重的褐煤，可比原选定值适当降低些。但对于大气压力降低幅度较大的锅炉设计，因为炉膛断面放热强度的降低而使主燃烧器区温度降低，会影响燃尽，所以宜适当增加燃烧器区壁面放热强度。

4. 炉膛燃尽区容积放热强度的修正

炉膛燃尽区放热强度上限值宜采取与式（3-25）炉膛容积放热强度相同的处理方法，即

$$q_{m(g)}=q_m\times(p/p_o) \tag{3-27}$$

式中 $q_{m(g)}$——海拔超过 700m 的高原地区炉膛燃尽区容积放热强度上限值，kW/m^3；

q_m——按标准条件选定的炉膛燃尽区容积放热强度上限值，kW/m^3；

p 及 p_o——同式（3-25）的符号说明。

5. 炉膛燃尽区高度的修正

对于切向燃烧及墙式燃烧锅炉，如采用炉膛燃尽区高度 h_1 作为炉膛特征参数之一时，则高原地区的锅炉 h_1 取值应按式（3-28）修正，即

$$\left.\begin{aligned}h_{1(g)}&=h_1\times(p/p_o)^{-1/3}\\h_{1(g)}&=h_1\times(p_o/p)^{1/3}\end{aligned}\right\} \tag{3-28}$$

式中 $h_{1(g)}$——海拔超过700m的高原地区炉膛燃尽区高度，m；

h_1——按标准条件选定的平原地区锅炉的炉膛燃尽区高度，m；

p及p_o——同式（3-25）的符号说明。

6. 燃烧器喷口尺寸的修正

大气压力降低，燃烧器一、二次风出口参数（风率、风温、风速及旋流强度比）一般不宜改变（除非由于一次风粉管道的修正计算影响到一次风率有所变化）。为此，原则上其一、二次风喷口面积宜按（p_o/p）比率放大，相应的燃烧器喷口尺寸以及燃烧器结构尺寸宜按（p_o/p）$^{1/2}$即（p/p_o）$^{-1/2}$比率放大；一些另外独立布置的空气喷口（二、三次风及乏气喷口）、燃尽风口，也按（$p/100$）$^{-1/2}$比值放大。p及p_o同式（3-25）的符号说明。

高原地区锅炉设计，必须按照当地大气压力进行受热面的传热计算，以正确选用对流受热面的数量，并须注意限制烟道空间的平均烟速（等同于平原地区的取值），以避免受热面管束超量磨损。

四、 抽取高温炉烟口位置

对于燃用褐煤水分M_t＞35％的褐煤锅炉，采用风扇磨煤机三介质干燥直吹式制粉系统时，高温炉烟、低温炉烟和热风三介质中的高温炉烟需要从炉膛（Π型锅炉、塔式锅炉）或水平烟道转向尾部烟道的转向室抽取（T型锅炉）部分炉烟。

为了避免抽烟口处结渣，要求抽烟口处的温度小于软化温度50℃，即ST＜50℃。

对于燃用高水分的年轻褐煤，因为水分高、发热量低，炉膛主燃烧区的温度较低。如德国主要是年轻褐煤，煤质特性为M_t＝50％～62％、灰分A_{ar}＝5％～20％、$Q_{net,ar}$＝5442～10 467kJ/kg(1300～2500kcal/kg)，而且采用低温燃烧技术，设计要求炉内最高温度应低于1350℃。因此，在主燃烧区之上接近炉膛出口处，烟气温度较低，比较容易达到ST＜50℃的条件。

我国主要是老年褐煤，主要产区在内蒙古和东北地区，煤质特性为M_t＝25.28％～39.5％、A_{ar}＝9.49％～26.39％、$Q_{net,ar}$＝10.39～15.75MJ/kg(2482～3763kcal/kg)，发热量较高，炉膛主燃烧区的温度较高。对于Π型锅炉，高温炉烟抽烟口，选取在炉膛上部的屏式过热器区域，此区域的烟气温度较低，一般情况，都可以满足ST＜50℃的条件。如伊敏电厂660MW机组燃用伊敏褐煤的5号褐煤锅炉，燃用煤质：M_t＝39.5％、A_{ar}＝12.09％、$Q_{net,ar}$＝11.76MJ/kg(2815kcal/kg)、ST＝1210℃，燃尽高度（上层燃烧器一次风喷口至屏式过热器下沿距离）h_1＝27.179m，抽烟口在屏式过热器沿高度的中间位置，已是炉膛出口区域，此处的烟气温度一般都可以满足ST＜50℃的条件。对于塔式锅炉，九台电厂褐煤塔式炉，燃用扎赉诺尔褐煤，M_t＝32.8％、A_{ar}＝9.49％、$Q_{net,ar}$＝15.75MJ/kg（3762kcal/kg)、ST＝1164℃。与伊敏褐煤比较，扎赉诺尔褐煤发热量高，主燃烧区温度高，灰熔融温度低，为了满足ST＜50℃的条件，燃尽高度提高到h_1＝34m。为此，提高炉膛高度。

为了优化抽烟口选取的位置，上都电厂四期塔式褐煤锅炉的设计方案在抽烟口位置选取方面作了大量工作。

将抽烟口分别布置在一级过热器、三级过热器和二级再热器出口，对三种抽烟口设计方案的优缺点进行比较，经过分析和对比，将高温炉烟抽烟口布置在一级过热器出口为最优设计方案。一方面满负荷时抽烟口温度为1080℃，低于煤质灰软化温度1140℃，能够有效防止抽烟口结渣，另一方面能够保证磨煤机在各负荷下达到干燥出力。此外，此种布置，在煤质适应性、机组运行的经济性和可靠性等方面优于其他方案，见图3-3。

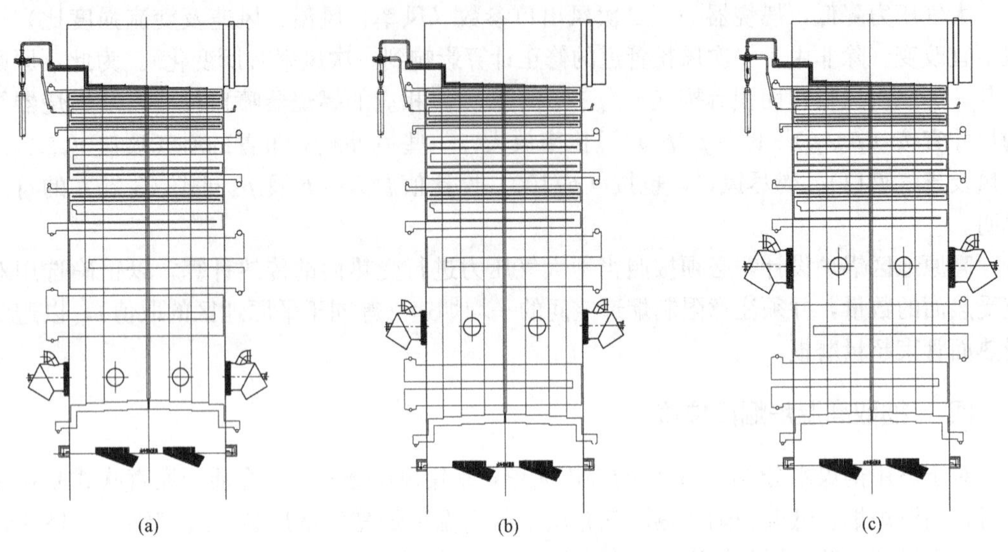

图3-3　抽烟口的三种布置方案

（a）布置在一级过热器出口；（b）布置在三级过热器出口；（c）布置在二级再热器出口

这种布置方式，可以使锅炉的整体高度降低。

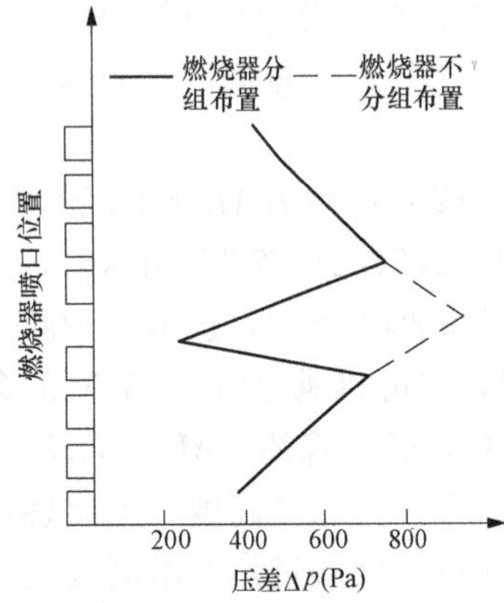

图3-4　分组布置燃烧器时射流两侧压差沿高度分布

五、燃烧器布置方式

褐煤的灰熔融温度较低，为了避免结渣，布置燃烧器时，拉开燃烧器之间的距离，使得火焰周围有足够的冷却面积，以及火焰空间的容积能使各燃烧器的火焰自由扩张；有时将燃烧器分组布置，以降低燃烧器区域的温度，避免发生结渣和腐蚀；同时改善燃烧器出口射流两侧的补气条件，减小两侧射流的偏转，见图3-4。分组布置燃烧器的方式也会影响到炉膛的几何尺寸。当燃烧器多层布置时，宜增加各层燃烧器之间的距离，以降低燃烧器区壁面放热强度。同时，为保证燃料的燃尽，也宜增加上层燃烧器喷口到炉膛出口的距离，这也致使炉膛高度加高，炉膛容积增大。

六、炉膛出口温度的选择

炉膛出口温度是燃烧产物经过炉内换热后的状态参数，是锅炉热力计算中的一个重要数据。此温度如果选择过高，即炉内的辐射受热面布置得太少，则会使炉膛出口处的对流受热面结渣；此温度如果选择过低，即炉内的辐射受热面布置得太多，炉膛温度降低，会影响换热强度，相应的炉膛出口温度也低。对于煤粉锅炉，炉膛出口温度与煤灰熔融温度有关。DL/T 831—2015《大容量煤粉燃烧锅炉炉膛选型导则》推荐：在 BMCR 工况下炉膛出口烟窗设计计算烟温 θ'' 宜按煤灰变形温度确定，即 $\theta''\leqslant$(DT－100)℃；但若软化温度与变形温度之差（ST－DT）≤50℃，则应取 $\theta''\leqslant$(ST－150)℃。NB/T 10127—2018《大型煤粉锅炉炉膛及燃烧器性能设计规范》推荐：在锅炉额定负荷时，应使炉膛出口烟气温度降低到煤灰变形温度 DT 以下 50～100℃，即炉膛出口烟气温度 $\theta''\leqslant$ DT－(50～100)℃；若煤灰软化温度 ST 与变形温度 DT 之差小于或等于 50℃，即(ST－DT)≤50℃，则炉膛出口烟气温度应降低到煤灰软化温度 ST 以下 100～150℃，即膛出口烟气温度 $\theta''\leqslant$ ST－(100～150)℃。

选取炉膛高度时，既要保证煤粉充分燃尽，又要考虑传热的要求。炉膛出口温度与褐煤煤质特性、锅炉输入热功率、炉膛容积和形状、炉膛辐射受热面积、水冷壁污染系数及火焰中心高度等因素有关。

一般情况下，按以上原则选取炉膛出口温度。设计锅炉炉膛时宜按褐煤煤质、锅炉输入功率、炉膛特征参数和燃尽区高度等因素综合考虑，选取炉膛出口烟气温度。也可能从锅炉总体设计考虑，未能满足以上的推荐条件，如果根据设计煤质选取的炉膛特征参数、燃尽区高度等合适，已运行的褐煤锅炉表明，锅炉也可以达到安全稳定运行。

内蒙古蒙泰北骄电厂 2×330MW 机组褐煤锅炉燃用鄂尔多斯东胜褐煤：水分 M_t＝25.1%、灰分 A_{ar}＝23.9%、挥发分 V_{daf}＝37.58%、发热量 $Q_{net,ar}$＝15.06MJ/kg、煤灰变形温度 DT＝1050℃、煤灰软化温度 ST＝1070℃、煤灰熔化温度 FT＝1110℃。按软化温度与变形温度之差（ST－DT）≤50℃，炉膛出口温度 $\theta''\leqslant$ ST－(100～150)℃的要求，炉膛出口烟气温度为 θ''＝ST－(100～150)℃＝1070－(100～150)℃，$\theta''\leqslant$970～920℃。该机组褐煤锅炉的炉膛烟气出口温度选取值：BMCR 工况 θ''＝890℃，BRL 工况 θ''＝880℃。

锅炉运行情况良好，锅炉带额定负荷，炉膛未出现过结渣的情况。炉膛容积放热强度 q_V＝75.63kW/m³、断面放热强度 q_F＝3.815MW/m²、燃烧器区壁面放热强度 q_B＝1.305MW/m²、燃尽区高度 h_1＝20m、炉膛烟气出口温度 θ''＝880℃（BRL 工况）。说明当时考虑鄂尔多斯东胜煤结渣严重选取的炉膛特征参数、燃尽区高度和炉膛出口烟气温度是合适的。选取较低炉膛特征参数、较高的燃尽区高度和较低的炉膛出口烟气温度是必要的。

哈尔滨锅炉厂设计的元宝山电厂 3 号 600MW 机组褐煤锅炉，燃用元宝山褐煤水分 M_t＝25.28%、灰分 A_{ar}＝26.39%、挥发分 V_{daf}＝43.8%、发热量 $Q_{net,ar}$＝13.207kJ/kg(3158kcal/kg)、煤灰变形温度 DT＝1125℃、煤灰软化温度 ST＝1150℃、煤灰熔化温度 FT＝1190℃。炉膛特征参数：容积放热强度 q_V＝62.1kW/m³、断面放热强度 q_F＝3.90MW/m²、燃烧器区壁面放热强度 q_B＝1.15kW/m³、燃尽区高度 h_1＝24.245m。

元宝山电厂 3 号炉的 DT＝1125℃、ST＝1150，ST－DT＝1150－1125＝25℃，ST－DT≤50℃按 DL/T 831—2015《大容量煤粉燃烧锅炉炉膛选型导则》推荐 θ''应为 $\theta''\leqslant$(ST－150)℃，即 ST－150℃＝1150－150＝1000℃，炉膛出口烟温为 $\theta''\leqslant$1000℃，按 NB/T 10127—2018《大型煤粉锅炉炉膛及燃烧器性能设计规范》推荐 θ''应为 $\theta''\leqslant$ ST－(100～150)℃，即 ST－(100～150)℃＝1150－(100～150)＝1050～1000℃，而元宝山电厂 3 号炉的 θ''＝1080℃。未能满足推荐的炉膛出口温度选取要求。

但是，自 1998 年元宝山电厂 3 号炉投产以来，已安全、稳定运行多年，未出现严重结渣问题。这说明，当选取的炉膛特征参数、燃尽区高度等合适时，未能满足推荐的炉膛出口温度选取要求，锅炉也可以不严重结渣。

第三节 炉膛特征参数的选取

一、炉膛特征参数[1]

1. 炉膛容积放热强度 q_V

炉膛容积放热强度 q_V是锅炉设计和运行的重要热力参数之一，基本上反映了在炉内流动场和温度场条件下燃料及燃烧产物在炉膛内停留的时间，同时也直接影响炉内燃料的燃烧和温度水平。q_V值高则炉膛容积小，将使整个炉膛温度水平增高；在给定的输入热功率 P 条件下，q_V越小，说明炉膛容积越大，停留时间越长，对煤粉燃尽越有利；同时因炉膛受热面增加而炉膛吸热越多，炉膛出口烟气温度降低，使屏式过热器和再热器等高温受热面的沾污结渣倾向降低；炉壁结渣的可能性减小；炉膛排出烟气中的 NO_x 浓度也会有所降低。

可见确定 q_V值时，主要考虑燃料的燃烧和烟气的冷却条件，同时要考虑有利于采用低 NO_x 燃烧技术。对于褐煤锅炉，褐煤的水分一般都比较高，如前所述，在炉膛内产生的烟气和水蒸气量大，由于燃烧技术方面的原因，炉膛内的烟气速度不能超出一定的数量级，因而，炉膛容积放热强度 q_V相对较低。

2. 炉膛断面放热强度 q_F

炉膛断面放热强度 q_F是反映炉膛水平断面上的燃烧产物的平均流动速度，同时 q_F值也表征炉膛横断面内的平均放热强度，是决定燃烧器区域温度水平的主要特征参数。q_F值同时影响到燃烧器区域水冷壁的结渣和煤粉着火燃烧的稳定性。q_F值增大时，使炉膛断面及其周界减小，炉膛呈瘦高型，燃料在燃烧器区附近产生的热量不能被水冷壁完全吸收，表征燃烧器区域温度水平升高，因此过大的 q_F值，将使局部温度过高而造成燃烧器附近容易结渣；反之，q_F值减小时，使炉膛呈矮胖型，q_F越小，断面平均流速越低，一般认为此时气粉流的湍流脉动和混合条件可能减弱，会使燃烧强度和着火稳定性受到影响，但在高温区的停留时间有所增加，煤粉颗粒燃尽改善，减轻火焰冲刷，靠近水冷壁的还原性烟气气氛减弱，也会有利于减轻水冷壁表面的结渣和高温腐蚀。因此，对于结渣性强而着火燃烧性能好的褐煤，则 q_F值应选用低值。

此外，它还与燃烧器的布置有关，燃烧器的布置决定了火焰行程及对炉膛断面的充满度。切圆布置时因从炉膛四角喷出的煤粉火焰的燃烧行程比对冲燃烧锅炉的燃烧行程长，所以选取四角燃烧锅炉的断面放热强度一般高于对冲燃烧锅炉。

3. 燃烧器区壁面放热强度 q_B

燃烧器区壁面放热强度 q_B是在一定程度上反映炉内燃烧中心区的火焰温度水平，反映出燃烧器在不同布置方式下构成火焰分散与集中的情况。常用来判断燃烧器区域火焰温度水平和该区域结渣的倾向。是防止该区域水冷壁结渣和保证煤粉着火与完全燃烧的重要参数，也是计算水冷壁传热恶化的必要数据。q_B越小，该区的温度水平越低，相对较大的燃烧器区域空间和较低的温度水平，有利于减轻该区域壁面结渣倾向，也有利于减少 NO_x 的生成。自 20 世纪 70 年代以来，q_B下降了 50%左右，以便减少 NO_x 的生成和避免结渣。为此，目前也有趋势采用数量多而容量较小的燃烧器。但也表明在该区域的燃烧与放热强度越低，越不利于煤粉的稳定着火燃烧。因此，对于易结渣的褐煤，选取较小 q_B值，同时也要考虑低负荷下燃烧的稳定性，原则上应在避免炉膛水冷壁严重结渣的前提下，适当选取稍高的 q_B值，以保证低负荷下燃烧的稳定性。此外，它还与燃烧器、煤的反应能力等有关，应予以综合考虑。

q_B既与炉膛断面尺寸有关，也与燃烧器的设计布置有关，可根据褐煤煤质特性及燃烧性能的要求，通过这两方面设计的调整，综合选取并达到合理的 q_B值。

4. 燃尽区高度 h_1

燃尽区高度 h_1 表征上层一次风喷口喷入炉膛的煤粉在炉内的最短可能停留时间 τ_{total} [见本章第二节二(二)2]，确定燃尽区高度 h_1 是为了保证煤粉的燃尽，并使炉膛出口烟温降低到适宜的程度，防止炉膛出口处结渣。当采用分离燃尽风（SOFA）时，因燃烧推迟，应适当增加该高度，以确保煤粉燃尽。由于电站锅炉燃煤煤质变差的趋势及对 NO_x 控制的严格要求，选用的燃尽区高度 h_1 及相应的炉膛高度均有所增加。

采用上层一次风煤粉喷口至折焰角的铅直高度 h_1，表征上层一次风喷口的煤粉在炉内的最短可能停留时间。h_1 可以比较形象地给出一个高度概念，容易理解和接受。

20 世纪 70 年代中后期及至进入 20 世纪 80 年代，燃煤机组增多，煤质也有所下降，运行中产生的受热面结渣、沾污和磨损等问题增多，机组的可用率下降，问题渐趋突出，以及 NO_x 排放的要求。这些情况促使对于煤质特性及其对锅炉设计与运行影响的研究，同时也使锅炉的设计趋向保守，降低炉膛容积放热强度 q_V 和炉膛断面放热强度 q_F 参数，即逐步放大了炉膛尺寸。

二、 年轻褐煤炉膛特征参数的选取

炭化程度浅的年轻褐煤水分高（M_t>40%），这种褐煤在我国储量不多，仅在云南和广西的部分第三纪褐煤中有少量的这种褐煤。如云南凤鸣村矿区褐煤的特点是水分高、灰分低、挥发分和含氧量高、发热量低、碳含量也低。云南的凤鸣村矿区及昭通褐煤，$Q_{net,ar}$在 8.372MJ/kg（2000kJ/kg）以下，水分 M_t 达 40%～60%，灰分 A_{ar} = 10%～17%，碳 C_{ar}仅 30%左右，一般在 21%～25%之间变化。

年轻褐煤在国内开发利用较少，20 世纪 90 年代云南阳宗海电厂引进苏联设计制造的 200MW 机组褐煤锅炉，燃用云南凤鸣村可保褐煤，水分 M_t = 44%、灰分 A_{ar} = 17.78%、低位发热量 $Q_{net,ar}$ = 8.3321MJ/kg（1990kJ/kg），之后，武汉锅炉厂在阳宗海电厂设计制造一台 200MW 机组褐煤锅炉。国内没有更大容量燃用年轻褐煤的褐煤锅炉。因此，国内未能获得大容量燃用年轻褐煤的锅炉设计和运行经验。

德国的年轻褐煤水分高，一般水分 M_t=40%～60%，对燃烧高水分褐煤有很丰富的经验，借鉴德国的经验，以年轻褐煤不同的煤质分别采用不同的燃烧系统，选取年轻褐煤的炉膛特征参数。

1. 根据年轻褐煤水分、灰分和发热量，采用不同燃烧系统炉膛特征参数的选取

水分对燃烧过程产生不利影响，由于水分高，加上灰分和其他杂质，使褐煤的发热量大幅度降低。根据褐煤的水分、灰分和发热量采用不同的燃烧系统：即直吹式不分离乏气的燃烧系统；直吹式分离乏气，将乏气送入炉膛的燃烧系统；直吹式分离乏气，而乏气不送入炉膛，经过净化后排入大气的燃烧系统。

直吹式不分离乏气的燃烧系统，是煤粉着火没有问题，在没有助燃的情况下，大容量锅炉的负荷可降至30%仍能安全运行。

直吹式分离乏气，将乏气送入炉膛的燃烧系统，乏气分离方式是将80%～90%的煤粉和约占30%的干燥剂（输送气体）直接送入炉膛主燃烧器，剩余的70%的干燥剂与10%～20%的煤粉，在最上排燃烧器上方的适当距离处经乏气燃烧器送入炉膛。

直吹式分离乏气，乏气不送入炉膛，经过净化后排入大气的燃烧系统，主要是对于高水分褐煤，必须最大可能的将水分分离，并不再送入炉膛，以使燃烧稳定。

根据褐煤的水分、灰分和发热量，采用如上所述的燃烧系统。乏气分离，即采用煤粉浓缩以后，为高水分、低发热量褐煤的着火和稳定燃烧提供了有利条件，根据褐煤煤质并结合煤粉浓缩器的作用，综合考虑进行炉膛容积放热强度、炉膛断面放热强度、燃烧器区壁面放热强度和燃尽高度的选取。

2. 年轻褐煤采用直吹式燃烧系统炉膛特征参数的选取

德国对100～2000t/h容量的褐煤锅炉作了大量的研究工作，得出褐煤锅炉炉膛容积放热强度 q_V 和炉膛断面放热强度 q_F 的与输入热功率的关系，见图3-5[2]。

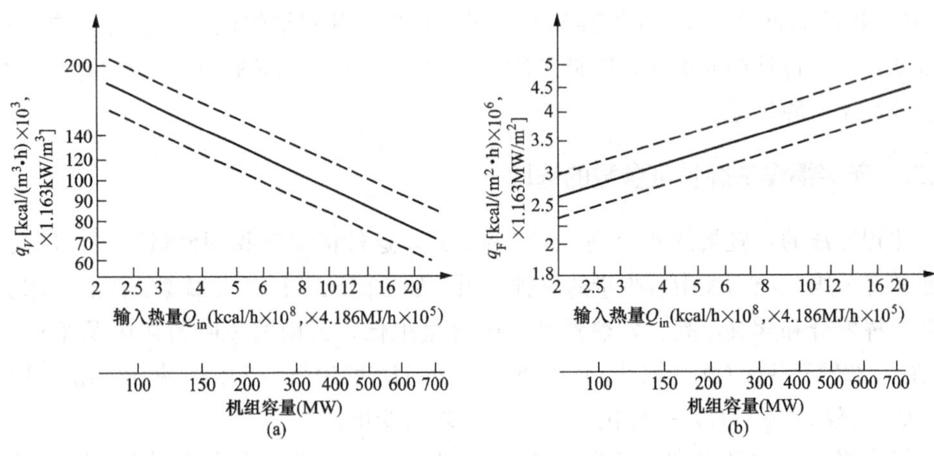

图3-5　炉膛特征参数与输入热量、机组容量的关系[2]

（a）炉膛容积放热强度 q_V 与输入热功率的关系；（b）炉膛断面放热强度 q_F 与输入热功率的关系

从图3-5可见，随着热功率增加，炉膛断面放热强度增加，而炉膛容积放热强度减小。

年轻褐煤主要在德国、澳大利亚和欧洲一些国家，德国对燃烧高水分褐煤有很丰富的经验。可参考德国年轻褐煤炉膛特征参数，选取炉膛容积放热强度 q_V、炉膛断面放热

强度 q_F 和燃烧器区壁面放热强度 q_B，参考图 3-6～图 3-8[1]。

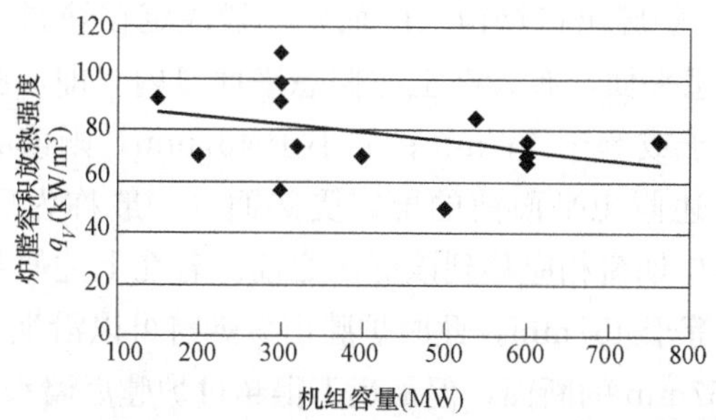

图 3-6 德国褐煤锅炉炉膛容积放热强度与机组容量的关系

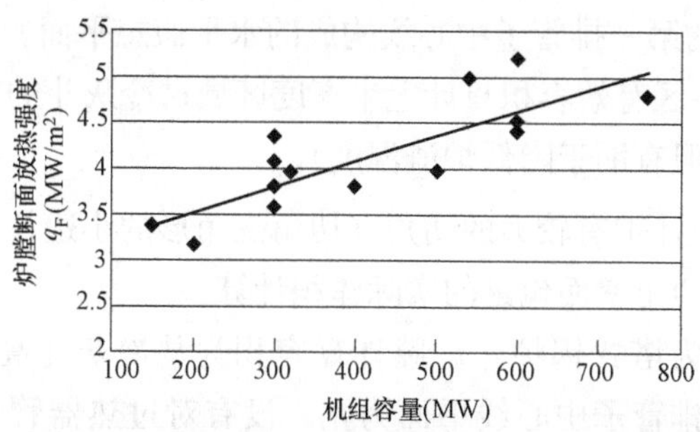

图 3-7 德国褐煤锅炉炉膛断面放热强度与机组容量的关系

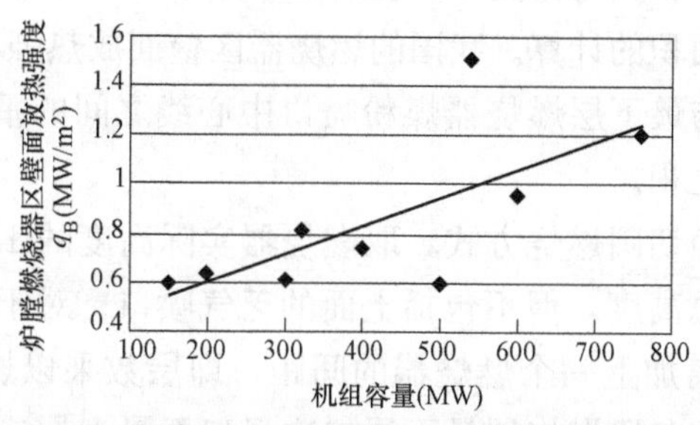

图 3-8 德国褐煤锅炉炉膛燃烧器区壁面放热强度与机组容量的关系

需要说明，在参考德国的炉膛特征参数时，要考虑有关参数的定义不同，特征参数（q_V、q_F 和 q_B）的数据不同，不能直接参照选取。

(1) 锅炉炉膛输入热功率[1]。我国的锅炉炉膛输入热功率为燃料消耗量与煤的收到基低位发热量之乘积，在输入热功率中扣除未燃尽碳热损失 q_4。德国的是以燃料低位发热量与燃料量之乘积，再加上燃烧空气（热风）和再循环烟气的显热。文献［3］的 275MW 机组锅炉设计计算示例，燃烧空气温度为 300℃，为了降低炉膛温度的再循环烟气量为燃烧产生总烟气量的 15%。计算结果：燃烧空气显热占总输入功率 11.5%，再循环烟气显热占总输入功率的 1.0%，燃料输入热量占总输入功率的 87.5%。由于输入热量的定义不同，德国的输入热量比我国的输入热量约大 12%。

(2) 炉膛容积计算。炉膛有效容积是按炉膛轮廓尺寸及下列 4 项原则计算出的炉膛容积（按 DL/T 831—2015《大容量煤粉燃烧锅炉炉膛选型导则》规定）。

1）对于Π型锅炉，炉膛出口烟窗（断面）一般规定在炉膛后墙折焰角尖端垂直向上直至顶棚管形成的假想平面，布置在上述假想平面以内（即炉膛侧）的屏式受热面的屏板净间距平均值应大于或等于 457mm；如小于 457mm，则该屏区应从炉膛有效容积中剔除。例如布置在上述假想平面前的屏式受热面（一般称为后屏）平均净间距小于 457mm，则此时炉膛出口烟窗相应移到该屏区之前。若在上述假想平面后的屏式受热面屏板净间距平均大于或等于 457mm，此时炉膛出口烟窗可以沿烟流方向后移到出现管子横向净间距平均小于 457mm 的断面，但最远不得超过炉膛后墙水冷壁管中心线向上延伸形成的断面。

2）对于塔式布置的锅炉，炉膛出口烟窗为沿烟气行程遇到的受热面水平方向管间净距离平均小于 457mm 的第一排管子中心线构成的水平假想平面。

3）炉膛底部冷灰斗区有效容积只计上半高度区域；冷灰斗的下半高度区域被认为是对燃烧无用的呆滞区（但有助于降低炉渣温度）。

4）炉膛的四角如设计带有较大的切角（切角三角形的小边长 $b \geqslant \sqrt{W \times D}/10$）时，则其炉膛有效容积应按切角壁面包裹的实际体积计算。

德国褐煤锅炉多数为塔式锅炉，炉膛计算容积为从冷灰斗高度上部 1/3 平面起算，至第一屏式过热器最下排管子中心线平面为止。没有对过热器管子节距的要求，我国有管子节距的规定。

（3）炉膛断面计算。我国与德国的炉膛断面计算相同，均为炉膛宽度与深度的乘积。

（4）燃烧器区壁面面积的计算。我国的燃烧器区壁面放热强度 q_B是最上层燃烧器煤粉喷口（或乏气喷口）与最下层燃烧器煤粉喷口中心线之间的垂直距离 h_2+3（假想增值）与炉膛断面的周界之积。

德国对于四角或多角切圆燃烧方式，取燃烧器实际高度的 1.5 倍，而实际高度为一次风及二次风口形成的总高度，但不包括上面的乏气喷口；对于墙式燃烧方式，取最上与最下层燃烧器中心距离加上一个燃烧器的间距，即层数乘以燃烧器中心线垂直距离；对于分段布置燃烧器，取各段燃烧器最下层二次风口至最上层二次风口边缘的距离燃烧器高度与炉膛断面的周界之积，为燃烧器区域壁面面积。

由上述可见，我国与德国对锅炉炉膛输入功率、炉膛容积和燃烧器区壁面面积计算定义不同，得到的数据也不同。由文献［3］的计算示例可知，德国的锅炉炉膛输入功率比我国的约大 12%。

对于炉膛断面放热强度 q_F，因为我国与德国的炉膛断面计算相同，由于输入功率德国约大 12%，所以德国的 q_F略大于我国的。

炉膛容积放热强度 q_V，德国的锅炉炉膛输入功率比我国的约大 12%，炉膛容积计算，冷灰斗的容积只计算 1/3，我国的为 1/2。德国的输入功率约大 12%，冷灰斗的容积只计算 1/3。因此，炉膛容积放热强度 q_V 比我国的大。

图 3-6～图 3-8 数据带是比较宽的，炉膛容积放热强度 $q_V=50\sim110\text{kW/m}^3$，炉膛断面放热强度 $q_F=3.2\sim5.2\text{MW/m}^2$，燃烧器区壁面放热强度 $q_B=0.6\sim1.5\text{MW/m}^2$。

根据文献［4］，图 3-6～图 3-8 数据带的炉膛容积放热强度 q_V、炉膛断面放热强度 q_F和燃烧器区壁面放热强度 q_B数据见表 3-4。

表 3-4　　输入热功率与炉膛特征参数（q_V、q_F、q_B）

输入热功率（kcal/h×10⁸）	机组容量（MW）	注解序号	炉膛容积放热强度 q_V（kW/m³）			炉膛断面放热强度 q_F（MW/m²）			燃烧器区壁面放热强度 q_B（MW/m²）		
			高值	中间值	低值	高值	中间值	低值	高值	中间值	低值
8.0	300	1	100 (88)	90 (79)	—	3.7 (3.3)	3.4 (3.0)	3.0 (2,6)	—	—	—
		2	110 (97)	90 (79)	58 (51)	4.4 (3.9)	4.1 (3.6)	3.6 (3.2)	0.6	—	0.8
		3	70～80	—	—	3.5～ 4.0	—	—	1.0～ 1.3	—	—
16	600	1	78 (69)	—	—	—	3.5 (3.1)	—	—	—	—
		2	75 (66)	70 (62)	65 (57)	5.2 (4.6)	4.5 (4.0)	4.5 (4.0)	0.95	—	—
		3	60～65	—	—	3.8～ 4.0	—	—	1.0～ 1.3	—	—

注　1. 参考文献［3］高灰分褐煤的低温燃烧技术中关于德国年轻褐煤炉膛特征参数的数据。
2. 图 3-6～图 3-8 中的数据。
3. DL/T 831—2015《大容量煤粉燃烧锅炉炉膛选型导则》中的数据。
4. 括号内的数据考虑了按我国定义炉膛输入功率较德国小 12%减小的数值。

应该注意到：参考德国的炉膛容积放热强度 q_V、炉膛断面放热强度 q_F时，由于我国和德国对炉膛输入功率和炉膛容积计算的定义不同的原因，德国的炉膛容积放热强度 q_V、炉膛断面放热强度 q_F数值是偏大的。表 3-4 括号中的数据是仅考虑了输入功率的影响，如果再考虑炉膛容积的影响，德国的炉膛容积放热强度 q_V、炉膛断面放热强度 q_F数值比括号内数值还要小一些。对于燃烧器区壁面放热强度 q_B，虽然德国的炉膛输入功率较大，但是，由于德国对燃烧器区壁面面积计算的定义中考虑的情况较多，没有同一个方向的变化规律，需要视具体情况确定。

德国主要燃用年轻褐煤，表 3-4 的数据分析，对于炉膛容积放热强度 q_V和炉膛断面放热强度 q_F，高水分褐煤，选用高值是为了保证着火和燃烧稳定；选用的中间值一般是当燃用水分和灰分都不是很高的褐煤；选用低值一般是当燃用煤灰的熔融温度很低，即煤灰中的酸性成分含量很高的褐煤，以免炉膛严重结渣。

对国外大容量锅炉燃用年轻褐煤的燃烧和设计经验了解得不是很充分，国内尚无这方面的实践经验，还需要进行工作和积累。表 3-4 列入 DL/T 831—2015《大容量煤粉燃烧锅炉炉膛选型导则》的推荐数据，以进行比较。如以上所述，如果考虑了我国和德国对输入功率、炉膛容积、燃烧器区壁面面积计算的定义不同，德国选取的年轻褐煤炉膛特征参数与DL/T 831—2015《大容量煤粉燃烧锅炉炉膛选型导则》的推荐数据是有差异的。

另外，进入20世纪80年代，燃煤机组增多，煤质也有所下降，运行中产生的受热面结渣、沾污等问题增多，机组的可用率下降。这些情况促使锅炉的设计趋向保守，即逐步放大了炉膛尺寸。因此，在参考表3-4中数据选取炉膛特征参数时，宜综合考虑上述诸因素，以期选取较为合适的参数。

高水分褐煤的水分高，发热量低，燃煤量增加，在炉内产生大量的烟气和水蒸气。但是，由于燃烧技术方面的要求，炉膛内的烟气速度不得超出一定的数量级。因而，炉膛断面放热强度q_F选取得低一些。对于高水分褐煤，为了燃烧稳定，选取较高的炉膛容积放热强度q_V和断面放热强度q_F，设计时需要兼顾到炉膛内的烟气速度和燃烧稳定的问题。

除了选取较高的炉膛特征参数，还需要设计合适的燃烧器预混段长度。

三、 高灰分褐煤炉膛特征参数的选取

燃用褐煤较多的德国和欧洲一些国家、澳大利亚、美国褐煤灰分一般不超过A_{ar}=20%，俄罗斯褐煤灰分A_{ar}=35%，见表1-3。我国褐煤灰分大部分A_{ar}=8%～27%，见表1-2，国内已经积累了燃用这种灰分含量褐煤的经验。舒兰褐煤灰分A_{ar}=39%、南票褐煤灰分A_{ar}=55%～60%。但是，舒兰和南票褐煤没有作为单一煤质供锅炉燃用。20世纪70～80年代，对于灰分高达A_{ar}=40%～60%的褐煤，哈尔滨锅炉厂作了很多试验工作，并设计了小容量燃烧高灰分的褐煤锅炉（蒸发量为35t/h、220t/h）；还有罗马尼亚对A_{ar}=29%～33%的褐煤进行了试验工作，这些试验和设计的锅炉，提供了燃烧高灰分褐煤的经验。

（一）高灰分褐煤的燃烧试验经验

1. 我国对国内外高灰分褐煤及罗马尼亚对高灰分褐煤的试验和应用经验

高灰分褐煤试验和根据试验结果设计的褐煤锅炉的情况汇总见表2-7，分析表2-7的数据可以获得以下经验：

（1）从朝鲜安州、南票、阿尔巴尼亚和罗马尼亚褐煤的燃烧试验和由燃烧试验取得的结果设计的褐煤锅炉运行表明，在一定条件下，燃用灰分高达60.2%的高灰分褐煤，可达到锅炉燃烧稳定，炉内不结渣；有较高的燃烧效率（约80%）；灰分和水分的比例可以相对变化，总的惰性成分不大时，仅从燃烧效果来看基本相同。直吹式燃烧方式不可燃成分高的低发热量褐煤时，不可燃成分的极限值约为67%。

（2）罗马尼亚褐煤的燃烧试验表明，非直吹式燃烧方式低灰分褐煤的炉膛温度高于高灰分的；同样，直吹式燃烧方式低灰分褐煤的炉膛温度高于高灰分的。而非直吹式燃烧方式的炉膛温度均高于直吹式的。非直吹式燃烧方式对高灰分褐煤的适应能力较强。朝鲜安州、南票和阿尔巴尼亚褐煤的燃烧试验和由试验结果设计的褐煤锅炉均为储仓式制粉系统，尚没有高灰分褐煤采用直吹式制粉系统褐煤锅炉的燃烧试验经验。在

132MW(165t/h) 电站试验锅炉的半直吹式制粉系统的试验取得了燃烧罗马尼亚褐煤 $A_{ar}=35.34\%$的经验。

(3) 中小容量锅炉燃烧试验和由试验结果设计的褐煤锅炉，为了使燃烧稳定，设计的高灰分褐煤锅炉选用了较高的炉膛容积热强度 $q_V=100\sim137\text{MW/m}^3$，为避免结渣，选用较低的炉膛断面热强度 $q_F=1.32\sim2.95\text{MW/m}^2$。试验炉和根据试验结果设计的高灰分褐煤锅炉的运行表明，即使在较高的炉膛容积热强度的炉膛内，主燃烧区的温度均较低，一般为1200℃左右，炉膛不结渣。

2. 德国对燃用高灰分褐煤的经验[5]

德国燃用高灰分褐煤 $A_{ar}>45\%$时，采用带乏气分离的储仓式燃烧系统。这种系统见图 3-9，经磨煤机送出的风粉混合物全部经过乏气分离器，一部分乏气送入炉膛，另一部分乏气与高温炉烟混合作为干燥剂。被分离出来的煤粉由热风送入炉膛燃烧。由热风送粉对着火和稳燃有利。因此，可不采用较高的炉膛特征参数。

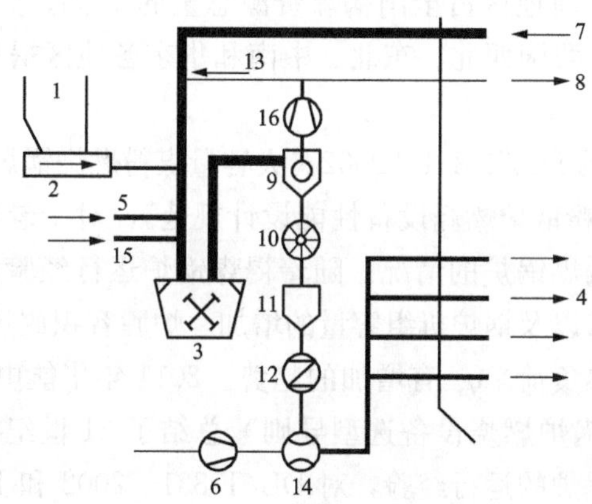

图 3-9 带乏气分离的储仓系统

1—原煤仓；2—给煤机；3—磨煤机；4—煤粉燃烧器；5—冷风；6—热风风机；7—高温炉烟；8—乏气燃烧器；9—乏气分离器；10—排粉机；11—煤粉仓；12—给粉机；13—乏气；14—混合器；15—低温炉烟；16—低温炉烟风机

(二) 采用年轻褐煤经验选取高灰分褐煤炉膛热力参数的探讨

由于国内外高灰分褐煤（$A_{ar}>35\%$）很少，没有燃用高灰分褐煤大容量褐煤锅炉的设计和运行经验。燃煤水分和灰分增加会使燃烧温度下降，水分和灰分增加对理论燃烧温度的影响见图 1-23。由图 1-23 可见，灰分和水分对理论燃烧温度的影响比较接近。20 世纪 70 年代，哈尔滨锅炉厂对阿尔巴尼亚褐煤的燃烧试验表明，从试烧阿尔巴尼亚德列诺沃褐煤（$A_{ar}=60.2\%$、$M_t=3.17\%$）和阿拉鲁普褐煤（$A_{ar}=13.7\%$、$M_t=42.83\%$）的混煤（德列诺沃褐煤：阿拉鲁普褐煤$=1:4$，$A_{ar}=50.9\%$、$M_t=11.1\%$）时得知，灰分和水分的各自百分数可以相对变化，总的惰性成分不大时，燃烧效果基本相同。从而可以近似地将德国研究高水分褐煤获得的结论应用于高灰分褐煤，参考表 3-4、图 3-5 的数据选取炉膛容积放热强度 q_V和断面放热强度 q_F和燃烧器区壁面放热强度 q_B。

参考表3-4、图3-5的数据选用炉膛特征参数时，同样需要考虑我国与德国对炉膛输入功率、炉膛容积的计算、燃烧器壁面面积的计算对参考数据的影响。需要兼顾炉膛内的烟气速度和燃烧稳定的问题，而且要考虑相同燃煤量高灰分褐煤燃烧产生的烟气量与高水分褐煤不同。需要考虑高灰分褐煤的特点，灰分高和发热量低，为保证在整个负荷范围内稳定燃烧，选取较高的炉膛容积放热强度 q_V、适当的断面放热强度 q_F 和燃烧器区壁面放热强度 q_B。

另外，对于高灰分褐煤，均利用燃烧烟煤的锅炉进行燃烧试验，原设计的燃烧器没有预混段，由试验结果设计的褐煤锅炉的燃烧器文献中也未述及燃烧器设计预混段。对于大容量燃用高灰分褐煤锅炉的燃烧器需要考虑预混段，但不宜过长。

四、老年褐煤炉膛特征参数的选取

我国褐煤资源主要分布地在内蒙古东部地区，储量最多，占全国褐煤储量的75%以上，主要为老年褐煤；西南地区占全国褐煤资源总量的12%，大部分位于云南省境内，主要是年轻褐煤；另外，我国西北、东北、中南和华东各地区褐煤资源量均少于全国褐煤总储量的3%。

20世纪初叶，制定的DL/T 831—2002《大容量煤粉燃烧锅炉炉膛选型导则》和JB/T 10440—2004《大型煤粉锅炉燃烧设备性能设计规范》，对于老年褐煤推荐的炉膛特征参数基本符合我国老年褐煤锅炉的情况。随着褐煤锅炉运行经验的不断积累，为了适应煤质的变化、环保的要求以及锅炉机组容量的增加。炉膛容积放热强度 q_V 减小，炉膛断面放热强度（炉膛截面热负荷）q_F 有增加的趋势。2011年华能电力集团制定的Q/HPI-1-003—2011《电站煤粉锅炉燃烧设备选型导则》总结了21世纪初叶以来，大容量、高参数机组锅炉包括褐煤锅炉的运行经验，对DL/T 831—2002和JB/T 10440—2004中的容积放热强度（容积热负荷）q_V、断面放热强度（截面热负荷）q_F 和燃烧器区壁面放热强度（燃烧器区壁面热负荷）q_B（q_{Hr}）进行了调整。在制定过程中，哈尔滨锅炉厂有限责任公司、东方电气集团东方锅炉厂股份有限公司、上海锅炉厂有限公司和北京巴·威锅炉有限公司、西安热工研究院有限公司、东北电力科学研究院和西北电力设计院参与了Q/HPI-1-003—2011的研讨和审定。在上述标准的基础上，西安热工研究院有限公司根据国内褐煤锅炉设计和运行经验，对DL/T 831—2002进行了修订，即DL/T 831—2015《大容量煤粉燃烧锅炉炉膛选型导则》。之后，由上海普华燃烧技术研究中心、上海发电设备成套设计研究院有限责任公司、哈尔滨锅炉厂有限责任公司、上海锅炉厂有限公司、东方电气集团东方锅炉股份有限公司、北京巴布科克·威尔科克斯公司、武汉锅炉股份有限公司、无锡光华锅炉股份有限公司、西安热工研究院有限公司、哈尔滨电站设备成套设计研究所有限公司、清华大学、哈尔滨工业大学、西安交通大学、华中科技大学等单位对JB/T 10440—2004进行了修订，即NB/T 10127—2018《大型煤粉锅炉炉膛及燃烧器性能设计规范》。

上述标准切向燃烧方式褐煤锅炉炉膛特征参数推荐值（BMCR工况）见表3-5，墙式燃烧方式褐煤锅炉炉膛特征参数推荐值（BMCR工况）见表3-6。

表 3-5　　切向燃烧方式褐煤锅炉炉膛特征参数推荐值（BMCR 工况）

机组额定电功率（MW）		300	600	1000
容积放热强度（容积热负荷）q_V 上限值（kW/m^3）	Q/HPI-1-003—2011	75～80	60～70	60～65
	DL/T 831—2015	70～80	60～65	57～60
	NB/T 10127—2018	75～90	70～80	(60～70)
断面放热强度（截面热负荷）q_F 可用值（MW/m^2）	Q/HPI-1-003—2011	3.7～4.2	3.8～4.2	3.8～4.4
	DL/T 831—2015	3.5～4.0	3.8～4.0	—
	NB/T 10127—2018	3.5～4.3	3.7～4.5	(4.0～4.8)
燃烧器区壁面放热强度（燃烧器区壁面热负荷）$q_B(q_{Hr})$上限值(kW/m^3)	Q/HPI-1-003—2011	1.0～1.3	1.0～1.3	1.0～1.3
	DL/T 831—2015	1.0～1.3	1.0～1.3	1.0～1.3
	NB/T 10127—2018	1.0～1.5	1.1～1.6	(1.1～1.6)
燃尽区高度（最上层一次风喷嘴或三次风喷嘴中心至屏下缘距离）$h_1(l_3)$ 下限值（m）	Q/HPI-1-003—2011	22～24	24～28（塔式炉 28～34）	26～30（塔式炉 28～36）
	DL/T 831—2015	20～24	22～26	—
	NB/T 10127—2018	18～24	22～25	(22～26)

注　1. Q/HPI-1-003—2011 中的塔式锅炉的容积放热强度 q_V(BMCR) 约低 10%。

2. 目前我国尚无 1000MW 机组的褐煤锅炉，表中给出的数据，仅作为设计方案的参考。

3. DL/T 831—2015 与 NB/T 10127—2018 的 q_V、q_F、$q_B(q_{Hr})$ $h_1(l_3)$ 名称和符号不同，表中括号内的是 NB/T 10127—2018 的名称和符号。

表 3-6　　墙式燃烧方式褐煤锅炉炉膛特征参数推荐值（BMCR 工况）

机组额定电功率（MW）		300	600	1000
容积放热强度（容积热负荷 q_V上限值（kW/m^3）	Q/HPI-1-003—2011	80～90	65～75	60～70
	DL/T 831—2015	73～85	60～70	—
	NB/T 10127—2018	80～100	75～90	(65～80)
断面放热强度（截面热负荷）q_F可用值（MW/m^2）	Q/HPI-1-003—2011	3.8～4.4	3.8～4.4	3.8～4.8
	DL/T 831—2015	3.6～3.8	3.8～4.1	—
	NB/T 10127—2018	3.2～4.4	3.8～4.6	(4.0～4.7)
燃烧器区壁面放热强度（燃烧器区壁面热负荷）$q_B(q_{Hr})$ 上限值（kW/m^3）	Q/HPI-1-003—2011	1.0～1.4	1.1～1.5	1.1～1.6
	DL/T 831—2015	1.0～1.3	1.0～1.3	1.0～1.3
	NB/T 10127—2018	1.0～1.5	1.0～1.6	(1.0～1.7)
燃尽区高度（最上层一次风喷嘴或三次风喷嘴中心至屏下缘距离）$h_1(l_3)$ 下限值（m）	Q/HPI-1-003—2011	22～24	24～28	26～30
	DL/T 831—2015	19～23	21～25	—
	NB/T 10127—2018	16～22	20～24	(22～26)

注　1. Q/HPI-1-003—2011 中的塔式锅炉的容积放热强度 q_V(BMCR) 约低 10%。

2. 目前我国尚无 1000MW 机组的褐煤锅炉，表中给出的数据，仅作为设计方案的参考。

3. DL/T 831—2015 与 NB/T 10127—2018 的 q_V、q_F、$q_B(q_{Hr})$ $h_1(l_3)$ 名称和符号不同，表中括号内的是 NB/T 10127—2018 的名称和符号。

除了元宝山电厂2号炉（600MW机组，塔式炉，切向燃烧方式）、清河和燕山湖电厂（600MW机组，Π型炉，墙式燃烧方式）的炉膛容积放热强度取值偏高，导致锅炉运行出现结渣等问题，其他选取较低的炉膛容积放热强度的，运行表明，燃烧稳定，运行正常。通过上述运行实践，获得了燃用内蒙古和东北地区老年褐煤锅炉炉膛特征参数（炉膛容积放热强度 q_V、炉膛断面放热强度 q_F、燃烧器区壁面放热强度 q_B）选取的大致范围。选取老年褐煤锅炉炉膛特征参数时，这些经过实践的数据是可参考的。

另外，为了保证老年褐煤的燃烧稳定，除了选取合适的炉膛特征参数，设计燃烧器时，还要考虑燃烧器一次风速度和预混段长度的选取。

我国老年褐煤锅炉炉膛特征参数（炉膛容积放热强度 q_V、炉膛断面放热强度 q_F、燃烧器区壁面放热强度 q_B）和燃尽区高度 h_1 选取的大致范围见图3-10～图3-13。

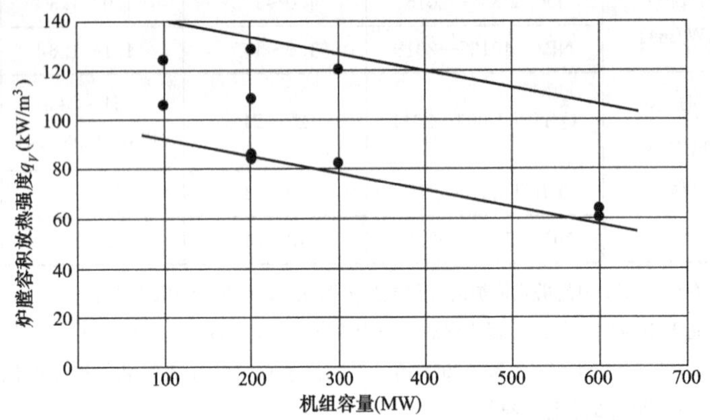

图3-10　我国褐煤锅炉炉膛容积放热强度与机组容量的关系

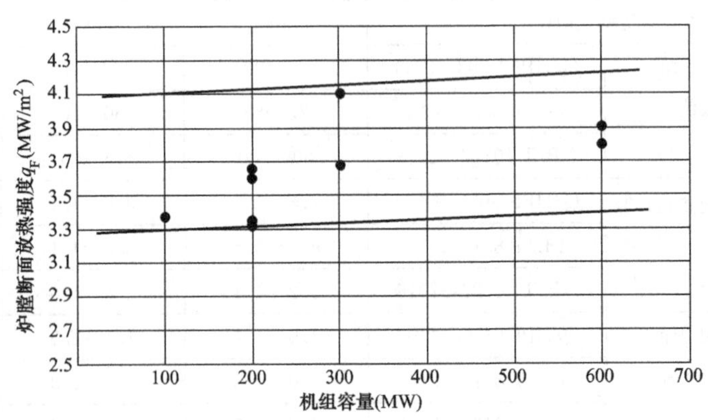

图3-11　我国褐煤锅炉炉膛断面放热强度与机组容量的关系

五、 褐煤混煤及褐煤与烟煤混煤炉膛特征参数的选取

如上所述，通过褐煤混煤及褐煤与烟煤混煤的试验研究表明，混煤的特点是：其一，混煤中各单煤种基本保持各自的燃尽特性；其二，混煤的结渣特性较各组分煤的有所不同，两种结渣性不强的煤组成的混煤，其一定比例混煤的结渣性有可能增强。在结渣性

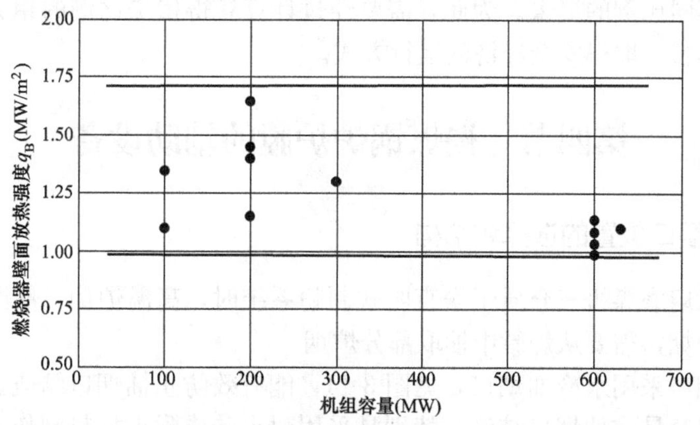

图 3-12 我国褐煤锅炉燃烧器壁面放热强度与机组容量的关系

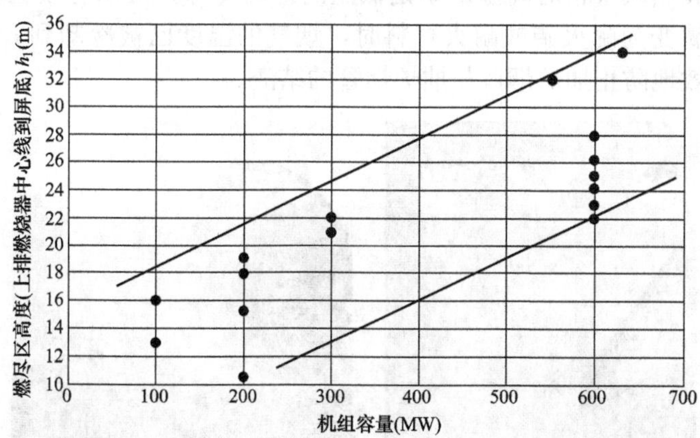

图 3-13 我国褐煤锅炉燃尽区高度（上排燃烧器中心线到屏底距离）与机组容量的关系

不强的煤中混入结渣性较强的煤，其混煤的结渣性有可能得到增强；其三，混煤中的各单煤基本保持各自的 NO_x 排放特性。

1. 褐煤混煤的炉膛特征参数的选取

鉴于褐煤混煤特性的试验研究结果，在选取炉膛特征参数和燃烧器设计参数时，需要考虑以上所述的几个特点，首先需要考虑在混煤中占主要比例组分煤的份额，选取参数时考虑它在燃烧过程中的影响；其次，因为混煤的结渣特性较各组分煤的有所不同，所以必须进行混煤的灰熔融温度试验，取得可靠的灰熔融温度数据。考虑以上所述的问题，选取炉膛特征参数和燃烧器的一、二次风速度等有关设计参数。

2. 褐煤与烟煤混煤的炉膛特征参数的选取

目前尚没有褐煤与烟煤混煤的锅炉设计经验，褐煤和烟煤的燃烧特性相近，但有所不同。可参考褐煤混煤的炉膛特征参数的选取原则，选取褐煤与烟煤混煤的炉膛特征参数和燃烧器的一、二次风速度等有关设计参数。

3. 烟煤锅炉掺烧褐煤的运行参数

由于烟煤锅炉是按烟煤的煤质特性设计的，其选取的炉膛特征参数和燃烧器的一、二次风速度等有关设计参数，已经确定。为了适应掺烧褐煤的情况。一般采取按不同的负荷段，掺烧不同比例的褐煤。为此，需要经过计算获得掺烧比例的相关参数，在运行阶段进行燃烧调整，取得安全经济的运行方式。

第四节　褐煤锅炉炉膛的辅助设备

一、 抽炉烟口位置的选择和结构

当需采用风扇磨煤机三介质干燥直吹式制粉系统时，高温炉烟、低温炉烟和热风三介质中的高温炉烟，需要从炉膛中抽取部分炉烟。

抽高温炉烟口采用水冷抽烟口，见图 3-14，能有效防止抽烟口结渣。高温飞灰的特性决定了灰渣很容易在抽烟口结渣，特别是采用耐火砖或耐火材料制作的抽烟口。由于水冷抽烟口表面温度低，高温飞灰不容易结渣。在抽烟口的入口，高温烟气中的飞灰颗粒受到低温炉烟和热风（相对高温炉烟是低温的）的冷却，可以有效地防止结渣。当抽炉烟管材料从金属变为耐火砖或耐火材料时，烟气的温度已被冷却到 850℃，因此在锅炉运行中可以有效地防止抽炉烟口与抽炉烟管的结渣。

图 3-14　水冷抽烟口结构

高温炉抽炉烟口外部结构见图 3-15。高温炉烟抽烟口外部为型钢框架，中间采用金属钢板，内部采用一层耐火材料和一层保温材料。最内层耐火浇注料厚度为 120mm，外层采用 280mm 的保温浇注料。同时，在设计耐火抓钉时同样采用两种规格的 Y 形抓钉，每平方米布置 24 个，每种规格各 12 个。用于耐火浇注料的抓钉有效长度为 390mm，用于保温浇注料的抓钉有效长度为 270mm。

为保证高温炉烟抽烟口装置入口端的安全适用，在每个抽烟口装置的入口端上部安装一个直径为 1120mm 的冷风引入管，用来冷却抽烟口端部的高温区装置。为方便安装，便于现场对抽烟口内部的检查，在每个抽烟口装置上安装一个正方形人孔门。运行期间，人孔门内部采用耐火砖砌筑封闭，并采用保温材料保护。

高温抽烟口装置的入口端同水冷壁开口处的密封盒相连，另一端同抽烟口连接管道相连。整个抽烟口装置同水冷壁一同膨胀，抽烟口装置的重量一部分作用在水冷壁的密封盒上，另一部分通过恒力弹簧吊架吸收。

抽高温炉烟口弯头以下连接抽炉烟管道，抽炉烟管道有不同结构，现在采用的结构

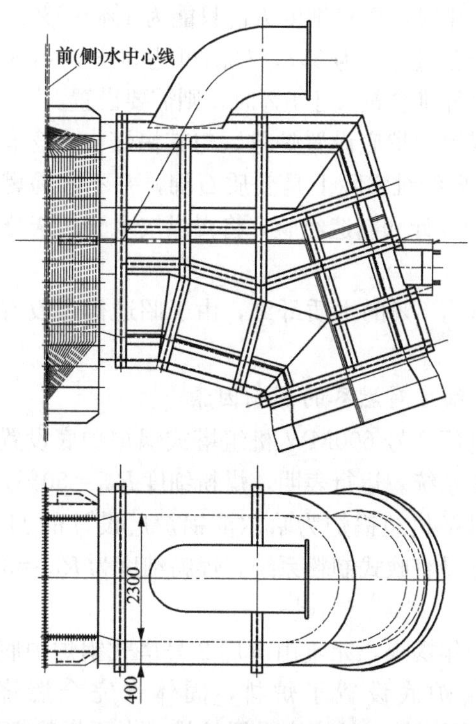

图 3-15 高温炉烟抽烟口外部结构图

有金属管制作的水冷和由耐火材料制作成形的抽炉烟管道，均有专业生产厂家。

二、燃尽炉排

（一）燃尽炉排的作用

德国设计的大型褐煤锅炉多在炉底设置炉排。德国的年轻褐煤除了发热量低、水分高外，还有大量的木质纤维，或称换质石棉。德国曾化验过电站锅炉一种褐煤的未燃尽固体物，其中未燃尽物的70%中有80%～90%是换质石棉。为了燃尽换质石棉，德国在摆动往复式炉排和转动链条炉排上进行了试验，通过试验表明，换质石棉在摆动往复式炉排炉上基本可以燃尽。褐煤易于燃烧，通常磨制得较粗，在燃烧过程中有很少一部分粗颗粒无法燃尽而落入灰斗，使得灰渣可燃物增加，为了提高褐煤燃烧的经济性，在炉底设置炉排，使大颗粒燃料在炉排上燃尽。另外，褐煤是一种易结渣的煤种，炉膛中炽热的渣块落入灰渣箱时易引起水爆现象，炉底设置炉排既可防爆，又可使灰渣中的可燃物燃尽，并起到卸灰的作用。

我国的褐煤锅炉，除元宝山电厂1号300MW机组塔式褐煤锅炉（苏尔寿公司设计制造）和2号600MW机组塔式褐煤锅炉（斯坦缪勒公司设计制造）设置了炉底炉排以外，国产的褐煤锅炉均未设置。

（二）采用燃尽炉排的条件和木质纤维对燃尽的影响[6]

文献［6］中指出：在锅炉炉底布置卸灰炉排，它同时也是一个燃尽炉排。采用这种炉排可以提高燃煤中大于1mm($R_{1.0}$）的颗粒的份额，而且特别适合于木质纤维含量高于5%的煤。采用燃尽炉排煤粉细度$R_{1.0}$可达到5%～10%，这样可以使磨煤机的磨损量减少一半，而不采用燃尽炉排时，煤粉细度 $R_{1.0}$ 只能为 1%～5%。

德国褐煤的木质纤维含量低的为 5%，最高可达 30%。当木质纤维含量小于 5%时，炉底可不设炉排；当木质纤维含量大于 5%时，则需要设置。

德国设计的大型褐煤锅炉炉底设置炉排，与其褐煤中多含有木质纤维有关（这种褐煤称为 Lignite)，所谓木质纤维实际上是变质石棉，并不容易燃尽。德国能源与技术公司（EVT）根据其长期的设计和制造经验，将褐煤按水分、灰分和木质纤维含量分为 10 类，见表 1-4。

我国云南昭通褐煤含有 8%的木质纤维，由于昭通褐煤没有大量应用，尚未对其特性进行更多的研究工作。

（三）褐煤锅炉煤粉细度对燃尽的影响因素[7]

德国设计的元宝山电厂 2 号 600MW 机组塔式锅炉炉底设置了炉排，采用风扇磨煤机三介质干燥直吹式制粉系统。运行表明，煤粉细度 R_{90}=50%，固体未完全燃烧热损失 q_4=0.498%；3 号 600MW 机组锅炉为哈尔滨锅炉厂设计的 Π 型锅炉，未设置炉底炉排，配中速磨煤机热风干燥直吹式制粉系统，煤粉细度为 R_{90}=33%，固体未完全燃烧热损失 q_4=0.13%。

由上述可见，对于老年褐煤，元宝山电厂 2 号塔式锅炉炉底设置了炉排，煤粉细度较粗，R_{90} = 50%，尽管炉底设置了炉排，固体未完全燃烧热损失仍较高，q_4 = 0.498%；而 3 号炉为 Π 型锅炉，炉底未设置炉排，由于煤粉细度较细，R_{90}=33%，固体未完全燃烧热损失较低，q_4=0.13%。

由此可以说明，煤粉的燃尽与煤粉细度的关系较大。国内伊敏电厂二期、三期工程 600MW 机组褐煤锅炉和九台电厂 670MW 机组褐煤锅炉采用的 MB 型风扇磨煤机（北方重工集团公司引进俄罗斯技术）是在德国 N 型、S 型风扇磨煤机的基础上进行了改进，改进了打击轮和分离器的结构。从国内的 MB 型风扇磨煤机的运行表明，磨制国内老年褐煤，在保证磨煤机出力的条件下，可达到的煤粉细度为 R_{90}<45%，$R_{1.0}$<1.5%。

（四）褐煤灰渣遇水爆炸的研究[1]

关于高水分褐煤的灰渣遇水爆炸的问题，国外研究认为，渣中的硅铝比（SiO_2/Al_2O_3）大于 10，渣的孔隙度大于 60%，温度在 800～900℃时，渣落于水中会产生爆炸。CaO 含量较高的灰渣没有发生爆炸。德国设计的褐煤锅炉多在炉底设有炉排，其目的：一方面，可以起到燃尽作用；另一方面，以防止高温灰渣直接落入水中。

国内燃用云南小龙潭褐煤的锅炉，曾发生过灰渣落入渣池水中爆炸的事故。为此，对小龙潭、凤鸣村、霍林河、元宝山和扎赉诺尔褐煤的灰渣遇水的爆炸性作了研究，表 3-7 给出了国内部分褐煤的硅铝比（SiO_2/Al_2O_3）及其他煤灰成分数据，从 6 个电厂 14 个渣样的测定结果看出，小龙潭褐煤具有较强的爆炸性，凤鸣村褐煤灰渣遇水蒸发也很强烈，其余电厂的灰渣未出现过爆炸现象。

表 3-7　　国内部分褐煤的 SiO_2/Al_2O_3 及其他煤灰成分数据

煤种	SiO_2/Al_2O_3	CaO（%）	SO_3（%）
扎赉诺尔斜井	2.87	17.37	8.11
扎赉诺尔露天	5.04	2.46	7.89
大雁	3.40	4.64	1.81

续表

煤种	SiO_2/Al_2O_3	CaO（%）	SO_3（%）
伊敏	4.40	13.93	1.53
霍林河	4.24	2.32	1.45
宝日希勒	3.07	12.61	4.24
元宝山	3.50	2.80	1.14
平庄	2.84	3.86	1.13
舒兰	2.28	2.97	0.20
义马	2.10	9.50	3.24
龙口	3.70	14.48	6.44
沈北	1.96	1.51	0.38
小龙潭	1.86	29.90	25.51
凤鸣村	1.70	10.88	7.40
可保村	1.65	8.67	3.87

从表3-7看出，我国褐煤的硅铝比都不是很高，最大值不超过6，而且容易引起除渣爆炸的小龙潭煤只有1.86，是我国褐煤中硅铝比较低的煤种。但小龙潭煤的突出特点是CaO含量较高，达29.9%，SO_3为25.51%，两者总计占55.4%。这与国外的研究结果（$SiO_2/Al_2O_3>10$发生灰渣爆炸，CaO含量高不发生灰渣爆炸）不符。国内的研究认为，钙是一种助熔剂，它能与灰中其他无机成分（主要是硅酸盐）形成一系列低灰熔点的共熔体，从而强化结渣。CaO可与SO_3形成$CaSO_4$，CaO也可与烟气中的SO_2形成$CaSO_3$，并能转化为$CaSO_4$+CaS共熔体，也具有低灰熔融特性。小龙潭褐煤灰渣的多孔性和比表面积可能与CaO和SO_3有关。

元宝山电厂2号机组600MW褐煤锅炉在投运初期，炉膛结渣严重，在炉排积结大块渣落入刮板捞渣机的水中，从未发生过爆炸现象。

冷灰斗落渣爆炸是一个较为复杂的问题，它与煤种、灰的形态、炉膛和燃烧器结构、运行水平和除渣方式都有关系。

近年来，对具有结渣倾向的煤在锅炉设计中都给予了很高的关注，采取了相应的措施，除渣装置的结构也有改进。

（五）燃尽炉排结构

燃尽炉排的主要部件有炉排、炉排轨道、炉排支撑结构、调整隔断装置、双截止闸阀、进水滑槽、渣下落滑槽、进水通道和落灰斗等，燃尽炉排布置图见图3-16，燃尽炉排单轨道剖面图见图3-17。

调整隔断装置由放置在渣槽中的钢板组成，用于锅炉停炉期间的维护。固定在锅炉房的钢结构或者基础上的双柱支架承载小炉排的重量，并使小炉排上下移动以补偿锅炉热膨胀。液压单元设计为单泵驱动。为了保障故障状态下连续运行，设备用泵。

该系统可以在4种不同模式（速度）下运行，可以通过DCS系统进行调整。另一模式是实现紧急状态下的最大速度，使操作者可以迅速反应，以防止小炉排过载。

炉排采用液压传动，炉排倾角一般为10°，炉排往复次数为每分钟12次，炉排为燃尽可燃物所需热风由炉排下部送入，风率为3%～8%，风量为11～31kg/s，最高风温为

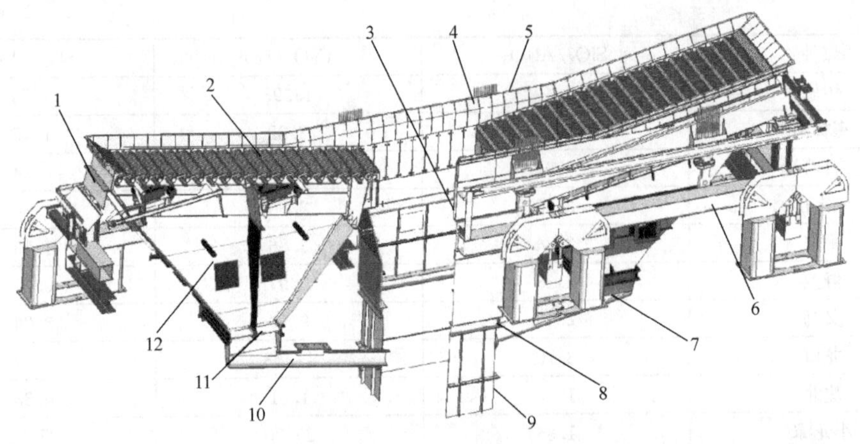

图 3-16 燃尽炉排布置图

1—膨胀节；2—炉排轨道；3—渣下落滑道；4—密封墙；5—支架；6—炉排支撑结构；7—双柱支架；8—调整隔断装置；9—进水滑槽；10—冲洗通道；11—双截止闸阀；12—落渣冷灰斗

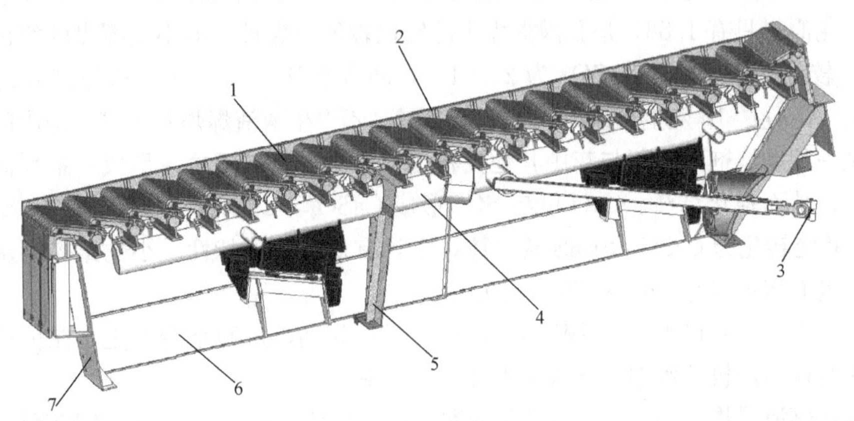

图 3-17 燃尽炉排单轨道剖面图

1—炉排片；2—墙板；3—驱动缸连接；4—轨道机；5—炉排横撑；6—炉排支撑梁；7—炉排横撑

180℃。根据锅炉的燃煤量和灰渣量设计燃尽炉排，确定其结构尺寸和出力。目前国内尚没有设计制造燃尽炉排的厂家。

三、 除渣设备

煤粉锅炉的燃烧产物中有 10%～15%是以炉渣的形式从炉底排出的，对于同容量的锅炉，燃料种类不同时，排渣量也不同。在进行锅炉除灰系统设计时，首先要确定灰的成分，然后依据经验预测锅炉正常运行过程中的排渣量。图 3-18 所示为锅炉各部位排灰量的示意图。在进行捞渣机的选型设计时，还要考虑从炉膛落下的大块焦渣的输送。

锅炉的除渣设备分为湿式除渣和干式除渣，这两种设备从设计到运行都有很成熟的经验。Π 型锅炉多采用干式除渣方式，对于塔式锅炉，由于炉膛较高，炉膛底部的负压较大，一般可达 6kPa（600mmH_2O），随着机组容量的增加，炉膛高度也随之增高，炉膛底部的负压也会增加。如采用干式除渣方式，会引起较大漏风，影响锅炉的经济性。

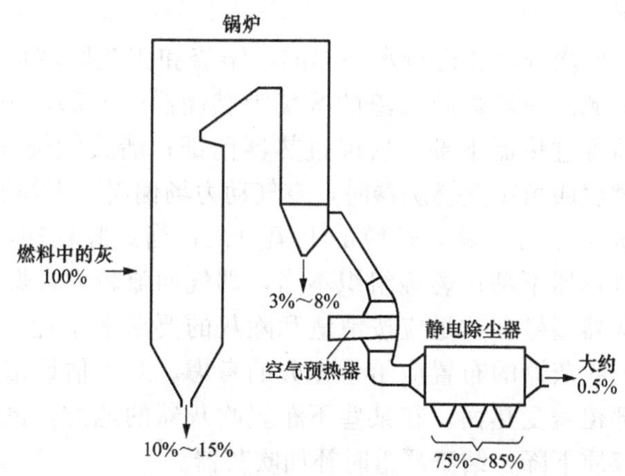

图 3-18 锅炉各部位的排灰量的示意图

因此，如为塔式锅炉，宜采用湿式除渣方式，用水力除渣设备。德国的塔式褐煤锅炉，一般都采用水力除渣设备。

四、吹灰设备

褐煤的灰熔融温度一般都比较低，容易结渣。尽管设计锅炉时考虑尽可能避免炉内受热面的结渣、沾污和积灰，根据煤质特性选取合理的炉膛特征参数，以确定炉膛轮廓尺寸。但是，锅炉运行中在各部受热面上形成不同程度的积灰是在所难免的，也常常由于燃用煤的煤质特性和运行工况的变化，仍会产生结渣和沾污。特别是当锅炉燃用低灰熔融温度的煤时，炉膛常常容易结渣，对流受热面也易沾污和积灰。为此，合理选用吹灰器，提高吹灰效率，以提高运行安全性和经济性。

（一）锅炉吹灰器的选型与布置

1. 适用于炉膛的吹灰器型式

（1）短伸缩旋转水力吹灰器。炉膛结渣严重不易消除，或者虽能消除但结渣速度很快时，用水力吹灰器较合适，水力吹灰清除结渣的效果好。短伸缩旋转水力吹灰器体积小，容易布置。有效吹灰半径可达 2m 左右。短伸缩旋转水力吹灰器在国内有多种型号，产品性能比较稳定。

（2）短伸缩旋转蒸汽吹灰器。炉膛结渣不严重，渣层不很坚固，结渣比较容易清除时，可采用短伸缩旋转蒸汽吹灰器。这种吹灰器体积小，容易布置。

上述两种吹灰器是炉膛水冷壁吹灰应用最为广泛的型式。其基本原理相同：吹灰在前进的过程中同时作旋转运动，吹灰杆前端有倒倾角的喷嘴，吹灰杆进入炉膛后，吹灰工质——水或蒸汽从喷嘴向后倾喷到水冷壁上，起到吹扫灰渣的作用。随着吹灰杆的伸长，吹灰半径增大，同时吹扫压力也同步增加。以达到距离远近都具有相同的吹灰效果。吹灰工质在水冷壁平面上的运动轨迹是螺旋线，如果是两个喷嘴则是错开的两条螺旋线。

（3）远射程水力吹灰器。远射程水力吹灰器的工作原理与螺旋式吹灰器不同，它实质上是一支高压水枪，射流穿过炉膛空间，喷射到对面的水冷壁上。吹灰器的射流按预先设定的轨迹，可在水平方向上左右、垂直方向上下连续移动，吹扫范围大。

2. 吹灰器的布置

由于锅炉炉型、燃烧调整和运行水平不同，结渣和积灰区域也不同。吹灰器布置在易结渣和积灰的区域。一般炉膛结渣的区域为燃烧器的上部，炉膛中下辐射区；Π型锅炉的折焰角、前屏过热器下部、后屏过热器前部；墙式燃烧前墙布置燃烧器时，后墙水冷壁；切向燃烧四角布置燃烧器时，空气动力场偏斜，火焰刷墙的一侧水冷壁；因燃烧调整不当，火焰中心上移，炉膛的上辐射区；当炉膛较矮，燃烧行程不足时，炉膛的上部或屏式过热器下部；燃烧组织不当，烟气回流较大，燃烧器出口附近；冷灰斗斜坡上部。吹灰器型号和数量应按清渣和除灰的要求来布置，对于预期结渣严重的大容量褐煤锅炉，吹灰器的布置应给予充分的考虑。对于估计结渣的受热面，吹灰器的吹扫面积应全部覆盖受热面。在某些不布置吹灰器的地方，也应留有足够的吹灰器备用孔，以便在煤质下降，结渣严重时补加吹灰器。

（二）褐煤锅炉使用水力吹灰器的经验

炉膛水力吹灰器主要用于吹扫水冷壁，有两种方式：一种是短伸缩旋转水力吹灰器，吹灰枪旋转推入炉膛，可以吹扫以吹灰器的杆体为圆心的一个圆形受热面。另一种是远射程水力吹灰器，其喷嘴射出的高压头射流（2.5～3.0MPa）按预先制定好的轨迹自动吹扫，射流穿过燃烧区喷射到对面水冷壁上，可吹扫面积约为 $400m^2$。此外，在一些燃用强结渣煤的小型锅炉上也采用喷射式排污水力吹灰器。

元宝山电厂1号炉（引进瑞士苏尔寿公司亚临界300MW机组，921t/h锅炉，)、2号炉（引进德国斯坦缪勒公司亚临界600MW机组，1842t/h锅炉）均燃用元宝山褐煤，原配置德国伯格曼公司的SK58E型短伸缩旋转水力吹灰器，1、2炉投入运行后，炉膛受热面结渣严重，炉膛平均每天吹扫两次，水力吹灰系统每次运行3.5h，由于长期水吹灰的热冲击影响，致使水冷壁大面积龟裂。

元宝山电厂2号炉，由于结渣严重，将原配置德国伯格曼公司的SK58E短伸缩旋转水力吹灰器改为德国伯格曼公司远射程吹灰器，投入运行后，吹扫炉膛结渣的效果很好，但是，由于水吹灰热冲击的影响，水冷壁管大面积龟裂，已于数年前被迫停止运行，现已拆除，恢复短伸缩旋转水力吹灰器。

（三）水力吹灰对水冷壁管的影响[8,9]

水力吹灰器喷射出的水束在吹扫灰渣的同时对水冷壁产生热冲击，这种热冲击的结果会使水冷壁产生交变应力，当交变应力的次数超过水冷壁管的承受次数时，管子将产生裂纹。影响水冷壁管热冲击的因素如下。

（1）单位水负荷。单位时间内在单位面积上的水冲击负荷是影响热冲击的重要因素。单位水负荷越大，造成温差越大，热应力越大。水负荷与温差的关系呈线性变化。

（2）水负荷沿吹扫面积分配的均匀性。对于短伸缩旋转水力吹灰器，与吹灰器的喷嘴数目有关。吹灰器喷嘴数目的多少，在吹灰器返回过程中影响着热冲击的大小，喷嘴个数越多返回过程中对水冷壁的重复吹扫点越多，热冲击越严重。对于远射程水力吹灰器，由于在炉膛中水冷壁上的结渣不可能是均匀的，沿着一定轨迹吹扫的水束会有时吹到灰渣上，有时吹到水冷壁光管上，甚至有可能在同一个水冷壁管上遇到这种情况，其吹扫的水负荷很不均匀，所引起的热冲击会相差很大，热应力也越严重。

水力吹灰时水冷壁管受交变应力的作用，由此影响水冷壁寿命的因素除与所受交变次数成正比外，与单位水负荷有着重要的关系。炉膛结渣严重，吹灰次数多，交变次数也多；反之，则少。

根据美国燃烧工程公司和钻石动力装置公司（DIAMOND）共同试验结果，当水压为2.06MPa、喷嘴数为2个、孔径为3.7mm时，每4h吹一次；若转速为2.26r/min时，平均最大热冲击值为71℃；若转速为4.25r/min时，平均最大热冲击值为44℃。当最大热冲击值为55℃，水冷壁管每次吹灰时承受2次冲击，假定每4h吹灰1次，管子寿命为11年。从该试验可看出，水冷壁的寿命与水负荷有关，即使在试验条件下，水冷壁管的寿命也是有年限的。炉膛内的结渣情况非常复杂，结渣面积的分布、渣层的薄厚是一个动态过程，因此，在进行水力吹灰过程中，水冷壁管受到的热冲击和热应力是随时变化的，而且是非常复杂的。其寿命有可能要比试验条件下缩短很多。

美国燃用北达科他高钠褐煤时，炉膛结渣很严重。美国巴布科克·威尔科克斯公司（Babcock·Wilcox B&W，简称美国巴·威公司）从20世纪60年代开始，在吹扫炉膛结渣方面作了很多工作。美国根据德国的经验，大量的水冲在裸露的（未被渣覆盖的）管子上，伴生的应力会导致管子寿命的急剧缩短，损坏是由于局部受冷造成的。故应控制水力吹灰器的水量，在一定的时间周期内，不致造成管子金相组织的严重损坏，或者显著地缩短管子的寿命。

美国巴·威公司（B&W）进行了有限元理论的应力分析研究，以确定水冲击（淬火作用）周期中，水冷壁管应力作用时间的具体过程，当水冷壁管接触到起淬火作用的水时，水冷壁管即经历了一次热瞬变过程。采用热电偶测量炉内侧水冷壁管的瞬变过程。测得的数据用于有限元分析，以确定受热的边界条件。用实际测量的表面温度来分析温度梯度和温度曲线，吹扫时由382℃稳定状态降低为354℃，之后又逐渐恢复到382℃稳定状态。荷载应力也包括水冷壁管承受的压力（内压力为13MPa）。这个分析进一步证实了现场观测和对金属研究的结论，即如果附加的热瞬变状态能维持在接近实际测量的水平，则水冷壁管能承受由于水冲击而引起的周期性的热应力。这些结果证实：重要的是控制水束与水冷壁管的接触时间、水量，以及作为变量也必须考虑的光管水冷壁和被覆盖（被焦渣覆盖）水冷壁的情况。

上述的试验研究也表明，控制水束与水冷壁管的接触时间和水量是很重要的，并且要在确定的边界条件下，附加的热瞬变状态能维持在接近实际测量的水平，水冷壁管才能承受由于水冲击而引起的周期性的热应力。锅炉在运行过程中，炉膛内的结渣情况非常复杂，不可能符合某种边界条件，因而，有可能导致热应力的增加，从而造成水冷壁管的热疲劳。

国内尚未见到关于水吹灰对水冷壁寿命影响的试验研究的报道。从国内电厂实际应用水吹灰器的情况来看，元宝山电厂2号600MW机组锅炉，燃用元宝山褐煤，投入运行后由于设计等原因，炉膛结渣严重。经历了由短伸缩旋转水力吹灰器改为远射程水吹灰器，由于水冷壁管受热冲击严重，导致管子龟裂，又改回短伸缩旋转水力吹灰器。另外，燃用褐煤的伊敏电厂500MW机组锅炉，炉膛内未采用水力吹灰器，没有出现过水冷壁漏泄的现象。

水力吹灰对清渣具有很好的效果，特别是远射程吹灰器。但是，需要考虑其适用条件和吹灰器合理的设计和运行参数，否则其带来的负面效应，不容忽视，甚至是严重的。

参 考 文 献

[1] 张经武，李卫东，许传凯，等．电站煤粉锅炉燃烧设备选型．北京：中国电力出版社，2017.

[2] 何佩鳌，赵仲琥，秦裕琨．煤粉燃烧器设计及运行．北京：机械工业出版社，1987.

[3] 能源部科学技术司．常规火电站燃烧技术．褐煤燃烧技术（分项技术报告之九），中德合作项目，1991.

[4] 陈春元．高灰分褐煤的低温燃烧技术．锅炉制造．哈尔滨锅炉厂，第5～6期，1982.

[5] 能源部科技司，西安热工研究院．褐煤燃烧技术——常规火电站燃烧技术，分项报告之六．中德合作项目，1989.

[6] 能源部科技司，西安热工研究院．褐煤燃烧技术——常规火电站燃烧技术，分项报告之五．中德合作项目，1990.

[7] 哈尔滨普华煤燃烧技术开发中心．大型煤粉锅炉设计计算方法．哈尔滨：哈尔滨工业大学出版社，2002.

[8] 郑福国，王玉宝．利用水力吹灰器清除大型锅炉水冷壁结焦，电力安全技术，第7卷，2005，第12期．

[9] J. A. 巴尔森．燃用高钠煤的经验（大型褐煤锅炉译文集之一）．哈尔滨锅炉厂，1982.

第四章

褐煤锅炉燃烧器

煤粉和燃烧所需要的空气通过燃烧器进入炉膛。炉膛中的空气动力场和燃烧工况主要是通过燃烧器的结构及其布置进行组织的。因此，燃烧器设计和运行是决定燃烧设备的经济性和可靠性的主要因素。

对燃烧器工作的基本要求如下[1]：

(1) 组织良好的空气动力场。使煤粉气流能够及时着火；一、二次风混合适时适量，保证燃烧的稳定性和经济性。

(2) 运行可靠。燃烧器不易损坏、磨损；炉膛不发生灭火、爆燃；气流不贴壁以免结渣。炉内温度场及热负荷均匀，不破坏炉内蒸发受热面管中的正常水动力工况。

(3) 有较好的燃料适应性和负荷调节性。风速和风量能够根据负荷及煤种变化而准确调节，直流燃烧器的摆动机构灵活；旋流燃烧器调节旋流强度的机构能够灵活动作。

(4) 便于调节和自动控制。大型锅炉的燃烧器一般应设置自动点火、灭火保护、火焰检测等设备，并能投入自动控制系统。

(5) 能够和制粉系统合理配合。

(6) 具有良好的低 NO_x 排放特性。

煤粉锅炉中，燃料流和空气流都是通过燃烧器以射流形式送入炉膛的，煤粉燃烧器按其出口气流的特征，可以分为两大类。出口射流为直流射流或直流射流组的称为直流燃烧器；出口射流包含有旋流射流的燃烧器称为旋流燃烧器，其出口射流可以是几个同轴旋转射流的组合，也可以是旋转射流和直流射流的组合。

直流射流和旋转射流在气流结构和空气动力特性方面，如速度分布、射程、卷吸特性和回流区等是不同的。因而以这两种射流为基础的直流燃烧器和旋流燃烧器，在组织燃料的着火和燃烧方面也是不同的。

第一节 褐煤锅炉直流燃烧器

一、直流射流[1,2]

在直流煤粉燃烧器中，对于褐煤，煤粉一次风喷口和燃烧所需空气喷口有各种不同的布置方式。空气喷口可布置在煤粉喷口的上部、下部、中间、侧面和四周。在燃烧器的设计和运行中还要将空气量最有利地分配到各个空气喷口。煤粉空气混合物和燃烧所需空气的各喷口以直流射流形式喷进炉膛，这些射流在炉膛中的流动状况决定了煤粉的着火条件和燃烧强度。因此，了解燃烧器射流的特性是非常必要的。

射流轴线上的速度沿射流运动方向的衰减情况，反映了在炉膛中的贯穿能力，通常用射程来表示。所谓射程，对于煤粉燃烧器而言，通常定义为：规定射流在某一截面上的最大轴向流速降低到某一数值（即仍保持一定的余速）时，该截面至喷口的距离定为射流的射程。喷口直径和射流初速度越大，射程也越大。射程大表示射流在烟气中有较大的贯穿能力，可以射到炉膛中较远的地方。

为组织燃烧和混合过程，要求射流具有一定的射程。另外，气流的射程对于确定燃烧器的功率和炉膛尺寸也是一个重要的依据。直流燃烧器中，空气和煤粉是通过几只喷口喷入炉膛的。喷口的几何形状和尺寸以及气流出口速度，对炉膛内气流的特性有很大影响。如初速度不变，喷口截面尺寸减小，射流就不能更深入地射入炉膛；如果将小喷口集中合并起来，采用集中布置的大喷口，就会增加气流对烟气的贯穿能力，在炉膛内会射到离喷口更远处。射流的初始动量越大，射程就越远，就能在炉膛内射到更远的地方。

锅炉燃烧设备中应用的射流都是紊流射流。射流进入炉膛空间后，不断卷吸周围介质。射流卷吸周围介质的能力，也就是在炉膛能卷吸高温烟气量的多少，对直流燃烧器中煤粉的着火过程有很大影响，原因为煤粉气流卷吸的高温烟气是着火热量的主要来源。根据对射流的研究，对于直流燃烧器，在喷口通流面积不变的情况下，将一个大喷口分为几个小喷口时，会使射流的卷吸能力增加，但射程将缩短。这是由于射流外界面（发生卷吸作用面）相对增加所致。实际上，从矩形喷口喷出的射流，在流动过程中并不能继续保持射流的截面形状为矩形。在射流的尖角部位会很快发展成为强烈的旋涡，这些旋涡会使射流的卷吸能力有所提高。直流燃烧器喷出的空气或煤粉空气混合物射流都是不等温射流，因为其温度远低于炉内烟气的温度。从而，由于紊流换热而使射流逐渐被加热。而带有煤粉的一次风射流由燃烧器喷入炉膛后，由于射流与周围烟气间的物质交换会引起射流内煤粉浓度的变化。

二、 直流燃烧器

（一）应用于褐煤锅炉直流燃烧器的主要型式和特点

褐煤锅炉采用的直流燃烧器主要有以下几种型式，这些燃烧器都采用了低 NO_x 燃烧技术，以降低 NO_x 的排放量，一般都称为低 NO_x 直流燃烧器。

1. WR（wide range）直流燃烧器

早期 WR 直流燃烧器的一次风喷口，分为两个可摆动的喷口。现在已改为中间带水平 V 形钝体的单喷口，见图 4-1。燃烧器的一次风通道由方变圆，与一次风管垂直或接近垂直连接。燃烧器通道内有一水平隔板，使经弯头分离后的两股含粉气流依然保持浓淡的状态进入炉膛。V 形钝体边缘的齿形和翻边结构，除了可补偿高温下的热膨胀，还可增加煤粉气流与高温烟气的接触面，并使出口气流再次形成局部的煤粉浓度分布，由钝体产生较强的烟气回流卷吸，从而改善一次风的着火条件，增强燃烧的稳定性，实现低负荷稳燃功能。

燃烧器通道内设一水平板的目的是保持煤粉的浓淡状态，否则经过 3 倍管径的距离后，煤粉浓度又会恢复到均匀的状态。为了增加高温烟气的回流量，以及在一次风速变化时回流区不致脱离扩流锥，在扩流锥的前端有一细长的阻力板，见图 4-1（d）。扩流锥的尺寸见图 4-1（c）。锥角 $2\alpha=20°\sim30°$，褐煤挥发分高取下限。相对高度 $h/b\approx2$。由于扩流锥受到煤粉的冲刷磨损和炉内高温辐射的作用，应采用耐高温氧化的金属材料或

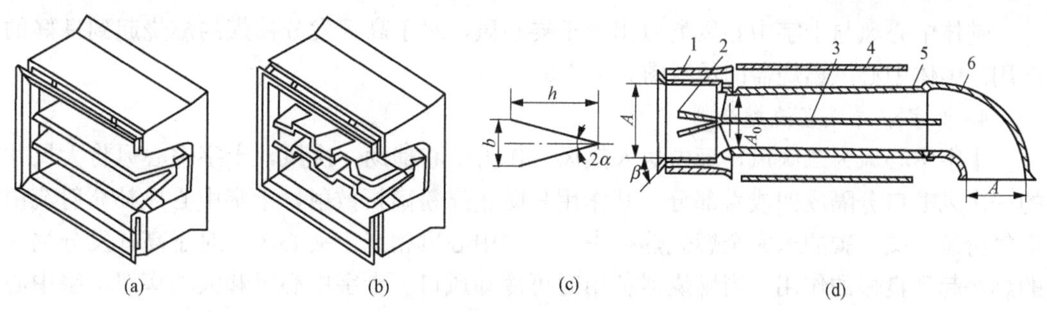

图 4-1　具有 V 形喷口的 WR 直流燃烧器

(a) V 形扩流锥；(b) 齿形扩流锥；(c) 扩流锥结构尺寸；(d) 一次风喷口总体结构

1—摆动喷口；2—阻力板；3—水平隔板；4—燃烧器外壳（二次风箱）；5—一次风管；6—入口弯管

陶瓷制造。

一次风喷口是一个锥形的气流加速管，喉部截面面积和进口截面面积之比 $A/A_0=1.3\pm0.15$，褐煤易着火取下限。采用减缩管是为了使煤粉气流加速，防止在水平管段沉积，并利用减缩管的趋中效应，使煤粉颗粒向中间集中，提高扩流锥后回流区边缘的煤粉浓度，喷口端板向外扩张角 $\beta=30°\sim60°$，褐煤挥发分高，取下限。

燃烧器周围送入的二次风，正常时作为周界风（燃料风），燃烧器停运时可冷却喷口。

2. 水平浓淡直流燃烧器

水平浓淡燃烧器是利用百叶窗式煤粉浓缩器使煤粉气流在水平方向上形成浓淡两股气流，并在一次风喷口中布置有垂直的 V 形锥体，使得从燃烧器喷口射出左右两股含粉浓淡不同的气流，在燃烧区形成内浓外淡的煤粉浓度分布特性。浓煤粉气流靠近炉膛中心切圆的向火侧，淡煤粉气流在面向炉墙的背火侧，也就是在浓煤粉气流的外侧，将火焰中心区与炉墙水冷壁隔开，见图 4-2。

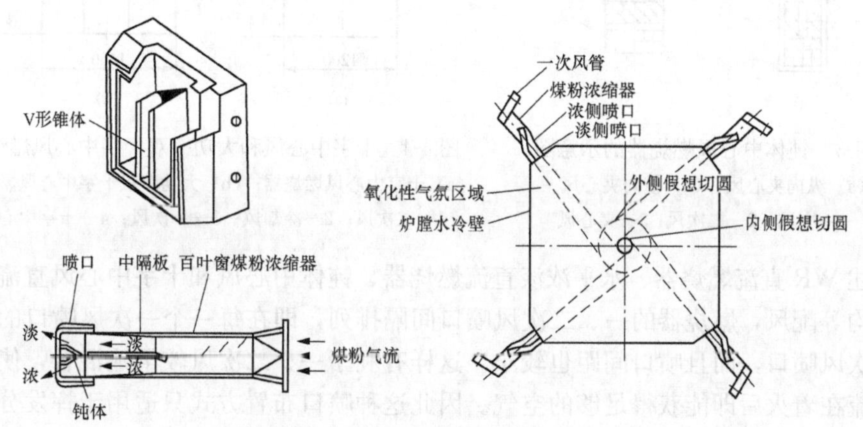

图 4-2　水平浓淡直流燃烧器

3. 钝体中心风直流燃烧器

钝体中心风为二次风，作为中心辅助一次风，钝体中心风可水平布置，也可以垂直布置，钝体将大尺寸的一次风喷口分隔成上下或左右两部分，其作用是防止煤粉离析散射，补充射流中空气份额，减少碳的未完全燃烧热损失。当燃烧器备用时可冷却风口。

钝体中心风与十字中心风类似相当于夹心风，对于高挥发分褐煤的燃烧起到良好的作用。钝体中心风燃烧器的示意图见图 4-3。

4. 十字中心风直流燃烧器

十字中心风为二次风，管内送入热风，作为中心辅助一次风，十字中心风将大尺寸的一次风喷口分隔成四或六部分，其作用是防止煤粉离析散射，十字中心风补充射流中空气份额，减少碳的未完全燃烧热损失。十字中心风相当于夹心风，对于高挥发分褐煤的燃烧起到良好的作用。当燃烧器备用时可冷却风口。十字中心风和大功率双十字中心风燃烧器见图 4-4。

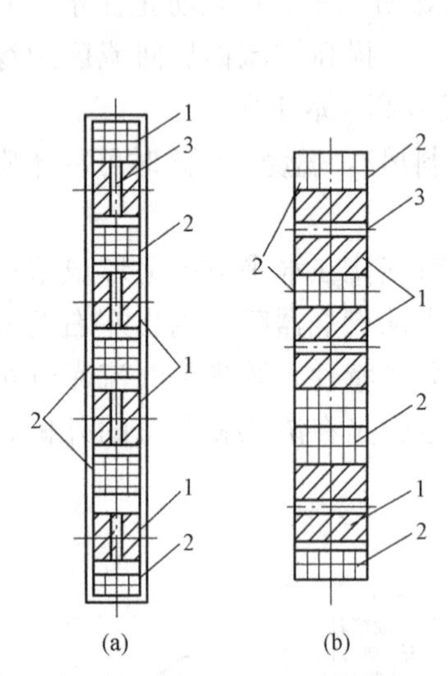

图 4-3　钝体中心风燃烧器的示意图

(a) 纵向夹心风；(b) 横向夹心风

1—一次风；2—二次风；3—夹心风

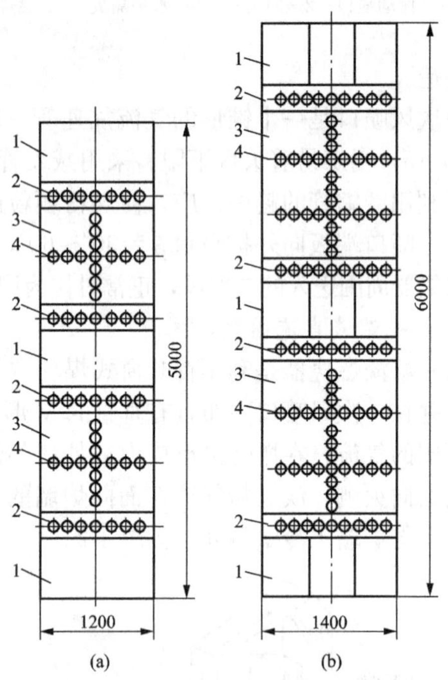

图 4-4　十字中心风和大功率双十字中心风燃烧器

(a) 十字中心风燃烧器；(b) 大功率双十字中心风燃烧器

1—二次风；2—冷却风；3—一次风；4—十字中心风

上述 WR 直流燃烧器、水平浓淡直流燃烧器、钝体中心风和十字中心风直流燃烧器都采用均等配风，燃烧器的一、二次风喷口间隔排列，即在每一个一次风喷口的上下方都有二次风喷口，而且喷口间距也较小。这样有利于一、二次风较早地混合，使一次风煤粉气流在着火后即能获得足够的空气。因此这种喷口布置方式只适用于挥发分较高且很容易着火的烟煤或褐煤。燃烧器最上层为上二次风口。上二次风的作用，除供应上排煤粉燃烧所需空气外，还可以补充炉膛内未燃尽的煤粉继续燃烧所需的空气。最下层的下二次风，能把从煤粉射流中离析出来的煤粉托浮起来，使其悬浮燃烧而减少固体未完全燃烧热损失。在燃烧器备用时可冷却一次风喷口，以免喷口受热变形或烧损。同时由于每个一次风喷口被分割成两个、四个或六个小喷口，可减少煤粉和气流分布的不均匀程度。二次风喷口均等布置在每个一次风喷口的上下方。

无论锅炉容量大小，燃烧器的基本形式是非常接近的。一、二次风均采用交错布置。适合褐煤燃烧。随着锅炉容量的增大，燃烧器的变化只是数量上增加和高度上叠加，这种发展方式的优点在于直接将小容量锅炉的经验用于大容量锅炉。

均等配风方式在国内外燃用烟煤和褐煤锅炉上应用较多，对于挥发分 $V_{daf}>13\%$的煤种，几乎全部采用一、二次风口间隔均等布置的直流燃烧器。

5. 侧二次风直流燃烧器[3]

俄罗斯褐煤锅炉采用的侧二次风直流燃烧器见图 4-5。侧二次风是指在煤粉喷口的外侧（背火侧）与一次风平行布置的二次风。一次风煤粉喷口布置在燃烧器的向火侧，即一次风射流面对炉膛空间，这样有利于煤粉射流卷吸高温烟气和接受邻角燃烧器火炬的加热，同时也有利于接受炉膛空间对煤粉射流的热辐射。侧二次风布置在背火侧，在炉墙与一次风射流之间形成一层空气幕，可以防止煤粉火炬贴墙和粗煤粉离析。并在水冷壁的壁面附近区域保持氧化气氛，不致使灰的熔融温度降低，避免水冷壁结渣。另外，由于一、二次风口集中并排布置，降低整组燃烧器的高宽比，可以增强气流的贯穿能力，这种布置方式虽然一、二次风相距较近，但因一次风喷口都在燃烧器的向火侧，而二次风喷口都在背后侧，不会严重影响煤粉气流的着火和燃烧稳定性。俄罗斯褐煤锅炉采用侧二次风均等配风直流燃烧器，可能是考虑褐煤水分较高，不易着火和燃烧，采用类似燃用贫煤的燃烧器设计理念。俄罗斯褐煤锅炉采用侧二次风均等配风直流燃烧器与传统的侧二次风均等配风直流燃烧器有所不同，其一次风喷口与二次风口不是相对应的，如图 4-5 所示，但基本是侧二次风均等配风方式。

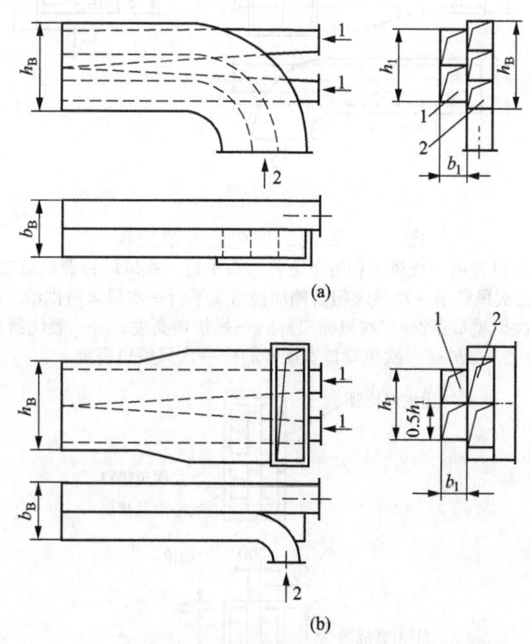

图 4-5 侧二次风直流燃烧器

（a）二次风管由一次风煤粉管下方经弯头平行一次风煤粉管供给二次风；

（b）二次风管由一次风煤粉管侧面经弯头平行一次风煤粉管供给二次风

1—一次风喷口；2—二次风喷口；h_B—燃烧器高度；b_B—燃烧器宽度；b_1—一次风喷口宽度；h_1—一次风喷口高度

6. 四周二次风直流燃烧器[3]

俄罗斯褐煤锅炉采用的四周二次风直流燃烧器见图 4-6。在燃用褐煤较多的国家，如德国、澳大利亚等国以及我国的褐煤锅炉都未采用四周配二次风直流燃烧器，伊敏电厂从俄罗斯引进的 500MW 机组褐煤锅炉，燃用伊敏老年褐煤（M_t＝38%、A_{ar}＝15.6%、V_{daf}＝47%、$Q_{net,ar}$＝10.83MJ/kg），燃烧器见图 2-20；云南阳宗海电厂由俄罗斯引进的 200MW 机组褐煤锅炉，燃用年轻褐煤（M_t＝44.0%、A_{ar}＝17.78%、V_{daf}＝54.6%、$Q_{net,ar}$＝8.320MJ/kg）锅炉燃烧器见图 4-7[4]，均采用四周配二次风直流燃烧器。这些机组的褐煤锅炉燃烧稳定，运行良好。运行表明，四周二次风直流燃烧器既适应老年褐煤也适应年轻褐煤。

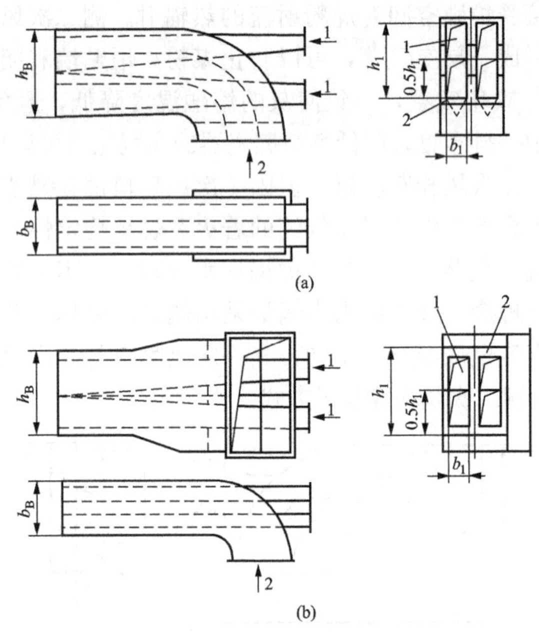

图 4-6　四周二次风直流燃烧器
（a）二次风管由一次风煤粉管下方经弯头平行一次风煤粉管供给二次风；
（b）二次风管由一次风煤粉管侧面经弯头平行一次风煤粉供给二次风
1—一次风喷口；2—二次风喷口；h_B—燃烧器高度；b_B—燃烧器宽度；
b_1—一次风喷口宽度；h_1—一次风喷口高度

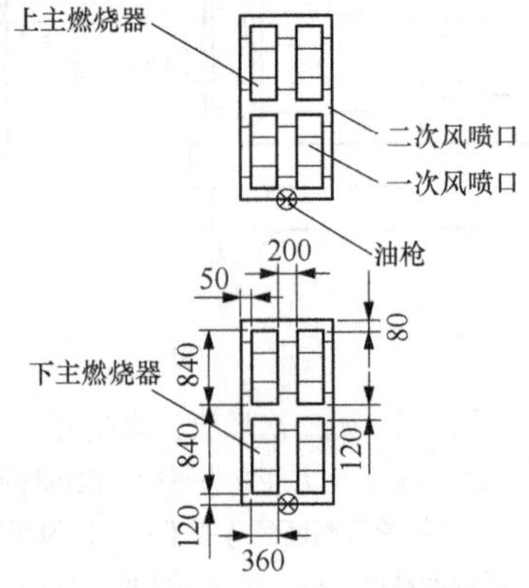

图 4-7　阳宗海电厂 200MW 机组褐煤锅炉燃烧器

7. 四周二次风并送入烟气再循环直流燃烧器[3]

俄罗斯褐煤锅炉采用的四周二次风并送入烟气再循环直流燃烧器见图 4-8。从燃烧器送入炉内烟气再循环是为了进行烟气再循环调节汽温，其原理是将锅炉尾部烟道中的一部分低温烟气（250～350℃）通过再循环风机送入炉膛，改变锅炉的辐射和对流受热面的吸热量的比例，从而调节蒸汽温度。汽温调节的能力与烟气再循环量、送入炉膛的位置，以及抽炉烟点的位置有关。

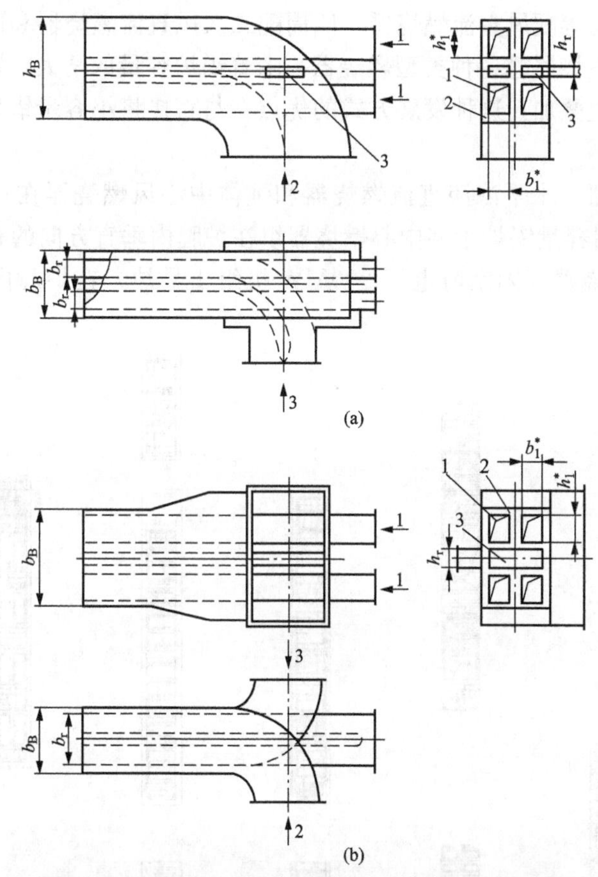

图 4-8 四周配二次风并送入烟气再循环直流燃烧器

(a) 二次风管由一次风煤粉管下方经弯头平行一次风煤粉管供给二次风；
(b) 二次风管由一次风煤粉管侧面经弯头平行一次风煤粉管供给二次风和送入再循环烟气
1—一次风喷口；2—二次风喷口；3—烟气再循环喷口；h_B—燃烧器高度；
b_B—燃烧器宽度；b_1^*—一次风喷口宽度；h_1^*—一次风喷口高度；
b_r—烟气再循环喷口宽度；h_r—烟气再循环喷口高度

从炉底送入时，炉膛温度水平下降，炉膛辐射吸热量减小，结果是炉膛出口烟温几乎不变；由于烟气流量增加，导致流速增大，烟气侧的放热系数增加，对流传热量增加，汽温升高。此外，由于降低了炉膛温度水平，炉内氧浓度降低，抑制 NO_x 生成量，减少污染。由于热负荷降低，所以可防止水冷壁管内传热恶化。

从炉膛上部送入烟气时，炉膛辐射吸热量改变很小，但炉膛出口温度降低，靠近烟窗的高温过热器的传热温压减小，传热量降低。在烟气行程后部的受热面，烟气量增加而引起的传热强化作用大于温压减小的作用，使传热量增加。因而从炉膛上部送入烟气，可降低和均匀炉膛出口烟温，防止对流过热器结渣和减少其热偏差，并减少屏式过热器和高温过热器的吸热量，起到保护的作用。

（二）直流燃烧器的布置

1. 直流燃烧器在炉膛内垂直方向的布置

对于WR直流燃烧器、水平浓淡直流燃烧器、钝体中心风燃烧器、十字中心风直流燃烧器、侧二次风均等配风直流燃烧器、四周配二次风直流燃烧器和四周配二次风并送入烟气再循环直流燃烧器等各种类型燃烧器，随着锅炉容量的增大，燃烧器的变化只是数量上增加和高度上叠加，这种发展方式的优点在与直接将小容量锅炉的经验用于大容量锅炉。

WR直流燃烧器、水平浓淡直流燃烧器和钝体中心风燃烧器在炉膛内垂直方向的布置见图4-9。不同容量锅炉十字中心燃烧器组在炉膛内垂直方向的布置见图4-10。四周配二次风直流燃烧器（阳宗海电厂200MW机组1号炉）在炉膛内垂直方向的布置见图4-7。

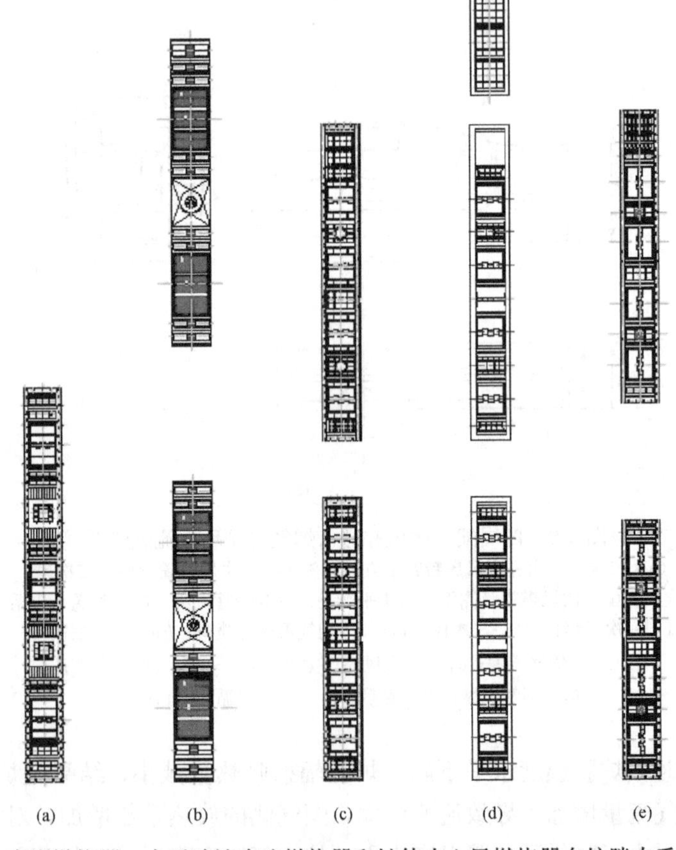

图4-9 WR直流燃烧器、水平浓淡直流燃烧器和钝体中心风燃烧器在炉膛内垂直方向的布置
(a) 300MW机组褐煤锅炉钝体中心风燃烧器；(b) 600MW机组褐煤锅炉钝体中心风燃烧器；
(c) 600MW机组褐煤锅炉WR燃烧器；(d) 600MW机组褐煤锅炉WR燃烧器；
(e) 600MW机组褐煤锅炉水平浓淡燃烧器

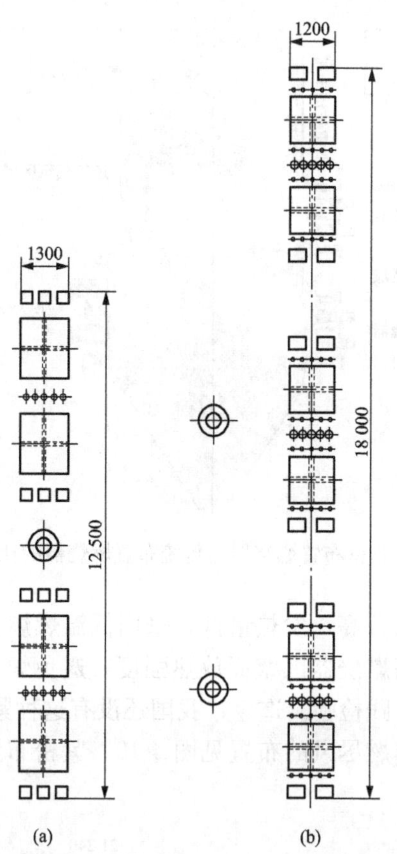

图 4-10 不同容量锅炉十字中心风燃烧器组在炉膛内垂直方向的布置
(a) 300MW 机组褐煤锅炉十字中心风燃烧器布置；(b) 600MW 机组褐煤锅炉十字中心风燃烧器布置

德国阿尔斯通公司（ALSTOM）采用紧密布置燃烧器的低 NO_x 燃烧技术。这种布置方式具有较高的炉膛和燃尽区高度、低 NO_x 排放、高燃烧效率和降低结渣风险的优点。减小燃烧器高度是为了更好地利用炉膛高度，通过控制分离燃尽风（SOFA）达到低 NO_x 排放。紧密布置燃烧器能够使煤粉和空气更好地混合，从而提高燃烧的稳定性，实现低 NO_x 燃烧。由于最上层燃烧器喷口远离抽烟口与第一级受热面，所以减少抽烟口与第一级受热面结渣的可能性。传统布置燃烧器的喷口较多，而紧密布置燃烧器，由于喷口少煤粉火焰的穿透性强，所以不会产生火焰贴墙燃烧，进一步避免燃烧区域结渣。紧密布置燃烧器（双十字中心风）与传统布置燃烧器（十字中心风）的比较示意图，见图 4-11。

根据阿尔斯通公司介绍，近 10 多年来，在欧洲采用紧密布置燃烧器的褐煤锅炉已有很多业绩，如德国：Schwarze Pumpe 电厂的 2×800MW 机组褐煤锅炉，已运行多年。另外，还有 Niederaussem 电厂 Unit K 1000MW 机组褐煤锅炉、Neurath 电厂 UnitF&G 2×1100MW 机组褐煤锅炉；波兰：Patnow 电厂 460MW 机组褐煤锅炉、Belchatow 电厂 858MW 机组褐煤锅炉；斯洛文尼亚：Sostanj 电厂 600MW 机组褐煤锅炉；捷克：Ledvice 电厂 660MW 机组褐煤锅炉；希腊：Forina 电厂 330MW 机组褐煤锅炉等。

以上所述采用单只热功率较大紧密布置燃烧器的褐煤锅炉都在欧洲，这些国家的褐

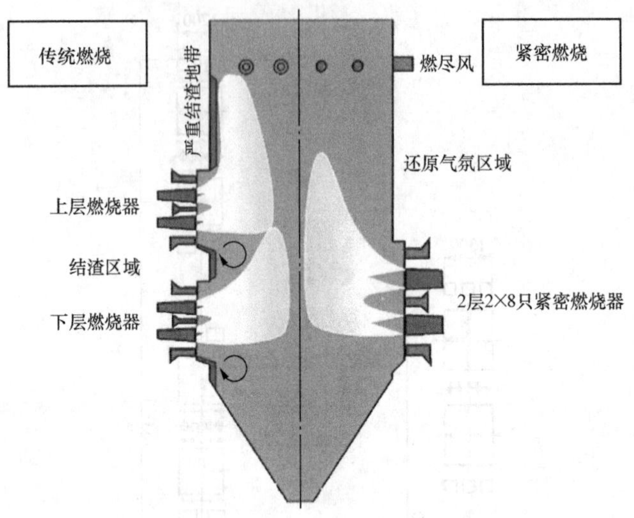

图 4-11　紧密布置燃烧器与传统布置燃烧器的比较示意图

煤大部分都是年轻褐煤，水分高，发热量低，采用低温燃烧技术，炉膛温度较低。可适应由于紧密布置燃烧器的高燃烧器区壁面放热强度，避免炉膛结渣。对于老年褐煤是否适应这种布置方式，有待实践检验。迄今，我国还没有这种紧密布置燃烧器的褐煤锅炉。

紧密布置燃烧器和分离燃尽风的布置见图 4-12。紧密布置燃烧器和燃尽风炉内过量空气系数的分布见图 4-13。

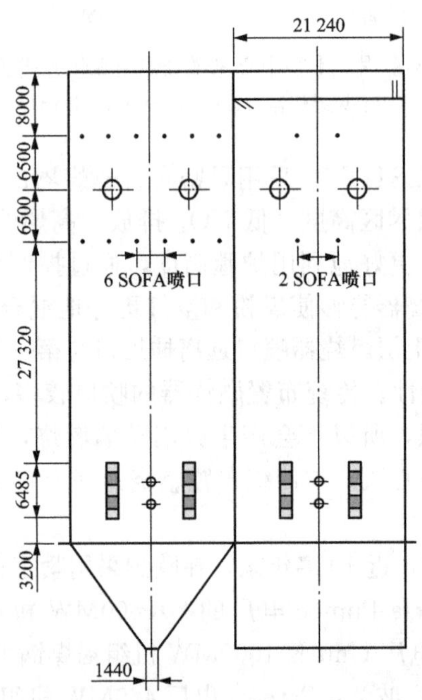

图 4-12　紧密布置燃烧器和分离燃尽风（SOFA）的布置

前后墙各 2 层分离燃尽风 SOFA，每层 6 个分离燃尽风喷口；
两侧墙各 2 层分离燃尽风 SOFA，每层 2 个分离燃尽风喷口

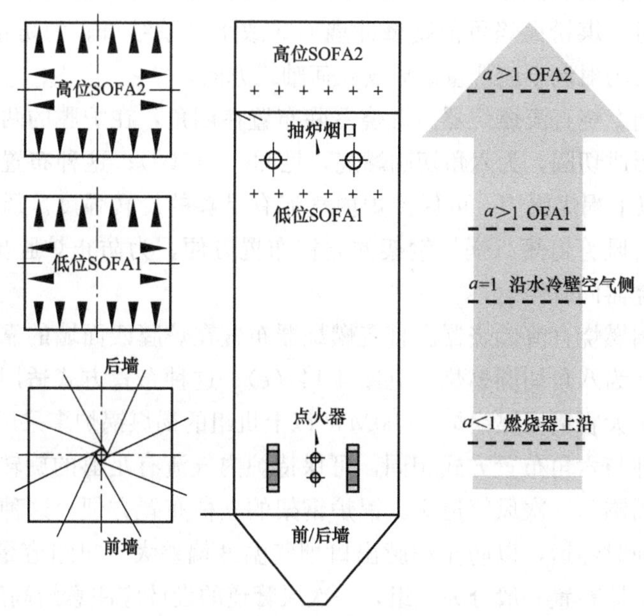

图 4-13 紧密布置燃烧器和燃尽风炉内过量空气系数的分布

2. 直流燃烧器在炉膛内水平方向的布置[4]

切向燃烧方式的直流燃烧器布置在炉膛的四角或四面炉墙的一定位置上，将煤粉气流沿着与炉膛中心假想圆的切线方向喷入炉膛进行燃烧，见图 4-14。

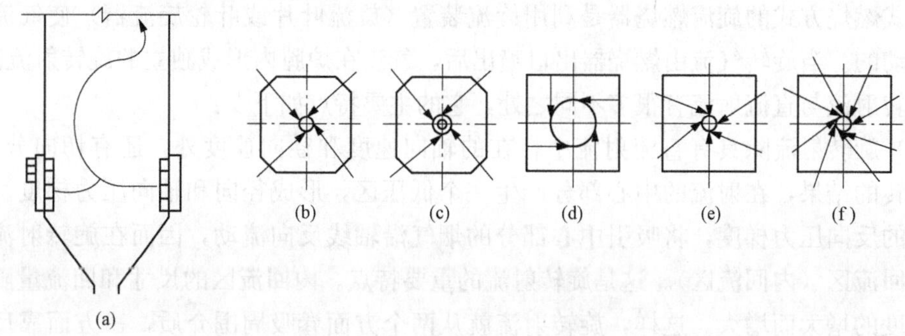

图 4-14 切向燃烧方式燃烧器的布置

(a) 切向燃烧方式燃烧器的纵向布置；(b)、(c) 四角切圆；(d) 墙式切圆；(e) 六角切圆；(f) 八角切圆

(1) 四角切圆燃烧直流燃烧器。切向燃烧的直流燃烧器布置在炉膛四角或四面炉墙的一定位置上，其出口气流几何轴线切于炉膛中心的假想圆，见图 4-14 (a)～图 4-14 (c)。一次风煤粉混合物和二次风气流由炉膛四角高速射入炉内，卷吸高温烟气着火燃烧，在炉膛中心部分形成一个稳定的强烈旋转的低压火焰区。低压区从上、下两方的回流卷吸炉内介质，形成空气、燃料和燃烧产物的强烈混合，造成良好的燃烧条件。另外，炉膛内气流的旋转运动使每只燃烧器喷出的气流将高温烟气吹向下游相邻燃烧器火

只能从低温区回流少量烟气；若旋流强度过高，虽然回流量增加，但回流区长度却缩短，同时燃烧器阻力也增加很多。因此，旋流强度必须选择适当。

旋流燃烧器出口气流是由一次风气流和二次风气流组成的复合气流。外环为旋转的二次风射流，内环为旋转或不旋转的一次风煤粉气流。内外气流的质量比或速度比对旋流燃烧器的燃烧工况有很大影响。

当中心的一次风煤粉气流为直流时，由于二次风旋转射流的紊流交换作用会带动一次风气流逐渐旋转，降低总气流的旋流强度，这会使中心回流区的长度和流量都减小。而且这种作用随着一次风气流质量与二次风气流质量比 m_1/m_2 的增加而增加，这对煤粉的着火必然产生不利影响，因而在燃用低反应能力的煤时，必须尽量减少一次风量。

当中心的一次风煤粉气流为旋流时，m_1/m_2 对出口总气流的影响较复杂。若一次风气流的质量小，即 m_1/m_2 较小时，一次风气流的动量矩也小，其影响与一次风气流为直流时相同，即随着 m_1/m_2 的增加，缩短中心回流区的长度，减小回流量。当 m_1/m_2 增加到一定数量以后，由于一次风气流质量的增加，其动量矩也增大，对具有较大动量矩的一次风气流，开始从内部补充外气流的旋转。在这种情况下，气流轴线附近的中心回流随着 m_1/m_2 的增加而增加。因此，为保证旋流燃烧器处于最佳工况，在燃烧器的设计和运行中，都要力求保持一、二次风的一定速度比。

(2) 由于和周围介质进行强烈的紊流交换，沿射流的运动方向，切向速度衰减很快，即旋转效应衰减很快。旋转射流中，轴向速度的衰减比切向速度慢些，但远比直流射流快。在同样的初始动量下，旋转射流的射程要比直流射流短。

旋流燃烧器的气流射程决定了火焰的长度。在炉膛中，燃烧器出口气流受到炉膛空间的限制。如果火焰过分长，会冲到对面的水冷壁，引起局部过热和结渣；如果过分短，火焰不能均匀地充满炉膛。这两种情况都会降低受热面的利用程度。燃烧器气流的射程与燃烧器的功率和炉膛尺寸是密切相关的，因而在锅炉和燃烧器的设计和运行中都要考虑气流的影响。

(3) 旋转射流的扩散角一般比直流射流大，而且随着旋转强度的增大而增大。主要决定于气流的旋流强度。随着旋流强度的不同，旋转射流有三种不同的流动状态。

1) 当出口的旋转强度小于一定数值时，射流中不可能产生内部回流区。没有内部回流流动的旋转射流叫作弱旋转气流。此时整个旋转射流呈封闭状态，故又称封闭气流。弱旋转射流特性接近直流射流。

2) 旋转强度增大到一定数值以后，在轴向反向压力梯度下，在靠近射流出口的中心区形成一个轴向内回流区。回流区的尺寸和回流流量都随旋转强度的增大而增大。内回流对煤粉射流的着火和燃烧有极重要的作用。因为内回流将高温烟气抽吸到射流的根部，可使煤粉气流稳定着火。这种流动状态称为开放式旋转射流。从旋流燃烧器出来的旋转射流，大多属于这种流动状态。

3) 再继续增大旋转强度，由于射流紊流增大，射流外边界卷吸能力增强。当周围环境补气条件较差时，气流外边界的压力可能低于射流中心的压力。在内外压力差的作用下，射流向四周扩展，形成全扩散式旋转气流。锅炉燃烧技术中，把这种流动状态叫作“飞边”。飞边会使火焰贴墙，造成炉墙或水冷壁结渣。

综上所述，旋流强度是表征旋流燃烧器特性的一个重要指标，它决定了旋流燃烧火焰的射程、扩散角和回流区等流动特性，从而对炉膛尺寸、燃烧器布置和运行以及燃料的着火等有直接的影响，因而在燃烧器的设计和运行中旋流强度必须选择适当。

二、旋流燃烧器[4]

褐煤锅炉的旋流燃烧器大部分采用双调风结构低 NO_x 燃烧技术。双调风旋流燃烧器设有调节叶片。当煤质发生变化及波动时，通过调节设置于内、外二次风通道内的调节叶片（或旋流器）调节气流的旋流强度，控制着火点的距离，以适应煤粉着火的需要。

一般情况下，当旋流燃烧器的调风装置（风量挡板及内、外二次风叶片）调整到较佳位置以后，只要煤质不发生大的变化，燃烧器调风装置的设置可不作调整，燃烧器仍然具有良好的着火和稳燃性能。当煤质变化较大时，可适当调整调风装置及内、外二次风叶片设置角度，改变卷吸高温烟气回流量和流场，使煤粉的着火与稳燃恢复到正常水平。双调风旋流燃烧器对煤质变化的适应性较强。

墙式对冲燃烧方式的燃烧器，其火焰彼此独立，几乎相互不受干扰，因此，在锅炉负荷变化时，通过运行调整手段，燃烧器在接近其设计工况下工作，可提高低负荷时煤粉的着火稳燃和燃尽性能。在锅炉正常运行中，当负荷变化较小时，可以通过调整一层或数层燃烧器的风、粉供给量来保证燃烧稳定；当锅炉负荷变化较大时，可以改变磨煤机的投运台数，即切除或投入磨煤机及其对应的一层燃烧器来适应负荷的变化，此时投运的燃烧器运行参数（包括一、二次风速度及其所对应的空气动力流场等）仍接近其设计工况。

由于电厂用的煤质不是固定不变的，这就要求燃烧器对煤质的变化应有一定的适应能力。为此，旋流燃烧器均设计成旋流强度可以调节的形式。

（一）褐煤锅炉旋流燃烧器的主要型式和特点

国内应用于褐煤锅炉的旋流燃烧器主要有哈尔滨锅炉厂（简称哈锅）研发的洁净双调风旋流燃烧器（CCS）（见图 2-30）和超洁净双调风旋流燃烧器（UCCS）（见图 2-32）；东锅方锅炉厂（简称东锅）研发的双调风旋流燃烧器（Out-layer Pulverized Coal Concentration，OPCC），见图 4-15；北京巴布科克-威尔科克斯公司（B&W，简称北京巴威）采用其合作方美国 B&W 巴布科克-威尔科克斯公司的双调风旋流燃烧器（Axial control low NO_x-Dual Register Burner，XCL-DRB），见图 2-34。

1. CCS 和 UCCS 双调风旋流燃烧器

哈锅 CCS 双调风旋流燃烧器见图 2-30，采用径向浓淡分级，产生中心浓、四周淡的煤粉浓淡效果，配合向外“扳边”结构的内、外二次风口，以推迟空气与煤粉的早期混合，抑制 NO_x 的生成量。直流一次风通过煤粉入口弯头进入燃烧器，再流经一次风通道、一次风喷口等进入炉膛，能够保证前期一次风内部煤粉分布均匀性；另设有一组锥形煤粉浓缩器等，使后期大量的煤粉被浓缩于一次风管道的内环，煤粉燃烧器出口形成风包粉状态。经浓缩后进入炉膛的一次风的风粉和旋转的内、外二次风协同配合，实现逐级配风，推迟一次风粉与二次风的混合，以实现燃烧初期减少 NO_x 生成量的目的。

内、外二次风均可准确控制进入炉膛的风量和旋流强度，内二次风由可调节的旋流器产生旋转气流，其喷口为向外的“扳边”结构，外二次风采用可调节切向旋流形式。达到逐级配风、降低 NO_x 排放效果。在洁净双调风旋流燃烧器（CCS）的基础上又研发了超洁净双调风旋流燃烧器（UCCS），改进了洁净双调风旋流燃烧器（CCS）的煤粉浓缩器，并在中心风管上加装了锥体，见图 2-32。

燕山湖电厂 600MW 机组褐煤锅炉采用洁净双调风旋流燃烧器（CCS），燃用褐煤设计煤质：水分 M_t=29.6%，灰分 A_{ar}=15.99%，挥发分 V_{daf}=47.97%，发热量 $Q_{net,ar}$=14.51MJ/kg(3466kcal/kg)。

长山电厂 600MW 机组褐煤锅炉采用超洁净双调风旋流燃烧器（UCCS），燃用褐煤的设计煤质：水分 M_t=29.62%，灰分 A_{ar}=23.64%，挥发分 V_{daf}=53.16%，发热量 $Q_{net,ar}$=12.27MJ/kg(2931kcal/kg)。

2. 双调风旋流燃烧器（OPCC）

东锅的双调风旋流燃烧器（OPCC）主要由一次风弯头，一次风管，煤粉浓缩器，稳燃环，内、外二次风装置（含调风器），燃烧器壳体等组成，见图 4-15。燃烧用空气为一次风、内二次风、外二次风和中心风。

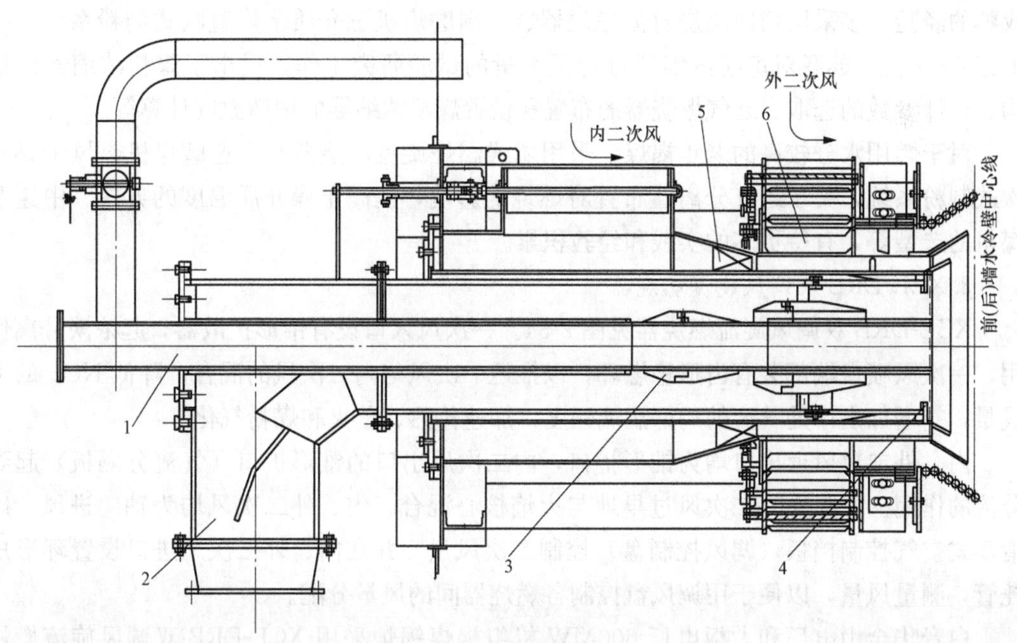

图 4-15 双调风旋流燃烧器（OPCC）

1—中心风管；2—一次风弯头；3—煤粉浓缩器；4—稳燃环；5—内二次风旋流器；6—外二次风叶片

双调风旋流燃烧器（OPCC）采用双级径向导流锥体煤粉浓缩器，获得外浓内淡的煤粉气流，一次风管出口处设置稳焰齿环及一、二次风导向锥，可以在喷口附近获得环型回流区和较高的一次风湍动度，以提高燃烧器的低负荷稳燃性能。采用双调风结构，分级供给燃烧用风，内二次风由叶片倾角为 60°的固定旋流器（导叶具有一定角度的锥形叶轮）产生旋流，外二次风由切向叶片产生旋流。内、外二次风量可调，可以获得预期的气流旋流强度和风量大小，内二次、外二次风风门可手动调节，以保证同一个大风箱内各个燃烧器之间配风均匀和调节燃烧器内的配风，使燃烧器在运行中能达到最佳工况。

设置中心风管，通过调节中心风风量为运行油枪提供最佳配风和在燃煤时控制煤粉着火点，防止结渣并获得最佳火焰形状。

双调风旋流燃烧器（OPCC）采用稳燃环实现快速点火和高火焰温度，利用双级径向导流锥体煤粉浓缩器实现浓淡燃烧，燃烧器设计的旋流内二次风和旋流外二次风进行分级送风，实现 NO_x 的火焰内还原，以降低 NO_x 排放量。

锡林浩特电厂 600MW 机组褐煤锅炉采用双调风旋流燃烧器（OPCC），燃用褐煤设计煤质：水分 M_t=34.1%，灰分 A_{ar}=19.09%，挥发分 V_{daf}=42.18%，发热量 $Q_{net,ar}$=11.93MJ/kg(2854kcal/kg)。

东锅在锡林浩特电厂 600MW 机组褐煤锅炉的双调风旋流燃烧器（OPCC）一次风入口前采用了煤粉浓缩技术，通过煤粉浓缩技术将煤粉分离为浓粉流送入主燃烧器，淡粉流送入燃烧器上部的乏气燃烧器，以利褐煤的稳定燃烧。

德国和欧洲的一些国家以及澳大利亚的年轻褐煤水分高，对煤粉浓缩器的应用有很成熟的经验，多采用切向燃烧直流燃烧器、风扇磨煤机三介质干燥直吹式制粉系统。20 世纪 80 年代，苏联对煤粉浓缩器进行了大量的试验研究工作，提出了煤粉浓缩器的结构、设计参数的选取、乏气燃烧器的布置和设置煤粉浓缩器的炉膛温度计算等。

对于燃用水分较高的老年褐煤，采用墙式燃烧旋流燃烧器和中速磨煤机热风干燥直吹式制粉系统，关于乏气分离器布置对燃烧的影响，提高干燥介质温度的方式、中速磨煤机的选型等，有待更多的实践和经验积累。

3. XCL-DRB 双调风旋流燃烧器

XCL-DRB 双调风旋流燃烧器见图 2-34。一次风入口设有锥形扩散器，起浓淡分离作用。一次风喷口端部装有齿形稳燃环，以推迟一次风与内二次风的混合，降低 NO_x 的生成量，并增加出口处气流的局部湍流强度，加速传热、着火和煤粉气化。

内、外二次风道出口均为锥形扩口，内二次风出口的锥形扩口（气流分隔板）起到分流的作用。并阻止外二次风过早地与火焰核心混合。内、外二次风均为轴向进风，以滑动式空气控制挡板（调风控制盘）控制二次风量，并在内、外二次风进口设置环形皮托管，测量风量，以便于用调风盘控制各燃烧器间的风量分配。

白音华金山电厂和大板电厂 600MW 机组褐煤锅炉采用 XCL-DRB 双调风旋流燃烧器。白音华金山电厂燃用褐煤的设计煤质：水分 M_t=29.95%，灰分 A_{ar}=16.06%，挥发分 V_{daf}=46.90%，发热量 $Q_{net,ar}$=15.50MJ/kg(3708kcal/kg)；大板电厂燃用褐煤的设计煤质：水分 M_t = 29.60%，灰分 A_{ar} = 15.99%，挥发分 V_{daf} = 47.97%，发热量 $Q_{net,ar}$=14.51MJ/kg(3464kcal/kg)。

大板电厂 600MW 机组褐煤锅炉原采用 XCL-DRB 双调风旋流燃烧器，后改为 HPAX-X 双调风旋流燃烧器。

4. HPAX-X 双调风旋流燃烧器

HPAX-X 双调风旋流燃烧器见图 4-16，其基本结构与 PAX 双调风旋流燃烧器相仿，见图 4-17。PAX 双调风旋流燃烧器在燃烧器煤粉管道入口端连接一个弯头，煤粉气流通过弯头时，在惯性力的作用下，绝大部分煤粉颗粒被分离出来，集中到燃烧器的一次风管中，这部分浓缩后的浓煤粉与增压风机送来的热风在一个文丘里管段中均匀混合，并加热煤粉。煤粉气流在进入燃烧器时约 90℃，在一次风管中加热后煤粉气流的温度可提高到 180℃左右，然后喷入炉膛。经过分离后的冷一次风气流（乏气）淡煤粉，从燃烧器下方的炉壁以一定角度射入炉内。用于燃烧性能较差的无烟煤和贫煤。

HPAX-X 双调风旋流燃烧器与 PAX 双调风旋流燃烧器不同之处，是取消了一次风可交换装置中的高温置换风，改变了煤粉浓缩结构，使之成为纯粹的煤粉浓缩装置。由于保留了分离出来的占 50%一次风量和占 10%～15%煤粉量的乏气，由乏气喷口送入炉膛；其余的 50%一次风量和 85%～90%的煤粉直接通过燃烧器喷口喷入炉内燃烧，因此燃烧器一次风喷口处的煤粉浓度大幅度提高，是燃烧器入口弯头前煤粉浓度的 1.7～1.8 倍，是 PAX 燃烧器一次风喷口处煤粉浓度的 2.0 倍。由于实现了煤粉浓缩，降低了煤粉的着火热，有利于煤粉的着火与稳燃。因此，HPAX-X 双调风旋流燃烧器可用于燃烧性能较差及高水分、高灰分煤种，即可用于燃烧水分较高的褐煤。

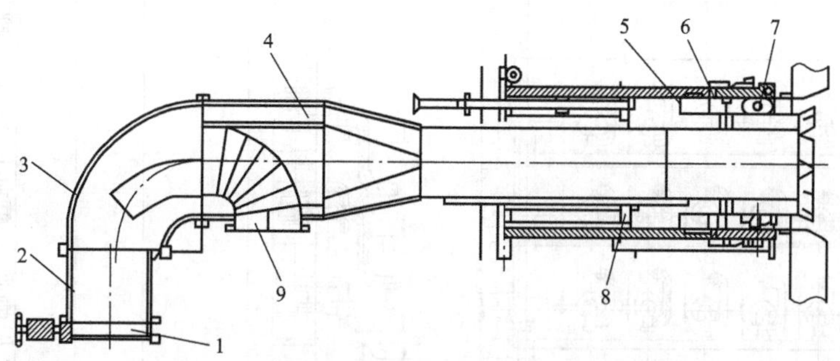

图 4-16 HPAX-X 双调风旋流燃烧器

1—一次风粉入口；2—传导管；3—耐磨弯头；4—浓缩装置；5—固定叶片；6—内可调叶片；7—外可调叶片；8—调风盘；9—乏气引出管

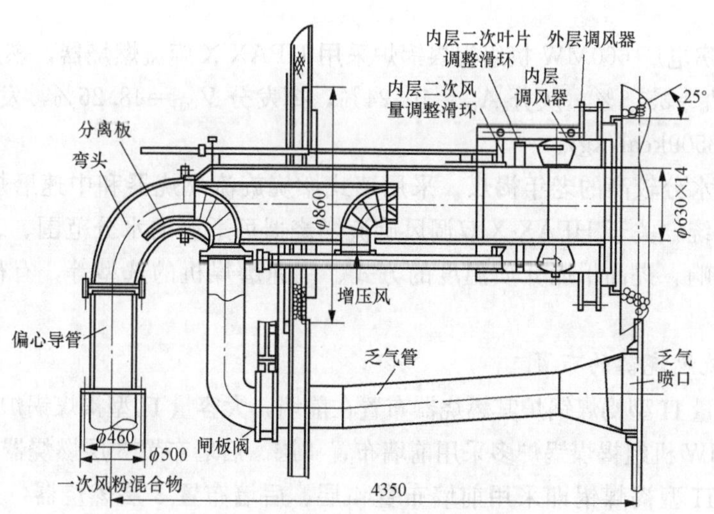

图 4-17 PAX 双调风旋流燃烧器

HPAX-X双调风旋流燃烧器上配有双层强化着火的轴向调风机构，从风箱来的二次风分两股分别进入到内层和外层调风器，少量的内层二次风用作引燃煤粉，而大量的外层二次风用来补充已燃烧煤粉燃尽所需的空气，并使之完全燃烧。内、外旋流强度可以通过调整轴向叶片的设置角度来改变。旋转气流能将炉膛内的高温烟气卷吸到煤粉着火区，点燃煤粉并使之稳定燃烧。采用这种分级送风的方式，不仅有利于煤粉的着火和稳燃，增强燃烧器对煤质变化的适应能力，同时也有利于控制火焰中NO_x的生成。

HPAX-X双调风旋流燃烧器用于燃烧褐煤时，将乏气喷口移至燃烧器一次风喷口的上部，见图4-18。

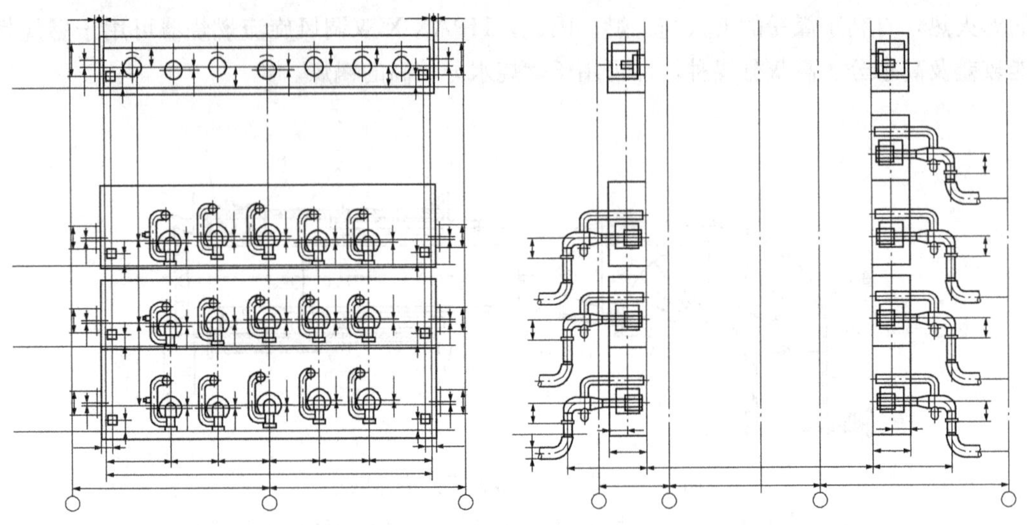

图4-18　HPAX-X双调风旋流燃烧器的布置

京能五间房电厂660MW机组褐煤锅炉采用HPAX-X旋流燃烧器，燃用褐煤的设计煤质：水分M_t=35.5%，灰分A_{ar}=10.24%，挥发分V_{daf}=48.26%，发热量$Q_{net,ar}$=14.69MJ/kg(3509kcal/kg)。

对于燃用水分较高的老年褐煤，采用墙式燃烧旋流燃烧器和中速磨煤机热风干燥直吹式制粉系统，关于HPAX-X双调风旋流燃烧器可适应的水分范围、乏气燃烧器布置对燃烧的影响、提高干燥介质温度的方式、中速磨煤机的选型等，有待更多的实践和经验积累。

（二）旋流燃烧器的布置

对于小容量Π型褐煤锅炉其燃烧器布置在前墙，大容量Π型褐煤锅炉采用前后墙对冲布置，600MW机组褐煤锅炉多采用前墙布置4层、后墙布置3层燃烧器，如白城电厂600MW机组Π型褐煤锅即采用前墙布置4层、后墙布置3层燃烧器，见图4-19、图2-29、图2-31和图2-33。

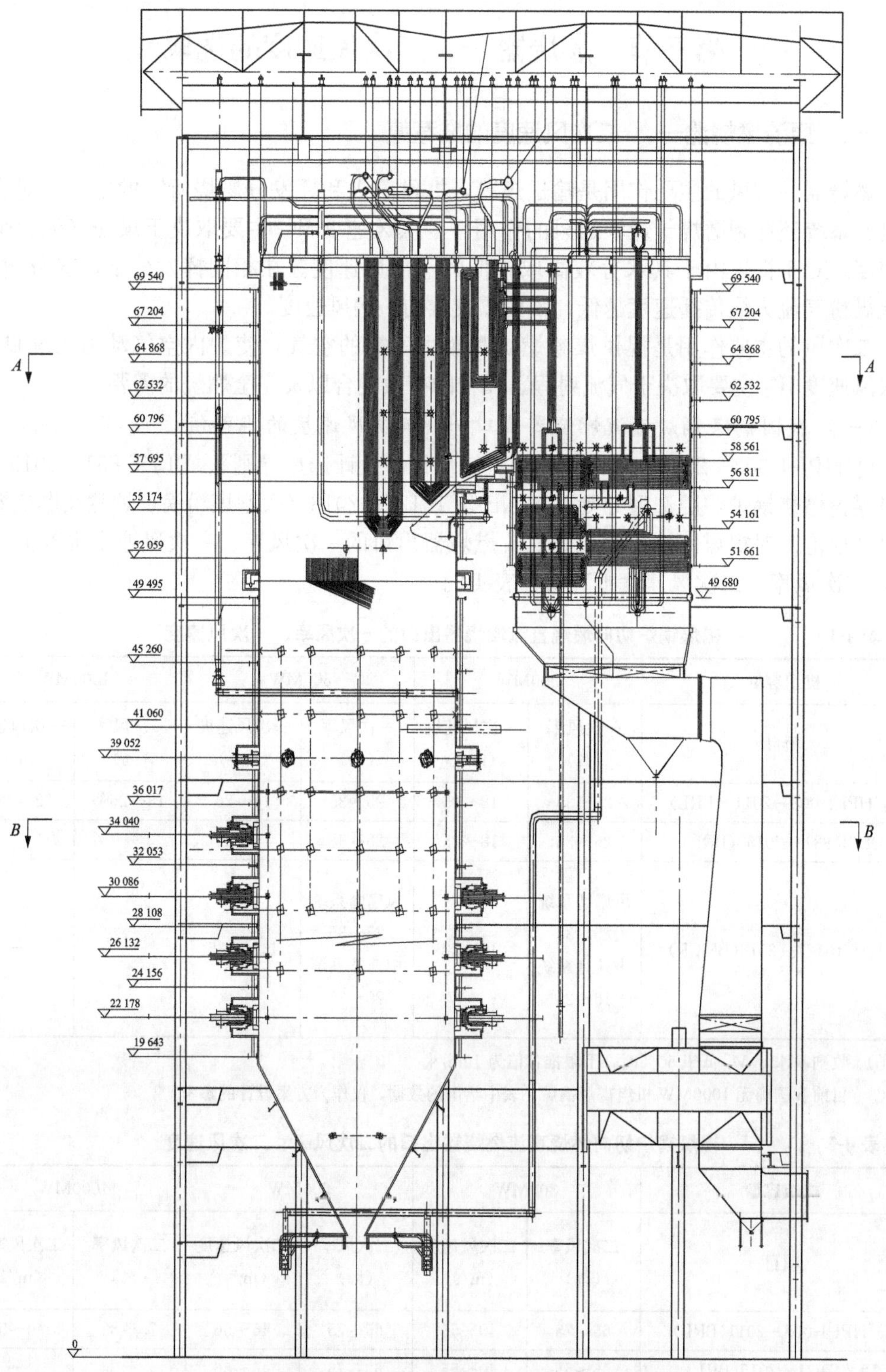

图 4-19 白城电厂 660MW 机组褐煤锅炉纵剖面图

第三节　燃烧器一、二次风速度的选取

一、直流燃烧器一、二次风速度的推荐值

燃烧器一次风的主要作用是输送煤粉，提供着火和挥发分燃烧所需的空气，对直吹式制粉系统还起到磨煤干燥和通风的作用。一次风速度 W_1 主要取决于煤粉气流火焰传播速度。对于褐煤由于其水分较高取较低的一次风速度。在相同挥发分下，灰分越高，湍流煤粉气流火焰传播速度越低，因而取较低的一次风速度。

二次风的主要作用是提供煤粉燃烧和燃尽所需的空气，使炉内空气动力工况良好。二次风速度 W_2 主要取决于气流射程、风粉的有效混合以及完全燃烧的需要。

（一）我国褐煤锅炉直流燃烧器出口一、二次风速度的推荐值

Q/HPI-1-003—2011《电站煤粉锅炉燃烧设备设计选型导则》、DL/T 831—2015《大容量煤粉燃烧锅炉炉膛选型导则》和 NB/T 10127—2018《大型煤粉锅炉炉膛及燃烧器性能设计规范》对褐煤锅炉切向燃烧直流燃烧器出口的一次风率、一次风速度推荐值见表 4-1，二次风率、二次风速度推荐值见表 4-2。

表 4-1　　褐煤锅炉切向燃烧直流燃烧器出口的一次风率、一次风速度

机组容量	300MW		600MW		1000MW	
项目	一次风率（%）	一次风速度（m/s）	一次风率（%）	一次风速度（m/s）	一次风率（%）	一次风速度（m/s）
Q/HPI-1-003—2011（BRL）	25～35	18～25	25～35	18～26	18～25②	22～32②
DL/T 831—2015（BRL）	25～38	18～25	25～38	18～25	—	—
NB/T 10127—2018(BMCR)	风扇磨系统 25～35 中速磨系统 15～25	16～22	风扇磨系统 25～35 中速磨系统 25～35	14①～25	—	—

① 收到基水分 M_{ar} 低于 50%时，下限推荐值为 16m/s。

② 目前我国尚无 1000MW 机组褐煤锅炉，表中给出的数据，仅作为方案设计的参考。

表 4-2　　褐煤锅炉切向燃烧直流燃烧器出口的二次风率、二次风速度

机组容量	300MW		600MW		1000MW	
项目	二次风率（%）	二次风速度（m/s）	二次风率（%）	二次风速度（m/s）	二次风率（%）	二次风速度（m/s）
Q/HPI-1-003—2011(BRL)	65～75	40～55	65～75	46～56	75～82	40～56
DL/T 831—2015(BRL)	45～55	40～55	62～75	46～56	—	—
NB/T 10127—2018(BMCR)	75～85	45～55	65～80	45～56	—	—

注　1. 二次风率中包括燃尽风(SOFA)，配风率总和为 100%，未计入炉膛漏风率(一般小于 5%)。

2. 目前我国尚无 1000MW 机组褐煤锅炉，表中给出的数据，仅作为方案设计的参考。

以上所述配风参数 DL/T 831 是以 BRL 工况为准。需要换算达到 BMCR 工况时，一、二次风率及炉膛过量空气系数一般不变，而出口速度则按 BMCR 工况与 BRL 工况风量比例相应增加。

（二）德国褐煤锅炉直流燃烧器一、二次风速度的推荐值[1,5]

德国褐煤锅炉直流燃烧器一、二次风速度的选取，按褐煤水分含量，一次风速度为 10～24m/s，二次风速度为 25～60m/s。按褐煤水分和灰分含量，一次风速度与褐煤水分和灰分的关系曲线见图 2-1；褐煤水分与一次风速度的关系曲线见图 4-20。

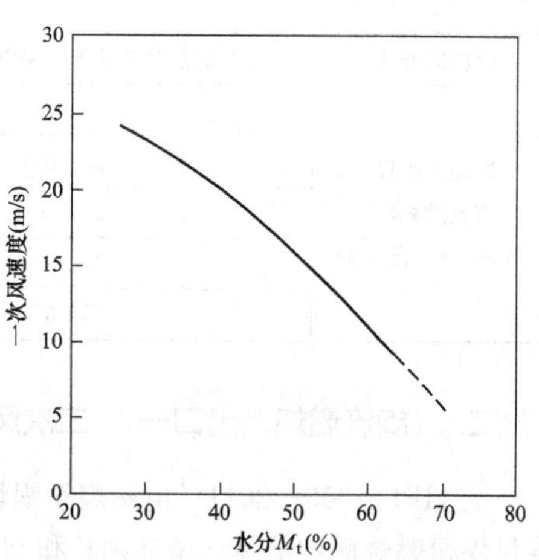

图 4-20　褐煤水分与一次风速度的关系曲线[5]

比较图 2-1 与图 4-20 可以看出，在水分 M_t＞40%时，图 2-1 中的灰分 A_{ar}＝0～10%曲线的一次风速度数据与图 4-20 一次风速的数据接近，见表 4-3。

由图 2-1 可见，灰分和水分每增加 5%，一次风速度大致下降 1m/s。

表 4-3　按水分、灰分两个因素（见图 2-1）与按水分因素（见图 4-20）选取的燃烧器出口一次风速度

水分 M_t（%）	20	30	40	50	60
一次风速度 W_1（m/s）（见图 4-20）	—	23	20	15	11
一次风速度 W_1（m/s）（见图 2-1）①	21	19	18	15	12
一次风速度 W_1（m/s）（见图 2-1）②	20	18	17	14	10

① 按图 2-1 中的灰分 A_{ar}＝0～10%曲线的数据。

② 按图 2-1 中的灰分 A_{ar}＝5%～10%的数据。

（三）俄罗斯褐煤锅炉直流燃烧器出口一、二次风速度的推荐值[3]

俄罗斯褐煤锅炉直流燃烧器出口一、二次风速度是根据单只燃烧器热功率选取的，图 4-5、图 4-6 和图 4-8 褐煤直流燃烧器一、二次风速度的推荐值见表 4-4。

表 4-4　俄罗斯褐煤锅炉直流燃烧器出口一、二次风速度[3]

燃烧器型式	单只燃烧器热功率（MW）（Gcal/kg）	一次风速度 W_1（m/s）	二次风速度 W_2（m/s）
侧二次风直流燃烧器（见图 4-5）	15（13）	18～20	50～55
	25（20）	18～20	50～55
	35（30）	18～20	50～55
	50（45）	18～20	50～55
	75（65）	20～22	58～60

续表

燃烧器型式	单只燃烧器热功率（MW）（Gcal/kg）	一次风速度 W_1（m/s）	二次风速度 W_2（m/s）
四周二次风直流燃烧器（见图 4-6、图 4-8）	15（13）	12～14	35～36
	25（20）	12～14	35～36
	35（30）	12～14	35～36
	60（50）	12～14	35～36
	75（65）	13～15	38～42

二、旋流燃烧器出口一、二次风速度的推荐值

Q/HPI-1-003—2011《电站煤粉锅炉燃烧设备设计选型导则》、DL/T 831—2015《大容量煤粉燃烧锅炉炉膛选型导则》和 NB/T 10127—2018《大型煤粉锅炉炉膛及燃烧器性能设计规范》对褐煤锅炉旋流燃烧器出口一、二次风速度的推荐值见表 4-5。

表 4-5　　褐煤锅炉旋流燃烧器一、二次风速度

机组容量	300MW		600MW		1000MW	
标准	一次风速度（m/s）	二次风速度（m/s）	一次风速度（m/s）	二次风速度（m/s）	一次风速度（m/s）	二次风速度（m/s）
Q/HPI-1-003—2011（BRL）	14～32	内环 16～28 外环 24～50	14～32	内环 16～28 外环 24～50	（16～26）	内环（16～28） 外环（24～50）
DL/T 831—2015（BRL）	17～25	内环 13～26 外环 26～40	17～25	内环 13～26 外环 26～40	—	—
NB/T 10127—2018（BMCR）	17～25	内环 15～26 外环 26～40	17～25	内环 15～26 外环 26～40	（17～25）	内环（15～26） 外环（26～40）

注　1. 二次风率中包括分离燃尽风（SOFA）；配风率总和为 100%，未计入炉膛漏风率（一般小于 5%）。
2. 目前我国尚无 1000MW 机组褐煤锅炉，表中给出的数据仅作为方案设计的参考。

三、燃烧器一、二次风速度的选取

从表 4-1、表 4-2 可见，对于 300～600MW 机组褐煤锅炉直流燃烧器，国内 Q/HPI-1-003—2011、DL/T 831—2015 和 NB/T 10127—2018 推荐的直流燃烧器一次风速度为 14～25m/s，二次风速度为 45～56m/s；德国资料推荐的直流燃烧器一次风速度为 10～24m/s，二次风速度为 25～60m/s（对应的 M_t＝60%～20%）；俄罗斯资料推荐的侧二次风直流燃烧器（见图 4-5）一次风速度为 18～22m/s，二次风速度为 50～60m/s，四周二次风直流燃烧器（见图 4-6、图 4-8）推荐的一次风速度为 12～15m/s，二次风速度为 38～42m/s。Q/HPI-1-003—2011、DL/T 831—2015 和 NB/T 10127—2018 推荐的旋流燃烧器一次风速度为 14～32m/s，二次风内环风速度为 16～28m/s，二次风外环风速度为 24～50m/s。

从上述可见，Q/HPI-1-003—2011、DL/T 831—2015 和 NB/T 10127—2018 推荐的

直流燃烧器一次风速度和二次风速度与俄罗斯资料推荐的侧二次风直流燃烧器的速度接近；德国资料推荐的直流燃烧器一次风速度和二次风速度与俄罗斯资料推荐的四周二次风直流燃烧器相近。

Q/HPI-1-003—2011、DL/T 831—2015 和 NB/T 10127—2018 对褐煤锅炉旋流燃烧器的一、二次风速度推荐值接近。

国内部分褐煤锅炉直流燃烧器和旋流燃烧器的一、二次风速度见表 4-6。

（一）直流燃烧器一、二次风速度的选取

1. 年轻褐煤一、二次风速度的选取

可按图 2-1 考虑了水分、灰分因素的曲线选取一次风速度，也可按图 4-20 选取一次风速度。按图 2-1 曲线的灰分 $A_{ar}=0\sim10\%$，灰分每增加 5%，一次风速度大致下降 1m/s 选取。当水分很高时（$M_t=60\%\sim70\%$），一次风速度将降低到在燃烧器沉积的程度，需要采用带煤粉浓缩器（乏气分离器）的直吹式燃烧系统，由磨煤机排出的一次风经煤粉浓缩器浓缩，被浓缩的风粉（浓粉流）作为一次风送入主燃烧器，分离出的乏气（淡粉流）送入炉膛上部的乏气燃烧器。通过煤粉浓缩器可以使一次风速度提高到保证安全运行所要求的速度。

二次风速度 W_2 按表 4-2 和表 4-4 选取。

2. 高灰分褐煤一、二次风速度的选取

当褐煤灰分 $A_{ar}<45\%$时，可参照德国褐煤一次风速度的选取方法。当褐煤灰分 $A_{ar}>45\%$时，采用带煤粉浓缩器的储仓式燃烧系统，由磨煤机送出的一次风全部经过煤粉浓缩器，部分乏气送入炉膛，另一部分乏气与高温炉烟混合作为干燥剂。被分离出的煤粉由热风送入炉膛燃烧，用热风送粉，对着火和稳燃有利，见图 3-9[6]。采用带煤粉浓缩器的储仓式制粉系统后，即可选取较高的一次风速度。

二次风速度 W_2 按表 4-2 和表 4-4 选取。

3. 老年褐煤一、二次风速度的选取

从表 4-6 可见，伊敏电厂由俄罗斯引进的 500MW 机组褐煤锅炉（1、2 号炉）的一次风速度 $W_1=14$m/s，哈尔滨锅炉厂的 600MW 机组褐煤锅炉（5、6 号炉）的一次风速度 $W_1=21$m/s，均燃用伊敏褐煤，水分较多，灰分较少（$M_t=38\%\sim39.5\%$，$A_{ar}=12\%\sim16\%$），锅炉都运行正常，燃烧稳定；元宝山电厂由德国引进的 600MW 机组褐煤锅炉（2 号炉）的一次风速度由 $W_1=14.3$m/s 提高到 $W_1=18$m/s，燃用的元宝山褐煤，水分较少，灰分较多（$M_t=27.7\%$，$A_{ar}=24.41\%$），燃烧器改后锅炉运行正常，燃烧稳定。对于多数燃用老年褐煤锅炉切向燃烧的燃烧器，均采用了较高的一次风速度，为 18～21m/s。适当提高一次风速度对燃烧组织有利。国内引进俄罗斯 MB 型和德国 NV 型风扇磨煤机技术制造的风扇磨煤机压头都比较高，一般为 1800Pa 左右；可以满足系统阻力。因此，直流燃烧器的一次风速度可选取 $W_1=18\sim22$m/s。

二次风速度 W_2 按表 4-2、表 4-3 和表 4-4 选取。

（二）旋流燃烧器一、二次风速度的选取

旋流燃烧器多用于褐煤水分 $M_t<35\%$采用中速磨煤机制粉系统的褐煤锅炉。由表 4-5 可见，Q/HP-1-003—2011、DL/T 831—2015 和 NB/T 10127—2018 三个标准的一、二次风速度的数据很接近，国内褐煤锅炉采用旋流燃烧器的一、二次风速度基本在此范围内。

表 4-6　　国内部分褐煤锅炉直流燃烧器和旋流燃烧器的一、二次风速度

电厂		元宝山	伊敏	伊敏	塔尔	燕山湖	长山	锡林浩特	五间房
机组容量(MW)		600	500	600	600	600	600	660	660
锅炉型式		塔式	Π 型	Π 型	塔式	Π 型	Π 型	Π 型	Π 型
燃烧器型式		2 号炉 十字中心风 直流 (德国)	1、2 号炉 四周二次风 直流 (俄罗斯)	5、6 号炉 横向夹心风 直流 (哈锅)	一字中心风 直流 (上锅)	CCS 双调风 旋流 (哈锅)	UCCS 双调风 旋流 (哈锅)	OPCC 双调风 旋流 (东锅)	HPAX-X 双调风 旋流 (北京巴威)
褐煤煤矿		元宝山	伊敏	伊敏	塔尔 (巴基斯坦)	白音华	牤牛海、 白音华 1∶1	胜利	锡林郭勒
褐煤煤质	水分 M_t(%)	27.77	38.0	39.5	50.0	29.6	29.62	34.9	35.5
	灰分 A_{ar}(%)	24.41	15.6	12.09	6.0	15.99	23.64	19.09	10.24
	挥发分 V_{daf}(%)	41.0	43	45	52.3	47.47	53.16	42.18	48.26
	发热量 $Q_{net,ar}$ (MJ/kg) (kcal/kg)	12.527 (2992)	10.83 (2587)	11.769 (2815)	11.14 (2665)	14.51 (3466)	12.27 (3931)	10.80 (2854)	14.69 (3510)
	变形温度 DT(℃)	1260	1060	1155	1140	1290	—	1200	1190
	软化温度 ST(℃)	1300	1100	1210	1160	1340	—	1220	1220
	流动温度 FT(℃)	1330	1110	1243	1190	>1500	—	1240	1250
乏气速度 W_v		—	—	—	—	—	—	19.9	23
一次风速度 W_1(m/s)		18 (14, 3)①	14	21	20.7	21	21	24.2	24
二次风速度 W_2(m/s)		49.3	44.7	50	50	内环 30 外环 40	内环 30 外环 42	内环 13.8 外环 36.2	内环 24 外环 24
磨煤机		S70.45	MB 3400/900/490	MB 3400/1000/490	MB 3600/1300/490	MPS 225-HP-Ⅱ	MPS 245-HP-Ⅱ	MPS 235-HP-Ⅱ	ZGM 113G-Ⅱ(A)

① 原设计一次风速度为 14.3m/s，因燃烧器结渣改为 18m/s。

第四节 燃烧器预混段的选取

燃烧器的预混段是为了使一、二次风在燃烧器出口以前提前混合，以达到煤粉提前着火和稳定燃烧的目的，对于褐煤锅炉的直流和旋流燃烧器，根据褐煤煤质不同，设计的预混段长度也不同，一般褐煤的水分和灰分大，则预混段长。

一、直流燃烧器预混段

（一）我国元宝山老年褐煤燃烧器预混段的运行情况[7]

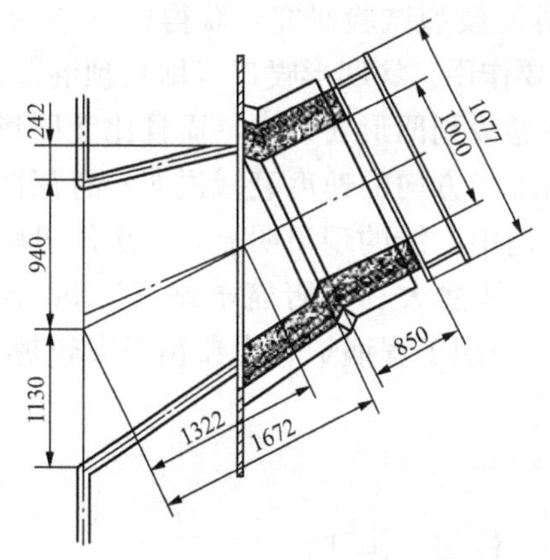

图 4-21 燃烧器预混段结构尺寸

元宝山褐煤的水分 $M_t=27.77\%$，灰分 $A_{ar}=24.41\%$，低位发热量 $Q_{net,ar}=12.527MJ/kg$（2992kcal/kg）。德国斯坦缪勒公司（Steinmueller）原设计元宝山电厂 600MW 机组的 2 号锅炉燃烧器预混段带扩散角长 1672mm，见图 4-21。选用 180～200℃的高一次风温，采用 14.3m/s 的低一次风速度。显然，这些特点都是从提前着火、稳定火焰、强化燃烧方面考虑的，比较适合德国的高水分（$M_t\approx55\%$）、低灰分（$A_{ar}\approx10\%$）、低发热量（$Q_{net,ar}\approx8MJ/kg$）着火困难、火焰不稳的褐煤，而对于低水分（$M_t=27.77\%$）、高灰分（A_{ar} 24.41%）、中等发热量（$Q_{net,ar}=12.527MJ/kg$）的易着火、易稳燃、也易结渣的老年褐煤则不适用。

运行表明，我国老年褐煤极易着火，设计的一次风温达 180～200℃，致使煤粉在喷口附近甚至喷口内即剧烈燃烧，进而在喷口内结渣，并且由于预混段带扩散角，气流中心线与几何中心线不一致，使喷口出口气流较易偏转。14.3m/s 的低一次风速度，不但使着火前移，喷口结渣，而且无法在炉内形成高强度的旋转气流，使得炉膛充满度变差，烟气在炉内停留时间不足，因而使炉膛出口烟温升高。冷态空气动力场试验表明，一次风速度提高到 18～20m/s，炉内才能形成较理想的空气动力场。预混段的作用是使煤粉气流在进到炉膛前就受到加热，保证水分高、难着火的煤及时着火。但对于易着火煤，预混段则使煤粉气流提前着火、产生结渣；预混段还将使喷口下部的粗颗粒煤粉和焦渣无法吹走；预混段扩散角大于气流扩散角，这将使高温烟气回流到喷口内，使煤粉在喷口内着火燃烧。在运行中观察，锅炉运行 2～3 天后即在预混段内堆积焦渣。焦渣的来源主要有回流卷进来的呈熔融状态的灰、两侧壁焦渣落下堆积、卷吸进来的未燃尽煤粉和一次风中的大颗粒煤粉沉降燃烧。随着时间的增加，焦渣越积越多。严重时上层燃烧器堆积到喷口 3/5 高度处，中层堆积到 1/2 处，下层较轻。曾在喷口下平台由二次风道内装设蒸汽吹灰器吹扫，但作用甚微。喷口内堆渣，严重破坏了风粉气流的正常流动，使火焰紊乱、燃烧恶化、煤粉在炉内停留时间缩短，炉膛出口烟温升高。

对 2、3 角（位于炉膛左侧墙）燃烧器上层上一次风着火情况的测量结果表明，在喷口预混段未结渣情况下，一次风在进入炉膛处，温度达 400～450℃；而在预混段严重结渣的情况下，一次风在预混段内即已着火，在一次风喷口出口处达800℃，整个预混段内的气流温度为800～1050℃。

为了改善燃烧器的结渣问题，将燃烧器中、上层喷口接长712mm，预混段长度由1672mm缩短到960mm，使喷口内部结渣明显减轻[6]。

（二）澳大利亚高水分年轻褐煤燃烧器预混段的运行情况[4]

燃用高水分褐煤的澳大利亚野笼电站（Yallourn “W”）一期两台350MW机组锅炉燃煤的水分M_t=66.5%、A_{ar}=0.8%、低位发热量$Q_{net,ar}$=6.446MJ/kg（1540kcal/kg），燃烧器的预混段长度为450mm，投运后可维持运行。二期两台375MW机组锅炉燃煤特性与一期相同，燃烧器的预混段长度为1600mm，见图4-22。二期两台375MW机组锅炉投运后结渣严重。为此，对这两种燃烧器进行了等温模型试验研究，获得以下结论：燃烧器的几何尺寸和射流速度对射流特性的影响起主要作用。深凹形喷口（即长预混段）导致气流混合加强，引起周围气流沿凹形喷口短边被卷吸到凹形喷口内，而且比无凹形喷口类似结构燃烧器的气流更不稳定；从射流出口沿轴线方向的速度衰减说明，有深凹形喷口存在，射流沿燃烧器凹形喷口的长边侧偏离几何中心线的现象明显，一次风可贴到凹形喷口长边附近的水冷壁上，导致燃烧器结渣。从澳大利亚野笼电站（Yallourn “W”）一、二期工程锅炉燃烧器预混段的设计看来，一期工程锅炉燃烧器预混段较短，而二期工程锅炉的预混段过长。

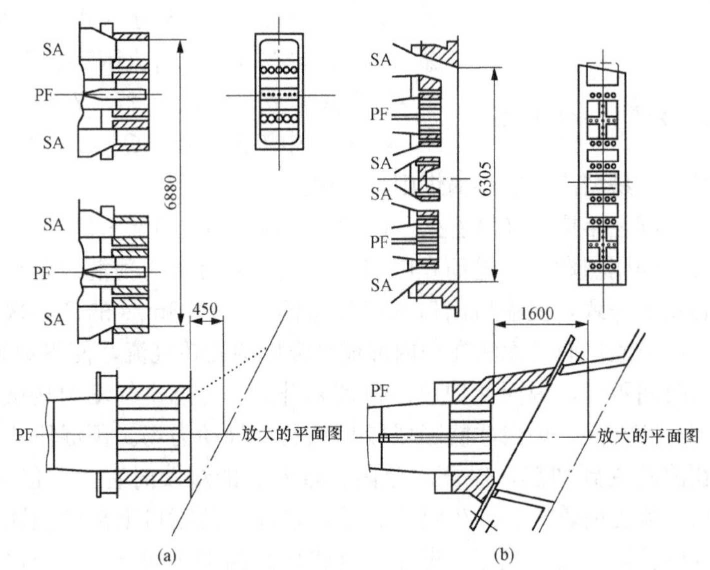

图4-22 澳大利亚野笼电厂褐煤锅炉燃烧器结构

（a）野笼一期；（b）野笼二期

SA—二次风；PF—煤粉

另外，塞尔维亚褐煤锅炉燃用煤质的水分M_t=43.0%、灰分A_{ar}=21.5%、低位发热量$Q_{net,ar}$=8.0MJ/kg(1911kcal/kg)。一期工程褐煤锅炉燃烧器预混段设计长度为1410mm。

元宝山褐煤的水分M_t=27.77%，灰分A_{ar}=24.41%，低位发热量$Q_{net,ar}$=12.527MJ/kg(2997kcal/kg)。元宝山电厂600MW机组的2号锅炉，德国斯坦缪勒公

司（Steinmueller）原设计的燃烧器预混段过长，着火提前，在燃烧器喷口内温度即达800℃，结渣严重。后来将预混段长度由1672mm缩短到960mm，燃烧器结渣得到缓解。

从我国元宝山、澳大利亚野笼和塞尔维亚褐煤锅炉燃用煤质的情况，大致是元宝山褐煤煤质好于塞尔维亚褐煤，澳大利亚褐煤较差。

澳大利亚野笼电站燃烧器预混段长度为1600mm，燃烧器结渣严重；一期工程燃烧器预混段长度为450mm，可维持运行。元宝山电厂600MW机组锅炉燃烧器预混段长度为960mm，基本解决了结渣问题。塞尔维亚一期工程燃烧器预混段长度为1410mm，运行情况正常。

国内外部分褐煤锅炉直流燃烧器的预混段长度表见4-7。

表4-7　国内外部分褐煤锅炉直流燃烧器的预混段长度

电厂		元宝山	伊敏	澳大利亚野笼		塞尔维亚
机组容量（MW）		600	500	350	375	350
锅炉型式		塔式	T型	塔式		塔式
燃烧器型式		2号 十字中心 管风直流 （德国）	1、2号 四周二次 风直流 （俄罗斯）	一期 横向中心 管风直流 （澳大利亚）	二期 十字中心 管风直流	垂直浓淡 直流 （塞尔维亚）
褐煤煤矿		元宝山	伊敏	Yallourn Vict		Drmno
褐煤煤质	水分M_t(%)	27.77	38.0	66.5		43.93
	灰分A_{ar}(%)	24.41	15.6	0.8		22.25
	挥发分V_{daf}(%)	41.0	43	51.4		78.06
	发热量$Q_{net,ar}$ (MJ/kg) (kcal/kg)	12.527 2992	10.83 2587	6.446 1540		7.327 1750
	变形温度DT(℃)	1260	1060	—		1310
	软化温度ST(℃)	1300	1100	—		1320
	流动温度FT(℃)	1330	1110	—		1340
煤粉浓缩器（乏气分离器）		无	无	有		有
预混段长度(m)		1670(960)①	850	450	1600	1400
运行情况		改后正常	正常	可运行	结渣	正常

① 元宝山电厂燃烧器预混段长度括号内的数据为改后的长度。

二、旋流燃烧器预混段

20世纪70年代，朝阳发电厂200MW机组褐煤锅炉燃用平庄褐煤（水分M_t=23%～28%、灰分A_{ar}=24%～38%），采用德国巴布科克公司的DBW旋流燃烧器，原设计的DBW旋流燃烧器的预混段长度为200mm。投入运行后，在锅炉的后墙及燃烧器附近结渣严重，后将预混段缩短到120mm，旋流叶片装置角由45°增大到65°，结渣得到缓解。

清河电厂600MW超临界机组褐煤锅炉采用三井—巴布科克公司（Mitsui-Babcock）的LNASB低NO_x双调风旋流燃烧器，燃用霍林河褐煤（水分M_t=29.9%、灰分A_{ar}=20.17%），与平庄褐煤接近。LNASB低NO_x双调风旋流燃烧器的预混段为290mm，预混段较长，一、二次风在预混段混合后，即开始着火，容易结渣。经过大量燃烧调整，缓解了燃烧器严重结渣的问题。

白音华金山和大板电厂600MW机组褐煤锅炉采用XCL-DRB低NO_x双调风旋流燃烧器，均燃用白音华褐煤（水分M_t=29.95%、灰分A_{ar}=16.467%）；燕山湖电厂600MW机组褐煤锅炉采用洁净双调风旋流燃烧器（CCS），燃用白音华褐煤（水分M_t=29.6%、灰分A_{ar}=15.99%；长山电厂600MW机组褐煤锅炉采用超洁净双调风旋流燃烧器（UCCS），燃用牤牛海和白音华（1∶1）褐煤（水分M_t=29.62%、灰分A_{ar}=23.64%）。XCL-DRB、CCS、UCCS、OPCC和HPAX-X双调风旋流燃烧器的预混段均较短，燃烧器运行正常，燃烧稳定。

国内部分褐煤锅炉旋流燃烧器的预混段长度见表4-8。

表4-8　　国内部分褐煤锅炉旋流燃烧器的预混段长度

电厂		朝阳	清河	长山	锡林浩特	五间房
机组容量(MW)		200	600	600	660	660
锅炉型式		Π型	Π型	Π型	Π型	Π型
燃烧器型式		DBW旋流（德国）①	LNASB双调风旋流（英国）②	UCCS双调风旋流（哈锅）	OPCC双调风旋流（东锅）	HPAX-X双调风旋流（北京巴威）
褐煤煤矿		平庄	霍林河	牤牛海、白音华	锡林浩特	锡林郭勒
褐煤煤质	水分M_t(%)	23～28	29.9	29.62	34.9	35.5
	灰分A_{ar}(%)	24～38	20.17	23.64	19.09	10.24
	挥发分V_{daf}(%)	40	49.67	53.16	42.18	48.26
	发热量$Q_{net,ar}$(MJ/kg)(kcal/kg)	10.45～12.54 2500～3000	12.95 3409	12.27 2931	11.80 2854	14.69 3510
	变形温度DT（℃）	—	1260	—	1200	1190
	软化温度ST（℃）	—	1290	—	1220	1220
	流动温度FT（℃）	—	1370	—	1240	1250
预混段长度（mm）		200（120）③	290	—	—	—
运行情况		改后结渣缓和	燃烧调整前结渣	运行正常	运行正常	运行正常

① 德国巴布科克公司设计的（DBW）旋流燃烧器。

② 英国三井-巴布科克公司（Mitsui Babcock）设计的旋流燃烧器（Low NO_x axial swirl burner LNASB）。

③ 朝阳电厂燃烧器预混段长度括号内的数据为改后的长度。

三、燃烧器预混段的选取

（一）直流燃烧器预混的段选取

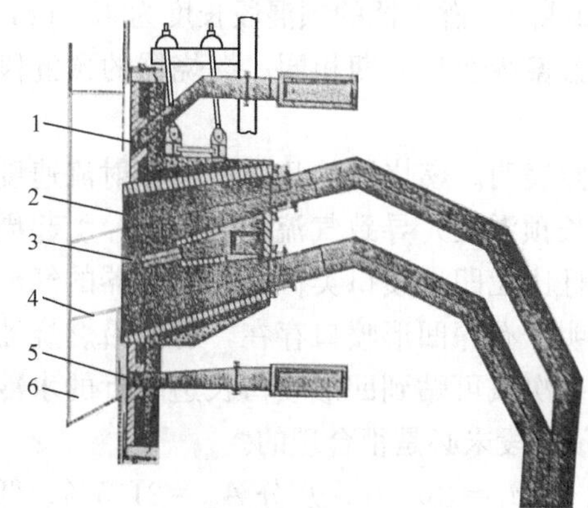

图 4-23 燃烧器及预混段

1—上二次风；2—一次风；3—中心风；4—预混段；5—下二次风；6—水冷壁

设计预混段的目的是为了燃煤提前着火、稳定火焰、强化燃烧。燃烧器预混段长度是一次风出口沿中心线至水冷壁之间的直线距离，见图 4-23。

1. 影响直流燃烧器预混段选取的因素

(1) 褐煤水分和灰分对燃烧器预混段选取的影响。影响燃煤着火的主要因素是水分和灰分，煤粉水分含量增加，会使燃烧温度下降，因为部分热量将消耗在加热水分使其汽化和过热。从图 1-22 可以看出，燃煤水分和灰分对理论燃烧温度的影响比较接近。燃烧温度降低会导致燃烧不稳定。燃煤灰分增加也会使火焰温度下降，因为用于加热灰分的热量消耗随之增加，燃煤的理论燃烧温度越低（即水分和灰分的含量越高），灰分增加引起的温度下降幅度越大，如图 1-22 所示。高灰分燃煤由于着火推迟，燃烧温度下降，燃烧稳定性也就较差。另外，由图 2-1 可见，灰分和水分每增加 5%，一次风速度大致下降 1m/s。水分和灰分对燃烧和火焰传播速度的影响趋势是一致的，而且影响的程度也相近。

(2) 煤粉浓缩器对燃烧器预混段选取的影响。对于高水分褐煤（折算水分 $M_{zs}>$ 0.07～0.08kg/MJ[8]，或发热量 $Q_{net,ar}\leqslant$6MJ/kg)，需要采用带煤粉浓缩器（乏气分离器）的直吹式燃烧系统，由磨煤机排出的一次风经煤粉浓缩器浓缩，被浓缩的风粉（浓粉流）作为一次风送入主燃烧器，分离出的乏气（淡粉流）送入炉膛上部的乏气燃烧器。可以使一次风速度重新提高到保证安全运行所要求的速度。褐煤灰分 $A_{ar}>$45%时，采用带煤粉浓缩器的储仓式燃烧系统，由磨煤机送出的一次风全部经过煤粉浓缩器，部分乏气送入炉膛，另一部分乏气与高温炉烟混合作为干燥剂。被分离出的煤粉由热风送入炉膛燃烧，用热风送粉，对着火和稳定燃烧有利[6]。

20 世纪 70～80 年代，哈尔滨锅炉厂在援外工程中对于 A_{ar}＝40%～50%、M_t＝10%～20%、$Q_{net,ar}$＜10.5MJ/kg、V_{daf}＝40%～55%的高灰分褐煤燃烧作了大量工作，积累了燃烧高灰分褐煤的经验。对于高灰分褐煤，利用燃烧烟煤的蒸发量为 35t/h 和 55t/h 锅炉进行燃烧试验，储仓式制粉系统，热风或干燥剂送粉。原设计的燃烧器没有预混段。燃烧试验表明，高灰分褐煤比较易于着火和燃烧（见第二章第三节）。对于大容量褐煤锅炉，燃用高灰分褐煤需要采用预混段，但不宜过长。

以上的情况说明，高水分褐煤通过煤粉浓缩器和高灰分储仓式煤燃烧系统，已不是从煤粉分离器出口的状态，燃煤水分和灰分的影响有所缓和。因此，设计燃烧器预混段时，综合考虑水分和灰分对着火和稳定燃烧的影响。

2. 年轻褐煤直流燃烧器预混段的选取

按照国外对褐煤的分类，水分 M_t 大于 40%的为年轻褐煤。我国主要是老年褐煤，没有燃用高水分年轻褐煤的经验，掌握相关的资料也很少，只能从有限的文献和资料中了解和分析燃用高水分褐煤选取直流燃烧器预混段的方法。

澳大利亚野笼电站一期两台350MW机组锅炉燃煤的水M_t=66.5%、灰分A_{ar}=0.8%、低位发热量$Q_{net,ar}$=6.587MJ/kg(1576kcal/kg)，燃烧器的预混段长度为450mm，投运后可维持运行。二期两台375MW机组锅炉燃煤特性与一期相同，燃烧器的预混段长度为1600mm，投运后结渣严重。

澳大利亚野笼电站对燃烧器预混段进行的试验表明。燃烧器的几何尺寸和射流速度对射流特性的影响起主要作用。深凹形喷口（即长预混段）导致气流混合加强，引起周围气流沿凹形喷口短边被卷吸到凹形喷口内，而且比无凹形喷口类似结构燃烧器的气流更不稳定；从射流出口沿轴线方向的速度衰减说明，有深凹形喷口存在，射流沿燃烧器凹形喷口的长边侧偏离几何中心线的现象明显，一次风可贴到凹形喷口长边附近的水冷壁上，导致燃烧器结渣。由此可见，选用较长的预混段未必是很合理的。

塞尔维亚电站锅炉燃用Drmno褐煤煤质：水分M_t=43.0%、灰分A_{ar}=21.5%、低位发热量$Q_{net,ar}$=8.0MJ/kg(1911kcal/kg)。按德国经验可以不采用煤粉浓缩器，但是原设计配置了煤粉浓缩器，而且设计的燃烧器预混段较长，燃烧器预混段长为1410mm，可正常运行。塞尔维亚电站褐煤锅炉的设计预留了很大的裕度。

对澳大利亚野笼褐煤的结渣特性用不同的判据进行了判别，澳大利亚野笼褐煤为弱结渣性褐煤。虽然为弱结渣性褐煤，但在长1600mm的预混段内一次风（煤粉气流）的运行并不正常，有结渣现象。元宝山电厂燃用老年褐煤，对长1672mm的预混段一次风着火情况测量结果表明，一次风进入炉膛处，温度达400～450℃；而在预混段结渣的情况下，一次风在预混段内即着火，在一次风喷口出口处已达800℃，整个预混段内的气流温度为800～1050℃。可见在长预混段内一次风的工况是很不正常的，将预混段缩短至960mm，问题得到解决。

澳大利亚野笼褐煤水分M_{ar}=66.5%、灰分A_{ar}=0.8%、低位发热量$Q_{net,ar}$=6.587MJ/kg（1576kcal/kg)，经过煤粉浓缩器后，已经改变了原煤的状态，澳大利亚野笼电站一期两台350MW机组锅炉燃烧器的预混段长度为450mm，可以运行，说明短预混段不结渣，将预混段加长，如果小于1600mm，运行会改善很多，而且不会产生严重结渣。

对于年轻褐煤，无需配置煤粉浓缩器的直吹式燃烧系统褐煤锅炉，说明煤粉气流着火和燃烧不是很困难；需要配置煤粉浓缩器的直吹式燃烧系统褐煤锅炉，燃煤已经不是原煤的状态，进入燃烧器的煤粉气流已有改善。因此，对年轻褐煤的预混段长度可选取1000～1200mm。掌握的实际运行数据还很少，有待实践验证。

3. 高灰分褐煤直流燃烧器预混段的选取

哈尔滨锅炉厂在援外工程中对于A_{ar}=40%～50%、M_t=10%～20%、$Q_{net,ar}$<10.5MJ/kg、V_{daf}=40%～55%的高灰分劣质褐煤的燃烧作了大量工作，积累了燃烧高灰分劣质褐煤的经验。对于高灰分褐煤，利用燃烧烟煤的蒸发量为35t/h和55t/h锅炉进行燃烧试验，采用储仓式制粉系统，热风或干燥剂送粉。原设计的燃烧器没有预混段。燃烧试验表明，高灰分褐煤比较易于着火和燃烧，（见第二章第三节）。对于大容量褐煤锅炉，燃用高灰分褐煤需要采用预混段，可参照燃用年轻褐煤直流燃烧器预混段的长度选取。

4. 老年褐煤锅炉直流燃烧器预混段的选取

元宝山由德国引进的 2 号炉燃用元宝山褐煤的水分 $M_t=27.77\%$、灰分 $A_{ar}=24.41\%$、低位发热量 $Q_{net,ar}=12.527MJ/kg$（2992kcal/kg）。燃烧器改造后的预混段长度为 960mm，伊敏电厂由俄罗斯引进的 1、2 号炉燃用伊敏褐煤的水分 $M_t=38.0\%$、灰分 $A_{ar}=15.6\%$、低位发热量 $Q_{net,ar}=10.83MJ/kg$（2587kcal/kg），预混段长度为 850mm。元宝山、伊敏电厂燃用的褐煤基本涵盖了我国老年褐煤的煤质的范围。国内切向燃烧直流燃烧器选取预混段长度为 800mm 的褐煤锅炉，运行正常。因此，对于燃用国内的褐煤锅炉燃烧器预混段长度可选取 800～900mm。

（二）旋流燃烧器预混段的选取

白音华金山和大板电厂 600MW 机组褐煤锅炉采用 XCL-DRB 双调风旋流燃烧器，均燃用白音华褐煤（水分 $M_t=29.95\%$、灰分 $A_{ar}=16.467\%$），大板电厂 600MW 机组褐煤锅炉后来改为 HPAX-X 双调风旋流燃烧器；燕山湖电厂 600MW 机组褐煤锅炉采用 CCS 双调风旋流燃烧器，燃用白音华褐煤（水分 $M_t=29.6\%$、灰分 $A_{ar}=15.99\%$）；长山电厂 600MW 机组褐煤锅炉采用 UCCS 双调风旋流燃烧器，燃用牤牛海、白音华（1∶1）褐煤（水分 $M_t=29.62\%$、灰分 $A_{ar}=23.64\%$）；锡林浩特电厂采用双调风旋流燃烧器（OPCC），燃用锡林浩特（胜利）褐煤（水分 $M_t=34.9\%$、灰分 $A_{ar}=19.09\%$）；五间房电厂采用 HPAX-X 双调风旋流燃烧器，燃用锡林郭勒褐煤（水分 $M_t=35.5\%$、灰分 $A_{ar}=10.24\%$）。DRB-XCL、CCS、UCCS、OPCC 和 HPAX-X 双调风旋流燃烧器的预混段均较短，燃烧器运行正常，燃烧稳定，说明燃用老年褐煤的旋流燃烧器可设置较短的预混段。

德国燃用褐煤的旋流燃烧器有较长的预混段，与德国多燃用年轻褐煤，水分较高有关。

第五节　磨煤机分离器出口至燃烧器的一次风管布置

褐煤锅炉燃配置中速磨煤机热风干燥直吹式制粉系统时，切向燃烧直流燃烧器入口一次风管的布置方式与常规布置方式相同，见图 4-24；褐煤锅炉配置风扇磨煤机三介质干燥直吹式制粉系统，切向燃烧直流燃烧器入口一次风管道有两种布置方式。其一，一次风母管由风扇磨煤机的分离器（或磨煤机后）引出后，根据燃烧器数量，由下向上依次分叉进入燃烧器，见图 4-25，这种引入方式可称为分叉“手套式”；其二，一次风母管由风扇磨煤机的分离器（或磨煤机后）引出后，进入离心式煤粉分配器，煤粉分配器的管道直径由下向上逐级减小，根据燃烧器数量，煤粉管道将一次风粉由下向上依次送入燃烧器，见图 4-26，这种引入方式可称为渐缩“宝塔式”。

在德国和欧洲一些国家、澳大利亚配置风扇磨煤机的褐煤锅炉，采用分叉“手套式”一次风管送入燃烧器的方式最多。对于多层布置的燃烧器，从下层到上层燃烧器，基本可使风粉气流分配均匀。德国在这方面做了很多试验研究工作，如德国下奥斯姆电厂 600MW 机组锅炉，为了使一次风沿燃烧器高度各层喷口的风粉气流分配均匀，建立了试验台，采用不带分离器的风扇磨煤机，考虑了磨煤机出口不同浓度场的试验条件，进行了 17 个工况 110 次试验，通过分流挡板调节，基本达到沿燃烧器高度各层喷口的风粉气流分配均匀[9]。

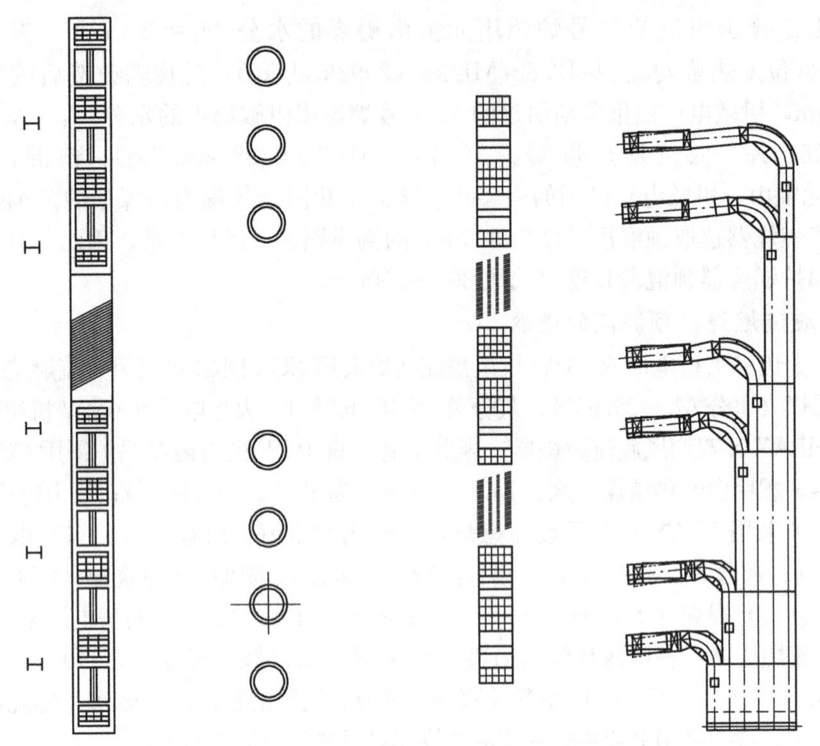

图 4-24 褐煤锅炉中速磨煤机直吹式制粉系统燃烧器布置

图 4-25 分叉“手套式”一次风管送入燃烧器

元宝山电厂的 1 号 300MW 机组褐煤塔式锅炉（由瑞士苏尔寿公司设计制造）、2 号 600MW 机组褐煤塔式锅炉（由德国斯坦缪勒公司设计制造），均采用分叉“手套式”一次风管方式。运行表明，从下层到上层燃烧器，基本可达到风粉气流分配均匀。

分叉“手套式”一次风管是一种很成熟的布置方式，褐煤锅炉非常有经验的德国完全采用这种设计。伊敏电厂 3 号锅炉采用分叉“手套式”引入方式，出现上层燃烧器煤粉量少的情况，有待探讨其原因。

伊敏电厂一期工程（1、2 号）由俄罗斯引进的 500MW 机组 T 型褐煤锅炉，一次风采用渐缩“宝塔式”引入方式，即采用离心式煤粉分配器，以逐级渐缩管径的方式将一次风送入燃烧器。

哈锅设计的三期工程（5、6 号）600MW 机组 Π 型褐煤锅炉采用了渐缩“宝塔式”布置方式，解决了煤粉均匀分配问题。对于渐缩“宝塔式”引入方式还需要进一步积累经验。

渐缩“宝塔式”引入方式的离心式煤粉分配器及管道几何尺寸见图 4-27[3]。离心式煤粉分离器的主要参数为管道高度与第一级管道直径比 L/D、分流器直径与第一级管道直径 d_p/D 之比和旋流叶片角度 α（见图 4-27）。每级管道的长度 L_i 取决于燃烧器的布置，每一级的管道直径取决于在该管道内的煤粉气流（一次风）速度，一般气流速度 W_i=10～15m/s，分支管道出口速度 W=15m/s。

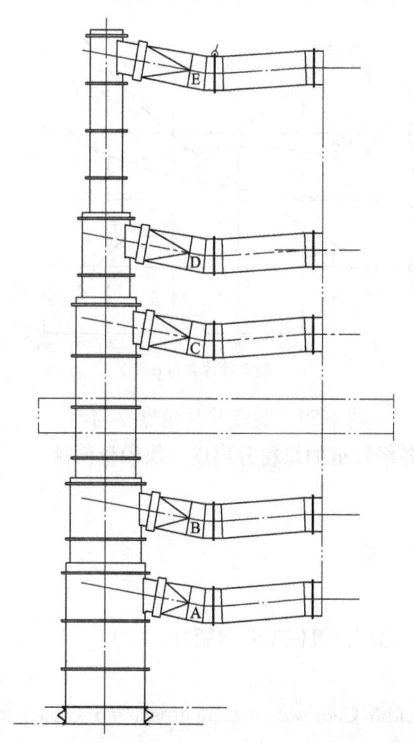

图4-26 渐缩“宝塔式”一次风管送入燃烧器

A—送入燃烧器的第1级煤粉管道；

B—送入燃烧器的第2级煤粉管道；

C—送入燃烧器的第3级煤粉管道；

D—送入燃烧器的第4级煤粉管道；

E—送入燃烧器的第5级煤粉管道

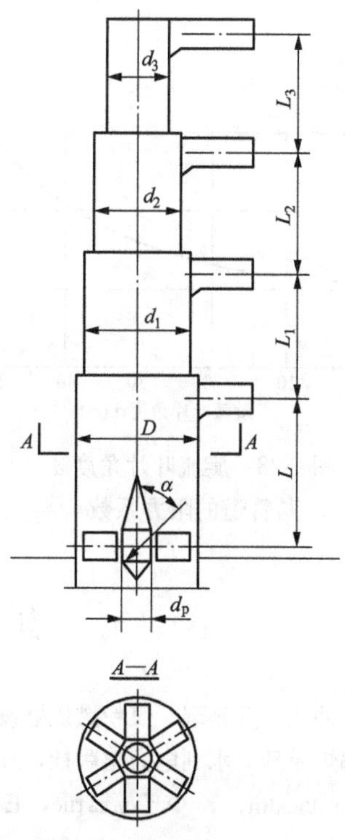

图4-27 渐缩“宝塔式”煤粉分配器

D—煤粉分配器直径；

L—分流器至出口距离；

d_1、d_2、d_3—分配器各级直径；

L_1、L_2、L_3—各引出口距离；

d_p—分流器直径；α—旋流叶片角度

随着旋流叶片角度α增加，管道的阻力系数增加，见图4-28；旋流叶片角度α增加，各级管道的煤粉量份额的变化，即旋流叶片角度α与各级管道的煤粉分离度（煤粉量份额）见图4-29。

由于受风扇磨煤机压头的限制，装在磨煤机分离器后（或磨煤机后）的离心式煤粉分配器应具有阻力小的特性。在旋流器叶片最佳旋转角度$\alpha=25°\sim23°$（在调整时确定）时，离心式煤粉分配器分配较均匀；当煤质变差或锅炉负荷降到额定负荷的50%～60%时，旋流器叶片旋转角度调整到$\alpha=45°\sim50°$，调整后进入下层燃烧器的煤粉量可能增加到45%，相应进入上层燃烧器的煤粉量可能减少到5%。进入每一个中间引出管的煤粉量大约为25%。相对于第一级壳体内速度的阻力系数ζ，在$\alpha=0\sim15°$、$\alpha=25°\sim30°$、$\alpha=45°\sim50°$时，ζ分别为1.5、2.0、3.0。

渐缩“宝塔式”引入方式，引出管内煤粉浓度场和干燥剂的速度场不均匀，可能导致在具有气粉混合物分散供给的燃烧器喷口内煤粉的不均匀分配。此外，在α不变的情况下，不均匀的程度还决定于煤粉分配器入口处煤粉浓度场和磨煤机的出力。

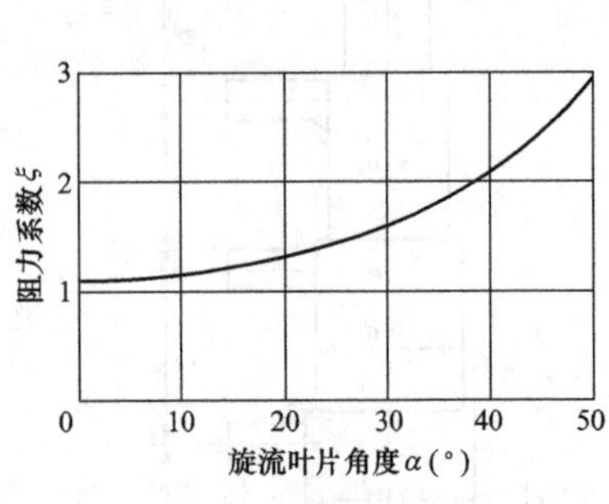

图 4-28　旋流叶片角度α与管道的阻力系数

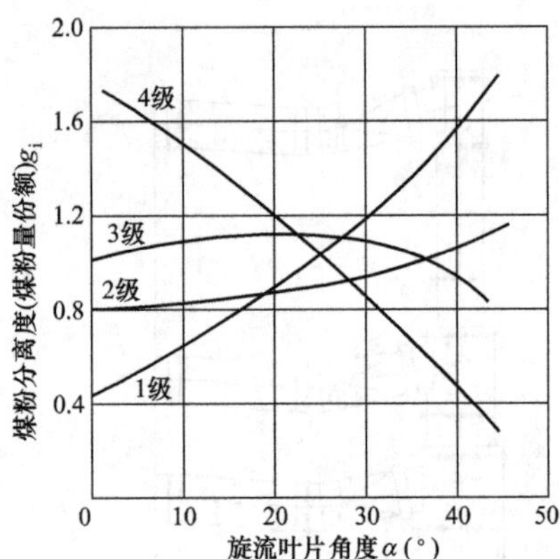

图 4-29　旋流叶片角度α与各级管道的煤粉分离度（煤粉量份额）

参　考　文　献

[1] 何佩鏊，赵仲琥，秦裕琨．煤粉燃烧器设计及运行．北京：机械工业出版社，1987.

[2] 范从振．锅炉原理．水利电力出版社，1986.

[3] В. А. Волковинский，К. Ф. Роддатис，Е. Н. Толчинский. Системы пылеприговления с мельницами-вентиляторами. энергоатомиздат ，1990.

[4] 张经武，李卫东，许传凯，等．电站煤粉锅炉燃烧设备选型．北京：中国电力出版社，2017.

[5] 能源部科技司，西安热工研究院．褐煤燃烧技术——常规火电站燃烧技术，分项技术报告之九，中德合作项目．能源部科学技术司，1989.

[6] 能源部科技司，西安热工研究院．褐煤燃烧技术——常规火电站燃烧技术，分项技术报告之六，中德合作项目．能源部科学技术司，1989.

[7] 哈尔滨普华煤燃烧技术开发中心．大型煤粉锅炉设计计算方法．哈尔滨：哈尔滨工业大学出版社，2002.

[8] 贾鸿祥．制粉系统设计及运行．北京：水利电力出版社，1995.

[9] 宋培荣．译．西德下奥斯姆电厂 600MW 机组锅炉燃烧器煤粉分流模拟试验（褐煤燃烧技术）．东北电力试验研究院，1989.

第五章

褐煤锅炉煤粉浓缩器

第一节 煤粉浓缩器的工作特点与主要参数

年轻褐煤的特点是高水分、低发热量。国外经验表明，燃用低发热量（$Q_{net,ar}\approx$ 5.0MJ/kg）、高水分的褐煤时，在很多情况下，由于一次风中炉烟和水蒸气比例过大，致使炉内燃烧温度降低，采用常规的直吹式制粉系统有时难于保持燃烧稳定和经济运行。为此，采用带煤粉浓缩器的风扇磨煤机直吹式制粉系统。

一、 煤粉浓缩器的工作特点

煤粉浓缩器又称乏气分离器。磨煤机或分离器出口的空气煤粉混合物流经煤粉浓缩器时，依靠旋转的离心分离或转弯的惯性分离将其分为两部分，煤粉浓度较高的浓粉流，煤粉份额可达 85%～90%，将其送入主燃烧器的煤粉喷口。含有少量细煤粉的淡粉流（乏气），送入乏气燃烧器的喷口。采用煤粉浓缩器可提高炉膛温度，这对高水分褐煤稳定燃烧是有利的。

（1）国外经验表明[1]，当发热量 $Q_{net,ar}\leqslant$6MJ/kg 或者折算水分 $M_{zs}>$0.07～0.08kg/MJ 时，采用带煤粉浓缩器的风扇磨煤机制粉系统是合理的。

（2）褐煤锅炉采用煤粉浓缩器燃烧系统的条件[2]。德国在褐煤锅炉燃烧系统方面作了的大量研究工作，并积累了丰富的运行经验，文献［2］给出了根据褐煤水分、灰分和发热量与采用燃烧系统类型的关系图，见图 5-1、图 5-2。

根据褐煤的水分、灰分和发热量将直吹式燃烧系统分为三类（见图 5-1、图 5-2）。

1）直吹式（即 A 区）。燃用（A 区）的褐煤时，磨煤机磨制的煤粉、空气和蒸发的水分经燃烧器直接送入炉膛，不分离乏气的直吹式燃烧系统，煤粉着火没有问题，在没有助燃的情况下，大容量锅炉的负荷可降至 30%仍能安全运行。

2）乏气送入炉膛（即 B 区）。燃用（B 区）的褐煤时，将煤粉分离器出口的空气煤粉混合物分离成煤粉浓度高的主气流和煤粉浓度低的乏气流（以水蒸气形式的大部分水分与少部分煤粉），因为不分离部分乏气，不能保证稳定着火。乏气分离的方式是根据原煤水分含量，将 80%～90%的煤粉和约占 30%输送气体直接送入主燃烧器，剩余的 70%乏气流与 10%～20%的煤粉，在上排主燃烧器上方的乏气燃烧器送入炉膛主燃烧区上部，在离心力的作用下，乏气中的煤粉（10%～20%）基本上是细煤粉。在乏气送入区域，主火焰的燃烧过程已趋于结束，该处的火焰温度较高，乏气送入后即可燃尽。

3）乏气排入大气（即 C 区）。燃用（C 区）的褐煤时，利用煤粉浓缩器将煤粉浓度高的主气流送入主燃烧器，将煤粉浓度低的乏气流经过乏气过滤器（电除尘器，分离效

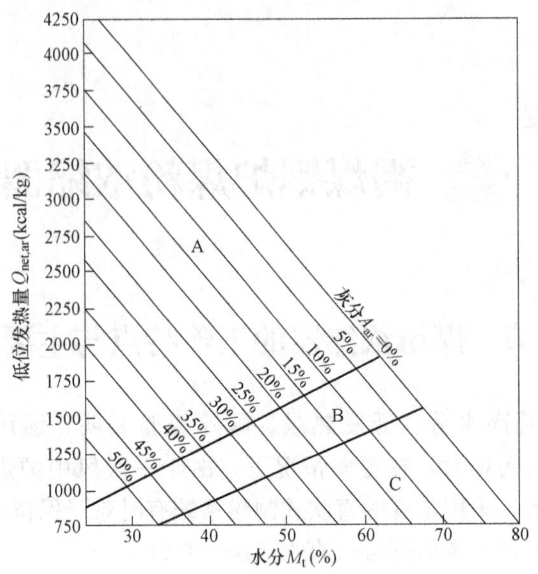

图 5-1　褐煤锅炉直吹式制粉系统分类[2]

A—直吹式；B—乏气送入炉膛；C—乏气排大气

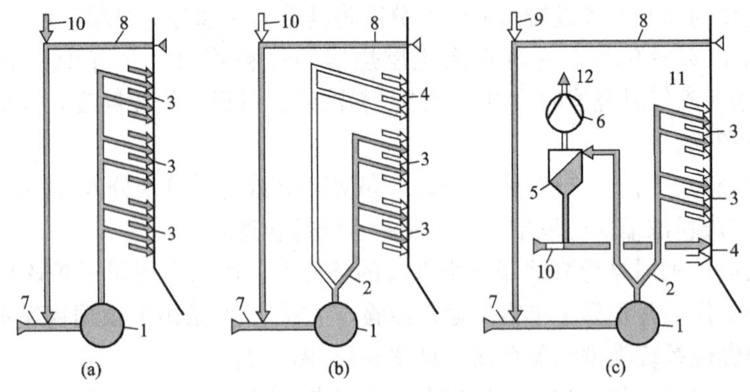

图 5-2　直吹式褐煤燃烧系统

(a) 直吹式不分离乏气；(b) 直吹式分离乏气送入炉膛；(c) 直吹式分离乏气排入大气

1—风扇磨煤机；2—煤粉浓缩器（乏气分离器）；3—主燃烧器；4—乏气燃烧器；5—乏气过滤器；6—乏气风机；7—原煤；8—高温炉烟；9—低温炉烟；10—热风；11—二次风；12—排大气

率为 99.9%～99.95%）分离出的乏气（含极少量煤粉）排入大气。这类褐煤的水分很高，必须将其分离，并不送入炉膛。

煤粉浓缩器（乏气分离器）只能分离水分，不能分离灰分。当褐煤水分低而灰分很高，发热量很低时，需要采用直吹式分离乏气排入大气的燃烧系统，见图 5-2（c）。因为，虽然水分低（≈30%），而水分的绝对量还是很大的。只有不将分离出的乏气送回炉膛，才能保证运行经济性。如果将乏气送回炉膛后，乏气燃烧器后的烟气温度低，温差太小，烟气量很大，而烟气温度很低。不能使过热器和再热器的蒸汽温度达到设计值。所以需要通过乏气过滤器（电气除尘器）分离出来，乏气排入大气，分离出来的煤粉通过风粉混合器（或文丘里喷嘴）与热风一起送入炉膛，这部分细煤粉的水分仅约3%，送入布置在主燃烧器下部的乏气燃烧器，见图5-2（c）的燃烧系统，为主燃烧器建立稳定的助燃火焰。

二、 煤粉浓缩器的主要参数[3]

1. 煤粉分离度 g_c

煤粉分离度为进入煤粉浓缩器的总煤粉量 G_0 与进入煤粉浓缩器主引出管的煤粉量 G_m（进入主燃烧器的煤粉量）之比，即进入煤粉浓缩器主引出管的煤粉份额，$g_c = G_m/G_0$。

2. 干燥剂分离度 l

干燥剂分离度为进入煤粉浓缩器风粉气流的总体积 Q_0 与进入煤粉浓缩器主引出管风粉气流（空气煤粉气流）的体积 Q_m（进入主燃烧器的乏气量）之比，即进入主引出管的干燥剂（乏气）份额，$l = Q_m/Q_0$。

3. 主通道和乏气通道的阻力系数 ξ_m、ξ_{ven}

主通道（浓煤粉侧）和乏气通道（淡煤粉侧）的阻力系数 ξ_m 和 ξ_{ven} 为

$$\xi_m = \frac{(p_t)_0 - (p_t)_m}{(p_{dy})_0} \tag{5-1}$$

$$\xi_{ven} = \frac{(p_t)_0 - (p_t)_{ven}}{(p_{dy})_0} \tag{5-2}$$

式中 $(p_t)_0$、$(p_{dy})_0$——煤粉浓缩器初始断面处的全压和动压；

$(p_t)_m$、$(p_t)_{ven}$——主引出管和乏气引出管出口处的全压。

4. 风粉气流的分离程度 g_c/l 为

$$g_c/l = \frac{G_m}{G_0}\frac{Q_0}{Q_m} = \frac{\mu_m}{\mu_0} \tag{5-3}$$

式中 μ_m、μ_0——主引出管内和煤粉浓缩器入口处煤粉浓度。

参数 g_c/l 可能在很大范围内变化。该参数的倒数值 l/g_c 是将煤粉浓缩器工作和炉内过程联系在一起的主要环节。

第二节 煤粉浓缩器的结构

一、 离心式煤粉浓缩器的主要结构特征参数[3]

离心式煤粉浓缩器的主要结构特征参数见图5-3。

离心式煤粉浓缩器的结构参数有 D_s、L_s/D_s、D_{ven}/D_s、$D_{sw,a}/D_s$、B_{sw}、Z_{sw}、α。

D_s 为离心式煤粉浓缩器壳体内径，D_{ven} 为乏气引出管内径，$D_{sw,a}$ 为分流锥（旋流器的锥体部分）外径，L_s 为通过旋流器中心的水平轴线到乏气引出管下边缘的距离，B_{sw} 为旋流器叶片宽度，Z_{sw} 为旋流器叶片数目，α 为旋流器叶片相对煤粉浓缩器中心线的倾角，β 为旋流器叶片下部导流段与叶片平面的夹角，遮盖度 K 为

$$K = \frac{S_{sw} Z_{sw}}{\pi D_s} \tag{5-4}$$

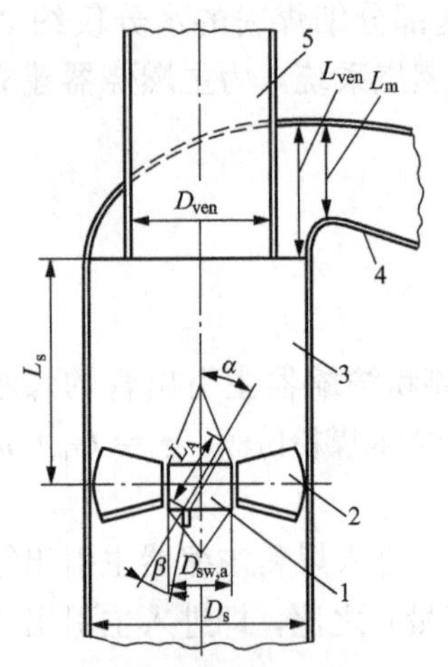

图 5-3 离心式煤粉浓缩器的主要结构特征示意图

1—分流锥；2—旋流器；3—外壳；4—主引出管；5—乏气引出管

式中 S_{sw}——单只旋流器叶片在圆周上所占的弧长，mm；

Z_{sw}——旋流器叶片的数量；

D_s——离心式煤粉浓缩器壳体内径，mm。

二、 煤粉浓缩器的结构[4]

煤粉浓缩器的结构形式有离心式煤粉浓缩器、惯性煤粉浓缩器、百叶窗式煤粉浓缩器、弯头式煤粉浓缩器和环形煤粉浓缩器等，在电站锅炉中多采用离心式煤粉浓缩器。

1. 单级离心式煤粉浓缩器

单级离心式煤粉浓缩器见图 5-4。

如图 5-4（a）所示为单级双引出管的离心式煤粉浓缩器，浓粉流引出管分别进入主燃烧器，淡粉流（乏气）分别进入乏气燃烧器；如图 5-4（b）所示为未设置分流锥的单级离心式煤粉浓缩器；如图 5-4（c）所示为设有可送入热空气喷口的单级离心式煤粉浓缩器，送入的热空气可以均流一次风（浓粉流）；如图 5-4（d）所示的离心式煤粉浓缩器与上述的

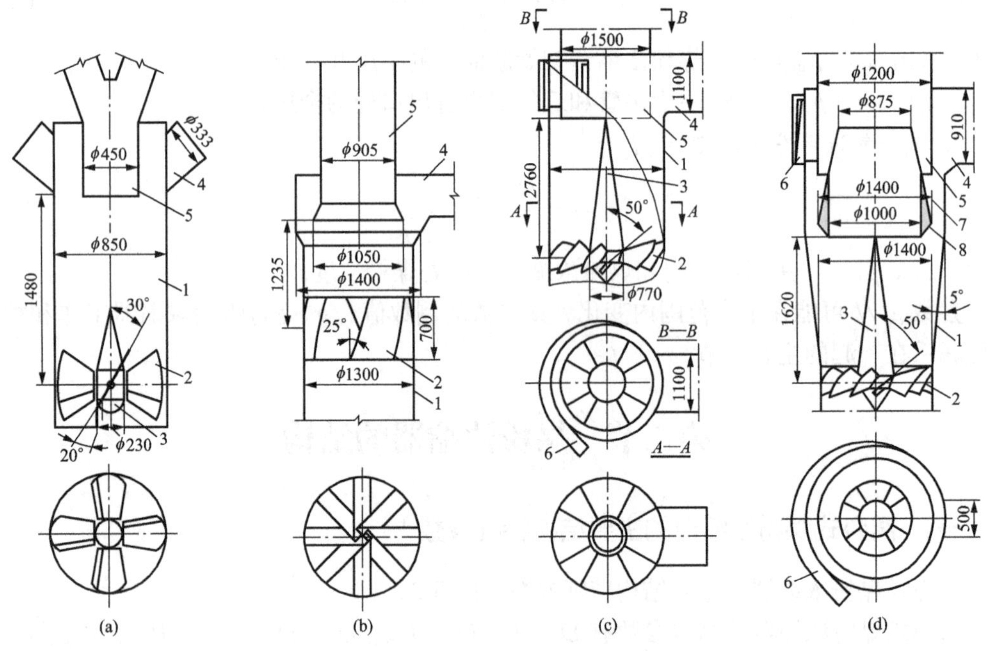

图 5-4 单级离心式煤粉浓缩器

（a）单级双引出管的离心式煤粉浓缩器（三角形旋流叶片）；

（b）未设置分流锥的单级离心式煤粉浓缩器（直角形旋流叶片）；

（c）设有可送入热空气喷口的单级离心式煤粉浓缩器（弯曲形旋流叶片）；

（d）乏气引出管为两个同轴布置的单级离心式煤粉浓缩器（弯曲形旋流叶片）

1—外壳；2—旋流器；3—分流锥；4—主燃烧器（浓粉流）引出管；

5—乏气燃烧器（淡粉流）引出管；6—热空气喷口；7—内引出管；8—导流锥

区别是乏气引出管为两个同轴布置的筒体，外筒为圆形，内筒为锥形。为了进一步提高煤粉分离度 g_c，煤粉浓缩器的外壳做成扩散形。在干燥剂分离度 $l \leqslant 0.2$ 的条件下，必须获得比较高的煤粉分离度时，可采用这种结构的离心式煤粉浓缩器。

2. 双级离心式煤粉浓缩器

双级离心式煤粉浓缩器见图 5-5。

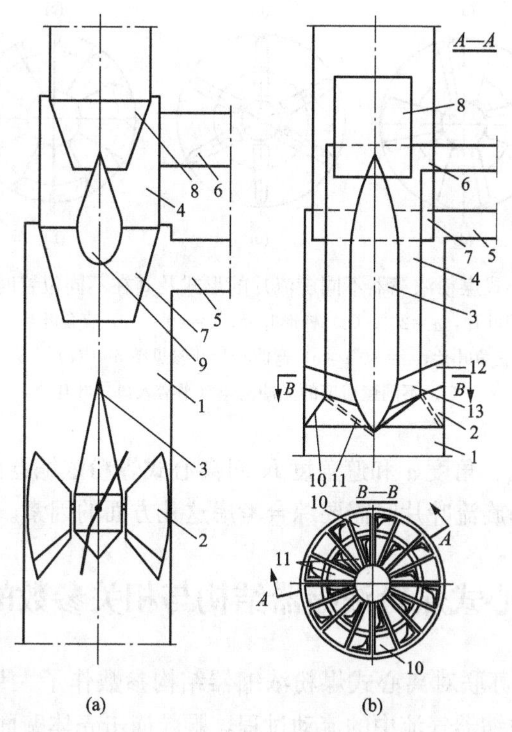

图 5-5 双级离心式煤粉浓缩器

(a) 双级离心式煤粉浓缩器；(b) 双级均流离心式煤粉浓缩器

1—外壳；2—旋流器；3—分流锥；4—内壳；5—外壳体引出管（进入第 1 级主燃烧器）；6—内壳体引出管（进入第 2 级主燃烧器）；7—乏气内引出管（第 1 级）；8—乏气外引出管（第 2 级）；9—导流锥；10—外隔板；11—内隔板；12—外整流体；13—内整流体

双级离心式煤粉浓缩器可供两个主燃烧器。该煤粉浓缩器的乏气外引出管（第 1 级）作为乏气内引出管（第 2 级）的外壳。旋流器叶片按一定的角度装设，以期达到在上下引出管间煤粉能均匀分配，整个煤粉浓缩器的阻力增加并不显著。

图 5-5（b）所示为双级均流离心式煤粉浓缩器，可供两个主燃烧器，其结构与图 5-5（a）不同，外壳、内壳与分流器的入口端分隔为三个同心圆，在外圈和内圈的端部用隔板分隔成相同数量的通道，以使气粉流通过。在分隔挡板的边缘设置旋流叶片，形成旋流器，其上部类似图 5-5（a）的结构。乏气外引出管（第 1 级）作为乏气内引出管（第 2 级）的外壳。

3. 旋流叶片

离心式煤粉浓缩器不同旋流片的形式及其在不同位置时的通流面积见图 5-6，图中的内环为乏气引出管。

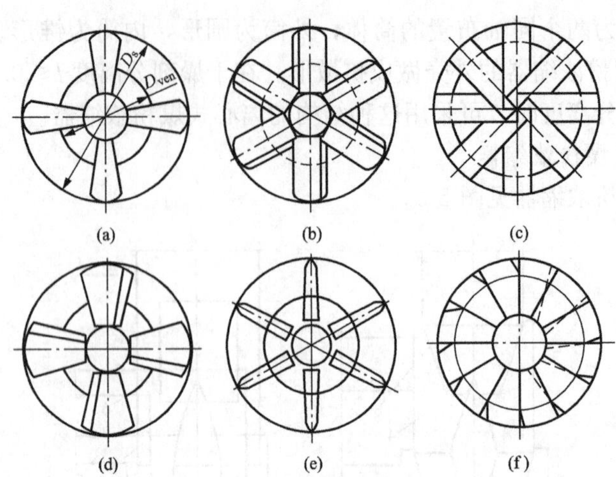

图 5-6　离心式煤粉浓缩器不同旋流片的形式及其在不同位置时的通流面积

(a) 梯形叶片，$\alpha=20°$；(b) 梯形叶片，$\alpha=40°$；(c) 直角叶片，$\alpha=50°$；
(d) 三角叶片，$\alpha=30°$；(e) 弯曲叶片 [参见图 5-4 (c)]，$\alpha=25°$；
(f) 不同遮盖度的无冲击角（平滑入口）叶片

因为旋流叶片形式、角度 α 和遮盖度 K 对离心式煤粉浓缩器的阻力和壳体内的流场是有影响的，所以选择旋流叶片时需要综合考虑这几方面的因素。

第三节　离心式煤粉浓缩器结构与相关参数的试验研究[4]

20 世纪 80 年代，苏联对离心式煤粉浓缩器结构参数作了大量试验研究工作。研究了颗粒在离心式煤粉浓缩器气流中的流动过程，颗粒撞击壳体壁面和反弹后的运动规律。观察了环形管道中颗粒形状、重力、平均直径、速度、颗粒密度、湍流脉动和模型尺寸的影响，用数学计算式表达了颗粒的运动规律，并进行了气固两相流模化试验研究。离心式煤粉浓缩器试验台系统见图 5-7。

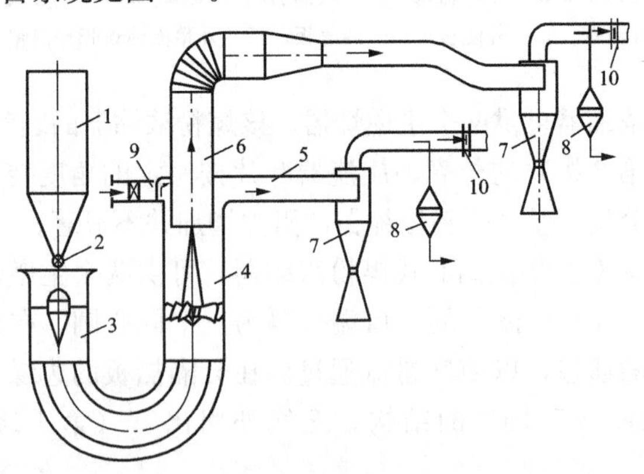

图 5-7　离心式煤粉浓缩器试验台系统

1—粉料斗；2—给粉机；3—入口段；4—试验段；5—主气流出口；6—乏气流出口；
7—旋风分离器；8—除尘器；9—旋流空气（旋流风）喷口；10—测量孔板

一、 主要结构特性

在试验台上进行了主要结构特性对煤粉分离度 g_c、主通道（浓煤粉侧）阻力系数 ξ_m 和乏气通道（淡煤粉侧）阻力系数 ξ_{ven} 影响的试验。试验中改变的结构特性参数：将 L_{ven}/L_m（见图 5-3）由 0.5 增加到 1.1，可使 g_c 和 ξ_m 提高，继续增加 L_{ven}/L_m，则 ξ_m 保持不变，因此 L_{ven}/L_m 采用 1.2 是合理的，见图 5-8（a）。D_{ven}/D_m 在 0.65～0.4 的范围内变化，g_c 增加，而 ξ_{ven} 显著提高，见图 5-8（b）。α 由 20°增加到 40°，g_c 增加显著，但是 ξ_m 和 ξ_{ven} 急剧增加，见图 5-8（c）。l 由 0.65 降到 0.3，g_c 减小，而 ξ_{ven} 增加，见图 5-8（d）。

对于单级离心式煤粉分离器，增加 L_s/D_s 时，将增加煤粉颗粒向壁面的汇集程度。因此，对不同的 L_s/D_s 参数，进行了试验。在 $\alpha=20°$ 时，L_s/D_s 由 0.6 增加到 2.4，g_c 增加，而继续增加 L_s/D_s，g_c 开始下降，在 $L_s/D_s=2.0$ 时，ξ_m 和 ξ_{ven} 降到最小值，然后开始上升，见图 5-8（e）；在 $\alpha=40°$ 时，g_c、ξ_m 和 ξ_{ven} 有同样的情况。在 $L_s/D_s=2.4$ 时，g_c 没有下降，一直保持到 $L_s/D_s=3.3$。这样，L_s/D_s 从 1.0 增加到 2.4，不仅 g_c 增加，而且 ξ_m 和 ξ_{ven} 下降。

上述试验表明，提供了这样的可能性，即将 l 从 0.6 降到 0.4，D_{ven}/D_s 从 0.6 降到 0.53，可使 g_c 保持较高值，而不增加 ξ_{ven}。

在离心式煤粉浓缩器中煤粉被分离后各种粒度分布所占的份额称为颗粒分离度 g_p，由图 5-8（f）可见，随着颗粒粒径 δ 的增加，颗粒分离度 g_p 也随着增加，粒径约为 100μm 之后，颗粒分离度 g_p 即不再增加。

以上是基于小尺寸离心式煤粉浓缩器的试验研究，考虑大容量机组需要的大直径的离心式煤粉浓缩器，以及煤粉浓度的影响因素，在以上试验研究的基础上又进行了大量试验研究工作。

通过数学理论计算和气固两相流模化试验获得：圆形和渐扩形离心式煤粉浓缩器[见图 5-4（c）、图 5-4（d）] D_{ven}/D_s 与 g_c 和 ξ_{ven} 的关系曲线，见图 5-9（a）；圆形和渐扩形离心式煤粉浓缩器[见图 5-4（c）、图 5-4（d）] l 与 ξ_{ven} 和 l 与 g_c 的关系曲线，见图 5-9（b）。离心式煤粉浓缩器 D_s 与 L_s/D_s 的关系曲线，见图 5-10。

从图 5-8 和图 5-9 可见，相关参数的变化范围扩大，而变化趋势与小尺寸离心式煤粉浓缩器的试验研究基本是一致的。煤粉颗粒的最大特性是颗粒的平均直径，对于不同直径的离心式煤粉浓缩器的颗粒分离度 g_p 最大值。由图 5-8（f）和图 5-9（a）可见，仅在一定范围内减小 D_{ven}/D_s 是合理的。缓慢地增加 g_c 时，ξ_{ven} 增加得很快。

试验研究表明，$D_{sw,a}/D_s$（分流锥外径/煤粉浓缩器壳体内径）不大于 0.33～0.4 是合理的，继续增加 $D_{sw,a}/D_s$，会增加阻力，而 g_c 减小。

二、 煤粉颗粒分离度

煤粉颗粒分离度与离心式煤粉浓缩器入口一次风（风粉混合物）速度 w_0、煤粉浓缩器直径 D_s、旋流器叶片相对煤粉浓缩器中心线的倾角 α 和干燥剂分离度 l 等有关。

针对 $D_s=1.35$m 的离心式煤粉浓缩器，气固两相流模化试验的模型直径分别为

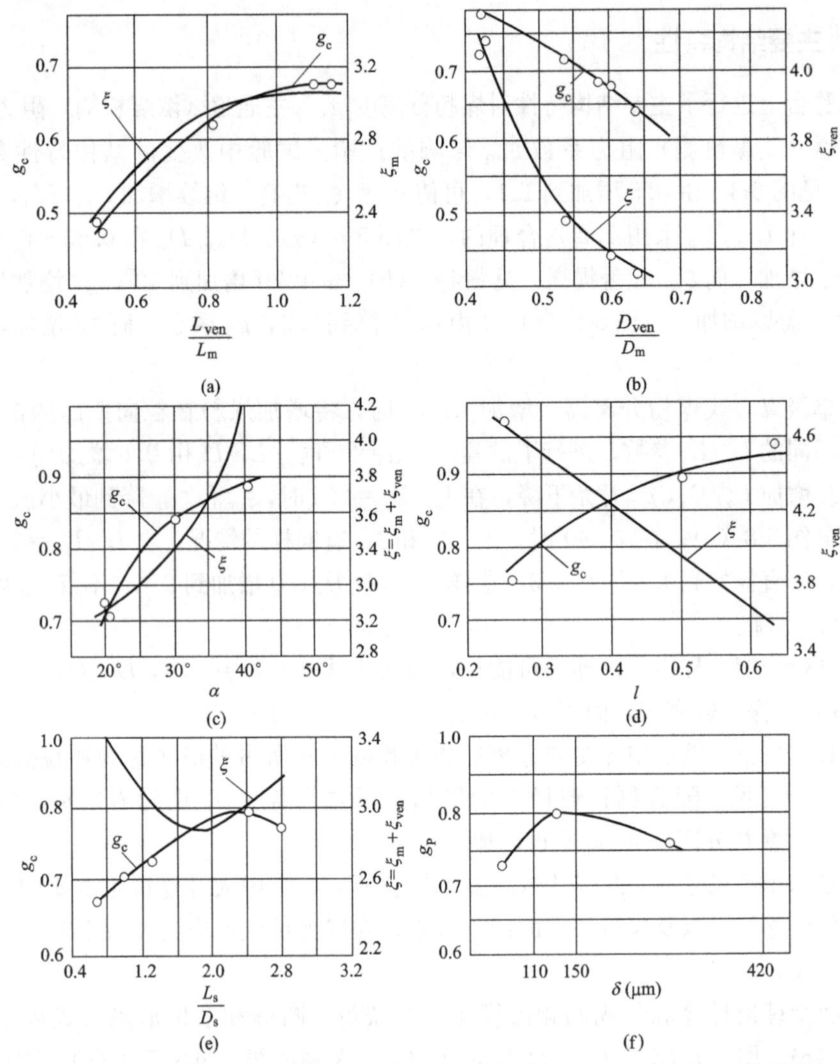

图 5-8 L_{ven}/L_m、D_{ven}/D_m、α、l、L_s/D_s和δ与g_c、g_p、ξ_m和ξ_{ven}的关系

(a) L_{ven}/L_m与g_c和ξ_m的关系；(b) D_{ven}/D_m与g_c和ξ_{ven}的关系；

(c) α与g_c和$\xi=\xi_m+\xi_{ven}$的关系；(d) l与g_c和ξ_{ven}的关系；

(e) L_s/D_s与g_c和$\xi=\xi_m+\xi_{ven}$的关系；(f) δ与g_p的关系

0.05m、0.1m和0.3m。煤粉的平均粒度δ从7.5μm到1000μm，w_0从3.5m/s到15m/s，l从0.3到0.625，α从30°（tanα=0.577）到50°（tanα=1.19），煤粉浓度μ_0从0.04kg/kg到0.4kg/kg。

对于试验模型D_s=0.3m、l=0.38、α=30°，煤粉浓度$\mu_0\approx$0.2kg/kg。试验表明，随着w_0的降低，平均直径越细，颗粒分离度g_p下降越快，见图5-11（a）。当w_0=常数时，随着D_s的增加，细颗粒的颗粒分离度g_p下降，见图5-11（b）的曲线1～4；对于粗颗粒，D_s从1.35m降到0.1m，g_p没有出现大的变化，继续降低D_s，则g_p急剧下降，见图5-11（b）的曲线8和9。

图5-11（c）和图5-11（d）表明，α(tanα)和l增加，g_p也随之增加，这表明参数

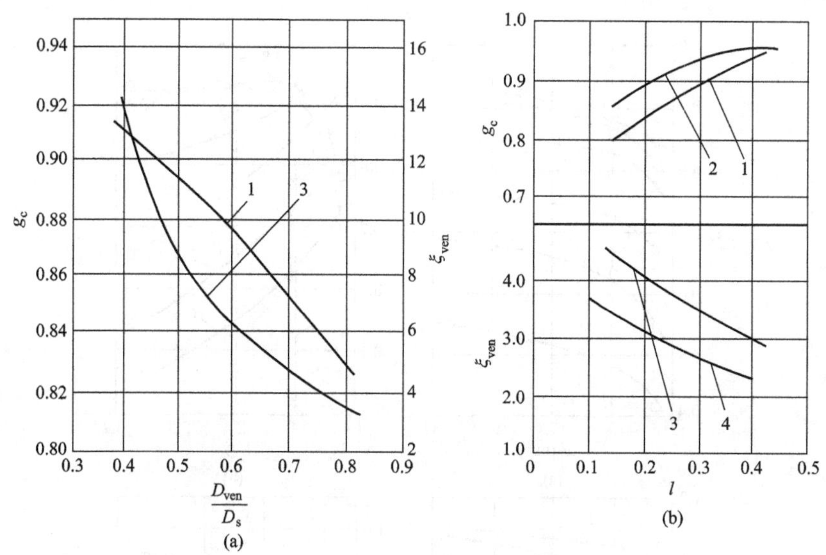

图 5-9 圆形和渐扩形离心式煤粉浓缩器与有关参数的关系曲线

(a) D_{ven}/D_s与 g_c 和 ξ_{ven} 的关系曲线；

(b) l 与 ξ_{ven} 和 g_c 的关系曲线

1、2—圆形和渐扩形离心式粉浓缩器的g_c；3、4—圆形和渐扩形离心式粉浓缩器的 ξ_{ven}

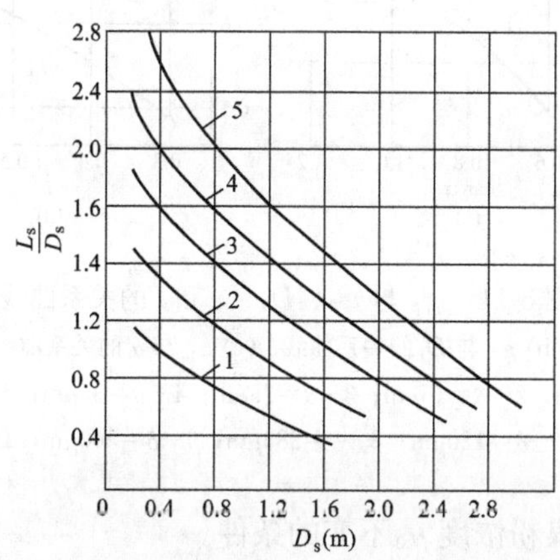

图 5-10 离心式煤粉浓缩器 D_s与 L_s/D_s的关系曲线

1—D_{ven}/D_s=0.4；2—D_{ven}/D_s=0.5；3—D_{ven}/D_s=0.6；4—D_{ven}/D_s=0.7；5—D_{ven}/D_s=0.8

$\tan\alpha$ 和 l 对细颗粒有很大的影响。当煤粉浓度 μ_0 从 0.04kg/kg 增加到 0.4kg/kg 时，随着 l 的下降，g_c 和 g_p 显著下降。μ_0对 g_c 的影响还与旋流器的结构有关。

当 w_0=常数时，对于不同直径的 D_s，图 5-12（a）的 $g_p=f(\delta)$ 曲线表明，增加δ，g_p 开始上升而后下降，其原因可能是煤粉颗粒从煤粉浓缩器壳体内壁反弹，重新回到靠近中心的区域。明显可见，上述情况颗粒越大，该现象越明显。而与模型的绝对尺寸关系较小。

图 5-12（b）给出了在不同的 l 值时，对于螺旋叶片，$g_p=f(\mu_0)$ 的关系曲线。从图 5-12（b）可见，μ_0对 g_c 的影响是很大的。一般情况下，进行离心式煤粉浓缩器的气固

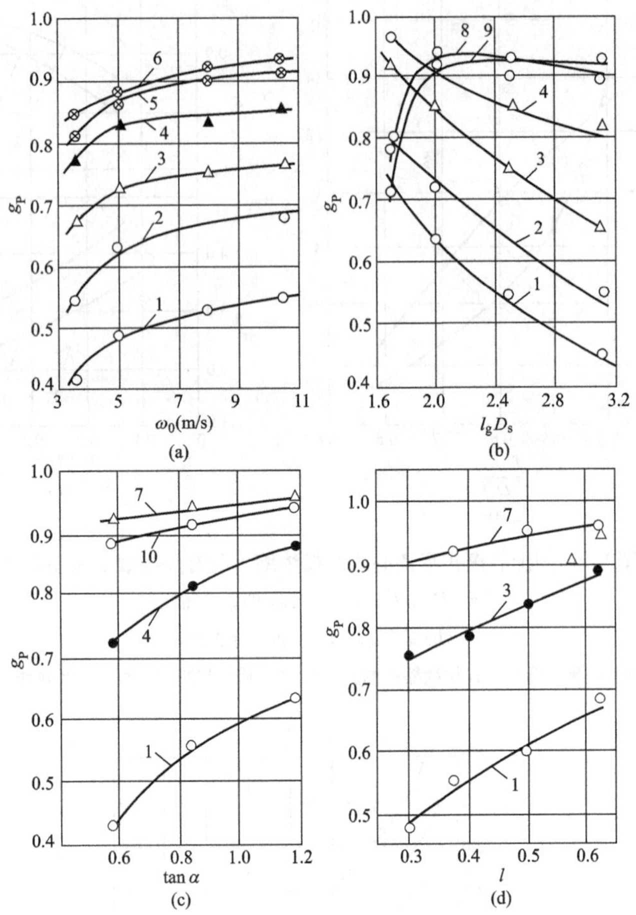

图 5-11　g_p 与 w_0、D_s、α 和 l 的关系曲线

(a) g_p 与 w_0的关系曲线；(b) g_p 与 D_s的关系曲线；(c) g_p 与 α 的关系曲线；(d) g_p 与 l 的关系曲线

1—δ=7.5μm；2—δ=15μm；3—δ=25μm；4—δ=35μm；5—δ=45μm；

6—δ=70μm；7—δ=120μm；8—δ=285μm；9—δ=560μm；10—δ=1000μm

两相流模化试验时，保持煤粉浓度 μ_0不变的条件。

图 5-13 给出了不同结构参数的离心式煤粉浓缩器煤粉粒度 δ 与分离度 g_p 的关系曲线，由图 5-13 可见，随着 δ 的增加，g_p 开始时增加很快，大约在 $\delta>150\mu m$ 后，粗颗粒的 g_p 基本保持不变。

三、 离心式煤粉浓缩器的煤粉细度分布

经过离心式煤粉浓缩器分离后的煤粉细度分布见图 5-14。

由图 5-14 可见，由于离心式煤粉浓缩器的作用，大部分煤粉进入主燃烧器，其中细煤粉的量所占比例大；小部分煤粉进入乏气燃烧器。同时可见，小部分粗煤粉进入乏气燃烧器。图 5-14 的第 4 组曲线的情况与其他组曲线的规律不同，可能是煤粉浓缩器的结构设计不合理，导致未能起到分离作用。

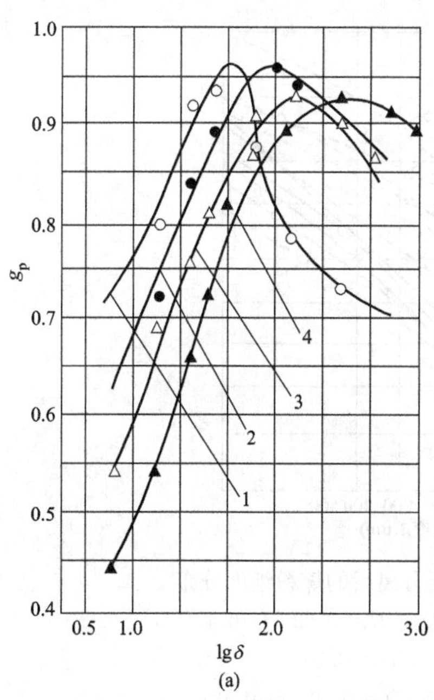

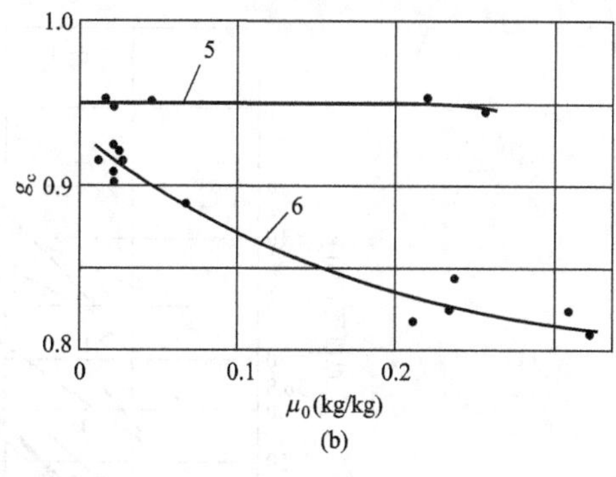

图 5-12 g_p 与 δ、g_c 与 μ_0 的关系曲线

(a) g_p 与 δ 的关系曲线；(b) g_c 与 μ_0 的关系曲线

1—D_s=0.05m；2—D_s=0.1m；3—D_s=0.3m；4—D_s=1.35m；5—l=0.4；6—l=0.275

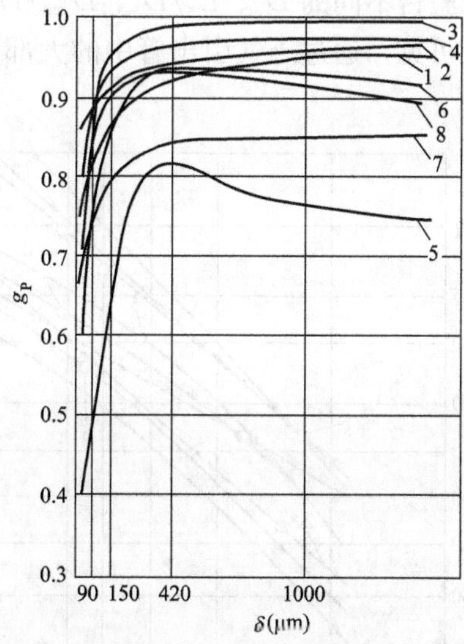

图 5-13 不同结构参数的离心式煤粉浓缩器煤粉粒度 δ 与分离度 g_p 的关系曲线

1—D_s=0.85m、L_s/D_s=1.75、D_{ven}/D_s=0.53、l=0.4、α=20°；

2—D_s=0.85m、L_s/D_s=1.75、D_{ven}/D_s=0.53、l=0.4、α=40°；

3—D_s=1.35m、L_s/D_s=1.5、D_{ven}/D_s=0.50、l=0.38、α=20°；

4—D_s=1.35m、L_s/D_s=1.5、D_{ven}/D_s=0.50、l=0.38、α=50°；

5—D_s=1.8m、L_s/D_s=1.2、D_{ven}/D_s=0.59、l=0.35、α=30°；

6—D_s=1.8m、L_s/D_s=1.2、D_{ven}/D_s=0.59、l=0.35、α=50°；

7—D_s=0.85m、L_s/D_s=1.75、D_{ven}/D_s=0.53、l=0.4、α=30°；

8—D_s=2.26m、L_s/D_s=1.75、D_{ven}/D_s=0.53、l=0.4、α=30°

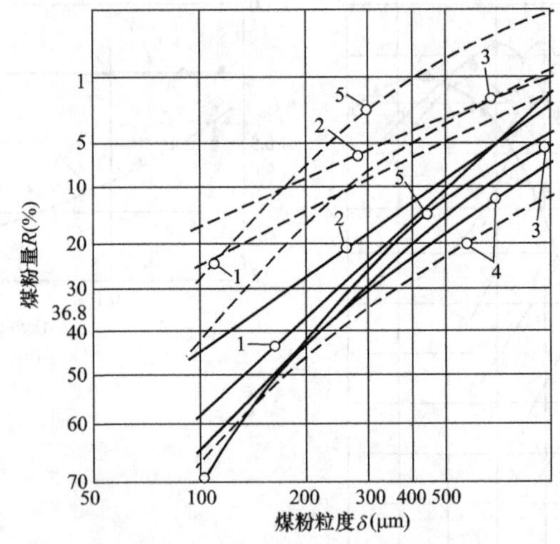

图 5-14　经过离心式煤粉浓缩器分离后的煤粉细度分布

1—D_s=0.85m、L_s/D_s=1.75、D_{ven}/D_s=0.53、l=0.4；

2—D_s=1.35m、L_s/D_s=1.5、D_{ven}/D_s=0.50、l=0.38；

3—D_s=1.8m、L_s/D_s=1.2、D_{ven}/D_s=0.59、l=0.38；

4—g_c=0.85、l=0.5；5—D_s=1.8m、L_s/D_s=1.2、D_{ven}/D_s=0.59、l=0.38

注：图中实线为进入主燃烧器的煤粉细度分布；图中虚线为进入乏气燃烧器的煤粉细度分布。

图 5-15 是苏联电站和试验台不同的 D_s、L_s/D_s、D_{ven}/D_s、l 离心式煤粉浓缩器的工业和试验台试验，由图 5-15 可见，通过乏气引出管中的大部分煤粉很细，但是，有少部分粗粉也进入乏气引出管道。

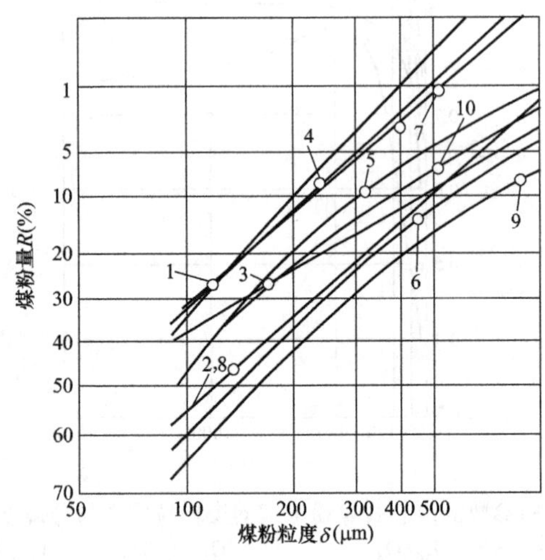

图 5-15　通过乏气燃烧器的煤粉分布

1—克拉斯诺雅尔斯克第 1 供热发电中心试验台；2—克拉斯诺雅尔斯克第 1 供热发中心（γ 形火焰炉）；

3—库莫尔达乌斯克热电站；4—俄罗斯热工研究院乌拉尔分院试验台（切良宾斯克褐煤）；

5—普多劳玛宜斯发电站；6—玛丽莎-沃斯多克发电站；7—阿各克供热发电中心；

8—莫嘎劳泡里斯供热发电中心；9—金德斯石发电站；10—玛丽莎-沃斯多克发电站工业试验台

四、 离心式煤粉浓缩器的速度场

离心式煤粉浓缩器内气固相流的流动特性，是仅有一部分经过旋转气流进入到乏气引出管。因此，在离心式煤粉浓缩器壳体的周围有一层仅是旋转前进的气流。例如，在$l=0.4$时这层气流仅限于$\rho \approx 0.0775$（ρ为任意位置的半径与离心式煤粉浓缩器半径之比即$\rho = r_a / r_s$）。离心式煤粉浓缩器与一般分离器不同，煤粉进入主燃烧器引出管，不一定都达到离心式煤粉浓缩器的内壁，而是进入到$(1-\rho^2)\pi$的环形面积内，该环形气流不是流向中心。因此，细煤粉不会返回到气流中心部分。

由离心式煤粉浓缩器内壁反弹回来的粗颗粒煤粉未形成气流，为了更好地分离细颗粒煤粉，要求靠近轴向层的气流必须是旋转的。从总体上来看，离心式煤粉浓缩器内高的切向速度靠近中心侧。高的轴向速度靠近壳体内壁侧。

离心式煤粉浓缩器的叶片形状和结构尺寸对速度是有影响的。例如，对于切向速度（相对切向速度$W_t = w_t / w_0$，w_0为初始速度，w_t为切向速度），离心式煤粉浓缩器具有6个三角形叶片［见图5-6（d）］、$\alpha = 30°$，与梯形叶片［见图5-6（a）］、$\alpha = 20°$进行比较，前者在靠近中心的切向速度大，而后者在靠近周边的切向速度大，见图5-16（a）的曲线1和3。对于轴向速度（相对轴向速度$W_a = w_a / w_0$，w_0为初始速度，w_a为向轴向速度），通过计算与试验表明，当$1.22 < L_s / D_s < 1.65$时，轴向速度基本上是平缓的，见图5-16（b）；当$L_s / D_s > 1.65$时，在乏气引出管的轴向速度有所改变，轴向速度经过靠近中心区域达到最大值，见图5-16（b）的曲线5。

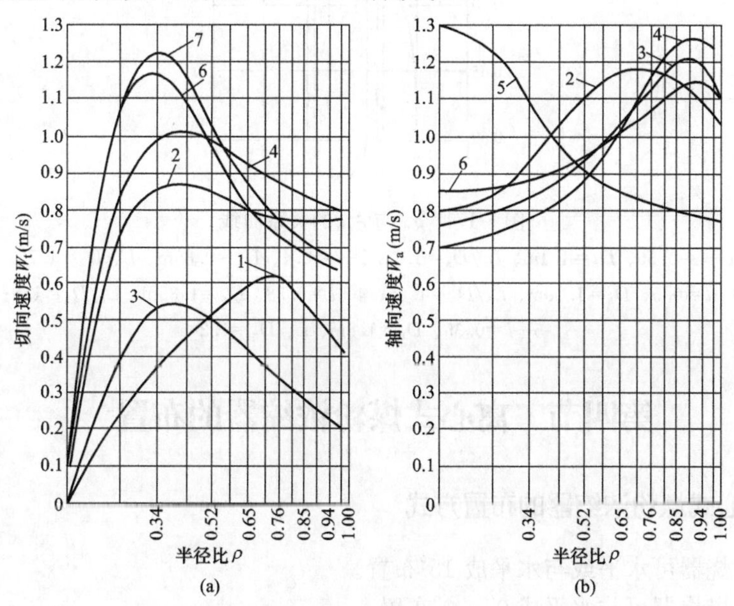

图5-16　离心式煤粉浓缩器相对切向和相对轴向速度场（$L_s / D_s = 1.22$）

（a）切向速度W_t与半径比ρ；（b）轴向速度W_a与半径比ρ

1—梯形叶片$\alpha = 20°$；2—梯形叶片$\alpha = 40°$；3—三角形叶片$\alpha = 30°$；

4—直角形叶片$\alpha = 60°$；5—梯形叶片$\alpha = 50°$（$L_s / D_s = 1.65$）；

6—固定叶片，遮盖度$K=1$、$\alpha = 50°$，无旋流风；7—固定叶片，遮盖度$K=1$、$\alpha = 50°$，有旋流风

五、 旋流器的叶片

图 5-17 给出了 $g_c=f(\xi_{ven})$ 的关系曲线，以评价旋流器不同形式叶片对离心式煤粉浓缩器能耗的影响。对于直角叶片和梯形叶片，同样的 l（如 $l=0.55$）、$g_c=0.85$，直角叶片 $L_s/D_s=1.65$ 时，ξ_{ven}小于梯形叶片 $L_s/D_s=1.0$ 的 1.5 倍，见图 5-17 的曲线 1 和 3。相同的 ξ_{ven}（如 $\xi_{ven}=4.1$）直角叶片的 $g_c=0.95$，梯形叶片的 $g_c=0.86$。对 $l=0.4$ 时进行比较，直角叶片有较低的 L_s/D_s，同时有较大的 D_s和 D_{ven}/D_s，与梯形叶片比较，有显著的低阻力，见图 5-17 的曲线 2 和曲线 4。

由上述可见，叶片形状对离心式煤粉浓缩器的结构和相关参数是有影响的。

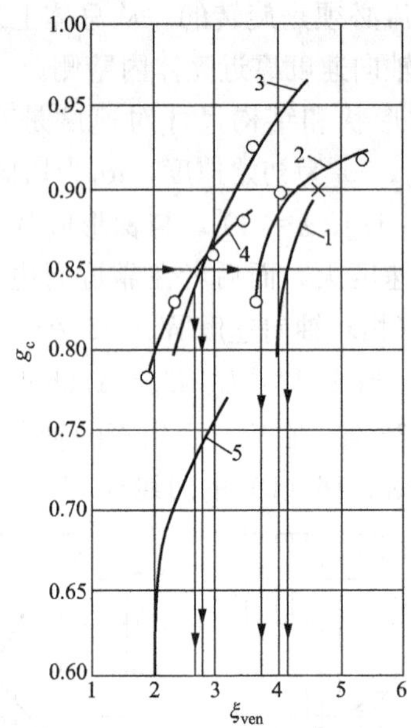

图 5-17　g_c 与 ξ_{ven} 的关系曲线

1—$l=0.55$、$D_s=1.1$m、$L_s/D_s=1.0$；2—$l=0.4$、$D_s=0.85$m、$L_s/D_s=1.75$；3—$l=0.5$、$D_s=1.19$m、$L_s/D_s=1.65$；4—$l=0.38$、$D_s=1.35$m、$L_s/D_s=1.5$；5—$l=0.35$、$D_s=1.8$m、$L_s/D_s=1.2$

第四节　离心式煤粉浓缩器的布置[4]

一、 离心式煤粉浓缩器的布置方式

（1）主燃烧器可水平或与水平成 15°布置。

（2）乏气燃烧器可与水平成 0～30°布置。

（3）主燃烧器煤粉引出管的断面可呈圆形、椭圆形、方形或矩形。相对于离心式煤粉浓缩器壳体，煤粉引出管可径向引出或按旋流旋转方向切向引出布置。

（4）旋流器前离心式煤粉浓缩器内气流速度 $w_0\leqslant 15$m/s 时，离心式煤粉浓缩器壳体与垂直方向的安装角可在 0～40°范围内布置。

（5）选取主燃烧器与乏气燃烧器之间的距离 H。选取 H 时既需要考虑乏气对主燃烧区冷却的影响，又应使乏气燃尽。在合理设计的离心式煤粉浓缩器中，乏气的煤粉很细，水分也低，煤粉浓度较低（$\mu_{ven}=0.03\sim0.08$kg/kg），与主燃烧器相比，容易着火和燃尽。如果满足所述的条件，为了减小乏气对主燃烧区冷却的影响，乏气燃烧器喷口距主燃烧器喷口应有足够的高度。炉膛高度已经确定，如果乏气中的煤粉较粗，H 不能太高，会影响乏气中粗煤粉的燃尽度。因此，合理设计的离心式煤粉浓缩器是很重要的。

主燃烧器与乏气燃烧器的布置对合理组织炉内燃烧起着重要的作用。主燃烧器与乏气燃烧器的距离 H 定义为主燃烧器与乏气燃烧器布置的角度相同，则其间距离 H 为主燃烧器的中心线与乏气燃烧器下边缘的距离，见图 5-18（a）；主燃烧器与乏气燃烧器布置的角度不同，H 为主燃烧器的中心线与乏气燃烧器下边缘与炉膛中心线相交点的距离，见图 5-18（b）；对于切向燃烧锅炉，主燃烧器与乏气燃烧器布置的角度不同，H 为主燃烧器中心线出口断面与炉膛中心线相交点的 1/2 处水平线与乏气燃烧器下边缘的距离，见图 5-18（c）。

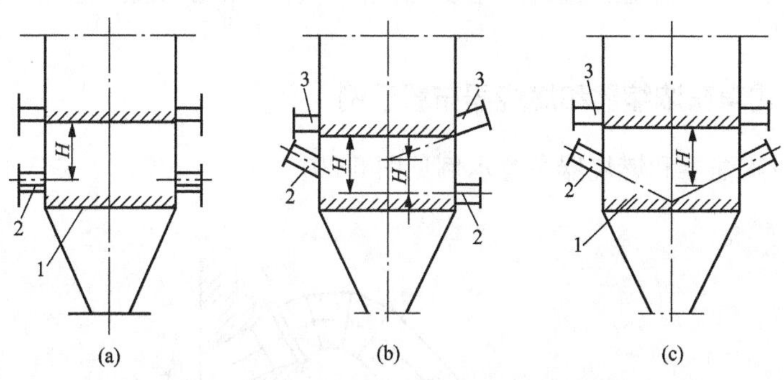

图 5-18　主燃烧器与乏气燃烧器之间的距离 H

（a）主燃烧器与乏气燃烧器的角度相同；（b）主燃烧器与乏气燃烧器的角度不同；
（c）切向燃烧锅炉，主燃烧器与乏气燃烧器布置的角度不同
1—主燃烧区；2—主燃烧器；3—乏气燃烧器

二、主燃烧器与乏气燃烧器之间的距离 *H* 与锅炉输入热量的关系

图 5-19 所示为主燃烧器与乏气燃烧器之间的距离 H 与锅炉输入热量的关系曲线，可参考该图选取 H 值。

燃用低发热量、高水分的褐煤时炉膛温度较低；当褐煤的熔融温度较高，炉膛结渣的可能性较小时，为了保证主燃烧区有足够高的温度，可将燃烧器设计得紧凑一些，这样可以提高主燃烧器与乏气燃烧器之间的距离 H。降低燃烧器组的高度可以获得以下效果。

（1）在每台风扇磨煤机上安装尺寸较大的离心式煤粉浓缩器，以防止大颗粒煤粉的反弹，从而进入到乏气引出管。

（2）可以减少煤粉至各喷口的不均匀度。

（3）在风扇磨煤机没有足够的压头时，可采用提高 l 降低阻力 ξ_{ven}，并相应提高 g_c，参见图 5-9（b）。这样可以补偿主燃烧器区在高热负荷时，因风扇磨煤机压头不够，影响给粉量而导致主燃烧器区出口温度降低。

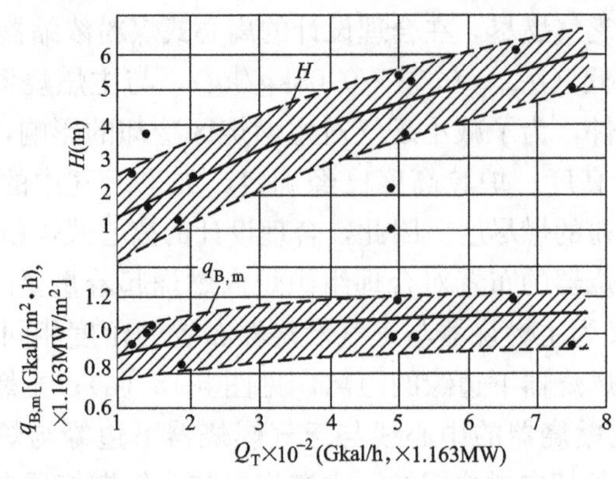

图 5-19 Q_T 与 H 和 $q_{B,m}$ 的关系曲线

H—主燃烧器与乏气燃烧器之间的距离；$q_{B,m}$—主燃烧区（即燃烧器区域）燃烧器区壁面放热强度（热负荷）；Q_T—锅炉输入热量

三、 离心式煤粉浓缩器和燃烧器布置示例

离心式煤粉浓缩器和燃烧器布置示例见图 5-20。

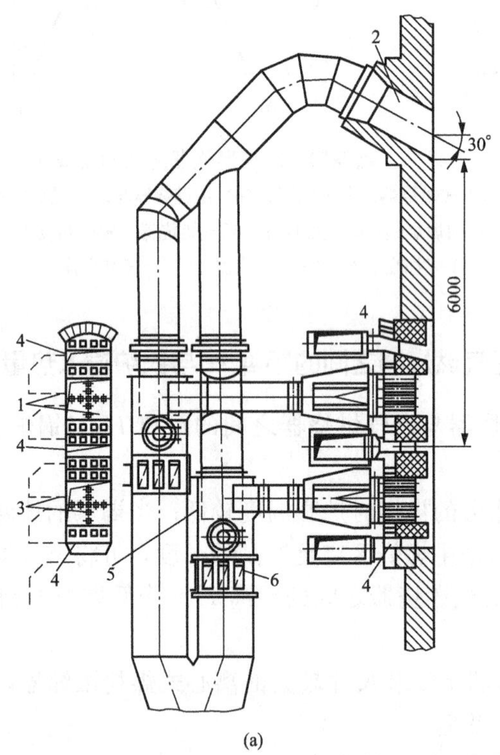

(a)

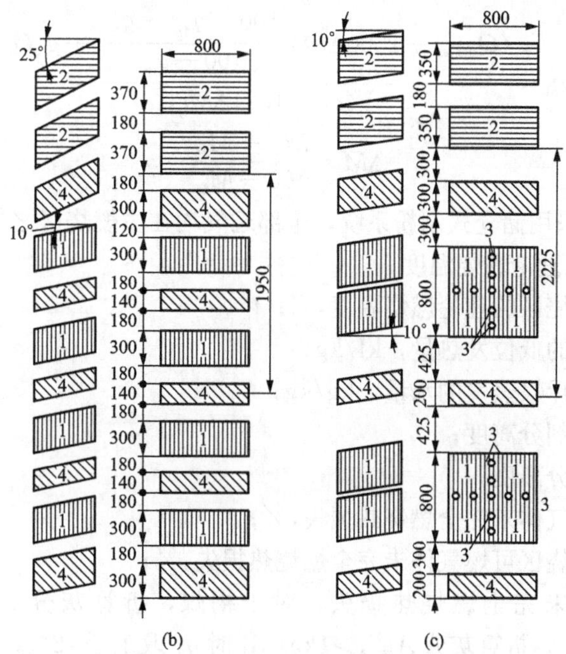

图 5-20 离心式煤粉浓缩器和燃烧器布置示例

(a) 两组离心式煤粉浓缩器的布置方式；(b) 喷口倾斜角度不同的布置方式（分别为10°和25°）；

(c) 喷口倾斜角度相同的布置方式（均为10°）

1—主燃烧器喷口；2—乏气燃烧器喷口；3—十字中心风口；

4—二次风喷口；5—离心式煤粉浓缩器；6—旋流器

第五节 设置煤粉浓缩器的炉膛温度计算

乏气燃烧器下边缘处的炉膛断面与炉膛冷灰斗拐点位置的炉膛断面之间的空间定义为主燃烧区域，见图 5-18。

一、主燃烧区的理论燃烧温度计算[4]

主燃烧区的理论燃烧温度按式（5-5）计算，即

$$\vartheta_{m}^{a}=\frac{[Q_{net,ar}+2500\Delta M(1-l/g_{c})]\dfrac{100-q_{4m}-q_{3m}-q_{6}}{100-q_{4m}}+r\dfrac{l}{g_{c}}I_{rec}+g_{c}Q_{a}}{(1+rl/g_{c})V_{g}c_{g}-(1-l/g_{c})1.24\Delta M c_{H_2O}} \tag{5-5}$$

当 $g_c=l=1$ 时，式（5-5）为

$$\vartheta^{a}=\frac{Q_{net,ar}\left(\dfrac{100-q_{3}-q_{4}-q_{6}}{100-q_{4}}\right)+rI_{rec}+Q_{a}}{(1+r)V_{g}c_{g}} \tag{5-6}$$

式（5-6）表示无煤粉浓缩器和惰性干燥剂，即直吹式制粉系统的锅炉主燃烧区的理论燃烧温度。

当 $l=0$ 时，式（5-5）为

$$\vartheta_{m}^{a}=\frac{(Q_{net,ar}+2500\Delta M)\dfrac{100-q_{4m}-q_{3m}}{100-q_{4m}}+g_{c}Q_{a}}{V_{g}c_{g}-1.24\Delta Mc_{H_2O}} \tag{5-7}$$

$$\Delta M=\frac{M_{ar}-M_{pc}}{100-M_{pc}} \tag{5-8}$$

式（5-7）表示采用储仓式制粉系统，全部乏气均在主燃烧区之外，如热风送粉制粉系统锅炉的主燃烧区理论燃烧温度。

式中　ϑ_{m}^{a}——主燃烧区的理论燃烧温度,℃；

$Q_{net,ar}$——燃煤的低位发热量，kJ/kg；

ΔM——每公斤煤蒸发的水量，kg/kg；

l——干燥剂分离度；

g_{c}——煤粉分离度；

q_{3}——可燃气体未完全燃烧热损失,%；

q_{3m}——主燃烧区可燃气体未完全燃烧热损失,%；

q_{4}——固体未完全燃烧热损失，对于褐煤，折算灰分 $A_{zs,ar}\leqslant$1kg/MJ 时取 0.5%，折算灰分 $A_{zs,ar}>$1kg/MJ 时 q_{4} 取 1%～2%；

q_{4m}——主燃烧区固体未完全燃烧热损失，对于褐煤，折算灰分 $A_{zs,ar}\leqslant$1kg/MJ 时取 3%～4%，折算灰分 $A_{zs,ar}>$1kg/MJ 时取 5%；

q_{6}——灰渣物理热损失,%；

M_{ar}——煤的收到基水分,%；

M_{pc}——煤粉水分,%；

r——烟气再循环系数；

I_{rec}——再循环烟气的焓，kJ/kg；

Q_{a}——热空气输入的热量，kJ/kg；

V_{g}——烟气体积；

c_{g}——在主燃烧区的烟气温度 ϑ_{m}'' 和过量空气系数 α_{m} 条件下，烟气的平均总比热容，kJ/(kg·℃)；

c_{H_2O}——水蒸气的比热容，kJ/(kg·℃)。

二、乏气区的理论燃烧温度计算[4]

乏气区的理论燃烧温度按式（5-9）计算，即

$$\vartheta_{ven}^{a}=\frac{\left\{Q_{net,ar}+2500\Delta M\left[1-\dfrac{1-l}{1-g_{c}}\right]\right\}\times\left(\dfrac{100-q_{3}''-q_{4}''}{100-q_{4}''}\right)+r\dfrac{1-l}{1-g_{c}}I_{rec}}{\left[1+\dfrac{1-l}{1-g_{c}}V_{g}c_{g}\right]-1.24\Delta Mc_{H_2O}\left[1-\dfrac{1-l}{1-g_{c}}\right]} \tag{5-9}$$

式中　q_{3}''——乏气区燃烧的可燃气体未完全燃烧热损失,%；

q_{4}''——乏气区燃烧的固体未完全燃烧热损失,%。

按式（5-9）计算发热量为 5030～5870kJ/kg(1200～1400kcal/kg) 的褐煤，ϑ_{ven}^{a} 为 500～600℃，在该温度下对于细煤粉是可以燃尽的，而粗煤粉需要在主燃烧器中燃烧。

为了在炉内达到稳定和经济的燃烧，即使燃用高挥发分的煤（V_{daf}＝40%～60%），在保证可正常进行固态排渣的情况下，主燃烧区的温度应不低于1150～1200℃。

三、主燃烧区出口至与乏气混合点的温度计算[3]

取 $g_c>0.85$，假设 l 值在 0.2～0.7 范围内，按式（5-10）近似地计算主燃烧区出口至与乏气混合点的温度，在额定负荷下该温度值应不低于1200℃。

$$\vartheta''_m=\frac{\dfrac{100-q_{4m}}{100-q_4}\left[Q_{net,ar}+2.5\Delta M\left(1-\dfrac{l}{g_c}\right)\right]+Q_a+i_{fuel}+r\dfrac{l}{g_c}I_{rec}-5.67\times10^{-11}\alpha_{f,m}(T''_m)^4\dfrac{\Sigma\psi F}{B_c g_c}}{c_m+r\dfrac{l}{g_c}c_{rec}-\left(1-\dfrac{l}{g_c}\right)1.24\Delta M c_{H_2O}} \tag{5-10}$$

$$I^0_{gm}=\frac{I^0_g-1.24\Delta M(1-l/g_c)c_{H_2O}}{1-\Delta M(1-l/g_c)} \tag{5-11}$$

$$I^0_{am}=\frac{I^0_a}{1-\Delta M(1-l/g_c)} \tag{5-12}$$

$$I_{rec}=(1+rl)[I^0_{gm}+(\alpha_m-1)I^0_{am}] \tag{5-13}$$

$$\psi F=\psi_w F_w+\psi' F_1+\psi'' F_2 \tag{5-14}$$

$$\psi_w=x\zeta \tag{5-15}$$

式中 Q_a——热空气输入的热量，kJ/kg；

i_{fuel}——燃料输入热量，kJ/kg；

r——烟气再循环系数；

I_{rec}——再循环烟气的焓，在主燃烧区过量空气系数 $\alpha_m=1$ 条件下的烟气焓，按式（5-11）～式（5-13）计算，kJ/kg；

I^0_{gm}——主燃烧区的烟气焓，kJ/kg；

I^0_{am}——主燃烧区的空气焓，kJ/kg；

I^0_a——空气的焓，kJ/kg；

$\alpha_{f,m}$——炉膛主燃烧区黑度；

5.67×10^{-11}——绝对黑体辐射系数，kW/(m^2·K^4)；

T''_m——主燃烧区出口温度，K；

B_c——计算燃煤量，kg/h；

c_m——在主燃烧区的烟气温度 ϑ''_m 和过量空气系数 α_m 条件下，烟气的平均总比热容，kJ/(kg·℃)；

c_{rec}——在抽烟口处的烟气温度和过量空气系数 α 条件下，烟气的平均总比热容，kJ/(kg·℃)；

c_{H_2O}——水蒸气的比热容，kJ/(kg·℃)；

ψF——热有效系数和主燃烧区的总面积之乘积；

ψ_w——主燃烧区炉壁的平均热有效系数；

x——水冷壁的角系数，按图 5-21 确定；

ζ——污染系数，对于中等结渣特性的褐煤取 $\zeta=0.45$，高结渣特性的褐煤取 $\zeta=0.35\sim0.4$；

F_w——主燃烧区四周的面积，m；

F_1、F_2——主燃烧区上、下的炉膛断面积，m；

ψ'——主燃烧区对上面区段辐射放热的热有效系数，对于固态排渣煤粉炉可取 $\psi'=0.1$；

ψ''——向炉膛冷灰斗方向辐射放热的热有效系数，可取 $\psi''=\psi_w$。

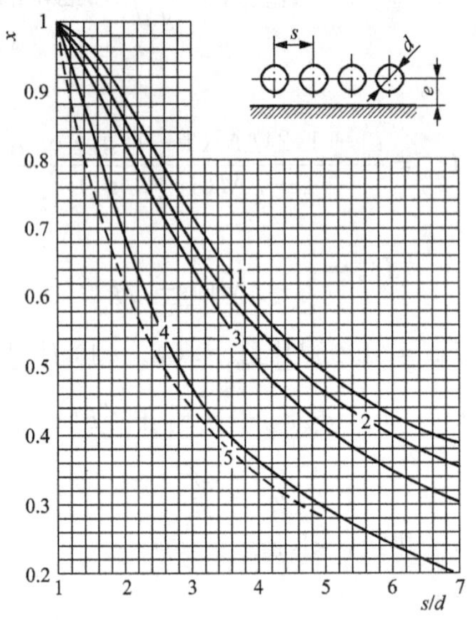

图 5-21　单排光管水冷壁的角系数

1—$e\geqslant1.4d$，考虑炉墙辐射；2—$e=0.8d$，考虑炉墙辐射；3—$e=0.5d$，考虑炉墙辐射；4—$e=0$，考虑炉墙辐射；5—$e=0.5$，不考虑炉墙辐射

其他符合意义见式（5-5）。

降低 l/g_c 是提高理论燃烧温度的主要因素。在一般锅炉炉膛的燃烧中心，为保持 ϑ_m^a 不变，与送入该区域的燃煤量有关；而在设有煤粉浓缩器的炉膛的燃烧中心，则与 $Q_{net,ar,m}$、g_c、B_m 和 $\left(1-\Delta M+\dfrac{l}{g_c}\Delta M\right)$ 有关（$Q_{net,ar,m}$ 为主燃烧区的燃煤发热量，B_m 为主燃烧区的燃煤量）。如保持 l/g_c 不变，主燃烧区的温度随着 g_c 的增加而提高。

图 5-22 所示为 ϑ_m^a 与 l/g_c 的关系曲线。

在主燃烧区域送入的煤粉应不少于 85%（$g_c\geqslant85\%$），对于固态排渣煤粉炉，该区域的最高温度约为 $0.8\vartheta_m^a$，准确的数据需要通过热力计算取得。如果 $g_c\leqslant85\%$，则过多的煤粉会进入乏气燃烧器，导致燃烧过程延迟，使固体未完全燃烧热损失 q_4 增加，而且在一些情况下，会引起炉膛结渣。另外，为了使主燃烧区域燃烧稳定，减小低温乏气的影响，使主燃烧器与乏气燃烧器之间有足够的距离。

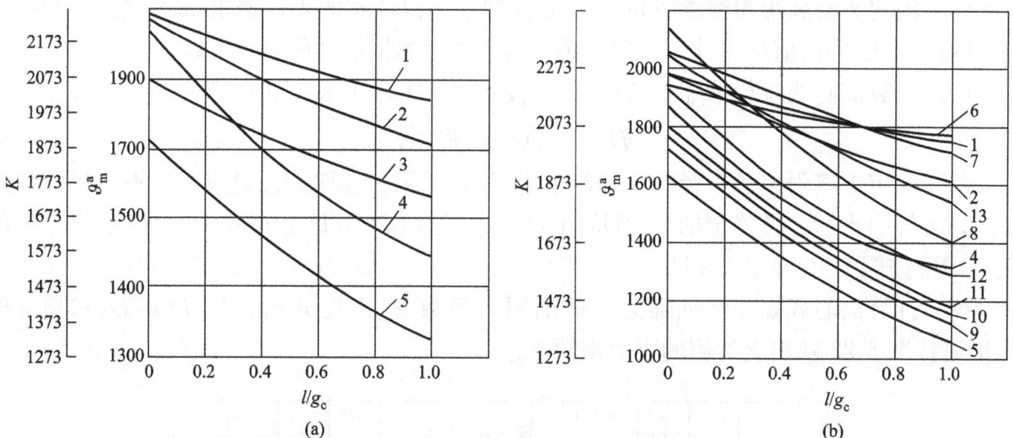

图 5-22 ϑ_m^a 与 l/g_c 的关系曲线

(a) 主燃烧区出口过量空气系数 $\alpha''_m=1.2$，煤粉水分 $M_{pc}=12\%$，热空气温度 $t_{ha}=350℃$；(b) 不同的 α''_m、M_{pc} 和 t_{ha}

1—褐煤 $Q_{net,ar}=15\ 700kJ/kg$ (3470kcal/kg)、$M_t=33\%$、$A_{ar}=6\%$；2—褐煤 $Q_{net,ar}=12\ 550kJ/kg$ (2920kcal/kg)、$M_t=41\%$、$A_{ar}=8.8\%$；3—褐煤 $Q_{net,ar}=9050kJ/kg$(2160kcal/kg)、$M_{ar}=37\%$、$A_{ar}=22.1\%$；4—褐煤 $Q_{net,ar}=8650kJ/kg$(2030kcal/kg)、$M_t=56\%$、$A_{ar}=7.0\%$；5—褐煤 $Q_{net,ar}=5030kJ/kg$(1200kcal/kg)、$M_t=56\%$、$A_{ar}=18\%$；6—褐煤 15 700kJ/kg (3470kcal/kg)、$M_{pc}=16\%$、$\alpha''_m=1.2$、$t_{ha}=350℃$；7—褐煤 15 700kJ/kg(3470kcal/kg)、$M_{pc}=4\%$、$\alpha''_m=1.2$、$t_{ha}=350℃$；8—褐煤 $Q_{net,ar}=8650kJ/kg$(2030kcal/kg) $M_{pc}=12\%$、$\alpha''_m=1.0$；9—褐煤 $Q_{net,ar}=5030kJ/kg$ (1200kcal/kg)、$\alpha''_m=1.2$、$t_{ha}=270℃$；10—褐煤 5030kJ/kg(1200kcal/kg)、$\alpha''_m=1.2$、$t_{ha}=400℃$；11—褐煤 $Q_{net,ar}=5030kJ/kg$(1200kcal/kg)、$\alpha''_m=1.2$、$t_{ha}=500℃$；12—褐煤 $\alpha''_m=1.2$、$Q_{net,ar}=7550kJ/kg$(1800kcal/kg)、$M_t=59\%$、$A_{ar}=4\%$、$M_{pc}=26.6\%$；13—褐煤 12 550kJ/kg (2920kcal/kg)、$\alpha''_m=1.2$、$M_{pc}=4\%$

第六节 离心式煤粉浓缩器的设计计算与选型[4]

一、离心式煤粉浓缩器的设计计算

对于离心式煤粉浓缩器需要确定的量是 l/g_c、D_s、D_{ven}/D_s、L_s/D_s 和 ΔP_{ven}。为了计算需要煤粉特性、磨煤机和分离器出口的相关数据等。

(1) 确定 l/g_c 值。l/g_c 的大致范围为 0.3～0.6，为了保证乏气燃烧器的稳定燃烧和粗颗粒煤粉不进入乏气引出管，要求 $g_c\geqslant85\%$。选取 l/g_c 后，确定 g_c 值即可求出 l 值，一般 $l=0.23$～0.5。随着 l/g_c 的降低，主燃烧区的温度升高，而 l 的降低，乏气侧（乏气引出管和乏气燃烧器）的阻力增加。因此，要综合考虑 l/g_c 值的选取。

(2) 按式 (5-5) 计算主燃烧区的理论燃烧温度 ϑ_m^a。

(3) 按式 (5-10) 计算主燃烧区域出口至与乏气混合点的温度 ϑ''_m。如果计算结果 $\vartheta''_m>1200℃$，则可认为选取的 l/g_c 合适，继续下步计算。否则重新选取 l/g_c 值进行计算。

(4) 计算进入离心式煤粉浓缩器的风粉混合物（一次风）流量 Q_0。根据制粉系统热力计算求取 Q_0，包括干燥剂、蒸发的水分和漏风。

（5）确定离心式煤粉浓缩器的风粉混合物（一次风）的入口速度 w_0。在 7～20m/s 范围内选取几个 w_0 值进行计算，以便确定离心式煤粉浓缩器的直径 D_s。

（6）计算离心式煤粉浓缩器直径 D_s。按式（5-16）计算，即

$$D_s=\sqrt{Q_0/0.785\,w_0} \tag{5-16}$$

（7）确定乏气引出管直径 D_{ven}、D_{ven}/D_s 和 L_s/D_s。选取 D_{ven} 时应考虑不使粗颗粒煤粉进入乏气引出管，按确定的 g_c 值从图 5-9（a）选取 D_{ven}/D_s，确定 D_{ven}/D_s 和已求得的 D_s，即可按图 5-10 确定 L_s/D_s。

（8）计算离心式煤粉浓缩器乏气侧的阻力系数 ξ_{ven}。已知 g_c、l、D_{ven}/D_s 和预选的 w_0 即可按图 5-23 求出乏气侧的阻力系数 ξ_{ven}。

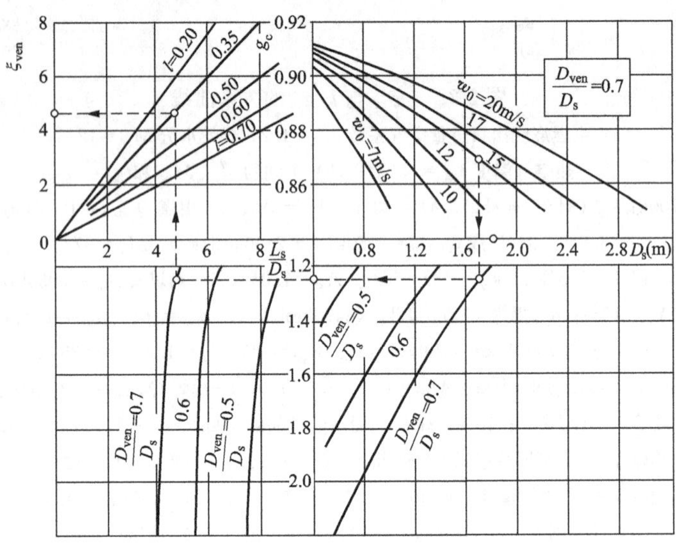

图 5-23　离心式煤粉浓缩器的线算图

（9）计算煤粉浓缩器入口气粉混合物（一次风）密度 ρ_2。

按 DL/T 5145—2012《火力发电厂制粉系统设计计算技术规定》制粉系统热力计算终端干燥剂所述规定计算 ρ_2。

（10）计算煤粉浓缩器的总阻力 Δp。按式（5-17）计算，即

$$\Delta p=\xi_{ven}\frac{w_0^2\rho_2}{2} \tag{5-17}$$

二、离心式煤粉浓缩器的选型与设计参数

（一）离心式煤粉浓缩器选型

（1）当 $l\geqslant0.35$，采用 $D_{ven}/D_s=0.7$、旋流器带有分流锥 $D_{ven}/D_s=0.33$、平滑入口平板叶片 $\alpha=50°$、遮盖度 $K=1$ 的圆形离心式煤粉浓缩器，见图 5-4（c）。叶片的数量 n 与离心式煤粉浓缩器的直径有关：当 $D_s\leqslant1$m 时，$n=6$；当 $1.0m<D_s\leqslant1.5$m 时，$n=8$；$D_s>1.5$m 时，$n=12$。为了保证 $g_c\geqslant0.85$，相应离心式煤粉浓缩器直径 D_s 的入口速度 w_0 见图 5-23。

当已知 D_s、$D_{ven}/D_s=0.7$ 时，按图 5-10 或图 5-23 选取 L_s/D_s，为保证没有粗颗粒

煤粉进入乏气引出管，一般 $L_s/D_s \geqslant 1.2$。

如果 $D_{ven}/D_s=0.7$ 时，因为条件所限不能保证满足 L_s/D_s 的条件，在减小 L_s/D_s 时，同时减小 D_{ven}/D_s。但是减小 D_{ven}/D_s 会引起 g_c 和 ξ_{ven} 的升高，见图 5-8（b）和图 5-9（a）。若出现阻力超过允许值，在 $D_{ven}/D_s=0.6$ 时，可降低 α 至 40°～45°。在 $\alpha=50°$，$D_{ven}/D_s=0.6$ 时，为了降低阻力，旋流器可采用如图 5-6（f）形状的叶片，有很高的遮盖度，等于 $0.5D_{ven}$，同时还可以消除粗颗粒煤粉进入乏气引出管。

煤粉浓缩器尽可能采用较高的 L_s/D_s 值，以致达到 $L_s/D_s=2.5$，因为这样不仅可减少大于 1000μm 的粗颗粒煤粉进入乏气引出管，在 g_c 增加的同时可降低一些阻力 ξ_{ven}，见图 5-8(e)。

（2）当 $0.35>l>0.25$ 和 $g_c \geqslant 0.9$ 时，也可采用圆形离心式煤粉浓缩器，其 $D_{ven}/D_s=0.6\sim0.7$，旋流器的叶片 $\alpha=50°$，并沿高度有遮盖度，如果阻力超过 500Pa，风扇磨煤机的压头一般为 1600～1800Pa，满足不了系统阻力的要求时，则需考虑采用专用的风机输送煤粉，将使系统复杂和布置困难。因此，设计时要特别注意离心式煤粉浓缩器的阻力。

（3）当 $l\leqslant0.20$ 和 $g_c\geqslant0.85$ 时，可采用带渐缩形两级分离的离心式煤粉浓缩器，见图 5-4（d）。

（4）供两个主燃烧器时，可采用双级离心式煤粉浓缩器，见图 5-5（a），旋流器叶片按一定的角度装设，以期达到上、下引出管间的煤粉均匀分配。整个煤粉浓缩器的阻力增加并不显著。

（5）燃用泥煤或含木质纤维易堵的褐煤时，为了避免堵塞，采用无分流锥的旋流器，但是叶片之间需有一定的遮盖度。图 5-24 所示的旋流器 $\alpha=50°$、$Z_{sw}=5$，运行表明，没有堵塞现象。但是，有 1000μm 粗颗粒煤粉进入乏气引出管的情况。为此，在旋流叶片前一定距离布置了 $D_{sw,a}/D_s=0.33$ 的分流锥，起到整流的作用。

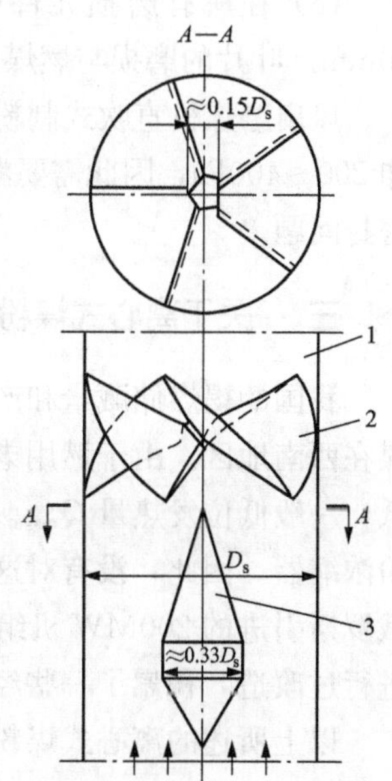

图 5-24　用于泥煤或含木质纤维易堵褐煤的离心式煤粉浓缩器

1—壳体；2—旋流器叶片；3—分流锥

（二）离心式煤粉浓缩器的设计参数

（1）主燃烧器的一次风速度：对于切向燃烧方式为 $W_1=18\sim20$m/s，对于墙式燃烧方式前墙布置为 $W_1=14\sim16$m/s。

（2）主燃烧器的二次风速为 $W_2=40\sim50$m/s。

（3）乏气燃烧器风速为 $W_{ven}=18\sim25$m/s。

（4）旋流器前煤粉浓缩器内的气流速度 $W_0=7\sim20$m/s。

（5）为了提高 g_c 且使 ξ_{ven}（乏气燃烧器侧阻力）和 ξ_m（主燃烧器侧阻力）不变，采用圆形离心式煤粉浓缩器［见图 5-4（c）］和带渐缩形两级分离的离心式煤粉浓缩器［见图 5-4（d）］。为了使煤粉浓缩器的工作不影响锅炉的负荷，通过专门的喷口向乏气引出管和外壳形成的环形空间内送入旋流风（热空气），旋流风的压头必须保持 1000～1200Pa。当锅炉在低负荷运行时，煤粉浓缩器贴壁气流的压头有可能高于旋流风，导致煤粉进入旋流风管道。为了保持旋流风的压头不变（Δp=常数），需要考虑在风道上安装调节挡板或采用专用的旋流风风机；或乏气引出管的插入深度 L_{ven} 应满足 $L_{ven}\geqslant 1.2L_m$ 和 $L_{ven}\geqslant D_{ven}$ 的条件。

(6) 送入离心式煤粉浓缩器的旋流风速度为 $(2.5\sim3.0)w_0$，风量为通过离心式煤粉浓缩器干燥剂量的10%～20%。在 $l=35$，$\Delta p=400$Pa 时，$g_c\geqslant0.85$，实际上没有粗颗粒煤粉进入乏气引出管。

(7) 通往主燃烧器的主气管道阻力 Δp_m（不包括主燃烧器）主要是旋转气流在圆形空间和旋转气流在主燃烧器入口的阻力。乏气管道的阻力决定于乏气管出口的 Δp_{ven} 和弯头的 Δp_w（不包括乏气燃烧器）。主气管道的阻力可表示为 $\Delta p_m=\Delta p_{ven}+\Delta p_w$，主气管道的阻力 Δp_m 取决于主气管道出口断面积和主气管道的入口速度 w_m，即

$$F_m=0.785D_s^2\frac{w_0}{w_m}l \tag{5-18}$$

式中 w_m——主气管道的入口速度，当 $D_{ven}/D_s=0.7$ 时，$w_m=(1.3\sim1.5)w_0$；当 $D_{ven}/D_s=0.6$ 时，$w_m=(1.5\sim1.6)w_0$。

主燃烧器引出管与离心式煤粉浓缩器壳体轴线为90°时，取小值；与壳体轴线小于90°时，取大值。

(8) 在所有磨损元件中旋流器的磨损是比较严重的，叶片的厚度应不小于8～10mm。叶片的磨损与燃煤的磨损特性有关，一般叶片寿命应不小于3～5年。

风扇磨煤机直吹式制粉系统在粗粉分离器之后设置离心式煤粉浓缩器，压头需要增加200～400Pa，因此需要考虑制粉系统中的磨煤机、粗粉分离器和离心式煤粉浓缩器的密封问题。

三、关于离心式煤粉浓缩器的结构设计、计算和选型方面的问题讨论

我国的褐煤储藏量和产量最大的是位于内蒙古和东北地区的老年褐煤，部分年轻褐煤在西南地区。由于燃用老年褐煤的水分较少，一般全水分 $M_t<40\%$，发热量不是很低，一般低位发热量 $Q_{net,ar}$ 为12 540kJ/kg(2995kcal/kg) 左右，电站锅炉不需要采用煤粉浓缩器。因此，没有对这方面进行过试验研究工作，国内只有云南阳宗海电厂一台从俄罗斯引进的200MW机组锅炉采用了离心式煤粉浓缩器，曾对该台锅炉的煤粉浓缩器进行过改造，积累了一些经验。

以上所述的离心式煤粉浓缩器的结构设计、计算和选型均源于俄罗斯文献［3］和文献［4］，通过对文献的了解，需要经过理解、吸收和消化的过程工作。

1. 计算方面

(1) 主燃烧区出口温度 ϑ_m^a 计算［见式(5-5)］中，主燃烧区固体未完全燃烧热损失 q_{4m} 是文献［3］推荐的数据，而没有给出主燃烧区可燃气体未完全燃烧热损失 q_{3m} 和灰渣物理热损失 q_6 的数据，为了进行计算，可考虑按常规锅炉的 q_3 和 q_6 值，用近似的方法计算，以了解主燃烧区出口温度 ϑ_m^a 的大致范围。作为初期设计时的参考。关于 q_{3m}、

q_{4m}和q_6的数据需要通过试验研究和运行实践积累。

(2) 乏气的理论燃烧温度ϑ_{ven}^{a}计算［见式 (5-9)］中，未给出乏气燃烧时的可燃气体未完全燃烧热损失q_3''和固体未完全燃烧热损失q_4''的数据，国内没有进行过这方面的工作，未通过试验进行测量，无法获取该数据。而文献［3］提供了按式 (5-9) 计算褐煤发热量为5030～5870kJ/kg(1200～1400kcal/kg) 的ϑ_{ven}^{a}为500～600℃，并说明在该温度下对于细煤粉是可以燃尽的。虽然不具备计算条件，但是可以了解计算方法和ϑ_{ven}^{a}的数量级概念。

(3) 主燃烧区域出口至与乏气混合点的温度ϑ_m''计算［见式 (5-10)］中，主燃烧区固体未完全燃烧热损失q_{4m}和固体未完全燃烧热损失q_4，目前国内尚没有q_{4m}和q_4的数据时，可按俄罗斯褐煤锅炉的推荐数据[3]，式 (5-10) 中的其他量均可计算。因为文献［3］和文献［4］均提出，为了保证主燃烧区域出口至与乏气混合点的温度在额定负荷下不低于1200℃，以利于在混合点后的炉内燃烧组织。因此需要计算ϑ_m''。

(4) 从图5-23可见，通过g_c、w_0、D_{ven}/D_s、L_s/D_s和l的相互关系，由线算图最后获得乏气侧的阻力ξ_{ven}，然后由式 (5-17) 计算离心式煤粉浓缩器的总阻力Δp。对于旋流锥直径$D_{sw,a}$、叶片形式、数量和角度α、遮盖度K等引起的阻力，需要考虑通过数值模拟计算或气固两相流模化试验，取得旋流器的阻力。

2. 选型方面

(1) 研究离心式煤粉浓缩器结构的各几何尺寸的相互关系。例如，旋流器叶片形式对阻力的影响，见图5-17，需要对不同叶片形式进行研究。

(2) 煤粉分离度g_c和干燥剂分离度l的选取，及其与主要几何尺寸的关系和规律。以便得知如何可获得预期的分离度，从而保证稳定的燃烧工况。需进行数值模拟计算和气固两相流的模拟实验，以获得相关数据。

第七节 煤粉浓缩器的运行实践

一、国外煤粉浓缩器的运行实践

俄罗斯、德国、澳大利亚和欧洲的一些燃用褐煤的电站锅炉，已经有很成熟的煤粉浓缩器运行经验。表5-1列出了国外一些早期电站褐煤锅炉的煤粉浓缩器的设计和运行数据供参考。

二、国内煤粉浓缩器的运行实践[5]

我国的褐煤大部分为老年褐煤，一般水分M_t=25%～40%。因此，没有采用煤粉浓缩器。国内云南地区的褐煤水分较高，水分M_t=40%～56%，云南阳宗海电厂燃用小龙潭（云南可保、凤鸣村地区）褐煤，水分M_t约为45%。20世纪90年代，从俄罗斯引进的200MW机组褐煤锅炉，采用了炉烟干燥风扇磨煤机直吹式制粉系统，惯性分离器与煤粉浓缩器。这是我国唯一一台燃用高水分褐煤采用离心式煤粉浓缩器的褐煤锅炉。

表 5-1　国外一些早期电站褐煤锅炉的煤粉浓缩器的设计和运行数据[4]

项目	夫拉基沃斯多克第2供热站	滨海电站	滨海电站	浦罗多玛伊思电站	哈根-韦德尔电站	浦罗多玛伊思电站
锅炉型号	БКЗ-210	БКЗ-220	БКЗ-670	KSG	—	KSG
锅炉出力(t/h)	210	220	670	280	1630	916
锅炉燃煤特性						
原煤水分 M_t(%)	41	37	37	55	62	55
煤粉水分 M_{pc}(%)	14	2.5	2.5	15	20	20
原煤灰分 A_{ar}(%)	8.9	22.1	22.1	20.0	6.0	12.0
灰的变形温度 DT(℃)	1200	1380	1380	1096	980	1095
灰的流动温度 FT(℃)	1260	1500	1500	1350	1320	1350
发热量 $Q_{net,ar}$(kJ/kg)	12 240	9070	9070	6880	7130	15 880
(kcal/kg)	(2924)	(2166)	(2166)	(1644)	(1700)	(3794)
燃煤量 B_c(t/h)	47.2	65.0	233.5	136	400	537
主燃烧器燃煤特性						
原煤水分 $M_{ar.m}$(%)	26	13.1	13.1	39	51.7	39
发热量 $Q_{net,ar,m}$(kJ/kg)	16 000	13 440	13 440	7770	9800	7770
(kcal/kg)	(3822)	(3210)	(3210)	(1856)	(2341)	(1856)
燃煤量 $B_{c,m}$(t/h)	34.4	41.0	142.0	96.0	268.0	380.0
主燃烧器所占份额						
燃料 g_c	0.85	0.85	0.85	0.90	0.85	0.90
干燥剂 l	0.35	0.20	0.20	0.50	0.50	0.50
锅炉几何尺寸						
宽×深×高（m×m×m）	7.80×7.04×30	7.80×7.04×30	14.00×12.00×52	8.00×9.00×36	15.80×12.6×56.8	16.70×15.00×63.4
燃烧器组高度 h(m)	3.19	5.75	8.80	3.50	8.00	12.50
主燃烧器组高 h_m(m)	1.50	1.50	2.80	2.00	4.25	9.00
主燃烧器至乏气燃烧器之间的距离 H(m)	1.55	3.75	5.40	1.20	6.00	5.00
燃烧器与水平线的角度(°)						
主燃烧器	0.0	0.0	0.0	10.0	10.0	0.0
乏气燃烧器	0.0	0.0	0.0	10.0	0.0	0.0

1. 制粉系统与离心式煤粉浓缩器的基本情况

阳宗海电厂1号200MW机组锅炉（670t/h）设计煤种是云南可保、凤鸣村的高水分褐煤，设计煤质：水分 M_t=44%，灰分 A_{ar}=17.78%，发热量 $Q_{net,ar}$=8.332MJ/kg。

炉烟干燥风扇磨煤机直吹式制粉系统，磨煤机为俄罗斯生产的MB3400/900/490风扇磨煤机，粗粉分离器为与磨煤机一体的可调折向挡板式粗粉分离器。由于燃用的褐煤水分高，在粗粉分离器后设置了具有乏气分离功能的离心式煤粉浓缩器。

经过粗粉分离器后的合格煤粉气流，通过设置在离心式煤粉浓缩器下部的旋流器产生旋流，在煤粉浓缩器内进行煤粉浓淡分离，浓煤粉气流由设置在煤粉浓缩器侧面的一次风管以切向引出，分上、下两路经主燃烧器送入炉膛，含煤粉较少的乏气在主燃烧区上部的乏气燃烧器送入炉膛。通过布置在煤粉浓缩器侧面的旋流空气喷嘴［见图 5-4（c）、图 5-4（d）］输送热风（或称旋流风），在一次风引出浓缩器圆筒后即送入并混合到一次风气流中，实现重新分散煤粉浓缩器外壳切向引出的高浓度煤粉，并为后续一次风管道提供足够的输送煤粉所需能量。阳宗海电厂 200MW 机组 1 号锅炉燃烧器结构见图 5-25，每只燃烧器有 4 个一次风喷口，在其周围送入二次风，其作用是向炉膛辅助输送煤粉，以及防止煤粉离析散射，补充射流中空气份额，减少碳未完全燃烧热损失。在燃烧器备用时可冷却喷口。

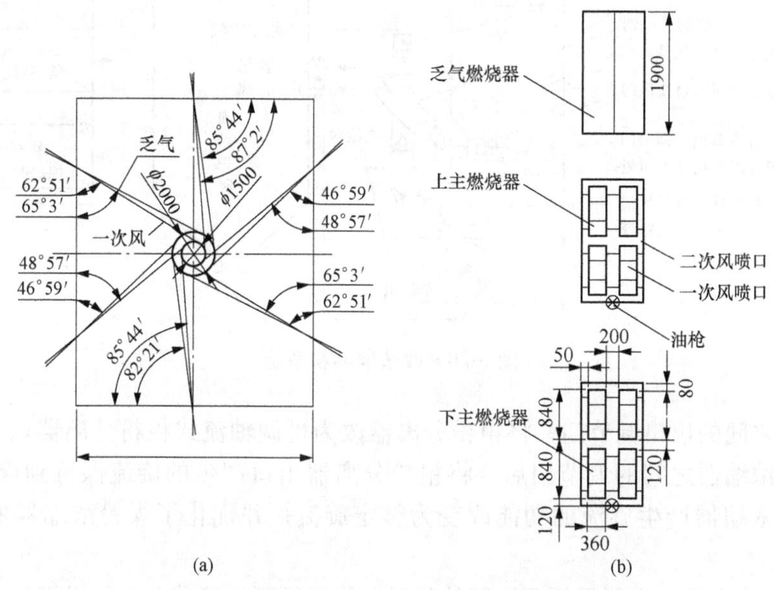

图 5-25　阳宗海电厂 200MW 机组 1 号锅炉燃烧器结构

（a）燃烧器平面布置；（b）燃烧器与乏气喷口纵向布置

2. 制粉系统改造

制粉系统改造前，六台风扇磨煤机的平均煤粉细度 $R_{90}=64\%$，六台离心式煤粉浓缩器一次风所含煤粉与乏气所含的煤粉比为 79∶21，实际输送用辅助热风（即旋流风）占一次风总风量的比约为 20%；对应的设计煤粉细度 $R_{90}=50\%$，一次风所含煤粉与乏气所含煤粉比例为 75∶25，实际输送用辅助热风占一次风占比约为 23%。改造前的制粉系统，见图 5-26。

（1）制粉系统改造前的主要问题：

1）褐煤中的内在水分由投产时的 11%左右，下降到改造前的 4.5%，导致制粉系统出口的煤粉水分大幅度下降，因而需要提高磨煤机的干燥出力。

2）煤质较投产时下降明显，加之机组老化、效率降低，相同负荷下燃煤量增加。

3）制粉系统常年运行磨损，漏风明显增加，出力较投产时下降。

（2）由于上述问题，致使制粉系统出力不足，机组长期无法满负荷运行。为此，对 1 号锅炉的制粉系统进行了改造，改造内容主要是以下几方面：

1）拆除原有的可调折向挡板式粗粉分离器、原离心式煤粉浓缩器以及粗粉分离器与

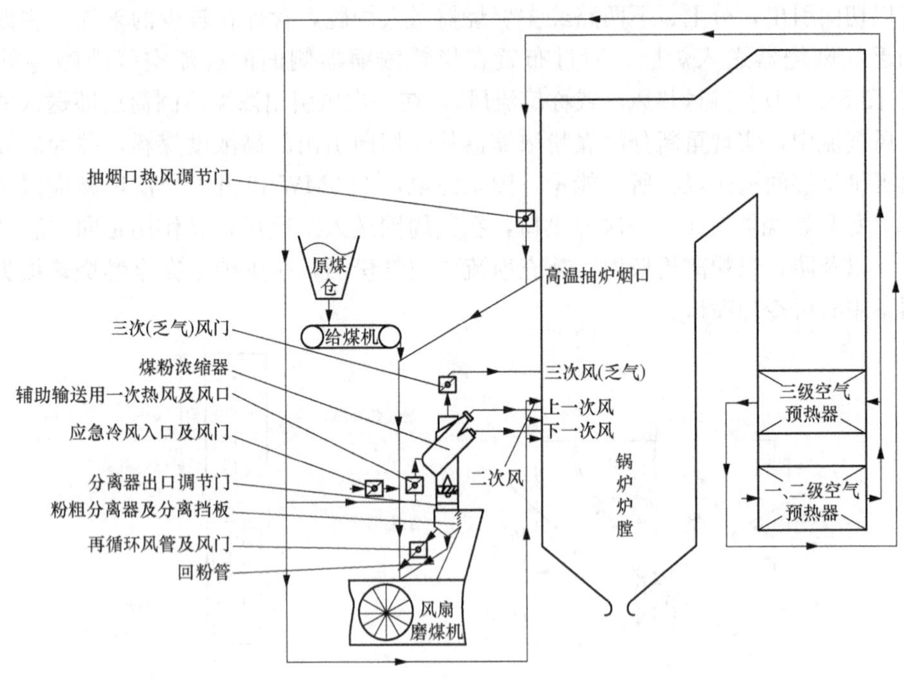

图 5-26　改造前制粉系统

煤粉浓缩器之间的出口调节门；将粗粉分离器改为可调轴流式粗粉分离器；取消粗粉分离器与煤粉浓缩器之间的调节门后，将粗粉分离器出口产生的旋流保持到煤粉浓缩器，使原来煤粉浓缩器产生旋流的功能改变为整定旋流；并优化了煤粉浓缩器的相关结构参数。

2）改变了粗粉分离器再循环风管的位置，将再循环风管移至乏气风管处。

3）减小了粗粉分离器回粉管的通流面积。

改造后的制粉系统见图 5-27。

（3）对在役机组进行改造，往往受到原有设备和位置等原因的限制，而不能完全达到合理的设计要求，阳宗海电厂的 1 号锅炉改造即因为空间位置等原因所限，在改造时遇到了一些无法克服和需要注意的问题。具体问题包括：

1）由于锅炉主钢梁的限制，轴流式粗粉分离器的容积强度达到了 12 000$m^3/(m^3 \cdot h)$，远远超过了设计规范推荐的范围，虽然粗粉分离器最终还能够正常运行，但过高的容积强度使得煤粉无法有效控制得更细，同时，粗粉分离器的阻力也难以有效控制。

2）由于将再循环风管设置于乏气管的位置，较原再循环风管位置明显提高，因此在制粉系统低出力运行时，制粉系统所耗电能与最大出力时相比较下降不多，制粉系统电耗在低出力运行时没有优势，但在低负荷下由于进入煤粉浓缩器的气流流量相对较大，可以保证较高的煤粉浓缩率。

3）当煤粉浓缩器上、下一次风之间粉量分配隔板安装不当时，可能导致下一次风管中粉量过多，从而造成煤粉堵管。

3. 轴流式粗粉分离器的设计

（1）经阳宗海电厂多年积累的褐煤煤质数据及其他相关资料表明：褐煤内在水分与

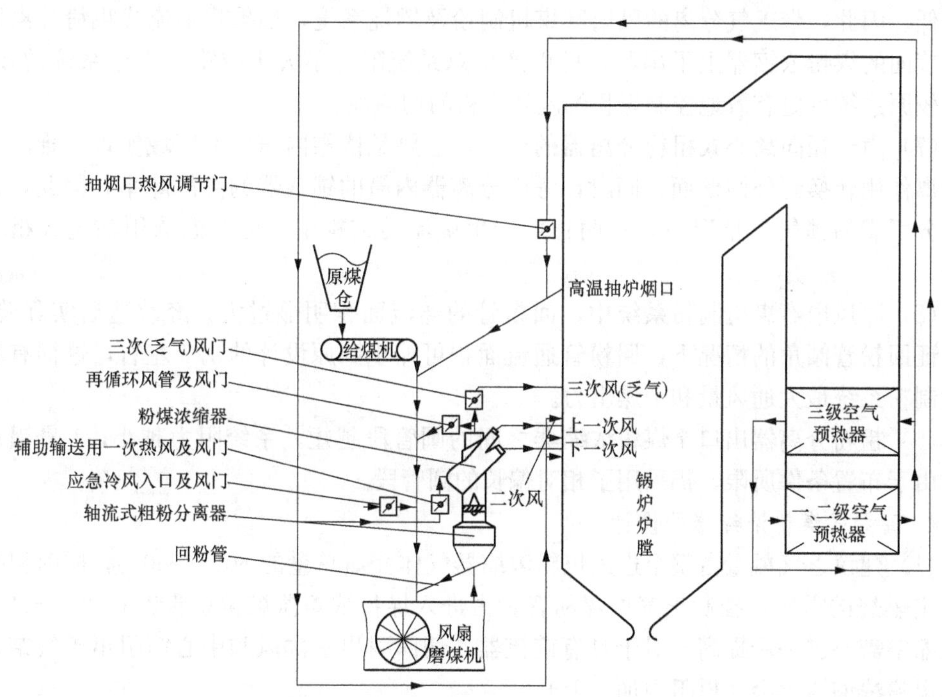

图 5-27　改造后的制粉系统

确定形式的制粉系统磨煤机出口的煤粉水分呈线性相关关系，即褐煤内在水分越高，确定制粉系统及相同运行参数下的煤粉水分也就越高；反之亦然，在核算制粉系统干燥出力时，应考虑这一因素。

(2) 如果采用轴流式粗粉分离器，内筒需采用台阶底（平台底）的方式。这样，在风粉气流高速离开磨煤机出口时，既可增加一次正面撞击的机会，又可有效缓解内筒的磨损速度，且内筒台阶底（平台底）部最大尺寸应大于磨煤机出口任意方向上尺寸的1.05 倍以上。

(3) 考虑粗粉分离器入口的风粉流速很高，且含有大量的粗颗粒煤粉（或杂物），因此粗粉分离器内筒应整体设计为密封结构，不宜采用在内筒内部的回粉方式，以避免回粉锁气器快速失效造成气流短路。

(4) 在有空间的条件下布置粗粉分离器时，其容积强度宜选择在 4000～6000m^3/(m^3·h) 的范围内，以避免粗粉分离器阻力过大，并能保证适度的煤粉细度。通过适当的结构设计，以提高粗粉分离器分离效率；在控制适当煤粉细度的同时，适度降低磨煤机内的煤粉浓度，以降低磨制高灰分褐煤时磨煤机堵塞的概率。

(5) 风扇磨煤机的特定研磨方式决定了煤粉细度难以达到中速磨煤机的水平，因此，即使是采用轴流式粗粉分离器，也不建议控制煤粉细度 R_{90} 在 40%以下，轴流式粗粉分离器宜采取的叶片倾角范围在 42°～60°之间。

(6) 单独的轴流式粗粉分离器阻力将略大于传统设计的可调折向挡板式粗粉分离器（两者的煤粉细度控制水平也不尽相同），但由于取消了磨煤机出口调节门，同时将带有旋转的气流直接送入煤粉浓缩器，其旋流器由原来启旋作用变为整流作用，阻力也有所降低。因此，带乏气分离的风扇磨煤机制粉及燃烧系统，如果将轴流式粗粉分离器和相同旋向的煤粉浓缩器上下串联，可以产生总系统阻力不大于或略小于原系统的效果，同时较原系统可更有效地控制煤粉细度和煤粉的均匀性。

(7) 由于径向离心式粗粉分离器的分离，主要是依靠内筒内部区域实现，难以实现将分离作用转换到外筒壁面。同时，考虑分离器内筒的锁气器的高故障率，因此，在没有充分可靠的锁气器情况下，在两种可产生旋流的结构中，可考虑选用轴流式粗粉分离器。

(8) 原风扇磨煤机制粉系统中，回粉管的通流面积明显过大，经改造后实际验证：在保证回粉管倾角的情况下，回粉管通流面积可缩小到原设计的 1/3 左右，这样有利于增大制粉系统最大通风量和干燥出力。

(9) 粗粉分离器出口至煤粉浓缩器之间的圆管段越短，系统阻力越小，1 号锅炉改造时由于布置条件所限，仍采用了相对偏长的圆管段。

4. 离心式煤粉浓缩器的设计

(1) 建议乏气风量占整个进入煤粉浓缩器气体介质总量的 50%～60%，同时根据煤粉稳定燃烧的需要，控制乏气中煤粉含量占进入煤粉浓缩器煤粉总质量的 20%～25%，如浓缩率需要进一步提高，对于具有旋流器、切向引出一次风和中心筒引出乏气结构形式的煤粉浓缩器，会使得阻力加速上升。

(2) 如果煤粉浓缩器入口气流为直流，则煤粉浓缩器合理的阻力范围在 310～370Pa 之间；如果煤粉浓缩器入口气流为旋流，则阻力会根据入口的旋流强度有所变化，但其阻力均小于直流。

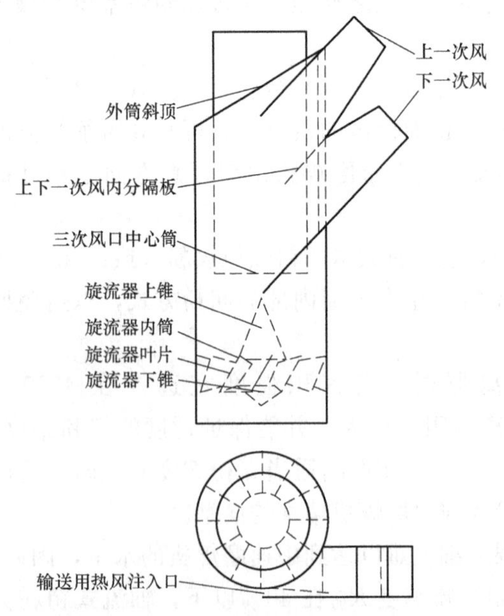

图 5-28　煤粉浓缩器旋流器的结构示意图

(3) 煤粉浓缩器的关键结构和设计包括旋流器的结构及位置、一次风切向引出管的位置设计、输送用热风喷嘴的结构和设计，以及乏气引出管的位置设计。旋流器主要结构为旋流器叶片、旋流器内筒、旋流器上锥及下锥。煤粉浓缩器旋流器的结构示意见图 5-28。

(4) 旋流器叶片可以选择延伸到外筒壁的完整叶片，也可以选择不延伸到外筒壁的部分叶片，选择前者的优点为旋流器通过叶片实现固定，无需额外的固定措施，缺点为阻力稍大，且设计上、下一次风分隔板时，需考虑平均几何等分的情况下，更多的煤粉可能进入下一次风管；选择后者的优点为阻力稍小，且上、下一次风量容易实现平衡分配，缺点是需要较复杂的旋流器固定体系，且旋流器的安装容易歪斜；通常选取的叶片出口角度在 40°～44°的范围内（视浓缩参数的选取而定）。

(5) 旋流器内筒的直径宜选择在外筒直径的 0.3～0.4 范围内，过小则乏气带粉增加，过大则阻力增加；内筒高度以适合叶片内部安装连接为宜。

（6）旋流器下锥顶角宜控制在90°～110°范围。

（7）旋流器上锥顶角宜控制在19°～23°范围。

（8）斜向引出的一次风管角度，一般为45°。需注意上、下一次风分叉口分别与斜引出角之间以小角度过渡，最好控制在不超过10°范围。

（9）上、下一次风分隔板需根据前面的旋流器设计参数合理设置，包括分隔板长度及角度，在几何等分的情况下，下一次风的进粉量会大于上一次风，分隔板应控制下一次风含粉量不超过上一次风含粉量的20%。

（10）来自旋流器的一次风气流与输入的热风（旋流风）的比例可设置在75：25～70：30的范围，送入的热风与煤粉气流的混合处应注意其均匀性，以及对煤粉分布的重新调整与导向。

（11）乏气引出管直径与乏气流量有关，插入深度按照距离旋流器叶片出口0.95～1.1倍外筒直径考虑。

（12）外筒斜顶可以按照一次风斜引出角度（45°左右）取值，也可以选取略缓的坡度，但是坡度差值不宜超过10°（即与水平方向夹角在35°～45°之间）。

（13）如需要平衡乏气与一次风之间的阻力，以产生合适的一次风、乏气流量分配，乏气插入管的端部可考虑选取适当长度的锥形管段，并采用下口缩小的形式，且与竖直方向夹角不宜超过20°。

（14）考虑风扇磨煤机磨制的煤粉偏粗，为了增加风粉气流进入炉膛的穿透能力，并减少煤粉的离析落粉，推荐选取较高的一次风速度，一次风速度控制在18m/s以上，但不超过25m/s。进行系统阻力计算时，可按推荐的风速范围核算。

5. 风扇磨煤机制粉系统粗粉分离器与离心式煤粉浓缩器一体化设计

（1）阳宗海电厂1号锅炉是国内唯一的一台褐煤锅炉采用了离心式煤粉浓缩器。在进行制粉系统改造时，由于设备和空间位置等原因的限制，采用了粗粉分离器与煤粉浓缩器一体化设计，即采用了轴流式粗粉分离器和离心式煤粉浓缩器的组合结构。

（2）通过制粉系统改造，对煤粉浓缩器几何尺寸的选取，主气（浓粉气流）和乏气（淡粉气流）的分配比例，一次分速度的选取等方面积累了宝贵的设计和运行经验。

（3）运行实践表明，采用轴流式粗粉分离器和离心式煤粉浓缩器的组合结构，尽管由于条件所限，在一些结构方面未能满足合理的设计要求，如粗粉分离器的容积强度。但是，制粉系统改造后，满足了锅炉带负荷能力，锅炉热效率有所提高，在高海拔地区可燃用水分M_t=46%、发热量$Q_{net,ar}$=8MJ/kg的褐煤，取得了很好的效果。

（4）阳宗海电厂1号锅炉改造时采用的个别设计参数，与前面所述推荐的设计参数有所不同，是考虑了锅炉的具体情况而确定的。

轴流式粗粉分离器和离心式煤粉浓缩器的组合结构在阳宗海电厂得到应用。德国、澳大利亚和俄罗斯等国家，锅炉燃用高水分褐煤，配置风扇磨煤机直吹式制粉系统，多采用粗粉分离器和离心式煤粉浓缩器分离的布置方式。一般在风扇磨煤机的惯性分离器之后，再布置离心式煤粉浓缩器，取得了丰富的设计和运行经验。

参 考 文 献

[1] 贾鸿祥．制粉系统设计及运行．北京：水利电力出版社，1995.

[2] 能源部科技司，西安热工研究院．褐煤燃烧技术——常规火电站燃烧技术，分项技术报告之九，中德合作项目．能源部科学技术司，1989.

[3] Э. Х. Вербовецкий Н. Г. Жмерика. Методические указания по проектированию топочных-устройств энергетических котлов. Санкт-петерург，1996.

[4] В. Е. Маслов. Пылеконцентраторы в топчной технике. Москва энергия，1977.

[5] 张含智，等．高水分褐煤锅炉制粉及燃烧关键技术的研究和设备开发．国电阳宗海发电有限公司，云南电力技术有限责任公司，2010.

第六章

风扇磨煤机与制粉系统

风扇磨煤机的结构形式与离心风机相似，其转速为425～1000r/min，属于高速磨煤机。它由工作叶轮和蜗壳形外罩组成，叶轮上装有8～12个叶片，称为打击板（或称冲击板）。蜗壳内壁装有护甲。磨煤机出口为粗粉分离器。

风扇磨煤机本身能同时完成燃料的干燥、磨碎、干燥介质的吸入及煤粉的输送等过程。它既能磨煤又能鼓风送粉，故可使制粉系统简化。非常适合磨制水分高的褐煤。

第一节　风扇磨煤机的类型与工作特点

一、风扇磨煤机的类型

1. S型和N型风扇磨煤机

德国的S型（Steikohle mühle）风扇磨煤机用于水分M_t<35%的烟煤和老年褐煤，或称为烟煤型风扇磨煤机；我国称S型风扇磨煤机为FM型，以FM(S)表示；N型（Naβkole mühle）风扇磨煤机用于水分M_t>35%的年轻褐煤（软褐煤）和木质褐煤（lignite），或称为褐煤型风扇磨煤机。

S型和N型风扇磨煤机的主要差别在于其张开度的大小，张开度的定义是风扇磨煤机的蜗壳与叶轮之间最大间隙与叶轮半径的比值。S型的张开度小，N型的张开度大。这是为了适应原煤水分蒸发成水汽后在蜗壳内能有合适的环向流速将煤粉输出蜗壳。

S型风扇磨煤机见图6-1，其系列性能参数见表6-1[1]，N型风扇磨煤机见图6-2，其系列性能参数见表6-2[2]。

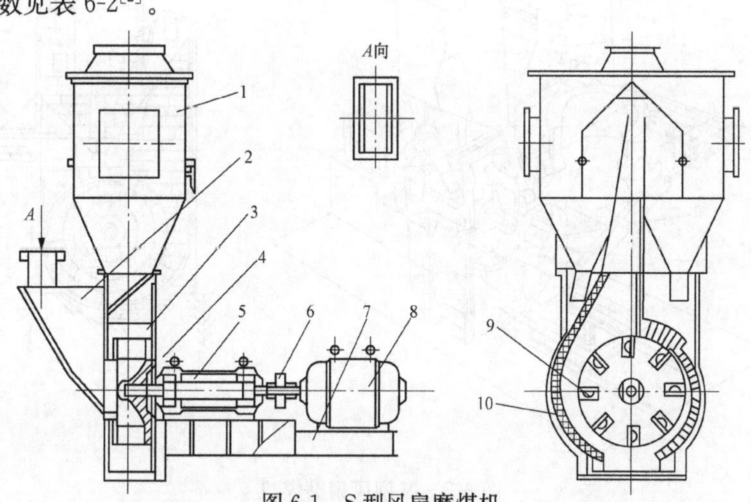

图6-1　S型风扇磨煤机

1—分离器；2—加料门；3—机体；4—叶轮；5—轴承箱；6—联轴器；7—底座；8—电动机；9—打击板（冲击板）；10—护甲

表 6-1　　FM (S) 型风扇磨煤机系列性能参数[1]

型号	出力 B_{M0} (t/h)	叶轮直径 D_2/D_1 (mm/mm)	叶片高度 L (mm)	叶片宽度 b (mm)	转速 n (r/min)	通风量 Q_0 (m^3/h)	提升压头(带粉) t''=12℃ (Pa)	纯空气提升压头 t''=120℃ (Pa)	电动机功率 P (kW)
S9.10(FM159.380)	9	1590/1010	290	380	1000	17 000	2160	2800	225
S12.75(FM219.380)	12	2190/1490	350	350	750	22 000	2160	2800	300
S14.75(FM220.400)	14	2200/1500	350	400	750	25 000	2160	2800	340
S16.75(FM220.440)	16	2200/1500	350	440	750	28 000	2160	2800	380
S20.60(FM275.480)	20	2750/2030	360	480	600	38 000	2160	2800	400
S25.60(FM275.590)	25	2750/1850	450	590	600	46 000	2160	2800	450
S32.60(FM275.755)	32	2750/1850	450	755	600	59 000	2160	2800	700
S36.50(FM318.644)	36	3180/2270	454	644	500	56 000	2000	2700	800
S40.50(FM340.760)	40	3400/2420	490	760	500	76 000	2300	3000	880
S45.50(FM340.880)	45	3400/2420	490	880	500	88 000	2410	3100	1000
S50.50(FM340.970)	50	3400/2420	490	970	500	97 000	2480	3200	1100
S55.50(FM380.940)	55	3800/2688	578	940	450	106 000	2480	3200	1200
S57.50(FM340.1060)	57	3400/2470	465	1060	500	106 000	2480	3200	1250
S60.45(FM380.1030)	60	3800/2644	578	1030	450	116 000	2480	3200	1300
S65.45(FM380.1150)	65	3800/2644	578	1150	450	130 000	2580	3300	1425
S70.45(FM380.1200)	70	3800/2644	578	1200	450	135 000	2560	3300	1550
S80.42(FM400.1310)	80	4000/2644	678	1310	425	154 210	2560	3300	1750

注　表中提升压头值为 HGI=57、R_{90}=50%、标准大气压下，打击板磨损初期数值（磨煤机入口至出口，分离器前）。

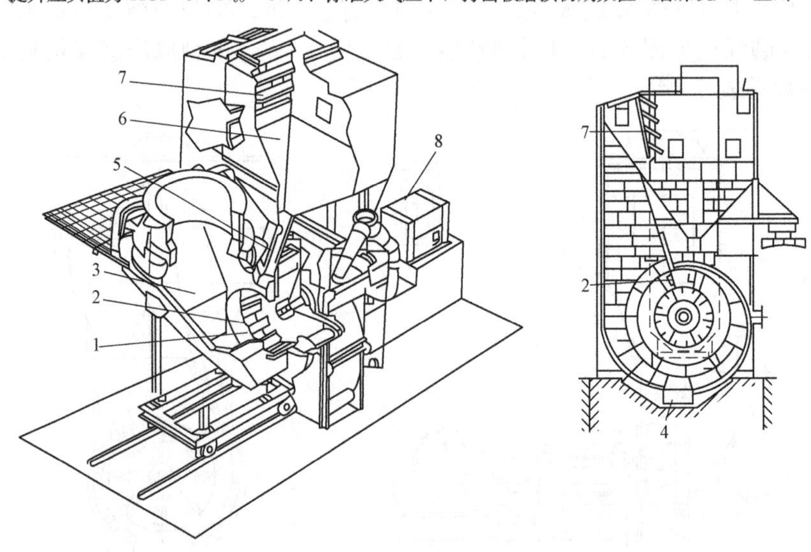

图 6-2　N 型风扇磨煤机

1—叶轮；2—打击板（冲击板）；3—干燥剂和原煤入口；4—铁块收集箱；5—粗粉回流口；6—分离器；7—分离器调节挡板；8—电动机

表 6-2　　N 型风扇磨煤机系列性能参数[2]

型号	基本出力(t/h)	磨煤机转速(r/min)	电动机功率(kW)
N35.75	35	750	320
N40.75	40	750	380
N45.60	45	600	400
N55.60	55	600	420
N60.50	60	600	460
N65.60	65	500	500
N75.50	75	500	570
N85.50	85	500	650
N100.45	100	450	765
N120.45	120	450	920
N135.45	135	450	1035
N150.45	150	450	1200

2. MB 型风扇磨煤机

20 世纪 70 年北方重工集团公司（原沈阳重型机器厂，简称北方重工）从德国能源与工程技术公司（EVT）引进的 S 型风扇磨煤机的提升压头一般为 800Pa，随着锅炉机组容量的增加，S 型风扇磨煤机的提升压头等技术参数，已不能满足燃用褐煤的大容量锅炉的要求。21 世纪初叶，北方重工从俄罗斯塞兹兰重型机器公司（ТЯЖМАШ）引进了 MB 型（Мельница-Вентилятор）风扇磨煤机，MB 型风扇磨煤机是在 S 型和 N 型风扇磨煤机的基础上改进的磨型，对粗粉分离器和磨煤机的叶轮结构等也进行了改进，可以适应全水分 $M_t>35\%$ 的褐煤。MB 型风扇磨煤机见图 6-3，其系列性能参数见表 6-3[3]。北方重工引进俄罗斯 MB 型风扇磨煤机与德国 S 型风扇磨煤机的主要差别见表 6-4。

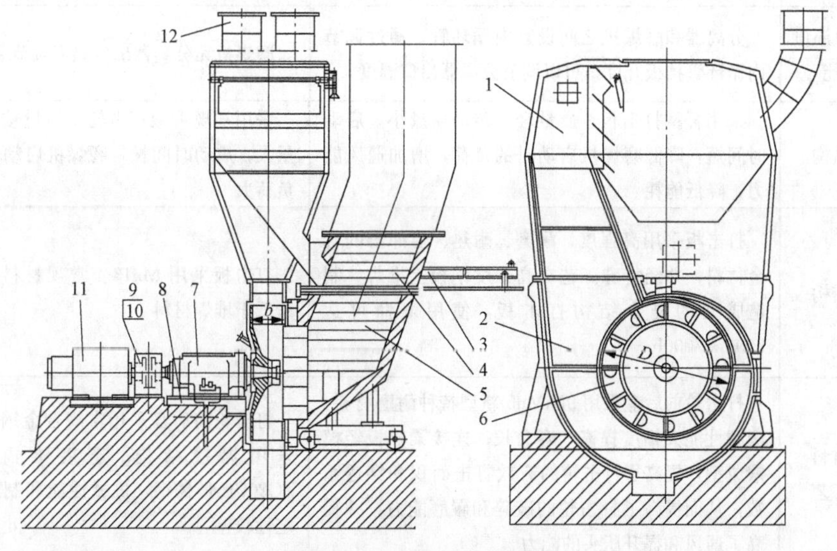

图 6-3　MB 型风扇磨煤机

1—粗粉分离器；2—磨煤机本体；3—关断门；4—连接管；5—落煤管；6—转子（叶轮）；
7—轴承；8—轴承底座；9—弹性连轴节；10—联轴节护罩；11—电动机；12—安全阀

表 6-3　　MB型风扇磨煤机系列性能参数[3]

项目	磨煤机标准出力（t/h）	提升压头（Pa）	出口通风量（m^3/h）	打击轮直径（mm）	打击板宽度（mm）	打击轮转速（r/min）	主电动机功率（kW）
MB3400/800/490	64	1800	185 000	3400	800	490	900
MB3400/900/490	80	1800	220 000	3400	900	490	1120
MB3550/1000/490	94	1800	265 000	3550	1000	490	1400
MB3600/1150/490	110	1800	310 000	3600	1150	490	1600
MB3850/1250/450	130	1800	350 000	3850	1250	450	1850
MB4100/1300/420	140	1800	400 000	4100	1300	420	2000

注　1. 磨煤机基本出力的计算条件：进料粒度小于或等于30mm、哈氏可磨度HGI=80、水分M_t=40%、干燥基灰分A_d<16%、煤粉细度R_{90}=45%。

2. 磨煤机提升压头和通风量的计算条件：标准大气压101.3kPa，分离器出口温度为150℃。

表 6-4　　俄罗斯MB型风扇磨煤机与德国S型风扇磨煤机的主要差别

项目	俄罗斯MB型风扇磨煤机	德国S型风扇磨煤机
出口风量调节性能	分离器上部装设风量调节挡板及风量内循环调节回路装置，可调节磨煤机的出口通风量	分离器无风量调节挡板及风量内循环回路装置，不能调节磨煤机的通风量
提升压头	提升压头高，磨制40%的高水分褐煤时，压头最高可达1870Pa，在低负荷时更高	提升压头低，最高为800Pa
适应煤粉水分	对原煤水分高达50%及以上的褐煤，有良好的适应性	对原煤水分高的煤种，提升压头将有大幅度降低
分离器出口温度调节性能	分离器和磨煤机之间设置内循环管，通过调节内循环管挡板开度，可以调节分离器出口温度	磨煤机无分离器出口温度调节装置
打击轮结构	采用轻型打击板，质量轻，转动惯量小，启动时间短，降低磨煤机启动时的负荷，增加通风能力，降低能耗	采用常规重型打击轮，质量重，转动惯量大，启动时间长，磨煤机启动时的冲击负荷大
打击板结构	打击板采用高强度、耐磨、耐热、耐冲击的合金材料，并经特殊工艺在高强度钢板上堆焊，制造成型的复合结构打击板，使用寿命可达3000～7000h	打击板采用Mn13-4常规材料，使用寿命低于堆焊材料
打击轮材料和制造工艺	打击轮前后盘采用9NiMn5新型特种耐磨材料，耐磨性能大幅度提高，寿命长；连接梁辐板经模锻成型，提高了打击轮的有效打击面积和穿透系数，从而提高了打击轮的破碎和碾磨能力，并提高了通风和提升压头的能力	打击轮前后盘采用常规合金钢，连接梁采用焊接结构，连接梁辐板采用ZG20CrMo铸钢，机械性能和制造质量稳定性较差

3. 带前置锤风扇磨煤机

带前置锤风扇磨煤机是从锤击磨煤机演变而来的。早期的结构基本是以锤击磨煤机为主，风扇磨煤机为辅，锤击部分的排数和每排的锤子数量都比较多，如德国巴布科克公司（Babcock）生产 DGS90 型风扇磨煤机装了 10 排锤子，每排 12 个。通风阻力大，对磨煤机出力不利。后来改进了结构，加装的前置锤一般不超过 3 排，每排 4～6 个锤子。带前置锤风扇磨煤机（DGS 型）前置锤与风扇磨煤机叶轮装在同一个轴上，转向和转速相同，见图 6-4；而德国能源与工程技术公司（EVT）生产的带前置锤风扇磨煤机（N 型）前置锤是装在另一个轴上，由另一个电动机驱动，转向和转速都可以不同于风扇磨煤机叶轮，见图 6-5。Babcock 的 DGS 型和 EVT 的 N 型性能系列参数见表 6-5[4]。

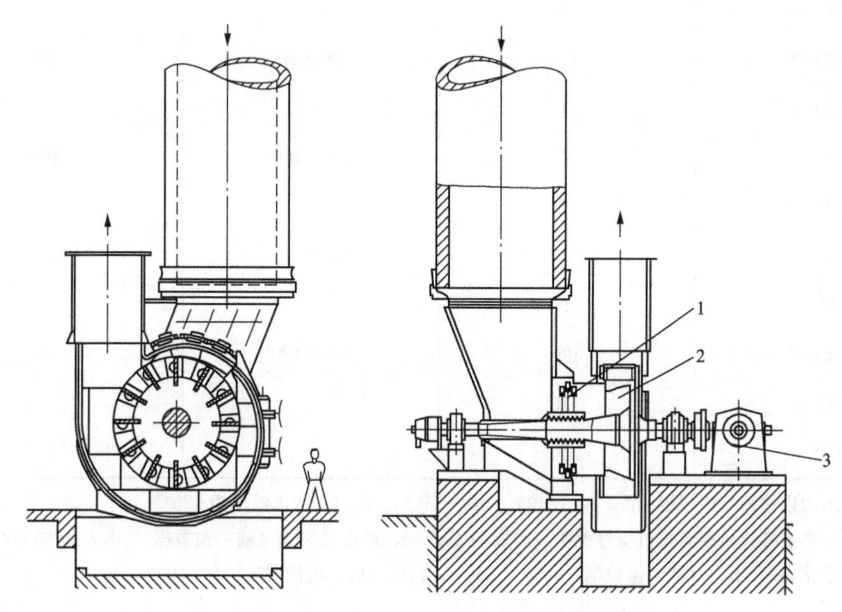

图 6-4 德国 Babcock（DGS 型）带前置锤风扇磨煤机

1—前置锤；2—叶轮；3—电动机

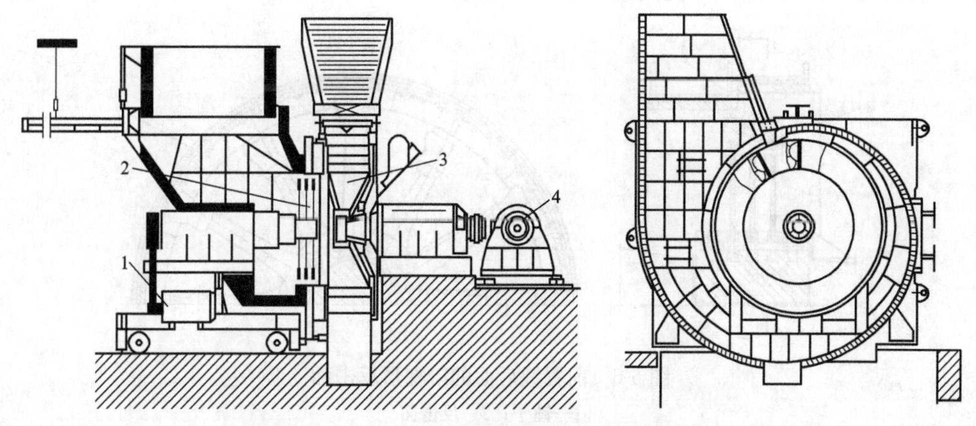

图 6-5 德国 EVT（N 型）带前置锤风扇磨煤机

1—驱动前置锤的电动机；2—前置锤；3—叶轮；4—驱动叶轮的电动机

表 6-5　　德国 Babcock 的 DGS 型和 EVT 的 N 型性能系列参数[4]

EVT		Babcock	
型号	出力（t/h）	型号	出力（t/h）
N60.100	30		
N70.75	35	DGS-35	35
N80.75	40		
N90.60	45	DGS-50	50
N110.60	55		
N120.60	60	DGS-80	80
N130.50	65		
N150.50	75	DGS-100	100
N170.50	85		
N200.45	100	DGS-130	130
N220.45	110		
N240.45	120	DGS-180	180
N270.45	135		
N400.42	200		

注　1. 出力以德国莱茵褐煤为准，M_t=60%、R_{90}=50%、出口一次风温度为 120℃。

2. N 型前置锤风扇磨煤机型号说明，例如 N 60.100，额定通风量（前一组数据×10^3）为 60 000m^3/h（标准状态），出力（前一组数据×0.5）为 30t/h，转速（后一组数据×10）为 1000r/min。

减少锤击部分的排数和每排的锤子数量的改进结构，是在一排或几排锤子后面加装反击面，见图 6-6。将各排锤子的旋转直径做成不相等的，其外壳做成阶梯形，使其在每排锤子后面形成反击面，以提高粉碎能力和细度。

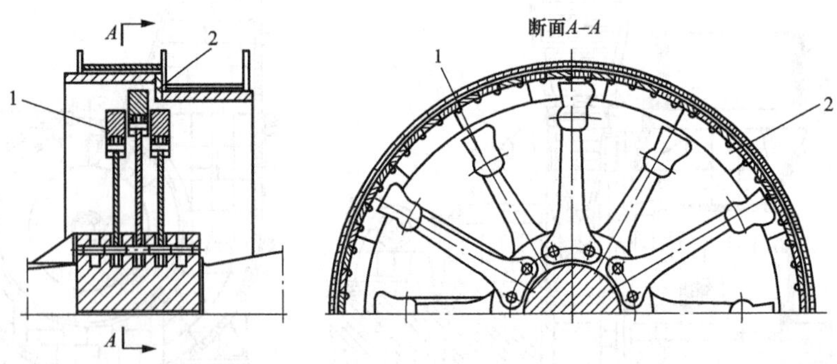

图 6-6　前置锤后面的阶梯形反击面

1—锤子；2—反击面

采用带前置锤风扇磨煤机的原因是由于磨损部件运行周期较短，对于磨损性能强的褐煤煤质，需要考虑延长磨损部件的使用寿命，在风扇磨煤机叶轮之前设置轮锤，两级破碎，减轻叶轮的使用寿命。

对于含有石英砂和硫铁矿的褐煤，由于这些杂质的磨损性很强，而且比重也大，在惯性分离器内反复循环，要磨得比煤粉细得多时才能排出，大幅增加电耗和磨损。由于含石英砂和黄铁矿磨损强的褐煤，在磨煤机内多次循环，造成磨损加剧。为此，将分离器取消，可使打击板的寿命提高 1.5 倍。

取消分离器以后，需要考虑煤粉细度的问题，煤粉细度变粗，会给煤粉燃尽带来负面影响。加装一排轮锤可使大于 1mm 的颗粒显著减少，加三排轮锤可使 $R_{1.0}$ 达到 5%以下。

从燃用褐煤的经验表明，褐煤的燃烧性能很好。即使较粗的煤粉对着火和燃尽影响也不是很大。德国燃用莱茵褐煤（$M_t=50\%\sim62\%$、$A_{ar}=5\%\sim20\%$、$Q_{net,ar}=6.4\sim7.5$MJ/kg）时，只要煤粉中大于 1mm 的颗粒小于 3%～5%，固体未完全燃烧热损失 $q_4<0.5\%$。随着机组容量的增加，风扇磨煤机叶轮直径加大，煤粉的粒度均匀性有所改善，煤粉大颗粒减少；另外，由于机组容量增加，炉膛相应增大，煤粉在炉膛内的滞留时间延长，煤粉平均粒度大一些，不会使固体未完全燃烧热损失 q_4 显著增加。因此，对于燃烧特性较好而磨损性又很强的褐煤可采用无分离器带前置锤风扇磨煤机。

但是，对于含有木质纤维大于 8%的褐煤，即使带前置锤的风扇磨煤机，也不能取消分离器，因为木质纤维既难磨又难燃烧，否则，会导致 $R_{1.0}$ 的比例大幅增高，造成固体未完全燃烧热损失 q_4 增加。

二、 风扇磨煤机的工作特性

风扇磨煤机中，煤的粉碎和干燥同时进行，而彼此又相互影响。磨碎过程既受机械力作用又受热力作用。叶轮对煤粒的撞击、煤粒与叶片表面的摩擦、运动煤粒与蜗壳上护甲的撞击以及煤粒之间的撞击均属机械作用；热力作用表现在磨煤机内，磨煤机内煤粒被具有相对速度较高的高温介质所干燥。干燥的结果使煤粒表面塑性降低，易于破碎，甚至在干燥过程中就有部分煤粒自行碎裂。随着撞击破碎和爆裂，煤粒表面积增大，使干燥过程进一步深化，更有利于破碎，与其他磨煤机相比，煤粒在风扇磨煤机内大部分处于悬浮状态，干燥过程强烈，因此，风扇磨煤机最适合于磨制高水分褐煤。

由于上述原因，风扇磨煤机的工作特点与其在冷态下用纯空气测定的通风特性有显著的不同。就整个制粉系统而言，其工作特性又与管道的流动阻力有关，即系统的通风量是风扇磨煤机压头—通风量特性线与管道阻力特性线的交点，这一交点随着介质密度和煤粉浓度的变化而变化，图 6-7 表示了这些因素的影响。由图 6-7 可见，当原煤出力由 B_{m1} 增加到 B_{m3} 时，运行工况点（即压头—通风量曲线与管道阻力曲线的交点）由Ⅰ转移到Ⅲ。图 6-7 给出了风扇磨煤机通风量及其压头的变化情况。表示了运行条件对风扇磨煤机工况的影响，其综合结果是磨煤机给煤量越大，系统通风量越小。这是风扇磨煤机不同于风机的一个重要特点。

运行条件对风扇磨煤机工况的影响可归纳如下：

（1）干燥介质温度降低时，其密度增加，风扇磨煤机的压头升高，而管道内的压力损失也增大，系统通风量不变，但耗电量增加。

（2）给煤量（即磨煤机出力）增加时，煤粉浓度增高，磨煤机内阻力增加，风扇磨

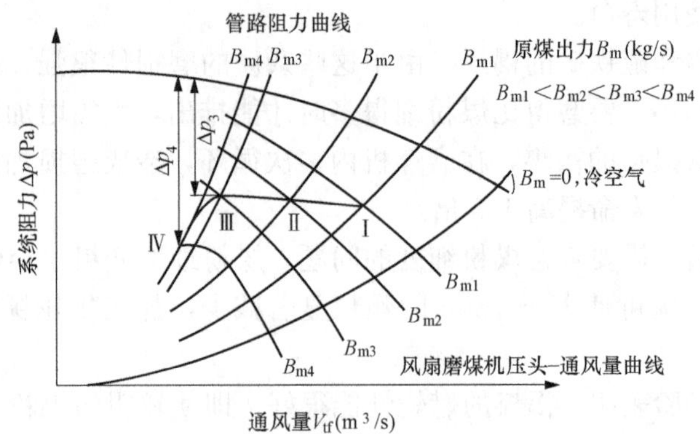

图 6-7 风扇磨煤机的压头—通风量特性与管路阻力特性曲线

煤机的压头降低，管道内压力损失增大，系统通风量降低，耗电量增大。

(3) 变速调节时，转速降低，风扇磨煤机的压头也相应降低，但管道特性不变，系统通风量降低，耗电量降低。

(4) 在风扇磨煤机内煤粒被打击而破碎的量，与打击板和煤粒两者之间的相对速度成正比。因此，风扇磨煤机的出力与转速或叶轮直径成正比。另外，风扇磨煤机的出力又受到干燥介质输送能力的限制，在通风量一定的条件下过多地加煤，将导致磨煤机内被堵塞。德国的资料介绍，该堵塞极限的风煤比为 1.8m^3/kg（标准状态）。因此，风扇磨煤机的出力又与通风量成正比；而通风量又与叶轮的直径成正比。

(5) 煤的破碎程度与叶轮的圆周速度成正比，转速越高，煤粉越细。在同样转速下，叶轮直径越大（出力越大），煤粉越粗，这是由于在大出力时煤粒与打击板直接接触的机会相对减少。同理，对于同一台风扇磨煤机，给煤量越大，煤粉也越粗。

第二节 风扇磨煤机的运行

20 世纪 80 年代，元宝山电厂引进的 1 号 300MW 机组褐煤锅炉（瑞士苏尔寿公司）和 2 号 600MW 机组褐煤锅炉（德国斯坦因缪勒公司）均配置 S 型风扇磨煤机，我国引进了德国的 S 型风扇磨煤机技术。20 世纪初叶，从俄罗斯引进了 MB 型风扇磨煤机。引进的 MB3600/1000/490 风扇磨煤机已应用于伊敏电厂二、三期 600MW 机组 3～6 号锅炉制粉系统，燃用的伊敏褐煤全水分 M_t＝39.5%～40%；九台电厂 670MW 机组塔式锅炉制粉系统，燃用扎赉诺尔褐煤全水分 M_t＝32.8%。MB3600/1000/490 风扇磨煤机的提升压头、通风量、煤粉细度等性能均达到制粉系统设计要求。

一、S 型风扇磨煤机[5]

（一）S70.45 风扇磨煤机的设计参数与机构特性

元宝山电厂 2 号 600MW 机组塔式褐煤锅炉配置 8 台德国 EPR 公司按德国能源与工程技术公司（EVT）专利设计制造的 S70.45 风扇磨煤机，安装在炉体的周围呈 8 角布置（7 台运行，一台备用）。S70.45 风扇磨煤机设计参数见表 6-6。

表 6-6　　S70.45 风扇磨煤机设计参数

项目	单位	数据
磨煤机最大出力/保证出力	t/h	76/62.8
原煤的蒸发水量	t/h	13.5
高温炉烟温度/低温炉烟温度	℃	1095/140
热风温度	℃	290
磨煤机入口混合温度	℃	615
磨煤机出口温度	℃	180
高温烟气量（标准状态）	m^3/h	34 479
低温烟气量（标准状态）	m^3/h	8497
热风量（标准状态）	m^3/h	25 000
密封风量（标准状态）	m^3/h	2500
磨煤机漏风量（标准状态）	m^3/h	12 000
水蒸气蒸发量（标准状态）	m^3/h	16 796
磨煤机出口风量（标准状态）	m^3/h	99 272
煤粉浓度	g/m^3	280
磨煤机出口 CO_2 值	%	7.6
电动机额定功率/轴功率	kW	1400/1126
电动机转速	r/min	1486
转速调节范围	r/min	380～460
叶轮外径/内径	mm	3800/2600
叶轮宽度/有效宽度	mm	1420/1240
外圆周速度	m/s	90
打击板（冲击板）数量	—	14
叶轮惯性矩	$kg \cdot m^2$	65 000
蜗壳张开度	—	0.313
煤粉细度 $R_{90}/R_{1.0}$	%	45/3～4

（二）燃用褐煤煤质的部分特性

元宝山褐煤煤质的部分特性见表 6-7。

表 6 7　　元宝山褐煤煤质的部分特性

项目	符号	单位	数据
全水分	M_t	%	27.77
空气干燥基水分	M_{ad}	%	9.22
收到基灰分	A_{ar}	%	24.41
低位发热量	$Q_{net,ar}$	MJ/kg(kcal/kg)	12.525(2992)
哈氏可磨性指数	HGI	—	70
冲刷磨损指数（混煤）	K_e	—	3.57

（三）运行中存在的问题及其结构改进

S70.45 风扇磨煤机投入运行后，由于元宝山褐煤的冲刷磨损指数 K_e＝3.57，属于磨损很强的煤质，叶轮出现严重的径向磨损，运行周期只有 500～600h，未达到设计要求 1200h。磨煤机的维护工作量大，保证不了 7 台磨煤机的运行方式，从而不能满足机组的运行需要。为此，中方和德方共同协商对磨煤机进行了多项局部改进，为了比较与分析各项改进效果，在每台磨煤机上只进行一项改进，6 号磨煤机不进行任何改进。S70.45 风扇磨煤机改造的内容和冷态试验启动状态见表 6-8，改造部位见图 6-8。

表 6-8　　S70.45 风扇磨煤机改造的内容和冷态试验启动状态

磨煤机编号	改造内容	叶轮	护钩	分离器挡板位置
1	将回粉管由 600mm×600mm 减小到 300mm×300mm	新	新	上挡板 5°、下挡板 45°
2	磨煤机大门入口处加装 30°倾斜板	500h	新	上挡板 5°、下挡板 25°
3	叶轮入口部分圆周上安装导流板，在密封环上加装径向肋板	100h	新	上挡板 5°、下挡板 60°
4	分离器出口密封管割除 270mm，在密封环上加装径向肋板	新	50h	上挡板 5°、下挡板 40°
5	磨煤机入口处回粉管加长 700mm	600h	新	上挡板 5°、下挡板 30°
6	不进行任何改进	100h	新	上挡板 5°、下挡板 30°
7	叶轮入口部分圆周上安装导流板	新	50h	上挡板 5°、下挡板 30°
8	增大叶轮与护钩间隙至 100mm	新	新	上挡板 5°、下挡板 30°

磨煤机改进后进行了冷态试验，冷态试验的启动状态见表 6-8，试验结果见表 6-9。

表 6-9　　S70.45 风扇磨煤机改进后冷态试验结果

项目	单位	磨煤机							
磨煤机编号	—	1	2	3	4	5	6	7	8
磨煤机转速	r/h	450	450	450	450	450	450	450	450
磨煤机入口负压	Pa	—1600	—990	—1400	—1800	—1250	—1690	—1030	—1620
分离器入口风压	Pa	2200	1250	1600	800	1000	1200	—250	1500
分离器出口风压	Pa	1050	450	400	370	250	350	320	200
分离器阻力	Pa	1150	800	1200	430	750	850	620	1300
磨煤机提升压头（包括分离器）	Pa	2650	1440	1800	2170	1500	2040	1400	1820
磨煤机风量（标准状态）	m^3/h	264 210	206 860	246 460	246 000	227 790	255 800	180 410	232 450

从表 6-9 中可见：

（1）1 号磨煤机减小回粉管尺寸。改后对磨煤机的性能影响较大，由于回粉管的断面积缩小一半，即由磨煤机出口经分离器回粉管返回到磨煤机入口的循环风量减少，从而降低了磨煤机的内部阻力和增加了系统通风量。在同样的磨煤机转速工况下，1 号磨煤机的提升压头最高为 2650Pa，系统通风量最大为 264 210m^3/h（标准状态）。但回粉管

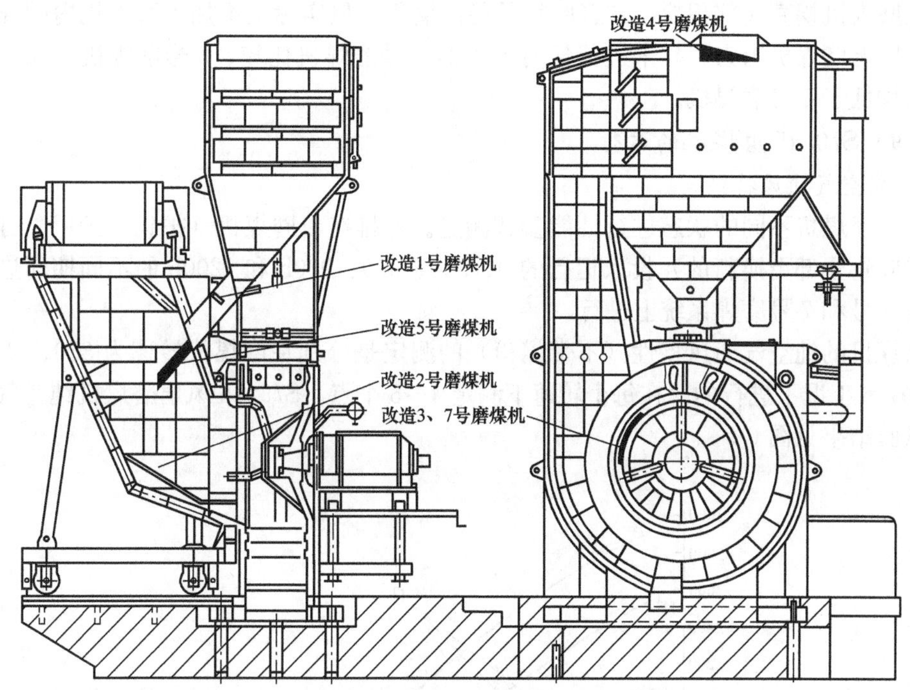

图 6-8 S70.45 风扇磨煤机改进部位

的断面积也不能太小，否则在运行中易受返回杂物堵塞。

(2) 2 号磨煤机在大门入口处加装 30°倾斜板。2 号磨煤机改造的目的是防止磨煤机入口堆积原煤。此项改造效果不明显，由于元宝 山褐煤水分不高，原煤在落煤管干燥段中被干燥，在大门入口处已不容易堆积原煤。

(3) 3 号和 7 号磨煤机在叶轮入口圆周上安装导流板，并在 3 号磨煤机密封环上加装径向肋板。分别在 3 号和 7 号磨煤机的叶轮入口圆周上安装导流板，其目的是使干燥介质能均匀进入叶轮，改善干燥条件。实际效果不明显，而且增加了磨煤机阻力，7 号磨煤机的实测通风量为 180 410m^3/h（标准状态）；3 号磨煤机由于在磨煤机入口加装密封环径向肋板，对阻力影响有所减弱，实测通风量为 246 460m^3/h（标准状态）。

(4) 3 号和 4 号磨煤机在入口加装密封环径向肋板。在磨煤机入口加装密封环径向肋板的改进有一定效果，由于磨煤机入口内循环减弱，表现在磨煤机提升压头比较明显的提高，如 4 号磨煤机的实测的提升压头为 2170Pa；由于 3 号磨煤机在磨煤机入口加装导流板的影响，效果不明显。

(5) 4 号磨煤机分离器出口密封管插入深度割除 270mm。4 号磨煤机分离器出口密封管插入深度割除 270mm 后，恶化了惯性分离效应，虽然可以降低分离器部分阻力，但会使煤粉变粗。

(6) 5 号磨煤机入口处的回粉管加长 700mm。在磨煤机入口延长回粉管的改进目的是使回粉与原煤更好地混合，以减轻叶轮的磨损。但实际效果不太显著，实测时因叶轮已运行 600h，因此，提升压头不高，通风量也不大。

(7) 8 号磨煤机增大叶轮与护钩间隙至 100mm。增大叶轮与护钩间隙的改进目的是消除在磨煤机蜗壳底部积粉，减轻叶轮的径向磨损。但实际上增加了磨煤机内的环流风量，并影响磨煤机出力。与未进行任何改进的 6 号磨煤机比较，8 号磨煤机的风量和提升压头均低于 6 号磨煤机。

（四）S70.45 磨煤机的运行

1. 纯空气通风特性

按照磨煤机不同的状态进行性能参数测定。安排在新磨煤机（护钩、护甲、打击板和打击叶轮全部更换新的）投入运行的 0、300、600、900h 和 1200h 的不同期间进行测定。在 3 号和 7 号磨煤系统上进行。

磨煤机的纯空气通风特性（不带煤粉）的测定是分别在磨煤机转速为 380、420r/m 和 450r/m 工况下进行的。在每个转速下测定 4～5 个点。S75.45 风扇磨煤机纯空气通风性能试验结果见图 6-9。

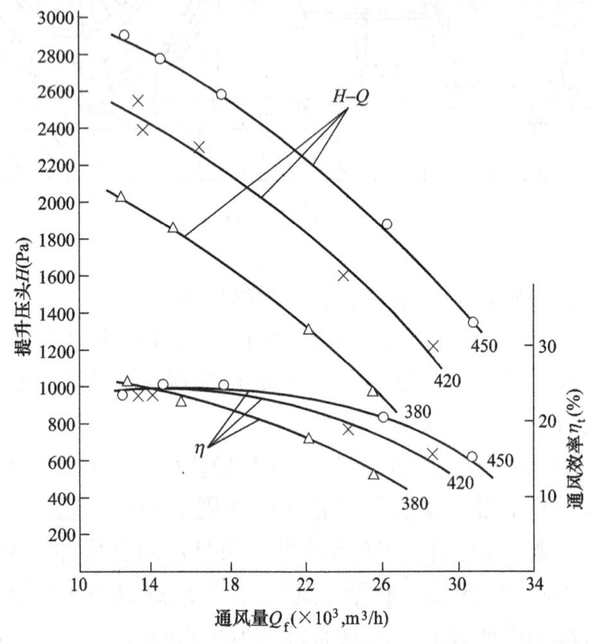

图 6-9　S75.45 风扇磨煤机纯空气通风性能试验结果

从图 6-9 可以看出，S75.45 风扇磨煤机的通风性能不是很好，通风效率为 25.7%，磨煤机的转速对通风效率影响不大，提升压头随转速的提高而增加。当通风量约在 $130\times10^3m^3/h$ 工况下，实测磨煤机在 380r/min 的提升压头为 1980Pa（纯空气）。考虑煤粉浓度的影响，折算到热态含粉气流状态下的提升压头为 1580Pa，与德国斯坦因缪勒公司提供的 S75.45 风扇磨煤机热态含粉气流下的提升压头 1600Pa 接近。

2. 磨煤机出力

在每个阶段的运行周期内分别测定磨煤机的额定出力和最大出力，测定时的分离器挡板位置为上挡板 40°、下挡板（联动）60°，分离器出口温度控制在 150℃，测定结果见表 6-10。

表 6-10　　S70.45 风扇磨煤机出力测定结果（4 号磨煤机）

项目	符号	单位	数据			
运行周期	—	h	382	664	900	1336①
磨煤机出力	B_M	t/h	68.23	66.78	62.89	64.09
磨煤机出口混合物量（标准状态）	Q_f	m^3/h	121 100	111 000	104 000	112 300
煤粉细度	R_{90}	%	47.24	62.0	71.7	58.1
煤粉细度	$R_{1.0}$	%	2.2	2.0	2.21	3.8
原煤全水分	M_t	%	23.6	23.31	27.03	22.67
煤粉水分	M_{pc}	%	4.46	6.62	—	5.05

① 在运行 900h 后磨煤机内护钩进行了局部更换的工况下测定的。

由表 6-10 可以看出：

（1）在磨煤机运行的整个周期内，实测的磨煤机出力和通风量均达到设计值，而煤粉细度 R_{90} 偏粗。导致煤粉偏粗的主要原因是分离器出口插入的密封套管被割除 270mm，使惯性分离效应恶化。

（2）磨煤机出力随着运行周期的延长逐渐降低，煤粉细度 R_{90} 变粗。运行周期达到 1336h 后，由于护钩进行了一次更换，磨煤机出力、煤粉细度和通风量均有所提高。

（3）分离器出口的煤粉水分均小于原煤空气干燥基水分，可能是磨煤机内的循环倍率较大，出现煤粉过干燥现象。

3. 分离器调节特性

为了观测配置于 S70.45 风扇磨煤机的惯性分离器的调节特性，磨煤机的转速选择在最高运行转速（450r/min）测定，给煤机给煤量控制在下 65%工况下进行测定。

分离器调节挡板位置及测定结果见表 6-11。

表 6-11　　分离器调节挡板位置及测定结果（4 号磨煤机）

项　目	单位	工况 1	工况 2	工况 3	工况 4	工况 5	工况 6	工况 7	工况 8
上挡板	(°)	40	40	40	40	25	25	25	25
下挡板	(°)	60	75	45	90	90	75	60	45
分离器出口温度	℃	160	162	169	169	168	179	183	185
提升压头	Pa	888	1000	775	825	900	900	988	813
通风量（标准状态）	m^3/h	118 500	111 200	105 200	110 700	109 000	111 000	110 400	106 500
煤粉细度 R_{90}	%	58.68	52.33	50.64	54.77	60.04	53.84	55.65	54.24
煤粉细度 R_{200}	%	27.36	26.29	23.56	28.43	33.76	30.2	29.24	27.85
煤粉细度 $R_{1.0}$	%	1.77	1.50	1.52	1.99	2.84	3.00	1.84	1.85
煤粉均匀指数	—	1.16	1.05	0.985	1.12	1.31	1.14	1.15	1.11

由表 6-11 可以看出：

（1）箱式分离器对煤粉细度的调节幅度不大，上挡板对煤粉细度 $R_{1.0}$ 的调节较为灵敏，下挡板对煤粉细度 R_{90} 的调节较为敏感。由于分离器出口插入的密封套管被割除 270mm，因此煤粉细度 R_{90} 偏粗。

(2) 从分离器以 8 种不同组合开度的工况测定结果可见，其中以第 2 种工况最佳。

(3) 改变分离器的调节挡板对磨煤机的通风量影响不大。

4. 磨煤机的磨耗与电耗

磨煤机的磨耗与电耗见表 6-12。

表 6-12　磨煤机的磨耗与电耗

项目	单位	3 号磨煤机	7 号磨煤机
打击板（冲击板）材质	—	ZGMn13	ZGMn13
磨煤机总运行小时数	h	1446	1522
总磨煤量	t	94 698.54	94 105.26
打击板原始质量	kg	6783.5	6808.5
打击板磨损后质量	kg	5357.425	5217.0
金属总消耗量	kg	1426.075	1591.5
单位金属耗量	g/t	15.09	16.9
金属利用率	%	21.02	23.38
总耗电量	kWh	1 105 467	1 156 035
磨煤机单位电耗	kWh/t	11.6	12.3

从表 6-12 可以看出，磨煤机打击板的金属利用率不高，仅为 21.02%～23.38%，造成金属利用率不高的主要原因是磨煤机的护钩磨损速度高于打击板。而且，由此导致磨煤机的提升压头降低，使磨煤机的干燥和输送能力下降，影响机组的带负荷能力。

S70.45 风扇磨煤机磨损严重的主要原因是元宝山褐煤的冲刷磨损指数高 $K_e=3.57$，属于磨损很强的煤质。磨煤机结构方面进行了改进；为了缓解炉膛和燃烧器结渣，运行方面将一次风温度由 180℃降至 130～150℃等方面的改进，对 S 型风扇磨煤机都可借鉴。

元宝山褐煤的全水分 $M_t=27.77\%$，水分不高，采用中速磨煤机是合理的。元宝山电厂 3 号 600MW 机组褐煤锅炉，即配置 8 台 MPS255 中速磨煤机正压直吹冷一次风机制粉系统，运行状况良好，磨煤机磨辊的检修周期为 5000～6000h。

二、 MB 型风扇磨煤机

（一）伊敏电厂[6]

1. 磨煤机与制粉系统概况

华能伊敏煤电厂二期扩建工程 2×600MW 机组的锅炉（3、4 号）是哈尔滨锅炉厂设计、制造的亚临界压力，一次中间再热，控制循环锅炉，型号为 HG2030/17.5HM13。采用平衡通风，直流式燃烧器八角切圆燃烧方式，设计燃料为伊敏褐煤。机组电负荷为 600MW 时，锅炉的额定蒸发量为 1932.17t/h。

机组制粉系统采用北方重工集团公司（沈阳重型机器厂）生产的 8 台 MB3600/1000/490 风扇磨煤机，6 台运行，2 台备用；磨煤机设计参数见表 6-13。

风扇磨煤机直吹式制粉系统原设计为高温炉烟、热风二介质干燥，由于无低温炉烟调节，在运行过程中磨煤机入口超温，后改为炉烟、热风和低温炉烟三介质干燥制粉系统。伊敏电厂一期锅炉为 T 型炉，T 型炉为双烟道布置，因此干燥介质采用中温炉烟干燥，中温炉烟温度基本在700℃左右，原设计采用中温炉烟、热风、低温炉烟三介质进行干燥，根据多年的运行实践，目前一期制粉系统的低温炉烟和热风基本不用，直接采用中温炉烟进行干燥。二、三期因锅炉为Π型炉，只有一个烟道无法布置8个中温炉烟抽出口，因此采用炉膛出口高温炉烟、热风、低温炉烟三介质进行干燥，高温炉烟设计温度为1086℃，热风设计温度为345℃，低温炉烟采用电除尘器出口的130℃左右烟气。高温炉烟管道在标高79.7m抽出口到标高29.8m之间为内保温，为干燥介质的混合段，高温炉烟和热风、低温炉烟在标高79.7m处混合。高温炉烟管道在标高29.8m到磨煤机入口管标高7m处，管道为外保温，管道材质为310S(0Cr25Ni20)，高温炉烟管道断面直径为ϕ2500mm。原煤通过给煤机在标高21m处进入高温炉烟管道进行干燥。

表6-13　　磨煤机设计参数

项目	单位	数据		
型号	—	MB3600/1000/490		
磨煤机磨煤量	t/h	81.5		
磨煤机设计出力（打击板磨损中期）	t/h	82		
磨煤机最大出力（打击板磨损中期）	t/h	86		
煤粉细度R_{90}	%	45		
磨煤机出口风煤混合后温度	℃	150		
煤粉水分M_{pc}	%	6.66		
分离器型式	—	单流惯性式		
锅炉100%负荷磨煤机含粉气流通风量	m^3/h	250 000		
100%负荷提升压头	kPa	1.73		
75%THA工况下磨煤机含粉气流通风量	m^3/h	255 000		
75%THA工况下提升压头	kPa	1.74		
50%THA工况下磨煤机含粉气流通风量	m^3/h	260 000		
50%THA工况下提升压头	kPa	1.79		
磨煤机轴端密封风温	℃	345		
磨煤机轴端密封风量	m^3/h	11 000		
磨煤机转速	r/min	490		
磨煤机轴功率	kW	1100		
打击轮直径	mm	3600		
工况	—	BMCR	75%THA	50%THA
锅炉燃煤量	t/h	488.6	330.2	227.6
磨煤机工作台数	台	6	5	4
纯空气提升压头	Pa	2680	2680	2680
锅炉炉烟抽出口处温度	℃	1086	999	927
热风温度	℃	345	315	278
分离器后煤粉水分	%	6.66	6.66	6.66
热炉烟份额	%	0.664	0.647	0.598

续表

项目	单位	数据		
热风份额	%	0.336	0.353	0.402
干燥剂初温	℃	841	764	665
磨煤机密封风量	m^3/h	11 000	11 000	11 000
干燥剂量	kg/kg	1.4367	1.7949	2.2054
干燥剂终温	℃	150	175	175

2. 燃用褐煤煤质的部分特性

伊敏褐煤煤质的部分特性见表 6-14。

表 6-14　　伊敏褐煤煤质的部分特性

项目	符号	单位	数据
收到基水分	M_{ar}	%	39.8
空气干燥基水分	M_{ad}	%	8.11
收到基灰分	A_{ar}	%	8.94
哈氏可磨性指数	HGI	—	99
冲刷磨损指数	K_e	—	0.9

3. 磨煤机的通风特性

纯空气通风时磨煤机的最大通风量可以达到 470 219m^3/h，提升压头可以达到 3560Pa。纯空气磨煤机通风量与磨煤机入口负压、出口压头及提升压头的关系见图 6-10。纯空气磨煤机通风量与磨煤机功率关系曲线见图 6-11。

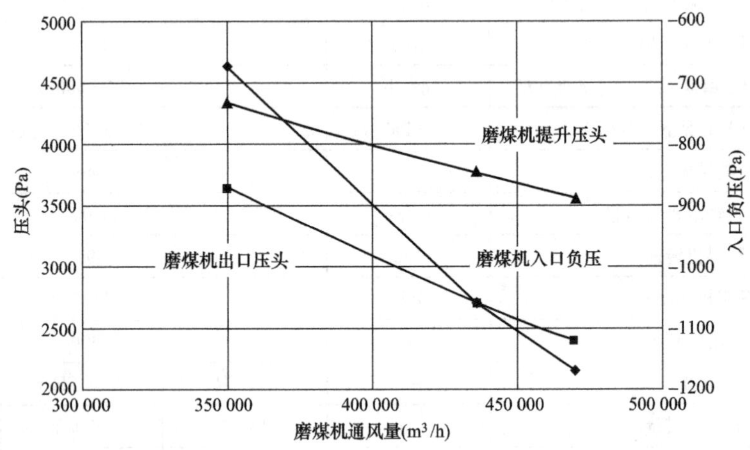

图 6-10　纯空气磨煤机通风量与磨煤机入口负压、出口压头和提升压头关系

4. 磨煤机出力特性

在锅炉正常运行状态下，分离器挡板处于全开位置，磨煤机出力分别为 44、55t/h 和 66t/h，磨煤机出力增加，磨煤机的通风量降低，煤粉逐渐变粗，磨煤机出口温度降低，煤粉水分逐渐增加，磨煤单耗降低。磨煤机在 44、55、66t/h 出力时，磨煤单耗分

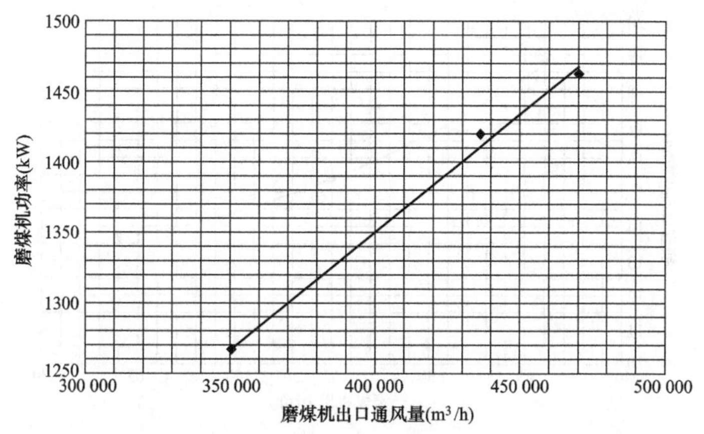

图 6-11 纯空气磨煤机通风量与磨煤机功率关系曲线

别为 20.7、16.9、15.1kWh/t。

磨煤机出力增加到 82t/h，磨煤机的出口温度仅能达到 82℃，煤粉细度 R_{90} = 52.3%，磨煤机出口风量维持在 252 198m³/h。

磨煤机出力对磨煤机入口负压、出口压头和提升压头的影响见图 6-12，磨煤机出力增加，磨煤机的入口负压降低，出口压头升高，磨煤机提升压头降低。磨煤机单耗随出力的变化关系见图 6-13。煤粉细度随出力的变化关系如见图 6-14。

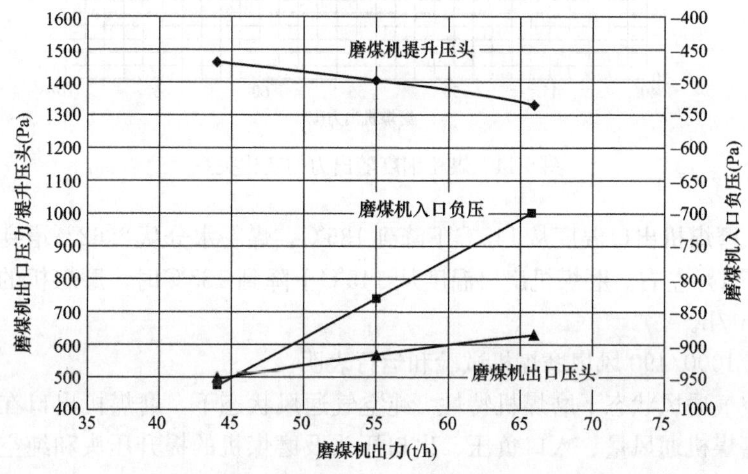

图 6-12 磨煤机出力对磨煤机入口负压、出口压头和提升压头的影响

5. 干燥特性

在磨煤机出力为 55t/h 时，分离器挡板开度不变，改变磨煤机出口温度，了解系统的干燥能力及原煤的干燥特性，获得煤粉水分与磨煤机出口温度的关系。

由于原煤混入后的磨煤机入口温度不能超过 520℃。在磨煤机入口低温炉烟风门和热风门分别为 55%和 30%时，原煤混入后的磨煤机入口温度已经达到 500℃，磨煤机入口温度不能再提高，磨煤机出口温度达到 145℃。把入口低温炉烟风门开度从 55%开至 100%、热风门开度从 30%开至 60%，磨煤机出口温度仅能够降低 10℃。在磨煤机出力

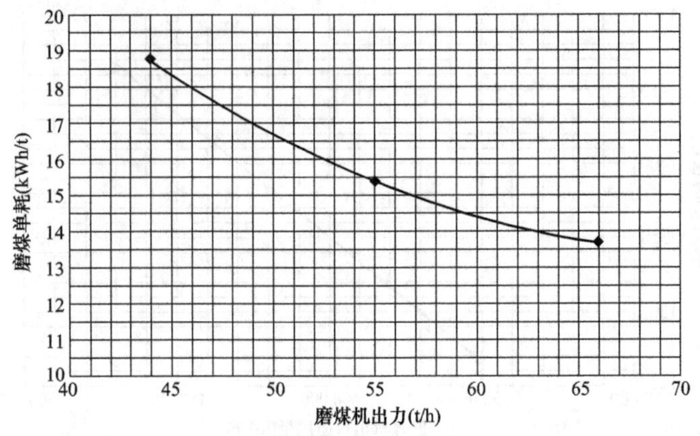

图 6-13　磨煤机单耗随出力的变化关系

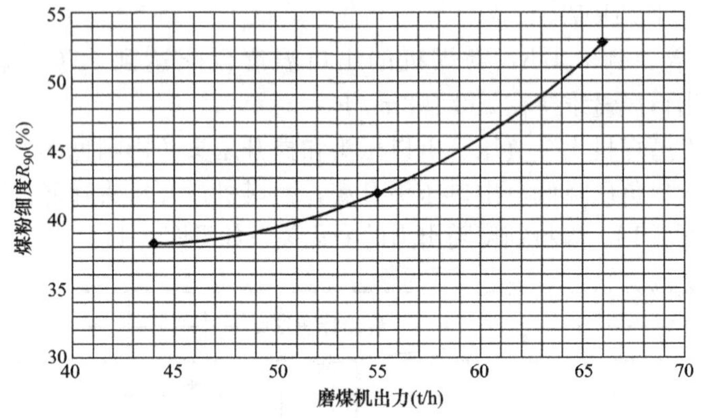

图 6-14　煤粉细度随出力的变化关系

为 55t/h 时，磨煤机出口温度从 145℃下降到 135℃，煤粉水分从 2.62%增到 3.66%，煤粉水分增加了 1%左右。磨煤机出口温度从 145℃下降到 135℃时，磨煤机的通风量可以增加 10 000m^3/h。

MB3600/1000/490 风扇磨煤机试验和运行表明：

(1) 纯空气通风状态下磨煤机特性。纯空气通风状态下，磨煤机出口在风门不同开度时，测得磨煤机通风量、入口负压、出口压头及磨煤机的提升压头和纯空气状态下磨煤机的功率；当磨煤机风量 Q_{max}=470 219m^3/h，提升压头 Δp=3560Pa，冷态通风条件下，MB3600/1000/490 风扇磨煤机的空气动力特性良好。

(2) 磨煤机分离器开度特性。磨煤机出力在 55t/h 时，通过分离器挡板特性试验可以看出，分离器挡板从全开调整至全关后煤粉细度 R_{90}仅变化 4%。磨煤机回粉管风门调整，对磨煤机的通风量和煤粉细度影响较小。

(3) 磨煤机出力特性。磨煤机出力从 44t/h 增加到 55t/h 后再继续增加至 66t/h，最大达到 82t/h，煤粉细度 R_{90}从 38.4%升高到 42.0%后继续提高至 52.3%。煤粉细度 $R_{1.0}$<1%。

磨煤机出力达到 82t/h 时，磨煤机通风量为 252 198m^3/h，磨煤机出口温度为 82℃，

煤粉细度 R_{90}=52.3%，磨煤机运行平稳，磨煤机达到设计最大出力。

(4) 磨煤机提升压头。磨煤机出力增加，磨煤机提升压头降低，当磨煤机出力增加到 66t/h 时提升压头达到 1332Pa。从磨煤机在高出力下运行工况稳定性来看，磨煤机提升压头是充足的。

(5) 磨煤机通风特性。磨煤机出力增加其通风量降低，当磨煤机出力增加到 82t/h 时，磨煤机通风量达到 252 198m³/h。

(6) 制粉电耗。磨煤机在 44、55、66、82t/h 出力时，磨煤单耗分别为 20.7、16.9、15.1、13.6kWh/t。

(7) 磨煤机出口温度与煤粉水分。磨煤机出力在 55t/h 时，磨煤机出口温度从 145℃降低至 135℃，煤粉水分从 2.62%增加到 3.66%。

上述数据表明，MB3600/1000/490 风扇磨煤机通风量、出力、提升压头及煤粉细度等达到设计要求，磨煤机能满足伊敏电厂二 期工程 2×600MW 机组的稳定运行。

（二）九台电厂

1. 燃用扎赉诺尔褐煤[7]

(1) 磨煤机与制粉系统概况。九台电厂一期工程 2×660MW 超临界机组锅炉是哈尔滨锅炉厂自主设计的首台国产超临界塔式褐煤锅炉，燃用扎赉诺尔褐煤，采用风扇磨煤机三介质干燥直吹式制粉系统。每台锅炉配 8 台北方重工集团公司（原沈阳重型机器厂）生产的 MB3600/1000/490 型风扇磨煤机。磨煤机设计参数见表 6-15。

表 6-15 磨煤机设计参数

项目	单位	数据（设计煤）
磨煤机型号	—	MB3600/1000/490
磨煤机设计出力（打击板磨损中期条件下）	t/h	67.17（设计煤）/66.1(校核煤)
磨煤机最大出力（打击板磨损中期条件下）	t/h	75（设计煤）/70(校核煤)
磨煤机转速（高速/低速）	r/min	490/370
磨煤机轴功率	kW	1400
煤粉细度 R_{90}	%	45
煤粉细度 $R_{1.0}$	%	1.5
均匀性系数 n	—	1.0
热风温度	℃	318
低温炉烟温度	℃	140
高温炉烟温度	℃	1150
高温炉烟份额	%	40.3
低温炉烟份额	%	15.9
热风份额	%	43.8
干燥剂初温	℃	658
磨煤机出口风煤混合后温度	℃	150
磨煤机通风量（高速）	m³/h	200 000
磨煤机通风量（低速）	m³/h	155 000～175 000

续表

项目	单位	数据（设计煤）
提升压头（高速）	kPa	1850
磨煤机轴端密封风温	℃	318
磨煤机轴端密封风量	m^3/h	11 000
终端干燥剂含氧量	%	10.5
煤粉水分 M_{pc}	%	6.5
分离器型式		单流惯性式
打击轮直径	mm	3550
打击板宽度	mm	1000

（2）燃用褐煤煤质的部分特性。扎赉诺尔褐煤煤质的部分特性见表6-16。

表6-16　扎赉诺尔褐煤煤质的部分特性

项目	符号	单位	设计煤	校核煤
收到基水分	M_{ar}	%	32.8	32.83
空气干燥基水分	M_{ad}	%	6.51	10.18
收到基灰分	A_{ar}	%	9.49	16.34
低位发热量	$Q_{net,ar}$	MJ/kg	15.75	13.57
干燥无灰基挥发分	V_{daf}	%	44.25	46.24
哈氏可磨性指数	HGI	—	59	68
冲刷磨损指数	K_e	—	1.33	1.57

（3）磨煤机冷态通风特性。2号磨煤机配有高速和低速两个电动机，两个电动机的转速分别为490r/min和377r/min。2号磨煤机纯空气通风特性试验，分别在磨煤机高转速和低转速下进行，测量磨煤机的通风量、入口负压以及提升压头等参数。固定磨煤机出口煤粉分配器开度为50%，调整磨煤机出口挡板开度分别为50%、75%、100%时，对磨煤机总的通风量、高温炉烟管道入口风量和给煤机后高温炉烟管道风量（磨煤机入口）进行测量，同时也测量磨煤机的入口负压和出口静压等。

从2号磨煤机纯空气通风特性试验结果可以看出，磨煤机高转速下最大通风量为272 739m^3/h，此时提升压头为2884Pa，煤粉管的平均速度为29.13m/s；磨煤机低转速下最大通风量为201 650m^3/h，此时提升压头为1673Pa，煤粉管的平均速度为21.61m/s。磨煤机通风量与入口负压的关系见图6-15、磨煤机通风量与提升压头的关系见图6-16、磨煤机通风量与磨煤机功率见图6-17。

（4）分离器挡板特性。在1号磨煤机出力为50t/h时，维持其他条件基本不变，调整磨煤机出口分离器挡板开度分别为全关、中间、全开，进行分离器挡板特性试验。通过分离器挡板特性试验，获得分离器挡板开度变化对于煤粉细度的影响。分离器挡板处于全关位置时煤粉细度R_{90}=43.2%，分离器挡板处于中间位置时R_{90}=46.4%，分离器挡板处于全开位置时煤粉细度R_{90}=50.8%。分离器挡板从全关调整到全开，煤粉细度仅

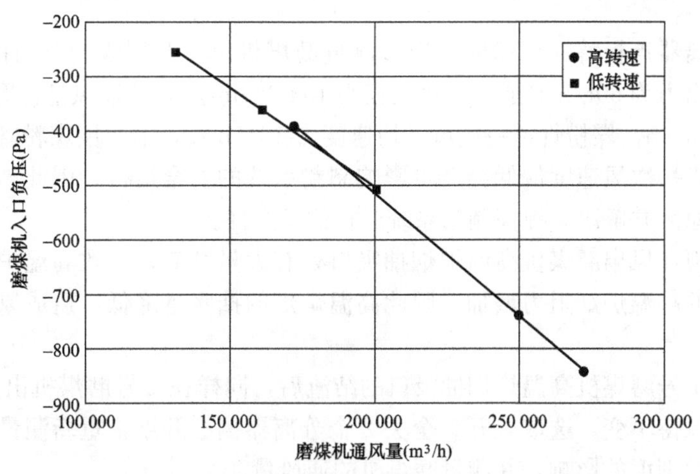

图 6-15 磨煤机通风量与入口负压的关系

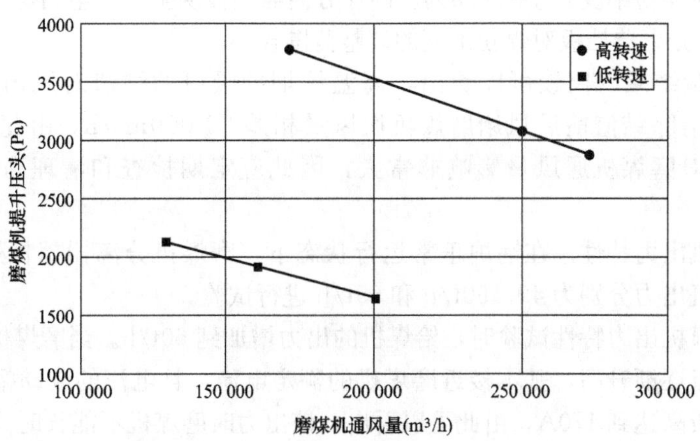

图 6-16 磨煤机通风量与提升压头的关系

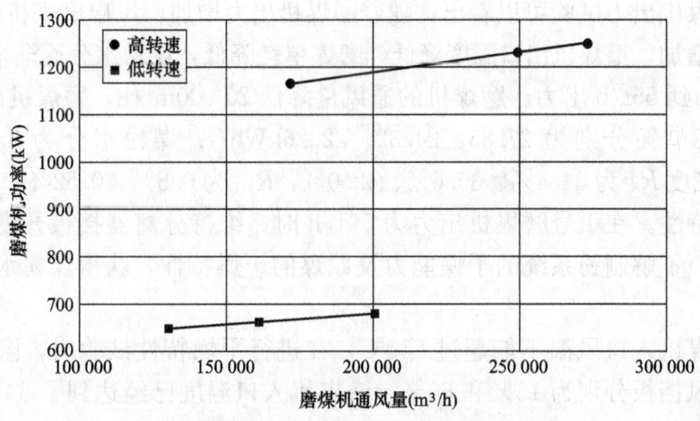

图 6-17 磨煤机通风量与磨煤机功率的关系

增大7%左右。

在进行分离器挡板特性试验时，通过测量磨煤机出口5层煤粉管道的一次风速度，发现在磨煤机出力为50t/h时通风量最大仅为158 349m³/h，该通风量比磨煤机设计通风量偏小40 000m³/h，煤粉管道一次风平均速度为16.5m/s，第5层煤粉管道的一次风速度仅为14m/s，一次风速度偏低会严重影响制粉系统的安全运行。因此，需查找磨煤机通风量偏小的原因并解决，提高制粉系统运行的安全性。

经检查发现在风扇磨煤机高温炉烟抽吸口处有大量结渣，导致高温炉烟的抽吸口面积减小，吸入的高温炉烟阻力增加，因此高温炉烟的抽吸量降低，造成风扇磨煤机的通风量降低。

在清除了1号磨煤机高温炉烟抽吸口的结渣后，同样在1号磨煤机出力为50t/h时，其他条件基本保持不变，选取全开、全关2个分离器挡板开度，重新测量分离器挡板开度变化对于煤粉细度的影响，并测量磨煤机的通风量。

通过试验测量得到，分离器挡板处于全关位置时煤粉细度R_{90}=32.0%，分离器挡板处于全开位置时煤粉细度R_{90}=36.8%。同样分离器挡板从全关调整到全开，调整煤粉仅增加5%左右，分离器挡板对煤粉细度的调整范围较小。

从两次试验结果的比较可以看出，高温炉烟抽吸口的结渣对风扇磨煤机的通风量影响较大，清除结渣前后风扇磨煤机通风量相差26 000m³/h。由此可见高温炉烟抽吸口的结渣对磨煤机通风量影响非常大，因此应定期检查和清理高温炉烟抽吸口的结渣。

（5）磨煤机出力特性。在锅炉正常运行状态下，磨煤机分离器挡板处于全关位置，调整1号磨煤机出力分别为40、50t/h和55t/h进行试验。

在进行磨煤机出力特性试验时，给煤机的出力增加到60t/h。当磨煤机运行一段时间后，磨煤机电流逐渐升高，基本接近磨煤机的额定电流，且电流的波动幅度变大，磨煤机的电流波动最高达到170A。由此可以看出，该出力时磨煤机不能长时间稳定运行，把磨煤机出力降到55t/h时，磨煤机的电流恢复到了稳定状态，因此磨煤机在此状态下最大出力应在55t/h左右。

从改变磨煤机出力试验可以看出，随着磨煤机出力增加，风扇磨煤机的通风量降低，煤粉细度逐渐增加，磨煤机出口温度降低，磨煤单耗降低，煤粉水分逐渐增加。磨煤机出力从40t/h增加到55t/h出力、磨煤机的通风量降低20 000m³/h，磨煤机出力在40、50、55t/h时，磨煤单耗分别为27.85、24.32、22.26kWh/t；煤粉水分为3.28%、3.72%、5.17%；煤粉细度R_{90}为34.4%、39.6%、42.0%，$R_{1.0}$为0.5%、0.52%、0.68%。

（6）干燥特性。在1号磨煤机出力为50t/h时，维持分离器挡板开度不变，改变磨煤机出口温度，了解制粉系统的干燥能力及原煤的干燥特性，获得煤粉水分与磨煤机出口温度的关系。

按规定磨煤机入口风温不能超过550℃。在进行干燥特性试验时，磨煤机入口低温炉烟挡板和热风挡板分别为13%和60%，磨煤机入口温度已经达到了545℃，磨煤机入口温度不能再提高，此时磨煤机出口温度为150℃，是该负荷下磨煤机出口能够达到的最高温度。入口低温炉烟挡板开度从13%开至30%，磨煤机出口温度能降低22℃。进一步开大低温炉烟风门，继续降低磨煤机出口温度，磨煤机电流波动增加，电流有时甚至达到 170A，磨煤机无法继续稳定运行，因此磨煤机出口温度再无法继续降低。

1 号磨煤机在 50t/h 出力时，磨煤机出口温度从 150℃下降到 128℃，煤粉水分 M_{pc} 从 4.46%增加到 5.61%；磨煤机的通风量增加 11 000m^3/h；磨煤机电流增加 4A。从干燥出力特性试验可以看出，即使磨煤机出口温度降低至 128℃，煤粉水分也低于设计煤粉水分 6.5%。

（7）一次风管道煤粉分配特性。九台电厂 670MW 机组塔式褐煤锅炉一次风管道布置见图 6-18。由图 6-18 可见，一次风管道从分离器引出后，自下而上 5 层一次风管道分叉分别进入燃烧器。

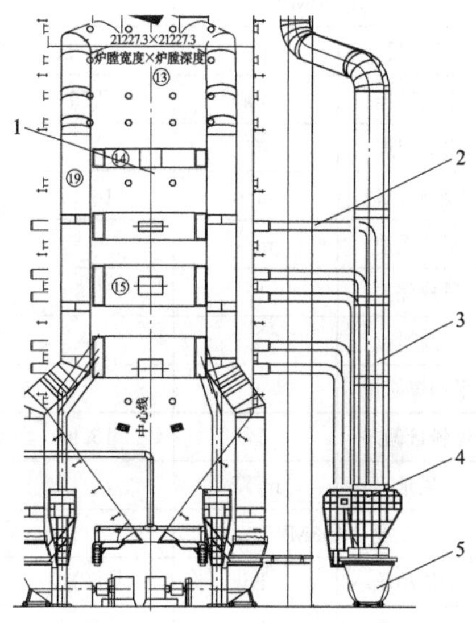

图 6-18 一次风管布置图
1—炉膛；2—一次风管道（5 层）；
3—高温炉烟管道；
4—分离器；5—风扇磨煤机

1 号磨煤机在 55t/h 出力时，维持分离器挡板开度不变。调整磨煤机出口的煤粉分配器开度分别为 0%、50%和 100%，测量 5 层一次风管内煤粉量分配特性与风量分配特性。煤粉分配器调整试验结果见表 6-17、表 6-18。

表 6-17 1 号磨煤机 55t/h 出力分配器试验结果

机组负荷	MW	480	493	500
给煤机出力	t/h	54.9	54.9	55.0
给煤机电流	A	20.7	22.3	23.0
刮板给煤机速度	m/h	633	633	633
磨煤机入口风温	℃	545	536	528
低温炉烟挡板开度	%	20	20	20
热风挡板开度	%	50	50	60
密封风门开度	%	100	100	100
再循环风门开度（外）	%	0	0	0
再循环风门开度（内）	%	0	0	0
磨煤机出口挡板开度	%	99	99	99
磨煤机出口温度	℃	150	126	125
煤粉分配器开度	%	50	100	0
热风温度	℃	313	317	317
低温炉烟温度	℃	128	128	122
磨煤机电流	A	147	153	150
磨煤机功率	kW	1136.0	1189.0	1196.5

表 6-18　　1 号磨煤机 55t/h 出力分配器调整试验结果

工况（480MW）		1 号磨煤机 55t/h 出力煤粉分配器 50%				
项　目	单位	第一层	第二层	第三层	第四层	第五层
平均动压	Pa	279	243	247	368	243
出口温度	℃	151				
煤粉管风速	m/s	18.27	17.05	17.19	20.99	17.05
平均风速	m/s	18.11				
风速偏差	%	0.89	−5.84	−5.07	15.87	−5.84
煤粉量	g	64	50	56	58	48
平均煤粉量	g	55.20				
煤粉量偏差	%	15.94	−9.42	1.45	5.07	−13.04
风量	m^3/h	169 013				
工况（493MW）		1 号磨煤机 55t/h 出力煤粉分配器 100%				
平均动压	Pa	587	92.5	133	322	285.5
出口温度	℃	125				
粉管风速	m/s	25.68	10.19	12.22	19.02	17.91
平均风速	m/s	17.01				
风速偏差	%	51.01	−40.05	−28.12	11.85	5.32
煤粉量	g	106	26	34	48	64
平均煤粉量	g	55.5				
煤粉量偏差	%	90.99	−52.97	−39.10	−14.23	15.32
风量	m^3/h	158 684				
工况（500MW）		1 号磨煤机 55t/h 出力煤粉分配器 0%				
平均动压	Pa	411.5	352	291	247	151
出口温度	℃	125				
煤粉管风速	m/s	21.50	19.89	18.08	16.66	13.00
平均风速	m/s	17.83				
风速偏差	%	20.62	11.56	1.43	−6.55	−27.06
煤粉量	g	72	51	53	52	45
平均煤粉量	g	54.6				
煤粉量偏差	%	31.87	−6.59	−2.93	−4.76	−17.58
风量	m^3/h	166 341				

从风量分配的测量结果可以看出，煤粉分配器从 50%开至 100%时，第 1、5 层煤粉管风速相对于平均风速提高，第 2、3 层煤粉管风速度相对于平均风速降低，第 4 层煤粉管风速相对变化较小，第 1 层煤粉管一次风速增加较多；煤粉分配器关至 0%时，第 1、2 层煤粉管风速相对于平均风速提高，第 4、5 层煤粉管风速相对平均风速降低，第 3 层煤粉管风速相对变化较小。

从煤粉量分配的测量结果可以看出，煤粉分配器从 50%开至 100%时，第 1、5 层煤粉管煤粉量相对提高，第 2、3、4 层煤粉管煤粉量相对降低，第 2、3 层煤粉管煤粉量相对降低较多，第 1 层煤粉管煤粉量增加较多；煤粉分配器关至 0%时，第 2、3 层煤粉管煤粉量相对提高，第 1、4、5 层煤粉管煤粉量相对降低，第 1 层煤粉管煤粉量相对变化较大。

从分配器调整试验结果可以看出，当分配器从 50%开至 100%时，虽然第 5 层煤粉管风速提高，但第 2、3 层煤粉管风速降低到 12m/s 左右，对制粉系统的安全运行不利，而把分配器挡板关至 0%，则会使本来风速较低的第 5 层煤粉管风速降低到 13m/s，因此分配器挡板不宜调节过大。

(8) 分离器循环风量。在 1 号磨煤机出力为 50t/h 时，分离器挡板处于全关位置，磨煤机其他运行参数基本保持不变，调整分离器再循环风门开度分别为 0%、50%、100%进行试验。了解磨煤机的再循环风量对磨煤机运行参数的影响。从试验结果可以看出，再循环风量变化对煤粉细度影响不大，分离器再循环风门开度为 0%、50%、100%时，煤粉细度分别为 30.2%、31.2%、32.0%；磨煤机通风量为 183 140、187 786、187 631m^3/h。煤粉细度和通风量都变化不大。

从其他磨煤机的试验结果可以看出，4、5、7 号磨煤机在 50t/h 出力时，煤粉细度 R_{90} 分别为 32.8%、42.0%、38.4%，磨煤机的通风量分别为 190 103、185 420、210 781m^3/h；8 号磨煤机试验时机组负荷增加到了 660MW，通风量为 197 653m^3/h，煤粉细度 R_{90} 为 41.2%。

2 号磨煤机试验时，在 50t/h 出力下，煤粉细度 R_{90} = 40.4%，磨煤机通风量为163 018m^3/h。

3 号磨煤机试验时，通风量为 169 465m^3/h，煤粉细度 R_{90} 为 23.6%，但和其他磨煤机一样都在 50t/h 出力下，磨煤机电流较其他磨煤机高 7～10A，通风量低 20 000～30 000m^3/h，煤粉细度也偏细，说明在进行 3 号磨煤机试验时，煤质较其他磨煤机试验时差别较大。

综上所述，MB3600/1000/490 风扇磨煤机基本达到设计参数，能安全稳定运行。

2. 燃用锡林浩特胜利褐煤（试磨煤）[8]

九台电厂一期工程 2×660MW 超临界机组锅炉是哈尔滨锅炉厂自主设计的首台国产超临界塔式锅炉，燃用扎赉诺尔褐煤，采用 MB3600/1000/490 风扇磨煤机三介质干燥制粉系统。为实现上都电厂四期工程 660MW 机组褐煤锅炉的磨煤机和制粉系统优化选型，在九台电厂通过试磨，对塔式炉配置风扇磨煤机制粉系统燃用锡林浩特胜利褐煤的适应性进行了试验，并对上都电厂四期工程 660MW 机组锅炉的磨煤机和制粉系统选型提出了建议。

锡林浩特胜利褐煤（上都电厂四期）和扎赉诺尔（九台电厂）褐煤部分煤质特性见表 6-19。从煤质化验结果可以看出，试验期间，锡林浩特胜利褐煤发热量为 12.39～13.03MJ/kg(2960～3115kcal/kg)，水分 M_t 为 35%左右，灰分 A_{ar} 为 15%左右。仅从工业分析结果来看，扎赉诺尔褐煤与上都电厂四期设计煤相比，水分、挥发分基本相近，灰分略低，发热量略高。

表 6-19　锡林浩特胜利（上都电厂四期）褐煤和扎赉诺尔（九台电厂）褐煤部分煤质特性

项　目	符号	单位	锡林浩特胜利（上都电厂四期）		扎赉诺尔（九台电厂）	
			设计煤	校核煤	设计煤	校核煤
收到基水分	M_t	%	35.0	38.0	32.8	32.8
空气干燥基水分	M_{ad}	%	17.88	15.70	6.51	10.18
收到基灰分	A_{ar}	%	16.86	17.42	9.49	16.34
干燥无灰基挥发分	V_{daf}	%	45.12	46.12	44.25	46.24
收到基低位发热量	$Q_{net,ar}$	MJ/kg	12.31	11.48	15.75	13.57
软化温度	ST	℃	1140	1140	1164	1227
哈氏可磨性指数	HGI	—	40	48	59	68
冲刷磨损指数	K_e	—	—	—	1.33	1.57

（1）磨煤机最大出力。试验在 2 号机组 1、3、4、5、7、8 号磨煤机上进行，试验过程中将磨出口温度控制在 150℃左右，调整磨煤机出口分离器挡板开度，将煤粉细度控制在 R_{90}=45%左右，进行磨煤机最大出力特性试验，试验结果见 6-20。

表 6-20　磨制锡林浩特胜利褐煤最大出力试验结果

项　目	单位	工况 1	工况 2	工况 3	工况 4	工况 5	工况 6
磨煤机	—	1 号磨煤机	3 号磨煤机	4 号磨煤机	5 号磨煤机	7 号磨煤机	8 号磨煤机
磨煤机出力	t/h	80.6	83.7	93.2	83.2	90.3	86.6
分离器挡板开度	%	0	100	20	50	50	100
煤粉分配器开度	%	50	50	50	50	50	50
低温炉烟量	t/h	73.4	20.2	23.4	28.3	11.6	24.1
低温炉烟风门开度	%	15	10	8	24	40	30
热二次风量	t/h	56.3	31.4	54.7	54.2	41.5	58.5
热二次风门开度	%	60	20	50	58	40	65
密封风门开度	%	100	100	100	100	100	100
磨煤机入口风温	℃	450	495	493	564	540	555
磨煤机出口风温	℃	154	154	155	154	153	146
磨煤机入口氧量	%	8.6	10.7	10.2	9.7	8.2	7.8
磨煤机电流	A	138.5	131.5	138.3	136	144	131.2
磨煤机功率	kW	1049	996	1048	1030	1091	994
制粉单耗	kWh/t	13.0	11.9	11.2	12.4	12.1	11.5
煤粉细度 $R_{1.0}$	%	0.3	0.2	0.1	0.2	0.3	0.2
煤粉细度 R_{200}	%	10.4	11.2	15.0	16.0	11.6	13.6
煤粉细度 R_{90}	%	43.2	40.8	46.8	49.2	43.2	41.2
煤粉均匀性系数 n	—	0.81	0.82	0.91	0.90	0.80	0.82
哈氏可磨性指数 HGI	—	52	53	50	53	46	59

续表

项　目	单位	工况 1	工况 2	工况 3	工况 4	工况 5	工况 6
磨煤机通风量	km^3/h	172.7	203.0	238.2	214.3	188.1	235.5
磨煤机入口压力	Pa	−1145	−1230	−1740	−1460	−1060	−1568
磨煤机出口压力	Pa	215	260	200	220	120	268
磨煤机提升压头	Pa	1360	1490	1940	1680	1180	1836
抽炉烟口压力	Pa	−180	−235	−230	−220	−180	−230
分离器后压力	Pa	−105	−80	−200	−140	−210	−120
分配器后压力	Pa	−550	−650	−720	−610	−590	−680
燃烧器出口压力	Pa	−610	−540	−540	−540	−640	−540
磨煤机入口段阻力	Pa	965	995	1510	1240	880	1338
磨煤机出口段阻力	Pa	825	800	740	760	760	808
系统总阻力	Pa	1790	1795	2250	2000	1640	2146

试验期间，各试验磨煤机处于磨损前期，普遍带负荷能力较强，各磨煤机最大出力在80.6～93.2t/h之间，其中1号磨煤机出力最小，4号磨煤机出力最大，平均出力为86.3t/h。

(2) 煤粉细度。试验期间，除5号磨煤机煤粉略粗外，各磨煤机的煤粉细度为41.2%～46.8%，能够达到$R_{90}\leqslant45\%$的要求。

(3) 通风量。试验期间，各磨煤机通风量在172.7～238.2km^3/h范围内，其中1、7号磨煤机通风量略低于设计值（200km^3/h），3号磨煤机通风量等于设计值，而4、5、8号磨煤机通风量大于设计值，尤其是4、8号磨煤机通风量较大。

(4) 制粉单耗。试验期间，制粉单耗处于较低水平，为11.2～13.0kWh/t。

(5) 磨煤机提升压头。试验期间，各磨煤机提升压头在1180～1940Pa之间，各磨煤机之间存在较大差别。从具体数据来看，主要是由于磨煤机入口压力偏差较大造成，如7号磨煤机入口压力仅为−1060Pa，而4号磨煤机的入口压力则达到了−1740Pa，相差达到了680Pa。初步分析认为，主要是由于磨煤机入口管道结构特性不同或内壁粗糙度不同造成磨煤机入口段阻力偏差较大。

(6) 系统阻力特性。试验结果表明，磨煤机入口段阻力为880～1510Pa、出口段阻力为740～825Pa、制粉系统进出口总阻力为1640～2250Pa，区别主要体现在磨煤机入口段部分阻力偏差较大。分析结果表明，制粉系统阻力主要由磨煤机提升压头和燃烧器与抽炉烟口压力之差产生的动力来克服。

另外，磨煤机出口煤粉分离器阻力平均值为356Pa，抽炉烟口处压力平均值为−212Pa，下层燃烧器出口处压力平均值为−568Pa。

(7) 煤粉干燥特性。煤粉干燥特性试验结果见表6-21。

表 6-21　　锡林浩特胜利煤煤粉干燥特性试验结果

项目	单位	工况 1	工况 2	工况 3
磨煤机出口温度	℃	130	150	180
磨煤机出力	t/h	64.8	64.8	64.6
分离器挡板开度	%	100	100	100
煤粉分配器开度	%	50	50	50
低温炉烟量	t/h	91.5	22.4	19.9
低温炉烟风门开度	%	100	27	15
热二次风量	t/h	51.1	60.9	55.6
热二次风门开度	%	100	77	60
密封风门开度	%	100	100	100
磨煤机入口风温	℃	336	408	490
磨煤机出口风温	℃	128	150	182
磨煤机入口氧量	%	6.6	9.1	7.8
磨煤机电流	A	120.0	113.5	109.0
磨煤机功率	kW	909	860	826
制粉单耗	kWh/t	14.0	13.3	12.8
煤粉水分	%	7.2	6.2	4.1
磨煤机通风量	km^3/h	232.0	225.2	228.6
磨煤机入口压力	Pa	−1573	−1492	−1447
磨煤机出口压力	Pa	148	142	96
磨煤机提升压头	Pa	1721	1634	1543
燃烧器出口温度	℃	922	952	1015

在 8 号磨煤机上进行煤粉干燥特性试验，锡林浩特胜利原煤空气干燥基水分 M_{ad} = 14.30%，在磨煤机出口温度分别为 130℃、150℃和 180℃的情况下，煤粉水分分别为 7.2%、6.2%和 4.1%。仅从干燥效果来看，磨煤机出口温度控制在 130℃左右即可。但需要注意的是，运行表明，磨煤机出口温度提高至 180℃有利于磨煤机的安全稳定运行，磨煤机出口温度低时容易堵磨。从试验结果来看，磨煤机出口温度升高对制粉系统和锅炉燃烧的影响主要包括以下方面：

1）抽高温度炉烟量增加，磨煤机的入口温度升高、入口压力升高（负压下降）、提升能力下降，提升压头从 1721Pa 下降至 1543Pa。

2）磨煤机电流下降，制粉单耗从 14.0kWh/t 下降至 12.8kWh/t。

3）燃烧器出口温度上升，由 922℃提高至 1015℃，着火提前、燃烧速度加快，有利于煤粉燃尽。

磨制锡林浩特胜利煤时磨煤机出口温度可参照九台电厂经验，按照 150℃设计。

试验结果表明，九台电厂 2 号机组风扇磨煤机（磨损初期）在磨制锡林浩特胜利煤时，磨煤机出力（表盘值）为 80.6～93.2t/h，平均值为 86.3t/h。经采用入炉热量平衡的方法进行标定后，其值为 78.8t/h。在各磨煤机处于最大出力状态、磨煤机出口温度为

150℃时，煤粉细度R_{90}为41.2%～46.8%，通风量为172.7～238.2km^3/h，制粉单耗为11.2～13.0kWh/t，磨煤机提升压头为1180～1940Pa，制粉系统总阻力为1640～2250Pa。磨煤机出口煤粉分离器阻力平均值为356Pa，抽炉烟口处压力平均值为－212Pa，下层燃烧器出口处压力平均值为－568Pa。锅炉在全烧锡林浩特胜利煤时，在6台磨煤机运行、燃料量为498t/h（表盘值）的情况下，锅炉能够带到660MW负荷稳定运行，机组运行正常，煤粉燃烧、燃尽性能良好，固体未完全燃烧热损失较低，排烟热损失较高，锅炉效率为91.78%。炉内各受热面结渣较轻，但抽炉烟口结渣和炉底堆渣。2号炉满负荷时的炉底干渣机漏风率为1.25%。建议上都电厂四期工程磨煤机出口温度按照150℃、满负荷时氧量按3.0%～3.5%进行设计。

如上所述表明，锡林浩特胜利褐煤在MB3600/1000/490风扇磨煤机试磨运行正常。

根据试磨和磨煤机选型计算对上都电厂四期工程磨煤机选型提出以下建议：

（1）如按本次试验煤的锡林浩特胜利煤HGI＝52时，推荐采用6＋2方式（6台磨煤机运行，1台磨煤机备用，1台磨煤机检修）设计和运行，设计参数推荐：磨煤机出力在磨损中期按94.3t/h，磨损初期按94.3×1.1＝103.7t/h，磨煤机出口通风量按289.3km^3/h设计。选型时优先推荐选用型号为MB3850/1100/450风扇磨煤机，此时磨煤机的提升压头（磨煤机入口至分离器入口）为1609Pa（150℃、85.9kPa大气压下）。在同样条件下，还也可选用MB3600/1170/490风扇煤机，提升压头可达到1635Pa，但需注意叶轮线速度较高、磨损加快，磨煤机检修维护量会增大。

（2）如燃用低可磨性指数锡林浩特胜利煤HGI＝40时，推荐采用7＋1方式（7台磨煤机运行，1台磨煤机检修）设计和运行，风扇磨煤机的参考磨型为4100/1300/420，锅炉在7台磨煤机运行，带BMCR和ECR负荷时，磨煤机的提升压头在1600Pa左右，基本能够满足锅炉正常带负荷要求。磨煤机入口管道结构优化是降低磨煤机入口段阻力的有效手段，建议管道阻力（包括分离器阻力和入口炉膛负压）按照1600Pa进行选择和设计。

第三节　风扇磨煤机制粉系统与设计参数

一、风扇磨煤机直吹式制粉系统

1. 风扇磨煤机直吹式三介质干燥制粉系统

风扇磨煤机直吹式制粉系统可采用高温炉烟、热风和低温炉烟三介质干燥系统，见图6-19。

2. 风扇磨煤机直吹式二介质干燥制粉系统

风扇磨煤机直吹式制粉系统可采用高温炉烟和热风二介质干燥系统，见图6-20。

3. 带煤粉浓缩器（乏气分离器）的风扇磨煤机直吹式三介质干燥制粉系统

为了使高水分褐煤的燃烧稳定，在磨煤机的出口采用煤粉浓缩器（乏气分离器）。煤粉浓缩器是一个带离心叶片的分离器，它可将进入主燃烧器的煤粉气流进行浓缩，减少水分，使炉膛燃烧得到强化。而被分离的乏气进入乏气燃烧器。带煤粉浓缩器（乏气分离器）的风扇磨煤机直吹式三介质干燥制粉系统见图6-21。

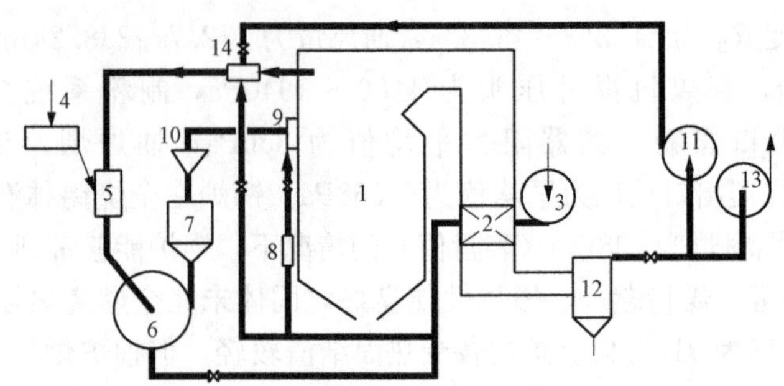

图 6-19　风扇磨煤机直吹式三介质干燥制粉系统

1—锅炉；2—空气预热器；3—送风机；4—给煤机；5—下降干燥管；6—磨煤机；7—粗粉分离器；8—二次风箱；9—燃烧器；10—煤粉分配器；11—低温炉烟风机；12—除尘器；13—引风机；14—烟风混合器

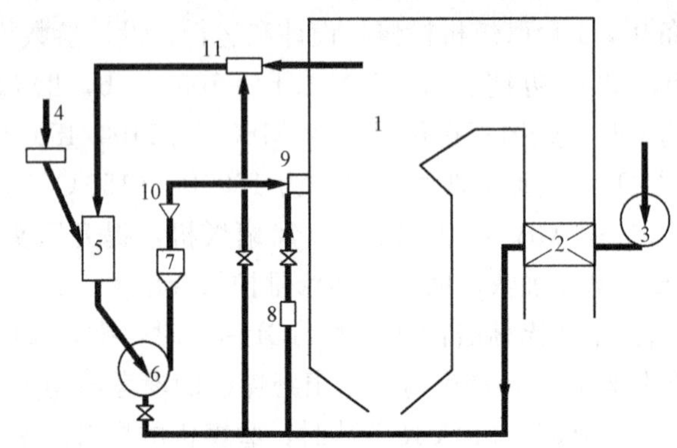

图 6-20　风扇磨煤机直吹式二介质干燥制粉系统

1—锅炉；2—空气预热器；3—送风机；4—给煤机；5—下降干燥管；6—磨煤机；7—粗粉分离器；8—二次风箱；9—燃烧器；10—煤粉分配器；11—烟风混合器

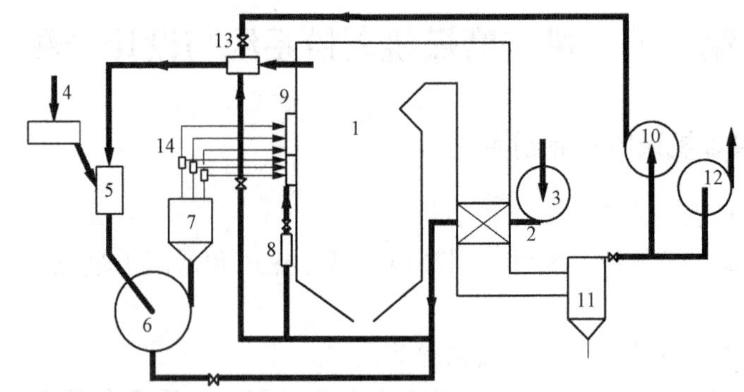

图 6-21　带煤粉浓缩器（乏气分离器）的风扇磨煤机直吹式三介质干燥制粉系统

1—锅炉；2—空气预热器；3—送风机；4—给煤机；5—下降干燥管；6—磨煤机；7—乏气分离器；8—二次风箱；9—主燃烧器；10—低温炉烟风机；11—除尘器；12—引风机；13—烟风混合器；14—乏气燃烧器

4. 带煤粉浓缩器（乏气分离器）的风扇磨煤机半直吹式三介质干燥制粉系统[9]

对于高水分（$M_t>60\%$）、低发热量（$Q_{net,ar}<4.186$MJ/kg）的褐煤，可采用带煤粉

浓缩器（乏气分离器）的风扇磨煤机半直吹式三介质干燥制粉系统，见图 6-22。在这种系统中，从风扇磨煤机排出的风粉混合物一部分直接送往主燃烧器；另一部分送入煤粉浓缩器（乏气分离器），分离出的煤粉由热风送入主燃烧器下部的燃烧器，而乏气净化后由排风风机排入大气。这种系统既可满足干燥出力的要求，又避免过多水蒸气进入炉膛，影响燃烧稳定。

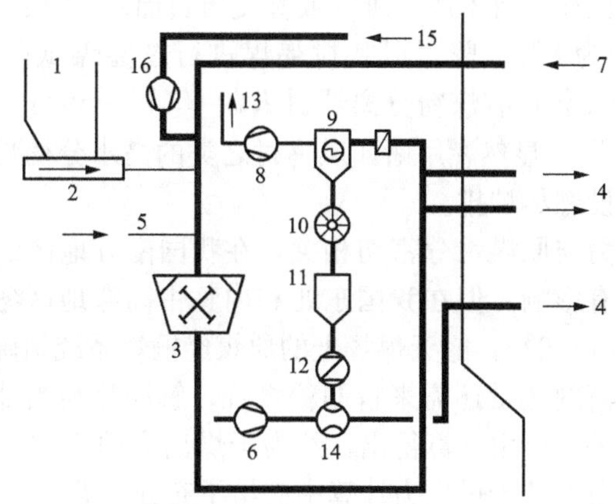

图 6-22 风扇磨煤机半直吹式三介质干燥制粉系统

1—原煤斗；2—给煤机；3—磨煤机；4—燃烧器；5—冷风；6—热风风机；7—高温炉烟；8—乏气风机；9—电除尘器；10—排粉机；11—储粉仓；12—给粉机；13—乏气；14—风粉混合器；15—低温炉烟；16—低温炉烟风机

5. 带煤粉浓缩器（乏气分离器）的风扇磨煤机储仓式三介质干燥制粉系统

对于高灰分（$A_{ar}>45\%$）的褐煤，可采用带煤粉浓缩器（乏气分离器）的风扇磨煤机储仓式三介质干燥制粉系统，见图 3-9。被分离出的煤粉由热风送入炉膛燃烧，热风送粉对燃烧有利。

二、褐煤锅炉风扇磨煤机制粉系统设计参数

根据褐煤煤质和风扇磨煤机制粉系统的特点，设计制粉系统时需要考虑一些参数和设备运行方式的影响。

1. 原煤水分

我国的褐煤资源中，大部分是老年褐煤。其全水分基本上都在 20%以上，一般可大致分为 $M_t>20\%\sim30\%$ 属于中等水分褐煤，如平庄、元宝山褐煤；$M_t>30\%\sim35\%$ 属偏高水分褐煤，如宝日希勒和白音华褐煤；$M_t>35\%\sim60\%$ 属高水分褐煤，如伊敏、凤鸣村和昭通褐煤。按褐煤分类，当全水分 $M_t>40\%$ 时，为年轻褐煤，如凤鸣村和昭通褐煤。

原煤水分的高低对制粉系统的干燥出力提出了不同的要求。褐煤制粉系统的选择，关键取决于干燥出力。

对于 $M_t>35\%\sim60\%$ 的高水分褐煤，选用风扇磨煤机、二或三介质干燥直吹式制粉系统。高水分褐煤在磨制过程中，褐煤中的水分被蒸发出来，磨煤机出口的风粉混合物的煤粉浓度很低，一般可低到 0.18～0.14kg/kg，这种低浓度的煤粉气流，即使挥发分很高（$V_{daf}=50\%\sim60\%$）的褐煤，其着火性能也是比较差的。为此，一方面在燃烧器设

计方面应采取相应的结构；另一方面在制粉系统可采取以下措施：一是提高磨煤机出口温度，由一般采用120℃提高到160～180℃；二是在磨煤机出口装设煤粉浓缩器即乏气分离器。低浓度的风粉混合物气流通过煤粉浓缩器后，将其分为两股气流，一股为煤粉浓度较高的气流，送往主燃烧器；另一股为煤粉浓度较低的气流（即乏气），送入乏气燃烧器[10]。

高水分的年轻褐煤往往含有木质纤维（或称变质石棉），木质纤维很难磨细，凤鸣村褐煤的木质纤维含量约为8%。曾对凤鸣村褐煤进行过磨煤试验：在煤粉无分离器时R_{90}=82.5%、$R_{1.0}$=20.3%；有煤粉分离器时R_{90}=50%～55%、$R_{1.0}$=1.0%，回粉中多为片状或针状的木质[11]。显然燃用诸如凤鸣村之类的高水分褐煤，制粉系统中必须设置粗粉分离器，炉底装设燃尽炉排。

制粉系统的干燥出力与原煤水分密切相关，在我国南方地区的电站原煤温度对制粉系统的干燥出力基本没有影响。但在我国东北和内蒙古高寒地区冬季的平均气温约在零下20℃以上，甚至到零下30℃，露天煤场上的原煤经输煤系统运输到炉前，途中吸收不到热量，原煤的解冻所需的热量还需来自制粉系统，解冻热与当地日平均温度、原煤水分、空气干燥基水分相关，可由计算得出，约为干燥出力的20%。对于高水分褐煤的解冻问题更为突出，在制粉系统干燥出力计算中应给予充分考虑[1,10]。

2. 煤的可磨性指数

煤的可磨性用煤的可磨性指数表征，它表征煤被磨制的难易程度。按DL/T 5145—2012《火力发电厂制粉系统设计计算技术规定》，煤的可磨性应按GB/T 2565《煤的可磨性指数测定方法　哈德格罗夫法》测得的可磨性指数HGI或DL/T 1038《煤的可磨性指数测定方法（VTI法）》测得的可磨性指数K_{VTI}为依据。指数K_{VTI}用于钢球磨煤机的设计计算，指数HGI用于钢球磨煤机以外的其他所有磨煤机的设计计算。

褐煤的可磨性随着原煤全水分的增加，其变化是很复杂的。如图1-4所示，有的褐煤哈氏可磨性指数HGI随着水分的增加，呈上升趋势；有的是先下降然后上升；有的则呈下降趋势；有的随着水分的增加，基本不变，如我国的霍林河、白音华褐煤。因此，磨煤机磨制褐煤时的出力不能套用烟煤、无烟煤的出力计算曲线，需采用试磨或经验的计算方法。

需要指出，用哈氏可磨性指数不能完全表征褐煤的可磨性，按GB/T 2565，哈氏可磨性指数HGI仅适用于烟煤和无烟煤，分析褐煤时仅供参考。由于哈氏可磨性指数HGI的测试过程与风扇磨煤机的实际磨碎过程差异很大，而且，因为褐煤的水分大，含木质纤维、磨制过程及筛分中易黏结成粉团，影响分析的正确性，筛下通过量偏小而使HGI值偏低，即实际可磨性较哈氏可磨性指数HGI预示的要好。

对于新开发的褐煤煤质或必须确认煤质的可磨性最好通过试磨确定。

3. 煤的磨损特性

煤的磨损特性用磨损指数表征，它表征磨制煤粉的设备被煤磨损的程度。按DL/T 5145—2012《火力发电厂制粉系统设计计算技术规定》，制粉系统设计所需的磨损特性按DL/T 465—2007《煤的冲刷磨损指数试验方法》进行测定，所得结果以冲刷磨损指数K_e表示。必要时还以GB/T 15458《煤的磨损指数测定方法》测得的研磨磨损指数AI为参考。

国内多采用冲刷磨损指数，还有旋转磨损指数，两者可以换算。国际上有多种磨损指数，用不同方法制定的磨损指数，一般不同磨损指数都不能换算。

国内外研究表明，煤的磨损指数与煤的可磨性指数之间没有相应的关系。易磨制的煤不一定对磨煤机的磨损件磨损得轻，不可用煤的可磨性指数推测煤的磨损性。国内较多的褐煤磨损指数较小，即对磨煤机磨损件的磨损轻。但也有磨损指数高的褐煤，如平庄褐煤，其冲刷磨损指数 $K_e=7$，属于磨损极强的褐煤。磨损指数是磨煤机选型的重要参数之一。

西安热工研究院研究对煤的磨损特性进行研究指出，煤磨损性与煤中的石英、黄铁矿和菱铁矿的含量有关，一般情况下，这些成分含量越高，煤的磨损性越强。国内部分褐煤的磨损性与上述成分的关系见表 1-7。

由表 1-7 可见，石英等矿物质与磨损指数有一定的相应关系，而与可磨指数没有相应的规律。

对于磨损性强的褐煤，采用风扇磨煤机时，德国在风扇磨煤机的打击轮前加装前置锤，并取消磨煤机出口的粗粉分离器。加装前置锤可对煤进行预破碎和预干燥，并可以使煤均匀地分布到打击轮上，冲击板的使用寿命可提高 1.5 倍。无分离器但加装三排前置锤一般可使煤粉的 $R_{1.0}<3\%\sim5\%$，这样不会给锅炉带来太大的燃烧热损失。

风扇磨煤机对煤的磨损性能较为敏感，对于磨损性强的煤质，打击板寿命较短，维护工作量大。阳宗海电厂和伊敏电厂燃用的褐煤冲刷磨损指数较小，阳宗海电厂的风扇磨煤机打击板的检修周期可达 5000h。伊敏电厂的风扇磨煤机打击板的检修周期可达 4000h，有的风扇磨煤机检修周期，由于冲刷磨损指数较高或结构等原因，打击板的检修周期为 1000～1500h。

4. 煤粉水分

制粉系统设计时煤粉水分选取是否恰当，对制粉系统干燥出力影响较大，同时也直接影响锅炉的负荷和燃烧稳定性。

磨煤干燥过程的最终煤粉水分不仅与空气干燥基水分大小有关，而且还与原煤全水分、磨煤机出力、干燥剂初温、磨煤机出口风温、通风量、煤粉细度、磨煤机的碾磨效率，以及分离效率，从而影响到的循环倍率有关。由于褐煤的组织结构有差异，其干燥特性也不同。因此，同样运行条件下的煤粉水分也不一样。煤粉水分的变化趋势是磨煤机入口风温低、出口风温低，煤粉粗，则煤粉持有的水分高；反之，则煤粉持有的水分低。制粉系统干燥出力计算是在假定煤粉水分的基础上的热平衡结果。如果在计算时假定的煤粉水分高于实际情况太大，据此设计的制粉系统有时会导致干燥出力不足的后果[12]。

(1) 国外褐煤煤粉水分的选取方法。国内外根据自己国内褐煤煤质对直吹式制粉系统磨制褐煤时，采用不同的煤粉水分的选取方法如下。

1) 德国褐煤煤粉水分的选取方法。

a. 德国斯坦缪勒公司（Stinmüller）的选取方法。德国斯坦缪勒公司煤粉水分 M_{pc}按式（6-1）选取，即

$$M_{pc}\leqslant M_{ad}+4[(M_t-M_{ad})/M_{ad}] \tag{6-1}$$

或略大于空气干燥基水分 M_{ad}。

b. 德国能源与工程技术（EVT）公司的选取方法。

德国能源与工程技术公司认为，煤粉水分与原煤水分、磨煤机出力、磨煤机出口温度和煤粉细度等因素有关。该公司通常是根据对煤样的试磨提供较准确的煤粉水分数据。

在没有试磨煤样的情况下，德国能源与工程技术公司一般按采用不同煤样在实验室试验的基础上整理的曲线选取。如 N 系列风扇磨煤机是在煤粉细度 $R_{90}=45\%\sim55\%$、高温炉烟为 900～1000℃的条件下取得单位干燥剂量（m^3/kg）、分离器出口温度（℃）、原煤水分（M_t）与煤粉水分（M_{pc}）的关系曲线。S 系列风扇磨煤机是通过试验取得原煤水分（M_t）、分离器出口温度（℃）和煤粉细度 R_{90}（%）与煤粉水分的关系曲线。

2）俄罗斯褐煤煤粉水分的选取方法。

a. 锅炉机组煤粉制备装置计算和设计标准（1971 年版）[13]。直吹式和储仓式制粉系统中烟气和空气混合干燥时煤粉水分与原煤水分及出口温度的关系见图 6-23。

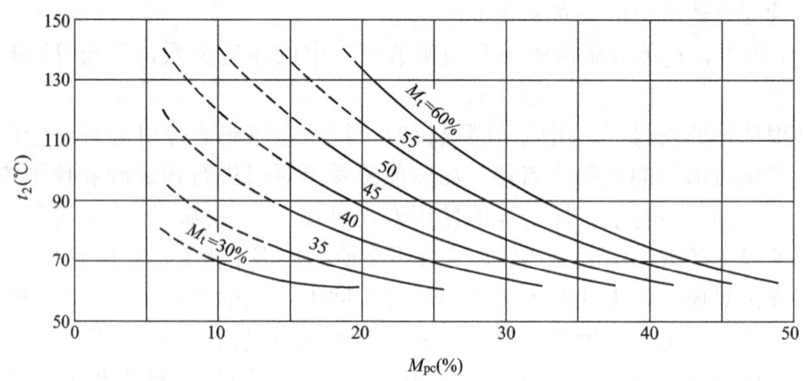

图 6-23　直吹式和储仓式制粉系统中烟气和空气混合干燥时煤粉水分与原煤水分及出口温度的关系

b. 计算方法[2]。在理论分析和综合工业试验的基础上，对风扇磨煤机磨制褐煤煤粉水分的计算方法见式（6-2），即

$$M_{pc}=0.048M_t\frac{R_{90}}{t_2^{0.46}}\% \tag{6-2}$$

式中　M_t——原煤全水分，%；

R_{90}——粗粉分离器出口煤粉细度，%；

t_2——粗粉分离器出口干燥剂温度，℃。

在不同 M_t、R_{90} 和 t_2 情况下，式（6-2）推荐的煤粉水分计数值见表 6-22。

表 6-22　煤粉水分计算值

M_{ar}(%)	$R_{90}=30\%$			$R_{90}=35\%$			$R_{90}=40\%$			$R_{90}=50\%$			$R_{90}=60\%$		
	t_2(℃)			t_2(℃)			t_2(℃)			t_2(℃)			t_2(℃)		
	120	150	180	120	150	180	120	150	180	120	150	180	120	150	180
10	1.59	1.44	1.32	1.86	1.68	1.54	2.12	1.92	1.76	2.65	2.39	2.22	3.18	2.87	2.64
20	3.18	2.87	2.64	3.71	3.35	3.08	4.25	3.83	3.52	5.31	4.79	4.40	6.37	5.75	5.28
30	4.78	4.31	3.96	5.57	5.03	4.62	6.37	5.75	5.28	7.96	7.18	6.61	9.55	8.62	7.93
40	6.37	5.75	5.28	7.43	6.70	6.71	8.49	7.66	7.05	10.6	9.58	8.81	12.7	11.5	10.6
50	7.96	7.18	6.61	9.29	8.38	7.71	10.6	9.58	8.81	13.3	12.0	11.0	15.9	14.4	13.2
60	9.55	8.62	7.93	11.4	10.06	9.25	12.7	11.5	10.6	15.9	14.4	13.2	19.1	17.2	15.9

(2) 我国褐煤煤粉水分的选取方法。

1) 选取煤粉水分依据的标准。按 DL/T 466—2017《电站磨煤机及制粉系统选型导则》选取，见图 6-24。

2) 运行褐煤锅炉风扇磨煤机制粉系统的煤粉水分[7,8]。伊敏电厂 600MW 机组褐煤锅炉（3、4 号炉）和九台电厂 670MW 机组褐煤锅炉（1、2 号炉）风扇磨煤机制粉系统设计和运行的煤粉水分见表 6-23。

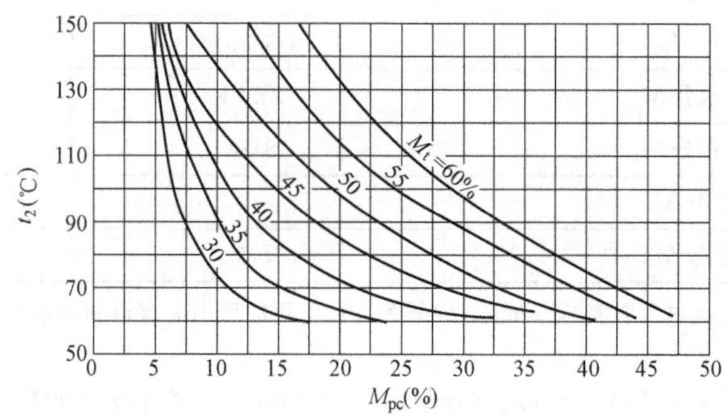

图 6-24 采用烟气和空气混合干燥直吹式制粉系统磨制褐煤，煤粉水分 M_{pc} 和设备终端温度 t_2 以及原煤全水分 M_t 的关系

表 6-23 风扇磨煤机制粉系统设计和运行的煤粉水分

项目	单位	伊敏电厂		九台电厂	
机组容量	MW	600		670	
锅炉型式	—	Π 型		塔式	
燃烧方式	—	切向 8 角		切向 8 角	
燃用褐煤煤矿	—	伊敏		扎赉诺尔	
全水分 M_t	%	39.8		32.83	
空气干燥基水分 M_{ad}	%	8.11		10.18	
风扇磨煤机型式	—	MB3600/1000/490		MB3600/1000/490	
运行负荷	MW	480	450	480	538
磨煤机入口温度 t_1	℃	520	500	545	545
磨煤机出口温度 t_2	℃	150	145	150	150
运行实测煤粉水分 M_{pc}	%	3.38	2.62	5.17	4.46
设计煤粉水分 M_{pc}	%	6.66	6.66	6.5	6.5

(3) 不同煤粉水分选取方法的数据。以伊敏电厂燃用伊敏褐煤、九台电厂燃用扎赉诺尔褐煤为例，不同煤粉水分选取方法的数据见表 6-24。

从表 6-24 的数据可见，实测与原设计煤粉水分和不同的选取方法选取的煤粉水分有比较大的差异。

表 6-24　　不同煤粉水分选取方法的数据

项目	单位	伊敏褐煤（伊敏电厂）	扎赉诺尔褐煤（九台电厂）
全水分 M_t	%	39.8	32.0
空气干燥基水分 M_{ad}	%	8.11	6.51
设计煤粉细度 R_{90}	%	45	45
磨煤机出口温度 t_2	℃	150	
设计煤粉出口水分 M_{pc}	%	6.66①	6.5①
运行实测煤粉出口水分 M_{pc}	%	3.38	5.17
按式（6-1）选取的煤粉水分 M_{pc}	%	23.74	22.17
按式（6-2）选取的煤粉水分 M_{pc}	%	8.38	6.75
按图 6-23 选取的煤粉水分 M_{pc}	%	—②	—①
按图 6-24 选取的煤粉水分 M_{pc}	%	5.1	4.9

① 原设计煤粉水分未提供选取依据的方法，伊敏和九台电厂的风扇磨煤机制粉系统设计时 DL/T 5145—2012 尚未颁布。

② 在磨煤机出口温度 t_2=150℃、收到基水分 M_{ar}=39.8%条件下，图 6-21 的曲线已到延长虚线之后，无法读取数据。

（4）对不同煤粉水分选取方法的讨论。

1）德国的选取方法。

a. 德国斯坦缪勒公司（Stinmüller）的选取方法。按德国斯坦缪勒公司方法选取的煤粉水分，由表 6-24 的数据可见，与其他方法有数量级的差别，由于德国褐煤煤质与我国的老年褐煤煤质差别较大、风扇磨煤机型式和试验条件的原因，出现比较大的差别。如德国无分离器带反向旋转前置锤的 N240.45 风扇磨煤机（EVT 型），1 号磨煤机带 1 排前置锤，每排 4 只；2 号磨煤机带 3 排前置锤，每排 12 只。磨制全水分 M_t=50%～59%、收到基灰分 A_{ar}=3.4%～15%，1 号磨煤机的出力为 147t/h，$R_{1.0}$=7.43%，煤粉水分 M_{pc}=26.2%；2 号磨煤机的出力为 81t/h、$R_{1.0}$=1.43%、煤粉水分 M_{pc}=5.65%[12]。由于前置锤的数量不同，对煤粉水分的影响很大。德国斯坦缪勒公司给出的选取煤粉水分的公式有其一定的应用条件。

我国大部分是磨制老年褐煤的有分离器不带前置锤的风扇磨煤机，德国斯坦缪勒公司给出的式（6-1）不适合我国的老年褐煤。

b. 德国能源与工程技术公司（EVT）的选取方法。德国能源与工程技术公司认为，煤粉水分与原煤水分、磨煤机出力、磨煤机出口介质温度和煤粉细度等因素有关。该公司通常是根据对煤样的试磨提供较准确的煤粉水分数据。这种方法可以得到准确的煤粉水分数据。但是，目前国内尚不具备每个工程都采用这种方法的条件。因为目前国内生产风扇磨煤机的制造厂不具有完备的试验设备，在电厂的工业试验需要耗费较大的人力和财力，一般不容易实现。

2）俄罗斯的选取方法。

a. 锅炉机组煤粉制备装置计算和设计标准。煤粉制造设备的计算和设计标准（苏联 1971 年版）的直吹式制粉系统中烟气和空气混合干燥时，煤粉水分与原煤水分及出口温度的关系（见图 6-23）应用有限，对于伊敏电厂燃用的伊敏褐煤与九台电厂燃用的扎赉诺尔褐煤，图 6-23 的曲线已到延长虚线之后，无法读取数据。

b. 计算方法。按理论分析和综合工业试验基础上取得的式（6-2）计算确定煤粉水分。在风扇磨煤机上对俄罗斯伊尔莎-鲍罗金褐煤（$M_t=33\%$，$M_{ad}=12\%$）、别列佐夫褐煤（$M_t=33\%$，$M_{ad}=12\%$）进行的煤粉水分试验值与计算值见图 6-25[14]。

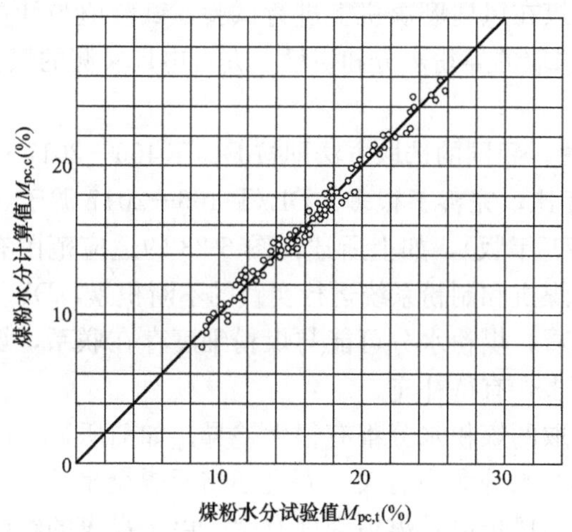

图 6-25　伊尔莎-鲍罗金褐煤和别列佐夫褐煤煤粉水分试验值与计算值

在 MB1000/600/985 风扇磨煤机上对俄罗斯帕付劳夫褐煤（$M_t=41.5\%$，$M_{ad}=10.5\%$）、列琴浩夫褐煤（$M_t=42.5\%$，$M_{ad}=13\%$）、泥煤（$M_t=50\%$，$M_{ad}=3.5\%$）和在 MB1600/520/985 风扇磨煤机上对巴施可尔褐煤（$M_t=52\%$，$M_{ad}=7\%$）进行的煤粉水分试验值与计算值见图 6-26[14]。

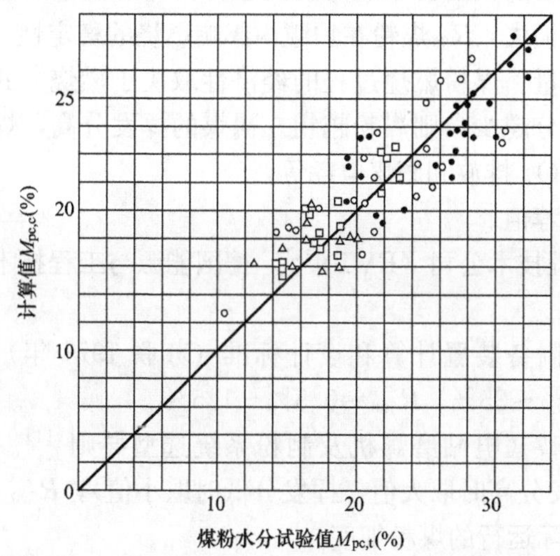

图 6-26　俄罗斯帕付劳夫褐煤、列琴浩夫褐煤、泥煤和巴施克尔褐煤煤粉水分试验值与计算值

△—帕付劳夫褐煤；□—列琴浩夫褐煤；●—巴施可尔褐煤；○—泥煤

由图 6-25 和图 6-26 可见，试验结果的数据基本与式（6-2）的计算值吻合，图 6-25 数据带中试验测试值的范围为±25%，由此可见，煤粉水分是在一定范围内的，文献

[15] 解释可能与试样和运行工况有关。如前所述，由于煤的组织结构有差异，其干燥特性也不同。因此，同样运行条件下的煤粉水分是不同的。煤在磨煤机内的干燥还与磨煤机内的空气动力特性和磨碎过程有关，从而会出现一些差异。

俄罗斯的褐煤水分 $M_t=33\%\sim50\%$，大部分为 $M_t=33\%\sim40\%$，与我国的老年褐煤相近。俄罗斯对其褐煤在风扇磨煤机上进行试验，试验值与计算值很接近，而与我国 DL/T 466—2017 曲线选取的煤粉水分和伊敏、九台电厂实测的煤粉水分有一定差异，有待探讨和经验积累。

3）我国的选取方法。我国的选取方法即按 DL/T 466—2017 选取，DL/T 466—2017 与 DL/T 5145—2012 相比，完善了很多。DL/T 466—2017 源于《煤粉制造设备的计算和设计标准》(苏联 1971 年版)，如上所述，图 6-23 的适应范围有限。由于国内褐煤锅炉的运行经验、风扇磨煤机和制粉系统运行实践的不断积累，DL/T 466—2017 做了较大的修改。从运行试验来看，煤粉水分可能与煤粉细度存在联系，煤粉细度大时煤粉水分升高。但目前数据尚不多，有待补充。

不同的选取方法选取的煤粉水分都有很大差异。如前所述，磨煤干燥过程的最终煤粉水分不仅与空气干燥基水分大小有关，而且还与原煤全水分、磨煤机出力、干燥剂初温、磨煤机出口风温、通风量以及煤粉细度有关。由于褐煤的组织结构有差异，其干燥特性也不同。因此，同样运行条件下的煤粉水分也不一样。另外，由于实验条件和运行经验不同，也会带来差异。

在目前不同的煤粉水分选取方法中，按 DL/T 466—2017 中曲线（见图 6-24）比较接近运行的实测煤粉水分。

5. 煤粉细度

煤粉细度与煤质、磨煤机出力以及是否配置分离器等因素有关。大颗粒 $R_{1.0}$ 的数量影响固体不完全燃烧热损失，R_{90} 煤粉在炉膛内影响燃烧的稳定性。燃料的化学反应能力主要决定于挥发分的含量。煤粉燃烧过程的经济性取决于燃烧方式与炉膛的热强度。燃料中的挥发分越多，灰分越少，则煤粉越粗。褐煤的挥发分高，煤粉细度较粗。煤粉细度的选取需要考虑低 NO_x 排放和磨煤电耗等。

（1）煤粉细度的推荐值。

1）德国能源与工程技术公司（EVT）[15]。德国能源与工程技术公司（EVT）推荐的煤粉细度值见图 6-27。

2）锅炉机组煤粉制备装置计算和设计标准（苏联 1971 年）[4]。对于褐煤，$R_{90}=40\%\sim60\%$、$R_{200}=15\%\sim35\%$、$R_{1.0}=0.5\%\sim1.5\%$。

3）DL/T 466—2017《电站磨煤机及制粉系统选型导则》[1]。对于褐煤，煤粉细度 $R_{90}=30\%\sim50\%$（挥发分高时取大值，挥发分低时取小值），$R_{1.0}=1\%\sim3\%$。

（2）风扇磨煤机实际运行的煤粉细度。

1）伊敏电厂 600MW 机组褐煤锅炉，配置 MB3600/1000/490 风扇磨煤机。燃用伊敏褐煤，试验煤质：$M_t=39.8\%$，$M_{ad}=8.11\%$，$A_{ar}=8.94\%$，$V_{daf}=47.48\%$。设计 $R_{90}=45\%$，$M_{pc}=6.66\%$，风扇磨煤机最大出力为 86t/h，设计出力为 82t/h。磨煤机在设计出力为 82t/h 下，$R_{90}=52.3\%$，最低的 $R_{90}=38.4\%$。磨煤机的出力从 44t/h 增加到 55t/h，继续增加到 66t/h 时，煤粉细度 R_{90} 由 38.4%增加到 42.0%，再继续增加

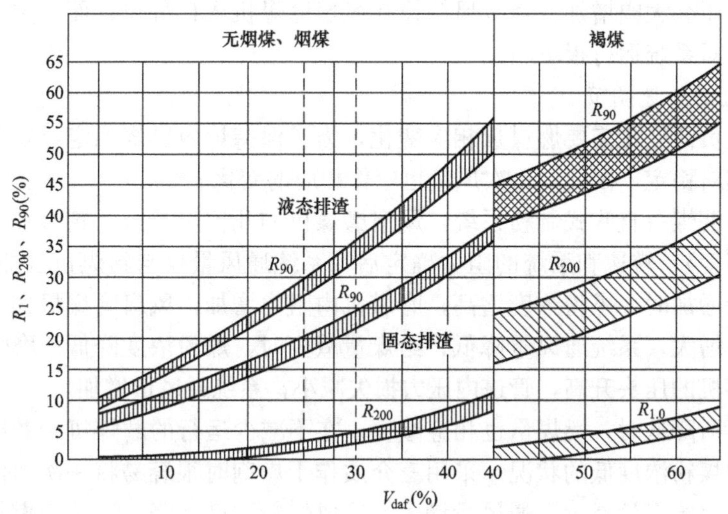

图 6-27 德国 EVT 公司推荐的煤粉细度值

到 52.8%[6]。

2）九台电厂 600MW 机组褐煤锅炉，配置 MB3600/1000/490 风扇磨煤机。燃用扎赉诺尔褐煤，试验煤质：M_t=32.8%，M_{ad}=6.51%，A_{ar}=9.49%，V_{daf}=44.25%。设计 R_{90}=45%，M_{pc}=6.5%。风扇磨煤机最大出力为 67.5t/h，设计出力为 50t/h。磨煤机在出力在 40t/h、50 t/h、55t/h 时，R_{90}分别为 34.4%、39.6%、44.0%；$R_{1.0}$分别为 0.5%、0.52%、0.68%[7]。

由上述风扇磨煤机实际运行的煤粉细度可见，基本都在 DL/T 466—2017 推荐的煤粉细度值范围内。

6. 漏风系数

按 DL/T 5145—2012《火力发电厂制粉系统设计计算技术规定》中表 5.2.1-1，推荐的漏风系数（漏入制粉系统的冷风与干燥剂的重量比）：风扇磨煤机不带烟气下降管为 0.2，带烟气下降管为 0.3。

制粉系统漏风不仅仅降低运行经济性，漏风严重时会影响制粉系统的干燥出力和磨煤机出力。风扇磨煤机制粉系统的漏风是造成系统干燥出力不足的主要原因。风扇磨煤机入口前系统中的冷风门、落煤管、给煤机和抽炉烟口等都处于负压状态，漏入的冷风降低干燥剂的温度，同时又占去了风扇磨煤机总通风量中干燥剂的份额，使系统的干燥能力降低。因而，磨煤机出口温度下降，锅炉低负荷时致使燃烧不稳；高负荷时，漏风使一次风率增加，影响正常的燃烧组织，甚至导致炉内结渣。因此，在制粉系统设计、设备质量和运行管理等方面给予足够的重视。

7. 系统阻力

制粉系统的阻力影响机组运行的经济性，尽可能地减少系统阻力是制粉系统设计的原则之一。尤其是风扇磨煤机直吹式制粉系统，系统阻力匹配不当，将影响制粉系统的正常运行。随着风扇磨煤机的容量加大，入口的通流管径相应增大，磨煤机入口前系统的管径也相应变化，以使系统阻力保持不变。风扇磨煤机入口前系统阻力过大，则抽炉烟管入口的负压会大幅增加。当冷风门设在风扇磨煤机入口部位，而又关不严时，加剧冷风的漏入，对系统运行很不利。

8. 磨煤机的转速调节

锅炉机组负荷变化需要燃煤量相应变化，为了保持炉内燃烧稳定，要求一次风温度及煤粉浓度相对稳定，因此，一次风量也应作相应的变化。

对于风扇磨煤机直吹式制粉系统，风扇磨煤机的几何尺寸（叶轮直径、打击板的数目、宽度和高度）、转速和系统的阻力确定后，系统通风量仅与给煤量（即磨煤机出力）有关。给煤量增加时，煤粉浓度增高，磨煤机内阻力增加，风扇磨煤机的压头降低，管道内压力损失增大，系统通风量降低；给煤量减少时，煤粉浓度降低，磨煤机内阻力减小，风扇磨煤机的压头升高，管道内压力损失减小，系统通风量增加。

当锅炉负荷降低时，燃煤量也相应减少，在不减少运行的磨煤机台数时，将会出现一次风温高和煤粉浓度低的状况。采用三介质作干燥剂时很容易将一次风温控制在允许的范围内。但因给煤量减少，通风量增大，造成煤粉浓度下降，使炉内燃烧不稳定。对于大容量风扇磨煤机，采用联轴器调节风扇磨煤机转速，在给煤量减少的同时降低转速调节通风量，此时煤粉浓度可基本不变，这对改善锅炉低负荷的燃烧工况是有利的，从而可避免负荷变动幅度大时，频繁增减运行的风扇磨煤机台数。

另外，风扇磨煤机磨损后期通风量会有较大幅度的降低，因此，对于600MW及以上大容量锅炉所配的风扇磨煤机，宜采用联轴器，调节转速，以利于运行调节。MB3600/1000/490风扇磨，未采用联轴器，在分离器上部装设风量调节挡板及风量内循环调节回路装置，以调节磨煤机的出口通风量，但运行表明，调节幅度很小。

9. 风扇磨煤机制粉系统干燥介质的选取

褐煤是一种高水分、高挥发分的固体燃料，为了确保制粉系统干燥出力及足够的风量调节，通常采用高温炉烟、热风二介质或高温炉烟、热风和低温炉烟三介质作为干燥剂。

制粉系统依靠风扇磨煤机产生的负压抽取炉膛里的高温炉烟、低温炉烟及热风，混合点尽可能布置在靠近抽高温炉烟口，使三介质较早混合，防止高温炉烟管段过长而难以保温、内部挂渣等问题。采用二介质或三介质作为干燥剂主要有以下优点：

(1) 干燥能力强。对于高水分的褐煤，使用热风干燥是不够的。采用含高温炉烟的干燥剂可以大幅度提高干燥剂初始温度，保证制粉系统有足够的干燥出力。

(2) 采用二介质或三介质混合的干燥剂，其中的热风仅用来满足燃烧早期混合，因而制粉系统中的烟气为干燥主体，保证制粉系统的二氧化碳含量超过4%，含氧量低于12%时可以有效地限制煤粉爆燃，同时又使得二次风有较大的调节余地。

(3) 适应风扇磨煤机变负荷能力强。对于固定转速的风扇磨煤机，总通风能力是不变的。在低负荷时，可以增大低温炉烟量控制粗粉分离器出口温度，提高锅炉负荷调节的灵活性。对于变转速的风扇磨煤机，通过改变转速来适应负荷改变，也可通过低温炉烟量配合调节，提高适应能力。

对于高水分褐煤，在未采用低温炉烟的二介质干燥的情况下，随着负荷的增加，热风量是减少的，这样对于锅炉燃烧带来不良影响。相反，在低负荷时，干燥剂含氧量较高。因此，应用三介质干燥具有更好的调节性能。

从国内部分燃用褐煤锅炉的风扇磨煤机运行情况来看，一般多选用三介质干燥剂设计，即高温炉烟、热风和低温炉烟。但实际运行时，由于制粉系统漏风大，元宝山电厂600MW机组锅炉只能用高温炉烟及低温炉烟两种介质，阳宗海电厂1号200MW机组锅炉用高温炉烟、热风和低温炉烟三介质，伊敏电厂由引进苏联的500MW机组褐煤锅炉风扇磨煤机系统抽取中温炉烟（烟温约为750℃），双辽电厂300MW机组锅炉和富拉尔基电厂200MW机组锅炉仅用高温炉烟。双辽电厂制粉系统用密封风调节干燥剂温度。由于制粉系统漏风，造成只能以高温炉烟作为干燥剂来保持风扇磨出力，双辽和富拉尔基电厂仅用高温炉烟，实际上也是相当于二介质的干燥剂。

伊敏电厂二期工程600MW机组锅炉设计时采用高温炉烟（约为1050℃）和热风二介质的干燥剂。投入运行以后，给运行调整带来很大困难，磨煤机入口超温，被迫对制粉系统进行改造，改为加入低温烟气，成为热炉烟、热风和低温炉烟三介质干燥剂，改后运行得到改善。

根据以上运行实践表明，对于风扇磨煤机制粉系统，采用高温炉烟、热风和低温炉烟是合理的。特别是对于抽取高温炉烟作为干燥剂时，采用三介质为宜。对于伊敏电厂一期1、2号T型锅炉，由于其结构特点，可在左右两侧烟气由水平烟道转向下行的转向室处，抽取中温炉烟作为干燥剂，因此可采用中温炉烟和热风二介质作为干燥剂，系统简单。

第四节 磨煤机与制粉系统选型

一、 国外褐煤锅炉风扇磨煤机选型

1. 德国褐煤锅炉风扇磨煤机选型

(1) 磨制褐煤的风扇磨煤机选型[16]。对磨制褐煤的风扇磨煤机主要取决于煤中水分、灰分、煤的可磨性指数和煤粉细度的要求。其次，还要考虑石英砂、黏土和木质纤维含量。表6-25是不带分离器和带分离器风扇磨煤机所适应的燃料类型。

表6-25 不带分离器和带分离器风扇磨煤机所适应的燃料类型

特性值	不带分离器风扇磨煤机	带分离器风扇磨煤机
发热量		
对所有发热量	√	√
原煤水分		
<10%	√	√
10%～40%	√	√
>40%	√	√
原煤灰分（干燥基）		
<1.0%	√	√
1.0%～10%	√	○
>10%	○	○

续表

特性值	不带分离器风扇磨煤机	带分离器风扇磨煤机
原煤木质纤维含量		
<1.0%	√	√
1%～10%	○	√
>10%	○	√
原煤石英砂含量		
>10%	○	△
原煤黏土含量		
>10%	√	√
原煤哈氏可磨性指数 HGI		
<40	○	○
40～80	√	√
>80	√	√
煤粉细度 R_{90}		
<10%	△	△
10%～50%	△	○
>50%	√	√

注 √表示适用，○表示有条件适用，△表示不适用。

(2) 德国能源与技术工程公司（EVT）风扇磨煤机选型[8]。德国能源与技术工程公司根据其长期设计和制造经验，将煤按照水分、灰分和木质纤维含量分为 10 类，各类煤的特性见表 1-4，表 6-26 为德国能源与技术工程公司根据表 1-4 的褐煤煤质所选用的风扇磨煤机型式、干燥剂量、煤粉细度（R_{90}）和分离器后的工作温度。

应用上述方法基本上可以根据褐煤的特性进行磨煤机选择。

表 6-26　根据表 1-4 的褐煤煤质所选用风扇磨煤机型式、干燥剂量、R_{90}和分离器后的工作温度

种类	磨煤机类型	干燥剂量（m³/kg）	正常负荷时的 R_{90}(%)	分离器后的工作温度（℃）
1	N 型，带分离器	3～3.5	1%～3%	120～170
2	N 型，带前置锤	2.5～3	3%～6%	120～170
3	N 型，带分离器或前置锤	2.5～3	3%～6% (带分离器 1%～3%)	120～170
4	N 型，带分离器	3.5～4	4%～6%	150～190
5	N 型，带分离器	3～3.5	2%～3%	150～190
6	N 型，带分离器	3.5～4.5	4%～6%	150～190
7	N 型或 S 型，带分离器	3～3.5	4%～6%	170～210
8	N 型，带分离器	2.5～3	1%～2%	120～170
9	N 型，带分离器	3～3.5	2%～4%	120～170
10	N 型，带分离器	3～3.5	2%～4%	120～170

由表 1-4 和表 6-25、表 6-26 可见，对于全水分 M_t＝10%～70%、哈氏可磨性指数

HGI>40 的褐煤均可选用风扇磨煤机。

(3) 德国巴布科克公司 (Babcock) 风扇磨煤机选型[17]。德国巴布科克公司风扇磨煤机的选型见表 6-27。

表 6-27 德国巴布科克公司风扇磨煤机的选型

特征值	N 型风扇磨煤机	DGS 型风扇磨煤机
褐煤煤质		
年轻褐煤	√	√
老年褐煤	△	○
原煤水分		
35%	○	○
40%～65%	√	√
挥发分		
40%～65%	√	√
哈氏可磨性指数 HGI		
50	△	○
60	○	√
70～120	√	√

注 √表示适用，○表示有条件适用，△表示不适用。

德国巴布科克公司对于全水分 M_t>35%的褐煤，采用风扇磨煤机。由于德国巴布科克公司既生产 DGS 风扇磨煤机，也生产 MPS 或 MPS-HP-Ⅱ中速磨煤机，当褐煤全水分 M_t<35%时，可以选用中速磨煤机。

2. 俄罗斯风扇磨煤机选型[14]

俄罗斯对于全水分 M_t≥40%，且 K_{VTI}≥1.2（HGI≥60）的褐煤，采用风扇磨煤机。对于易结渣或者易爆的褐煤，全水分 M_t<40%时，也可采用风扇磨煤机炉烟干燥直吹式系统。

3. 我国褐煤锅炉风扇磨煤机选型

DL/T 466—2017《电站磨煤机及制粉系统选型导则》中 9.2.4 规定：

(1) 当磨制褐煤的磨损指数 K_e<3.5，且褐煤的全水分 M_t≥35%时，宜选用风扇磨煤机炉烟干燥直吹式系统；当磨制煤的全水分 M_t>40%时，宜选用带乏气分离装置（煤粉浓缩器）的风扇磨煤机（带粗粉分离器或无粗粉分离器）。

(2) 当磨制褐煤的全水分 30%≤M_t≤35%时，可根据情况选用中速磨煤机直吹式制粉系统或风扇磨煤机直吹式制粉系统。

二、褐煤锅炉风扇磨煤机制粉系统选择

(1) 风扇磨煤机直吹式二、三介质干燥制粉系统。风扇磨煤机直吹式三、二介质干燥制粉系统见图 6-19、图 6-20，根据褐煤煤质其适用范围见图 5-1 的 A 区。

(2) 带煤粉浓缩器（乏气分离器）的风扇磨煤机直吹式三介质干燥制粉系统见图 6-21，对于高水分褐煤，如果燃用褐煤的水分、灰分和发热量在图 5-1 的 B 区，即需要采用带煤粉浓缩器（乏气分离器）的风扇磨煤机直吹式制粉系统。

（3）带煤粉浓缩器（乏气分离器）的风扇磨煤机半直吹式三介质干燥制粉系统。

带煤粉浓缩器（乏气分离器）的风扇磨煤机半直吹式三介质干燥制粉系统见图 6-22，对于更高水分褐煤，如果燃用褐煤的水分、灰分和发热量在图 5-1 的 C 区，即需要采用带煤粉浓缩器（乏气分离器）的风扇磨煤机半直吹式制粉系统。

（4）带煤粉浓缩器（乏气分离器）的风扇磨煤机储仓式三介质干燥制粉系统。

对于高灰分（$A_{ar}>45\%$）的褐煤，可采用带煤粉浓缩器（乏气分离器）的风扇磨煤机储仓式三介质干燥制粉系统，见第 3 章图 3-9。

参 考 文 献

[1] 张安国，梁辉，霍沛强．DL/T 5145—2012 火力发电厂制粉系统设计计算技术规定．北京：中国电力出版社，2012.

[2] 贾鸿祥．制粉系统设计与运行．北京：水利电力出版社，1995.

[3] 张经武，李卫东，许传凯．电站煤粉锅炉燃烧设备选型．北京：中国电力出版社，2017.

[4] 华北电力设计院技术处．国外大型磨煤机的应用（论文集）．北京：水利电力出版社，1983.

[5] 魏维桐．S70.45 风扇磨煤机的特性分析及改进．东北电力试验研究院，1988.

[6] 何仰明．沈阳重型机械集团有限公司 MB3600/1000/490 风扇磨煤机制粉系统试验报告．西安热工研究院，2009.

[7] 何仰明．华能吉林发电有限公司九台电厂风扇磨煤机制粉系统试验报告．西安热工研究院，2010.

[8] 杨忠灿．胜利煤在华能九台电厂 2 号机组锅炉试磨、试烧试验报告．西安热工研究院，2012.

[9] 能源部科技司，西安热工研究院．褐煤燃烧技术——常规火电站燃烧技术，分项技术报告之六．中德合作项目，1989.

[10] 顾友华．褐煤锅炉制粉系统研究综合报（“六五”科技攻关项目试验研究报告-15）. 哈尔滨锅炉厂，1987.

[11] 顾友华，云南凤鸣村煤磨煤试验报告（“六五”科技攻关项目试验研究报告-16）．哈尔滨锅炉厂，1987.

[12] 邱常青，王瑞梁．国外风扇磨煤机．水利电力部情报研究所，1979.

[13] М. Л. Кисельгофом，И. В. Соколовым. Нормы расчета и проектирование пылеприговительных установок котельных агрегатов．Ленинград，1971.

[14] В. А. Волковинский，К. Ф. Роддатис，Е. Н. Толчинский．Системы пылеприговления смельницами-вентиляторами энергоатомиздат，1990.

[15] Wärmetechnisches Taschenbuch．Energie-und Verfahernstechnik GmbH．EVT，1981.

[16] 能源部科技司，西安热工研究院．褐煤燃烧技术——常规火电站燃烧技术，分项技术报告之五．中德合作项目，1990.

[17] 日立-巴布科克（德国）．DGS 风扇磨煤机介绍．长春电力设备厂，2011.

第七章

中速磨煤机与制粉系统

中速磨煤机磨煤部件的转速为 21～64r/min，介于低速磨煤机（钢球磨煤机转速为 15～24.5r/min）和高速磨煤机（风扇磨煤机转速为 425～1000r/min）之间，故称中速磨煤机；由于驱动磨盘、磨碗或磨环的主轴是垂直装设的，又有立轴磨煤机之称。

各种中速磨煤机的工作原理基本相似，原煤由落煤管进入两个碾磨部件的表面之间，在压紧力的作用下受到挤压和碾磨而被粉碎成煤粉。由于碾磨部件的旋转，磨成的煤粉被抛至风环处。装有均流导向叶片的环形热风道称为风环。热风以一定的速度通过风环进入干燥空间，对煤粉进行干燥，并将其带入碾磨区上部的粗粉分离器中。经过分离，不符合燃烧要求的粗粉返回碾磨区重磨。合格的煤粉经煤粉分配器由干燥剂带出磨煤机外，引至一次风管。来煤中夹带的杂物（如铁块、石块和木块等）被抛至风环处后，因由下而上的热风不足以阻止它们下落，故经风环落至杂物箱，这些杂物亦称石子煤。

中速磨煤机有碗式磨煤机、轮式磨煤机和球环式磨煤机。它们是以研磨件中有特征性的结构而命名的。国内电站锅炉制粉系统采用的中速磨煤机主要是碗式磨煤机和轮式磨煤机。

第一节　中速磨煤机的类型与工作特点

一、 中速磨煤机的类型

1. 碗式中速磨煤机

碗式中速磨煤机有 RP、HP、SM、IHI-VS 中速磨煤机等。SM 是德国制造的 RP 中速磨煤机，IHI-VS 是日本制造的 RP 中速磨煤机。因磨盘为斜面，类似碗状而得名。

RP 中速磨煤机采用浅碗形磨盘和锥形磨辊。三个独立的磨辊相隔 120°安装在磨盘上，磨辊与磨盘之间保持一定的间隙，不直接接触。热风通过固定风环和导流罩进入磨煤机碾磨空间。HP 中速磨煤机是 RP 中速磨煤机的改进型。在结构方面的主要改进：由固定风环改为随着磨碗一起旋转的风环，减速箱传动由蜗轮蜗杆改为螺旋伞齿加行星齿轮传动，磨辊辊套宽度缩小，直径加大，加载方式由液压加载改为外置式弹簧变加载。其结构和工作原理见图 7-1。

上海重型机器厂（简称上重）生产的 HP 中速磨煤机系列性能参数见表 7-1[1]。

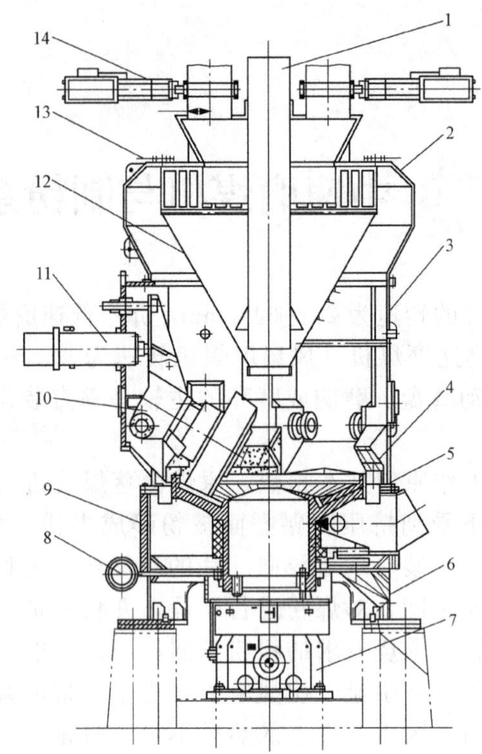

图 7-1 HP 中速磨煤机（配置挡板式离心分离器）结构和工作原理

1—落煤管；2—分离器顶盖；3—分离器本体；4—磨碗；5—叶轮；6—石子煤排出口；7—行星齿轮减速箱；8—密封空气集箱；9—侧机体；10—磨辊；11—弹簧变加载装置；12—分离器内锥体；13—折向门调节装置；14—排出阀

表 7-1　　HP 中速磨煤机（基本型）系列性能参数（带静态分离器）

型号	入料粒度 (mm)	基本出力 (t/h)	入口最大空气流量 (t/h)	磨碗转速 (r/min)	电动机额定功率 (kW)
HP483	≤38	10.6	15.9	63.5	110～132
HP523		12.0	18.0		
HP563		13.5	20.3		
HP583	≤38	15.0	22.5	53.4	160～250
HP603		16.6	24.9		
HP623		18.3	27.5		
HP643		20.1	30.2		
HP663		22.1	33.2		
HP683	≤38	24.1	36.2	45.2	280～300
HP703		26.4	39.5		
HP723		28.7	43.0		
HP743		31.1	46.7		

续表

型号	入料粒度 (mm)	基本出力 (t/h)	入口最大空气流量 (t/h)	磨碗转速 (r/min)	电动机额定功率 (kW)
HP763	≤38	33.7	50.6	41.3	约 355
HP783		36.5	54.7		
HP803		39.3	59.0		
HP823	≤38	41.8	62.7	38.4	约 400
HP843		44.4	66.6		
HP863		47.1	70.6		
HP883	≤38	49.9	74.8	35.0	450～500
HP903		52.8	79.1		
HP923		55.7	83.6		
HP943		58.8	88.2		
HP963	≤38	62.0	93.0	33.0	520～560
HP983		65.3	98.0		
HP1003		68.7	103.0		
HP1023	≤38	72.2	108.3	30.0	600～750
HP1043		75.8	113.6		
HP1063		79.5	119.2		
HP1103		87.2	130.8		
HP1163	≤38	99.6	149.4	27.7	850～950
HP1203		108.4	162.6		
HP1263	≤38	122.4	183.7	25.6	1050～1150
HP1303		132.4	198.5		
HP1363	≤38	148.4	222.6	23.7	1250～1300
HP1403		160.4	240.6		

注 1. 表中的基本出力是指煤的哈氏可磨性指数为 55；煤粉细度为 200 目筛子的过筛率为 70%；煤的收到基水分：对高挥发分烟煤小于或等于 8%，对低挥发分烟煤小于或等于 12%工况下的磨煤机研磨能力。

2. 磨煤机最小出力为最大出力的 25%。

3. 磨煤机最大阻力为 4.5kPa（平原地区）。

4. 表中电动机使用系数（S.F）均为 1.15。

2. 轮式中速磨煤机

轮式中速磨煤机有 MPS、MP、ZGM、MPS-HP-Ⅱ、MBF 磨煤机。MBF 中速磨煤机是在 RP(HP) 磨煤机的基础上发展的磨型，除磨辊及磨盘按轮胎形状设计外，其余都保留了 RP(HP) 磨煤机的特征。

我国磨煤机制造厂在引进 MPS 中速磨煤机技术的基础上，形成了 MP 和 ZGM 系列的轮式中速磨煤机。MP 中速磨煤机的性能参数与 MPS 中速磨煤机基本一致，因而，一般 MPS 中速磨煤机泛指 MPS 和 MP 中速磨煤机。MPS 中速磨煤机的结构见图 7-2（a）、图 7-2（b）。MPS 中速磨煤机的系列性能参数见表 7-2[2]。

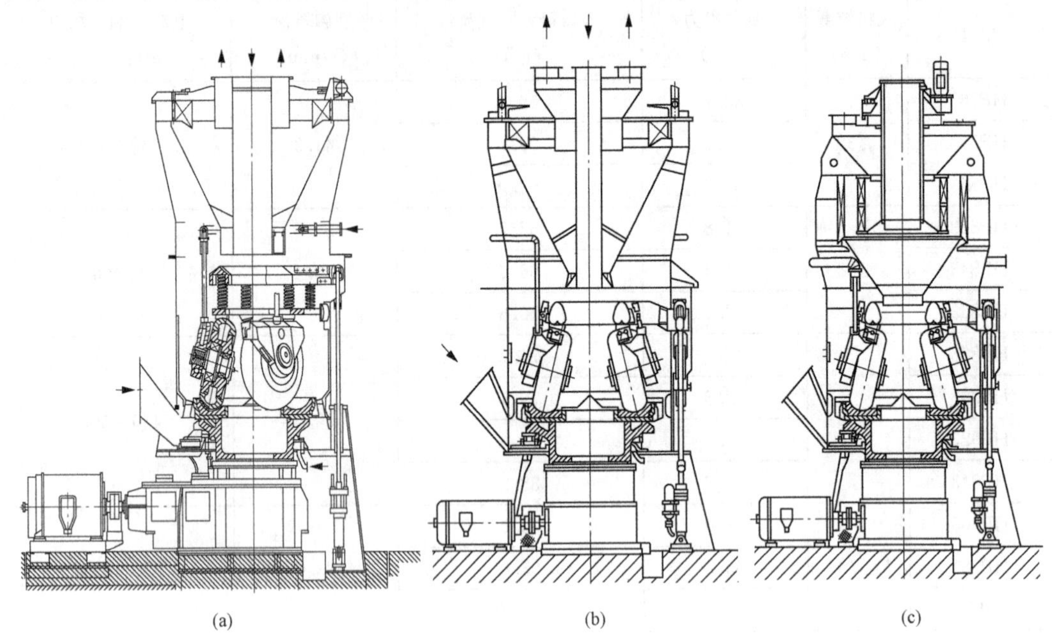

图 7-2　MPS 中速磨煤机

(a) 带弹簧加载的 MPS 中速磨煤机；(b) 取消弹簧加载的 MPS 中速磨煤机；

(c) 提高磨盘转速和加载力的 MPS-HP-Ⅱ中速磨煤机

北方重工集团有限公司（简称北方重工）生产的 MPS（MP）中速磨煤机系列性能参数表见表 7-3[2]，北方重工生产的 MP-G（高能型）中速磨煤机系列性能参数表见表 7-4[1]，该型中速磨煤机应用较少，其性能尚待实践检验。

北京电力设备总厂（简称北京电力设备）生产的 ZGM 中速磨煤机（基本型）系列性能参数见表 7-5[2]，ZGM 中速磨煤机（Ⅰ型）系列性能参数见表 7-6[2]，ZGM 中速磨煤机（Ⅱ型）系列性能参数见表 7-7[2]，ZGM 中速磨煤机（Ⅲ型）系列性能参数见表 7-8[2]，ZGM(A) 中速磨煤机（基本型）系列性能参数见表 7-9[1]，ZGM(A) 中速磨煤机（加强型）系列性能参数见表 7-10[1]，该型中速磨煤机应用较少，其性能尚待实践检验。ZGM 中速磨煤机系列［基本型、Ⅰ型、Ⅱ型、Ⅲ型、ZGM(A) 基本型和 ZGM (A) 加强型］仅变更系列中一档的通风量和磨辊宽度，而直径分成三挡，与 MPS 中速磨煤机系列的关系是：ZGM-N 系列数×2 相当于 MPS 中速磨煤机型号，如 ZGM113N 系列相当于 MPS225 中速磨煤机；ZGM-G 系列相当于高一档的 MPS 中速磨煤机；如 ZGM113G 系列相当于 MPS235 中速磨煤机；ZGM-K 系列相当于低一档的 MPS 中速磨煤机，如 ZGM113K 系列相当于 MPS215 中速磨煤机。

长春发电设备总厂（简称长春发电设备）生产的 MPS-HP-Ⅱ中速磨煤机是在 MPS 基础上提高磨盘转速和加载力，并增加了反作用力液压加载系统和修改磨辊型线而形成。MPS-HP-Ⅱ中速磨煤机系列性能参数见表 7-11[2]。

MPS-HP-Ⅱ中速磨煤机的结构见图 7-2（c）。

表 7-2　　MPS 中速磨煤机系列性能参数[2]

型号	基本出力(t/h)	磨盘直径(mm)	磨辊直径(mm)	磨盘转速(r/min)	电动机功率(kW)	入磨最大通风量(kg/s)	阻　力(含分离器)(kPa)	密封风总量/通过磨内风量(kg/s)
MPS32	0.44	320	240	64.0	7	0.19	1.50	0.13/0.10
MPS40	0.77	400	310	57.2	10	0.37	1.82	0.13/0.10
MPS50	1.35	500	390	51.2	17	0.58	2.14	0.13/0.10
MPS63	2.41	630	490	45.6	30	1.04	2.73	0.13/0.10
MPS72	3.36	700	560	42.7	40	1.45	3.01	0.26/0.17
MPS80	4.37	800	620	40.5	50	1.89	3.32	0.26/0.17
MPS90	5.87	900	700	38.2	65	2.45	3.69	0.26/0.17
MPS100	7.64	1000	780	36.2	85	3.31	4.01	0.60/0.40
MPS112	10.1	1120	870	34.2	120	4.39	4.35	0.60/0.40
MPS125	13.3	1250	970	32.4	160	5.78	4.67	0.60/0.40
MPS140	17.7	1400	1100	30.6	185	7.73	5.17	1.16/0.78
MPS150	21.0	1500	1170	29.6	220	9.10	5.42	1.16/0.78
MPS160	24.7	1600	1240	28.6	250	10.7	5.70	1.16/0.78
MPS170	28.8	1700	1320	27.8	280	12.46	5.98	1.30/0.78
MPS180	33.2	1800	1400	27.0	315	14.38	6.17	1.30/0.78
MPS190	38.0	1900	1500	26.2	380	16.75	6.38	1.30/0.78
MPS200	43.2	2000	1560	26.2	450	18.55	6.57	1.42/0.95
MPS212	48.8	2120	1650	25.6	500	21.65	6.77	1.42/0.95
MPS225	58.0	2250	1750	24.1	580	24.74	6.97	1.53/1.02
MPS235	64.7	2350	1850	23.6	650	27.948	7.13	1.05/1.10
MPS245	71.8	2450	1910	23.1	710	31.43	7.29	1.65/1.10
MPS255	79.3	2550	1980	22.6	800	34.30	7.45	1.65/1.10
MPS265	87.3	2650	2060	22.2	1000	37.79	7.61	1.74/1.16
MPS275	95.8	2750	2160	22.3	1000	41.50	7.77	1.74/1.16
MPS280	100.2	2800	2200	21.9	1050	43.40	7.80	1.74/1.16
MPS290	109.4	2900	2260	23.8	1120	47.342	7.60	1.80/1.20
MPS300	119.0	3000	2330	22.6	1250	51.534	7.76	1.95/1.30
MPS315	134.5	3150	2450	22.6	1400	58.233	7.95	1.95/1.30

注　1. 表中基本出力指哈氏可磨性系数 HGI=50、煤粉细度 $R_{90}=20\%$、原煤水分 $M_t=10\%$、原煤收到基灰分 $A_{ar}\leqslant 20\%$时的出力。

2. 入磨煤机最小空气流量为最大空气流量的 75%。

表 7-3　　MPS（MP）中速磨煤机系列性能参数[2]

型号	基本出力A/B(德国公司计算法)(t/h)	磨盘直径(mm)	磨辊直径(mm)	磨盘转速(r/min)	电动机功率(kW)	入磨最大通风量(kg/s)	阻力(含分离器)(kPa)	密封风总量/通过磨内风量(kg/s)
MPS32/MP0302	0.6/0.39	320	240	64.0	7	0.19	1.50	0.13/0.09
MPS40/MP0402	1.05/0.38	400	310	57.2	10	0.37	1.82	0.13/0.09
MPS50/MP0502	1.83/1.18	500	390	51.2	17	0.58	2.14	0.13/0.09
MPS63/MP0604	3.26/2.11	630	490	45.6	30	1.04	2.73	0.13/0.09
MPS72/MP0705	4.50/2.94	700	560	42.7	40	1.45	3.01	0.26/0.17
MPS80/MP0806	5.92/3.38	800	620	40.5	50	1.89	3.32	0.26/0.17
MPS90/MP0907	7.95/5.14	900	700	38.2	65	2.45	3.69	0.26/0.17
MPS100/MP1007	10.35/6.69	1000	780	36.2	85	3.31	4.01	0.60/0.40
MPS112/MP1108	13.74/8.89	1120	870	34.2	120	4.39	4.35	0.60/0.40
MPS125/MP1209	18.08/11.70	1250	970	32.4	160	5.78	4.67	0.60/0.40
MPS140/MP1410	24.00/15.53	1400	1090	30.6	210	7.73	5.17	1.16/0.78
MPS150/MPS1511	28.50/18.44	1500	1240	29.6	250	9.10	5.42	1.16/0.78
MPS160/MPS1612	33.50/21.68	1600	1320	28.6	280	10.70	5.70	1.16/0.78
MPS170/MPS1713	39.00/25.24	1700	1400	27.8	355	12.46	5.98	1.30/0.78
MPS180/MPS1814	45.00/29.12	1800	1500	27.0	400	14.38	6.17	1.30/0.78
MPS190/MPS1915	52.6/34.04	1900	1560	26.2	450	16.75	6.38	1.30/0.78
MPS200/MPS2015	58.50/38.86	2000	1560	26.2	500	18.55	6.57	1.42/0.95
MPS212/MPS2116	67.70/43.81	2120	1650	25.6	560	21.65	6.77	1.42/0.95
MPS225/MPS2217	78.60/50.86	2250	1750	24.1	650	24.74	6.97	1.53/1.02
MPS245/MPS2419	99.30/62.65	2450	1910	23.1	850	31.43	7.29	1.65/1.10
MPS255/MPS2519	107.30/76.56	2550	1980	22.6	900	32.98	7.45	1.65/1.10
MPS265/MPS2620	118.30/76.56	2650	2060	22.2	1000	37.79	7.61	1.74/1.16

注　1. 表中基本出力 A 指哈氏可磨性系数 HGI=80、煤粉细度 R_{90}=16%、原煤水分 M_t=4%时的出力。

2. 表中基本出力 B 指哈氏可磨性系数 HGI=50、煤粉细度 R_{90}=20%、原煤水分 M_t=10%时的出力。

表 7-4　　MP-G（高能型）中速磨煤机系列性能数据[1]

型号规格	标准出力 A/B (t/h)	磨盘名义直径（mm）	磨盘转速 (r/min)	主电动机功率 (kW)	一次风量 (kg/s)	磨煤机压降 (Pa)	密封风量 (kg/s)
MP32G	0.80/0.52	320	79.2	5.5	0.25	2420	0.13
MP40G	1.39/0.90	400	70.8	11	0.45	2730	0.13
MP50G	2.43/1.57	500	63.4	18.5	0.78	3070	0.13
MP63G	4.34/2.80	630	56.4	30	1.39	3470	0.13
MP72G	6.06/3.91	720	52.8	45	1.93	3730	0.26
MP80G	7.88/5.09	800	50.1	55	2.52	3950	0.26
MP90G	10.58/6.83	900	47.2	75	3.38	4200	0.26
MP100G	13.77/8.89	1000	44.8	90	4.40	4440	1.0
MP112G	18.3/11.82	1120	42.2	125	5.85	4720	1.0
MP130G	26.6/17.14	1300	39.1	185	8.50	5110	1.0
MP140G	32.0/20.65	1400	37.8	210	10.22	5320	1.16
MP150G	37.9/24.53	1500	36.6	250	12.11	5520	1.16
MP160G	44.6/28.83	1600	35.3	280	14.12	5710	1.21
MP170G	51.9/33.57	1700	34.3	355	16.43	5900	1.21
MP180G	59.9/38.73	1800	33.3	400	18.80	6080	1.33
MP190G	70.0/45.27	1900	32.5	450	21.97	6260	1.33
MP200G	77.8/51.68	2000	31.6	500	24.42	6430	1.33
MP212G	90.0/58.27	2120	30.6	560	28.25	6640	1.53
MP225G	104.6/67.64	2250	29.9	650	32.83	6850	1.53
MP235G	116.5/75.29	2350	29.1	750	36.57	7010	1.53
MP245G	129.4/83.55	2450	28.6	800	40.25	7170	1.65
MP255G	142.7/92.34	2550	28.0	900	44.40	7320	1.65
MP265G	157.3/101.82	2650	27.4	1000	48.93	7470	1.65
MP280G	180.6/116.67	2800	26.7	1120	56.10	7700	1.8
MP290G	197.1/127.36	2900	26.2	1250	61.32	7840	1.8
MP300G	214.5/138.63	3000	25.8	1400	66.73	7980	1.95
MP315G	242.4/156.61	3150	25.2	1600	75.40	8190	1.95

注　1. 表中基本出力 A 的计算条件为哈氏可磨度 HGI=80、原煤水分 M_t=4%、收到基灰分 A_{ar}≤20%、煤粉细度 R_{90}=16%。

2. 表中基本出力 B 的计算条件为哈氏可磨度 HGI=50、原煤水分 M_t=10%、收到基灰分 A_{ar}≤20%、煤粉细度 R_{90}=20%。

表 7-5 **ZGM 中速磨煤机（基本型）系列性能参数**[2]

性能参数		单位	ZGM65			ZGM80			ZGM95			ZGM113			ZGM123		ZGM133		ZGM145	
			K	N	G	K	N	G	K	N	G	K	N	G	N	G	N	G	N	G
基本出力	HGI=50、M_t=10%、R_{90}=20%、A_{ar}≤20%	t/h	12.0	14.7	17.7	21.0	24.7	28.8	33.2	38.0	42.0	50.0	58.0	64.7	71.8	79.3	87.3	95.8	109.4	124.1
基点一次风量		kg/s	5.21	6.39	7.67	9.10	10.70	12.46	14.38	16.45	18.69	21.63	25.14	28.02	31.08	34.37	37.82	41.50	47.37	53.76
通风阻力（包括分离器）		kPa	4.11	4.38	4.65	4.88	5.13	5.38	5.55	5.74	5.91	6.04	6.22	6.34	6.44	6.58	6.65	6.84	7.18	7.45
磨煤机轴功率		kW	106	130	156	185	218	254	293	335	380	440	512	570	632	699	770	844	964	1094
电动机功率		kW	125	160	200	220	250	315	355	400	450	500	560	670	710	800	900	1000	1120	1250
磨盘转速		r/min	31.9			28.7			26.4			24.2			23.2		22.3		21.3	
磨辊数量		个	3			3			3			3			3		3		3	
每个磨辊最大加载力/运行时最大加载力		kN	101/81			154/123			217/174			304/243			360/288		421/337		505/404	
磨盘工作直径		mm	1300			1600			1900			2250			2450		2650		2900	
密封风量		kg/s	1.05			1.21			1.33			1.50			1.62		1.75		1.90	
消防蒸汽量：10～15min；压力：0.4～0.6MPa	饱和蒸汽	kg	65			110			165			255			315		385		480	
	氮气	kg	120			195			305			465			575		695		875	
	二氧化碳	kg	185			310			475			725			900		1095		1370	
煤粉细度 R_{90}		%	2～40																	

表 7-6 ZGM 中速磨煤机（Ⅰ型）系列性能参数[2]

性能参数		单位	ZGM65			ZGM80			ZGM95			ZGM113			ZGM123		ZGM133		ZGM145	
			K-Ⅰ	N-Ⅰ	G-Ⅰ	K-Ⅰ	N-Ⅰ	G-Ⅰ	K-Ⅰ	N-Ⅰ	G-Ⅰ	K-Ⅰ	N-Ⅰ	G-Ⅰ	N-Ⅰ	G-Ⅰ	N-Ⅰ	G-Ⅰ	N-Ⅰ	G-Ⅰ
基本出力	HGI =50、M_t= 10%、R_{90}=20%、$A_{ar}\leqslant$ 20%	t/h	13.4	16.5	19.8	23.5	27.7	32.3	37.2	42.6	47.0	56.0	65.0	72.5	80.4	88.8	97.8	107.3	122.5	139.0
基点一次风量		kg/s	5.85	7.16	8.59	10.19	11.98	13.96	16.14	18.43	20.92	24.21	28.14	31.37	34.82	38.49	42.36	46.48	53.06	60.22
通风阻力（包括分离器）		kPa	4.28	4.58	4.80	5.05	5.32	5.52	5.71	5.89	6.16	6.23	6.34	6.45	6.59	6.67	6.89	7.13	7.43	7.72
磨煤机轴功率		kW	113	139	167	198	233	271	312	358	406	470	546	609	676	747	822	902	1030	1169
电动机功率		kW	125	185	200	220	280	335	375	425	475	560	630	710	800	850	1000	1000	1250	1400
磨盘转速		r/min	35.7			32.1			29.6			27.1			26.0		25.0		23.9	
磨辊数量		个	3			3			3			3			3		3		3	
每个磨辊最大加载力/运行时最大加载力		kN	121/97			185/148			260/208			365/292			432/346		505/404		606/485	
磨盘工作直径		mm	1300			1600			1900			2250			2450		2650		2900	
密封风量		kg/s	1.05			1.21			1.33			1.50			1.62		1.75		1.90	
消防蒸汽量：10～15min；压力：0.4～0.6MPa	饱和蒸汽	kg	65			110			165			255			315		385		480	
	氮气	kg	120			195			305			465			575		695		875	
	二氧化碳	kg	185			310			475			725			900		1095		1370	
煤粉细度 R_{90}		%	2～40																	

表 7-7　　ZGM 中速磨煤机（Ⅱ型）系列性能参数[2]

性能参数		单位	ZGM65			ZGM80			ZGM95			ZGM113			ZGM123		ZGM133		ZGM145	
			K-Ⅱ	N-Ⅱ	G-Ⅱ	K-Ⅱ	N-Ⅱ	G-Ⅱ	K-Ⅱ	N-Ⅱ	G-Ⅱ	K-Ⅱ	N-Ⅱ	G-Ⅱ	N-Ⅱ	G-Ⅱ	N-Ⅱ	G-Ⅱ	N-Ⅱ	G-Ⅱ
基本出力	HGI＝50、M_t＝10%、R_{90}＝20%、A_{ar}≤20%	t/h	14.9	18.2	21.9	26.0	30.6	35.7	41.2	47.1	52.1	62.0	71.9	80.2	89.0	98.3	108.3	118.8	135.7	153.9
基点一次风量		kg/s	6.46	7.92	9.51	11.29	13.27	15.45	17.83	20.41	23.16	26.82	31.17	34.74	38.54	42.62	46.90	51.45	58.74	66.67
通风阻力（包括分离器）		kPa	4.40	4.68	5.04	5.22	5.46	5.65	5.84	6.10	6.34	6.38	6.44	6.59	6.67	6.91	7.16	7.37	7.66	8.0
磨煤机轴功率		kW	117	144	173	205	241	281	324	371	421	487	566	630	700	774	852	934	1067	1210
电动机功率		kW	150	185	200	250	280	335	375	425	500	560	670	750	800	900	1000	1120	1250	1400
磨盘转速		r/min	39.6			35.6			32.7			30.0			28.8		27.7		26.4	
磨辊数量		个	3			3			3			3			3		3		3	
每个磨辊最大加载力/运行时最大加载力		kN	141/113			216/173			304/243			426/340			504/403		589/472		707/566	
磨盘工作直径		mm	1300			1600			1900			2250			2450		2650		2900	
密封风量		kg/s	1.05			1.21			1.33			1.50			1.62		1.75		1.90	
消防蒸汽量：10～15min；压力：0.4～0.6MPa	饱和蒸汽	kg	65			110			165			255			315		385		480	
	氮气	kg	120			195			305			465			575		695		875	
	二氧化碳	kg	185			310			475			725			900		1095		1370	
煤粉细度 R_{90}		%	2～40																	

表 7-8　　ZGM 中速磨煤机（Ⅲ型）系列性能参数[2]

性能参数	单位	ZGM65			ZGM80			ZGM95			ZGM113			ZGM123		ZGM133		ZGM145	
		K-Ⅲ	N-Ⅲ	G-Ⅲ	K-Ⅲ	N-Ⅲ	G-Ⅲ	K-Ⅲ	N-Ⅲ	G-Ⅲ	K-Ⅲ	N-Ⅲ	G-Ⅲ	N-Ⅲ	G-Ⅲ	N-Ⅲ	G-Ⅲ	N-Ⅲ	G-Ⅲ
基本出力 HGI＝50、M_t＝10%、R_{90}＝20%、$A_{ar}\leqslant$20%	t/h	16.0	19.6	23.5	27.9	32.9	38.3	44.2	50.5	55.9	66.5	77.1	86.1	95.5	105.5	116.1	127.4	145.5	165.1
基本一次风量	kg/s	6.93	8.50	10.20	12.11	14.23	16.57	19.13	21.88	24.85	28.76	33.44	37.26	41.34	45.72	50.30	55.19	63.01	71.50
通风阻力（包括分离器）	kPa	4.52	4.78	5.20	5.34	5.54	5.75	5.95	6.25	6.40	6.48	6.55	6.63	6.83	7.09	7.32	7.51	7.84	8.20
磨煤机轴功率	kW	119	146	176	208	245	285	329	377	428	495	576	641	712	787	866	950	1085	1231
电动机功率	kW	150	185	200	250	280	335	400	450	500	560	670	750	800	900	1000	1120	1250	1400
磨盘转速	r/min	42.4			38.2			35.1			32.2			30.9		29.7		28.3	
磨辊数量	个	3			3			3			3			3		3		3	
每个磨辊最大加载力/运行时最大加载力	kN	162/130			246/197			347/278			486/389			576/461		674/539		808/646	
磨盘工作直径	mm	1300			1600			1900			2250			2450		2650		2900	
密封风量	kg/s	1.05			1.21			1.33			1.50			1.62		1.75		1.90	
消防蒸汽量：10～15min；压力：0.4～0.6MPa　饱和蒸汽	kg	65			110			165			255			315		385		480	
氮气	kg	120			195			305			465			575		695		875	
二氧化碳	kg	185			310			475			725			900		1095		1370	
煤粉细度 R_{90}	%	2～40																	

表 7-9　　**ZGM（A）中速辊式磨煤机（基本型）系列性能参数**[1]

性能参数 \ 型号规格			ZGM 65K-Ⅱ（A）	ZGM 65N-Ⅱ（A）	ZGM 65G-Ⅱ（A）	ZGM 80K-Ⅱ（A）	ZGM 80N-Ⅱ（A）	ZGM 80G-Ⅱ（A）	ZGM 95K-Ⅱ（A）	ZGM 95N-Ⅱ（A）	ZGM 95G-Ⅱ（A）	ZGM 113K-Ⅱ（A）	ZGM 113N-Ⅱ（A）	ZGM 113G-Ⅱ（A）	ZGM 123N-Ⅱ（A）	ZGM 123G-Ⅱ（A）	ZGM 133N-Ⅱ（A）	ZGM 133G-Ⅱ（A）
基本出力（t/h）	HGI＝80、M_f＝4%、R_{90}＝16%	B_0	23.2	28.5	34.3	40.6	47.7	55.7	64.2	73.5	83.4	96.5	112.2	125.0	138.8	153.4	168.8	185.3
	HGI＝50、M_t＝10%、R_{90}＝20%、A_{ar}≤20%	B_1	17.1	20.9	25.2	29.9	35.2	41.1	47.4	54.2	59.9	71.3	82.7	92.2	102.4	113.0	124.5	136.6
基本一次风量		kg/s	7.4	9.1	11.0	13.0	15.2	17.8	20.5	23.5	26.6	30.8	35.8	39.9	44.3	49	53.9	59.2
通风阻力（包括分离器）		kPa	4.40	4.68	5.04	5.22	5.46	5.65	5.84	6.10	6.34	6.38	6.44	6.59	6.67	6.91	7.16	7.37
电动机功率		kW	125	160	200	250	280	315	355	425	475	560	630	710	800	850	900	1000
磨盘转速		r/min	41.1	39.5	38.0	36.7	35.6	34.5	33.5	32.6	31.8	30.9	30.0	29.4	28.7	28.2	27.6	27.1
每个磨辊最大加载力		kN	99/79	117/94	135/108	155/124	177/142	200/160	224/179	249/199	276/221	310/248	350/280	381/305	415/332	449/359	485/388	522/418
磨盘工作直径		mm	1200	1300	1400	1500	1600	1700	1800	1900	2000	2120	2250	2350	2450	2550	2650	2750
密封风量		kg/s	1.00	1.05	1.10	1.17	1.21	1.24	1.29	1.33	1.38	1.45	1.50	1.56	1.62	1.68	1.75	1.82
煤粉细度		R_{90}	2%～40%															

注　1. 煤粉细度 R_{90}≤12%或煤粉均匀性系数 n≥1.15 时，建议采用动静态叶轮组合回转式分离器。

2. 磨辊加载力：第 1 个数表示最大加载力；第 2 个数表示正常运行时最大加载力的建议值。

3. 基本出力 B_0为采用企业标准选型计算时在规定煤种下的基本出力。

4. B_1为采用 DL/T 5145 选型计算时在规定煤种下的基本出力。

表 7-10　ZGM（A）中速辊式磨煤机（加强型）系列性能参数[1]

性能参数 \ 型号规格			ZGM 65K-Ⅲ（A）	ZGM 65N-Ⅲ（A）	ZGM 65G-Ⅲ（A）	ZGM 80K-Ⅲ（A）	ZGM 80N-Ⅲ（A）	ZGM 80G-Ⅲ（A）	ZGM 95K-Ⅲ（A）	ZGM 95N-Ⅲ（A）	ZGM 95G-Ⅲ（A）	ZGM 113K-Ⅲ（A）	ZGM 113N-Ⅲ（A）	ZGM 113G-Ⅲ（A）	ZGM 123N-Ⅲ（A）	ZGM 123G-Ⅲ（A）	ZGM 133N-Ⅲ（A）	ZGM 133G-Ⅲ（A）
基本出力（t/h）	HGI=80、M_f=4%、R_{90}=16%	B_0	25.0	30.6	36.8	43.6	51.3	59.7	68.9	78.8	89.5	103.5	120.4	134.1	148.8	164.6	181.1	198.7
	HGI=50、M_t=10%、R_{90}=20%、A_{ar}≤20%	B_1	18.4	22.5	27.0	32.1	37.8	44.0	50.8	58.1	64.3	76.5	88.7	99.0	109.8	121.3	133.5	146.5
基本一次风量		kg/s	8.0	9.8	11.8	13.9	16.4	19.1	22.0	25.2	28.6	33.1	38.5	42.8	47.5	52.6	57.9	63.5
通风阻力（包括分离器）		kPa	4.52	4.78	5.20	5.34	5.54	5.75	5.95	6.25	6.40	6.48	6.55	6.63	6.83	7.09	7.32	7.51
电动机功率		kW	125	160	200	250	280	315	380	425	475	560	630	710	800	900	1000	1120
磨盘转速		r/min	44.1	42.4	40.8	39.4	38.2	37.0	36.0	35.0	34.2	33.2	32.2	31.5	30.9	30.2	29.7	29.1
每个磨辊最大加载力		kN	112/90	132/106	153/122	176/141	200/160	226/181	253/202	282/226	312/250	351/281	395/316	431/345	469/375	508/406	548/438	590/472
磨盘工作直径		mm	1200	1300	1400	1500	1600	1700	1800	1900	2000	2120	2250	2350	2450	2550	2650	2750
密封风量		kg/s	1.00	1.05	1.10	1.17	1.21	1.24	1.29	1.33	1.38	1.45	1.50	1.56	1.62	1.68	1.75	1.82
煤粉细度		R_{90}	2%～40%															

注　1. 煤粉细度 R_{90}≤12%或煤粉均匀性系数 n≥1.15 时，建议采用动静态叶轮组合回转式分离器。

2. 磨辊加载力：第 1 个数表示最大加载力；第 2 个数表示正常运行时最大加载力的建议值。

3. 基本出力 B_0 为采用企业标准选型计算时在规定煤种下的基本出力。

4. B_1 为采用 DL/T 5145 选型计算时在规定煤种下的基本出力。

表 7-11　MPS-HP-Ⅱ中速磨煤机系列性能参数[2]

主要参数 型号	基本出力 （含分离器） （t/h）	电动机 功率 （kW）	一次风量 （括号内为褐煤） （kg/s）	阻力 （含分离器） （Pa）
MPS100-HP-Ⅱ	13.85（14.82）	90	4.78（7.17）	4438
MPS112-HP-Ⅱ	18.72（20.03）	132	6.37（9.56）	4744
MPS125-HP-Ⅱ	24.23（25.92）	160	8.14（12.21）	5078
MPS132-HP-Ⅱ	27.76（29.70）	185	9.26（13.89）	5253
MPS140-HP-Ⅱ	31.98（34.22）	200	10.59（15.89）	5436
MPS150-HP-Ⅱ	38.41（41.10）	230	12.61（18.92）	5680
MPS160-HP-Ⅱ	45.02（48.18）	280	14.66（21.99）	5900
MPS170-HP-Ⅱ	52.30（55.96）	355	16.89（25.34）	6114
MPS180-HP-Ⅱ	59.78（63.97）	400	19.19（28.79）	6312
MPS190-HP-Ⅱ	69.04（73.87）	450	22.00（33.00）	6531
MPS200-HP-Ⅱ	77.78（83.23）	500	24.81（37.22）	6730
MPS212-HP-Ⅱ	90.16（96.47）	560	28.35（42.53）	6956
MPS225-HP-Ⅱ	104.66（111.99）	630	32.67（49.01）	7205
MPS235-HP-Ⅱ	117.49（125.72）	710	36.46（54.69）	7404
MPS245-HP-Ⅱ	130.21（139.11）	800	40.20（60.30）	7584
MPS255-HP-Ⅱ	143.74（153.80）	900	44.16（66.24）	7762
MPS265-HP-Ⅱ	158.05（169.12）	1000	48.33（72.05）	7928
MPS275-HP-Ⅱ	174.41（186.62）	1120	53.06（79.59）	8120
MPS280-HP-Ⅱ	180.88（193.54）	1190	54.93（82.40）	8190
MPS290-HP-Ⅱ	198.58（212.48）	1250	60.03（90.05）	8371
MPS300-HP-Ⅱ	215.90（231.02）	1300	64.99（97.49）	8527
MPS315-HP-Ⅱ	243.30（260.33）	1450	72.80（109.20）	8776

注　基本出力条件为 HGI=80、$R_{90}=16\%$、$M_t=4\%$、$A_{ar}\leqslant 20\%$。

二、中速磨煤机的工作特点

（一）碗式中速磨煤机

1. HP 中速磨煤机的结构特点[1,3]

（1）HP 中速磨煤机采用单独的齿轮减速箱，由蜗轮蜗杆改为螺旋伞齿加行星齿轮传动，既便于检修，又便于采取隔热和密封措施。提高了传动效率和使用寿命。传动装置上部采用液压平面止推轴承，以承受磨煤机的碾磨力，抗振性能好。

（2）HP 中速磨煤机采用大直径锥形磨辊，HP 中速磨煤机磨辊的平均直径比 RP 中速磨煤机约大 30%。磨辊辊套的改进，选用新型耐磨材料和堆焊工艺制造磨辊，提高了辊套的磨损均匀性和延长使用寿命。

(3) HP 中速磨煤机采用外置式弹簧装置，简化设备维护工作，弹簧装置检修和更换方便。另外，当有较大尺寸的三块（铁块、石块和木块）进入磨煤区时，对磨煤机能起到缓冲保护作用。

(4) HP 中速磨煤机采用能随磨碗一起转动的风环装置，改变一次风的流向和流速，使通过磨煤机的空气分配更为均匀，以加强磨煤机对煤粉的初级分离效果，并降低磨煤机内部的磨损和一次风的压力损失。延长风环的使用寿命，并减少石子煤排放量。

(5) HP 中速磨煤机更换磨辊辊套时，磨辊可以从侧门拉出，检修工作量相对较小。但是在运行中需要定期调整磨辊的间隙和弹簧压缩量，与 MPS 中速磨煤机比较，运行中的维护工作量相对较大。

2. 碗式中速磨煤机（RP、HP 型）的运行特性[4,5]

(1) 碗式中速磨煤机的通风量 Q 随磨煤机出力 B 的变化关系，可用碗式中速磨煤机的相对通风量 Q/Q_{max} 与相对出力 B/B_{max} 表示，即

$$Q/Q_{max}=0.6+0.4B/B_{max} \tag{7-1}$$

由此，碗式中速磨煤机的通风量为

$$Q=(0.6+0.4B/B_{max})Q_{max} \tag{7-2}$$

式中 Q——磨煤机的通风量，t/h；

Q_{max}——磨煤机在 100% 负荷下工作时的通风量（按磨煤机系列性能参数表中的磨煤机型号取得），t/h；

B——磨煤机的实际出力，t/h；

B_{max}——磨煤机在 100% 负荷下的最大出力（指磨煤机在锅炉设计煤种和锅炉设计煤粉细度下的最大出力，即通过给定的公式和图表计算取得），t/h。

(2) 碗式中速磨煤机出力变化，磨煤机的电动机输入功率也随之变化。式 (7-3) 给出输入相对功率 P/P_{max} 与磨煤机相对出力 B/B_{max} 的关系，即

$$P/P_{max}=0.214+0.786B/B_{max} \tag{7-3}$$

磨煤机的输入功率为

$$P=(0.214+0.786B/B_{max})P_{max}$$

由式 (7-3) 可得

$$P/B=0.214P_{max}/B+0.786P_{max}/B_{max}$$

则磨煤机的单位电耗 N 为

$$N=P/B=(0.214/B+0.786/B_{max})P_{max} \tag{7-4}$$

式中 P——磨煤机在实际出力 B 状态下工作时电动机的输入功率，kW；

P_{max}——磨煤机在 100% 负荷下工作时电动机的输入功率（按磨煤机系列性能参数表中的磨煤机型号取得），kW；

B——磨煤机的实际出力，t/h；

B_{max}——磨煤机在 100% 负荷下的最大出力（指磨煤机在锅炉设计煤种和锅炉设计煤粉细度下的最大出力，即通过给定的公式和图表计算取得），t/h；

N——磨煤机的单位电耗，kWh/t。

由式（7-4）可见，随着磨煤机出力的增加，磨煤单位电耗下降。

（3）碗式中速磨煤机的出力改变时，磨煤机的通风量也相应地变化，随着通风量的增加，煤粉细度、煤粉均匀性和磨煤机电耗也随之变化，在此工况下，粗粉分离器阻力、磨煤机压差和一次风机电耗明显增加，石子煤量有所下降。

（4）改变碗式中速磨煤机磨辊的加载力（作用于磨辊上的加压弹簧的压力），磨煤机的出力和磨煤电耗有所变化。试验表明，一般情况下，当磨辊的加载力比设计压力降低15%时，磨煤机仍能达到设计出力，石子煤量和煤粉细度无明显变化，而煤粉均匀性有下降的趋势，磨煤电耗下降约10%。

（5）碗式中速磨煤机在低负荷运行时，与其他中速磨煤机相同，即磨煤机出口的风煤比增大，对炉内组织燃烧不利。过大的一次风量（即风煤比过大），使制粉系统的运行经济性下降，主要是磨煤单位电耗虽然变化不大，而一次风机的单位电耗迅速增加，从而导致制粉电耗上升较大。

（6）碗式中速磨煤机对煤的全水分的适应范围与其他中速磨煤机一样，取决于磨煤机前的干燥剂温度。但磨煤机磨辊能承受的温度不超过400℃。

（7）碗式中速磨煤机的粗粉分离器出口部分装有文丘里式煤粉分配器。磨煤机出口4根煤粉管道的煤粉分配均匀性：最大的流量分配不均匀性和浓度分配不均匀性（指在恶劣工况下粉管中偏差最大者）分别约为15%和40%。

（8）碗式中速磨煤机的磨煤电耗较高，通风电耗较低，一般制粉电耗为20～22kWh/t，和MPS中速磨煤机相当。

（9）碗式中速磨煤机的阻力一般为5.5～6.0kPa。

（二）轮式中速磨煤机[4]

轮式中速磨煤机有MPS、MP、ZGM、MPS-HP-Ⅱ、MBF中速磨煤机。MBF中速磨煤机是在RP(HP)磨煤机的基础上发展的磨型，除磨辊及磨盘按轮胎形状设计外，其余都保留了RP(HP)磨煤机的特征。

1. 轮式中速磨煤机MPS、MP、ZGM、MPS-HP-Ⅱ的结构特点

（1）采用低转速、大辊径和高加载力的原则设计，与HP中速磨煤机相比，在同样出力下磨煤机磨盘直径小，磨盘转速低，磨辊直径比同规格的其他类型中速磨的直径大，因此碾磨面积大，滚动阻力小，将煤碾入的条件好，能耗低，金属利用率高，对大块物料的适应性提高。

（2）轮式中速磨煤机3个磨辊互成120°布置，磨辊上面由压架通过3个均布拉杆统一加载，碾磨力均匀传递到每个辊子上，磨辊可在12°～15°范围之间摆动，使辊子在工作中能良好地适应煤层厚度、原煤粒度和碾磨件磨损的变化。因此，传动部件受力均匀，碾磨件磨损也较均匀，磨煤机振动小，抗石块、木块、铁块能力强。加载力直接传递到基础上，可以施加高的加载力而不导致磨煤机振动。

（3）磨辊和磨盘衬板曲率线形呈圆弧状，端面相配，这样磨煤机碾磨件磨损后，对磨煤机的出力影响较小。在碾磨件质量减轻15%以内，出力没有变化；在质量减少22%时，将加载压力增加10%，其出力为最大出力的95%，出力降低系数小于HP中速磨煤机。

（4）轮式中速磨煤机的风环风速高，为70～90m/s。石子煤排量较小，一般不大于磨煤机出力的0.05%。

（5）轮式中速磨煤机的风环结构由静风环改为动风环，磨盘和外壳之间的密封结构改进为可拆卸式，磨辊套的装配改为楔形便于拆卸，完善磨辊和磨盘的材质，拉杆密封由橡胶套式改为金属摩擦盘式等。

（6）MPS-HP-Ⅱ中速磨煤机由于采用液压加载，磨煤机能够根据煤种的变化进行调节。在调节过程中避免出现不稳定的现象，使磨煤机能在经济条件下运行。而弹簧加载方式需定期停运磨煤机，调整压缩量和碾磨件之间的间隙，否则会引起磨煤机出力下降。

（7）MPS-HP-Ⅱ中速磨煤机在上述结构改进的基础上还采用了液压变加载/反作用力控制系统，见图7-3。作用力（等于部件重力＋加载力）由加载系统提供，该系统包括液压站和3个并联工作的液压缸及装在液压缸上的蓄能器。加载力是液压缸拉杆腔环形区域形成的压力与液压缸的反作用压力的压力差的函数。

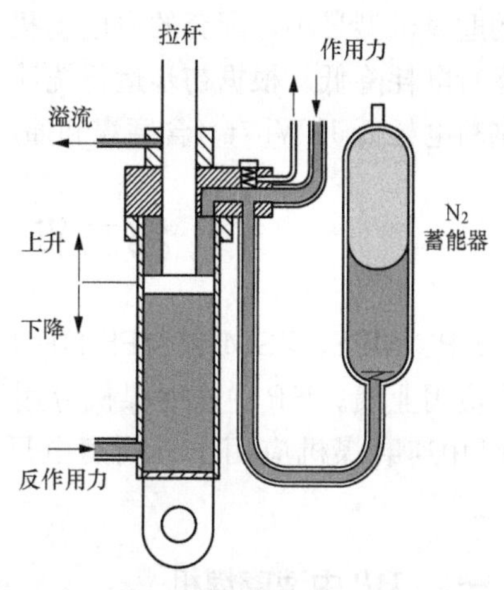

图7-3 液压变加载/反作用力控制系统

压力油由连续运行的油泵提供，传感器将油压信号传递到控制室，控制室根据系统设置点，通过控制器控制电磁比例溢流阀调节溢流压力，从而改变加载力。根据磨煤机负荷（煤量）的大小，即给煤机速度信号或皮带秤的信号控制加载力。

为避免磨煤机振动，尤其是在磨煤机低负荷或煤质较软时，在磨煤机整个出力范围内，在油缸无杆腔设定液压系统最低调节压力为0.0015Pa(15bar)，即用一个作用在油缸无杆腔的反作用力抵消在油缸有杆腔的碾磨压力的影响。

作用力和反作用力与给煤量的关系根据煤质而定。

最大碾磨压力由原来的450kN/m^{2}增加至750kN/m^2，磨盘转速提高20%。由于加载力提高较大，碾磨效率提高，煤粉循环倍率减少，磨辊寿命增加；磨煤机转速和加载力的提高使磨煤机出力在同样尺寸下提高20%～35%，当磨制低可磨性指数的煤时，出力提高幅度会更大。

由于反作用力控制系统可减轻磨煤机可能引起的振动，磨煤机的基础重量由原MPS磨煤机的5.0倍的磨煤机本体重量减少为3.5倍；由于煤粉循环倍率减少和磨煤机尺寸小，电动机功率降低约25%。

MPS-HP-Ⅱ中速磨煤机采用封闭式动风环，避免煤粒甩在静风环上造成静风环的磨损。磨辊的检修采用侧面翻辊的方法，配备专用的翻辊装置方便检修。

2. 轮式中速磨煤机的运行特性

（1）轮式中速磨煤机分离器出口管道安置格栅型的煤粉分配器后，各管最大煤粉分配不均匀性一般：风量分配不均匀性为5%，浓度分配不均匀性为20%，分配性能较好。但是格栅型煤粉分配器的阻力较大（约为1000Pa），设备又很高，锅炉燃烧器需要有一定的标高才能安置格栅型的煤粉分配器。目前MP中速磨煤机和ZGM型磨煤机出口都设置了文丘里式的煤粉分配器，风量分配不均匀性一般为10%，粉量分配不均匀性一般为30%。

(2) 轮式中速磨煤机的风环风速设计较高，石子煤量一般为0～50kg/h。但是磨煤机的阻力较大，随着磨煤机的系列变化，磨煤机的阻力在5～7.5kPa范围内变化。

(3) 因轮式磨煤机的辊轮直径大，同时由于磨盘内存煤量较少，辊轮转动阻力小；相同磨盘直径下，磨盘转速较HP中速磨煤机低，因此磨煤机的磨煤电耗较小。但磨煤机的通风电耗较高，总的电耗和HP中速磨煤机相当，为20～22kWh/t。

(4) MPS-HP-Ⅱ中速磨煤机与同尺寸的MPS中速磨煤机相比，出力提高20%～35%。同样出力下MPS-HP-Ⅱ中速磨煤机要比MPS中速磨煤机小2～3个型号。由于选用的磨煤机型号小，配套的主电动机功率也较小，运行所消耗的电量也较低，所以设备的运行电耗降低。根据初步运行统计，MPS-HP-Ⅱ中速磨煤机比MPS和HP中速磨煤机的制粉电耗低1kWh/t（含磨煤和通风电耗）。

第二节　中速磨煤机的运行

HP、MPS、ZGM和MPS-HP-Ⅱ中速磨煤机在600MW级机组褐煤锅炉制粉系统中均有应用业绩。HP中速磨煤机应用于上都电厂，MPS中速磨煤机应用于元宝山电厂，ZGM中速磨煤机应用于五间房电厂，MPS-HP-Ⅱ中速磨煤机应用于通辽、白音华等电厂。

一、HP中速磨煤机[6]

上都电厂一、二期工程4×600MW机组褐煤锅炉采用上海重型机器厂有限公司（简称上重）的HP1103中速磨煤机。锅炉原设计为锡林浩特胜利矿褐煤，设计煤的全水分M_t=29.5%，校核煤的全水分M_t=33.0%，锅炉实际燃用的原煤水分达到M_t=38.9%～42.5%。为了解HP中速磨煤机磨制高水分褐煤的适应和运行性能，对HP1103中速磨煤机进行了试验。由于实际燃用褐煤煤质与设计煤质偏离较大，致使采用HP中速磨煤机成为磨制高水分褐煤的一次有益的尝试和探索。

（一）燃煤特性与设备简介

上都电厂一、二期工程4×600MW机组褐煤锅炉是哈尔滨锅炉厂（简称哈锅）生产的HG-2070/17.5-HM8型亚临界一次中间再热、控制循环汽包锅炉。燃用锡林浩特胜利矿褐煤。

1. 煤质特性

煤质特性见表7-12。

表7-12　煤质特性

项目	符号	单位	设计煤质	校核煤质
全水分	M_t	%	29.5	33.0
空气干燥基水分	M_{ad}	%	14.71	15.00
收到基灰分	A_{ar}	%	13.43	13.40

续表

项目	符号	单位	设计煤质	校核煤质
干燥无灰基挥发分	V_{daf}	%	46.8	46.91
收到基碳	C_{ar}	%	40.96	38.00
收到基氢	H_{ar}	%	2.78	2.59
收到基氧	O_{ar}	%	12.27	11.62
收到基氮	N_{ar}	%	0.61	0.59
收到基全硫	$S_{t,ar}$	%	0.45	0.80
收到基低位发热量	$Q_{net,ar}$	kJ/kg(kcal/kg)	14 720(3516)	13 400(3201)
哈氏可磨性指数	HGI	—	58	50

2. 设备简介

锅炉在 BMCR 工况下的燃煤量（设计煤/校核煤）为 386.7t/h/403.3t/h，每台锅炉配备 8 台 HP1103 碗式中速磨煤机，燃用设计煤时 7 台运行、1 台备用。磨煤机的主要参数见表 7-13。

表 7-13　　磨煤机的主要参数

项目	单位	数据
磨煤机型式	—	碗式中速磨煤机
型号	—	HP1103
数量	台	8
生产厂家	—	上海重型机器厂有限公司
额定转速	r/min	30.2
磨碗直径	mm	2800
磨辊数量	个	3
磨煤机计算出力（BMCR）	t/h	55.24
磨煤机最大出力	t/h	83.0（设计煤：入口温度为 390℃，最大通风量）
最小出力	t/h	20.75
煤粉细度 R_{90}	%	35
最大一次风量	kg/s	37.8
密封风量	kg/s	1.44
磨煤机出口温度	℃	63
电动机型号	—	YHP560-6
额定功率	kW	700
额定电压	kV	3
转速	r/min	982

一次风机设计参数见表 7-14。

表 7-14　　一次风机设计参数

项目	单位	数据
型号	—	ANT-2240/1400F
数量	台	2
叶轮直径	mm	2240
转速	r/min	1490
叶轮级数	级	2
设计煤 THA 工况风机入口体积流量	m^3/s	131.59
设计煤 TB 工况风机入口体积流量	m^3/s	193.28
介质温度	℃	23
介质密度	kg/m^3	1.0401
吸入压力	Pa	−300
出口压力	Pa	17 313
一次风机全压升	Pa	17 613
电动机型号	—	YKK800-4
额定功率	kW	4000
额定电压	kV	10
额定电流	A	260

（二）运行特性

1. 磨煤机分离器挡板特性

磨煤机出力为 55.2t/h、风量为 116.2m^3/h（标准状态），分离器挡板开度分别为 65%、50%、35%，即折向门置于 3.5、5、6.5 格三个工况进行试验，见图 7-4。由图 7-4 可见，当分离器挡板从 50%开到 65%时，煤粉细度 R_{90} 从 32.80%增加到 38.48%；当分离器挡板开度关到 35%时，煤粉细度 R_{90} 变为 30.4%。表明分离器挡板调节性能良好。

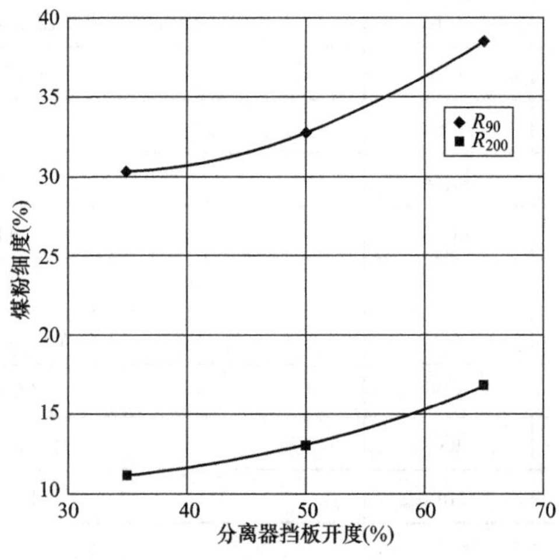

图 7-4　分离器挡板开度与煤粉细度的关系

2. 磨煤机通风特性

磨煤机分离器挡板开度为50%，磨煤机出力为45t/h，改变磨煤机入口通风量，风量分别为92.38km^3/h、109.5km^3/h和126.73km^3/h(风量均为标准状态)，试验时相应的原煤全水分M_t为39.27%、40.18%和39.49%，试验煤的水分比设计煤水分高33%～36%。试验结果：磨煤机出口煤粉细度与通风量的关系见图7-5，磨煤机单耗与通风量的关系见图7-6，磨煤机出口温度与煤粉水分的关系见图7-7。

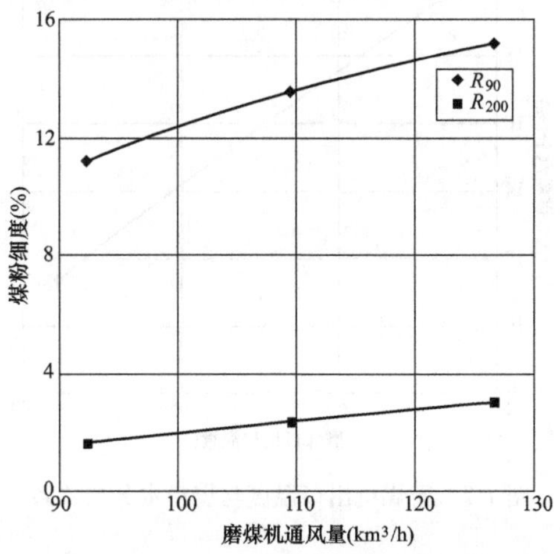

图7-5 磨煤机出口煤粉细度与通风量的关系

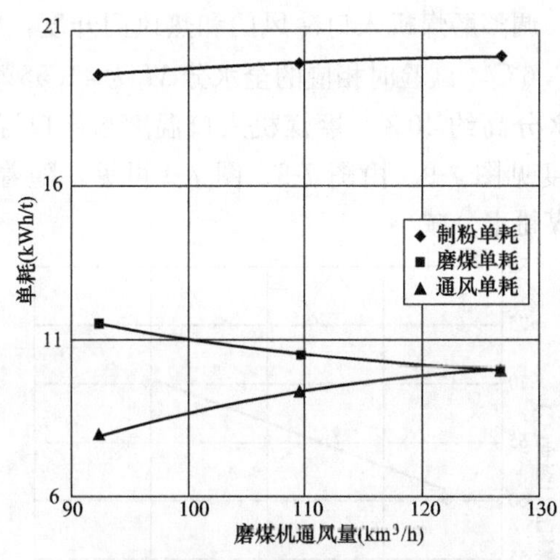

图7-6 磨煤机单耗与通风量的关系

由图7-5可见，随着磨煤机入口风量增加，煤粉细度逐渐变粗。由图7-6可见，随着磨煤机入口风量增加，磨煤单耗降低，通风单耗增加。通风单耗的增加值大于磨煤单耗的降低值，因此制粉系统单耗随着磨煤机入口风量的增加而增大。

当磨煤机入口风量为92.38km^3/h时，由于系统提供磨煤机入口温度太低，磨煤机出口温度仅能达到51.6℃；当磨煤机入口风量为109.5km^3/h时，磨煤机出口温度为

63.4℃，达到设计要求。由于磨煤机入口温度已无法再提高，需要通过增加通风量提供系统的干燥能力。当磨煤机入口风量为 126.7km³/h 时，磨煤机出口温度达到 68.9℃，达到运行规程要求的磨煤机出口温度。通过增加通风量提高磨煤机出口温度，随着磨煤机出口温度的增加，煤粉水分降低，见图 7-7。

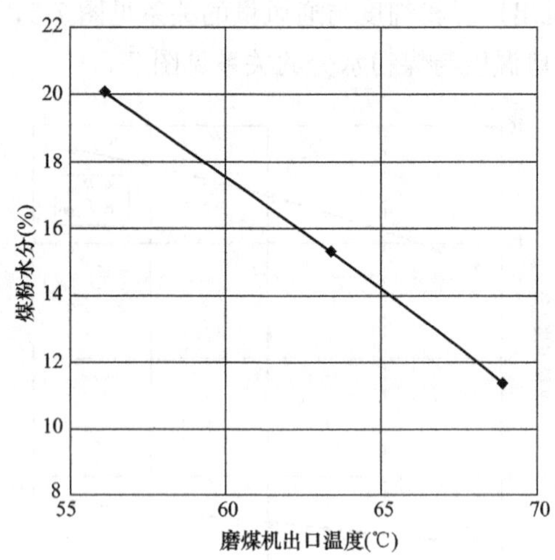

图 7-7 磨煤机出口温度与煤粉水分的关系

3. 磨煤机入口温度与煤粉水分

保持给定的分离器挡板开度为 50%、磨煤机出力为 55.8t/h、磨煤机入口通风量基本维持在 106.27km³/h，调整磨煤机入口冷风门和热风门开度，磨煤机入口温度分别为 334.7℃、354.1℃和 370.6℃，试验时相应的全水分 M_t为 41.55%、42.02%和 41.77%，试验煤的水分比设计煤水分高约 40%。磨煤机入口温度与出口温度的关系见图 7-8，煤粉水分与磨煤机出口温度见图 7-9。由图 7-8、图 7-9 可见，随着磨煤机入口温度增加，磨煤机出口温度升高，煤粉水分减小。

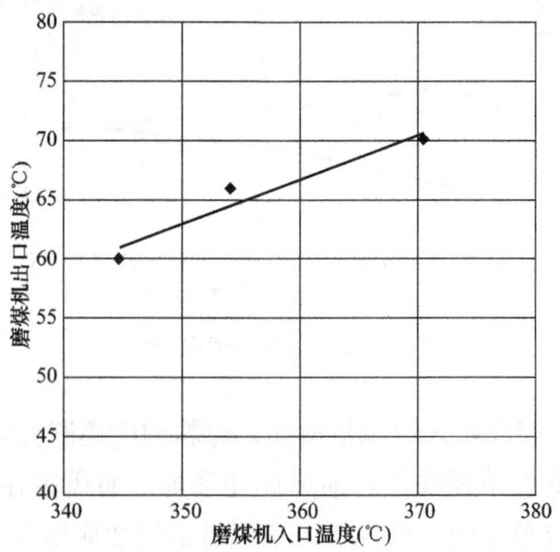

图 7-8 磨煤机入口温度与出口温度的关系

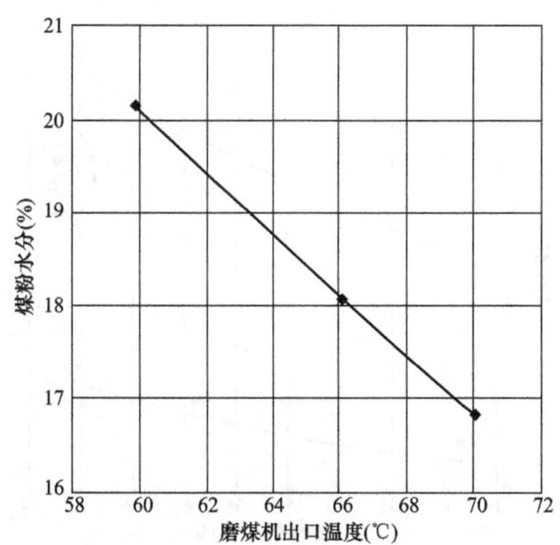

图 7-9　煤粉水分与磨煤机出口温度的关系

由于实际燃用原煤的全水分比设计煤高很多，所以磨煤机入口温度为 344.7℃时，磨煤机出口温度只能达到 60℃；磨煤机入口温度为 354.1℃时，磨煤机出口温度可达到 66.1℃，满足磨煤机运行规程的要求；当磨煤机入口温度增加到 370.6 时，磨煤机出口温度提高到 70.1℃，达到运行规程要求的磨煤机出口温度的高限。

4. 磨煤机出力特性

为了考察 HP1103 中速磨煤机的出力特性，在分离器挡板开度为 50%时，逐步增加磨煤机出力，同时增加磨煤机的通风量，磨煤机出力分别为 40t/h、50t/h、60t/h 和 70t/h，试验时相应的试验煤的全水分 M_t 为 38.92%、42.51%、39.11%和 39.28%，试验煤的水分比设计煤水分高约 32%。在磨煤机出力为 40t/h、入口风量为 106.11km^3/h、磨煤机入口温度为 296.8℃即可满足干燥出力要求，磨煤机出口温度为 65.7℃，煤粉水分为 12.69%；继续增加磨煤机出力至 51.2t/h，在此工况下原煤全水分为 42.51%，实际燃用煤比设计煤高 44%，磨煤机入口热风门已经全开、冷风门全关，磨煤机入口风量为 124.6km^3/h，达到制粉系统的最大风量，磨煤机出口温度才达到 67.5℃，煤粉水分为 17.6%。进一步增加磨煤机出力至 61.0t/h，磨煤机入口风量为 122.2km^3/h，此时磨煤机入口热风门全开、冷风门全关，磨煤机出口温度只能达到 60.1℃，系统干燥出力基本达到了最大，在此工况下煤粉水分为 20.59%，因此当原煤水分增加到 39.11%时系统的最大干燥出力为 61t/h 左右。继续增加磨煤机出力至 70t/h 时，磨煤机出口温度降至 56.1℃，煤粉水分为 25.75%。

磨煤机出力与煤粉细度的关系见图 7-10。煤粉细度随着磨煤机出力的增加逐渐变粗。但是，磨煤机的出力达到 70t/h 时，煤粉细度 R_{90}<20%，煤粉偏细，小于设计值 R_{90}=35%，说明磨煤机碾磨能力有较大的裕度。磨煤机出力为 70t/h 时，煤的哈氏可磨性指数 HGI=40，煤粉细度仍能满足要求，由此可见，HP1103 中速磨机的碾磨出力要高于 70t/h，但在此出力工况下，系统的干燥出力已经明显不足。

如上所述，当磨煤机出力增加到 60t/h 时，由于实际燃用的原煤水分比设计煤高约 44%，所以热风门全开、冷风门全关，才能满足磨煤机出口温度的要求，此时磨煤机入

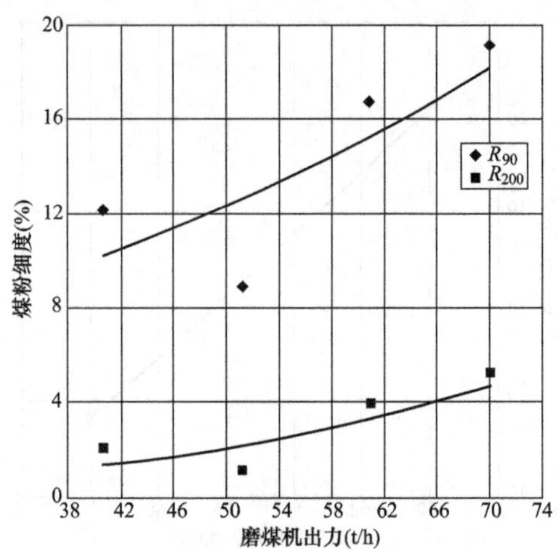

图 7-10　磨煤机出力与煤粉细度的关系

口风量达到 122.20km³/h，因此磨煤机在较大出力时，为满足磨煤机出口温度的要求，磨煤机入口的一次风偏大。

磨煤机出力与单耗的关系见图 7-11，单耗随着磨煤机出力增加而降低。

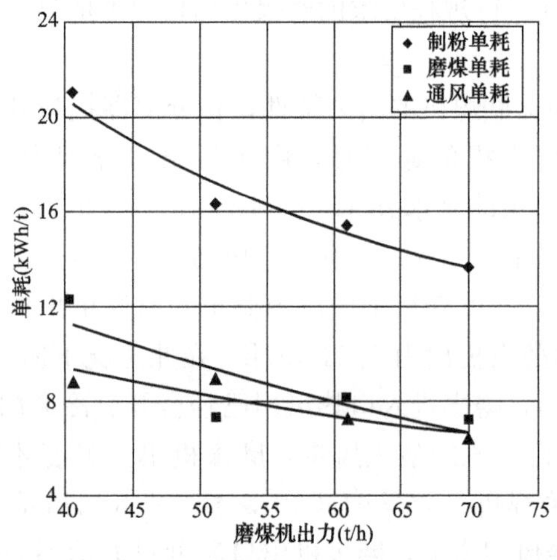

图 7-11　磨煤机出力与单耗的关系

对于褐煤锅炉制粉系统，干燥出力是系统设计的关键，磨煤机碾磨的原煤完全由干燥介质完成，干燥能力决定于干燥介质的温度与数量。

上都电厂一、二期褐煤锅炉制粉系统设计煤的全水分为 29.5%，而实际燃用煤的全水分为 41%左右，比设计煤高 39%，由此致使发热量下降到 12 000～13 000kJ/kg (2866～3105kcal/kg)，总的耗煤量增加。原煤水分和燃煤量增加导致在锅炉高负荷下磨煤机出口温度降低。

由于在试验期间没有设计煤，因而没有设计煤的运行试验。为此对设计煤进行了干燥出力的计算，计算结果表明，在设计煤的情况下，制粉系统干燥出力可以达到

88.8t/h。上重设计给出的磨制褐煤设计煤时，磨煤机的最大出力为 83.0t/h 是可信的。

试验期间实际燃用褐煤原煤水分为 38.9%～42.5%，超过设计煤原煤全水分(29.5%)31.9%～44%。运行试验表明：

(1) 在实际燃用煤的水分超过设计煤的情况下，即原煤全水分为 40%，系统的干燥出力约为 60t/h，而磨煤机的碾磨出力超过其干燥出力。

(2) 在实际燃用煤的水分超过设计煤的情况下，即原煤全水分为 40%，磨煤机在较大出力运行时，为满足磨煤机出口温度的需要，磨煤机入口风量接近或达到磨煤机的最大通风量。

(3) 在实际燃用煤的水分超过设计煤的情况下，即原煤全水分为 40%，机组负荷达到约 540MW 时，燃煤消耗量达到 440t/h，在 660MW 负荷时的燃煤消耗量将达到 480t/h，远超过设计煤消耗量 386.7t/h 。

(4) 磨煤机出力为 55t/h，保持磨煤机入口风量为 106.27km^3/h，入口温度从 344.7℃增加到 370.6℃，磨煤机出口温度从 59.9℃增加到 70.05℃，煤粉水分从 20.15%降到 16.81%。

(5) 磨煤机出口温度和煤粉水分的可控性较好，煤粉水分与磨煤机出口温度呈良好的线性关系。

(6) 磨煤机分离器挡板开度在 35%和 70%之间时，煤粉细度变化约 8%。

虽然在运行试验期间没有设计煤和校核煤的试验条件，但是通过对设计煤进行的干燥出力计算，计算结果表明，在设计煤的情况下，制粉系统干燥出力可以达到 88.8t/h。上重设计给出的磨制褐煤设计煤时，磨煤机的最大出力为 83.0t/h 是可信的。

由于褐煤全水分增加，为了满足干燥出力的要求，需要提高干燥剂温度，在干燥剂温度不能提高的情况下，势必提高干燥剂量，将使一次风率超过设计值，而影响燃烧。因此，DL/T 5145—2012 指出：对于褐煤全水分在 30%～35%的褐煤，当燃煤发热量、锅炉一次风率及热风温度等条件可满足锅炉燃烧和热平衡要求时，可采用 HP 中速磨煤机，磨煤机出力可按热平衡求得。

上重的 HP1103 中速磨煤机用于磨制上都电厂的锡林浩特胜利矿褐煤，是我国燃用高水分褐煤采用中速磨煤机和制粉系统一次有益的尝试和探索。通过运行试验获得了这方面的经验。

二、 MPS-HP-Ⅱ中速磨煤机[7]

通辽发电总厂 600MW 机组（5 号）褐煤锅炉是哈尔滨锅炉厂生产的亚临界控制循环汽包褐煤锅炉，最大连续蒸发量为 2080t/h，采用四角切圆燃烧方式，最低稳燃负荷为 35%BMCR。

每台锅炉配 7 台长春发电设备有限公司生产的 MPS-HP-Ⅱ中速磨煤机，采用冷一次风机正压直吹式制粉系统。燃用设计煤时，6 台运行、一台备用。煤粉细度 R_{90}＝35%，煤粉水分 M_{pc}＝15%，一次风率不大于 35%。燃用霍林河褐煤。

通辽电厂是最早采用 MPS-HP-Ⅱ中速磨煤机的，为了解磨煤机的性能，长春发电设备有限公司与德国巴布科克公司（Babcock）委托日本日立-巴布科克公司（BHK）对霍林河与白音华褐煤在 MPS61HP-Ⅱ试验磨煤机上进行了试磨。试验结果表明，用 MPS-

HP-Ⅱ中速磨煤机磨制霍林河与白音华褐煤，对褐煤有很好的碾磨性能，出力、出口风粉混合物温度、一次风率、煤粉水分等参数达到预期效果，满足设计要求。

（一）燃煤特性与设备概况

1. 燃煤特性

霍林河褐煤特性见表7-15。

表7-15 霍林河褐煤特性

项目	符号	单位	设计煤质	校核煤质
全水分	M_t	%	30.89	31.5
空气干燥基水分	M_{ad}	%	13±2	13±2
收到基灰分	A_{ar}	%	14.38	17.28
收到基挥发分	V_{ar}	%	27.49	24.74
收到基低位发热量	$Q_{net,ar}$	kJ/kg(kcal/kg)	13 090(3127)	13 840(3306)
收到基碳	C_{ar}	%	38.73	38.28
收到基氢	H_{ar}	%	2.57	2.46
收到基氧	O_{ar}	%	12.36	9.65
收到基氮	N_{ar}	%	0.79	0.66
收到基全硫	$S_{t,ar}$	%	0.28	0.28
哈氏可磨性指数	HGI	—	60	55.3

2. MPS-HP-Ⅱ中速磨煤机设计主要参数

MPS-HP-Ⅱ中速磨煤机设计主要参数见表7-16。

表7-16 MPS-HP-Ⅱ中速磨煤机设计主要参数

项目	单位	设计参数
型式	—	轮式中速磨煤机
型号	—	MPS225-HP-Ⅱ
台数	台	7
电动机额定功率	kW	710
磨煤机最大出力	t/h	91.7
磨煤机保证出力	t/h	81.5
磨煤机转速	r/min	30.8
磨煤机最大阻力	Pa	7567
磨煤机额定通风量	t/h	141.8
磨煤机最小通风量	t/h	113.4
磨煤机单耗	kWh/t	6.6（保证出力）
磨煤机旋转方向	—	顺时针（俯视）

（二）运行特性

磨煤机运行试验煤质见表 7-17。

表 7-17 磨煤机运行试验煤质

项目	符号	单位	数据（C 号磨煤机）
全水分	M_t	%	32.8
空气干燥基水分	M_{ad}	%	17.56
收到基灰分	A_{ar}	%	14.77
收到基挥发分	V_{daf}	%	47.20
哈氏可磨性指数	HGI	—	46

注 原煤水分取样后，运回西安热工研究院进行煤质分析，估计原煤水分比化验值高 2%左右。

1. 磨煤机通风特性

为了解磨煤机通风特性，保持磨煤机出力为 65t/h、分离器挡板位于 55°和加载力为 7.4MPa 不变，改变磨煤机通风量，分别为 125m³/h（标准状态）、146m³/h（标准状态），进行磨煤机通风特性试验，试验结果见图 7-12～图 7-14。由图 7-12～图 7-14 可见，随着风量的增加，煤粉细度 R_{90} 变化不大；磨煤单耗从 6.00kWh/t 下降到 5.65kWh/t；磨煤机阻力变化不大。

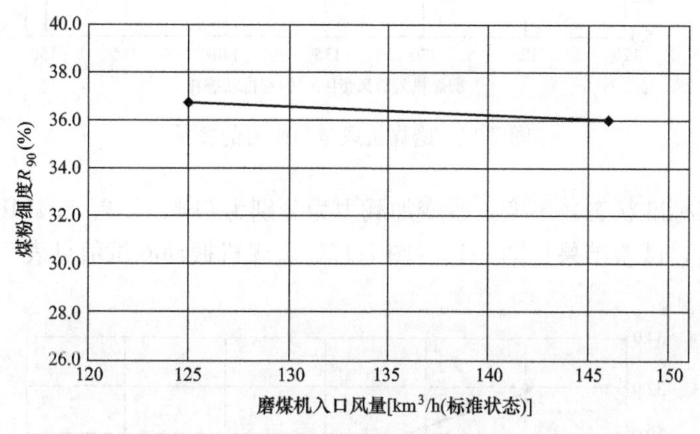

图 7-12 磨煤机风量与煤粉细度 R_{90} 的关系

由于实际运行的一次风温度比设计值低 25℃，为了满足磨煤机干燥出力，维持磨煤机出口温度在一定水平。干燥褐煤所用的干燥剂量远大于磨煤机设计风煤比的风量，只能在偏离设计风煤比的工况下运行，大风量必然会带来磨煤机本体的磨损。

在风量已经超过额定风量 141m³/h 的情况下，调整磨煤机入口风量对磨煤机性能影响并不明显。

2. 磨煤机加载力特性

为了解磨煤机加载力特性，保持磨煤机出力为 65t/h、分离器挡板位于 55°和一次风

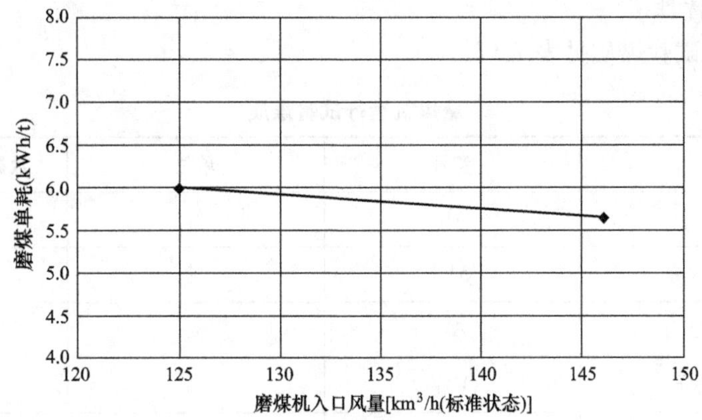

图 7-13　磨煤机风量与单耗的关系

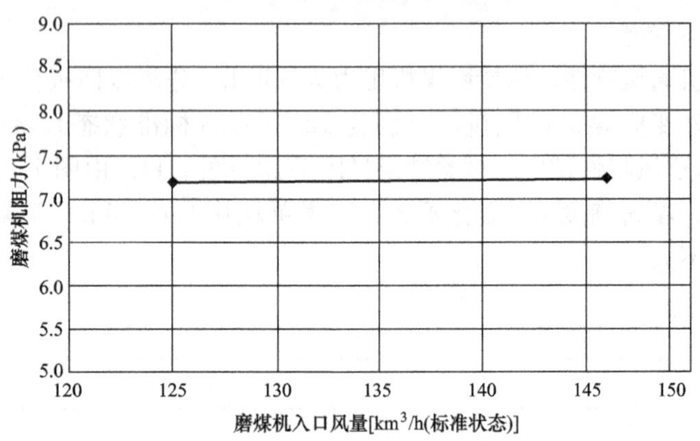

图 7-14　磨煤机风量与阻力的关系

量为 $140m^3/h$（标准状态）不变，改变加载力为分别为 6.4、7.4、8.4MPa，进行磨煤机加载力特性试验，试验结果见图 7-15～图 7-17。磨煤机振动测试值见表 7-18。

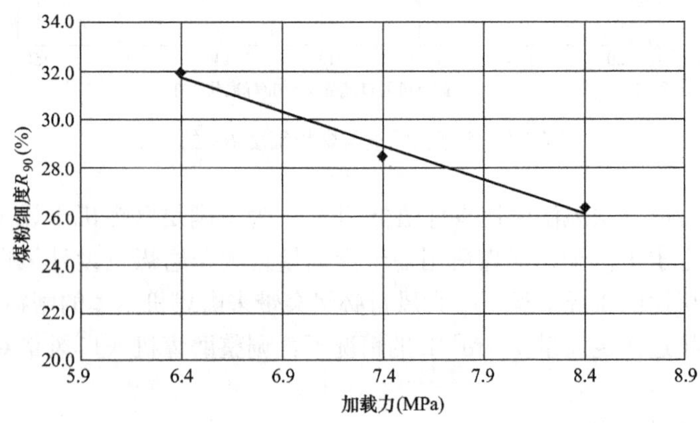

图 7-15　磨煤机加载力与煤粉细度 R_{90} 的关系

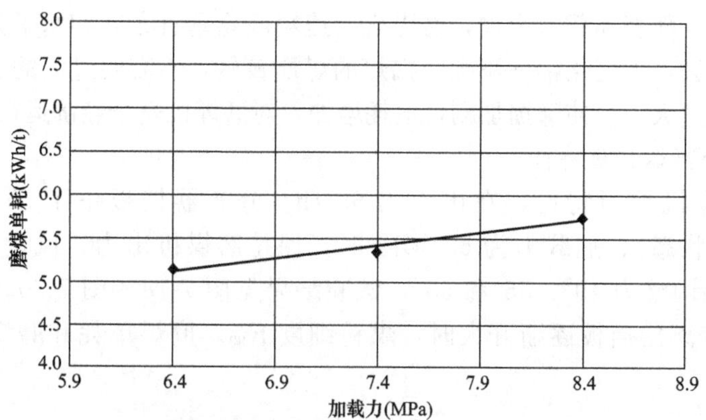

图 7-16　磨煤机加载力与磨煤单耗的关系

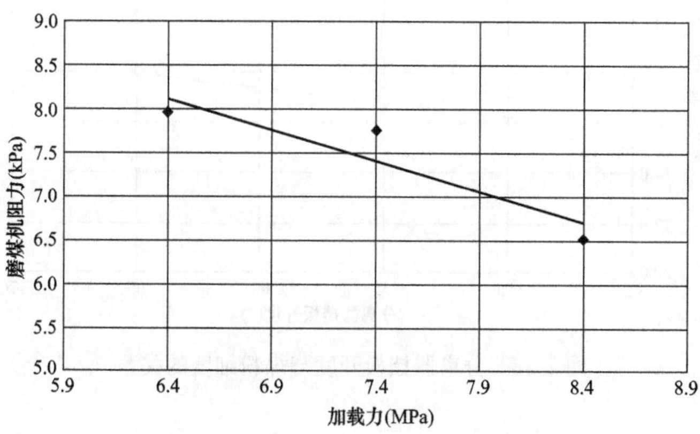

图 7-17　磨煤机加载力与磨煤机阻力的关系

表 7-18　　磨煤机加载力试验时的磨煤机振动测试值

项目	单位	测试值		
加载力	MPa	8.4	7.4	6.4
变速箱侧面（水平）	μm	12	11	9
变速箱底座（垂直）	μm	18	15	11
变速箱底座（水平）*	μm	33	36	32
变速箱底座（水平）	μm	26	28	21
变速箱底座（水平）	μm	35	30	28

*　变速箱底座水平方向 3 个不同位置。

由图 7-15 可见，随着加载力增加，煤粉细度 R_{90} 逐渐变细；磨煤机单耗增大；磨煤机阻力逐渐减小。随着加载力增加，磨煤机变速箱底座垂直方向和水平方向及底座水平方向振动逐渐增大，但变化幅度不大。褐煤的煤质较软，不需要过大的加载力以满足碾磨出力。加载力过大，会使磨损加剧，电耗增加，对磨煤机安全经济运行不利。

3. 磨煤机分离器挡板特性

为了解磨煤机挡板特性，在出力为 65t/h、分离器挡板位于 55°、一次风量为 140m³/h（标准状态）、加载力为 6.4MPa 时，保持磨煤机出力、风量、加载力不变，分离器挡板分别调整为 49°、55°和 65°，试验结果见图 7-18～图 7-20。由图 7-18～图 7-20 中可见，分离器挡板逐渐开大时，煤粉细度 R_{90}、磨煤单耗和磨煤机阻力均变化不大。

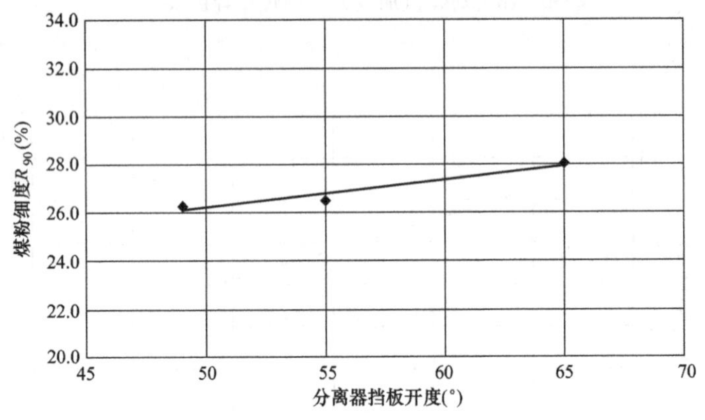

图 7-18　分离器挡板开度与煤粉细度的关系

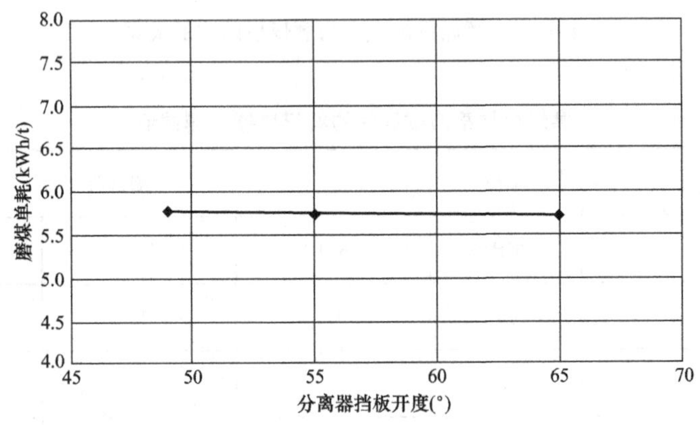

图 7-19　分离器挡板开度与磨煤单耗的关系

4. 磨煤机出力特性

为了解磨煤机在不同出力下的运行特性，将分离器挡板位于 55°，改变磨煤机出力，分别为 65、75t/h，风量分别为 139、154km³/h，对应的加载力为 7.4、9.4MPa。试验结果见表 7-19。

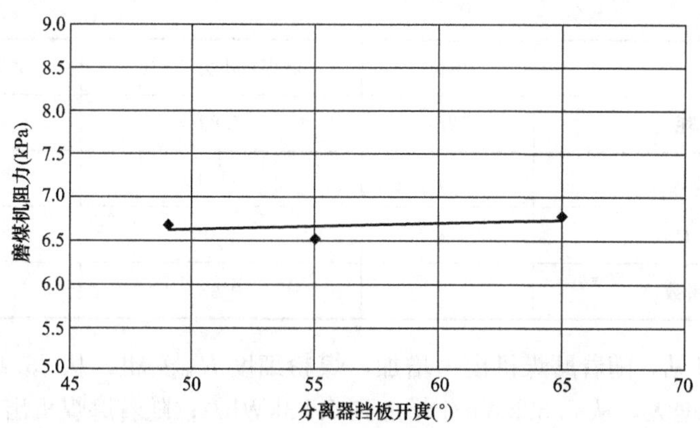

图 7-20　分离器挡板开度与磨煤机阻力的关系

表 7-19　　磨煤机出力特性试验结果

项目	单位	磨煤机出力 75t/h	磨煤机出力 65t/h
机组负荷	MW	558	610
总燃煤量	t/h	417	430
给煤机出力	t/h	75	65
分离器挡板开度	(°)	55	55
加载力	MPa	9.4	7.4
提升力	MPa	2.15	2.4
冷风门开度	%	0	0
热风门开度	%	80	53
一次风机风门开度 A/B	%	45/39	47/39
空气预热器出口一次风温度 A/B	℃	334/331	341/340
热一次风母管压力	kPa	12.8	12.9
磨煤机风量（实测）	km^3/h	154	139
磨煤机入口温度	℃	321	319.1
磨煤机出口温度	℃	60.78	62.17
磨煤机入口风压	kPa	12.12	10.5
磨煤机出口风压	kPa	3.38	2.75
磨煤机总阻力	kPa	8.74	7.75
石子煤排量	kg/h	24	24
磨煤机功率	kW	437	345

续表

项目	单位	磨煤机出力 75t/h	磨煤机出力 65t/h
磨煤单耗	kWh/t	5.83	5.32
煤粉细度 R_{90}	%	32.0	28.4
煤粉细度 R_{200}	%	9.2	6.4
均匀性系数	—	0.93	0.98

由表 7-19 可见，随着磨煤机出力增加，煤粉细度 R_{90} 变粗，从 28.4%变为 32.0%；磨煤机磨煤单耗增大，从 5.32kWh/t 增加到 5.83kWh/t；随着磨煤机出力逐步增大，磨盘上存煤量也随着增大，磨煤机阻力增加，从 7.75kPa 上升到 8.74kPa。从试验结果看出，在不同的出力情况下，煤粉细度可以达到要求，磨煤单耗较低，磨煤机振动不大，石子煤排量较小，试验结果说明磨煤机出力特性较好。

5. 磨煤机最大和最小出力

(1) 磨煤机最大出力。最大出力运行试验过程：冷风门全关，热风门全开，逐渐增加磨煤机出力，观察磨煤机差压、风量、电流、出口温度等参数变化。先将磨煤机出力增加到 84t/h，发现磨煤机差压逐渐加大，风量不断降低，电流超过额定值，系统不能稳定运行。于是逐渐降低出力到 82t/h，此时磨煤机风量、电流都比较稳定，磨煤机出口温度在允许范围内，石子煤量为 36kg/h。连续运行两小时没有异常情况，可以长期稳定运行。此时煤粉细度 R_{90} 为 32.0%，煤粉细度合格，即此出力为磨煤机能够稳定运行的最大出力，试验结果见表 7-20。

表 7-20　磨煤机最大出力特性试验结果

项目	单位	磨煤机最大出力 82t/h
机组负荷	MW	600
总燃煤量	t/h	415
给煤机出力	t/h	82
分离器挡板开度	(°)	55
加载力	MPa	10
提升力	MPa	1.95
冷风门开度	%	0
热风门开度	%	80
一次风机风门开度 A/B	%	44/37
空气预热器出口一次风温度 A/B	℃	343/336
热一次风母管压力	kPa	13.15
磨煤机风量（实测）	km^3/h	148.21

续表

项目	单位	磨煤机最大出力 82t/h
磨煤机入口温度	℃	321
磨煤机出口温度	℃	58.11
磨煤机入口风压	kPa	12.20
磨煤机出口风压	kPa	2.88
磨煤机总阻力	kPa	9.32
石子煤排量	kg/h	36
磨煤机功率	kW	530
磨煤单耗	kWh/t	6.46
煤粉细度 R_{90}	%	32.0
煤粉细度 R_{200}	%	9.6
均匀性系数	—	0.90

（2）磨煤机最小出力。最小出力运行试验过程：逐渐降低磨煤机风量，出力逐渐减小，观察磨煤机差压、风量、电流、出口温度等参数变化。并测量磨煤机振动值。将磨煤机出力降低到 21t/h，系统可稳定运行。此时石子煤量为 280kg/h，超过规程不大于磨煤机出力 0.1%的规定；煤粉细度 R_{90} 为 32.4%，煤粉细度合格。因此，可以认为此出力为磨煤机能够稳定运行的最小出力，试验结果见表 7-21。

表 7-21　　磨煤机最小出力特性试验

项目	单位	磨煤机最小出力 21t/h
机组负荷	MW	414
总燃煤量	t/h	325
给煤机出力	t/h	21
分离器挡板开度	(°)	55
加载力	MPa	4.5
提升力	MPa	3.4
冷风门开度	%	45
热风门开度	%	20
一次风机风门开度 A/B	%	22/22
空气预热器出口一次风温度 A/B	℃	319/318
热一次风母管压力	kPa	9.9
磨煤机风量（实测）	km^3/h	104.41
磨煤机入口温度	℃	180
磨煤机出口温度	℃	56

续表

项目		单位	磨煤机最小出力 21t/h
磨煤机入口风压		kPa	3.8
磨煤机出口风压		kPa	0.92
磨煤机总阻力		kPa	2.88
石子煤排量		kg/h	280
磨煤机功率		kW	215
磨煤单耗		kWh/t	10.24
煤粉细度 R_{90}		%	32.4
煤粉细度 R_{200}		%	4.8
均匀性系数		—	1.24
振动测量值	变速箱侧面（水平）	μm	15
	变速箱底座（垂直）	μm	11
	变速箱底座（水平）*	μm	32
	变速箱底座（水平）	μm	16
	变速箱底座（水平）	μm	21

* 变速箱底座水平方向 3 个不同位置。

6. 磨煤机出口温度与煤粉水分

燃煤全水分 $M_t=32.6\%$、空气干燥基水分为 $M_{ad}=16.96\%$，在三个不同的磨煤机出口温度下测得煤粉水分随磨煤机出口温度的关系，见图 7-21。由图 7-21 可见，煤粉水分随磨煤机出口温度升高基本呈线性下降趋势，磨煤机出口温度每升高 2℃，煤粉水分下降约 1%。

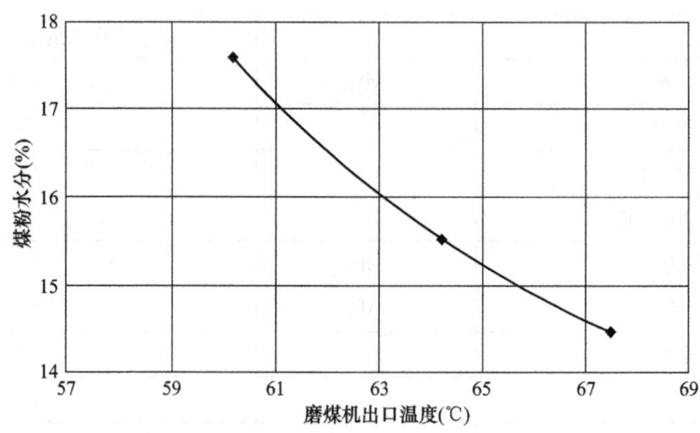

图 7-21 磨煤机出口温度与煤粉水分的关系

运行试验表明：

(1) MPS-HP-Ⅱ中速磨煤机运行试验的褐煤全水分 $M_t=32.6\%$，磨煤机碾磨出力和通风出力均可达到设计要求。在磨煤机入口一次风温度比设计值低 25℃的情况下，通过增大一次风量可以满足干燥出力的要求。

(2) 磨煤机加载力为 10.0MPa 时，磨煤机的最大出力可达到 82t/h，达到设计要求。

(3) 煤粉细度 R_{90} 为 32%～35%。

由上所述，MPS-HP-Ⅱ中速磨煤机可以满足燃煤全水分 M_t=30%～35%的褐煤。

三、 ZGM-Ⅱ(A)中速磨煤机[8]

京能五间房煤电一体化项目超超临界 2×660MW 机组褐煤锅炉由北京巴布科克·威尔科克斯公司生产，锅炉型号为 B&WB-2117/29.4-M。Π 型锅炉、变压直流炉、单炉膛、一次再热、平衡通风、固态排渣、全钢构架、紧身全封闭布置。锅炉设有无循环泵的内置式启动系统。

锅炉为前后墙对冲燃烧方式，配有 35 只 HPAX-X 低 NO_x 双调风旋流燃烧器，分别布置在锅炉的前后墙，其中前墙三层，后墙四层，每层各 5 只燃烧器。前后墙各设 7 只分离燃尽喷口（SOFA），共 14 只。

锅炉设计煤种为锡林郭勒盟五间房矿区西一矿褐煤。锅炉采用中速磨机冷一次风正压直吹式制粉系统。配置 7 台北京电力设备总厂制造的 ZGM113G-Ⅱ（A）中速磨煤机。燃烧设计煤时，BMCR 工况下 6 台运行、1 台备用。

（一）燃煤特性与设备概况

1. 燃煤特性

锡林郭勒盟五间房矿区西一矿褐煤主要特性见表 7-22。

表 7-22 锡林郭勒盟五间房矿区西一矿褐煤主要特性

项目	单位	符号	设计煤	校核煤
全水分	M_t	%	35.5	31.3
空气干燥基水分	M_{ad}	%	9.32	10.69
收到基灰分	A_{ar}	%	10.24	17.5
干燥无灰基挥发分	V_{daf}	%	48.26	44.26
收到基低位发热量	$Q_{net,ar}$	kJ/kg(kcal/kg)	14 690(3509)	13 500(3225)
收到基碳	C_{ar}	%	40.89	37.95
收到基氢	H_{ar}	%	2.77	2.44
收到基氧	O_{ar}	%	9.87	10.04
收到基氮	N_{ar}	%	0.52	0.42
收到基全硫	$S_{t,ar}$	%	0.21	0.35
哈氏可磨性指数	HGI	—	58	63
冲刷磨损指数	K_e	—	1.18	1.18

2. ZGM113G-Ⅱ(A) 中速磨煤机主要设计参数

ZGM113G-Ⅱ(A) 中速磨煤机主要设计参数见表 7-23。

表 7-23　　ZGM113G-Ⅱ(A) 中速磨煤机主要设计参数

项目	单位	数据（设计煤/校核煤）
分离器型式	—	静态挡板式
最大碾磨出力（不考虑磨损）	t/h	82.39/88.64
磨损后期碾磨出力	t/h	78.27/84.2
磨损后期最小碾磨出力	t/h	20.6/22.16
最大干燥出力	t/h	78.21/75.96
磨煤机最大风量（磨煤机 100%负荷）	kg/s	45.95/29.87
锅炉额定工况（BMCR）下通风量	kg/s	43.14/37.09
磨煤机出口气体质量流量（BMCR）	kg/s	48.6/41.89（含煤的蒸发水分）
磨煤机出口气体质量流量（BMCR）	kg/s	44.57/38.52（不含煤的蒸发水分）
磨煤机出口气体体积流量（BMCR）	m^3/s	51.88/44.66（含煤的蒸发水分）
磨煤机出口气体体积流量（BMCR）	m^3/s	45.3/39.15（不含煤的蒸发水分）
磨煤机轴功率（BMCR）	kW	561/516
磨煤机转速	r/min	30
磨煤机最大通风阻力（包括分离器、煤粉分配箱）	kPa	7.7（磨煤机 100%负荷）
锅炉额定工况（BMCR）下磨煤机通风阻力	kPa	6.85/6.31
锅炉额定工况（BMCR）下磨煤机入口静压	kPa	10.28/9.74
煤粉水分	%	18/15
磨煤机入口热风计算温度（BMCR）	℃	362/364
磨煤机入口冷风计算温度（BMCR）	℃	31/31
磨煤机入口冷热风混合后的温风温度（BMCR）	℃	325.6/321.7
计算一次风率	%	39/40
通过磨煤机的密封风量/总密封风量	kg/s	1.425/1.5
磨煤机单位功耗	kWh/t	≤7.97
煤粉细度可调范围 R_{90}	%	5～35
煤粉均匀性系数	—	1.1

（二）运行特性

为了解运行特性进行试验的煤质主要特性见表 7-24。

表 7-24　　试验煤质主要特性

项目	单位	符号	试验煤
全水分	M_t	%	35.7
空气干燥基水分	M_{ad}	%	19.61
收到基灰分	A_{ar}	%	12.05
收到基挥发分	V_{ar}	%	22.17
收到基低位发热量	$Q_{net,ar}$	kJ/kg(kcal/kg)	14 150(3384)
收到基碳	C_{ar}	%	39.50

续表

项目	单位	符号	试验煤
收到基氢	H_{ar}	%	2.32
收到基氧	O_{ar}	%	8.84
收到基氮	N_{ar}	%	0.54
收到基全硫	$S_{t,ar}$	%	1.05
哈氏可磨性指数	HGI	—	78

1. 静态分离器特性

保持磨煤机出力和通风量不变（约为额定出力的80%及相应的通风量）。改变磨煤机（G磨煤机）出口静态分离器挡板开度，测定在82°、77°、72°和68°四个不同分离器挡板开度下的煤粉细度，以确定静态分离器特性。静态分离器的试验特性见表7-25。

表7-25　静态分离器的试验特性

项目	单位	工况1	工况2	工况3	工况4
静态分离器挡板开度	(°)	82	77	72	68
煤粉量	g	25.00	25.00	25.00	25.00
R_{90}筛余量	g	10.98	9.33	8.14	7.15
煤粉细度R_{90}	%	43.92	37.32	32.56	28.60
R_{200}筛余量	g	5.16	3.87	2.17	1.14
煤粉细度R_{200}	%	22.44	15.48	8.68	6.84

2. 出力特性

(1) 保证出力。在机组负荷稳定的基础上，选取A、B磨煤机在保证出力（78.21t/h）工况下稳定运行1～2h，煤粉细度达到设计值（R_{90}=35%），碾磨出力满足锅炉运行需要，检验磨煤机性能参数。A、B磨煤机的保证出力试验数据见表7-26。

表7-26　A、B磨煤机保证出力试验数据

项目	单位	A磨煤机	B磨煤机
给煤量（平均）	t/h	78.3	78.35
电功率	kW	367.5	367.5
单位电耗	kWh/t	4.69	4.69
磨煤机入口压力	kPa	8.770	8.098
磨煤机出口压力	kPa	3.989	3.545
阻力（平均）	kPa	4.781	4.553

(2) 磨煤机最大出力。在磨煤机差压、电流、出口温度、风量和煤层厚度等参数稳定的基础上，逐渐增加A、B磨煤机负荷至最大出力（82.39t/h）。在增大出力过程中观察磨煤机的各项运行参数。若发现磨煤机电流、差压持续升高或煤层厚度逐渐增加，且无法稳定时，说明磨煤机有堵煤倾向或石子煤量超出设计范围（磨煤机出力的0.05%），磨煤机已属于非正常工况，则不能再增加磨煤机出力。磨煤机在此工况下稳定运行1h后

进行测试，测试时间持续2h。A、B磨煤机最大出力试验数据见表7-27。

表7-27　　A、B磨煤机最大出力试验数据

项目	单位	A磨煤机	B磨煤机
给煤量（平均）	t/h	82.50	82.54
电功率	kW	420	420
单位电耗	kWh/t	5.09	5.09
磨煤机入口压力	kPa	9.330	8.920
磨煤机出口压力	kPa	4.210	3.881
阻力（平均）	kPa	5.120	5.039
煤粉细度 R_{90}	%	50.84	—
煤粉细度 R_{200}	%	17.8	—

运行试验表明：

1）在给煤量和风量基本不变的情况下，静态分离器开度从82°变化至68°时，G磨煤机出口煤粉细度变化较明显，故静态分离器特性线性较好。

2）A、B磨煤机在稳定运行工况下，均能达到保证出力78.21t/h和最大出力82.39t/h。

3）A、B磨煤机在保证和最大出力工况下，磨煤机单耗均小于保证值7.97kWh/t。

4）A、B磨煤机在保证和最大出力工况下，磨煤机阻力均小于保证值7.45kPa。

ZGM-Ⅱ（A）中速磨煤机是北京电力设备总厂针对高水分褐煤设计的，为了满足褐煤的干燥出力要求，通过加大机壳的设计，增加磨煤机内部容积流量，降低风环流速，减小机壳内部磨损。此外，采用大分离器设计，保证分离效率，减小分离器磨损。

四、MPS中速磨煤机

（一）朝阳电厂

20世纪70年代，我国设计的褐煤锅炉，制粉系统所配置的全部是风扇磨煤机。当时，朝阳发电厂投运的我国第一台200MW机组褐煤Π型锅炉，墙式燃烧旋流燃烧器前墙布置，即配置了风扇磨煤机热风干燥直吹式制粉系统。风扇磨煤机的易磨损部件——打击板寿命只有400h左右，制粉系统不能适应锅炉运行。至20世纪80年代中期，考虑朝阳发电厂燃用的平庄褐煤水分并不高（全水分 $M_t=26.8\%$），考察了美国褐煤锅炉配置中速磨煤机的运行情况，根据朝阳电厂的褐煤煤质，1985年决定将风扇磨煤机全部改为由德国引进的MPS212中速磨煤机，以热风为干燥介质。这是我国首次在褐煤锅炉上应用MPS中速磨煤机。投入运行后，磨辊的使用寿命达到4000～5000h，极大地改善了运行条件。后经西安热工研究院研究，朝阳电厂燃用的平庄褐煤冲刷磨损指数 K_e 高达7.0，按磨损指数判据，$K_e \geqslant 7.0$ 属于二级极强磨损，可见，当时选用风扇磨煤机是不合适的。

（二）元宝山电厂[9]

元宝山电厂3号600MW机组锅炉是采用美国CE公司技术的，由哈尔滨锅炉厂设计

制造，为亚临界压力，一次中间再热，控制循环汽包炉，单炉膛Π型布置。参数为18.3MPa.g/540.6℃/540.6℃，蒸汽流量为2008t/h。

燃用元宝山褐煤煤质特性见表7-28。

表7-28　燃用元宝山褐煤煤质特性

项目	符号	单位	设计煤质
全水分	M_t	%	25.28
空气干燥基水分	M_{ad}	%	—
收到基灰分	A_{ar}	%	26.39
干燥无灰基挥发分	V_{daf}	%	43.8
收到基碳	C_{ar}	%	36.3
收到基氢	H_{ar}	%	2.34
收到基氧	O_{ar}	%	8.51
收到基氮	N_{ar}	%	0.47
收到基全硫	$S_{t,ar}$	%	0.7
收到基低位发热量	$Q_{net,ar}$	kJ/kg(kcal/kg)	13 207(3158)
哈氏可磨性指数	HGI	—	57.5

四角切圆燃烧方式，WR型燃烧器分两组布置，每组4层一次风喷口，一次风喷口内有波形扩流锥，上组燃烧器之上布置三层紧凑燃尽风。

考虑元宝山褐煤的M_t＝25.28%、冲刷磨损指数K_e＝3.57，根据朝阳电厂采用MPS中速磨煤机的运行经验，元宝山电厂3号600MW机组褐煤锅炉配置了8台MPS255中速磨煤机，采用正压直吹冷一次风机制粉系统。磨煤机主要设计参数(BMCR工况）见表7-29。

表7-29　磨煤机主要设计参数（BMCR工况）

项目	单位	数据
磨煤机型号	—	MPS255
台数（运行台数）	台	8（6）
总耗煤量	t/h	429.8
总风量	kg/h	2 405 431
磨煤机最大出力	t/h	78.94
单台磨煤机风量	kg/h	118 107
磨煤机出口温度	℃	71
煤粉水分	%	13
干燥剂初始温度	℃	340.4
冷风温度	℃	26.7
热风温度	℃	390

运行实践表明，MPS255中速磨煤机的出力和干燥出力均达到设计要求。元宝山褐煤的全水分M_t＝25.28%、冲刷磨损指数K_e＝3.57，磨煤机磨辊的检修周期可达到5000～6000h，采用中速磨煤机是合理的。

（三）美国某电厂

美国褐煤的主要产区是得克萨斯和北达科他州。褐煤的全水分 $M_t=33.2\%\sim36.6\%$，收到基灰分 $A_{ar}=6.5\%\sim8.8\%$，低位发热量 $Q_{net,ar}=14\ 930\sim17\ 250kJ/kg$（3567～4121kcal/kg），见表1-3。

如美国巴·威公司（B&W）褐煤锅炉燃用Shand Dam褐煤，其煤质：全水分 $M_t=34\%$，空气干燥基水分 $M_{ad}=8.6\%$，收到基灰分 $A_{ar}=14\%$，低位发热量 $Q_{net,ar}=14\ 500kJ/kg$(3464kcal/kg) 时，中速磨煤机的运行情况[10]如下。

（1）磨煤机入口介质温度 t_1 较低，在340～360℃之间；

（2）磨煤机出口介质温度 t_2 也较低，在60℃左右，最低为53℃；

（3）煤粉水分 M_{pc} 较高，在20%左右，最高为22.5%；

（4）外在水分 M_f 高，约为27%。

如上所述，从美国燃用Shand Dam褐煤锅炉的运行情况可见，美国巴·威公司（B&W）采用了较高煤粉水分 M_{pc}，约为20%，较低的磨煤机出口介质温度 t_2 约为60℃。这样的设计必然会使每公斤原煤被干燥所蒸发的水量（ΔM，kg/kg）减少，从而，所要求的干燥剂温度（一次风温度）较低，磨煤机入口介质温度 t_1 在340～360℃之间；由于发热量较高，燃煤量少所需的干燥剂量也少。美国阿尔斯通公司（Alstom）和美国巴·威公司（B&W）对于高水分褐煤煤粉水分的选取方法是按原煤水分的一半选取，这种方法适应于美国的褐煤。

美国巴·威公司（B&W）的墙式对冲燃烧褐煤锅炉全部采用MPS中速磨煤机，从20世纪90年代以来，30多个电厂褐煤锅炉的磨煤机，美国巴·威公司全部采用MPS中速磨煤机。机组的容量从200MW到1300MW，已经安全运行了多年。此外，美国阿尔斯通公司的切向燃烧褐煤锅炉采用HP(RP）中速磨煤机，也安全运行了多年。

美国褐煤的煤质是比较好的，发热量高，燃煤量小；选取的煤粉水分高；磨煤机出口温度低。这些条件决定了不需要高的干燥剂温度和比较多的干燥剂量，一次风率可控制在合理的范围内。因此，燃用全水分 M_t 约为37.0%的美国褐煤，可以采用MPS或HP(RP）中速磨煤机。根据美国老年褐煤煤质，美国巴·威公司和阿尔斯通公司对褐煤锅炉磨煤机选型的有关参数的选取是可行的。而我国的老年褐煤煤质不具备这些条件。

第三节　中速磨煤机制粉系统与设计参数

一、 中速磨煤机直吹式制粉系统

1. 中速磨煤机正压直吹冷一次风机制粉系统

中速磨煤机正压直吹冷一次风机制粉系统的一次风机置于空气预热器之前，可降低一次风机运行电耗，但增加了一次风在空气预热器中的漏风，而电耗的节省和漏风引起的损失相比，电耗的节省较大。因此，目前冷一次风机制粉系统得到广泛应用，但此系统需设置三分仓或四分仓的空气预热器。

由于中速磨煤机直吹式制粉系统正压运行，消除了漏风对锅炉热效率的影响，磨煤机运行可靠性的提高，以及其运行电耗低和防爆性能好的优点，使该系统得到广泛的应用。

采用中速磨煤机直吹式制粉系统时，必须注意锅炉的一次风率与磨煤机通风量的匹配；并重视石子煤输送系统的设计，采用有效的石子煤输送系统，可选用自动小车、皮带运输、水力输送等方式。如采用水力输送，则宜采用单元制。

中速磨煤机正压直吹式冷一次风机制粉系统见图 7-22。

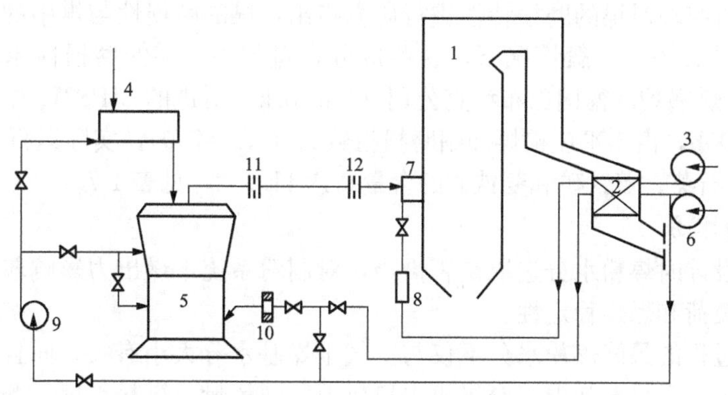

图 7-22　中速磨煤机正压直吹式冷一次风机制粉系统

1—锅炉；2—空气预热器；3—送风机；4—给煤机；5—磨煤机；6—一次风机；7—燃烧器；8—二次风箱；9—密封风机；10—风量测量装置；11—快速关断门；12—隔绝门

2. 中速磨煤机正压直吹热一次风机制粉系统

中速磨煤机正压直吹热一次风机制粉系统是将一次风机置于空气预热器之后，由于热一次风机的工作条件差，电耗高，很少采用。

二、 褐煤锅炉中速磨煤机制粉系统设计参数

由于褐煤煤质和中速磨煤机制粉系统的特点，设计制粉系统时需要考虑一些参数和设备运行方式的影响。

（一）原煤水分

我国的褐煤大部分是老年褐煤，全水分 M_t 基本上都在 20%以上。

原煤水分的高低对制粉系统的干燥出力提出了不同的要求，在能满足干燥出力的前提下，对于中等水分和偏高水分褐煤，均采用中速磨煤机热风干燥直吹式制粉系统。

（二）煤的可磨性指数

褐煤的可磨性随着原煤全水分的增加，其变化是很复杂的。如图 1-4 所示，有的褐煤哈氏可磨性指数 HGI 随着水分的增加，呈上升趋势；有的是先下降然后上升；有的则呈下降趋势；有的随着水分的增加，基本不变，如我国的霍林河、白音华褐煤。

哈氏可磨性指数不能完全表征褐煤的可磨性，按 GB/T 2565，哈氏可磨性指数 HGI 仅适用于烟煤和无烟煤，分析褐煤时供参考。对于高水分、含木质纤维褐煤，在磨制过程及筛分中易黏结成粉团，影响分析的正确性，筛下通过量偏小而使 HGI 值偏低，即实际可磨性较哈氏可磨性指数 HGI 预示的要好。

对于新开发的褐煤煤质或必须确认煤质的可磨性，最好通过试磨确定。

（三）煤的磨损特性

煤的磨损特性用磨损指数表征，它表征磨制煤粉的设备被煤磨损的程度。按DL/T 5145—

2012《火力发电厂制粉系统设计计算技术规定》，制粉系统设计所需的磨损特性按DL/T 465—2007《煤的冲刷磨损指数试验方法》进行测定，所得结果以冲刷磨损指数K_e表示。

对于中速磨煤机，DL/T 466—2017《电站磨煤机及制粉系统选型导则》推荐，冲刷磨损指数$K_e \leqslant 5.0$时，选用中速磨煤机。

西安热工研究院对煤的磨损特性进行研究指出，煤的磨损性与煤中的石英、黄铁矿和菱铁矿的含量有关，一般情况下，这些成分含量越高，煤的磨损性越强。朝阳电厂200MW机组褐煤锅炉从德国巴布科克公司（Babcock）引进的MPS212中速磨煤机磨损件寿命保证8000h，由于平庄褐煤冲刷磨损指数高（$K_e=7.0$），实际运行寿命为4000～5000h，煤中的石英、黄铁矿和菱铁矿的含量高达11.7%，见表1-7。

（四）煤粉水分

制粉系统设计时煤粉水分选取是否恰当，对制粉系统干燥出力影响较大，同时也直接影响锅炉的负荷和燃烧稳定性。

磨煤干燥过程的最终煤粉水分不仅与空气干燥基水分大小有关，而且还与煤的全水分、磨煤机出力、干燥剂初温、磨煤机出口风温、通风量、煤粉细度、磨煤机的碾磨效率，以及分离效率从而影响到的循环倍率有关。当分离效率较高、循环倍率较低时，由于煤粉未被深度干燥，会使煤粉水分较高。由于褐煤的组织结构有差异，其干燥特性也不同。因此，同样运行条件下的煤粉水分也不一样。制粉系统干燥出力计算是在假定煤粉水分的基础上的热平衡结果。如果在计算时假定的煤粉水分高于实际情况太大，据此设计的制粉系统有时会导致干燥出力不足的后果。

1. 国外褐煤煤粉水分的选取方法

国内外根据自己国内褐煤煤质对直吹式制粉系统磨制褐煤时，采用不同的煤粉水分的选取方法。

（1）德国褐煤煤粉水分的选取方法。德国巴布科克公司MPS-HP-Ⅱ中速磨煤机给出的煤粉水分与原煤水分和磨煤机出口温度的关系见表7-30。即DL/T 5145—2012《火力发电厂制粉系统设计计算技术规定》中表B.5。

表7-30　MPS-HP-Ⅱ中速磨煤机给出的煤粉水分与原煤水分和磨煤机出口温度的关系

磨煤机出口温度（℃）	原煤水分（%）												
	60.0	55.0	50.0	45.0	40.0	35.0	30.0	25.0	20.0	15.0	10.0	5.0	1.0
65	41.53	35.79	30.44	25.47	20.90	16.75	13.02	9.71	6.85	4.44	2.48	1.00	0.16
70	39.51	33.84	28.59	23.78	19.39	15.44	11.92	8.84	6.20	3.99	2.22	0.89	0.14
75	37.58	31.99	26.86	22.20	17.99	14.24	10.93	8.05	5.61	3.59	1.98	0.79	0.13
80	35.75	30.24	25.23	20.72	16.69	13.13	10.01	7.33	5.07	3.23	1.77	0.70	0.11
85	34.01	28.58	23.70	19.35	15.49	12.10	9.17	6.67	4.59	2.90	1.58	0.62	0.10
90	32.35	27.02	22.27	18.06	14.37	11.16	8.40	6.08	4.15	2.61	1.42	0.55	0.09
95	30.77	25.54	20.92	16.86	13.33	10.29	7.70	5.53	3.76	2.35	1.27	0.49	0.08
100	29.27	24.14	19.65	15.74	12.37	9.48	7.05	5.04	3.40	2.11	1.13	0.44	0.07
105	27.84	22.82	18.46	14.69	11.47	8.74	6.46	4.59	3.08	1.90	1.01	0.39	0.06
110	26.48	21.58	17.34	13.72	10.64	8.06	5.92	4.18	2.78	1.71	0.90	0.34	0.05
115	25.19	20.40	16.29	12.81	9.87	7.43	5.43	3.80	2.52	1.53	0.81	0.31	0.05
120	23.96	19.28	15.30	11.96	9.16	6.85	4.97	3.46	2.28	1.38	0.72	0.27	0.04

(2) 美国褐煤煤粉水分的选取方法。美国阿尔斯通公司（Alstom 原 CE 公司）对于高水分褐煤，煤粉水分按原煤水分的一半选取。

(3) 俄罗斯褐煤煤粉水分的选取方法。《煤粉制造设备的计算和设计标准》（苏联，1971 年版）[11]中直吹式和储仓式制粉系统中热空气干燥时，磨制褐煤煤粉水分与原煤水分及出口温度的关系见图 7-23。

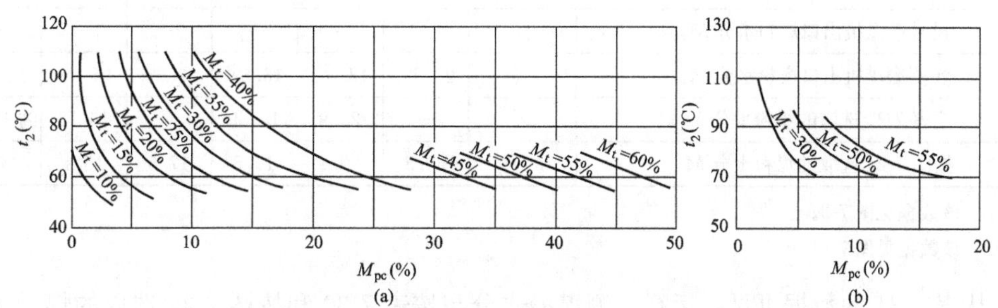

图 7-23 直吹式和储仓式制粉系统中热空气干燥时，磨制褐煤煤粉水分与原煤水分及出口温度的关系

(a) 开式制粉系统；(b) 闭式制粉系统

2. 我国褐煤煤粉水分的选取方法

我国褐煤煤粉水分的选取方法，按 DL/T 5145—2012《火力发电厂制粉系统设计计算技术规定》的图 3.6.2（b）和 DL/T 466—2017《电站磨煤机及制粉系统选型导则》4.6 选取，见图 7-24。

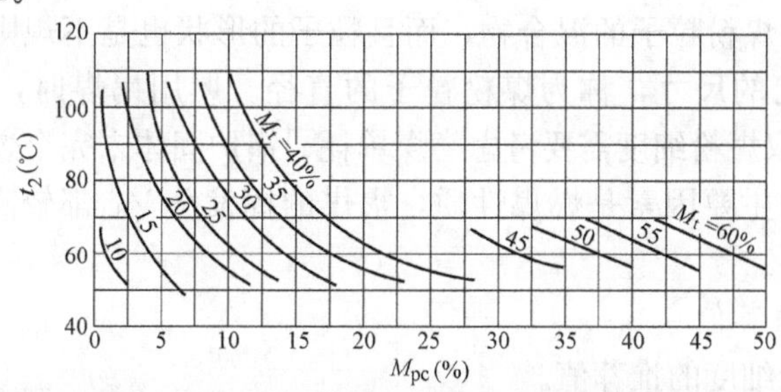

图 7-24 直吹式和储仓式制粉系统中热空气干燥时，磨制褐煤煤粉水分与原煤水分及出口温度的关系（我国褐煤）

3. 不同煤粉水分选取方法的数据

按上都电厂燃用锡林浩特胜利褐煤、通辽电厂燃用霍林河褐煤为例，不同煤粉水分选取方法与实际运行的数据见表 7-31。

表 7-31 不同煤粉水分选取方法与实际运行的数据

项目	单位	锡林浩特胜利褐煤（上都电厂）	霍林河褐煤（通辽电厂）
磨煤机型号	—	HP1103	MPS225HP-Ⅱ
设计煤全水分 M_t	%	29.5	30.89
试验燃煤收到基水分 M_{ar}	%	40	34.8

续表

项目	单位	锡林浩特胜利褐煤（上都电厂）			霍林河褐煤（通辽电厂）		
设计煤空气干燥基水分 M_{ad}	%	14.71			17.56		
设计煤粉细度 R_{90}	%	35			—		
运行磨煤机出口温度 t_2	℃	60①	66①	70①	60.2②	64.2②	67.5②
设计磨煤机出口煤粉水分 M_{pc}	%	—	—	—	—	—	—
实测磨煤机出口煤粉水分 M_{pc}	%	20.2①	18.0①	16.8①	17.6②	15.6②	14.4②
按表 7-30 选取的煤粉水分 M_{pc}	%	—	20.9	19.39	—	16.75	约 15.44
按图 7-24 选取的煤粉水分 M_{pc}	%	20.8	20.0	17.5	17.5	15.1	14.5

① 该数据见图 7-9。

② 该数据见图 7-21。

从表 7-31 的数据可见，运行实测煤粉水分与按表 7-30 和按图 7-24 选取的煤粉水分是很接近的。因此，按 DL/T 5145—2012《火力发电厂制粉系统设计计算技术规定》的图 3.6.2（b）和 DL/T 466—2017《电站磨煤机及制粉系统选型导则》4.6 的选取方法，选取煤粉水分是可信的。

按表 7-30 选取的煤粉水分与实测的煤粉水分略有差异，可能与试验条件有关，两者的数据是很接近的。按表 7-30 选取的煤粉水分方法与 HP1103 中速磨煤机实测的煤粉水分也是比较接近的。

（五）煤粉细度

煤粉是各种尺寸煤粉粒子的混合物，而且粒子的形状也是不规则的，煤粉尺寸是指它能通过的最小筛孔的尺寸，称为煤粉粒子的直径。燃用褐煤时，最大煤粉粒径可达 1000～1500μm。选取煤粉细度需要考虑磨煤单耗、锅炉固体未完全燃烧热损失和 NO_x 排放。影响煤粉细度的主要因素是燃煤性质，褐煤的挥发分 V_{daf} 都较高，容易燃烧，煤粉细度比较粗。

1. 煤粉细度的推荐值

（1）德国的煤粉细度的推荐值。

1）德国能源与工程技术公司（EVT）。德国能源与工程技术公司（EVT）推荐的煤粉细度见图 6-27。

2）德国巴布科克公司（Babcock）[12]。德国巴布科克公司煤粉细度的推荐值见图 7-25。

EVT 公司与 Babcock 公司推荐的煤粉细度值有差别。EVT 推荐的煤粉细度适合褐煤。

（2）锅炉机组煤粉制备装置计算和设计标准（苏联，1971 年）[11]。对于褐煤，R_{90}＝40%～60%，R_{200}＝15%～35%，$R_{1.0}$＝0.5%～1.5%。

（3）DL/T 466—2017《电站磨煤机及制粉系统选型导则》4.5.2 推荐：对于褐煤，煤粉细度为 R_{90}＝30%～50%（挥发分高取大值，挥分发低取小值），$R_{1.0}$＝1%～3%。

2. 中速磨煤机实际运行的煤粉细度

（1）上都电厂一、二期 1～4 号 600MW 机组褐煤锅炉。一、二期 1～4 号锅炉配置 HP1103 中速磨煤机。燃用锡林浩特胜利矿褐煤，设计煤质的 M_t＝29.5%、M_{ad}＝14.71%、A_{ar}＝13.43%、V_{daf}＝46.8%、HGI＝58、煤粉细度 R_{90}＝35%。磨煤机最大出

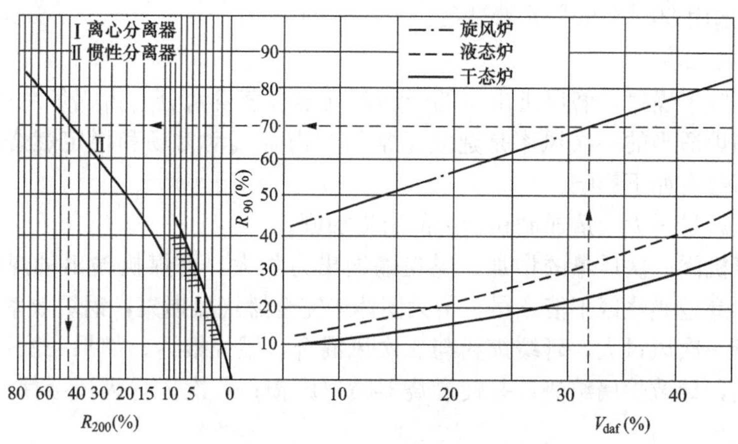

图 7-25 德国巴布科公司煤粉细度的推荐值

力为 83t/h（磨煤机入口温度为 390℃，最大通风量），计算出力为 55.24t/h(BMCR)。

随着磨煤机入口风量增加，煤粉细度逐渐变粗，见图 7-5。入口风量增加到 126km^3/h 时，煤粉细度 R_{90}=15.2%，煤粉偏细，小于设计值 R_{90}=35%。

磨煤机出力与煤粉细度的关系见图 7-10。煤粉细度随着磨煤机出力的增加逐渐变粗。但是，磨煤机的出力达到 70t/h 时，煤粉细度 R_{90}=16.2%，煤粉也偏细，小于设计值 R_{90}=35%，说明磨煤机碾磨能力有较大的裕度。磨煤机出力为 70t/h 时，煤的哈氏可磨性指数 HGI=40，煤粉细度仍能满足要求。

当分离器挡板从 50%开到 65%时，煤粉细度 R_{90}从 32.80%增加到 38.48%；当分离器挡板开度关到 35%时，煤粉细度 R_{90}变为 30.4%，见图 7-4。表明分离器挡板调节性能良好。

(2) 通辽电厂 600MW 机组褐煤锅炉。通辽电厂褐煤锅炉配置 MPS225-HP-Ⅱ中速磨煤机。燃用霍林河褐煤，设计煤质的 M_{ar}=30.89%、M_{ad}=13±2%、A_{ar}=14.38%、V_{ar}=27.49%、HGI=55.3。磨煤机最大出力为 91.7t/h，保证出力为 81.5t/h。

由图 7-14 可见，随着风量的增加，煤粉细度 R_{90}几乎没有变化。风量为 125m^3/h 时，煤粉细度 R_{90}=37%；风量为 146m^3/h 时，煤粉细度 R_{90}=37%。

由图 7-15 可见，随着加载力增加，煤粉细度 R_{90}逐渐变细。加载力为 6.4MPa 时，煤粉细度 R_{90}=32%；加载力为 7.4MPa 时，煤粉细度 R_{90}=28.5%；加载力为 8.4MPa 时，煤粉细度 R_{90}=26.5%。

由图 7-18 可见，分离器挡板逐渐开大时，煤粉细度 R_{90}变化不大。分离器挡板为 49°时，煤粉细度 R_{90}=26.1%；分离器挡板为 55°时，煤粉细度 R_{90}=26.1%；分离器挡板为 65°时，煤粉细度 R_{90}=28.0%。

由上述中速磨煤机实际运行的煤粉细度 R_{90}可见，R_{90}基本都在 30%～50%范围内，有的煤粉细度 R_{90}小于 35%。对于褐煤，DL/T 466—2017《电站磨煤机及制粉系统选型导则》4.5.2 推荐的煤粉细度为 R_{90}=30%～50%（挥发分高的取大值，挥发分低的取小值），$R_{1.0}$=1%～3%。如上所述，对于我国的老年褐煤，挥发分大部分为 40%～50%，小部分为 50%～55%，见表 1-2；欧洲和澳大利亚的年轻褐煤挥发分大部分为 40%～60%，见表 1-3。中速磨煤机配置的离心分离器，分离特性较好。对于我国的老年褐煤，

煤粉细度 R_{90} 选用30%~50%是合适的。

（六）一次风率[13]

当采用空气干燥时，磨煤机出口的干燥剂（不含蒸发水分）占锅炉总风量的份额称一次风率。锅炉适当的一次风率是建立正常的炉内空气动力场和稳定燃烧的必要条件。一次风率过高会有如下影响：

（1）一次风量过大会造成制粉管道的磨损加剧。

（2）磨煤机因一次风量的增加，煤粉输送出力加大，磨煤机输出的煤粉颗粒变粗，因其动能大而穿越燃烧区不能燃尽，增大固体未完全燃烧热损失，锅炉效率下降。

（3）由于一次风量大，延缓煤粉与二次风混合，燃烧推迟；如果一次风量过高致使煤粉冲刷炉墙，导致炉墙结渣，并使燃烧器喷口磨损；一次风量大还会使煤粉着火热需求量增大。

（4）一次风速度对燃烧器的出口烟气温度和气流偏转也有影响。一次风速度过大，着火距离拖长，燃烧器出口附近烟温低，着火相对困难。

（5）高一次风率，使进入炉膛的水分增加，烟气量增大，导致汽温升高而使减温水量相应增加。

（6）一次风量大，在氧量不变的情况下，会相应限制二次风量，使流经空气预热器的风量相对减少，助燃风量降低，影响安全运行及经济性。

由于中速磨煤机受一次风温限制，磨制高水分褐煤时，当一次风温受到限制时，需要较大的一次风量。导致一、二次风比例失调，影响炉内燃烧组织，特别是对于墙式燃烧方式，给燃烧组织带来很大困难，所以确定锅炉合适的一次风率是十分必要的。

DL/T 832—2015《大容量煤粉燃烧锅炉炉膛选型导则》和JB/T 10127—2018《大型煤粉锅炉炉膛及燃烧器性能设计规范》对配直吹式制粉系统的切向和墙式燃烧方式燃烧器一次风率推荐值见表7-32。

表7-32　配直吹式制粉系统的切向和墙式燃烧方式燃烧器一次风率推荐值　%

机组容量	300MW		600MW		1000MW	
燃烧器型式	直流	旋流	直流	旋流	直流	旋流
DL/T 831—2015 (BRL)	25~38	25~35	25~38	25~35	—	—
NB/T 10127—2018 (BMCR)	风扇磨系统 25~35 中速磨系统 15~25	25~35	风扇磨系统 25~35 中速磨系统 25~35	25~35	—	25~35

注　目前我国尚无1000MW机组褐煤锅炉，表中给出的数据，仅作为方案设计的参考。

DL/T 832—2015的一次风率推荐值，对于切向燃烧方式一次风率上限值为38%；墙式对冲燃烧方式一次风率上限值为35%。不推荐放大到40%。

由于一次风量不包含水蒸气，当一次风率大于或等于35%，加上蒸发的水蒸气含量，通过一次风喷口的总风量可达40%~45%，体积流量较大，不易合理布置燃烧器和组织燃烧。

（七）一次风温度[13]

锅炉一次风出口温度基本由空气预热器烟气进口温度、一次风进口温度和空气预热器旋转方向等决定。空气预热器一次风温越高，磨煤机入口温度越高，磨煤机越容易保证干燥出力，但受到回转式空气预热器结构和材料的限制，一次风温度是有一定限度的。

空气预热器保持一次风出口温度的措施主要有如下几种。

(1) 提高空气预热器入口烟气温度。

(2) 增加受热面，但是当空气预热器换热效率很高时，增加大量受热面，只能提高很小的换热效率。

(3) 空气预热器正转，可以提高热一次风温度，但是传热效率下降，排烟温度上升。

(4) 控制空气预热器的漏风，大型空气预热器密封形式主要有径向多道密封、轴向多道密封、旁路密封、静密封和配置自动间隙跟踪系统。

(5) 采用合理的空气预热器换热元件。

(八) 磨煤机入口温度及冷风系数[13]

磨煤机入口温度是由空气预热器一次热风和调温冷风（含漏风）混合后的温度，冷风系数是冷风占磨煤机入口风量的份额。冷风系数越高表明在要求一定的磨煤机入口风温条件下，热风温度要求越高。由于在严格要求一次风温的中速磨制粉系统，冷风系数越少越好，实际在电厂运行中，调温冷风经常关闭，以保证一次风温度的要求，故冷风系数取值越少对空气预热器选型越有利（主要是一次风温度）。但是，取0值是不现实的。烟煤干燥出力考虑10%，主要是烟煤需要热风在200℃左右，10%范围内在20℃左右，空气预热器一般能满足，而从现场调研结果来看，空气预热器出口至磨煤机入口基本温降可以控制20℃以内，10%左右取值是比较合理的。而燃烧褐煤磨煤机入口温度在400℃左右，取10%在40℃左右，则需要空气预热器出口温度在440℃，如此高的温度，空气预热器无法选型。对于褐煤，因为要求的一次热风温度较高，为380～400℃。如果考虑20℃温降设计高水分褐煤的空气预热器，反算冷风系数为5%左右比较合适。故燃烧褐煤的干燥出力计算中，冷风系数宜取5%。选取冷风系数还需考虑运行中的调节幅度。

采用中速磨煤机磨制褐煤，一次风温度一般不超过400℃。如果超过该值，磨煤机的一些部件需要重新做材料校核计算。一次风温度还与漏风率、保温效果及环境温度等因素有关。

提高一次风温还可采用接力加温方式，例如上都电厂一、二期采用回转式空气预热器后串联管式空气预热器（烟气-空气加热器）方式，大唐锡林浩特电厂采用回转式空气预热器后串联蒸汽-空气再加热器方式，可将一次风温提高至410～430℃，以满足高水分褐煤的干燥需求。

(九) 磨煤机出口温度和终端干燥剂温度 t_2[2,13]

磨煤机出口温度的高低直接影响磨煤机入口一次风温度的要求，磨煤机出口温度越高，其比热容越高，导致磨煤机入口要求一次风温度越高，这对中速磨煤机磨制褐煤系统是不利的，因为磨煤机出口温度低可以防止爆燃和较低的一次风温度，所以，在严格要求一次风温度的中速磨煤机制粉系统确定磨煤机出口温度是十分必要的。磨煤机出口最高温度 t_{M2} 取决于防爆条件及设备运行温度，磨煤机出口最低温度应满足终端干燥剂温度 t_2 的要求。而终端干燥剂温度 t_2 的最低值取决于离开设备时干燥剂的湿度（含湿量）。为了使煤粉正常输送，在任何情况下，终端干燥剂温度 t_{2min} 应高于露点 t_{dp}，并且不能低于60℃，设计时终端温度的最低取值应为直吹式制粉系统 $t_{2min}=t_{dp}+2℃$。同时对于正压直吹式制粉系统 t_2 可以等于 t_{M2}，即磨煤机出口温度。根据DL/T 5145—2012《火力发电厂制粉系统设计计算技术规定》中表 5.3.6 和 DL/T 466—2017《电站磨煤机及制粉系统选型导则》中表 15，磨煤机出口最高允许温度要求，当中速磨煤机直吹式系统 $V_{daf}<40\%$时，$t_{M2}=[(82-V_{daf})5/3]\pm5℃$；$V_{daf}\geqslant40\%$时，$t_{M2}=60\sim70℃$。

第四节 中速磨煤机与制粉系统选型

一、褐煤锅炉中速磨煤机选型

1. 德国褐煤锅炉中速磨煤机选型

(1) 磨制褐煤的中速磨煤机选型[12]。对磨制褐煤的中速磨煤机主要取决于煤中水分、灰分、煤的可磨性指数和煤粉细度的要求。其次，还要考虑石英砂、黏土和木质纤维含量。表 7-33 是中速磨煤机所适应的燃料类型。

表 7-33 中速磨煤机所适应的燃料类型

特性值	中速磨煤机
发热量	
对所有发热量	√
原煤水分	
<10%	√
10%～40%	○
>40%	△
原煤灰分（干燥基）	
<1.0%	√
1.0%～10%	○
>10%	○
原煤木质纤维含量	
<1.0%	√
1%～10%	○
>10%	△
原煤石英砂含量	
>10%	○
原煤黏土含量	
>10%	○
原煤哈氏可磨性指数 HGI	
<40	○
40～80	√
>80	○
煤粉细度 R_{90}	
<10%	○
10%～50%	○
>50%	△

注 √表示适用，○表示有条件适用，△表示不适用。

(2) 德国巴布科克公司 MPS 中速磨煤机的选型见表 7-34。

表 7-34 德国巴布科克公司 MPS 中速磨煤机的选型

特征值	中速磨煤机
褐煤煤质	
年轻褐煤	○
老年褐煤	√
原煤水分	
0%～20%	√
25%～35%	○
挥发分	
0%～45%	√
50%～55%	○
哈氏可磨性指数 HGI	
30	○
35～100	√
110～120	○

注 √表示适用,○表示有条件适用,—表示不适用。

由于德国巴布科克公司既生产 MPS 或 MPS-HP-Ⅱ中速磨煤机,也生产 DGS 风扇磨煤机,对于全水分 M_t<35%的褐煤,选用中速磨煤机;全水分 M_t>35%的褐煤,选用风扇磨煤机。

2. 俄罗斯风扇磨煤机选型[14]

俄罗斯对于全水分 M_t<40%的褐煤选用中速磨煤机。全水分 M_t≥40%,且 K_{VTI}≥1.2(HGI≥60) 的褐煤,采用风扇磨煤机;对于易结渣或者易爆的褐煤,全水分 M_t<40%时,也可采用风扇磨煤机炉烟干燥直吹式系统。

俄罗斯运行的燃用全水分 M_t<40%褐煤的锅炉,多采用风扇磨煤机炉烟干燥直吹式系统。

3. 美国褐煤锅炉中速磨煤机选型

美国对于褐煤全水分 M_t<40%选用中速磨煤机;M_t≥40%时,采用风扇磨煤机炉烟干燥直吹式系统。

美国褐煤的主要产区是得克萨斯和北达科他州。褐煤的全水分 M_t 为 29%～38%,收到基灰分 A_{ar} 为 8%～14%,低位发热量 $Q_{net,ar}$ 为 12～16MJ/kg。美国巴·威公司采用了较高煤粉水分 M_{pc}、较低的磨煤机出口介质温度 t_{M2}。这样的设计必然会使每公斤原煤被干燥所蒸发的水量(ΔM,kg/kg)减少,从而,所要求的干燥剂温度(一次风温度)较低;由于发热量较高,燃煤量少所需的干燥剂量也少,所以褐煤全水分 M_t<40%即可采用中速磨煤机,不需要采用风扇磨煤机。美国巴·威公司的墙式对冲燃烧褐煤锅炉全部采用 MPS 中速磨煤机,从 20 世纪 90 年代以来,30 多个电厂褐煤锅炉的磨煤机,美国巴·威公司全部采用 MPS 中速磨煤机,近 200 台。机组的容量从 200MW 到 1300MW,已经安全运行了多年。此外,美国阿尔斯通公司的切向燃烧褐煤锅炉采用 RP 中速磨煤

机，也安全运行了多年，说明美国巴·威公司和阿尔斯通公司对褐煤锅炉磨煤机选型的有关参数的选取是可行的。

4. 我国褐煤锅炉中速磨煤机选型

(1) DL/T 466—2017《电站磨煤机及制粉系统选型导则》中 9.2.4 条及表 16 推荐：

当磨制褐煤的全水分 M_t<30%、冲刷磨损指数 K_e<5.0 时，宜选用中速磨煤机直吹式系统。

(2) DL/T 5145—2012《火力发电厂制粉系统设计计算技术规定》规定：褐煤水分在 30%～35%时可采用中速磨煤机（或风扇磨煤机），当燃煤热值、锅炉一次风率及热风温度等条件满足锅炉燃烧热平衡时可采用 HP、MPS、ZGM、MPS-HP-Ⅱ中速磨煤机。

二、 褐煤锅炉中速磨煤机制粉系统选型

如前所述，褐煤锅炉中速磨煤机制粉系统采用正压直吹冷一次风机制粉系统。中速磨煤机正压直吹冷一次风机制粉系统的一次风机置于空气预热器之前，可降低一次风机运行电耗，但增加了一次风在空气预热器中的漏风，而电耗的节省和漏风引起的损失相比，电耗的节省较大。因此，目前冷一次风机制粉系统得到广泛应用，但此系统需设置三分仓的空气预热器。

由于中速磨煤机直吹式制粉系统正压运行，消除了漏风对锅炉热效率的影响，磨煤机运行可靠性的提高，以及其运行电耗低和防爆性能好的优点，使该系统得到广泛的应用。

第五节　中速磨煤机磨制全水分大于 35%褐煤的探讨

上都电厂一、二期 1～4 号 600MW 机组褐煤锅炉燃用设计煤质全水分 M_t=29.5%，配置 HP1103 中速磨煤机。为了满足煤粉制备中保证碾磨出力和干燥出力，锅炉配置了较多台数和较大容量的磨煤机，而且在空气的加热系统上进行了特殊设计，在锅炉回转式空气预热器后面，又增加设计了一级管式空气预热器，使锅炉可以在额定负荷时能得到 400℃以上的高温热风，以满足干燥设计煤的需要。但使得系统复杂，在变负荷过程中，需要更长时间达到热平衡。机组投入运行后锅炉实际燃用煤质 M_t≈40%，偏离设计煤质较大，运行表明，管式空气预热器出口一次风温度很难达到 400℃。磨煤机干燥出力不够，一次风率高达 50%，锅炉带不满负荷，炉膛结渣。说明采用中速磨煤机磨制高水分褐煤（M_t>35%）是有困难的。采用中速磨煤机磨制高水分褐煤（M_t>35%），对于锅炉的主要问题是如何分流高一次风率，使燃烧器在设计参数下工作，组织炉内燃烧工况，提供尽可能高的进入中速磨煤机的一次风温度；对于磨煤机的主要问题是同时满足碾磨出力和大风量的要求；以及其他加热一次风温度的方法。

一、 锅炉

(1) 采用煤粉浓缩器（乏气分离器）。煤粉浓缩器的作用是将磨煤机或分离器出口的空气煤粉混合物流经煤粉浓缩器时，依靠旋转的离心分离或转弯的惯性分离将其分为两

部分，煤粉浓度较高的浓粉流，煤粉份额可达85%～90%，将其送入主燃烧器的煤粉喷口。含有少量细煤粉的淡粉流（乏气），送入乏气燃烧器。采用煤粉浓缩器可将部分一次风（乏气）排入乏气燃烧器，并提高炉膛温度，这对高水分褐煤稳定燃烧是有利的。欧洲将煤粉浓缩器（乏气分离器）用于燃用高水分褐煤的切向燃烧方式锅炉和风扇磨煤机制粉系统，已有很成熟的经验。将其应用于褐煤锅炉中速磨煤机制粉系统还要进行很多工作。

(2) 采用HPAX-X双调风旋流燃烧器。该燃烧器将分离出来的占50%一次风量和占10%～15%煤粉量的乏气，由乏气燃烧器送入炉膛；其余的50%一次风量和85%～90%煤粉通过燃烧器送入炉内燃烧，因此，燃烧器一次风喷口处的煤粉浓度大幅度提高，是燃烧器入口弯头前煤粉浓度的1.7～1.8倍。由于实现了煤粉浓缩，将极大地降低煤粉的着火热，有利于煤粉的着火与稳燃。因此，HPAX-X双调风旋流燃烧器可用于燃烧性能较差及高水分、高灰分煤种。因此，可用于燃烧水分较高的褐煤。由于可将50%的乏气送入乏气燃烧器，可使燃烧器在设计参数下工作，特别是墙式燃烧方式的旋流燃烧器。在京能（锡林郭勒）发电厂的600MW机组褐煤锅炉燃用$M_t=35.5\%$褐煤，采用了HPAX-X双调风旋流燃烧器。

因为煤粉浓缩器与HPAX-X的浓缩方式不同，所以其浓缩比也不同。煤粉浓缩器已经有很成熟的经验，对于HPAX-X燃烧器，还需要积累更高水分的褐煤在炉内燃烧组织、NO_x排放和运行经验，以期获得HPAX-X双调风旋流燃烧器可以适应的最高褐煤水分、最佳的一次风加热方式和其匹配的中速磨煤机。

二、磨煤机

(1) 校核磨煤机受热部件。一次风温度表明干燥能力、磨煤机的一次风温度取决于两个因素，一个是锅炉能够提供的高温风，另一个是磨煤机机体能够承受的温度。从目前国内外工程运行情况，采用中速磨煤机磨制褐煤，一次风温度不超过400℃。如果超过该值，磨煤机的一些部件需要重新做材料校核技术，或采用耐热钢材，以适应高温一次风。

(2) 设计适应大风量的磨煤机结构。HP、MPS中速磨煤机主要是根据系统工程模拟方法和在试验的磨煤机以及实际运行磨煤机上进行试验设计的。上都电厂的HP1103中速磨煤机运行表明，磨煤机的碾磨出力是有裕度的，见图7-10。需要在已满足碾磨出力的情况下，还能满足较大的通风量，以适应磨制高水分褐煤。

(3) 积累中速磨煤机干燥高水分的经验。中速磨煤机与风扇磨煤机磨制煤的干燥过程有较大的差别。国外在MPS中速磨煤机的试验表明，原煤的干燥过程在风环上不远处就已经结束，约为0.8m，金属（压块）的温度与介质温度几乎相等，见图7-26。而风扇磨煤机原煤的干燥过程从落煤管入口至磨煤机入口的路径较长，原煤可得到充分的干燥，见图7-27。需要积累中速磨煤机磨制高水分褐煤对磨煤机性能影响的经验。

上都电厂褐煤锅炉的HP1103中速磨煤机，碾磨水分$M_t=40\%$的褐煤，尚未影响到碾磨出力，对于碾磨水分$M_t>40\%$的褐煤还需要实践和积累经验。

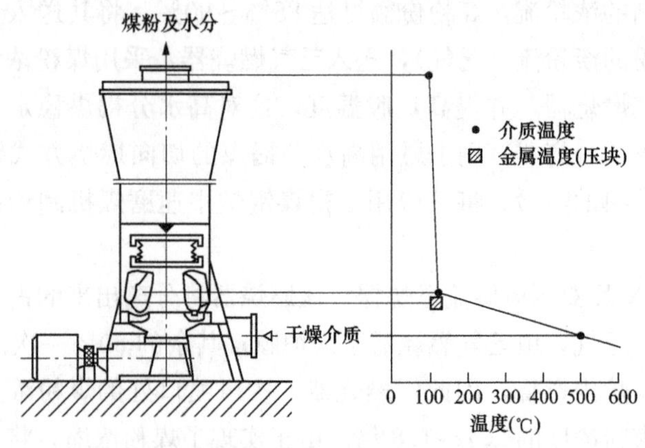

图 7-26 MPS 中速磨煤机各部件温度

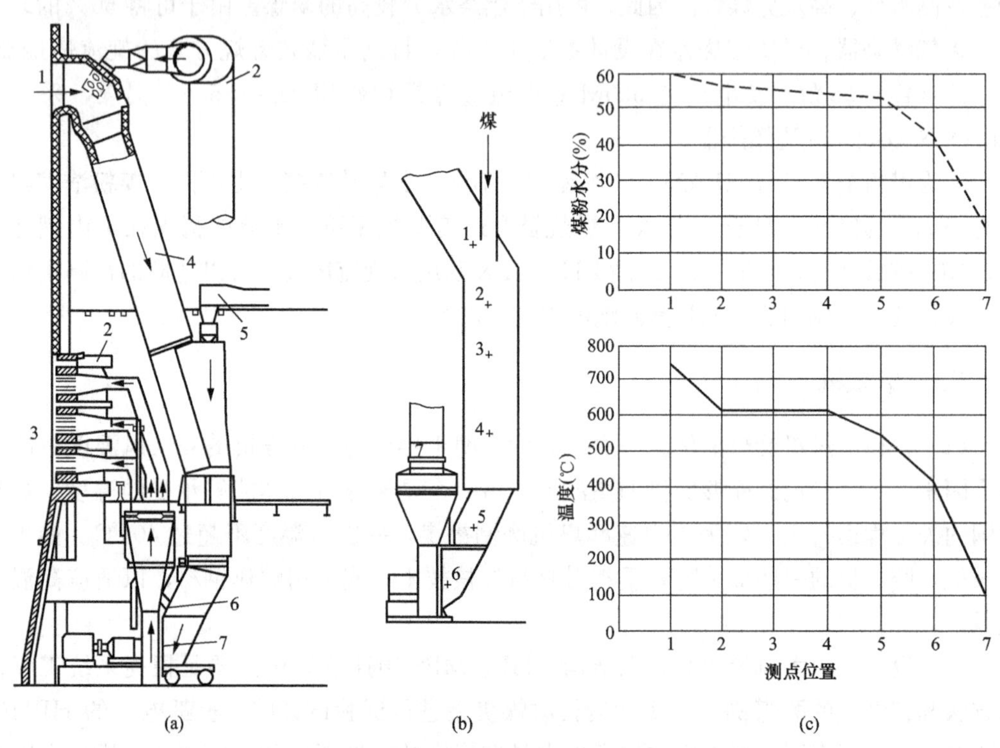

图 7-27 褐煤锅炉风扇磨煤机制粉系统原煤干燥过程

(a) 褐煤锅炉风扇磨煤机制粉系统；(b) 干燥系统测点布置；(c) 干燥过程中水分和介质温度的变化

1—炉膛；2—热风；3—燃烧器；4—抽烟管道；5—给煤机；6—回粉管；7—风扇磨煤机

三、 提高一次风温

为提高一次风温度已经做了很多工作，哈尔滨锅炉厂在上都电厂的褐煤锅炉回转式空气预热器后面，增加了一级管式空气预热器，以期锅炉在额定负荷时能得到 400℃以上的高温热风，以满足干燥设计煤的需要。机组投入运行后锅炉实际燃用煤质 $M_t\approx$ 40%，偏离设计煤质较大，设计一次风温度为 430℃，运行表明，一次风温度只接近

400℃。东方锅炉厂在锡林浩特电厂采用蒸汽加热空气，设计温度为440℃，实际运行一次风温度可达到接近400℃。探索采用其他方式，进一步提高一次风温度。

四、 采用中速磨煤机磨制全水分 M_t＝40%褐煤的选型[13]

中国电力工程顾问集团东北电力设计院和上海电气电站工程公司某工程BMCR工况燃煤量为429.5t/h，配置6＋2台磨煤机，选用MPS-225HP-11和HP1203中速磨煤机，对此工程褐煤锅炉制粉系统方案拟定和设备选型进行了研究。

1. 褐煤煤质特性

燃用的褐煤煤质主要特性见表7-35。

表7-35　燃用的褐煤煤质主要特性

项目		符号	单位	设计煤种
元素分析	收到基碳	C_{ar}	%	39.48
	收到基氢	H_{ar}	%	2.72
	收到基氧	O_{ar}	%	12.79
	收到基氮	N_{ar}	%	0.44
	收到基全硫	$S_{t,ar}$	%	0.18
工业分析	收到基灰分	A_{ar}	%	4.39
	全水分	M_t	%	40
	空气干燥基水分	M_{ad}	%	18
	干燥无灰基挥发分	V_{daf}	%	51.3
收到基低位发热量		$Q_{net,ar}$	kJ/kg(kcal/kg)	13 929(3327)
哈氏可磨性指数		HGI	—	56
冲刷磨损指数		K_e	—	—

2. 设计计算的基本条件

(1) 空气含湿量 g 为20.26g/kg。

(2) 煤粉细度 R_{90}＝35%。

(3) 煤粉水分 M_{pc}＝20%。

(4) 磨煤机出口温度 t_2＝65℃。

(5) 磨煤机入口温度分别为370℃和380℃。

(6) 锅炉一次风率小于或等于36%（BMCR工况）。

(7) 空气预热器出口温度小于或等于425℃。

(8) 冷风系数取0.05。

(9) 原煤设计温度为32℃。

3. MPS -225HP-Ⅱ和HP1203型中速磨煤机热平衡设计计算结果

通过设计计算表明：

(1) 对MPS -225HP-Ⅱ和HP1203中速磨煤机干燥出力进行计算后，根据计算结果在BMCR工况下空气预热器出口温度分别为425、415℃时，锅炉一次风率均小于36%，满足锅炉燃烧要求。磨煤机入口温度为395℃时，MPS -225HP-Ⅱ中速磨煤机的一次风率为 35.39%，HP1203 中速磨煤机的一次风率为 36.45%，略高于 36%。

（2）锅炉发生变工况计算，MPS-225HP-Ⅱ中速磨煤机在 BMCR 工况采用 6 台磨煤机时，空气预热器出口一次热风温度为 399℃，磨煤机入口需要 380.5℃，此时一次风率为 34.96%，满足小于或等于 36%要求。当采用 7 台磨煤机时，空气预热器出口一次风温为 365℃，磨煤机入口风温为 347.7℃，此时一次风率为 39.1%，超过要求。HP1203 中速磨煤机在 BMCR 工况采用 6 台磨煤机时，空气预热器出口一次热风温度为 412℃，磨煤机入口需要 392℃，此时一次风率为 34.67%，一次风率合格。当采用 7 台磨煤机时，空气预热器出口一次风温为 377℃，磨煤机入口风温为 359℃，此时一次风率为 38.7%，超过要求。

（3）MPS225-HP-Ⅱ中速磨煤机磨损后期在 BMCR 工况采用 6 台磨煤机时，空气预热器出口一次热风温度为 394℃，磨煤机入口需要 375.7℃，此时一次风率为 35.49%，一次风率满足小于或等于 36%要求。当采用 7 台磨煤机时，空气预热器出口一次风温为 360.9℃，磨煤机入口风温为 344℃，此时一次风率为 39.6%，超过要求。HP1203 中速磨煤机磨损后期在 BMCR 工况采用 6 台磨煤机时，空气预热器出口一次热风温度为 401℃，磨煤机入口需要 382℃，此时一次风率为 35.79%，一次风率合格。当采用 7 台磨煤机时，空气预热器出口一次风温为 368℃，磨煤机入口风温为 351℃，此时一次风率为 39.88%，超过要求。

（4）MPS225-HP-Ⅱ中速磨煤机未磨损，在 BRL 工况采用 6 台磨煤机时，空气预热器出口一次热风温度为 389℃，磨煤机入口需要 371℃，此时一次风率为 36.08，一次风率超过要求。当采用 7 台磨煤机时，空气预热器出口一次风温为 355.6℃，磨煤机入口风温为 338.7℃，此时一次风率为 40.4%，超过要求。HP1203 中速磨煤机未磨损，在 BRL 工况采用 6 台磨煤机时，空气预热器出口一次热风温度为 402℃，磨煤机入口需要 383℃，此时一次风率为 35.78，一次风率合格。当采用 7 台磨煤机时，空气预热器出口一次风温为 367.65℃，磨煤机入口风温为 350.2℃，此时一次风率为 40.06%，超过要求。

（5）MPS225-HP-Ⅱ中速磨煤机在 BRL 工况，考虑磨煤机为磨损状态，采用 6 台磨煤机时，空气预热器出口一次热风温度为 384.6℃，磨煤机入口需要 366.4℃，此时一次风率为 36.6%，一次风率超过要求。当采用 7 台磨煤机时，空气预热器出口一次风温为 351.7℃，磨煤机入口风温为 335.1℃，此时一次风率为 40.9%，超过锅炉厂要求。HP1203 中速磨煤机在 BRL 工况，考虑磨煤机为磨损状态，采用 6 台磨煤机时，空气预热器出口一次热风温度为 391℃，磨煤机入口需要 372.9℃，此时一次风率为 36.89%，一次风率超过要求。当采用 7 台磨煤机时，空气预热器出口一次风温为 359.1℃，磨煤机入口风温为 342.1℃，此时一次风率为 41.1%，超过要求。

（6）在不超过一次风率 36%条件下，MPS-225HP-Ⅱ中速磨煤机对应空气预热器出口温度 402～425℃（由低到高），相应最大通风量应在 157.6～142t/h（由高到低）范围内。HP1203 中速磨煤机在不超过一次风率 36%条件下，对应空气预热器出口温度 399～425℃（由低到高），相应最大通风量应在 168～156.5t/h（由高到低）范围内。按照热平衡计算可以得出，磨煤机的最大通风量在一定范围内可以实现该工程采用中速磨制粉系统，否则空气出口温度超过 425℃或一次风率超过 36%。

（7）由于变工况运行是锅炉正常运行的一种方式，当变工况运行时，锅炉一次风率超过锅炉设计要求，存在燃烧不稳定及其他安全隐患。

(8) 由于空气预热器出口一次风温度较高，对磨煤机本体、管道和附件要求高，容易造成金属材质高温应变，造成管道或阀门附件等密封失效，漏风变大，导致干燥出力不足，同时磨煤机入口温度不容易控制。

(9) 如采用中速磨煤机，由于一次风量较大，导致磨煤机选择较大或数量较多，磨煤机电动机功率较高，厂用电较高，全厂经济性不佳。

(10) 空气预热器一次风出口温度较高导致排烟温度高，由于保证425℃的一次风温，空气预热器排烟温度比正常锅炉多20～30℃，影响锅炉效率1%～1.5%，锅炉经济性也受到影响。

(11) 由于一次风率较高，磨煤机等制粉设备和管道磨损较大，磨煤机的后期出力下降较多，当磨煤机出力降低而通风量不变时，与变工况运行时相同，导致一次风率超出锅炉安全运行的范围（如BRL工况采用额定磨煤机数量，考虑磨损后的磨煤机出力，则一次风率超出要求）。同时一次风率在较高的范围，锅炉 NO_x 排放量较高且不易控制。

4. 中速磨制粉系统与风扇磨制粉系统的特点对比

根据国内运行业绩，在全水分30%～35%之间选择中速磨和风扇磨均有，两种制粉系统均有不同的特点，主要区别见表7-36。

表7-36 中速磨制粉系统与风扇磨制粉系统区别表

风扇磨制粉系统，干燥剂为高温炉烟、低温炉烟和热风	中速磨制粉系统，干燥剂为热风
1. 干燥能力容易达到 (1) 由于抽取1000℃以上高温炉烟，即使热风温度只有300℃左右，也可以将高水分褐煤全水 $M_t=40\%$ 干燥到煤粉水分为4%～6%，有利于高水分褐煤的燃烧。 (2) 按DL/T 466—2017《电站磨煤机及制粉系统选型导则》的规定，当磨制褐煤的磨损指数 $K_e\leqslant3.5$，且煤的外水 $M_t\geqslant35\%$ 时，宜选用风扇磨煤机炉烟干燥直吹系统。如燃用伊敏电厂600MW机组褐煤锅炉，褐煤全水分 $M_t=39.5\%$，采用MB3600/1000/490风扇磨煤机高温炉烟+热风+低温烟三介质干燥制粉系统，煤粉水分 M_{pc} 为4%左右	1. 对热风温度要求比较高 (1) 将空气预热器出口风温提高到380～420℃，煤粉水分最低也只能降到原煤水分的一半左右。如上都电厂600MW机组褐煤炉，采用HP中速磨煤机和热风干燥剂制粉系统，一次风由回转式和管式空气预热器串联加热，热风温度为400℃左右。燃用褐煤全水分 $M_t=38\%$、磨煤机出口温度为56℃时，煤粉水分为20%。 (2) 对于内蒙古地区的褐煤锅炉燃用褐煤的全水分 M_t 大部分均高于30%，如伊敏褐煤全水分 $M_t=39.6\%$，呼伦贝尔褐煤全水分 $M_t=33.4\%$，如采用中速磨煤机和热风干燥制粉系统，将使磨煤机的干燥出力严重不足，如磨煤机出口温度低，则煤粉水分较高
2. 防爆能力强，安全性高 (1) 按制粉系统防爆规程规定，系统内 O_2 的容积百分比应小于12%，CO_2 的容积百分比应大于4%，根据伊敏电厂600MW机组褐煤锅炉制粉系统计算，BMCR工况下 O_2 的百分比为11.3%，CO_2 的百分比为4.8%，足够安全。 (2) 风扇磨煤机制粉系统由于抽取含有大量惰性气体（CO_2 等）的热高温炉烟作干燥剂，因此保证系统内 O_2 和 CO_2 的浓度不超过防爆规程的要求，也不需要另外装设昂贵和复杂的防爆系统	2. 防爆能力较差，需加装防爆系统 (1) 中速磨煤机制粉系统由于只能用热风作干燥剂，不能保证制粉系统中 O_2 和 CO_2 的百分比满足防爆规程要求。 (2) 必须装设磨煤机防爆系统，监测磨煤机出口的 O_2 和CO的含量，超过时需自动喷入水蒸气、氮气等惰性气体，防止磨煤机和煤粉管道着火和爆炸，增加了运行复杂性和投资费用

续表

风扇磨制粉系统，干燥剂为高温炉烟、低温炉烟和热风	中速磨制粉系统，干燥剂为热风
3. 空气预热器入口烟温低，排烟温度易于保证 由于风扇磨煤机锅炉的制粉系统干燥采用高温炉烟，因此对于空气预热器的入口烟气温度没有要求，同时一次风率也较低，较低的烟温和风率可以使排烟温度更低，锅炉效率容易保证	3. 空气预热器入口烟温高，排烟温度不利于保证 为了满足制粉系统的干燥出力，对于热风温度要求较高，因此为了充分换热，空气预热器入口烟气温度也比较高，空气预热器型号和受热面均比较大，而且排烟温度也比较高
4. 一次风率较合理，易于组织合理的燃烧 （1）有组织的一次风为20%左右，加上一次风喷口中的中心风，通过一次风喷口的风量占总风量百分比为30%左右，这样易于合理地设计燃烧器和组织燃烧。比如伊敏、九台电厂褐煤锅炉一次风率在20%左右。 （2）根据目前设计情况，一次风率在20%左右，二次风率在74%左右，低负荷时二次风率也在60%以上，利于组织燃烧，对低负荷降低 NO_x 排放是有利的	4. 一次风率高，不易组织合理燃烧 （1）一次风百分比大于或等于35%，加上周界风后，通过一次风喷口的总风量可达50%。二次风喷口的风量扣除燃尽风量后只剩下30%～40%，不易合理布置燃烧器和组织燃烧。例如上都电厂600MW机组褐煤炉，燃用褐煤全水分 M_t=38%时，一次风率高达50%，而二次风率只占到40%左右，对合理组织燃烧很困难。 （2）在低负荷运行时，一次风风率有增加的趋势，往往超过了二次风率的量，对于低负荷稳燃是不利的
5. 磨煤机检修周期较短、检修工作量较大 风扇磨煤机属高速打击式磨煤机，打击板和内衬磨损较快，国内风扇磨煤机的打击板使用寿命为2000～4000h，检修时需要采用专用工具拆卸叶轮。通常磨煤机采用1台备用、1台检修的配置方式	5. 磨煤机检修周期较长，检修工作量较小 各种类型的中速磨煤机磨辊的检修周期均较长，而且磨辊的检修和更换也较方便，备用磨煤机可略少，对600MW机组褐煤锅炉，如设置7台中速磨煤机，BMCR工况备用1台磨煤机即可满足机组运行
6. 制粉系统漏风量大 风扇磨煤机制粉系统为负压直吹系统，制粉系统漏风系数较大，一般为0.3左右。目前新设计风扇磨煤机制粉系统作了改进，漏风量已降低0.2，仍然高于中速磨煤机	6. 制粉系统漏风小 中速磨制粉系统为正压直吹式系统，在设计时要求考虑磨煤机的密封风量
7. 锅炉房占地面积较大 （1）风扇磨煤机提升压头较小，磨煤机煤粉管道布置要求阻力比较小，管道布置要求比较短，因此需要环绕炉膛布置，再加上增加大直径的高温炉烟管道，增加了锅炉房占地面积。 （2）风扇磨煤机由于检修工作比较大，检修时需要将叶轮拉出，因此必须设置磨煤机检修通道，一般磨煤机四周增加8m左右的检修通道	7. 锅炉房占地面积稍小 中速磨煤机的压头由一次风机提供，煤粉管道布置较为自由，既可以采用侧煤仓布置，也可以采用前煤仓布置。因此锅炉房的柱距要求稍小，占地面积也稍小

5. 磨煤机选型

如上所述，对于采用中速磨煤机磨制全水分 M_t=40%的褐煤，对MPS-225HP-Ⅱ和HP1203中速磨煤机干燥出力计算表明，在BMCR工况下空气预热器出口温度分别为425℃、415℃时，锅炉一次风率均小于36%，满足锅炉燃烧要求的一次风率36%。在其他变动工况一次风率均超过36%，而这些工况在锅炉运行中是不可避免的。

针对所研究燃用全水分 M_t≥40%褐煤的工程，BMCR工况燃煤量为429.5t/h，配置6+2台磨煤机，综合考虑建议宜采用风扇磨煤机制粉系统。

根据国内褐煤锅炉以往的设计和运行经验，燃用褐煤全水 $M_t \geqslant 40\%$ 的褐煤锅炉，综合考虑建议宜采用风扇磨煤机直吹式制粉系统，配置 6+2 台风扇磨煤机，是合理的。

DL/T 466—2017《电站磨煤机及制粉系统选型导则》9.2.4 条及表 16 推荐：当磨制褐煤的全水分 $M_t < 30\%$、冲刷磨损指数 $K_e < 5.0$ 时，宜选用中速磨煤机直吹式系统。

然而，近些年来，国内已经开始探索褐煤全水分 $M_t > 30\%$ 时，褐煤锅炉采用中速磨煤机直吹式系统的燃烧技术。例如，大唐锡林浩特电厂 660MW 机组燃用褐煤的全水分 $M_t = 34.9\%$，东方锅炉厂设计的墙式对冲燃烧方式褐煤锅炉，采用双调风旋流燃烧器（OPCC）和煤粉浓缩技术，分流一部分一次风，作为乏气送入炉膛，并且用汽轮机三段抽汽作为热源，再次加热一次风，提高一次风温度，配置长春发电设备总厂的 MPS235-HP-Ⅱ中速磨煤机。京能五间房电厂 660MW 机组褐煤锅炉燃用褐煤的全水分 $M_t = 35.5\%$，在运行期间褐煤水分曾超过 42%。北京巴布科克·威尔科克斯公司设计的墙式对冲燃烧方式褐煤锅炉，采用 HPAX-X 双调风旋流燃烧器分流一部分一次风，作为乏气送入炉膛，配置北京电力设备总厂的 ZGM113G-Ⅱ(A) 中速磨煤机。京能查干淖尔电厂 660MW 机组褐煤锅炉燃用褐煤的全水分 $M_t = 43.7\%$，北京巴布科克·威尔科克斯公司设计的墙式对冲燃烧方式褐煤锅炉，采用 HPAX-X 双调风旋流燃烧器分流一部分一次风，作为乏气送入炉膛，配置北京电力设备总厂的 ZGM123N-Ⅱ(A) 中速磨煤机。

以上三个电厂燃用的褐煤全水分分别是 $M_t = 34.9\%$、35.5%和 43.7%，全水分都是比较高的，选取锅炉炉膛特征参数时考虑了褐煤水分高的特点，采用双调风旋流燃烧器和煤粉浓缩技术或能分流一次风功能的双调风旋流燃烧器，配置中速磨煤机。机组投入运行后，都能正常运行，这些经验是很宝贵的。

参 考 文 献

[1] 张经武，李卫东，许传凯．电站煤粉锅炉燃烧设备选型．北京：中国电力出版社，2017.

[2] 国家能源局．DL/T 5145—2012 火力发电厂制粉系统设计计算技术规定．北京：中国电力出版社，2016.

[3] 贾鸿祥．制粉系统设计及运行．北京：水利电力出版社，1995.

[4] 张安国，梁辉．电站锅炉煤粉制备与计算．北京：中国电力出版社，2011.

[5] 岑可法，周昊，池作和．大型电站锅炉安全及优化运行技术．北京：中国电力出版社，2003.

[6] 何仰明．内蒙古上都发电有限公司 HP1103 中速磨煤机磨制高水分褐煤性能试验报告．西安热工研究院，2007.

[7] 敬小磊．通辽发电总厂 5 号机组 MPS225-HP-Ⅱ中速磨煤机性能测试报告．西安热工研究院有限公司，2009.

[8] 王阳．京能（锡林郭勒）发电有限公司 1 号机组锅炉制粉系统出力及磨煤机单耗试验报告．华北电力科学研究院有限责任公司，2019.

[9] 陈春元，等．大型煤粉锅炉燃烧设备性能计算方法．哈尔滨：哈尔滨工业大学出版社，2002.

[10] 张绮，张庆．褐煤锅炉技术交流报告．北京巴布科克·威尔科克斯公司，2010.

[11] М. Л. Кисельгофом，И. В. Соколовым． Нормы расчета и проектирование пылеприговительных установок котельных агрегатов．ленинград，1971.

[12] 能源部科技司，西安热工研究院．褐煤燃烧技术——常规火电站燃烧技术，分项技术报告之六，中德合作项目．能源部科技司，1989.

[13] 吕安龙，刘炳池，赵宏鹏，徐铁华．燃烧褐煤制粉系统方案拟定和设备选型研究专题报告．上海电气电站工程公司，中国电力工程顾问集团东北电力设计院，2011.

[14] В. А. Волковинский，К. Ф. Роддатис，Е. Н. Толчинский. Системы пылеприговления смельницами-вентиляторами энергоатомиздат，1990.

第八章

褐煤锅炉烟气余热利用技术

锅炉的各项损失包括排烟热损失、固体未完全燃烧热损失、可燃气体未完全燃烧热损失和锅炉散热损失。其中，排烟热损失是锅炉排烟物理热造成的损失，是锅炉各项损失中的最大项，通常占锅炉热损失的一半以上。目前，我国电站锅炉排烟温度大多为120～150℃，锅炉效率约为92%～95%。褐煤的水分高、发热量低，同容量褐煤锅炉的燃煤量比烟煤锅炉高30%～40%，单位时间所需空气量增加，产生的烟气量增加约20%以上，排烟焓值增加，褐煤锅炉排烟温度较常规烟煤锅炉高20～30℃。烟温每降低10℃，锅炉效率将提高0.7%～1.0%，供电煤耗将下降2.2～3.2g/kWh。因此，降低排烟温度特别是大幅降低褐煤锅炉的排烟热损失，是提高褐煤锅炉机组锅炉整体效率的关键。

常规的烟气余热回收方法包括改造省煤器、改造空气预热器、同时改造省煤器和空气预热器、加装低压省煤器。另外的烟气余热回收方法是采用设置烟气余热换热器，该系统可独立运行，当设备发生故障时能够将其解列，不影响机组正常运行，是比较好的烟气余热回收方法。

第一节 国内外常规烟气余热利用系统[1]

一、 国内常规烟气余热利用系统

（一）一级烟气余热利用

目前我国常用的烟气余热利用方案，大多是在脱硫吸收塔前设置一级烟气余热换热器，利用烟气余热加热凝结水或热网水，排挤部分汽轮机的回热抽汽。在汽轮机进汽量不变的情况下，被排挤的抽汽可在汽轮机内继续膨胀做功，增加汽轮机功率，总体煤耗的降低值与烟气余热利用凝结水系统的拟定有关，烟煤锅炉通常会降低煤耗1.3～2.5g/kWh。同时，脱硫塔前烟温的降低，还可有效减少湿法脱硫水耗。由于这种方式汽轮机的排汽量增加，在背压不变的前提下，需加大冷端的换热面积。高碑店、外高桥三期、国电大连和大唐陡河等电厂均采用了此系统。一级烟气余热利用系统流程见图8-1。

（二）两级烟气余热利用

根据不同的建设条件，当锅炉排烟温度较高，且烟气酸露点不高时，也有一些新建电厂或电厂改造项目采用除尘器前、脱硫吸收塔前均设置烟气余热利用装置，即两级烟气余热利用方案。在利用烟气余热的同时，降低了除尘器入口烟温，从而降低粉尘比电阻，减小烟气的容积流量，改善除尘器的工作状况。大唐宁德、秦皇岛、大唐托克托和神华胜利等电厂采用了此系统。两级烟气余热利用系统流程见图8-2。

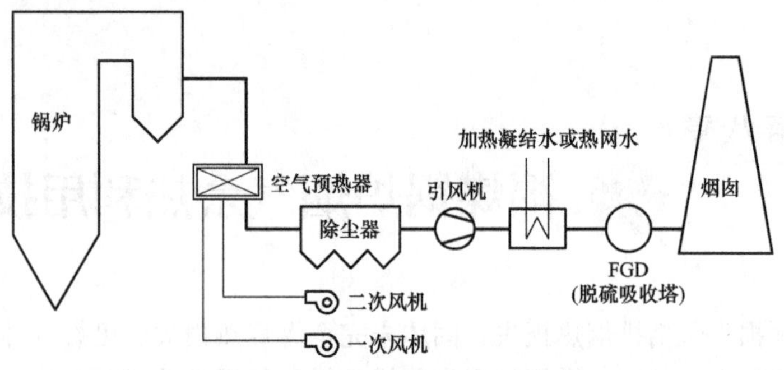

图 8-1　一级烟气余热利用系统流程

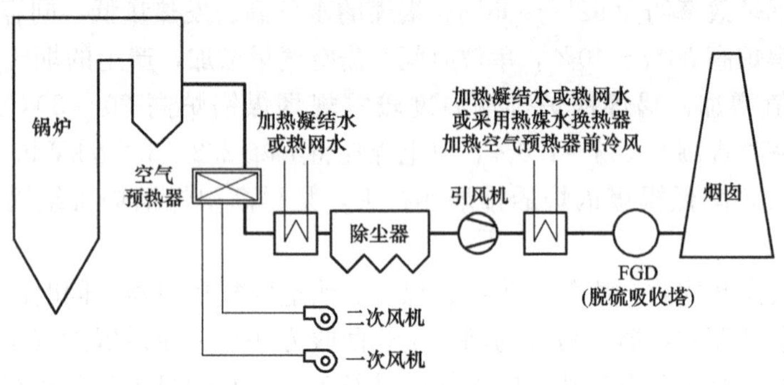

图 8-2　两级烟气余热利用系统流程图

两级烟气余热利用方案，可以两级均加热凝结水，也可后一级采用热媒（水）加热器加热冷风，提高空气预热器入口风温，真正将烟气余热回送给锅炉，总体煤耗通常降低 2～2.5g/kWh。加热凝结水时，由于两级烟气余热利用的总换热量与一级烟气余热利用的总热量相同，余热利用收益与以上所述也相同。

二、 国外烟气余热利用系统

(一) 烟气余热加热凝结水系统方案

与我国一级烟气余热利用系统类似，锅炉排烟余热用于机组凝结水系统，换热装置设于脱硫吸收塔前，该系统在德国 SchwarzePumpe（黑泵）电厂 2×800MW 褐煤锅炉机组上应用，烟塔合一排烟方式，图 8-3 所示为该系统图，设计参数见表 8-1。

表 8-1　　德国 SchwarzePumpe（黑泵）电厂烟气余热加热凝结水设计参数

烟气换热器（2 台锅炉，4 只烟道）(热负荷 4×32MW)		凝结水换热器 (热负荷 2×64MW)	
烟气质量流量	4×1 631 500(m^3/h,标准状态)	凝结水质量流量	2×235 900(kg/h)
烟气进/出口温度	187/138(℃)	凝结水进/出口温度	87/131(℃)
冷却水质量流量	4×640 400(kg/h)	凝结水质量流量	2×1280 800(kg/h)
冷却水进/出口温度	94/136(℃)	凝结水进/出口温度	136/94(℃)

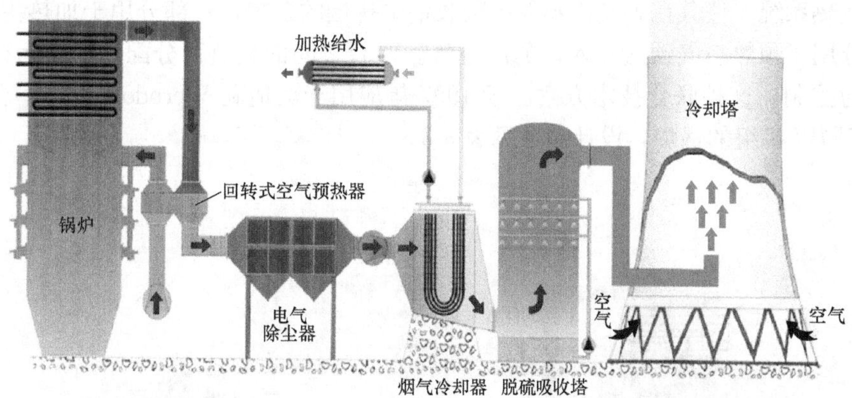

图 8-3 德国 SchwarzePumpe（黑泵）电厂烟气余热加热凝结水系统图

（二）烟气余热加热暖风器系统方案

图 8-4 所示的锅炉排烟余热用于暖风器系统，已在德国 Mehrum 电厂一台 712MW 烟煤锅炉应用，机组出力增加 6.5MW，机组净效率提高 0.2%，主要设计参数见表 8-2。

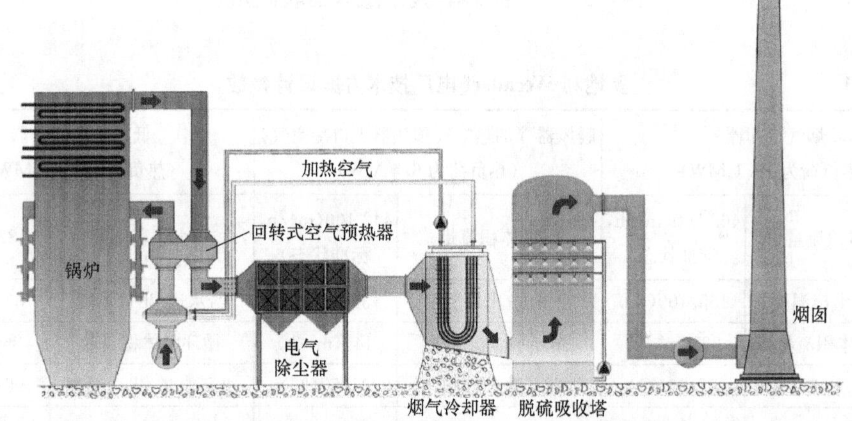

图 8-4 德国 Mehrum 电厂锅炉排烟余热回收用于暖风器系统

表 8-2 德国 Mehrum 电厂烟气冷却器和暖风器主要设计参数

烟气冷却器 （热负荷为 28.6MW）		暖风器（一/二次风） （热负荷为 28.6MW）	
烟气质量流量	454(kg/s)	空气质量流量	818(kg/s)
烟气进/出口温度	150/90(℃)	空气进/出口温度	25/64(℃)
冷却水质量流量	225(kg/s)	热水体积流量	225(kg/s)
冷却水进/出口温度	43/73(℃)	热水进/出口温度	73/43(℃)

（三）烟气余热加热低压省煤器与暖风器联合系统方案

如图 8-5 所示，在不带烟气换热器（GGH）的湿法脱硫装置的吸收塔前面，采用布置可在低于烟气酸露点温度下运行的抗硫酸腐蚀烟气冷却器，通过水作为传热工质的闭式循环换热系统，使其在烟气冷却器中吸收锅炉排烟的余热，一部分用于加热主凝结水，另一部分用于预热空气预热器入口的冷空气。两者之间的热负荷分配可根据运行需要灵活调节与控制。这种联合技术方案已于 1997 年应用于奥地利 Werndorf 电厂一台燃用重油的 165MW 机组的锅炉，设计参数见表 8-3。

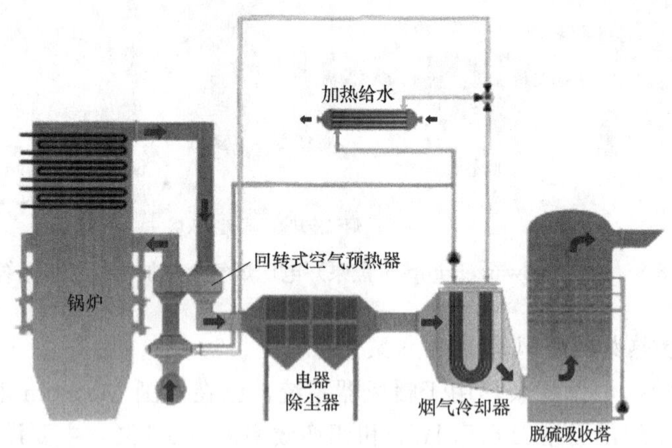

图 8-5　低压省煤器与余热暖风器联合系统

表 8-3　　奥地利 Werndorf 电厂技术方案设计参数

烟气冷却器（热负荷为 10.1 MW）		暖风器（加热空气预热器入口冷空气）（热负荷为 6.4 MW）		低压给水加热器（热负荷为 3.74 MW）	
烟气体积流量	462 500（m^3/h，标准状态）	空气体积流量	442 100（m^3/h，标准状态）	给水体积流量	187（m^3/h）
烟气进/出口温度	155/100（℃）	空气进/出口温度	39/79（℃）	给水进/出口温度	52/70（℃）
循环水体积流量	231（m^3/h）	循环水体积流量	145（m^3/h）	循环水体积流量	86（m^3/h）
循环水进/出口温度	57/96（℃）	循环水进/出口温度	96/57（℃）	循环水进/出口温度	96/57（℃）
烟气中 SO_3 浓度	162（m^3/h，标准状态）	—	—	—	—
烟尘浓度	187（m^3/h，标准状态）	—	—	—	—

（四）空气预热器旁路烟道加热给水、凝结水及尾部烟气余热加热暖风器联合系统方案

为实现余热利用效率最高，采用烟气余热利用系统与机组回热系统相结合方案，例如德国 Niederaussem 电厂 K 号机组，机组容量为 2×1000MW，2002 年 1 月投运，主蒸汽参数为 2663t/h/27.5MPa.a/580℃，再热蒸汽参数为 6.03MPa/600℃（绝对压力），该机组燃用德国北莱茵褐煤，发热量 $Q_{net,ar}$=9.209MJ/kg(2200kcal/kg)、水分 M_t=53.3%、灰分 A_{ar}=6%、硫含量 S_{ar}=0.9%，属较高水分年轻褐煤，锅炉 BMCR 工况燃煤量为 836t/h，采用风扇磨煤机直吹式制粉系统，Alstom 能源系统公司、Babock 电站

技术公司及斯坦缪勒公司设计制造的塔式锅炉，锅炉高度为 1167.5m。

该电厂采用了高效烟气余热利用系统，即在吸收塔入口设置烟气冷却器，将锅炉尾部排烟余热用于预热空气预热器入口空气，从而减少了空气预热器所需的烟气量，节省的这部分烟气通过与空气预热器并列布置的烟气旁路内设置的换热器，梯级加热高压给水、凝结水，如图 8-6 所示。

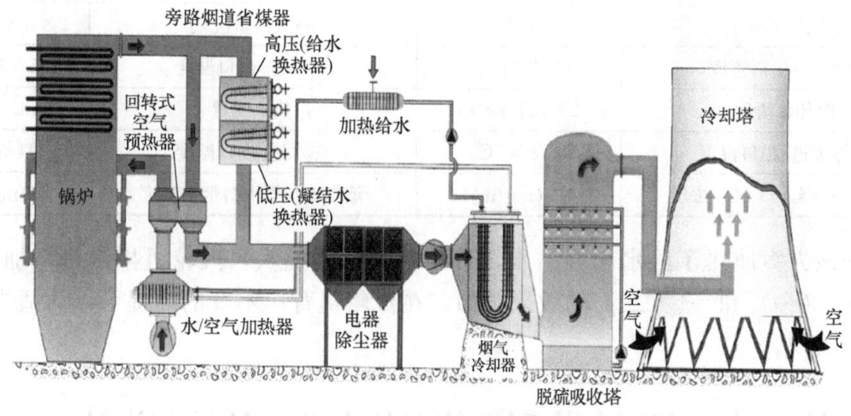

图 8-6 德国 Niederaussem 电厂空气预热器旁路省煤器系统

高效烟气余热利用的系统流程简图见图 8-7。

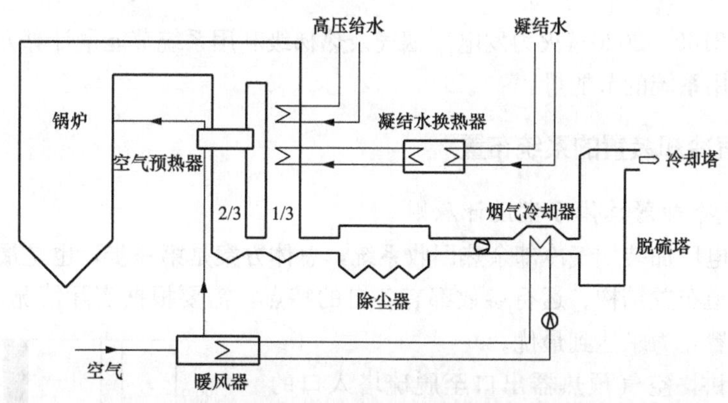

图 8-7 高效烟气余热利用系统流程简图

该锅炉安装两台回转式空气预热器，空气预热器进口烟温约为 350℃，出口烟温为 160℃。通过空气预热器的烟气量仅为 2/3，另外 1/3 的烟气不经过空气预热器，直接进入旁路烟道中，通过高压给水换热器和低压凝结水换热器，该 1/3 的烟气与高压给水和凝结水进行换热，分别用于加热高压给水和低压凝结水。经过高压给水换热器后烟气温度降至 231℃，再经过低压凝结水换热器后烟温降至 160℃。旁路烟道出口烟气与空气预热器出口烟气混合后进入除尘器，脱硫塔前设热媒水烟气换热器，加热锅炉需要的冷风，加热后的冷风进入空气预热器进一步加热后供燃烧使用。于是 Niederaussem 电厂 K 号机组完全将烟气从 160℃降到 100℃释放的 77.9MW 热量回收。该排烟温度的大幅降低，使锅炉效率高达 94.4%。

该机组采用这种高效的烟气余热利用系统后，节约发电标煤耗约 7g/kWh，机组发电效率提高约 1.4%，机组净热效率达到 45.2%。表 8-4 为该厂吸收塔前烟气冷却器和水媒暖风器的主要设计参数。

表 8-4　　吸收塔前烟气冷却器和水媒暖风器的主要设计参数

烟气冷却器（热负荷为 77.9MW）		暖风器（热负荷为 77.9MW）	
烟气质量流量	2×571.2(kg/s)	空气质量流量	2×408.2(kg/s)
烟气进/出口温度	160/100(℃)	空气进/出口温度	25/120(℃)
冷却水流量	2×131(kg/s)	热水流量	2×131(kg/s)
冷却水进/出口温度	53/124(℃)	热水进/出口温度	124/54(℃)
烟气冷却器入口 SO_3 浓度	100(mg/m^3)	烟气冷却器入口烟尘浓度	45(mg/m^3)

由于该方案加热了给水和凝结水，节约了汽轮机抽汽，汽轮机排汽量增加，因此，与本节一、(一) 和一、(二) 的效果类似，在汽轮机背压不变的前提下，需适当加大冷端的换热面积。

第二节　烟气余热利用装置的布置、结构与设计[2,3]

一、烟气余热梯级利用系统节能量计算

按 DL/T 2169—2020《火力发电厂烟气余热梯级利用系统节能量计算方法》，计算烟气余热梯级利用系统的节能量。

二、烟气冷却装置的系统布置

(一) 烟气冷却器总体方案设计原则

在火力发电厂加装烟气冷却余热回收系统，总体方案是第一步，也是最重要的一步。每台机组的烟道布置结构、运行参数都有各自的特点，需要根据实际情况，选择合适的位置，灵活布置，力求达到最优。

从理论上讲，空气预热器出口至脱硫塔入口的烟道内部，都可以布置烟气冷却器回收排烟余热，但布置在任何一个位置都有各自的特点和需要注意的问题，下面分别阐述几种常用的布置方式。

1. 分开布置于静电除尘器前和后的方案

图 8-8 所示为静电除尘器效率与烟气温度的关系，静电除尘器的效率随着温度的升高而降低，图中两条曲线代表不同种类的煤，所得到不同结果的上限和下限。由此可知，排烟温度偏高不仅会导致锅炉热效率下降，而且会导致静电除尘器的除尘效率下降。因此，提出分开布置于静电除尘器前和后的方案。

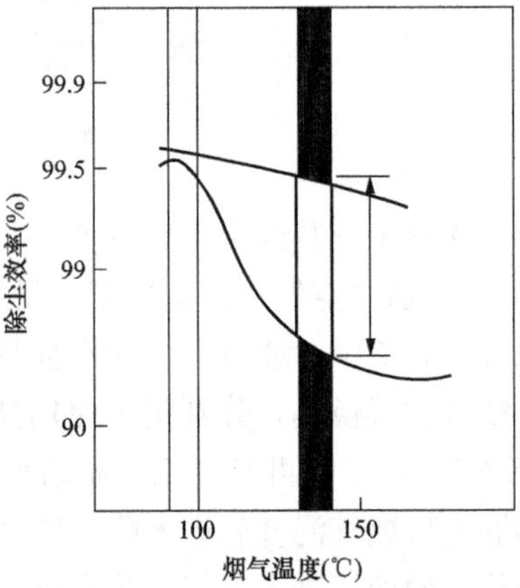

图 8-8　静电除尘器效率与烟气温度的关系

该方案是将烟气冷却器一分为二，一部分置于静电除尘器之前，此处烟气中飞灰含量很高，因此将烟气温度降低到酸露点以上，避免低温腐蚀和黏性积灰的影响。设置吹灰器进行吹灰，该部分的烟气冷却器受热面材料可为碳钢，降低投资成本，采用H型鳍片管，减少积灰和磨损；另一部分烟气冷却器布置于脱硫塔前，进一步降低排烟温度，达到深度冷却增效减排的目的，该部分的烟气冷却器受热面材料采用耐腐蚀钢，延长受热面的寿命，采用螺旋翅片管，增加传热性能，减轻重量。烟气冷却器分开布置的缺点是管道系统比较复杂，水侧阻力增加。分开布置于静电除尘器前或后的方案见图8-9。

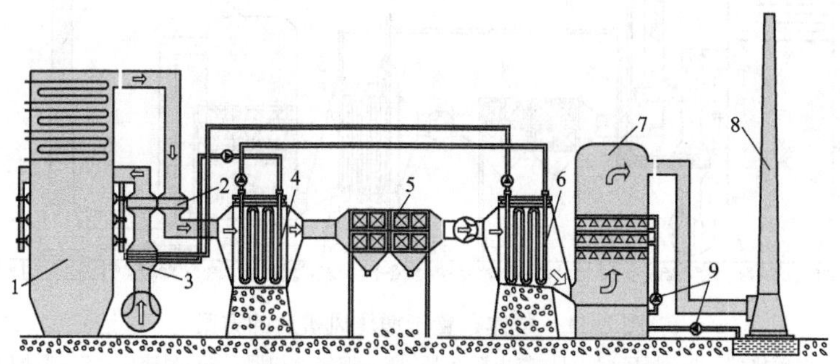

图8-9 分开布置于静电除尘器前或后的方案

1—锅炉；2—空气预热器；3—暖风器；4—烟气冷却器；5—静电除尘器；6—烟气冷却器；7—脱硫塔；8—湿烟囱；9—耐酸泵

2. 整体布置于增压风机前或后的方案

有些电厂增压风机后、脱硫塔前有足够的距离放置烟气冷却器，因此可以将烟气冷却器整体布置于该处。这样可以避免增压风机的低温腐蚀，同时对烟气冷却器受热面管壁温度进行计算，高于烟气酸露点的用碳钢，低于酸露点的用耐腐蚀钢，以降低投资。整体布置于增压风机前或后的方案见图8-10和图8-11。

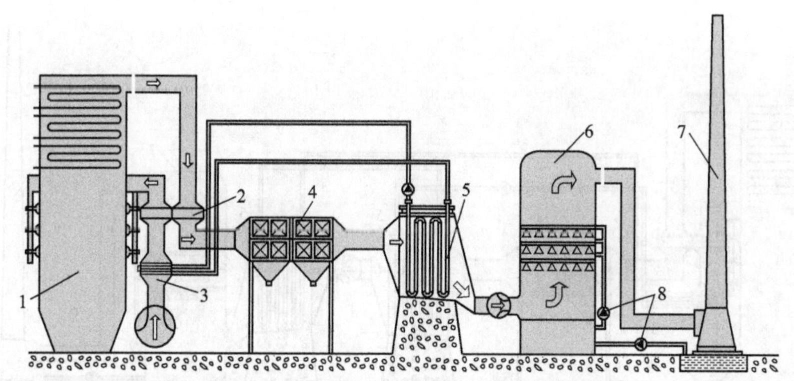

图8-10 整体布置于增压风机前的方案

1—锅炉；2—空气预热器；3—暖风器；4—静电除尘器；5—烟气冷却器；6—脱硫塔；7—湿烟囱；8—耐酸泵

有些电厂烟道布置比较紧凑，增压风机与脱硫塔的距离很近，而增压风机与引风机之间有足够的距离，因此可以将烟气冷却器整体置于增压风机前，整体布置于增压风机前的方案见图 8-10，这样布置可能会造成增压风机的低温腐蚀，要对增压风机进行防腐处理，需要考虑增压风机进行防腐处理的费用，因此采用该方案时要谨慎考虑。整体布置于增压风机后的方案见图 8-11。

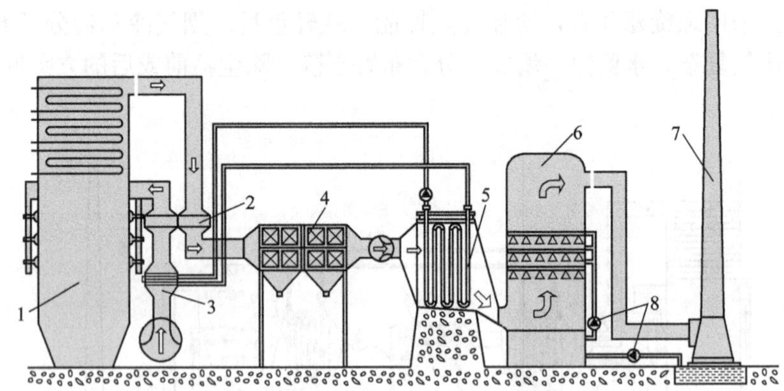

图 8-11　整体布置于增压风机后的方案

1—锅炉；2—空气预热器；3—暖风器；4—静电除尘器；5—烟气冷却器；6—脱硫塔；7—湿烟囱；8—耐酸泵

3. 分开布置于增压风机前或后的方案

有些电厂烟道布置很紧凑，引风机和增压风机、增压风机和脱硫塔之间都没有足够的位置，且考虑增压风机防腐费用较高，可考虑将烟气冷却器一分为二，一部分置于增压风机之前，将烟气温度降低到酸露点以上，避免增压风机低温腐蚀，该部分烟气冷却器受热面材料可为碳钢，降低投资；另一部分烟气冷却器置于增压风机之后，进一步降低排烟温度，达到深度冷却增效减排的目的，该部件受热面采用耐腐蚀钢，延长受热面的寿命。烟气冷却器分开布置的缺点是管道系统比较复杂，水侧阻力增加。分开布置于增压风机前或后的方案见图 8-12。

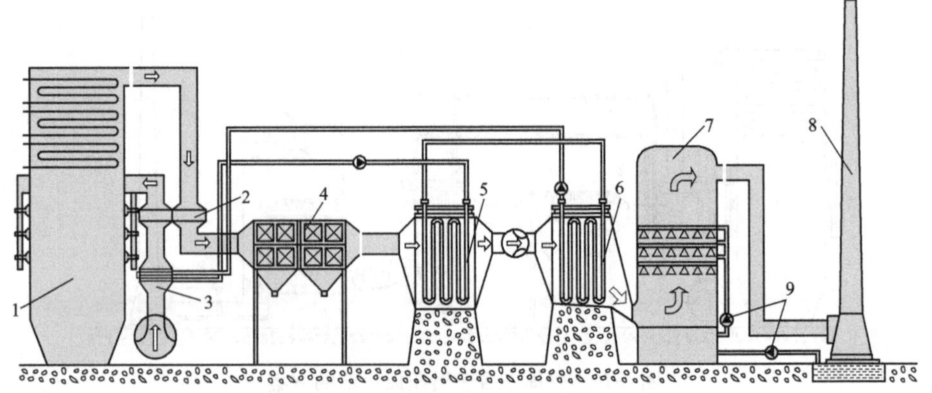

图 8-12　分开布置于增压风机前或后的方案

1—锅炉；2—空气预热器；3—暖风器；4—静电除尘器；5—烟气冷却器；6—烟气冷却器；7—脱硫塔；8—湿烟囱；9—耐酸泵

除了以上几种方案外，还可根据实际情况进行布置，选择最优方案，以达到预期效果。

（二）烟气冷却器回热系统优化分析

烟气冷却器余热回收的原理是烟气冷却器回收烟气加热凝结水，排挤汽轮机抽汽，增加汽轮机的做功功率，从而提高汽轮机的效率。因此，采用合理的回热加热系统是烟气冷却器余热回收安全、高效运行的关键技术。

因为对在役机组进行改造时，是在原有的回热系统基础上增加设备，所以要根据已有的回热系统优化改造方案的回热系统。烟气冷却器能够回收的热量一定时，回热参数的选取就决定了整个烟气冷却器余热回收系统的经济效益。回热系统参数主要是凝结水的进/出口位置，即凝结水进/出口水温，除了考虑经济因素外，凝结水进口水温的选取首先要考虑安全性，防止低温腐蚀的发生。

锅炉低温受热面发生低温腐蚀的主要原因是受热面壁温低到一定程度时，烟气中的硫酸蒸气会发生凝结，从而对受热面产生腐蚀。因此，防止低温腐蚀的根本措施是要提高受热面的壁温，防止硫酸蒸气的腐蚀。

参阅文献和计算表明，在烟气冷却器中，烟气与凝结水换热时，管壁温度主要决定于凝结水的水温。因此，烟气冷却器进口凝结水的水温不能太低，应控制在水露点以上20℃左右，以保证烟气对管子的低温腐蚀速率保持在一个相对较低、可以接受的范围内，从而保证烟气冷却器的安全稳定运行。有些机组的回热系统中没有这样一个合适的抽取凝结水节点时，需要开启热水再循环系统，将烟气冷却器加热后的凝结水，引回至烟气冷却器入口与较低温度的凝结水混合，从而获得理想的入口水温，但这样会造成一定的热损失，当机组低负荷运行时，也需要开启热水再循环系统，以防止低温腐蚀的发生，确保烟气冷却器的安全运行。

根据锅炉的排烟温度和回热系统的参数选取凝结水出口水温。烟气冷却器的出口水温应尽量与原回热系统汇合点的水温保持一致，以减小不必要的热损失。考虑换热的要求，在采用逆流布置的方式下，同时还要保证一定的换热温差，使烟气冷却器的受热面不至于过大，凝结水进口温度一定时，凝结水出口水温决定了烟气冷却器内的凝结水流量，设计时应考虑将烟气冷却器内凝结水流速控制在一定范围内，因此，凝结水流量不宜过大或过小，即凝结水进/出口温度应保持合理的温差。

为了使烟气冷却器的设置对凝汽器真空的影响降到最低，每次参数的选取都要进行凝汽器的真空校核。

综上所述，烟气冷却器余热回收系统的优化设计要综合考虑烟气进/出口温度、低温腐蚀、受热面积、对凝汽器真空的影响、经济性和煤价等因素，选取一个比较合适的回热系统优化方案。

1. 回热系统设计与热力参数优化

在机组原有的回热系统上加装烟气冷却器之后，基本的回热参数（如各抽汽点的温度、压力以及各级低压加热器出口水温、压力等）保持不变，只有抽汽的流量产生变化。在这个前提下，优化的原则是尽可能大地增大汽轮机做功能力，同时还应考虑回收的余热量、余热利用效率、投资回收比、系统运行安全可靠等因素。回热系统热力参数优化是热力系统优化的主要内容，包括主取热点、取热点凝结水流量、热量汇集位置和热水再循环设置等。核定保证避免低温腐蚀和最佳余热利用效率的最佳热力参数，核定设置烟气冷却器后对凝汽器原有真空的影响。

2. 回热系统经济性分析

针对拟定的回热系统及优化的热力参数，对回热系统经济性能指标（系统热效率、节煤量、节水量、机组效率的提高、投资回收年限等）进行计算，并深入分析影响这些指标的因素，提出选型原则。

增加烟气冷却器余热回收系统后，汽轮机做功能力增加，扣除引风机等系统电耗的增加，得出汽轮机效率提高，从而机组效率提高，煤耗减少，脱硫塔所需冷却水量减少，以节煤和节水的效益计算投资回收比。

烟气冷却器与原回热系统的连接方式有串联和并联两种形式，因为并联系统具有凝结水流量小、可实现余热的梯级利用等优点，所以可优先考虑采用与低压加热器并联的系统。

提高烟气冷却器进口水温，能够提高排烟余热利用的平均能级，但是烟气冷却器出口烟温也将随之提高，排烟余热利用程度将降低，所以这两个因素是互相矛盾的，必将存在一个最佳的进水温度使得烟气冷却器的经济效益最大。烟气余热利用的平均能级越高，烟气冷却器的传热温差必然越小，相同换热量下所需要受热面积增加，这也是在烟气冷却器设计中需要重点考虑的问题。因此，需要综合考虑烟气冷却器余热回收程度、排烟余热利用的平均能级、制造成本的因素来确定烟气深度冷却余热回收系统的方案。

三、 烟气冷却装置的结构

（一）烟道通流结构及优化

烟气冷却器尺寸一般比电厂尾部烟道尺寸大，因此烟气冷却器安装时需要过渡段与原烟道连接。该过渡段入口小、出口大，烟气在过渡段中流动均匀性较差。可利用数值模拟技术对过渡段进行模拟，在此基础上设置一定数量和合理形式的导流板，使烟气在过渡段均匀化，起到强化传热的作用。

通过对圆形入口与方形入口突扩段流场的对比分析，圆形入口突扩段弯道会得到较好的流场，但突扩段两端存在涡流，仍需要均匀化。在流道产生涡流区的原因，一方面是近壁面处的内外径两侧速度和压力分布不同，容易产生二次流以及弯头带来的局部损失；另一方面，如果突扩段后的管道短，也会产生涡流。为此，需要考虑均流措施，通过数值模拟确定。

1. 入口过渡段形状的影响

采用入口为天圆地圆形、天圆地方形和天方地方形的不同形状的流场，见图 8-13，由图 8-13 中的流线可见，天方地方形的出口处形成较大的低流速区，开始逐渐与下游融合。不同形状入口段的不均匀性系数对比见图 8-14，由图 8-14 可见，天方地方形的不均匀系数 δ 在下游最低，即相对比较均匀。

2. 过渡段均流结构形式的影响

过渡段加装不同形式的均流装置为单层对称导流板、双层不对称导流板（上层两片导流板、下层五片导流板）、两层角钢导流和两排管排结构，见图 8-15。图 8-16 所示为

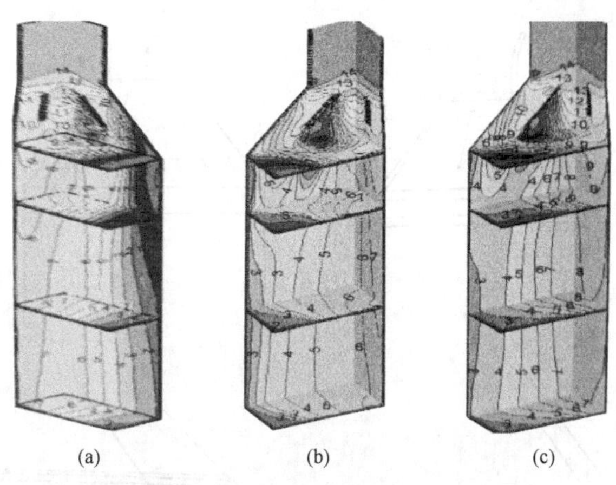

图 8-13 入口段不同形状的流场
(a) 天圆地圆形；(b) 天圆地方形；(c) 天方地方形

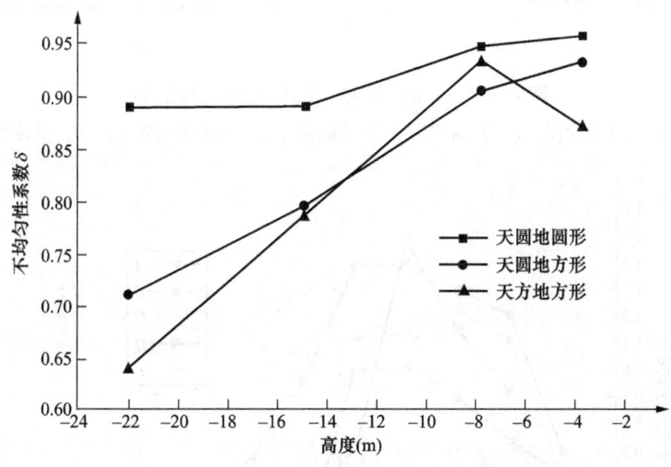

图 8-14 不同形状入口段的不均匀性系数对比

空流道和 4 种均流结构的过渡段出口不均匀系数。横坐标为距离过渡段入口圆形烟道距离，纵坐标为不均匀系数 δ，不均匀系数 δ 值越高，均匀性越差。空流道各断面速度均匀性总体偏低，在烟气冷却器的对流受热面处（横坐标数据的 5～9）的不均匀系数 δ 值为 0.33。曲线 B 和曲线 C 对流受热面处的不均匀系数 δ 值为 0.37，均流效果较差。曲线 D 对流受热面处的不均匀系数 δ 值为 0.24，均流效果较好。曲线 E 对流受热面处的不均匀系数 δ 值为 0.12，均流效果最好。

过渡段空流道和 4 种均流结构的压力损失见图 8-17，由图 8-17 可见，双层不对称导流板的压力损失最小，双层角钢均流结构的压力损失最大。单层导流板、双层导流板和双层管排均流结构的压力损失不大，一般符合工程要求。

从以上各种情况可得出以下结论：

(1) 单层导流板和双层导流板均流效果不佳。

(2) 双层角钢均流结构整体均流效果好，但是压力损失较大。

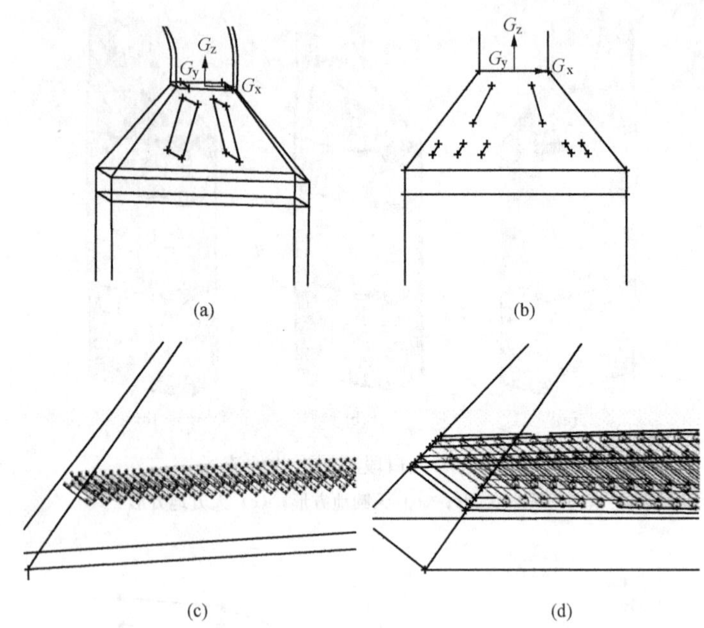

图 8-15　过渡段加装不同形式的均流装置

(a) 单层对称导流板；(b) 双层不对称导流板；(c) 两层角钢导流；(d) 双排管排

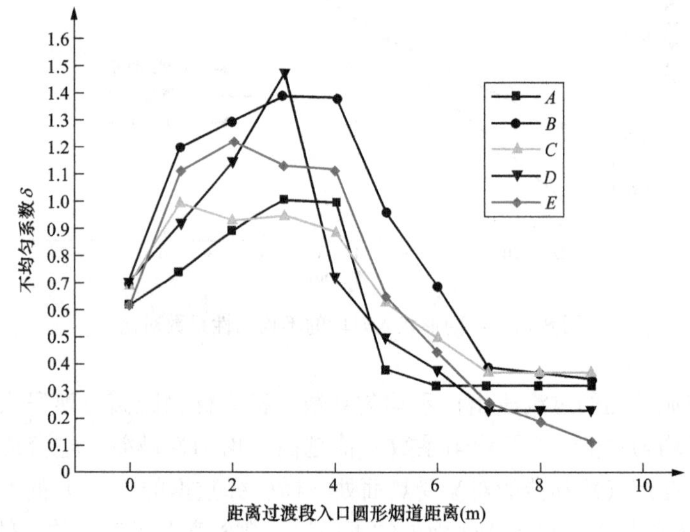

图 8-16　过渡段出口不均匀系数

A—空流道；B—单层对称导流板；C—双层不对称导流板；D—双层角钢；E—双层管排

(3) 双层管排均流装置均流效果好，压力损失也不高。

(二) 螺旋翅片管的阻力特性及优化

文献 [2] 对三种不同间距的 4×4 顺列整体式螺旋翅片管和焊接式翅片管进行了阻力特性试验研究。

通过对三种不同间距的整体式螺旋翅片管和焊接式翅片管的试验研究，三种不同翅片间距的翅片管阻力见图 8-18。由图的曲线可见，随着翅片间距的增大，流动阻力逐渐

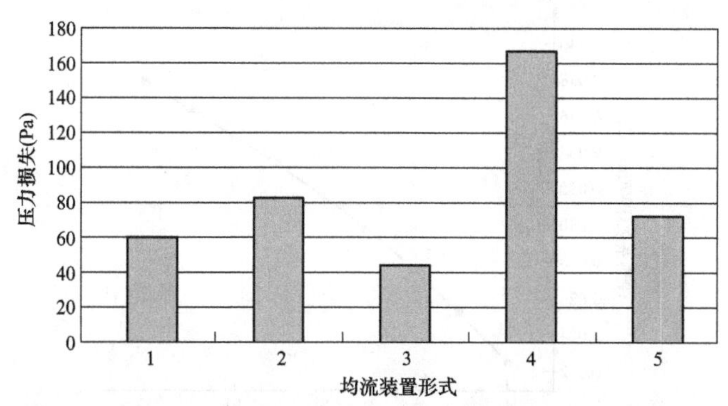

图 8-17 过渡段空流道和 4 种均流结构的压力损失

1—空流道；2—单层对称导流板；3—双层不对称导流板；4—双层角钢；5—双层管排

减小。考虑翅片间距对翅片管传热系数的影响，可得到流动阻力系数 ζ 随雷诺准则 Re 和翅片间距 s/d 的关系。

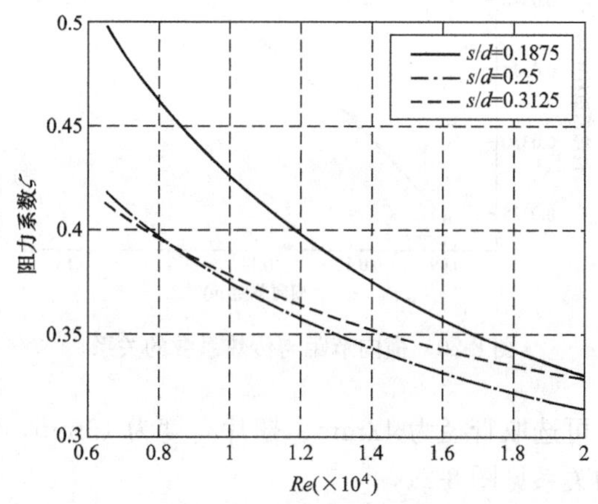

图 8-18 三种不同翅片间距的翅片管阻力

（三）螺旋翅片管（螺旋肋片管）和 H 型烟气冷却器结构参数的优化

1. 螺旋翅片管（螺旋肋片管）烟气冷却器

（1）烟气流速的优化。烟速越高，传热系数越大，烟气冷却器重量越小。考虑烟速的变化只是单纯影响传热系数，间接影响传热面积和设备投资成本，而且过高的烟气流速会增加烟道的烟风阻力，相应地增加风机电耗，并且加剧管束的磨损。因此，烟气流速宜控制在 8m/s 左右。烟气流速与传热系数的关系见图 8-19。

（2）横向节距的优化。横向节距越大，设备投资越小，但过大的横向节距会使得横向管排过于稀疏，纵向深度较大。考虑改造时电厂锅炉尾部烟道空间有限的因素，应根据尾部烟道实际尺寸适当选取横向节距，保证空间合理的前提下加大横向节距。横向节距与传热系数的关系见图 8-20。

（3）纵向节距的优化。纵向节距越小，传热系数越大，设备投资越小。因此，纵向节距尽量选取最小值，但是由于制造误差、安装误差、热胀冷缩等原因，纵向节距只能

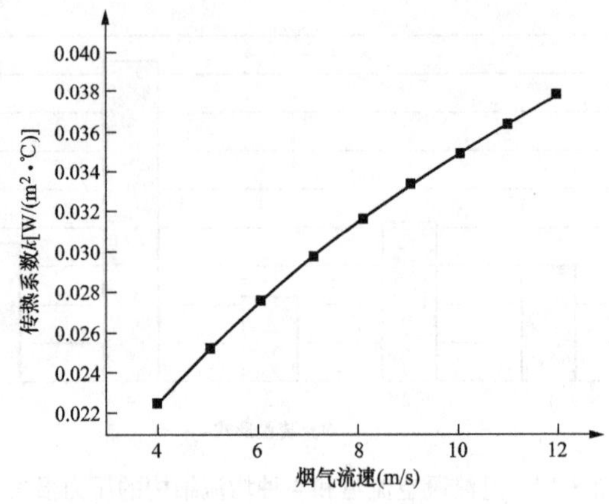

图 8-19 烟气流速与传热系数的关系

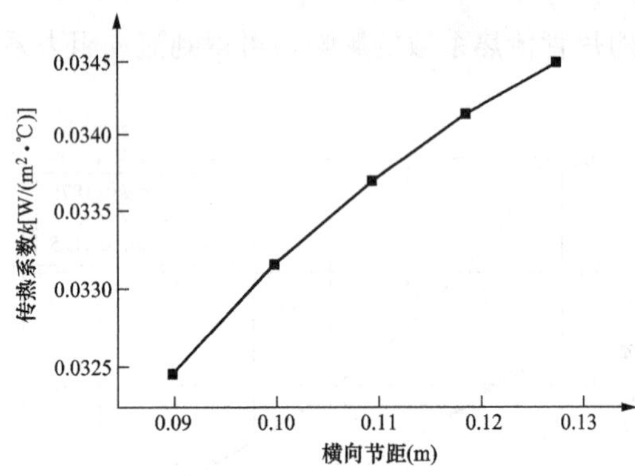

图 8-20 横向节距与传热系数的关系

尽量做到最小。例如，可选取管径为 42mm、翅片高度为 19mm，纵向节距选取 90mm。纵向节距与传热系数的关系见图 8-21。

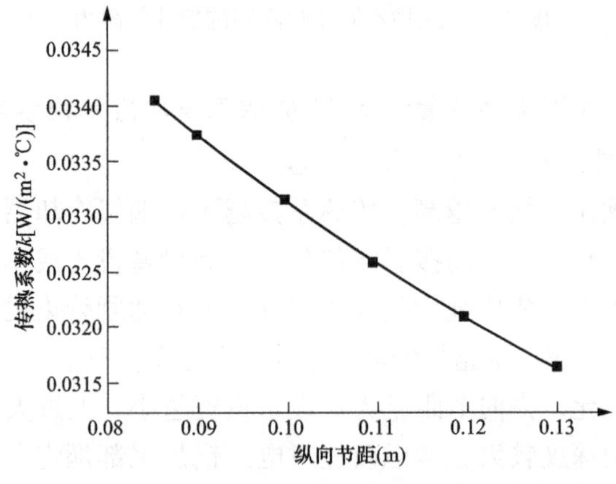

图 8-21 纵向节距与传热系数的关系

(4) 管径的优化。管径越小，传热系数越大，设备投资越小。因此，在结构设计时应采用小管径管子，但这样会使管子的数量较多，弯头增多，制造成本增大，同时会使烟风阻力和管内水阻力增大，一般可选用直径为 32、38、42mm 的管子。管径与传热系数的关系见图 8-22。

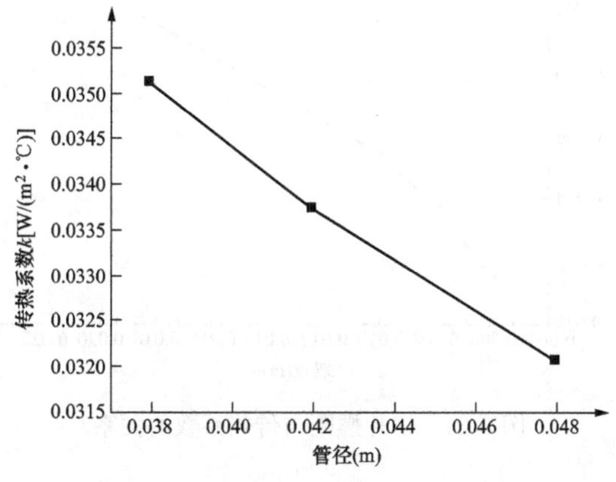

图 8-22 管径与传热系数的关系

(5) 管壁厚度的优化。管子厚度不影响传热系数，但会增加设备投资。因此，设计时在考虑磨损等情况的前提下，根据无缝钢管规格选用对应管径下的合适管子厚度。管壁厚度与传热系数的关系见图 8-23。

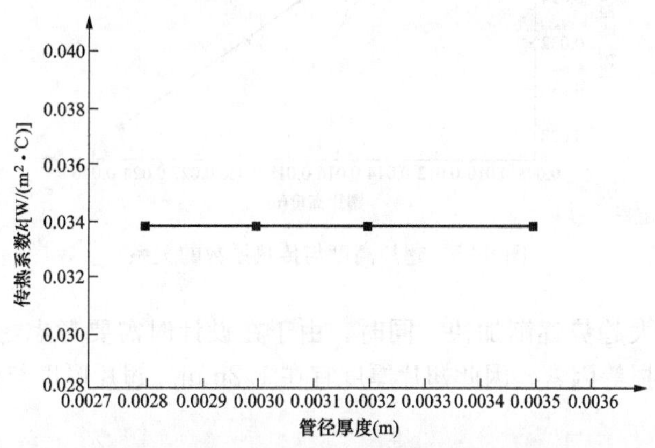

图 8-23 管壁厚度与传热系数的关系

(6) 翅片螺距的优化。翅片螺距越大，传热系数越大，但设备投资越大。这是因为翅片螺距越大，单位面积光管的受热面扩展比例越小。因此，翅片螺距必然存在一最佳值，但由于设备投资受管材价格、安装费用等因素影响，应根据具体情况通过计算确定最佳翅片螺距。翅片螺距与传热系数的关系见图 8-24。

(7) 翅片高度的优化。随着翅片高度增大，传热系数越小，但设备投资存在最小值。因此，在结构设计时可选用设备投资最小时对应的翅片高度，以获取经济性最佳。例如，在烟气流速为 8m/s、管径为 42mm、横向节距为 110mm、纵向节距为 90mm、翅片螺距为 8mm 的情况下，翅片高度选用 15mm 时，设备投资最小。翅片高度与传热系数的关系见图 8-25。

(8) 翅片厚度的优化。翅片厚度越大，传热系数越大，增大趋势趋于缓慢。而设备

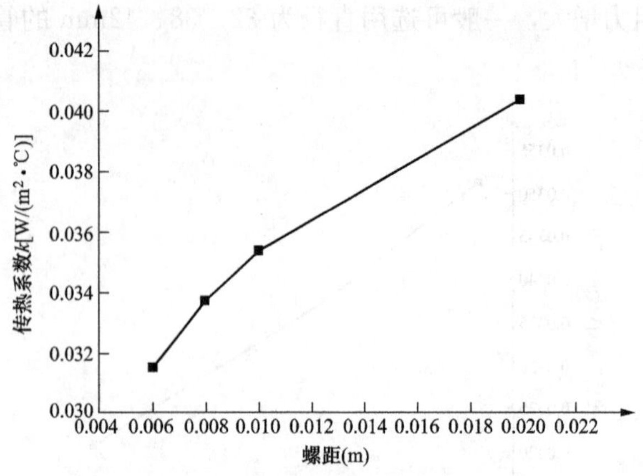

图 8-24　翅片螺距与传热系数的关系

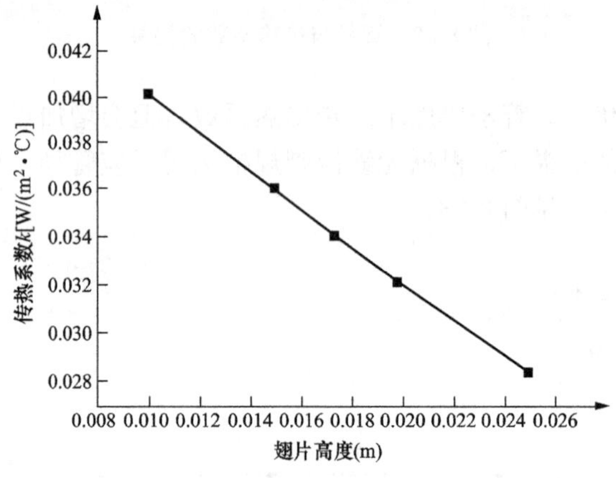

图 8-25　翅片高度与传热系数的关系

投资随着越大，增大趋势逐渐加快。同时，由于在设计时需要考虑翅片加工要求厚度、管材价格和烟尘磨损等因素，因此翅片厚度宜在 1.2mm。翅片厚度与传热系数的关系见图 8-26。

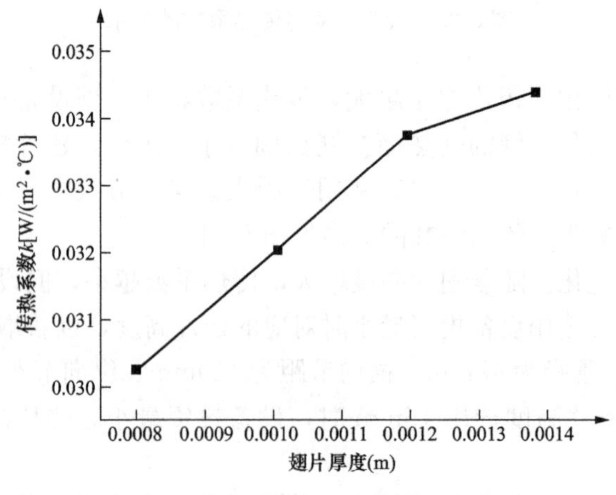

图 8-26　翅片厚度与传热系数的关系

2. H 型鳍片管结构参数优化[2]

H 型鳍片管具有以下优点：鳍化系数达 5.5 以上，使受热面更紧凑；鳍片温度场比较均匀，有更好的传热效果；鳍片与气流方向平行，能很好地防止积灰、减小流动阻力；受热面磨损小，可采用较高的烟速，以增强传热效果。

(1) 鳍片高度的优化。H 型鳍片管的综合性能随着鳍片高度与管径之比（h/d）的增大，先增大后减小，在 $h/d=2.105$ 时出现最大值，与管径之比和综合性能的关系见图 8-27。H型鳍片管传热系数随着入口烟气流速的增加而增加，随着鳍片高度的增加而减小，入口烟气流速、鳍片高度与传热系数的关系见图 8-28。烟气的流动阻力随着烟气入口速度和鳍片高度的增加而增加，入口烟气速度、鳍片高度与管径之比和综合性能的关系见图 8-29。

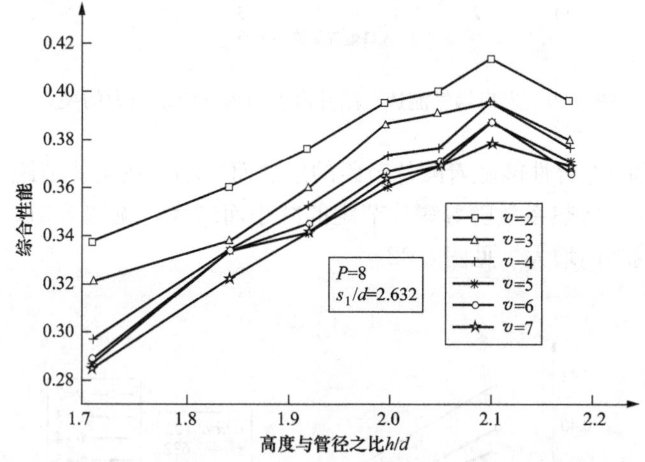

图 8-27 入口烟气流速、鳍片高度与管径之比和综合性能的关系

P—鳍片最小节距；s_1/d—横向节距与管径之比；v—入口烟气流速，m/s

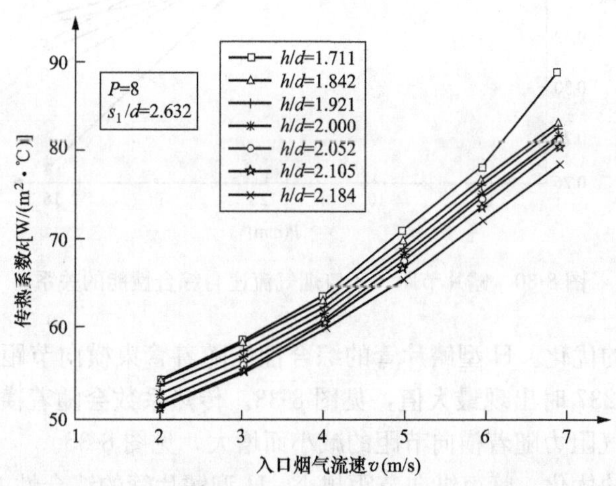

图 8-28 入口烟气流速、鳍片高度与传热系数的关系

(2) 鳍片节距的优化。由于受 H 型鳍片管焊接工艺的限制，鳍片节距最小为 8mm

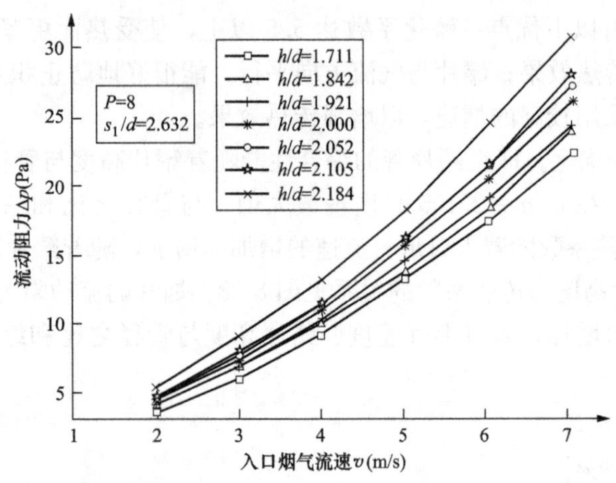

图 8-29 入口烟气流速、鳍片高度与烟气流动阻力的关系

左右，H 型鳍片管的综合性能随着鳍片节距的增加而减小，在鳍片节距 $P=8$mm 时出现最大值，见图 8-30。传热系数随着鳍片节距的减小而增大，见图 8-31。烟气的流动阻力随着鳍片节距的减小而增大，见图 8-32。

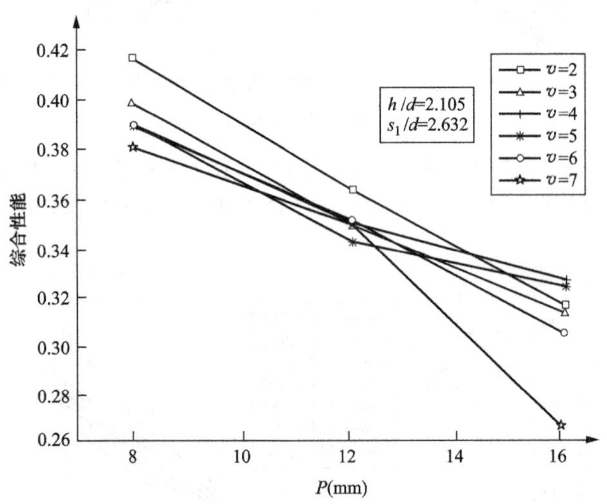

图 8-30 鳍片节距、入口烟气流速与综合性能的关系

（3）横向节距的优化。H 型鳍片管的综合性能随着管束横向节距的增加，先增加后减小，在 $s_1/d=2.237$ 时出现最大值，见图 8-33。传热系数会随着横向节距的减小而减小，见图 8-34。烟气阻力随着横向节距的减小而增大，见图 8-35。

（4）纵向节距的优化。管束纵向节距越小，H 型鳍片管的综合性能越高，见图 8-36。可考虑采用双 H 型鳍片管，如采用单 H 型鳍片管时，纵向节距要尽量小。传热系数随着纵向节距的减小而减小，见图 8-37。气流阻力随纵向节距的增大而增大，见图 8-38。

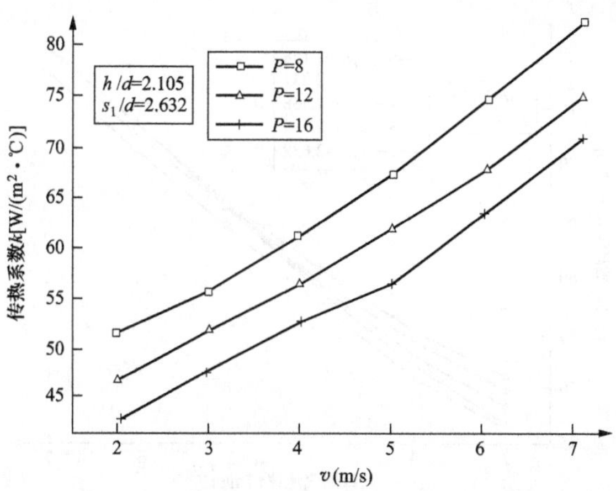

图 8-31 入口烟气流速、鳍片节距与传热系数的关系

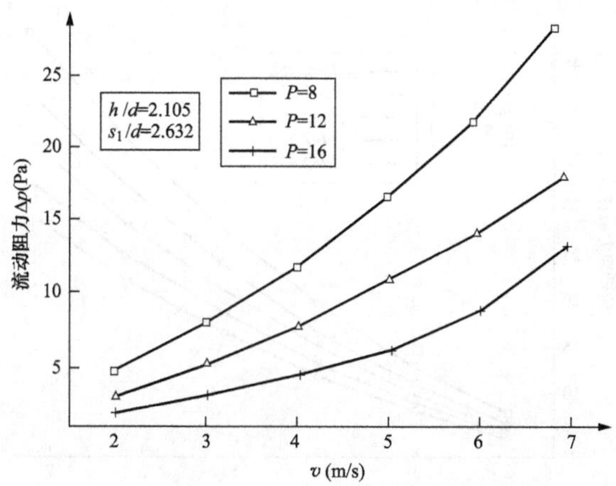

图 8-32 入口烟气流速、鳍片节距与流动阻力的关系

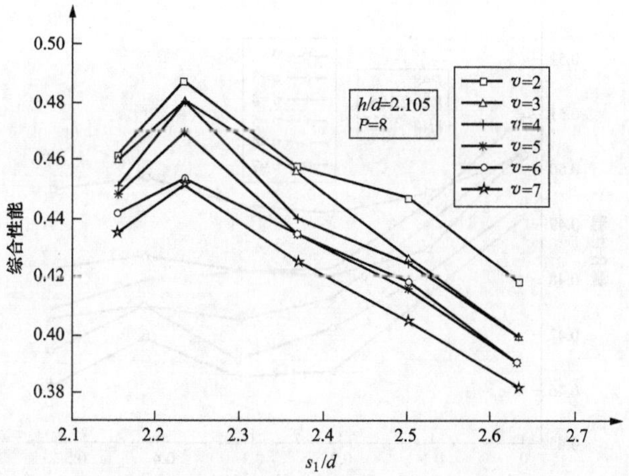

图 8-33 s_1/d、入口烟气流速与综合性能的关系

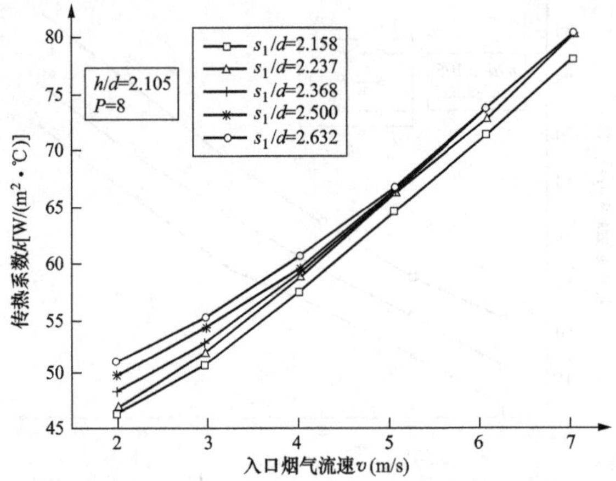

图 8-34 s_1/d、入口烟气流速与传热系数的关系

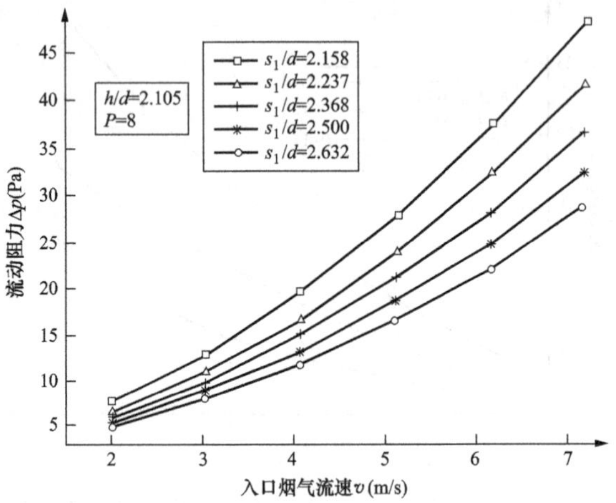

图 8-35 入口烟气流速、s_1/d 与流动阻力的关系

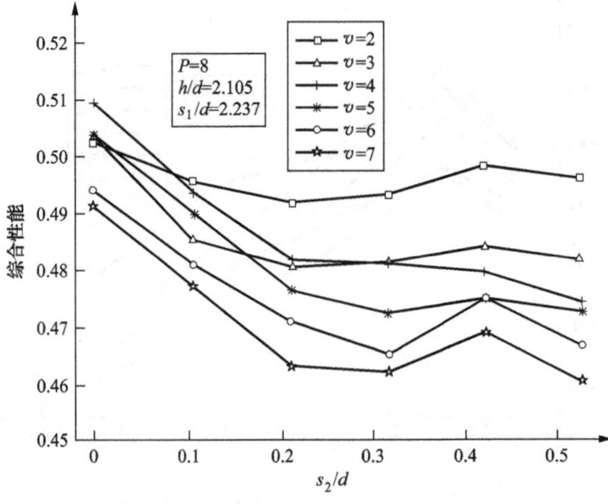

图 8-36 纵向节距与管径之比（s_2/d）、入口烟气流速与综合性能的关系

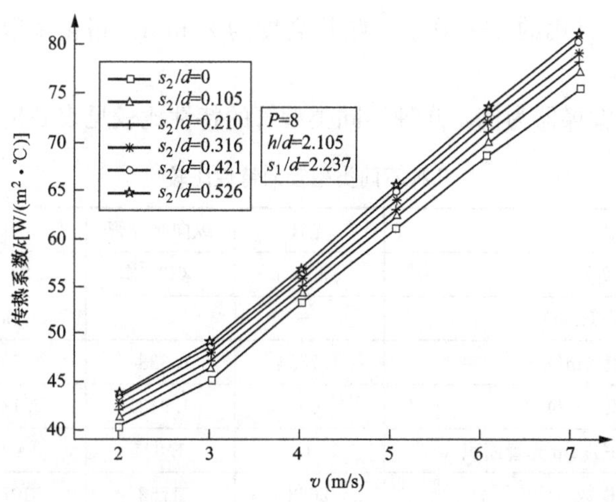

图 8-37 纵向节距与管径之比 s_2/d、入口烟气流速与传热系数的关系

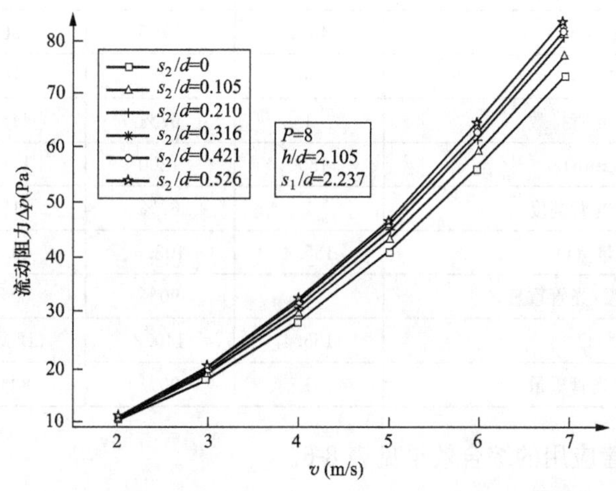

图 8-38 纵向节距与管径之比 s_2/d、入口烟气流速与流动阻力的关系

（5）H 型鳍片管优化结果。

1）适用范围。适用于 H 型鳍片管中间小缝 G=8mm，基管外径 d=38mm，鳍片高度 h=65～83mm，鳍片节距 P=8～16mm，横向节距 s_1=82～100mm，纵向节距 s_2=80～100mm，管外流体 $Re=8\times10^3\sim3\times10^4$。

2）烟气流速越高，鳍片高度越小，H 型鳍片管的传热系数越大；烟气流速越高，H 型鳍片管的流动阻力越大。当 $h/d=2.105$ 时，H 型鳍片管的综合性能最好。

3）在制造工艺允许的情况下，H 型鳍片管的鳍片节距越小，其传热系数越大，流动阻力越大，综合性能越好。

4）管束横向节距越小，传热系数越小，阻力越大，$s_2/d=2.237$ 时，H 型鳍片管的综合性能最好。

5）管束纵向节距越小，传热系数越小，阻力越小，综合性能最好。

H 型鳍片管的特点：防磨损性能好、积灰少、布置空间紧凑，换热面积可提高20%～40%。如对于常用的 ϕ38 管子，鳍片高度为 28mm，鳍化系数可达 5.5 以上，使受热面布置很紧凑。

以 670t/h 锅炉省煤器为例，几种不同类型管的特性比较见表 8-5。

表 8-5　几种不同类型管的特性比较

项目	光管	纵向鳍片管	H 型鳍片管	
管子型号	ϕ32×5	ϕ32×5	ϕ32×5	φ38×5
鳍片间距（mm）	—	—	15	20
光管面积（m²）	1.7854	1.3384	1.5588	1.918 19
鳍片面积（m²）	—	1.9181	7.1786	9.7400
1m 鳍片管受热面积（m²）/1m 光管面积（m²）	1	1.824	4.9	5.5
管子根数	2628	1752	1072	910
鳍片管子根数/光管根数	1	67%	41%	35%
烟气速度（m/s）	6.35	6.35	6.46	6.90
受热面积（m²）	4691	5705	9367	10 610
排数	36	24	16	14
鳍片排数/光管排数	1	67%	44%	39%
高度（mm）	1800	1200	1280	1260
鳍片高度/光管高度	1	67%	71%	70%
管子重量（t）	155.4	103.6	63.4	53.8
鳍片管子重量/光管重量	1	90%	80%	79%
总重（t）	155.4	140.2	123.9	122.4
鳍片总重/光管重量	1	90%	80%	79%

几种不同类型管应用的综合效果见表 8-6。

表 8-6　几种不同类型管应用的综合效果比较

管型	传热面积	烟气阻力	积灰程度	吹灰难度	耐磨程度
光管	小	小	轻	易	差
螺旋翅片管	大	大	重	难	良
纵向鳍片管	中	小	中	易	中
膜式管	中	小	中	易	良
H 型鳍片管	大	大	轻	易	优

四、烟气冷却装置的设计[2,3]

1. 烟气冷却器系统设计

（1）在已知电厂运行参数的前提下进行烟气冷却器的设计时，首先需要确定烟气冷却器的安装位置和运行参数。根据实际需要，如果静电除尘器运行在适当的烟温范围内，仅考虑降低烟气温度，使得进入脱硫塔的烟温处于最佳脱硫温度时，则需要将烟气冷却器布置于静电除尘器和脱硫塔之间；如果进入静电除尘器烟温偏高，影响其除尘效率，需要进一步控制烟温时，则需要将烟气冷却器一部分布置于静电电除尘器之前，其余部分布置于静电除尘器和脱硫塔之间，使得静电除尘器和脱硫塔均处于最佳运行工况，回收大量烟气余热。在设计时需要同时考虑增压风机和引风机的位置，如果温度降低后的烟气进入增压风机和引风机，由于温度较低，易造成烟气结露，因此需要考虑对增压风机和引风机进行防腐处理。

(2) 在确定烟气冷却器的安装位置后，可根据电厂机组实际运行参数以及设备投资经济性分析确定其运行参数。进口烟温、烟气流量、烟气成分等进口烟气参数可根据电厂机组运行参数确定。出口烟气温度等烟气参数需要进行经济分析而确定。在确定出口烟气参数后，即可计算出烟气冷却器可以回收的烟气热量，为下一步进行凝结水系统设计提供依据。

(3) 根据汽轮机平衡图上的每个低压加热器运行参数和循环水流量进行对比分析，同时进行回热系统的经济性分析，以确定引水和回水位置，同时保证循环水量，以确保运行时便于调节和安全运行。

(4) 在确定烟气冷却器的运行参数后，即可进行具体的结构设计。烟气冷却器烟道断面的参数选择，需要在考虑原烟道尺寸的基础上，同时控制烟气流速在 8m/s 左右，以确保适当的传热系数和降低烟尘对管束的磨损。如采用螺旋翅片管，可扩展管束的受热面积，以达到在有限空间内高效回收烟气余热的目的，例如，螺旋翅片管的参数：管径为 42mm，壁厚为 3mm，翅片厚度为 1.2mm，翅片高度为 19mm，翅片螺距为 8mm，进行管束布置时，横向节距一般选用 110mm，横向节距选用 90mm。对选取的管束参数应进行传热特性和投资成本优化分析，并经过比较，使回收同样烟气余热热量和有限空间内设计的烟气冷却器设备投资最小，回收年限最短，经济性最好。

(5) 结构设计时注意的问题。

1) 水速。当回收热量较大，在凝结水进出口参数梯度较小时，会使得回收装置内的循环水量较大，为保证管束内适当的水速，在进行烟道设计时，可提高与联箱轴线方向平行的烟道断面参数，并选用合适的横向节距，增加横向管排布置数量，或者通过采用多管圈等方法，使得水速保证在合适的范围内，一般控制在 0.4～0.8m/s。

2) 管型选择。在进行烟气冷却器设计时，由于一般布置于静电除尘器和脱硫塔之间，烟气含尘量较少，因此一般选用螺旋翅片管。如分段布置于静电除尘器之前以及静电除尘器和脱硫塔之间时，在静电除尘器和脱硫塔之间的部分仍可采用螺旋翅片管，而在静电除尘器之前的部分，则可选用方形翅片管，以合理利用方形翅片管具有较好的自吹灰能力和强化传热的优点。

3) 烟气冷却器受热面的低温腐蚀。煤中的硫分 S 按其在燃烧过程中的可燃情况可分为可燃硫和不可燃硫。煤中的黄铁矿硫、有机硫及元素硫均属于可燃硫，而硫酸盐硫在燃烧后沉积在灰渣中，是不可燃硫。但煤中硫酸盐硫很少，一般不超过 0.2%，可燃硫在还原气氛下还会生成少量的 H_2S，因此，煤中硫燃烧后绝大部分转化为硫氧化物。

煤中硫分 S 的析出速率与煤的种类和工况有关。S 的含量、煤中 S 的存在形式（高温硫和低温硫的比例）、燃烧气氛（过量空气系数）以及试验工况的温度等，都对S的析出速率有很大影响。

a. 在实际锅炉燃烧中，一般都假定煤中的硫全部反应生成SO_2，但是引起低温腐蚀的却是SO_3，SO_3主要是通过以下几种途径形成的：

a）燃烧反应，SO_2与烟气中的O原子反应生成SO_3。

b）催化反应，SO_2在催化剂的作用下转化成SO_3；锅炉烟道内的催化剂是灰中的V_2O_5和Fe_2O_3。

c）硫酸盐分解，一些碱金属硫酸盐在高温下会分解，从而产生SO_3，但鉴于煤中此种硫酸盐的含量很少，生成的SO_3也很少。

b. 锅炉尾部烟气中只有0.5%～3%，最大不超过5%的SO_2转化成SO_3，在进行酸露点计算时，常常假定2%的SO_2转化成SO_3。通常SO_2和SO_3含量的计算步骤为：

a）根据给定的燃料组成成分和过量空气系数，计算出烟气组成。

b）SO_2按2%的转化率计算SO_3的含量。

考虑低温腐蚀，设计烟气冷却器时，采用分段设计方式，高温段烟气温度比较高，硫酸结露量比较少，采用普通碳钢材加防腐漆，低温段烟气温度较低，受热面壁温低于烟气露点温度，需要采用耐硫酸点腐蚀钢管或搪瓷管等防腐材料。如为搪瓷材料，则搪瓷管固定于管板两端，管两端用石棉盘根或石棉圈密封，将管子压紧。因搪瓷管表面涂一层特殊搪瓷，具有耐腐蚀、不堵灰、阻力小和传热好以及耐剧变为300℃的特点，可以满足烟气冷却器安全运行条件。

由于烟气冷却器布置在静电除尘器后，烟气含尘量较低，低温段即使发生烟气结露，也不会发生大量粉尘黏结、堵灰和堵管现象。同时，烟气冷却器下部设有耐硫酸腐蚀的疏水管道，适时将结露形成的硫酸液体输送到脱硫塔浆液池中进行脱硫处理，低温段采用耐硫酸点腐蚀钢管或搪瓷管等防腐材料，可以使烟气冷却器安全运行。

另外，为了使烟气冷却器高温段翅片管的管壁温度高于烟气露点温度，高温段进口联箱设置旁路，一旦低温段联箱出口水温过低，则高温段进口联箱用水可以采用该系统外温度较高的热水，从而保证烟气冷却器高温段壁温高于烟气露点温度，不发生烟气露点造成硫酸腐蚀等。

4）烟气露点的确定。我国在役火力发电机组中，锅炉排烟温度一般在130～150℃，脱硫塔脱硫最佳温度在85℃左右。为了最大限度地回收锅炉排烟余热。可将排烟温度由130～150℃降低到85℃左右。此时，烟气冷却器金属壁面温度已经低于烟气的酸露点温度，烟气结露必然影响烟气冷却器和暖风器的长期安全运行。为此，必须关注烟气酸露点的确定，以便深入了解烟气露点对烟气冷却器和暖风器的影响，预防烟气结露造成硫酸腐蚀。

5）最低温度的确定。低温腐蚀受热面最低温度的控制主要由以下几个方法确定。

a. 根据露点的计算，确定烟气露点温度。

b. 由试验值确定最低壁温。如图8-39所示，锅炉受热面沿烟气流程逐渐降低，当受热面降低到露点E时，硫酸开始凝结，引起腐蚀。开始时由于酸浓度很高，凝结酸量不多，因此腐蚀速度较低。随着受热面的壁温降低，凝结酸量增加，因而腐蚀速度增加，腐蚀速度达到最大值D点之后，随着壁温进一步降低，酸浓度变低，腐蚀速度也下降，

直到 B 点腐蚀速度达到最低点。之后，当金属壁温再继续下降，由于酸浓度接近 50%，同时凝结量更多，所以腐蚀速度又上升。在低温腐蚀的情况下，金属有两个严重腐蚀区、两个安全区。

烟气酸露点比较高，控制壁温高于酸露点比较困难，一般尽量控制壁温高于 A 点，使烟气冷却器工作在低温腐蚀第二安全区。

c. 标准推荐值。图 8-40 所示为美国石油协会（API）和美国燃烧工程公司（CE，现属 Alstom 公司）对冷端平均壁温的推荐值，折线以上为运行温度范围，该推荐值专门针对 Corten 钢及与 Corten 钢类似的钢种。从图 8-40 中可以看出，当 S 含量小于 1.5%时，冷端平均壁温大于 68.3℃，因此，可以认为对于电厂的烟气冷却器，低温腐蚀第二区的壁温下限为 68.3℃。

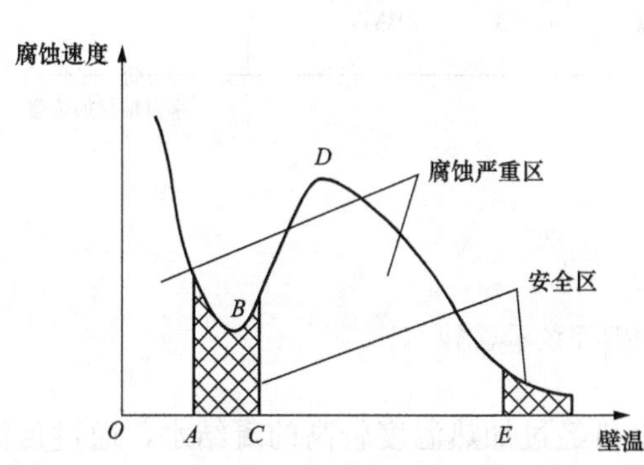

图 8-39　腐蚀速度随壁温变化关系

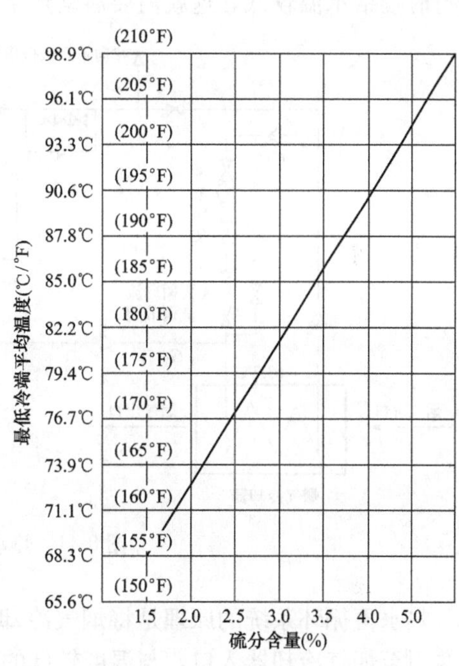

图 8-40　燃煤锅炉受热面冷端平均温度与含硫的关系

d. 根据文献［6］的计算表明，受热面金属壁温大于水蒸气露点温度 25℃、小于 105℃，受热面低温腐蚀速率小于 0.2mm/年。

6）烟气冷却器受热面的磨损。由于烟气冷却器布置在电除尘器后，电除尘器的效率很高，一般电除尘器出口的含尘量为 $10mg/m^3$，所以烟气对烟气冷却器的磨损很小。通过调整横向节距，控制烟气流速在 8～10m/s 之间，可避免烟气冷却器的磨损。

7）烟道通流结构的数值模拟。烟道布置以后，进行数值模拟计算，适当加装导流板对气流进行均匀化处理，以获得最佳的布置方式。

2. 回热系统的参数优化

烟气冷却器的工质采用电厂回热系统的凝结水，凝结水的引入、引出位置决定了排挤抽汽的数量和质量，对烟气冷却器余热回收系统的经济效益有决定性的作用。烟气冷却器进/出口水温的确定应考虑以下因素。

(1) 确保低温腐蚀发生在可控范围内。

(2) 保证换热温差。

(3) 在满足上述要求时尽量节约高品质蒸汽。

(4) 控制烟气冷却器内的凝结水流速。

为了尽量减小换热器面积，获得更大的传热温差，保证换热的正常进行，换热器只能采取逆流布置。综合考虑上述因素，烟气冷却器进口水温一般选取65℃左右是比较合适的，烟气冷却器出口凝结水温度应低于排烟温度20℃以上，以保证传热温差，具体温度应与凝结水返回到回热系统的节点温度保持一致。这样能尽量减少不必要的热损失。

有些机组的回热系统中没有65℃左右的节点，或者无法引出凝结水，或者在低负荷运行时凝结水温较低，这就需要启动热水再循环系统。热水再循环系统示意图见图8-41。

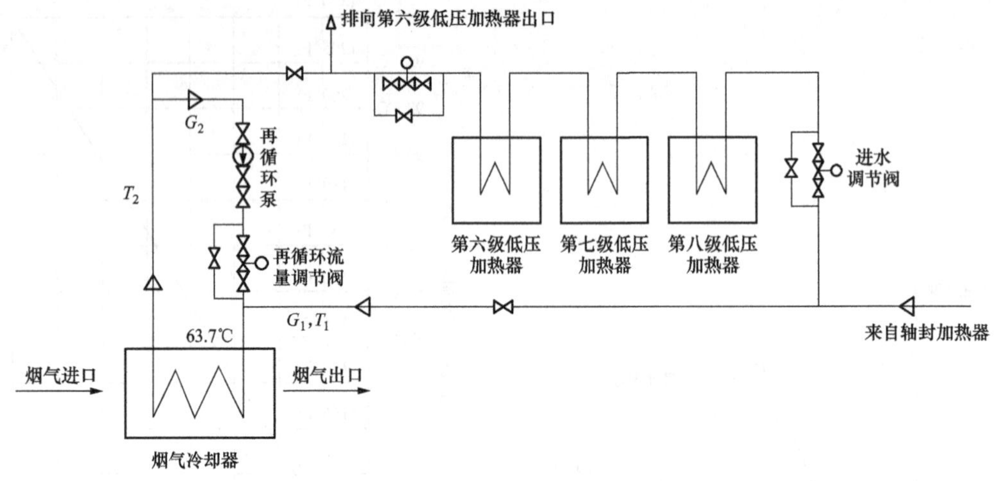

图8-41 热水再循环系统示意图

热水再循环系统的原理是将烟气冷却器出口经过加热温度较高的凝结水，通过再循环泵引至烟气冷却器入口，与温度较低的凝结水混合，从而提高烟气冷却器的入口水温，控制低温腐蚀速率在可控范围内。热水再循环系统能保证烟气冷却器的安全运行，但会降低系统的经济性。

热水再循环系统是通过控制凝结水流量的方法来控制凝结水的温度，需要加装再循环泵和再循环流量调节阀门，可实现自动控制。再循环水量可按式(8-1)计算，即

$$G_2=\frac{63.7-T_1}{T_2-63.7}G_1 \tag{8-1}$$

式中 G_2——再循环水量，t/h；

63.7——根据系统具体情况确定该数值，见图8-41；

T_1——轴封加热器出口凝结水温度，℃；

T_2——烟气冷却器出口凝结水温度，℃；

G_1——轴封加热器分流至烟气冷却器的凝结水流量，t/h。

一般采用逆流换热方式，这样可以获得最大的传热温差，保证换热的正常进行，这样，随之而来的是烟气最低温度和凝结水最低温度出现在同一根传热管上，使这根管子

的壁面温度最低，工作环境最差，发生结露和腐蚀的机会最大。因此，需要计算设计工况下烟气冷却器中环境最差的传热管壁面温度。烟气冷却器管壁温度按式（8-2）计算，即

$$T_b = T_y - (T_y - t)\frac{1/(\alpha_1 \times \beta_1)}{1/(\alpha_1 \times \beta_1) + \delta/(\lambda \times \beta_2) + 1/\alpha_2} \tag{8-2}$$

式中 T_b——传热管金属壁温,℃；

T_y——烟气温度,℃；

t——凝结水温度（此例中取 $t=63.7$℃，见图 8-41）,℃；

α_1——烟气侧换热系数，W/(m^2·℃)；

β_1——传热管对流换热外表面积与内表面积之比；

δ——传热管壁厚度，m；

λ——管壁导热系数，W/(m^2·℃)；

β_2——传热管导热换热外表面积与内表面积之比；

α_2——凝结水侧放热系数，W/(m^2·℃)。

由上述计算公式可以看出，在烟气冷却器为气—水换热的情况下，其管壁温度主要取决于水侧，因此，保证合适的入口水温即可有效地防止硫酸在管子壁面结露，进而控制低温腐蚀速率。

实际情况，不是所有机组的烟气冷却器进口水温都适合选取 65℃左右，有的机组在 65℃的节点不能抽取凝结水，而上一级节点的凝结水温度又太低时，需要的再循环水量很大，会导致很大的热损失，因此可考虑抽取温度较高的凝结水（80℃左右），排挤高一级低压加热器的抽汽。另外，对于循环流化床机组，锅炉采用内脱硫方式和干烟囱技术，排烟温度不能降得太低，可以考虑适当提高烟气冷却器的进口水温。烟气冷却器回热系统参数的选取，应根据机组的实际情况灵活选择，在保证机组安全正常运行的前提下，获得最大的经济效益。

装设烟气冷却器后，由于流经与之并联的低压加热器的凝结水量减少，这部分低压加热器所需的抽汽热量减少，因为原系统的抽汽位置不变，所以加装烟气冷却器之后，各级低压加热器抽汽温度和压力均未变化，只有抽汽流量变化。考虑原系统低压加热器端差的设计和焓增的分配方式，凝结水流经各级加热器的进/出口温度也没有发生变化。

在热力计算中，根据烟气冷却器烟气侧的放热量计算出烟气冷却器的水侧所需要的凝结水流量，用回热系统主凝结水流量减去进入烟气冷却器旁路的凝结水流量得到与烟气冷却器并联的低压加热器的凝结水流量；在各级加热器进/出口水温（焓）已知的情况下，根据热平衡计算出各级低压加热器所需要的抽汽流量。

根据汽轮机热耗率、锅炉热效率、管道效率等数据，可以计算加装烟气冷却器余热回收系统后电厂效率的提高，最后折算为供电煤耗的减少量，通过节煤量的计算来校核设计方案的经济效益和投资回收年限是否合适。

举例给出图 8-42 和图 8-43，供参考。

3. 暖风器的设计

电厂传统的暖风器为蒸汽—空气暖风器，即利用汽轮机低压缸抽汽加热冷空气，提高空气预热器进口空气温度。而配合加装烟气冷却器系统的暖风器为热水—空气之间的

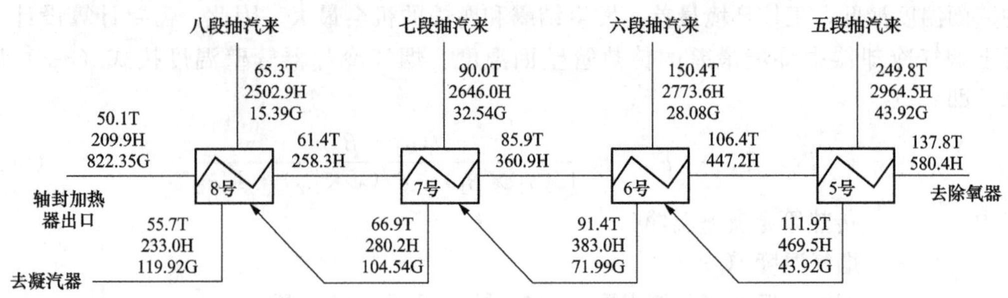

图 8-42　未设烟气冷却器的热平衡

T—温度；H—焓；G—流量

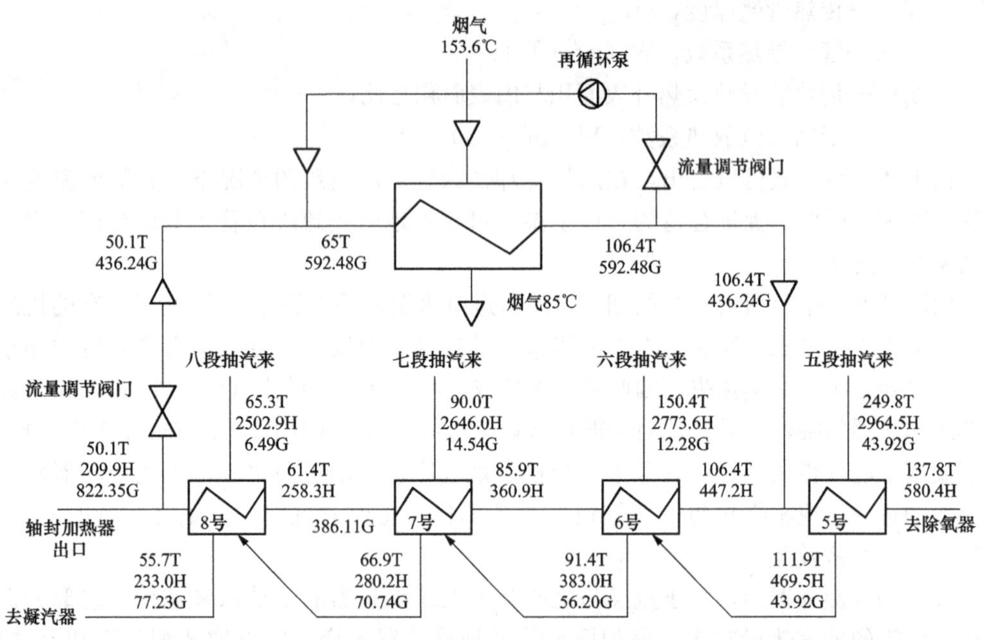

图 8-43　设置烟气冷却器的热平衡图

换热，是利用烟气冷却器出口热水在暖风器中预热进入空气预热器的空气温度，烟气冷却器出口热水经暖风器入口进入暖风器，与冷空气进行热交换后变成冷水，暖风器出口冷水再经水泵送入烟气冷却器，从而实现烟气热量的回收利用。该暖风器为独立的水循环系统，原有系统不改变，可以有效利用烟气的余热加热冷空气，提高空气预热器进口空气温度，预防发生低温腐蚀。

考虑热水和冷空气进行热交换的暖风器，其管内工质为水，管外工质为空气，管外侧换热系数远低于管内侧，为了达到强化传热的目的，暖风器采用开齿型螺旋翅片管，将换热较低的管外侧表面进行扩展。外螺旋翅片管使外侧受热面得到扩展，具有结构紧凑、金属耗量低、传热效率高，以及运行费用省等优点。开齿型螺旋翅片管与非开齿的连续型螺旋翅片管相比较，由于齿片顶端齿形张开，使烟气产生绕流作用，起到更进一步强化传热的效果，其换热效率比非开齿型螺旋翅片管提高20%以上。由于冲刷翅片管的是空气，不存在积灰的问题，所以可以采用适当的高齿翅片管，翅片管的间距可适当减小，以增加换热面积，提高流速，增加螺旋翅片管的单管换热能力。

暖风器的开齿型螺旋翅片管为错列蛇形布置，蛇形管的两端之间用180℃弯头连接，180℃弯头为光管，位于管箱的外部，不被冷空气冲刷，避免形成空气走廊，提高暖风器内部流场的均匀性。

与传统的蒸汽暖风器相比，该型暖风器采用循环水作为加热空气的工质，具有以下优点：

(1) 回收锅炉排烟余热，提高锅炉热效率；一般排烟余热可从130～150℃降低到85℃左右，将60℃的凝结水提高到80℃以上，用该热水可提高空气温度40℃左右。

(2) 用热水代替蒸汽加热冷空气，可减少汽轮机抽汽，降低电厂的汽耗率，有助于提高机组的热经济性。

(3) 相对于蒸汽，水的传热性能更好，只需增大管外侧的传热系数，即可提高整体的换热效率。

(4) 相对于用汽轮机低压缸抽汽加热冷空气的加热方式，循环水加热冷空气时，管内外工质温度变化相对平稳，温差小，有益于热膨胀，不会发生由于热膨胀引起的漏泄和蒸汽凝结引起的水击现象，从而确保暖风器的安全运行。

(5) 采用循环水加热冷空气的方式，不存在蒸汽疏水不完全的问题，更不会因为疏水结冰影响暖风器的正常工作。另外，采用热水作为工质，不需考虑因为疏水自流而使换热管倾斜，热水—空气暖风器中的换热管采用水平布置，节省空间。

(6) 可实现水的闭式循环利用，节约用水。

第三节　烟气露点温度计算

锅炉排烟温度一般在130～150℃，脱硫塔脱硫最佳温度在85℃左右。将排烟温度由130～150℃降低到85℃左右时，烟气冷却器金属壁面温度已经低于烟气的酸露点温度。因此，必须关注烟气酸露点的确定，以便深入了解烟气露点对烟气冷却器和暖风器的影响，预防烟气结露造成硫酸腐蚀。

烟气酸露点的计算方法比较多，如俄罗斯《锅炉机组热力计算标准方法》中的烟气酸露点计算方法、荷兰学者A. G. Okkes的烟气酸露点计算方法、我国DL/T 5145—2012《火力发电厂制粉系统设计计算技术规定》。

一、烟气水露点计算[4]

1. 烟气含湿量d_g

烟气含湿量d_g按式（8-3）计算，即

$$d_g=\frac{12.4(9\,H_{daf}+M_{ar})+1.293\alpha V^0 d}{1-0.01\,A_{ar}+1.306\alpha V^0} \tag{8-3}$$

式中　d_g——烟气含湿量，g/kg；

H_{daf}——干燥无灰基氢含量%；

M_{ar}——收到基水分，%；

A_{ar}——收到基灰分，%；

d——空气的含湿量，通常取 $d=10$g/kg，有特殊要求时，可取当地年平均绝对湿度计算，g/kg；

V^0——理论空气量，m³/kg；

α——计算点的过量空气系数。

2. 烟气水露点温度 t_{dp}

当已知烟气含湿量 d_g(g/kg，干烟气）时，按式（8-4）和式（8-5）计算烟气中的水蒸气露点温度（水露点）t_{dp}(℃)，

当 $d_g=3.8\sim160$g/kg 时，则

$$t_{dp}=\frac{236.908\left[0.21433+\lg\left(\frac{p_g d_g}{804/\rho_g+d_g}\right)\right]}{7.491-\left[0.21433+\lg\left(\frac{p_g d_g}{804/\rho_g+d_g}\right)\right]} \tag{8-4}$$

当 $d_g=61\sim825$g/kg 时，则

$$t_{dp}=\frac{238.1\left[0.20974+\lg\left(\frac{p_g d_g}{804/\rho_g+d_g}\right)\right]}{7.4962-\left[0.20974+\lg\left(\frac{p_g d_g}{804/\rho_g+d_g}\right)\right]} \tag{8-5}$$

式中 p_g——烟气的绝对压力，kPa；

d_g——烟气含湿量，g/kg 干烟气；

ρ_g——干烟气密度（标准状态），kg/m³。

$$\rho_g=\frac{m_g}{V_g} \tag{8-6}$$

$$m_g=1-0.01A_{ar}+1.306\alpha V^0 \tag{8-7}$$

$$V_g=V_{N_2}+V_{RO_2}+V_{H_2O}+1.016(\alpha-1)V^0 \tag{8-8}$$

$$V^0=0.0889(C_{ar}+0.375S_{c,ar})+0.265H_{ar}-0.0333O_{ar} \tag{8-9}$$

$$V_{N_2}=0.79V^0+0.8\frac{N_{ar}}{100} \tag{8-10}$$

$$V_{RO_2}=\frac{1.866}{100}(C_{ar}+0.375S_{c,ar}) \tag{8-11}$$

$$V_{H_2O}=0.111H_{ar}+0.0124M_{ar}+0.0161V^0 \tag{8-12}$$

V_g——烟气在标准状态下的体积，m³/kg；

V^0——1kg 原煤的燃烧理论空气量，m³/kg；

V_{N_2}、V_{H_2O}——1kg 原煤燃烧生成的氮气、水蒸气在标准状态下的理论体积，m³/kg；

V_{RO_2}——1kg 原煤燃烧生成的三原子气体标在标准状态下的理论体积，m³/kg；

α——计算点的过量空气系数；

C_{ar}、H_{ar}——原煤收到基碳、氢含量，%；

O_{ar}、N_{ar}、$S_{c,ar}$——原煤收到基氧、氢、可燃硫含量，%；

M_{ar}、A_{ar}——原煤收到基水分、灰分含量，%。

二、《锅炉机组热力计算标准方法》（俄，1998 版） 烟气酸露点计算方法[5]

燃用粉状含硫固体燃料时，根据烟气中水蒸气分压下水蒸气的凝结温度（水露点）

和燃料的折算硫分 S_{sp}及折算灰分 A_{sp}，按式（8-13）计算，即

$$t_{dp,s}=t_{dp}+\Delta t_{dp} \tag{8-13}$$

式中 $t_{dp,s}$——烟气酸露点温度,℃；

t_{dp}——烟气中水蒸气分压下蒸汽的凝结温度（水露点),℃；

Δt_{dp}——烟气酸露点温度与其中水蒸气凝结温度差,℃，按式（8-14）计算，即

$$\Delta t_{dp}=\frac{200\sqrt[3]{S_{sp}}}{125\alpha_{fiy}A_{sp}} \tag{8-14}$$

式中 α_{fly}——飞灰份额，对于煤粉炉，α_{fly}=0.8～0.9；

S_{sp}——相对 1000kJ/kg 燃料发热量的折算硫分，$S_{sp}=S_{c,ar}\times(4182/Q_{net,ar})$，(%·g)/kcal；

$S_{c,ar}$——燃料可燃硫分,%；

A_{sp}——相对 1000kJ/kg 燃料发热量的折算灰分，$A_{sp}=A_{ar}\times(4182/Q_{net,ar})$，(%·g)/kcal；

A_{ar}——原煤收到基灰分含量,%；

$Q_{net,ar}$——燃料低位发热量，kJ/kg。

当 α_{fly}=0.85 时，Δt_{dp}可按图 8-44 确定。

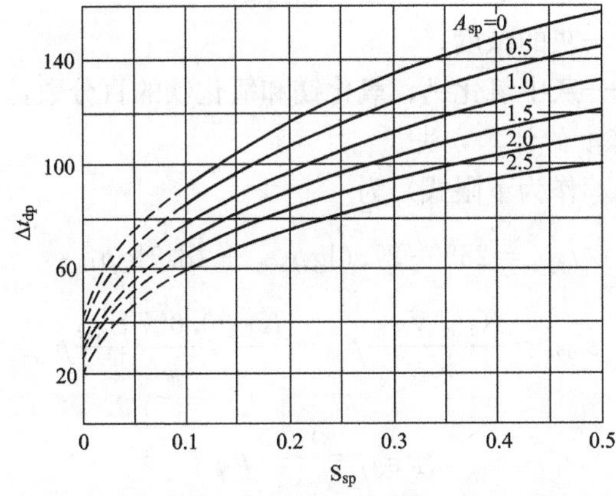

图 8-44 燃用固体燃料烟气露点与其中水蒸气凝结温度的差与 A_{sp}、S_{sp}的关系

三、DL/T 5145—2012《火力发电厂制粉系统设计计算技术规定》烟气酸露点计算方法[4]

1. 按煤质成分为基准的计算方法

按煤质成分为基准的计算的方法，如式（8-15）所示，即

$$t_{dp,s}=t_{dp}+\frac{\beta(K_sS_{sp})^{\frac{1}{3}}}{1.05^n}$$

或

$$t_{dp,s}=t_{dp}+\frac{\beta\sqrt[3]{K_sS_{sp}}}{1.05^{\alpha_{fly}A_{sp}}} \tag{8-15}$$

$$S_{sp}=S_{c,ar}\times\frac{4182}{Q_{net,ar}}$$

$$A_{sp}=A_{ar}\times\frac{4182}{Q_{net,ar}}$$

$$n=\alpha_{fly}A_{sp} \tag{8-16}$$

$$K_s=0.63+0.345(0.99)A_b \tag{8-17}$$

$$A_b=0.239\alpha_{fly}A_{sp}(7CaO+3.5MgO+Fe_2O_3) \tag{8-18}$$

式中 t_{dp}——烟气中水露点温度,℃;

β——与炉膛出口过量空气系数 α_F 有关的参数:$\alpha_F=1.2$ 时,$\beta=121$;$\alpha_F=1.4\sim1.5$ 时,$\beta=129$,一般工程计算中可取 $\beta=125$;

K_s——SO_2 排放系数,表征燃烧过程中有一部分可燃硫因与灰中碱金属氧化物结合而固定于灰中转变为不可燃硫,使实际 SO_2 排放量低于燃烧计算的 SO_2 量;

S_{sp}——燃料折算硫分,(%·g)/kcal;

n——指数,表征飞灰含量对酸露点的影响程度;

α_{fly}——飞灰份额,对煤粉锅炉 $\alpha_{fly}=0.8\sim0.9$;

$S_{c,ar}$——燃料可燃硫,%;

A_{sp}——燃料折算灰分,(%·g)/kcal;

$Q_{net.ar}$——燃料低位发热量,kJ/kg;

A_b——灰的碱度;

CaO、MgO、Fe_2O_3——灰中氧化钙、氧化镁和氧化铁的百分数,%。

2. 按烟气成分为基准的计算方法

(1) 计算式A(推荐作为下限式)为

$$t_{dp,s}=255+27.6\lg p_{SO_3}+18.7\lg p_{H_2O} \tag{8-19}$$

$$p_{SO_3}=\frac{K_{SO_3}V_{SO_2}}{V_g}p_{ag}=\frac{K_{SO_3}0.007S_{c,ar}}{V_g}p_{ag} \tag{8-20}$$

$$p_{H_2O}=\frac{V_{H_2O}}{V_g}p_{ag} \tag{8-21}$$

式中 p_{SO_3}——烟气中 SO_2 分压力,按大气压力确定,at(1at=100kPa);

p_{H_2O}——烟气中水蒸气分压力,按大气压力确定,at;

p_{ag}——烟气绝对压力,按大气压力确定,at;

V_{H_2O}——1kg 原煤燃烧生成的水蒸气在标准状态下的理论体积,m^3/kg;

K_{SO_3}——SO_3 转化率,对煤粉炉 $K_{SO_3}=0.5\%\sim2\%(0.005\sim0.02)$,煤的含硫量高时取下限,含硫量低时取上限(当计及煤中飞灰碱性成分对 SO_3 的吸收作用影响时,实际上的转化率 K_{SO_3} 值将变小);

$S_{c,ar}$——收到基可燃硫分,%;

V_{SO_2}——SO_2 的容积,m^3/kg;

V_g——烟气在标准状态下的容积,m^3/kg。

(2) 计算式B(推荐作为上限式)为

$$t_{dp,s}=186+26\lg SO_3+20\lg H_2O \tag{8-22}$$

$$SO_3=\frac{K_{SO_3}V_{SO_3}}{V_g}100\%=\frac{K_{SO_3}0.007S_{c,ar}}{V_g}100\% \tag{8-23}$$

$$H_2O=\frac{V_{H_2O}}{V_g}\times 100\% \tag{8-24}$$

式中 SO_3——烟气中 SO_3 容积份额，%；

H_2O——烟气中水蒸气容积份额，%。

第四节 烟气冷却器的传热计算[5,6]

烟气冷却器内的传热元件一般采用肋片管、鳍片管或翅片管。在设计时，选取最佳的管型、排列方式，并对传热系数及流动阻力进行优化设计和计算，最终确定烟气冷却器的结构尺寸。

烟气冷却器布置在锅炉尾部主要是对流传热，需要计算加热介质对管壁的对流放热系数 α_{c1} 和管壁对受热介质的流放热系数 α_{c2}，以便进行烟气冷却器传热计算。

一、 光管的传热计算[5,6]

1. 气流横向冲刷顺列光管管束

气流横向冲刷顺列光管管束时，相对总外表面积受热面的对流放热系数按式（8-25）计算，即

$$\alpha_{c1}=0.2C_sC_z\frac{\lambda}{d}\left(\frac{wd}{\nu}\right)^{0.65}Pr^{0.33} \tag{8-25}$$

式中 α_{c1}——相对总外表面积受热面的对流放热系数，W/(m^2·℃)；

C_s——管束几何布置方式的修正系数，与管子的纵向相对节距 σ_2 和横向相对节距 σ_1 有关：

$$C_s=\left[1+(2\sigma_1-3)\left(1-\frac{\sigma_2}{2}\right)^3\right]^{-2} \tag{8-26}$$

σ_1——横向相对节距 $\sigma_1=s_1/d$。

σ_2——纵向相对节距 $\sigma_2=s_2/d$。

当 $\sigma_2\geqslant 2$ 且 $\sigma_1\leqslant 1.5$ 时，$C_s=1$；

当 $\sigma_2<2$ 且 $\sigma_1>3$ 时，$\sigma_1=3$。

C_z——沿烟气行程方向管子排数的修正系数，决定于计算管束各个管组的平均排数：

当 $z_2<10$ 时，$C_z=0.91+0.125\ (z_2-2)$； (8-27)

当 $z_2\geqslant 10$ 时，$C_z=1$。

λ——介质平均温度下的导热系数，W/(m·℃)，对于空气和烟气，见表 8-7。

d——管子直径，m。

w——烟气速度，m/s。

ν——气流平均温度下的运动黏度系数，m^2/s，对于空气和烟气，见表 8-7。

Pr——普朗特准则，见表 8-7。

表 8-7　　　　　　　　空气和烟气的物理特性

t(℃)	空　气			平均成分烟气		
	ν(×10^6, m^2/s)	λ[×10^2, W/(m·℃)]	Pr —	ν(×10^6, m^2/s)	λ[×10^2, W/(m·℃)]	Pr —
0	13.6	2.42	0.70	11.9	2.27	0.74
100	23.5	3.18	0.69	20.8	3.12	0.70
200	35.3	3.89	0.69	31.6	4.00	0.67
300	48.9	4.47	0.69	43.9	4.82	0.65
400	63.8	5.03	0.70	57.8	5.68	0.64
500	73.2	5.60	0.70	73.0	6.54	0.62
600	98.0	6.14	0.71	89.4	7.40	0.61
700	116.0	6.65	0.71	107.0	8.25	0.60
800	136.0	7.12	0.72	126.0	9.13	0.59
900	157.0	7.59	0.72	146.0	9.99	0.58
1000	179.0	8.03	0.72	167.0	10.87	0.58
1100	202.0	8.44	0.72	188.0	11.72	0.57
1200	226.0	8.85	0.73	211.0	12.53	0.56
1300	247.0	9.24	0.73	234.0	13.46	0.55
1400	277.0	9.63	0.73	258.0	14.38	0.54
1500	300.0	10.00	0.73	282.0	15.31	0.53
1600	331.0	10.36	0.74	307.0	16.24	0.52
1700	355.0	10.72	0.74	333.0	17.28	0.51
1800	390.0	11.08	0.74	361.0	18.10	0.50
1900	415.0	11.43	0.74	389.0	18.91	0.49
2000	445.0	11.83	0.74	419.0	19.84	0.49
2100	478.0	12.60	0.75	450.0	20.65	0.48
2200	511.0	12.41	0.75	482.0	21.58	0.47

按式（8-25）～式（8-27）作出的线算图可以确定烟气或空气横向冲刷顺列光管管束时的对流放热系数[5]。

2. 气流横向冲刷错列光管管束[5]

气流横向冲刷错列光管管束时，相对总外表面积受热面的对流放热系数按式（8-28）计算，即

$$\alpha_{c1}=0.36C_s C_z \frac{\lambda}{d}\left(\frac{wd}{\nu}\right)^{0.6} Pr^{0.33} \tag{8-28}$$

式中　α_{c1}——相对总外表面积受热面的对流放热系数，W/(m²·℃)。

C_s——由横向相对节距 σ_1 及 φ_σ 值 $\left(\varphi_\sigma=\frac{\sigma_1-1}{\sigma_2'-1}\right)$ 决定的系数，φ_σ 值中的 σ_2' 为平均斜

向相对节距，$\sigma_2'=\sqrt{\frac{1}{4}\sigma_1^2+\sigma_2^2}$，$\sigma_2$ 为纵向相对节距。

$0.1<\varphi_\sigma\leqslant1.7$ 所有的 σ_1 $\quad C_s=0.95\varphi_\sigma^{0.1}$ (8-29)

$1.7<\varphi_\sigma\leqslant4.5$ $\sigma_1<3$ $\quad C_s=0.77\varphi_\sigma^{0.5}$ (8-30)

$0.1<\varphi_\sigma\leqslant4.5$ $\sigma_1\geqslant3$ $\quad C_s=0.95\varphi_\sigma^{0.1}$ (8-31)

C_z——沿烟气流程方向管子排数的修正系数。

$z_2<10$ 且 $\sigma_1\leqslant3$ $\quad C_z=3.12z_2^{0.05}-2.5$ (8-32)

$z_2<10$ 且 $\sigma_1>3$ $\quad C_z=4z_2^{0.02}-3.2$ (8-33)

$z_2\geqslant10$ $\quad C_z=1$

式（8-28）中的符号意义与式（8-25）的相同。

按式（8-28）～式（8-33）作出的线算图可以确定烟气或空气横向冲刷错列光管管束时的对流放热系数[5]。

二、 肋片管的传热计算[5]

1. 气流横向冲刷错列和顺列肋片管

气流横向冲刷错列和顺列布置的、带有圆形（包括螺旋—带状肋片）和正方形横肋片（鳍片）的管束时，相对总外表面积受热面的对流放热系数按式（8-34）计算，即

$$\alpha_{cl}=0.113\,C_s\,C_z\,\frac{\lambda}{d}\left(\frac{wd}{\nu}\right)^n Pr^{0.33} \tag{8-34}$$

式中 α_{cl}——相对总外表面积受热面的对流放热系数，W/(m²·℃)；

λ——气流平均温度下介质的导热系数，W/(m·℃)，见表 8-7；

d——管子外径，m；

ν——气流平均温度下介质的运动黏度，m²/s，见表 8-7；

Pr——气流平均温度下介质普朗特准则，见表 8-7；

n——指数，按式（8-35）计算，或按图 8-45、图 8-46 取得，即

$$n=0.7+0.08\varphi+0.005\psi_p \tag{8-35}$$

ψ_p——肋化系数，其值等于管束总面积与肋化段上支承管的面积之比值，对圆形肋片，包括螺旋—带状肋片，按式（8-36）计算，即

$$\psi_p=\frac{1}{2ds_{rb}}(D^2-d^2+2D\,\delta_{rb})+1-\frac{\delta_{rb}}{s_{rb}} \tag{8-36}$$

对正方形肋片，按式（8-37）计算，即

$$\psi_p=\frac{2(C^2-0.785d^2+2C\delta_{rb})}{\pi ds_{rb}}+1-\frac{\delta_{rb}}{s_{rb}} \tag{8-37}$$

C——正方形肋片的边长；

D——肋片直径，m，对于正方形肋片 $D=1.13C$；

δ_{rb}——肋片的平均厚度，m；

s_{rb}——肋片节距，m；

φ——支撑管上被肋片包围的角度，(°)；

C_s——由管束横向和纵向相对节距、管束形式及肋化系数决定的系数，按式（8-

38)。计算，即

$$C_s=(1.36-\varphi)\left(\frac{11}{\psi_p+8}-0.14\right) \tag{8-38}$$

$$\varphi=\text{th}x \tag{8-39}$$

式中　th——双曲函数正切；

　　x——参数；

错列管束

$$x=\frac{\delta_1}{\delta_2}-\frac{1.26}{\psi_p}-2 \tag{8-40}$$

顺列管束

$$x=4\left(\frac{\psi_p}{7}+2-\delta_2\right) \tag{8-41}$$

C_z——沿烟气行程方向管子排数的修正系数：

纵向管子排数 $z_2<8$ 且 $\delta_1/\delta_2<2$　$C_z=3.15z_2^{0.05}-2.5$　(8-42)

纵向管子排数 $z_2<8$ 且 $\delta_1/\delta_2\geqslant 2$　$C_z=3.5z_2^{0.03}-2.72$　(8-43)

纵向管子排数 $z_2\geqslant 8$　$C_z=1$

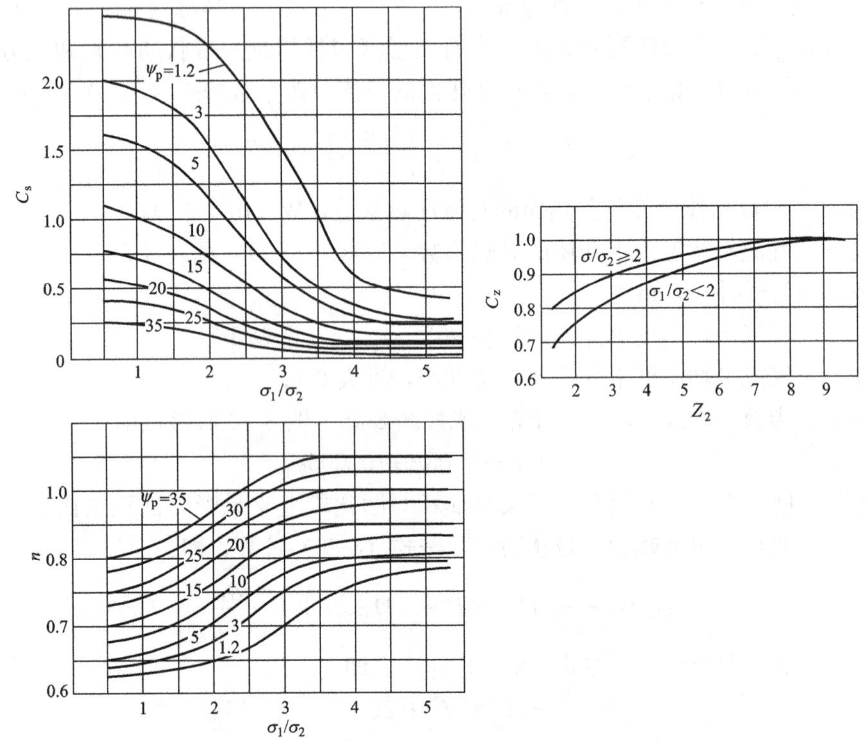

图 8-45　横肋片管错列管束，式（8-34）中修正系数 C_s、C_z及指数 n 的关系

对于错列管束，C_s、C_z、n、肋化系数 ψ_p 和 δ_1/δ_2 的关系见图 8-45。对于顺利管束 C_s、n 及 δ_2 的关系见图 8-46。

2. 横向冲刷螺旋线肋片管（翅片管）的错列管束[5]

横向冲刷螺旋线肋片管（翅片管）的错列管束，相对总外表面积受热面的对流放热

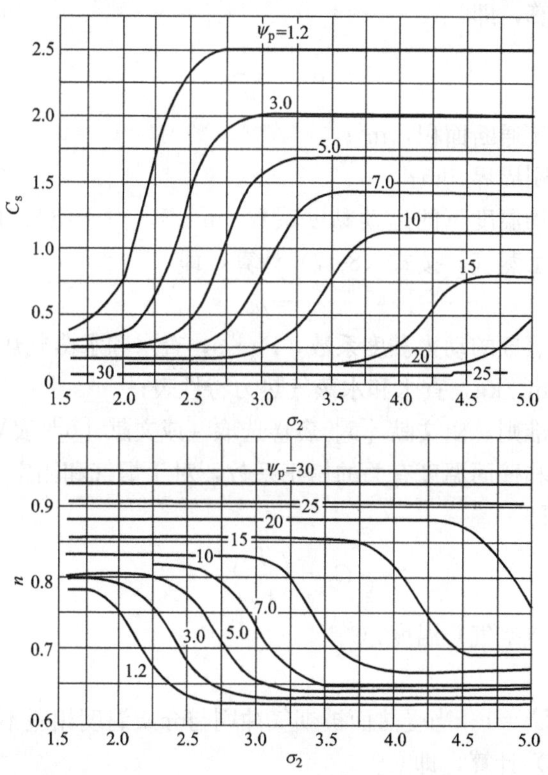

图 8-46 横向肋片管顺列管束，式（8-34）中修正系数 C_s 及指数 n

系数按式（8-44）计算，即

$$\alpha_{c1}=2.55\frac{\lambda}{s_B}\left(\frac{s_1}{d}\right)^{0.2}\left(\frac{s_2}{d}\right)^{-0.1}\left(\frac{l_0}{h}\right)^{0.36}\left(\frac{d}{s_B}\right)^{-0.6}\left(\frac{w\cdot s_B}{\nu}\right)^{0.46} \tag{8-44}$$

式中 α_{c1}——相对总外表面积受热面的对流放热系数，W/(m² · ℃)；

s_B——螺距，m；

l_0——环圈节距，$l_0=\pi d/z$，m；

h——环圈高度；

z——一个螺旋内的环圈数；

w——烟气速度，m/s。

3. 压力和温度远未达到临界状态的单相湍流介质对受热面纵向冲刷

压力和温度远未达到临界状态的单相湍流介质对受热面纵向冲刷，管壁对受热介质的流放热系数 α_{c2} 按式（8-45）计算，即

$$\alpha_{c2}=0.023\frac{\lambda}{d_e}\left(\frac{wd_e}{\nu}\right)^{0.8}Pr^{0.4}C_tC_dC_l \tag{8-45}$$

式中 α_{c2}——管壁对受热介质的流放热系数，W/(m² · ℃)；

λ——介质平均温度下的导热系数，对于空气和烟气见表 8-7；

d_e——当量直径，m，气流在管内流动时，当量直径为管子的内径。气流在非圆形断面流动或在环形缝道内流动，或纵向冲刷管束时，当量直径按式（8-

46）计算，即

$$d_e = \frac{4F}{u} \tag{8-46}$$

F——通道的流通断面积，m^2；

u——全部冲刷周界，m；

ν——气流平均温度下的运动黏度系数，m^2/s，对于空气和烟气，见表 8-7，对于水和水蒸气，按式（8-47）计算，即

$$\nu = \mu \upsilon \tag{8-47}$$

μ——水和水蒸气的动力黏度系数，Pa·s，查水和水蒸气热力特性表；

υ——比容，m^3/kg，查水和水蒸气热力特性表；

Pr——普朗特准则，由文献［5］表Ⅸ选取（或文献［6］表Ⅶ选取）；

C_t——与气流和壁面温度有关的修正系数，对于烟气和当空气受热时按式（8-48）计算，即

$$C_t = \left(\frac{T}{T_w}\right)^{0.5} \tag{8-48}$$

T——烟气（或空气）温度，℃；

T_w——壁温，℃。

烟气被冷却时，$C_t=1$。当受热面被烟气冲刷与介质温度相差不大时，对于水（$Pr>0.7$），C_t 按式（8-49）计算，即

$$C_t = \left(\frac{\mu}{\mu_w}\right)^n \tag{8-49}$$

n——指数，液体受热时 $n=0.11$，液体冷却时 $n=0.25$；

μ、μ_w——液体在平均温度下及在壁温下的动力黏度系数，Pa·S。

水的温度很高时，黏度与其关系不大，故取 $C_t=1$。

C_d——受热状况修正系数，仅应用于环缝通道且只单面受热情况（内表面或外表面的一面受热），按图 8-47 曲线查得，如为两面受热，$C_d=1$。

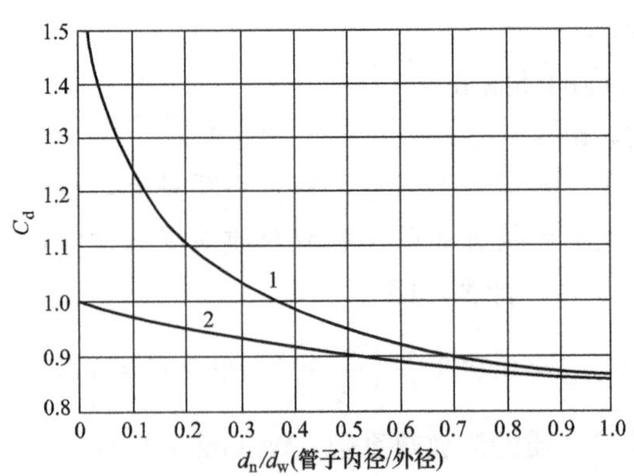

图 8-47　在环缝通道中流动的修正系数

1—内壁受热曲线；2—外壁受热曲线

C_l——相对长度修正系数，仅在 $l/d_e<50$ 时，管子入口是直的，没有圆形导边的情况下才采用，其值可按图 8-48 曲线查得。

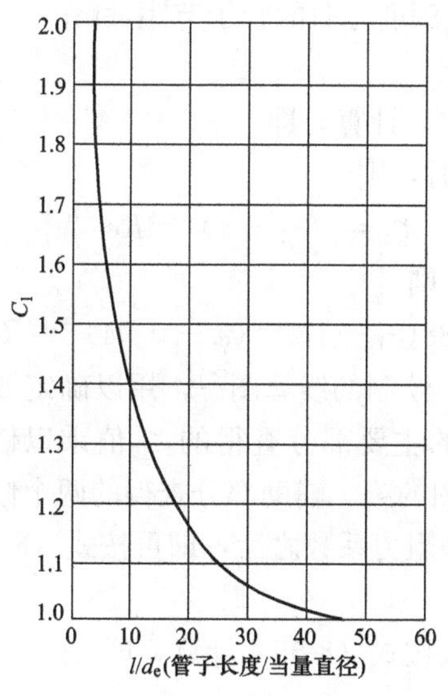

图 8-48 $l/d_e<50$ 时相对长度修正系数 C_l

第五节 烟气冷却器的阻力计算[7]

横向冲刷光管和肋片管束的阻力，不管有无热交换，均用通式（8-50）计算，即

$$\Delta p=\zeta\frac{\rho w^2}{2g}，\quad kg/m^2 \tag{8-50}$$

$$1kg/m^2=1mmH_2O=9.81\ Pa\approx10Pa$$

$$\Delta p=\zeta\frac{\rho w^2}{2g}\times10=\zeta\frac{\rho w^2}{2}，\quad Pa \tag{8-51}$$

式中 Δp——横向冲刷肋片管束的阻力，Pa；

ζ——阻力系数；

ρ——气体密度，kg/m^3；

w——气体速度，m/s。

在这种情况下，阻力系数 ζ 的值与管束中管子的排数和布置以及 Re 有关。气流速度 w 按与烟气（或空气）流向垂直的管子轴线平面内缩小了的烟道断面确定。进入或离开管束各排时的阻力不单独计算，因为它们已包括在管束阻力系数 ζ 内。

一、 横向冲刷光管管束的阻力计算

1. 光管顺列管束的阻力

光管顺列管束的阻力系数按式（8-52）计算，即

$$\zeta=\zeta_0 z_2 \tag{8-52}$$

式中 z_2——沿管束深度方向的管子排数；

ζ_0——对应于管束中一排管子的阻力系数，与比值 $\sigma_1=s_1/d$，$\sigma_2=s_2/d$ 和 $\psi=s_1-d/s_2-d$，以及 Re 有关；

s_1、s_2——沿管束宽度及深度方向的管子节距，m；

d——管子外径，m。

ζ_0按式（8-53）、式（8-54）计算，即

当 $\sigma_1\leqslant\sigma_2$，$0.06\leqslant\psi\leqslant1$ 时，则

$$\zeta_0=2(\sigma_1-1)^{-0.5}Re^{-0.2} \tag{8-53}$$

当 $\sigma_1>\sigma_2$，$1<\psi\leqslant8$ 时，则

$$\zeta_0=0.38(\sigma_1-1)^{-0.5}(\psi-0.94)^{-0.59}Re^{-0.2/\psi2} \tag{8-54}$$

按式（8-53）、式（8-54）绘制的线算图[7]，用以确定顺列管束一排管子的阻力系数 ζ_0。当 $\sigma_1\leqslant\sigma_2$ 时，由线算图的主要部分查得的 ζ_{rp} 值乘以修正系数 C_σ。当 $\sigma_1>\sigma_2$，$1<\psi\leqslant8$时，ζ_{rp}值要乘以由线算图的第二辅助部分查得的两个修正系数 C_σ及 C_{Re}。

按式 $\zeta=\zeta_0 z_2$ 确定管束的阻力系数之后，即可按式（8-51）计算管束的阻力。

2. 光管错列管束的阻力

光管错列管束的阻力系数按式（8-55）计算，即

$$\zeta=\zeta_0(z_2+1) \tag{8-55}$$

式中　z_2——沿管束深度方向的管子排数；

ζ_0——管束中一排管子的阻力系数，它与比值 $\sigma_1=s_1/d$ 和 $\psi=(s_1-d)/(s_2-d)$，以及 Re 有关；

s_1、s_2——沿管束宽度及深度方向的管距，m。

$$s_2'=\sqrt{\frac{1}{4}s_1^2+s_2^2}$$

s_2'——管子的对角线节距，m。

对于所有错列管束，除了 $3<\sigma_1\leqslant10$ 而 $\varphi>1.7$ 的以外，则

$$\zeta_0=C_sRe^{-0.27} \tag{8-56}$$

式中　C_s——错列管束的形状系数。

当 $0.1\leqslant\varphi\leqslant1.7$ 时：

对 $\sigma_1\geqslant1.44$ 时的管束，则

$$C_s=3.2+0.66(1.7-\varphi)^{1.5} \tag{8-57}$$

对 $\sigma_1<1.44$ 时的管束，则

$$C_s=3.2+0.66(1.7-\varphi)^{1.5}+\frac{1.44-\sigma_1}{0.11}[0.8+0.2(1.7-\varphi)^{1.5}] \tag{8-58}$$

按式（8-51)、式（8-56)、式（8-57)、式（8-58）绘制的线算图[7]，用它确定几何特性为 $0.1\leqslant\varphi\leqslant1.7$ 的错列管束中一排管子的阻力。按式（8-55）确定管束的阻力系数之后，即可按式（8-51）计算管束的阻力。

二、横向冲刷肋片管束的阻力计算

带有圆形和正方形横向肋片管束的阻力按式（8-59）计算，管束的阻力系数 ζ 取决于肋片型式、管子在管束中的布置及 Re。横向肋片计算用的简图见图 8-49。

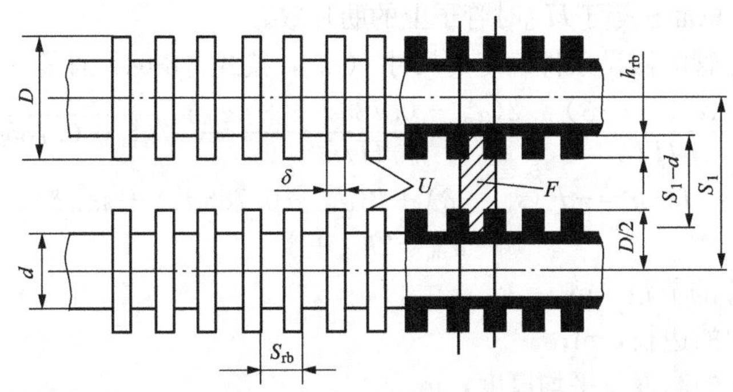

图 8-49 横向肋片管计算用的简图

1. 横向冲刷错列肋片管束

错列布置的肋片管束的阻力系数 ζ 按式（8-52）计算，即

$$\zeta=\zeta_0 z_2$$

式中 z_2——沿管束深度方向的管子排数；

ζ_0——管束一排管子的阻力系数 ζ_0 按式（8-59）计算，即

$$\zeta_0=C_s C_z Re^{-0.25} \tag{8-59}$$

C_s——错列管束的形状系数，与比值 l/d_e 有关，当 $0.16\leqslant l/d_e\leqslant 6.55$，$Re_1=(2.2\sim180)\times10^3$ 时，C_s 按式（8-60）计算，即

$$C_s=5.4(l/d_e)^{0.3} \tag{8-60}$$

d_e——管束压缩横断面的当量直径（见图 8-49），m；

$$d_e=\frac{4F}{U}=\frac{2[s_{rb}(s_1-d)-2\delta h_{rb}]}{2h_{rb}+s_{rb}} \tag{8-61}$$

式中 F——烟气或空气通道中最大压缩横断面积，m^2；

U——受流动介质冲刷的周长，m；

s_1——管束中管子的横向节距，m；

Re_1——按假设条件确定的尺寸 l(m) 计算的 Re_1 为

$$Re_1=wl/\nu \tag{8-62}$$

ν——气流平均温度下的运动黏度系数，m^2/s，对于空气和烟气，见表 8-7，对于水和水蒸气，按式（8-47）计算；

l——假设条件确定的尺寸，m；

$$l=\frac{H'_g}{H}d+\frac{H_{rb}}{H}\sqrt{\frac{H'_{rb}}{2n}} \tag{8-63}$$

$$H'_g/H=1-\frac{H_{rb}}{H}$$

H——肋片管的全表面积，m^2；

H'_g——肋片之间的光管（支承管）段的表面积，m^2；

H_{rb}——肋片的表面积，m^2；

H'_{rb}——肋片两平面的表面积（不包括端面的面积），m^2；

d——支承管的直径（见图 8-49），m；

n——肋片总面积等于H_{rb}时管子上的肋片数。

对于方形肋片管的假设条件确定的尺寸l(m)，按式（8-64）计算，即

$$l=\frac{\pi d^2(s_{rb}-\delta)}{H/n}+\frac{2(\alpha_{rb}^2-0.785d^2)+4\alpha_{rb}\delta}{H/n}\sqrt{a_{rb}^2-0.785d^2} \tag{8-64}$$

$$H/n=\pi d^2(s_{rb}-\delta)+2(\alpha_{rb}^2-0.785d^2)+4\alpha_{rb}\delta$$

$$\alpha_{rb}=2h_{rb}+\delta$$

式中　s_{rb}——肋片的节距，m；

α_{rb}——肋片的边长，m；

h_{rb}、δ——肋片的高度及平均厚度，m。

对于圆形肋片管的假设条件确定的尺寸l(m)，按式（8-65）计算，即

$$l=\frac{(s_{rb}-\delta)nd}{L\beta}+\frac{0.5n(D^2-d^2)+Dn\delta}{Ld\beta}\sqrt{0.785(D^2-d^2)} \tag{8-65}$$

式中　L——肋片表面积等于H_{rb}时的管子长度，m；

β——管子的肋片系数（总表面积与直径为d的光管表面积之比）；

D——肋片外缘的直径（肋片直径），m。

按式（8-51）、式（8-59）、式（8-60）绘制的线算图[7]，用它确定肋片管错列管束中一排的阻力，确定管束的压力损失时，必须将曲线查得的数值乘以z_2。按式$\zeta=\zeta_0 z_2$确定管束的阻力系数之后，即可按式（8-51）计算管束的阻力。

2. 横向冲刷顺列肋片管束

横向冲刷顺列肋片管束的阻力系数按式（8-52）计算，即

$$\zeta=\zeta_0 z_2$$

式中　z_2——沿管束深度方向的管子排数；

ζ_0——对应管束中一排管子的阻力系数ζ_0按式（8-66）计算，即

$$\zeta_0=C_sC_zRe_1^{-0.08} \tag{8-66}$$

C_s——错列管束的形状系数，与比值l/d_e及$\psi=(s_1-d)/(s_2-d)$有关，s_1及s_2为管束中管子的横向及纵向节距；对$0.9\leqslant l/d_e\leqslant 11$，$0.5\leqslant\psi\leqslant 2.0$的管束，当$Re_1=(4.3\sim160)\times10^3$时，则

$$C_s=0.52(l/d_e)^{0.3}\psi^{-0.68} \tag{8-67}$$

C_z——对于排数少的管束（$z_2\leqslant5$）的排数修正系数，见文献［7］的线算图Ⅶ-9，当$z_2\geqslant6$时，$C_s=1$；

Re_1——按假设条件确定的尺寸l(m)计算的Re_1数。

按式（8-51）、式（8-66）、式（8-67）绘制的线算图[7]，用它确定肋片管错列管束中一排的阻力，确定管束的压力损失时，必须将曲线查得的数值乘以z_2。按式$\zeta=\zeta_0 z_2$确定管束的阻力系数，即可按式（8-51）计算管束的阻力。

三、 横向冲刷顺列螺旋翅片管[2]

螺旋翅片管的阻力随着肋片（翅片）间距的增大，流动阻力系数减小。在$Re=(6\sim15)\times10^3$范围内，螺旋肋片管（螺旋翅片管）的阻力系数按式（8-68），即

$$\zeta=4.8312Re^{-0.2401}\left(\frac{s_{rb}}{d}\right)^{-0.0925} \tag{8-68}$$

式中 ζ——阻力系数；

Re——雷诺数；

s_{rb}——螺旋肋片管（螺旋翅片管）间距，m；

d——管子直径，m。

按式（8-66）确定管束的阻力系数之后，即可按式（8-51）计算管束的阻力。

第六节 褐煤锅炉高效烟气余热利用系统[1]

我国燃煤电站锅炉排烟温度大多在120～150℃，锅炉热效率约为92%～95%。燃褐煤锅炉排烟温度较常规烟煤锅炉还要高20～30℃。排烟温度每降低10℃，锅炉热效率将提高0.7%～1.0%，供电煤耗将下降2.2～3.2g/kWh。因此，降低排烟损失特别是大幅降低褐煤锅炉的排烟热损失，是提高褐煤机组锅炉效率的关键。

利用排烟余热的方式有多种，比较成熟和有效的方式，有增加省煤器换热面积和加装低压省煤器，以及采用高效烟气余热利用系统。本节介绍660MW褐煤锅炉采用高效烟气余热利用系统的设计。

一、 褐煤锅炉燃烧设备概况

660MW机组褐煤锅炉为一次中间再热、超超临界变压运行直流锅炉，采用单炉膛、平衡通风、固态排渣、全钢架、全悬吊结构、紧身封闭布置的塔式锅炉。锅炉机组参数为28.25MPa/605℃/613℃。

采用WR夹心风低NO_x燃烧器，燃烧器布置在炉膛水冷壁的四面墙上，八角切圆布置，共48只燃烧器。

燃用锡林浩特胜利矿褐煤，设计煤质的水分M_t=35.0%(校核煤M_t=38.0%)，灰分A_{ar}=15.56%，挥发分V_{daf}为=46.91%，低位发热量$Q_{net,ar}$=12.762MJ/kg(3048kcal/kg)。

炉膛容积放热强度q_V=55.12kW/m^3，炉膛断面放热强度q_F=3.663MW/m^2，燃尽区高度h_1=27.7m。燃烧器区壁面放热强度q_B=1.075 MW/m^2。

配置8台风扇磨煤机直吹式制粉系统，7台运行、1台备用，直吹式三介质干燥制粉系统。

以同容量660MW机组褐煤锅炉与烟煤锅炉为例，由于煤种不同，炉膛的轮廓尺寸与产生的烟气量也不同，其相关数据见表8-8。

由表8-8可见，褐煤锅炉与烟煤锅炉的省煤器出口即空气预热器进口烟气温度相当，而褐煤锅炉的烟气量较烟煤锅炉大20%以上，导致褐煤锅炉空气预热器出口排烟温度较烟煤锅炉高约20℃，由此引起的排烟热损失高约1%，锅炉热效率相差1%以上。

由于褐煤水分高、发热量低，单台锅炉所需燃煤量为514.37t/h，较烟煤锅炉的322.19t/h多将近40%，单位时间所需空气量增加，产生的烟气量为909.02kg/s，较烟煤锅炉烟气量的713.63kg/s增加约20%以上。烟气量的增加，也会引起排烟热损失的增加。

表 8-8　　同容量 660MW 机组褐煤锅炉与烟煤锅炉的相关数据

序号	项目	单位	褐煤锅炉	烟煤锅炉
1	锅炉计算燃煤量（BMCR）	t/h	513.05	319.93
2	锅炉实际燃煤量（BMCR）	t/h	514.37	322.19
3	炉膛容积放热强度 q_V	kW/m³	55.12	74.55
4	炉膛断面放热强度 q_F	MW/m²	3.663	4.25
5	燃烧器区壁面放热强度 q_B	MW/m²	1.075	1.68
6	空气预热器出口风温	℃	332	353
7	排烟温度（修正前）	℃	148	131
8	排烟温度（修正后）	℃	143	126
9	炉膛出口烟气量（标准状态）	m³/h	2 542 721	2 336 716
		kg/s	909.02	705.91
10	省煤器出口烟气量（标准状态）	m³/h	2 542 721	2 414 270
		kg/s	909.02	711.43
11	空气预热器进口烟气量（标准状态）	m³/h	2 542 721	2 409 879
		kg/s	909.02	713.63
12	空气预热器出口烟气量（标准状态）	m³/h	26 311 204	2 423 326
		kg/s	950.15	741.15

二、 烟气余热利用方案

（一）烟气余热利用系统设计方案

660MW 机组燃用偏高水分（M_t=35%）褐煤锅炉的烟气量较烟煤锅炉大 20%以上，且排烟温度高达 143℃（修正后），较烟煤锅炉的排烟温度高约 20℃，见表 8-8。该机组褐煤锅炉采用的高效综合烟气余热利用系统流程见图 8-50。省煤器出口经脱硝装置（SCR）后烟气总量的约 75%进入两分仓空气预热器，另外约 25%的烟气不经过空气预热器，烟气直径进入旁路烟道，旁路烟道中设置第一级换热器——高压给水换热器和第二级换热器——低压凝结水换热器，约 359℃的烟气与高压给水和凝结水进行换热，将旁路的 25%烟气热量充分回收利用，经两级换热器后的烟气被降温至约 120℃。而进入空气预热器的烟气因烟气量的减少，在空气预热器进口冷风温度升高的情况下，仍可保证空气预热器出口排烟温度控制在 120℃，与旁路烟道的出口烟温一致，旁路烟道出口烟气与空气预热器出口烟气混合后进入静电除尘器，排烟温度由原设计的 143℃降至 120℃，120℃的排烟进入双室（或三室）静电除尘器除尘后，经引风机进入湿法脱硫吸收塔，烟气进入脱硫吸收塔前设置第三级换热器——塔前烟气余热利用装置，通过热媒水将烟气由 128℃（考虑引风机温升后）降至 85～90℃，烟气余热通过热媒水加热空气预热器入口冷风，可使冷风温度由冬季时的－19.8℃提升至约 33℃，夏季由 10℃提高至约 60℃，可节省常规蒸汽型暖风器的加热蒸汽。

（二）烟气余热利用系统主要设计参数

1. 计算数据

第一级换热器——高压给水换热器、第二级换热器——低压凝结水换热器计算数据（一台机组）见表 8-9、表 8-10。

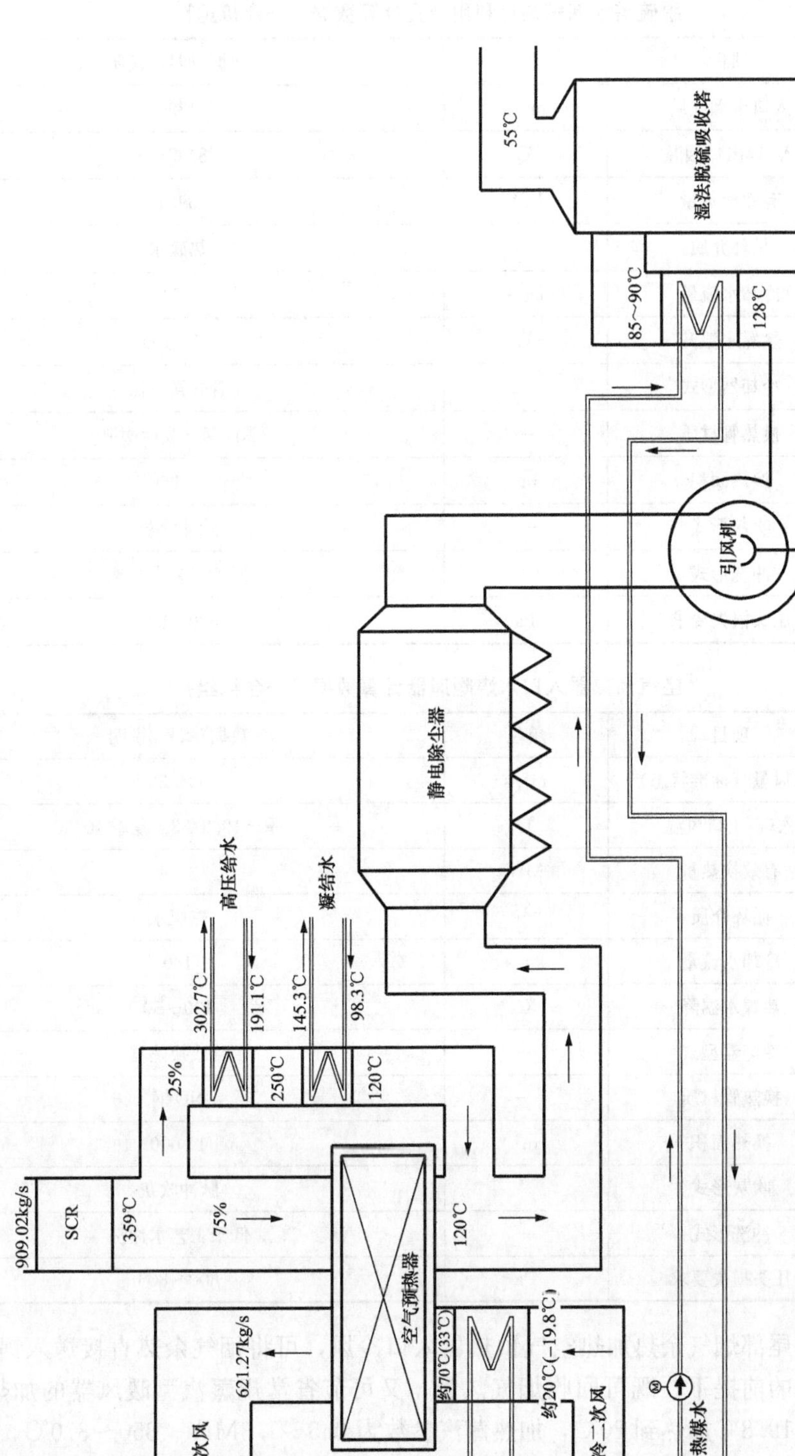

图 8-50 高效综合烟气余热利用系统流程图

表 8-9　　脱硫塔前烟气余热利用装置计算数据（一台机组）

序号	项目	单位	数据/型号/说明
1	入口干烟气量	m^3/s	1390
2	入口/出口烟温	℃	128/85～90
3	有效换热量	MW	39.4
4	循环介质	—	热媒水
5	冷却水流量	kg/s	460
6	热媒水温升	℃	60～100
7	冷却器型式	—	管式换热器
8	换热管材质	—	ND钢+改性塑料
9	换热面积	m^2	11 200
10	吹灰形式	—	脉冲吹灰
11	冲洗形式	—	低于工艺水冲洗
12	压头损失要求	Pa	600～800

表 8-10　　空气预热器入口水媒暖风器计算数据（一台机组）

序号	项目	单位	数据/型号/说明
1	入口风量（标准状态））	m^3/s	604.35
2	入口/出口风温	℃	冬季−19.8/33　夏季 10/60
3	有效换热量	MW	39.4
4	循环介质	—	热媒水
5	冷却水流量	kg/s	460
6	热媒水温降	℃	100～60
7	冷却器型式	—	管式换热器
8	换热管材质	—	ND钢
9	换热面积	m^2	11 000
10	吹灰形式	—	脉冲吹灰
11	冲洗形式	—	低于工艺水冲洗
12	压头损失要求	Pa	600～800

通过锅炉尾部烟气余热加热空气预热器入口冷风，可将烟气余热直接送入锅炉，在排烟温度不变的前提下，既可回收烟气热量，又可节省常规蒸汽型暖风器的加热蒸汽。如将冷风由−19.8℃加热到20℃，加热蒸汽参数为0.5～1.3MPa、350～370℃，每台炉BMCR工况暖风器共消耗蒸汽量约为56t/h。

2. 高效综合烟气余热利用装置的布置

空气预热器旁路烟道高压给水换热器和低压凝结水换热器布置于锅炉脱硝装置（SCR）出口旁路垂直烟道，见图8-51。

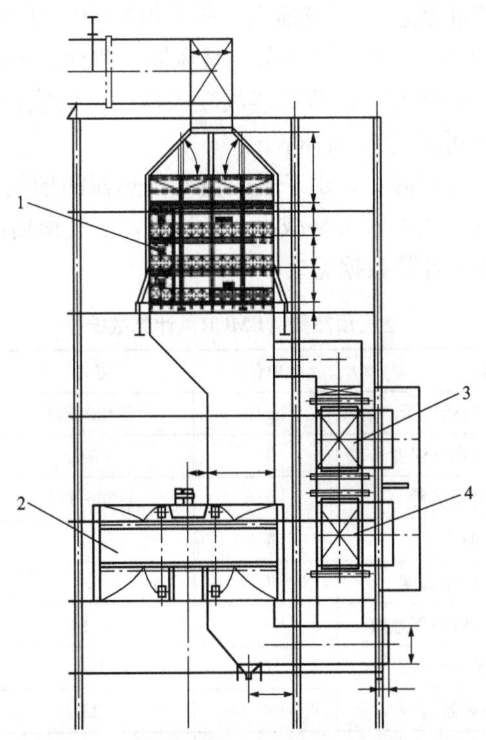

图 8-51 空气预热器旁路烟道高压给水换热器和低压凝结水换热器的布置

1—SCR；2—空气预热器；3—空气预热器旁路烟道高压给水换热器；4—空气预热器旁路烟道低压凝结水换热器

3. 高效综合烟气余热利用装置的主要效益

(1) 降低排烟温度，提高锅炉热效率。由于旁路部分烟气不进入空气预热器，使进入空气预热器的烟气量减少，可使空气预热器出口排烟温度控制在 120℃，甚至可更低。但是，根据该褐煤锅炉燃用煤质水分（M_t=35%）、硫含量（$S_{t,ar}$=0.8%），计算酸露点为 106.5℃，考虑变负荷工况，为防止低温腐蚀，确定排烟温度为 120℃。旁路烟道内设置高压给水换热器和低压凝结水换热器，以充分降低排烟温度，旁路烟道的出口烟气温度与空气预热器出口烟气温度一致，排烟温度由原设计的 143℃降至 120℃，排烟损失降低，初步计算锅炉热效率可提高 1.8%，即由原来的 93%可提高至 94.8%。

(2) 烟气旁路热量加热机组回热系统，减少汽轮机抽汽，提高蒸汽做功能力。经计算，在保证空气预热器所需热量的前体下，引出部分烟气到旁路烟道内，旁路烟气量约占总烟气量的 28%（THA 工况），旁路烟气总放热量约为 225GJ/h（此时空气预热器出口烟气温度为 120℃，空气预热器进口空气温度为 60℃）。

由于第一、二级换热器和第三级换热器所回收的热量均用于加热给水和凝结水，与不设置余热回收装置的锅炉相比，所回收的热量为锅炉排烟温度从 143℃降为 120℃的热量以及在脱硫塔前从 128℃（考虑引风机的温升）降为 90～85℃的热量，两者的总和为 225GJ/h(即 62.5MW)，折合到 THA 工况为 56.8MW。第一、二级换热器布置于锅炉的旁路烟道内，可利用烟气温度为 370℃，第三级换热器布置于锅炉外、脱硫塔前，可利用烟气温度为 130℃，带来的效益为排挤汽轮机抽汽所增加的功率，其中第一、二级换热器排挤了品质较高的汽轮机较高一级抽汽，所增加的功率更高，节能效果好，较好地实现了能量品级的逐级利用。且不需采用蒸汽暖风器，节约了冬季运行时的四段抽汽量，全年节约的耗煤量显著。经估算，仅节约蒸汽暖风器一项的收益，汽轮机热耗可降低约150kJ/kWh，发电标煤耗可节约5.6g/kWh。

(3) 空气预热器型号可略减小。由于进入空气预热器的烟气量中21%～28%被分流到旁路烟道，因此空气预热器型号可略减小。经计算，空气预热器可由原34号减小为33号，空气预热器（BMCR）计算数据见表8-11。

表8-11　空气预热器（BMCR）计算数据

序号	项目	单位	冬季	夏季
1	空气预热器入口烟气量	kg/h	2 490 000	2 162 000
2	空气预热器入口烟气温度	℃	370	370
3	空气预热器出口风量	kg/h	2 236 572	2 236 572
4	空气出口温度	℃	335	340
5	空气预热器入口风温度	℃	33	60
6	空气预热器入口过量空气系数	—	1.18	1.18
7	排烟温度（修正前）	℃	120	120
8	有旁路空气预热器型号	—	33	33
9	有旁路换热元件总高度	mm	2600	2600
10	无旁路空气预热器型号	—	34	34
11	无旁路换热元件总高度	mm	2600	2600
12	有/无旁路空气预热器差价	万元	约350（两台机组）	约350（两台机组）

(4) 静电除尘器入口烟温降低，有利收尘效率提高。由于空气预热器出口排烟温度由143℃降至120℃，120℃的排烟进入双室（或三室）静电除尘器，设计煤种粉尘比电阻由1.14×10^{11}(Ω·cm)下降至4.52×10^{10}(Ω·cm)，使静电除尘器具有最佳运行范围，粉尘比电阻与收尘效率的关系见图8-52，由图8-52可见，静电除尘器的收尘效率显著提高。

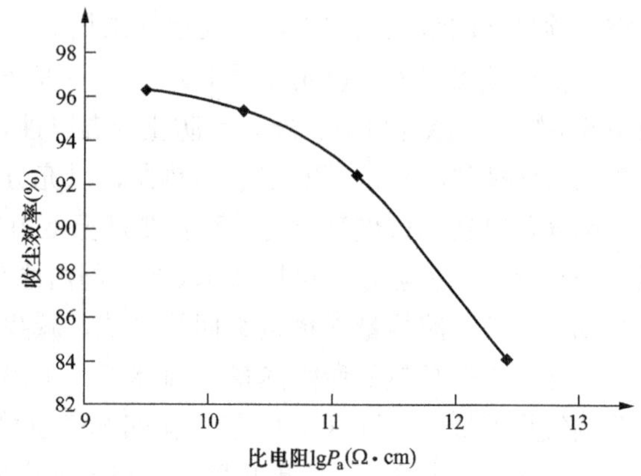

图8-52　粉尘比电阻与收尘效率的关系

由图8-52可见，随粉尘比电阻的增大，电除尘器收尘效率逐渐降低，特别是当粉尘比电阻大于10^{11}Ω·cm后，粉尘收尘效率显著下降。产生上述现象的原因是由于随粉尘比电阻的增大，极板沉积粉尘层积累电荷量增大，形成的反电场也增大。特别是当极板沉积粉尘层比电阻超过10^{11}Ω·cm后，粉尘层积累电荷量产生的反电场迅速增加，此时收尘电场下降很多，荷电粒子驱进速度下降，会严重影响粉尘的收尘效率。

因此，降低除尘器入口烟气温度，可降低烟尘比电阻，减小烟气流速，从而提高静电除尘器的收尘效率是最为有效的措施。

(5) 锅炉尾部烟气余热用于加热空气预热器入口热风，余热直接回送锅炉，节省辅助蒸汽汽源，且热风温度的提高，对于高原地区有利于炉内燃烧反应。

原设计空气预热器入口风温为20℃，出口热风温度为332℃(BMCR工况)，如采用脱硫吸收塔前设置烟气余热利用装置，烟气余热加热热媒水，热媒水将热量传递给空气预热器入口冷风，回送热量为39.4MW，可将冷风由10℃加热至60℃，对于北方地区，冬季时可由－19.8℃（如最冷月一月平均气温）加热至33℃，此时，空气预热器出口热风也将升至340℃（夏季，BMCR工况）。

所述的660MW机组褐煤锅炉地处高海拔地区，厂址平均地面标高约为1325.5m。在高原地区，由于单位容积内氧分子数减少，降低燃烧反应速度。燃烧反应速度受控于表面反应因素或称化学动力学控制（受温度控制），应略增大热空气温度值，以使燃烧反应速度基本不变或降低很少。一般对于烟煤，当布置在海平面附近地区时热风温度取310～320℃，如布置在高原地区应取330～340℃为宜。对于高原地区，在保证锅炉有较低排烟温度的同时，尽量提高空气预热器出口的热风温度对炉内燃烧是有益的。

(6) 降低脱硫吸收塔入口烟气温度，使脱硫水耗降低。脱硫吸收塔前设置烟气余热利用装置，烟气温度由125℃（考虑引风机温升）降低至85～90℃，考虑燃用偏高水分褐煤烟气湿法脱硫节水问题，对于偏高水分褐煤（M_t＝35％），烟气中的水蒸气量达到14％～16％，水蒸气在脱硫塔内的凝结，导致工艺水耗的减少，根据试验研究，入塔烟温在90℃时，脱硫效率和水耗达到最佳曲线点。因此，脱硫吸收塔前的烟气余热利用装置将烟温降至85～90℃，对于660MW机组脱硫耗水量可减小至66t/h（一台炉），而若125℃的烟温入塔，则耗水量将高达120t/h（一台炉）。

（三）烟气余热利用方案对比

按以下三个方案进行初步对比：

方案一：在脱硫塔前设置一级烟气余热利用装置，加热凝结水；

方案二：在静电除尘器前、脱硫塔前设置两级烟气余热利用装置，加热凝结水；

方案三：在静电除尘器前、脱硫塔前设置第一级换热器（高压给水换热器）、第二级换热器（低压凝结水换热器）、在脱硫塔前设置第三级换热器（空气预热器入口水媒暖风器）的高效烟气余热利用装置。

根据所述的660MW超超临界锅炉参数，三个方案的烟气余热利用各方案对比（一台机组）见表8-12。

表8-12 烟气余热利用各方案对比（一台机组）

项目 (THA工况)	单位	不考虑 余热利用	一级烟气 余热利用	二级烟气 余热利用	高效烟气 余热利用
		基准	方案一	方案二	方案三
烟气余热利用能级	℃	—	130～90	130～90	370～130， 130～90
发电机输出功率	MW	660	667	667	667
换热器回收热量	MW	—	56.8	56.8	56.8
汽轮发电机组热耗率	kJ/kWh	7602	7517	7517	7465

续表

项目（THA 工况）	单位	不考虑余热利用	一级烟气余热利用	二级烟气余热利用	高效烟气余热利用
		基准	方案一	方案二	方案三
管道效率	%	99	99	99	99
锅炉热效率	%	93	93	93	93
全厂效率	%	43.60	44.09	44.09	44.40
发电标准煤耗	g/kWh	282.11	278.97	278.97	277.03
发电标准煤耗差	g/kWh	基准	−3.14	−3.14	−5.08
年标准煤耗	万 t	基准	−1.14	−1.14	−1.85
每台机组年节约标准煤费用	万元	基准	−340	−340	−551

注 1. 以上比较年利用小时数按 5500h（对于机组出力 660MW）计算。
2. 以上比较标准煤价按 298 元计算。

随着烟气回收的能级不同，所带来的经济效益不同。利用的烟气温度区段越高，为排挤品质较高的汽轮机抽汽所增加的功率，带来的效益节能效果更好，也即可较好地实现能量品级的逐级利用，提高电厂的经济性。

燃褐煤锅炉具有烟温高、烟气量大的特点，可利用烟气余热大。因此，从降低煤耗的角度讲，宜采用高效烟气余热利用方案。

当然，高效烟气余热方案每台机组需设置 4 个大型换热设备，其制造、布置、运行调节、设备维护以及投资也相对较大，需要进行经济技术比较。

第七节 加装降低排烟温度的低压省煤器系统[8]

增加省煤器换热面积和加装低压省煤器是比较成熟和有效的排烟余热利用的方式。增加省煤器的换热面积主要是通过增加一级省煤器、增加原省煤器管排或将原来的光管省煤器改为鳍片管省煤器等方案实施。虽然增加省煤器换热面积具有安装方便、改造工作量小等优点，但要受到汽水系统和烟风系统的限制，而加装低压省煤器较为灵活。

增设低压省煤器方案降低排烟温度的优点：

（1）可以实现排烟温度的大幅度降低，经济效益明显。

（2）对于锅炉燃烧和传热不会产生任何不利影响。由于低压省煤器布置于锅炉的最后一级受热面（下级空气预热器）的后面，它的传热行为对锅炉的原设计受热面的传热均不发生影响。既不会降低入炉热风温度而影响锅炉燃烧，也不会使空气预热器的传热量减少。

（3）具有良好的煤种和季节适应性。锅炉的低压省煤器出口烟气温度可根据季节和煤质进行调节，以实现节省煤耗和防止低温腐蚀的综合要求。

（4）采用低压省煤器，可避免原高压省煤器产生水冲击。高压省煤器的出水温度已接近饱和温度，如果增加高压省煤器的换热面积，可能造成出口水的汽化，导致管内水冲击和省煤器管束振动。

(5) 采用低压省煤器系统，可利用锅炉本体以外的场地空间，布置所需的受热面。因而检修空间宽阔，检修方便。

本节介绍烟煤锅炉掺烧褐煤的600MW机组锅炉加装低压省煤器的设计。

一、烟煤锅炉掺烧褐煤的600MW机组锅炉燃烧设备概况

600MW机组锅炉为HG1900/25.4-YM3型烟煤锅炉，一次中间再热、固态排渣、单炉膛平衡通风、直流锅炉。全钢架、全悬吊结构、Π型紧身封闭布置。

炉膛容积放热强度 $q_V=80.57\text{kW/m}^3$，炉膛断面放热强度 $q_F=4.27\text{MW/m}^2$，燃烧器区壁面放热强度 $q_B=1.50\text{MW/m}^2$，燃尽区高度 $h_1=27.7\text{m}$。

采用墙式燃烧旋流燃烧器，燃烧器布置在炉膛前后墙个3层。每台炉配置6台ZGM113N中速磨煤机直吹式制粉系统，后改为MPS235HP-Ⅱ中速磨煤机。

锅炉原设计烟煤、掺烧褐煤与混煤的煤质主要特性以及燃煤量见表2-51、表2-52。锅炉掺烧褐煤后，燃煤量加大，烟气量增加，锅炉的排烟损失随之升高。

对于掺烧褐煤的烟煤锅炉，在不考虑磨煤机出力限制和燃烧器运行影响的情况下，不调整锅炉过热器系统、再热器系统和省煤器系统受热面，不同负荷情况下锅炉可接受的最大的褐煤掺烧比例如下。

(1) 100%THA负荷可以掺烧褐煤20%（以重量计）；

(2) 75%THA负荷可以掺烧褐煤50%（以重量计）；

(3) 50%THA负荷可以掺烧褐煤70%（以重量计）。

二、低压省煤器布置

低压省煤器一般装在锅炉尾部，结构与一般省煤器相似，其水侧连接于汽轮机回热系统的低压部分，凝结水在低压省煤器内吸收排烟热量，降低排烟温度，而自身被加热，升高温度后再返回低压加热器系统。它代替部分低压加热器的作用，是汽轮机热力系统的一个组成部分。低压省煤器与主回水成并联布置，其进口水取自汽轮机的低压回热系统或热网循环水。

低压省煤器也可布置在除尘器和引风机之间的烟道中，可根据情况布置一级或几级换热器。一般不设吹灰系统。

三、设计要点

(1) 余热用途。

1) 夏季工况。凝结水从一级低压加热器入口进入低压省煤器被加热，被加热的凝结水回到下一级低压加热器入口，回到低压加热器系统。替代一级低压加热器，排挤蒸汽多做功。

2) 冬季工况。热网回水进入低压省煤器被加热，被加热的水回到供暖管路，同时考虑供生活用热水。

(2) 可根据余热用途进行切换。

(3) 考虑低温硫酸腐蚀，设置烟气在线监视系统。

(4) 加装低压省煤器后，需考虑引风机的裕量是否够用。

四、改造方案

1. 设计条件

排烟温度从150℃降至110℃，即降温40℃；同时可将1451.3t/h凝结水从83.8℃加热至104.15℃。生活用热水温度为65℃；冬季工况将65℃的热网回水加热至115℃。

2. 设计方案

低压省煤器的热力系统见图8-53，烟气系统见图8-54（以600MW机组烟煤锅炉掺烧褐煤改造项目加装低压省煤器设计方案示例）。

低压省煤器换热管采用耐腐蚀ND钢材料H型鳍片管组，布置在锅炉除尘器与引风机之间的尾部烟道内。为烟气-水换热器；夏季工况，5号低压加热器入口的凝结水经增压泵进入省煤器，加热后回到6号低压加热器入口。冬季工况，切换到热网回水，加热后回到供暖泵房，进入热网管道。

3. 设备范围

（1）烟气换热器本体系统。包括联箱、壳体及支吊装置、检修平台、扶梯、钢结构及检修人孔门。

（2）烟气换热器水系统进/出口阀门及旁路电动闸阀、相关系统的调节门、增压泵、流量计。

（3）生活热水加热用的板式换热器系统。

（4）烟气在线监视系统。

（5）系统管道（根据现场需要）。

五、低压省煤器材料选择及可靠性分析

低压省煤器是用来回收锅炉排烟余热的节能装置，运行时，其烟气温度、进口水温都较低，容易出现烟气结露，发生低温腐蚀。为此，从设计热力参数、结构、选材等方面需采取措施，避免低温腐蚀。

1. 设计方面

一般说来，只要保证低温受热面金属壁温高出烟气酸露点温度10℃左右，就能避免产生低温腐蚀，堵灰也将得到改善。为此，在热力系统上选择一个比烟气酸露点温度高10℃左右的地点，作为换热器进水的水源引出点。由于余热换热器水侧放热系数远大于烟气侧，因而其冷端的金属壁温与进水温度接近。所以，选择换热器的最低壁温时，超过烟气露点温度10℃左右，以达到防止换热器腐蚀和堵灰的目的。这种热力防腐方法的优点是防腐效果较佳，缺点是要求进水温度比较高，烟气的酸露点一般在100℃，这就要求换热器的进水温度在100～110℃，方可实现换热器在壁温高于烟气酸露点温度运行。由于余热换热器是回收锅炉排烟的节能装置，锅炉排烟温度通常在130～150℃，若进水温度在100℃以上，换热器的平均换热温差将很小（十几摄氏度），导致换热面积非常大，设备很重，投资很大。

若烟气余热换热器采用高于酸露点的方式运行，一台300MW的机组，投资需要近千万元人民币，这是工程上很难承受的。目前国内已经设计、运行的余热回收装置，均不采用这种方法，而是采用一种有限腐蚀速度的余热换热器系统进行设计。

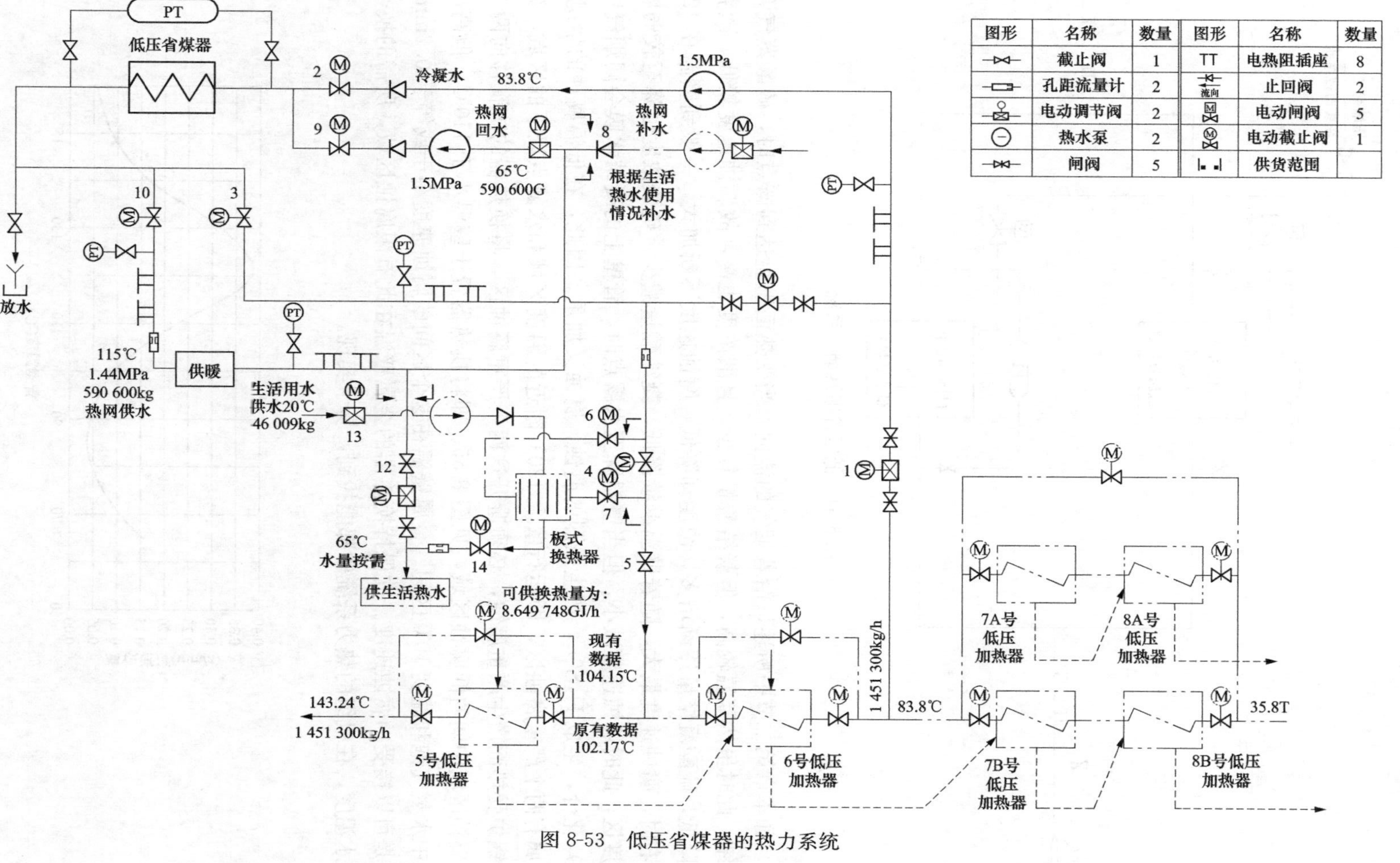

图 8-53 低压省煤器的热力系统

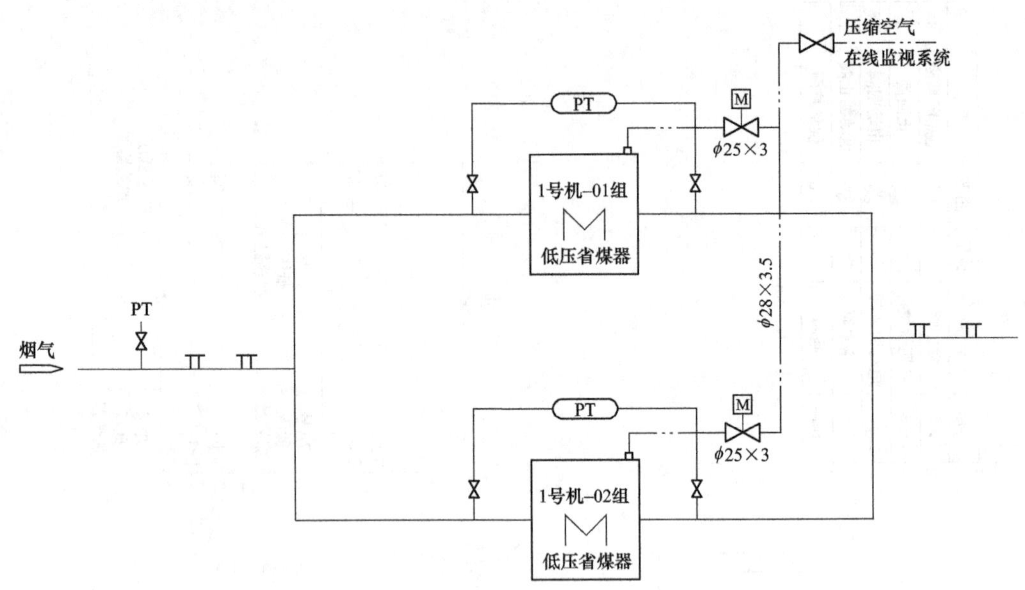

图 8-54　低压省煤器烟气系统

如本章第二节中所述，沿着烟气的流向，当受热面壁温达到露点时，硫酸蒸气开始凝结，此时虽然壁温较高，但凝结酸量较少，且酸浓度也高，故腐蚀速度较低。随着壁温降低，硫酸凝结量逐渐增多，浓度却降低，腐蚀速度不断加大，一般到壁温在 120℃左右时，腐蚀速度最大，随着壁温继续降低，凝结酸量减少，硫酸浓度也降至较弱腐蚀浓度区，此时腐蚀速度减小，但当壁温降至水露点时，管壁上的凝结水膜会同烟气中的 SO_2 化合，生成 H_2SO_3，产生强烈的腐蚀，腐蚀又加重。因此，在低温腐蚀的情况下，金属有两个严重腐蚀区，即运行壁温 120℃附近的温度区域和水露点以下的区域，为防止锅炉受热面产生严重腐蚀，必须避开这两个严重腐蚀区，将换热器的防腐移向两个严重腐蚀区域中间的低腐蚀区域，见图 8-55。即将换热器置于壁温小于 110℃，但高出烟气中水蒸气饱和温度 10℃区间。金属壁温在这个区间的腐蚀速度小于或等于 0.2mm/a，这是可以接受的腐蚀速度。欲保持换热器的金属壁温在此有限腐蚀区域，所需的换热器进水温度，在机组的热力系统中都能找到，易于实现。

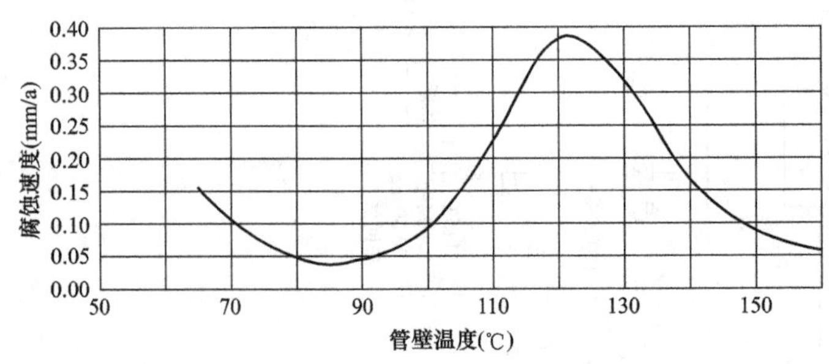

图 8-55　管壁温度与腐蚀速率关系

该方案换热器设计入口水温为83℃，出口水温为110～115℃，通过计算，换热管的运行壁温为90～111.4℃，根据图8-55所示，所有换热管均处于低腐蚀速率区。

管束的最低金属壁温处于低腐蚀速率区，保证安全可靠运行。

2. 材料选择

该方案换热器采用耐腐蚀材料，以及较厚的管壁和鳍片。所有换热管（含鳍片）均用耐酸腐蚀的ND钢，换热管的管壁厚为4mm，腐蚀裕量为2mm，管子的腐蚀速率控制在每年小于0.2mm；换热器在烟道入口第一排管子上，迎烟气流方向装有不锈钢防磨罩，以防止烟气直接冲刷管束，起到防磨和防腐作用。

六、 低压省煤器热力系统运行控制

低压省煤器系统旨在回收烟气的余热，获得一定参数的热水，提高电厂的热效率和经济效益。系统运行除了能够通过DCS系统进行远程自动控制外，还能就地控制。

1. 水温控制

烟气换热器的进、出口水管路上，均设有测水温的热电阻，换热器的进、出口水温均设有高、低温报警。在换热器进口水管路上，还设有电动调节阀。当锅炉负荷变化或者燃用的煤种变化，导致排烟量、排烟温度变化，从而引起换热器出口水温变化时，DCS通过温度信号，调整加热水量。

对于出口水温，采用下列方法控制：当出口水温高于设定值时，逐渐加大水量；当出口水温低于设定值时，逐渐减小水量；从而维持出口水温在一定范围运行。此操作既可通过DCS闭环控制自动实现，又可切换至人工操作模式实现。

具体数值，根据锅炉运行情况设定；或运行调试时，根据实际情况设定。

2. 烟温控制

烟气换热器出口烟道上设有测烟温的热电阻。当换热器的出口烟温低于根据烟气结露情况的设定值（℃）时，换热器系统将减小加热水量；当出口烟温低于停运的设定值（℃）时，换热器给水调节阀关闭，换热器停止运行，从而提高烟温，保证锅炉其他设备运行的安全性。反之，加大水量，保证尽可能地多回收余热。此操作既可通过DCS闭环控制自动实现，又可切换至人工操作模式实现。

具体数值，根据锅炉运行情况设定；或调试运行时，根据实际情况设定。

参 考 文 献

[1] 张方炜．高效烟气余热利用系统研究．华北电力设计院工程有限公司，2014.

[2] 西安交通大学，青岛达能环保设备有限公司．火电厂烟气深度冷却器设计技术方案，2010.

[3] 西安交通大学热能工程系，青岛达能环保设备有限公司．火电厂烟气深冷增效减排关键技术研究项目可行性研究报告，2009.

[4] 国家能源局．DL/T 5245—2012 火力发电厂制粉系统设计计算技术规定．北京：中国电力出版社，2016.

[5] Тепловой расчет котелных агрегатов（нормативый метод）Издание третье，переработанное и

допольненное. Санкт-Петербург：ГЭИ，1998.
[6] 锅炉机组热力计算标准方法（俄，1973 年版）. 北京：机械工业出版社，1976.
[7] C. И. 莫强 . 杨文学，徐希平，等 . 译 . 锅炉设备空气动力计算标准方法（俄 1977 版）. 北京：动力工业出版社，1981.
[8] 烟台龙源电力技术股份有限公司 . 国电双鸭山电厂加装低压省煤器设计方案，2011.